Einführung in die spezielle und allgemeine Relativitätstheorie

Hubert Goenner

Einführung in die spezielle und allgemeine Relativitätstheorie

Mit 89 Abbildungen

Spektrum Akademischer Verlag Heidelberg · Berlin · Oxford

Titelbild: © THE IMAGE BANK / Garry Gay

Die Deutsche Bibliothek – CIP-Einheitsaufnahme

Goenner, Hubert:
Einführung in die spezielle und allgemeine Relativitätstheorie /
Hubert Goenner. - Heidelberg ; Berlin ; Oxford : Spektrum,
Akad. Verl., 1996
ISBN 3-86025-333-6

Lektorat: Peter Ackermann, Caputh
Produktion: Susanne Tochtermann
Einbandgestaltung: Kurt Bitsch, Birkenau
Satz: Wobser - Tanomvet, Frankenthal
Druck und Verarbeitung: Franz Spiegel GmbH, Ulm

Spektrum Akademischer Verlag Heidelberg · Berlin · Oxford

EIN VERLAG DER SPEKTRUM FACHVERLAGE GMBH

Vorwort

Dieses Lehrbuch, das gleichgewichtig in die spezielle und allgemeine Relativitätstheorie einführt, verläßt das Schema des Üblichen. Gewöhnlich werden beide Gebiete getrennt, eine Widerspiegelung ihrer verschiedenartigen Einschätzung. Die *spezielle* Relativitätstheorie ist im Kanon der Ausbildung von Physikern, Astronomen und Mathematikern verankert. Die *allgemeine* Relativitätstheorie wird dagegen trotz der allgegenwärtigen Wirkung der Schwerkraft als theoretisches Spezialwissen behandelt, das man allzugerne der mathematischen Physik oder angewandten Mathematik überläßt oder sogar auf einem „volkstümlichen" Niveau abhandelt. Historisch gesehen sind beide Theorien von Albert Einstein entwickelt worden. In der speziellen Relativitätstheorie vollendete er durch eine richtige physikalische Interpretation ein Gebäude, das von Kollegen seiner Zeit schon ein gutes Stück weit errichtet worden war. Ganz allein, ohne direktes Vorbild, ging er dann den keineswegs geradlinigen Weg zur allgemeinen Relativitätstheorie.

In diesem Buch folge ich aber nicht durchgängig der historischen Entwicklung, sondern wähle die begriffliche und methodische Verflechtung beider Gebiete als Leitlinie. Mein Ziel ist, den Leserinnen und Lesern begriffliche Klarheit und die Handhabung der nötigen Rechenmethoden zu vermitteln, ohne den Kontakt mit der empirischen Basis zu verlieren. Daher gehe ich intensiver auf Experimente und Beobachtungen ein, als dies in Lehrbüchern der speziellen oder der allgemeinen Relativitätstheorie geschieht.

Der Stoff des Buches entstammt Vorlesungen, die ich an der Universität Göttingen für Studentinnen und Studenten nach dem Diplomvorexamen halte; er umfaßt etwas mehr als zwei je vierstündige Vorlesungen. Die Zeiten, in denen angeblich nur drei Menschen die Relativitätstheorie verstehen konnten, sind lange vorbei. Die komplementäre Auffassung, die ich als Student zu hören bekam, nämlich, „daß die allgemeine Relativitätstheorie nichts anderes ist als das Äquivalenzprinzip plus gesunder Menschenverstand", ist mindestens genauso unsinnig. Wer Freude am eigenen Nachdenken und Mitrechnen hat, wird diese Einführung im Selbststudium erfolgreich bewältigen und sich damit Grundkenntnisse für Elementarteilchentheorie, Quantenfeldtheorie und Kosmologie aneignen können. Das Buch ist aber auch zur Begleitung von Vorlesungen von nicht auf dieses Gebiet spezialisierten Kollegen gedacht. Ich habe im Kapitel über Kosmologie die Gelegenheit benutzt, einige der Schreibfehler in meiner „Einführung in die Kosmologie“ richtigzustellen. Für Rückmeldungen jeder Art werde ich den Leserinnen und Lesern dankbar sein. Herr Dipl.-Phys. Uwe Engeland hat die erste Fassung des Textes geschrieben und Herr Dipl.-Phys. Thorsten Glebe dann die umgearbeiteten Versionen dankenswerterweise in bewährter Qualität hergestellt.

Neben der Quantentheorie ist die Relativitätstheorie der grundlegendste Beitrag des 20. Jahrhunderts zum Verständnis der Natur. Ich wäre glücklich, wenn dieses Buch dazu beitragen könnte, das Interesse an der relativistischen Physik zu fördern.

Göttingen, im Juli 1995.

Hinweise für die Leserinnen und Leser

Voraussetzung für das Verständnis des dargestellten Stoffes sind Kenntnisse in den Grundbegriffen und -gleichungen der Mechanik und Elektrodynamik. Das Buch ist so aufgebaut, daß Teil I ein in sich abgeschlossenes Ganzes ist. Teil II baut auf Teil I auf; Leser mit Vorkenntnissen in spezieller Relativitätstheorie können direkt mit Teil II beginnen. Wer sich nur über die spezielle Relativitätstheorie informieren will, braucht allein die Kapitel 1–4. Wer mit einem Blick auf die Auswirkungen der allgemeinen Relativitätstheoric auf der Erde und in unserem Planetensystem zufrieden ist, liest auch noch die Kapitel 5–7. Das Verständnis der allgemeinen Relativitätstheorie erschließt sich voll allerdings erst mit den Kapiteln 8 und 9. Obgleich die moderne indexfreie Notation und der Differentialformenkalkül vielen neu sein wird, sind sie doch an Hand der gegebenen Beispiele leicht erlernbar. Die altbewährte Methode der lokalen Koordinaten mit den (nicht immer wenigen) Indizes ist durchgehend beibehalten.

In den Kapiteln 10–12 werden Konsequenzen aus den Feldgleichungen gezogen (exakte Lösungen, Gravitationswellen) und erste Anwendungen in der Astrophysik (Sternkollaps, schwarze Löcher) besprochen. Kapitel 13 greift das Thema der Symmetrie auf und erklärt, warum man in der allgemeinen Relativitätstheorie im *allgemeinen* auf den Energieerhaltungssatz verzichten muß. Kapitel 14 führt in die Kosmologie ein. Abschnitte, die bei der ersten Lektüre überschlagen werden können, sind mit einem * bezeichnet.

Die meisten Rechnungen sind ausführlich dargestellt; bei Rechnungen, die für den Umfang dieser Einführung zu lang sind, verweise ich auf andere Bücher. Die angegebene Literatur dient zur Vertiefung des Stoffes, zum Lesen der Originalarbeiten und zum Nachweis der benutzten Information.

Inhaltsverzeichnis

Teil II

Anhang

0 Einleitung

0.1 Spezielle Relativitätstheorie

Aus dem üblichen Fächerschema der Physik fällt die *spezielle Relativitätstheorie* insofern heraus, als sie sich mit der Beschreibung physikalischer Systeme in Raum und Zeit befaßt, nicht direkt mit den konkreten physikalischen Systemen selbst. Damit ist die *spezielle Relativitätstheorie* eine *Rahmentheorie* für alle physikalischen Theorien. Ihre Konsequenzen werden insbesondere für Vorgänge merkbar, in denen Geschwindigkeiten von vergleichbarer Größe wie die Vakuumlichtgeschwindigkeit eine Rolle spielen. Viele Gebiete der Physik sind in diesen die Raum- und Zeitmessung beschreibenden Rahmen erfolgreich eingepaßt worden wie etwa Mechanik, Elektrodynamik und Optik oder Quantenelektrodynamik und Elementarteilchenphysik. Für andere Gebiete der Physik wie etwa die Nichtgleichgewichtsthermodynamik, die Elastizitätstheorie oder die Quantentheorie der Felder *im allgemeinen* ist die Einbettung in den Rahmen der speziellen Relativitätstheorie noch nicht vollständig abgeschlossen. Die Gründe hierfür sind verschieden. In den beiden erstgenannten Bereichen kennt man bisher kaum *meßbare* relativistische Phänomene, so daß keine Entscheidung zwischen verschiedenen möglichen Formulierungen getroffen werden kann. Andererseits stößt die mathematische Formulierung der Quantentheorie *wechselwirkender* Felder auf Probleme, die – wenn mathematische Strenge verlangt wird – bis heute nicht völlig gelöst sind. Durchweg befinden sich alle speziell-relativistischen physikalischen Theorien in sehr guter Übereinstimmung mit den empirischen Daten. In den GPS (Global Positioning Satellite System)-Positionstaschenmeßgeräten, die von Tausenden von Menschen täglich benutzt werden, ist die spezielle Relativitätstheorie (und auch die allgemeine Relativitätstheorie) konstruktiv eingearbeitet worden.

In der Newtonschen Raum-Zeitauffassung sind sowohl der Raum wie die Zeit *absolute* Größen, während sie in der speziellen Relativitätstheorie auf den Bewegungszustand des Beobachters bezogen werden müssen. Die eine Zeitdimension und der dreidimensionale Anschauungsraum werden anders miteinander verknüpft, als wir es aus dem ebenfalls vierdimensionalen Newtonschen „Zeit-Raum“ gewohnt sind. Ein zentrales Resultat der speziellen Relativitätstheorie, das vom sogenannten „gesunden Menschenverstand" nur zögernd akzeptiert wird, ist die Abhängigkeit der Gleichzeitigkeitsdefinition für Vorgänge an verschiedenen Orten vom Bewegungszustand des Beobachters. Einsteins Verabschiedung der *absoluten* Zeit Newtons war für manche eine Art Blasphemie (gegenüber dem „göttlichen" Kant) und ist es für wenige auch heute noch. Ein anderes wichtiges Ergebnis der speziellen Relativitätstheorie, nämlich die Verschmelzung der Begriffe *Masse* und *Energie* ($E = Mc^2$), ist dagegen vom öffentlichen Bewußtsein absorbiert worden: von den Anwendungen in der Kernergiewirtschaft bis zur indirekten Verwendung in der Produktwerbung. Das eine Ergebnis ist aber nicht ohne das andere zu bekommen.

Der Name „spezielle" Relativitätstheorie ist historisch bedingt; man würde ihn heute davon ableiten, daß die Theorie eine spezielle Klasse von (ausgezeichneten) Bezugssytemen zuläßt: die *Inertialsysteme* oder, in anderer Sichtweise, daß sie den speziellen Fall einer ungekrümmten Raum-Zeit beschreibt.

0.2 Allgemeine Relativitätstheorie

Ihre Begrenzung findet die spezielle Relativitätstheorie durch das Phänomen der *Schwerkraft* (Gravitation). Diese langreichweitige, nicht abschirmbare und schwächste der vier fundamentalen Wechselwirkungen wird durch die *allgemeine* Relativitätstheorie, auch *Einsteinsche Gravitationstheorie* genannt, beschrieben. Diese merkwürdige Namensgebung für eine relativistische Gravitationstheorie rührt von der ursprünglichen Motivation Einsteins her, die ausgezeichnete Rolle der Inertialsysteme zu beseitigen und eine Theorie zu finden, in der kein Bezugssystem vor dem anderen ausgezeichnet ist. Während ihm das nur in einem formalen Sinne geglückt ist, hat er aber eine relativistische Theorie der Gravitation geschaffen, welche die spezielle Relativitätstheorie begrifflich voraussetzt und inhaltlich erweitert.

Ein neuer Zug der allgemeinen Relativitätstheorie gegenüber der Newtonschen Gravitationstheorie ist die *Geometrisierung* der Gravitationskraft. Darunter verstehen wir, daß das, was in der Newtonschen Theorie eine Kraft oder ein Kraft-Potential *im* Raum war, nun in die Definition von Zeitintervall und räumlichem Abstand eingearbeitet wird. Die metrischen Eigenschaften der aus der Vereinigung von Raum und Zeit gebildeten Raum-Zeit hängen dann vom Gravitationsfeld ab. Dieses wird von Massen- bzw. Energieverteilungen jeglicher Art erzeugt. Warum ist das nicht auch so bei den elektromagnetischen Kräften? Wir wissen darauf heute noch keine sichere Antwort; aber Versuche, das Modell der Geometrisierung auf *alle* fundamentalen Wechselwirkungen anzuwenden, sind schon längst und mit beachtlichem Erfolg gemacht worden. Nur daß diese anderen Kräfte wie die der elektromagnetischen, schwachen bzw. starken Wechselwirkung eben nicht *direkt* die Raum- und Zeitintervalle beeinflussen, sondern nur auf dem Umweg der Energie-, Impuls-

und Spannungsverteilung der Materie und Materiefelder als der Quellen des Schwerkraftfeldes. Anders ausgedrückt: die Geometrisierung der anderen fundamentalen Wechselwirkungen ist in abstrakten Räumen geglückt, nicht in der Raum-Zeit allein.

Während in der speziellen Relativitätstheorie die Lorentz- bzw. die Poincaré-Gruppe (Lorentztransformationen, Raumdrehungen, Raum-Zeit-Translationen) ausgezeichnet ist, gibt es in der allgemeinen Relativitätstheorie keine Transformationsgruppe mit *endlich* vielen Parametern mehr, die eine bevorzugte Rolle spielen würde. Das ist ein entscheidender Gesichtspunkt, denn die Diffeomorphismen-Invarianz der Theorie ist eine selbstverständliche Forderung an jede physikalische Theorie. (Diffeomorphismen-Invarianz bedeutet, daß die Theorie koordinatenunabhängig formuliert werden kann.) Das Fehlen etwa der Zeit-Translationsinvarianz verhindert die Gültigkeit des Energie-Erhaltungssatzes im allgemeinen Fall.

Im Formalismus der Einsteinschen Gravitationstheorie wird kein Unterschied zwischen physikalischem Bezugssystem und Koordinatensystem gemacht. Insofern ist das Einsteinsche Programm der bezugssystem-unabhängigen Formulierung der Theorie vollendet. Aber es ist gleichzeitig physikalisch leer. Auch die anderen Motivationen, die Einstein zu seiner Theorie geführt haben (Äquivalenzprinzip, Machsches Prinzip), spielen in der heutigen Wertung der Theorie keine große Rolle mehr. Das nimmt nichts von ihrer immensen physikalischen Bedeutung, noch von ihrer ästhetischen Schönheit weg.

Als langreichweitige Kraft wirkt sich die Gravitation besonders aus, wenn die Reichweite der anderen Kräfte überschritten ist, also in großräumigen, *ungeladenen* Systemen, seien es nun das Planetensystem, die Milchstraße, das System der Galaxien oder sogar der Superhaufen von Galaxien. (Siehe meine „Einführung in die Kosmologie" in Spektrum Akademischer Verlag.) Besonders bekannt geworden sind die gegenüber der Newtonschen Theorie neuen Effekte im Planetensystem wie die Ablenkung der Lichtstrahlen an der Sonne und die Verschiebung des Merkurperihels. Die Newtonsche Gravitationstheorie ist in der allgemeinen Relativitätstheorie als Näherung für sehr schwache Gravitationsfelder und langsam bewegte Körper enthalten. Auf der Erde selbst müssen aber schon jetzt bei der Zeitmessung (auf Mikrosekunden genau) und der Positionsmessung (auf Millimeter genau) die aus der Einsteinschen Gravitationstheorie folgenden Korrekturen gegenüber der Newtonschen Theorie berücksichtigt werden. Zum Beispiel wird die allgemeine Relativitätstheorie bei der Vermessung des Pegels der Meeresoberflächen und damit bei der Abschätzung einer globalen Klimaveränderung eine Rolle spielen.

Die Effekte im Planetensystem beruhen auf der von der allgemeinen Relativitätstheorie geforderten Abweichung vom berühmten Newtonschen $1/r^2$-Gesetz der Gravitationsanziehung. Sie hätte wohl keinen solchen Wirbel verursacht, als es Einsteins Theorie seinerzeit tat. Aber daß der Anschauungsraum selbst *und* das aus Raum und Zeit gebildete künstliche Objekt „Raum-Zeit" *gekrümmt* sind, bereitete dem Vorstellungsvermögen vieler Zeitgenossen Schwierigkeiten. Auch wenn sich diese Krümmung in ihren Auswirkungen etwa in Ebbe und Flut handgreiflich bemerkbar macht.

Daß der Anschauungsraum gekrümmt, also vom flachen Euklidischen Raum verschieden sein könnte, hatte schon Gauß vermutet und – wie die Anekdote erzählt – durch Ausmessung der Winkelsumme eines von drei Bergspitzen gebildeten Dreiecks zu überprüfen versucht. Wegen der Kleinheit des Effektes wäre mit der zu seiner Lebenszeit verfügbaren Meßtechnik aber nichts auszurichten gewesen. Selbst als der Astronom Schwarzschild im ersten Jahrzehnt unseres Jahrhunderts ein viel größeres Dreieck von Sternen in der Milchstraße zugrundelegte, konnte kein eindeutiges Resultat erzielt werden. Das ist bis heute so geblieben: auch aus den Beobachtungen an dem größten gravitativen System des Kosmos ist die Frage nach dem *Vorzeichen* der Krümmung des dreidimensionalen Anschauungsraumes noch nicht zu beantworten. *Daß* er gekrümmt ist, wird aber durch die Messungen der Effekte im Planetensystem nahegelegt.

Wir stoßen hier auf einen für die allgemeine Relativitätstheorie charakteristischen Zug: wegen der Schwäche der Gravitationswechselwirkung lassen sich nur ganz wenige aus der Theorie folgende Effekte schon heute messen. Zwar ist die Genauigkeit der Messungen auf der Erde und in unserem Planetensystem von Gravitationsrotverschiebung, Lichtablenkung an der Sonne und Merkurperiheldrehung so enorm gestiegen, daß wenig Platz für konkurrierende Theorien bleibt. Aber so wesentliche Konsequenzen der Theorie wie die Existenz von *Gravitationswellen* oder *gravimagnetischen* Feldern (in Analogie zu durch Induktion erzeugten elektromagnetischen Feldern) harren noch ihres empirischen Nachweises. Nicht von ungefähr hatte sich das Interesse vieler Physiker zwischen 1930 und 1960 jenen Theorien zugewandt, durch die zahllose *meßbare* Effekte beschrieben werden konnten, insbesondere der Quantentheorie. Durch die Verbesserung der Meßinstrumente ist heute aber in greifbare Nähe gerückt, daß etwa Gravitationswellen nachgewiesen werden können.

In der Zwischenzeit richtet sich das Interesse auf spektakuläre *theoretische* Folgerungen der Theorie. Schon im 18. Jahrhundert haben phantasievolle Forscher die Anregung Newtons, daß auch Licht durch die Schwerkraft von Massen beeinflusst wird, auf Sterne angewandt. Sie haben gezeigt, daß für strahlende Sterne mit einer genügend großen Masse das Licht nicht von der Sternoberfläche entweichen kann, sondern vollständig auf sie zurückgebogen wird. Das ist ähnlich wie bei einer zu langsamen Rakete, die auf die Erdoberfläche zurückfallen muß. In der allgemeinen Relativitätstheorie taucht dieses Phänomen im Begriff des „Schwarzen Loches“ wieder auf. Nur daß heute gute Gründe dafür sprechen, daß *jeder* Stern, dessen Masse eine bestimmte Größe überschreitet, zu einem solchen schwarzen Loch zusammenstürzen muß. Ein schwarzes Loch ist damit ein „verdunkelter“ Stern und entsprechend schwer zu finden.

Ein anderer spektakulärer Ausfluß der Theorie ist der sogenannte *Urknall*, also die Vorstellung, daß der Kosmos einen extrem heißen und verdichteten Ursprung hatte und sich seither ausdehnt. Die Physik der großräumigen Materieverteilungen in Gestalt von Galaxien, Galaxienhaufen und noch ausgedehnteren Überstrukturen, die unter dem Namen „Kosmologie" zusammengefaßt wird, ist wegen der Schwierigkeiten der Messungen ein kopflastiger und in Teilen spekulativer Teil der Physik geblieben. Das betrifft insbesondere die Verbindung von Quantentheorie und Gravitationstheorie, über die noch kein empirisch gestütztes Wissen vorliegt. Nach dem gegenwärtigen Kenntnisstand sollte sie jedoch in den Frühstadien der kosmischen Entwicklung eine wichtige Rolle spielen. Wegen des für Modelle des frühen Kosmos nötigen Wechselspiels zwischen Elementarteilchentheorie und allgemeiner Relativitätstheorie und wegen der neuen meßtechnischen Entwicklungen, stößt die allgemeine Relativitätstheorie heute wieder auf größtes Interesse.

Teil 1

Spezielle Relativitätstheorie

1 Relativitätsprinzip und Lorentztransformation

In diesem Kapitel beschäftigen wir uns mit der Beschreibung der Physik in gegeneinander bewegten Bezugssystemen. Das ist zum Vergleich von Messungen durch relativ zueinander bewegte Beobachter wichtig. Das Relativitätsprinzip der Mechanik wird auf alle physikalischen Vorgänge ausgedehnt. Wir machen die spezielle Lorentztransformation plausibel und stellen Experimente zur Überprüfung der gemachten Annahmen vor. Sie unterstützen das eingeführte Postulat der Konstanz der Vakuumlichtgeschwindigkeit in allen Bezugssystemen.

1.1 Raum – Zeit als Ereigniskontinuum

Zur Beschreibung physikalischer Vorgänge in Raum und Zeit benutzt man gewöhnlich den Begriff des *Ereignisses*. Er entspricht einem physikalischen Geschehen zu einer *bestimmten Zeit an einem bestimmten Ort* (Lichtblitz, elastischer Stoß punktförmiger Teilchen, etc... Um die *Physik* des Vorganges zu beschreiben, braucht man noch weitere Größen wie Energie, Impuls, Masse etc. Insofern ist der Begriff „Ereignis" eine Idealisierung und täuscht darüber hinweg, daß kein Punkt einer differenzierbaren Mannigfaltigkeit vor einem anderen ausgezeichnet ist.). Die Physik spielt sich auf der *Punktmenge* der *möglichen Ereignisse* ab, der man (zur bequemen mathematischen Darstellung) die Struktur einer *differenzierbaren Mannigfaltigkeit* gibt. Unter einem *Koordinatensystem K* verstehen wir eine Abbildung f einer Umgebung eines fest gewählten (aber beliebigen) Ereignisses p auf den $\mathbb{R}^4$ (4-dim. euklidischer Raum)

$$f : p \mapsto f^\alpha(p) = x^\alpha \in \mathbb{R}^4 .$$

Jedem Ereignis sind also vier Koordinaten zugeordnet, eine Zeitkoordinate x^0 und 3 Raumkoordinaten x^1, x^2, x^3, die wir zum Quadrupel $\{x^\alpha\}$ $(\alpha = 0, 1, 2, 3)$ zusammenfassen. Die Koordinaten sind Etiketten für die Ereignisse; es müssen keine physikalisch meßbare Größen sein (z.B. sind irgendwelche krummlinigen Koordinaten möglich).

Der Übergang von einem Koordinatensystem K zu einem anderen K' ist durch die (stetig differenzierbare, bijektive) Abbildung

$$\phi : \mathbb{R}^4 \mapsto \mathbb{R}^4 \qquad \text{oder} \qquad x^\alpha \mapsto x^{\alpha'} = \phi^\alpha(x^\beta) \quad (\alpha, \alpha' = 0, 1, 2, 3)$$

gegeben. Das ist eine Kurzschrift für

$$\begin{aligned} x^{0'} &= \phi^0(x^0, x^1, x^2, x^3) \\ x^{1'} &= \phi^1(x^0, x^1, x^2, x^3) \\ x^{2'} &= \phi^2(x^0, x^1, x^2, x^3) \\ x^{3'} &= \phi^3(x^0, x^1, x^2, x^3) \end{aligned} \tag{1.1}$$

mit der Konvention, daß das Zeichen „$'$" für die Koordinaten in K' nicht an den Kernbuchstaben x, sondern an den Index α gehängt wird. ϕ^0 bis ϕ^3 sind vier beliebige Funktionen.

In den meisten Büchern werden *Koordinaten*systeme und *Bezugs*systeme gleichgesetzt, was dann zu solchen Stilblüten führt wie: „Ein Koordinatensystem bewegt sich gegen ein anderes mit der Geschwindigkeit v." Für den Physiker ist ein *Bezugssystem* das wesentliche, das heißt eine Abbildung, die jedem Ereignis ein Quadrupel von vier *Meßgrößen* l^α ($\alpha = 0, 1, 2, 3$) zuordnet. Zur Definition des Bezugssystems braucht man geeignete physikalische Objekte als Bezugskörper, geeignete physikalische Vorgänge als Bezugsabläufe, Meßapparaturen und Maßeinheiten, sowie eine Theorie der Messung (z.B. starre Körper, Lichtsignale, Uhren, euklidische 3-dimensionale Geometrie etc.). Die Transformationen

$$\begin{aligned} l^{0'} &= \Phi^0(l^0, l^1, l^2, l^3) \\ l^{i'} &= \Phi^i(l^0, l^1, l^2, l^3) \\ (i', i &= 1, 2, 3) \end{aligned} \tag{1.2}$$

von einem Bezugssystem S zu einem anderen S' sagen also etwas aus über die Längen- und Zeitmessung in den beiden Systemen. Die erste Zeile von (1.2) sagt für $\dfrac{\mathrm{d}l^{0'}}{\mathrm{d}l^0} \neq 1$ etwas über die verschiedene Gangrate der Uhren am Ort $l^i = c_0^i$ $(i = 1, 2, 3)$ aus bzw., daß die Uhren an verschiedenen Orten verschiedene Zeitintervalle anzeigen können $\left(\dfrac{\mathrm{d}l^{0'}}{\mathrm{d}l^i} \neq 0\right)$. Das sind wir nicht gewöhnt aus der Newtonschen Mechanik bzw. der Elektrodynamik, wie sie gewöhnlich formuliert wird. S und S' sind gegeneinander bewegt, wenn

$$\frac{\mathrm{d}l^{i'}}{\mathrm{d}l^{0'}} = \frac{\mathrm{d}l^0}{\mathrm{d}l^{0'}} \frac{\mathrm{d}\Phi^i}{\mathrm{d}l^0} = \frac{1}{\dfrac{\mathrm{d}\Phi^0}{\mathrm{d}l^0}} \frac{\mathrm{d}\Phi^i}{\mathrm{d}l^0} \neq 0 .$$

Einem Bezugssystem können viele Koordinatensysteme entsprechen (Kartesische- , Polar- oder Zylinderkoordinaten etc. und Transformationen, die die neue Zeitkoordinate von den alten Raumkoordinaten abhängig macht).

Obgleich es wichtig ist, die Begriffe Koordinatensystem und Bezugssystem zu unterscheiden, macht der mathematische Apparat der speziellen und der allgemeinen Relativitätstheorie zwischen beiden *keinen* Unterschied. Es ist die *Bedeutung* der Zeichen, die den Unterschied bewirkt. Wir werden auf diesen Punkt zurückkommen müssen (vgl. Abschnitt 5.3).

1.2 Relativitätsprinzip in der Mechanik

Aus der Mechanik kennen wir die Begriffe des *Inertialsystems* und der *Inertialzeit*, mit deren Hilfe das *Relativitätsprinzip der Mechanik* formuliert wird: Die *mechanischen* Vorgänge laufen in allen Inertialsystemen gleich ab.

Inertialsysteme sind untereinander durch die *Galilei-Gruppe* verknüpft:

$$\begin{aligned} \boldsymbol{x}' &= \mathbf{R}\boldsymbol{x} + \boldsymbol{v}t + \boldsymbol{x}_0, \\ t' &= t + t_0 \\ \text{mit} \quad \mathbf{R}\mathbf{R}^{\mathrm{T}} &= \mathbf{I} \end{aligned} \tag{1.3}$$

Dabei ist $\mathbf{R}$ eine (orthogonale) Drehmatrix und $\mathbf{R}^{\mathrm{T}}$ die transponierte Matrix. Die Galilei-Gruppe enthält die Raumtranslationen $\boldsymbol{x}' = \boldsymbol{x} + \boldsymbol{x}_0$, Zeittranslationen $t' = t + t_0$, Raumdrehungen $\boldsymbol{x}' = \mathbf{R}\boldsymbol{x}$, die die *Homogenität* von Raum und Zeit sowie die *Isotropie* des Raumes ausdrücken. Homogenität bedeutet dabei, daß kein Zeit(Raum-)punkt vor einem anderen ausgezeichnet ist. Isotropie, daß keine Raumrichtung bevorzugt wird. Außerdem *spezielle Galileitransformationen:*

$$\begin{aligned} \boldsymbol{x}' &= \boldsymbol{x} + \boldsymbol{v}t, \\ t' &= t, \end{aligned} \tag{1.4}$$

die als Übergang zu einem gleichförmig, geradlinig bewegten System interpretiert wird. Die Galilei-Gruppe enthält also 10 freie Parameter.

Die Newtonschen Bewegungsgleichungen

$$m_i \frac{\mathrm{d}^2 \boldsymbol{x}_i}{\mathrm{d}t^2} = \boldsymbol{F}_i(|\boldsymbol{x}_i - \boldsymbol{x}_j|) \quad (i, j = 1, 2, \ldots, N) \tag{1.5}$$

für ein System von N Massenpunkten sind *forminvariant* unter der Galilei-Gruppe, d.h. gehen über in[1]

[1] Man sagt auch: sie sind kovariant gegenüber der Galilei-Gruppe

$$m_i' \frac{\mathrm{d}^2 \boldsymbol{x}_i'}{\mathrm{d}t'^2} = \boldsymbol{F}_i'(|\boldsymbol{x}_i' - \boldsymbol{x}_j'|) \quad (i, j = 1, 2, \ldots, N) \tag{1.6}$$

mit

$$\boldsymbol{F}_i' = \mathbf{R}\boldsymbol{F}_i, \tag{1.7}$$
$$m_i' = m_i. \tag{1.8}$$

Die letzte Gleichung haben wir ad hoc dazugeschrieben; sie folgt nicht wie (1.7) aus (1.3). Es ist die Forderung, daß sich die träge Masse unter Galileitransformationen wie *ein Skalar* transformiert:

$$f'(\boldsymbol{x}') = f(\boldsymbol{x}). \tag{1.9}$$

Dagegen sagt (1.7), daß sich die Kraft wie ein *Vektor* unter Galileitransformationen verhält:

$$\boldsymbol{F}'(\boldsymbol{x}') = \left(\frac{\partial \boldsymbol{x}'}{\partial \boldsymbol{x}}\right) \boldsymbol{F}(\boldsymbol{x}). \tag{1.10}$$

Hierin ist $(\partial x' / \partial x)$ die Matrix mit den Komponenten $(\partial x^{i'} / \partial x^j)$ $(i, j = 1, 2, 3)$. Wir sehen, daß physikalische Größen wie Masse und Kraft einen bestimmten Transformationscharakter gegenüber einer fundamentalen Gruppe von Bezugssystemtransformationen haben. Größen, die sich wie Skalare und Vektoren **linear-homogen** transformieren, d.h. wie

$$T^{\alpha'\beta'\ldots}(x^{\gamma'}) = \sum_{\kappa=0}^{3} \frac{\partial x^{\alpha'}}{\partial x^{\kappa}} \sum_{\lambda=0}^{3} \frac{\partial x^{\beta'}}{\partial x^{\lambda}} \ldots T^{\kappa\lambda\ldots}(x^{\gamma}) \tag{1.11}$$
$$(\alpha', \beta', \ldots, \gamma' = 0,\ 1,\ 2,\ 3),$$

nennen wir *Tensoren*. Physikalische Gleichungen sind Beziehungen zwischen Tensoren, bzw. *Tensorfeldern*, wenn die letzteren als *von den Koordinaten der Ereignisse abhängig* definiert werden. (Für eine präzise Definition der Tensorbegriffs vergleiche Abschnitt 3.2.)

1.3 Einsteinsches Relativitätsprinzip und Lorentztransformation

Die Entwicklung der Physik des 19. Jahrhunderts zeigte, daß auch elektromagnetische Vorgänge, insbesondere die Ausbreitung elektromagnetischer Wellen, auf kein ausgezeichnetes *Inertialsystem* führten. Das war *nicht* erwartet worden, da man glaubte, im sogenannten Äther, dem materiellen Substrat, in dem die elektromagnetischen Schwingungen stattfinden sollten, ein ausgezeichnetes Bezugssystem gefunden zu haben (Äther-Ruhsystem). In seiner berühmten Arbeit „Zur Elektrodynamik bewegter Körper“ [Ein05] erweiterte *Albert Einstein* das Relativitätsprinzip der Mechanik zur heute *Einsteinsches Relativitätsprinzip* genannten[2] Forderung: *Sämtliche* physikalischen Vorgänge laufen in allen Inertialsystemen gleich ab. Oder, formaler: auch die Grundgleichungen der *Elektrodynamik* müssen forminvariant gegenüber der zugrundeliegenden Transformationsgruppe sein.

Betrachten wir etwa die *Wellengleichung*, die aus den Maxwell-Gleichungen folgt und schränken uns auf den quellenfreien Raum sowie (der Einfachheit halber) auf eine Raumdimension ein. Dann lautet die Wellengleichung für elektromagnetische Wellen im Vakuum in einem Bezugssystem S:

$$\left(\frac{1}{c^2}\frac{\partial^2}{\partial t^2}-\frac{\partial^2}{\partial x^2}\right)\phi(x,t)=0\,. \tag{1.12}$$

Hierin ist c die Vakuumlichtgeschwindigkeit in S; $\phi(x,t)$ sei das skalare elektrische Potential. Die allgemeine Lösung von (1.12) ist:

$$\phi(t,x)=f(x+ct)+g(x-ct)\,. \tag{1.13}$$

Wenn das Einsteinsche Relativitätsprinzip gelten soll, so muß also wegen $\phi'(x',t')=\phi(x,t)$ folgen:

$$f'(x'+c't')=f(x+ct)\,. \tag{1.14}$$

Nehmen wir an, die zugrundeliegende Transformationsgruppe sei die Galilei-Gruppe. Dann folgt für eine spezielle Galilei-Transformation:

$$x'+c't'=x+vt+c't=x+(v+c')t\,. \tag{1.15}$$

Aus der Forderung (1.14) erhalten wir das wohlbekannte Additionstheorem der nichtrelativistischen Physik angewandt auf die Lichtgeschwindigkeit:

$$c=c'+v \quad\Rightarrow\quad c'=c-v\,. \tag{1.16}$$

Einstein hatte aber aus Überlegungen, ob es möglich sei, eine Lichtwelle einzuholen, ein zweites Prinzip aufgestellt, die *Hypothese der Konstanz der Lichtgeschwindigkeit*: die Lichtgeschwindigkeit (im Vakuum) ist unabhängig vom Inertialsystem. Oder, anders ausgedrückt, die *Lichtgeschwindigkeit ist unab-*

---

[2] Wie oft ist die Benennung historisch nicht ganz richtig. Der französische Mathematiker *H. Poincaré* hatte in einem Vortrag (1904) das „Einsteinsche“ Relativitätsprinzip schon klar formuliert [Poi05], ohne die physikalischen Folgerungen zu ziehen, die auf Albert Einstein zurückgehen. Man findet daher auch die Namen „spezielles Relativitätsprinzip“ (schlecht !) bzw. nur „Relativitätsprinzip“ ... *Albert Einstein* (1879–1955), dem Weltbürgertum verpflichteter Physiker, in Württenberg geboren, danach Schweizer Staatsbürger. Professor in Zürich, Prag und Berlin. 1933 aus Deutschland vertrieben, in Princeton als Staatsbürger der USA gestorben. Nobelpreis 1921 (Photoelektrischer Effekt).

hängig von der Bewegung der Lichtquelle. Das bedeutet:

$$c' = c \quad \forall \quad S'. \tag{1.17}$$

Wir erhalten einen Widerspruch mit (1.16). Die Galilei-Gruppe kann *nicht* die richtige Transformationsgruppe sein.

1.3.1 Begründung der speziellen Lorentztransformation

Wir ziehen nun die beiden Grundannahmen zur Gewinnung der speziellen Lorentztransformation, die die spezielle Galileitransformation ersetzen wird, heran. Es zeigt sich, daß das Postulat von der Konstanz der Lichtgeschwindigkeit nur zu einer sehr schwachen Einschränkung der Transformationen führt, während das Einsteinsche Relativitätsprinzip weitreichende Folgen hat. Akzeptieren wir das Postulat von der Konstanz der Lichtgeschwindigkeit, so muß die Ausbreitung eines Lichtsignals, die im System S durch

$$x^2 - c^2t^2 = 0 \tag{1.18}$$

beschrieben wird, im System S' die Gleichung

$$x'^2 - c^2t'^2 = 0 \tag{1.19}$$

nach sich ziehen und umgekehrt. Formulieren wir dies für die Koordinatendifferentiale und führen noch die neue Zeitkoordinate $x^0 := ct$ ein, so bekommen wir als Bedingung für die Koordinatentransformation zwischen S und S' $x^{0'} = f(x^0, x)$, $x' = g(x^0, x)$:

$$(\mathrm{d}x^{0'})^2 - (\mathrm{d}x')^2 = \Psi(x^0, x)\,[(\mathrm{d}x^0)^2 - (\mathrm{d}x)^2]. \tag{1.20}$$

Eine kurze Rechnung zeigt, daß die allgemeine Lösung von (1.20) durch

$$f = \alpha(x^0 - x) + \beta(x^0 + x), \quad g = \beta(x^0 + x) - \alpha(x^0 - x), \quad \psi = 2\alpha'\beta' \tag{1.21}$$

gegeben ist mit beliebigen stetig differenzierbaren Funktionen α und β (nachprüfen!). f und g sind also Lösungen der Wellengleichung. (1.21) umfaßt eine große Klasse von Transformationen, die eine Transformations*gruppe* bilden. Als Beispiel nehmen wir die Funktionen

$$\begin{aligned} \alpha(x^0 - x) &= \frac{1}{2}(x^0 - x)[1 - (a+b)(x^0 - x)]^{-1}, \\ \beta(x^0 + x) &= \frac{1}{2}(x^0 + x)[1 - (a-b)(x^0 + x)]^{-1}, \end{aligned} \tag{1.22}$$

mit den Gruppenparametern $a, b \in \mathbb{R}$. (1.22) führt zu den sogenannten speziellen *konformen* Transformationen

$$
\begin{aligned}
x^{0} &= N^{-1}\left[x^{0} - a\left((x^{0})^{2} - x^{2}\right)\right],\\
x' &= N^{-1}\left[x - b\left((x^{0})^{2} - x^{2}\right)\right] \qquad (1.23)\\
&\text{mit } N := 1 - 2ax^{0} + 2bx + (a^{2} - b^{2})\left((x^{0})^{2} - x^{2}\right).
\end{aligned}
$$

Für $a = 0, x \ll b^{-1}, x^{0} \ll b^{-1}$ geht (1.22) über in

$$t' \simeq t,\ x' \simeq -1/2gt^{2}, \qquad (1.24)$$

wenn $b = g/2c^{2}$ gewählt wird. Das heißt, wir bekommen den Übergang von S zu einem mit konstanter Beschleunigung bewegten System.

Genau das ist aber etwas, was wir hier nicht betrachten. Wir wollen innerhalb der Klasse der Inertialsysteme bleiben, die sich relativ zueinander mit konstanter Geschwindigkeit bewegen. Aus dem *Relativitätsprinzip* schließen wir, daß die Bahnen freier Teilchen, die durch eine Geradengleichung

$$ax + bt + d = 0$$

in S beschrieben wird, in eben eine solche in S' übergehen muß:

$$Ax' + Bt' + D = 0\,.$$

Der Übergang zwischen diesen beiden Geradengleichungen wird durch die sogenannte *projektive* Transformation der t-x-Ebene vermittelt:

$$
\begin{aligned}
x^{0'} &= \frac{P(x^{0}, x)}{Q(x^{0}, x)},\\
x' &= \frac{R(x^{0'}, x)}{Q(x^{0'}, x)}
\end{aligned}
\qquad (1.25)
$$

mit Polynomen ersten Grades

$$P = Ax^{0} + Bx + C, \qquad R = Dx^{0} + Ex + F, \qquad Q = Gx^{0} + Hx + K\,.$$

Die einzigen Transformationen (1.25), die in die Form (1.21) gebracht werden können, sind aber die *linearen* Transformationen, für die also $G = H = 0$ gilt. Wir wollen nun die unbekannten Koeffizienten in dieser linearen Transformation durch die Relativgeschwindigkeit υ von S und S' ausdrücken. Dazu machen wir einen leicht verallgemeinerten Ansatz (statt der spez. Galileitransformation):

$$
\begin{aligned}
x' &= \gamma(\upsilon)(x + \upsilon t), \qquad (1.26)\\
t' &= \gamma(\upsilon)(t + \mu_{0}\upsilon x).
\end{aligned}
$$

Das heißt wir lassen zu, daß sich die Zeit nicht trivial transformiert. Einen solchen Ansatz hatte schon *H.A. Lorentz* [Lor04] gemacht (sogenannte „Ortszeit"), ohne jedoch t' als physikalisch meßbare Zeit zu denken. In (1.26) muß

$\gamma(0) = 1$ gelten. μ_0 mit $[\mu] = \text{cm}^{-2}\text{s}^2$ ist eine dimensionsbehaftete Konstante. Der Faktor $\gamma(\upsilon)$ soll nur von der Relativgeschwindigkeit der Bezugssysteme abhängen. Mit (1.26) und der Hypothese der Konstanz der Lichtgeschwindigkeit ergibt sich:

$$x' + c't' = \gamma(\upsilon)[x + \upsilon t + c(t + \mu_0 \upsilon x)]$$

$$= \gamma(\upsilon)\left(1 + \frac{\upsilon}{c}\right)\left[x \frac{1 + \mu_0 \upsilon c}{\left(1 + \frac{\upsilon}{c}\right)} + ct\right]. \tag{1.27}$$

Damit (1.14) erfüllt ist, muß gelten

$$\frac{1 + \mu_0 \upsilon c}{\left(1 + \frac{\upsilon}{c}\right)} = 1 \mapsto \mu_0 = c^{-2}. \tag{1.28}$$

Nun nützen wir in einem zweiten Schritt die *Isotropie des Raumes* aus, eine Erfahrungstatsache (vgl. Abschnitt 1.4.2). Das heißt, bei Ersetzung von x' und x durch $-x'$ und $-x$, sowie der Relativgeschwindigkeit υ durch $-\upsilon$, darf sich bei der Einsetzung in die Transformationsformel (1.26) nichts ändern:

$$-x' = \gamma(-\upsilon)(-x - \upsilon t), \tag{1.29}$$

$$t' = \gamma(-\upsilon)\left(t + \frac{\upsilon x}{c^2}\right). \tag{1.30}$$

Der Vergleich mit (1.26) zeigt, daß gilt

$$\gamma(\upsilon) = \gamma(-\upsilon). \tag{1.31}$$

Im letzten Schritt nutzen wir die Gruppeneigenschaft aus. Lassen wir einer Transformation $x, t \to x', t'$ von S nach S' mit Relativgeschwindigkeit υ die Rücktransformation $x', t' \to x'', t''$ von S' nach S'' folgen, so bekommen wir

$$x'' = \gamma(-\upsilon)(x' - \upsilon t'), \quad t'' = \gamma(-\upsilon)\left(t' - \frac{\upsilon x'}{c^2}\right)$$

oder

$$x'' = \gamma(-\upsilon)\gamma(\upsilon)\left(x + \upsilon t - \upsilon t - \frac{\upsilon^2}{c^2}x\right) \tag{1.32}$$

$$= \gamma(-\upsilon)\gamma(\upsilon)\left(1 - \frac{\upsilon^2}{c^2}\right)x \tag{1.33}$$

und eine entsprechende Formel aus der Transformation der Zeit. Wegen $S'' = S$, d.h. $x'' = x$,

$$\gamma(-v)\gamma(v)\left(1-\frac{v^2}{c^2}\right)=1, \tag{1.34}$$

also mit (1.31)

$$\gamma(v)=\sqrt{1-\frac{v^2}{c^2}}, \tag{1.35}$$

so daß wir aus unserem Ansatz die sogenannte *spezielle Lorentztransformation* erhalten:

$$x'=\frac{x+vt}{\sqrt{1-\frac{v^2}{c^2}}},$$

$$t'=\frac{t+\frac{vx}{c^2}}{\sqrt{1-\frac{v^2}{c^2}}}. \tag{1.36}$$

Sie wird noch symmetrischer in den Variablen, wenn wir als Zeitkoordinate $x^0:=ct$ wählen

$$x'=\frac{x+\frac{v}{c}x^0}{\sqrt{1-\frac{v^2}{c^2}}},$$

$$x^{0'}=\frac{x^0+\frac{v}{c}x}{\sqrt{1-\frac{v^2}{c^2}}}. \tag{1.37}$$

Die angegebene Herleitung der speziellen Lorentztransformation[3] ist weder ein strenger Beweis, noch ein mit den minimalen Annahmen erzieltes optimales Resultat. In der Tat kann man *allein mit dem Einsteinschen Relativitätsprinzip* ohne einen speziellen Ansatz wie (1.26) die Transformationsformeln

[3] *Hendrik Antoon Lorentz* (1853–1929), holländischer Physiker und Mathematiker; Nobelpreis 1902.

$$\begin{aligned} x' &= \frac{x + \upsilon t}{\sqrt{1 - K\upsilon^2}}, \\ t' &= \frac{t + K\upsilon x}{\sqrt{1 - K\upsilon^2}}, \\ [x] &= [x^0] = \mathrm{cm} \end{aligned} \tag{1.38}$$

herleiten, in denen $[K] = \mathrm{cm}^{-2}\mathrm{s}^2$ ist. Für $K = 0$ folgt gerade die Galileitransformation; für $K = c^{-2}$ die Lorentztransformation [SU82]. Um letztere Gleichsetzung zu begründen, muß man aber eine Forderung an die Lichtausbreitung stellen.

Bemerkung:

1. Die Frage, unter welchen minimalen mathematischen Voraussetzungen Punktabbildungen des $\mathbb{R}^n$ linear sind, ist von Borchers und Hegerfeldt [BH72], [Heg72] sowie von anderen Autoren [DMS70] beantwortet worden.
2. (1.38) bildet eine Gruppe für *beliebiges K*, welche die Invarianzgruppe von $c^2t^2 - Kc^2x^2$ ist.

Aufgabe 1.1: Lorentztransformation, Relativitätsprinzip und Isotropie des Raumes

Leite (1.38) aus dem Einsteinschen Relativitätsprinzip und der Isotropie des Raumes ab.

Ist $\frac{\upsilon}{c} \ll 1$, so können wir die Wurzel in der speziellen Lorentztransformation entwickeln

$$\gamma := \sqrt{1 - \frac{\upsilon^2}{c^2}} = 1 + \frac{1}{2}\frac{\upsilon^2}{c^2} + \ldots$$

und erhalten in der niedrigsten Näherung (für Koordinaten $x \sim \upsilon t$) die spezielle Galileitransformation zurück.

1.3.2 Das Additionstheorem der Geschwindigkeiten

Aus den speziellen Lorentztransformationen (1.37) ziehen wir eine direkte Folgerung für die Physik. Bilden wir

$$\frac{\mathrm{d}x'}{\mathrm{d}t'} = \frac{\dfrac{\mathrm{d}x}{\mathrm{d}t} + v}{1 + \dfrac{v}{c^2}\dfrac{\mathrm{d}x}{\mathrm{d}t}}, \tag{1.39}$$

so erkennen wir das geänderte *Additionstheorem der Geschwindigkeiten* (genauer: für parallele Geschwindigkeitsrichtungen).

Aufgabe 1.2: Die Lorentztransformation als Gruppe

Zeige, daß die speziellen Lorentztransformationen eine Gruppe bilden und leite auf diese Weise das Einsteinsche Additionstheorem der Geschwindigkeiten ab.

Dieses Resultat ist konsistent mit unserer Ableitung der speziellen Lorentztransformation. Für *kleine* Geschwindigkeiten, d.h. in niedrigster Näherung in $\frac{v}{c}$, geht (1.39) über in das wohlbekannte vorrelativistische Gesetz

$$\frac{\mathrm{d}x'}{\mathrm{d}t'} \approx \frac{\mathrm{d}x}{\mathrm{d}t} + v. \tag{1.40}$$

Verwenden wir (1.39) in der Form

$$v_3 = \frac{v_1 + v_2}{1 + \dfrac{v_1 v_2}{c^2}}$$

und bilden die Größe

$$\begin{aligned} v_3^2 - c^2 &= \left(\frac{v_1 + v_2}{1 + \dfrac{v_1 v_2}{c^2}} \right)^2 - c^2 \\ &= -\frac{1}{c^2} \frac{(v_1^2 - c^2)(v_2^2 - c^2)}{\left(1 + \dfrac{v_1 v_2}{c^2}\right)^2}. \end{aligned} \tag{1.41}$$

Wenn $|v_1| \leq c, |v_2| \leq c$, so folgt auch $|v_3| \leq c$, d.h. die resultierende Geschwindigkeit aus zwei Unterlichtgeschwindigkeiten ist immer kleiner als die Lichtgeschwindigkeit. Im Spezialfall $v_1 = c$ (bzw. $v_1 = v_2 = c$) bleibt immer $v_3 = c$ bestehen.

Aus (1.39) erhalten wir durch weitere Differentiation die Transformation der *Beschleunigung*:

$$\frac{\mathrm{d}^2x'}{\mathrm{d}t'^2} = \frac{\mathrm{d}t}{\mathrm{d}t'} \cdot \frac{\left(1-\dfrac{v^2}{c^2}\right)^{3/2}}{\left(1+\dfrac{v}{c^2}\cdot\dfrac{\mathrm{d}x}{\mathrm{d}t}\right)^2} \cdot \frac{\mathrm{d}^2x}{\mathrm{d}t^2}. \tag{1.42}$$

Aufgabe 1.3: Alternative Transformationen

Warum kommen die Transformationen

a) $x' = \dfrac{x-vt}{\sqrt{1-\dfrac{v^2}{c^2}}}\left(\dfrac{c+v}{c-v}\right)^{\sigma}, ct' = \dfrac{ct-\dfrac{vx}{c}}{\sqrt{1-\dfrac{v^2}{c^2}}}\left(\dfrac{c+v}{c-v}\right)^{\sigma}, \quad y'=y, \quad z'=z,$

b) $x' = \dfrac{x-vt}{\sqrt{1-\dfrac{v^2}{c^2}}}\left(\dfrac{c+|v|}{c-|v|}\right)^{\sigma}, ct' = \dfrac{ct-\dfrac{vx}{c}}{\sqrt{1-\dfrac{v^2}{c^2}}}\left(\dfrac{c+|v|}{c-|v|}\right)^{\sigma}, \quad y'=y, \; z'=z, \; \sigma\in N, \; \sigma\neq 0$

c) $x' = x-vt, \quad t' = t-\dfrac{vx}{c^2}, \quad y' = y\sqrt{1-\dfrac{v^2}{c^2}}, \quad z' = z\sqrt{1-\dfrac{v^2}{c^2}}$

(W. Voigt, 1878)

nicht als Transformationen zwischen Inertialsystemen in Frage?

Eine direkte Anwendung des Additionstheorems der Geschwindigkeiten (1.39) führt zum sogenannten *Mitführungseffekt* (Fresnel drag). Dabei bewegt sich ein optisch transparentes Medium mit Brechungsindex n relativ zum Inertialsystem S mit der Geschwindigkeit v (in x-Richtung). Im Ruhsystem S' des Mediums ist die Phasengeschwindigkeit des Lichtes $u'_{\mathrm{Ph}} = \dfrac{c}{n}$. Schickt man einen Lichtstrahl parallel zur x-Achse durch das Medium, so folgt nach (1.39) als Phasengeschwindigkeit in S

$$u_{\mathrm{Ph}} = \frac{u'_{\mathrm{Ph}} - v}{1 - u'_{\mathrm{Ph}}\cdot\dfrac{v}{c^2}} = \frac{c}{n} - v\left(1-\frac{1}{n^2}\right) + \mathcal{O}\left(\left(\frac{v}{c}\right)^2\right). \tag{1.43}$$

Für ein dispergierendes Medium erhält man

$$u_{\mathrm{Ph}} = \frac{c}{n} - v\left(1-\frac{1}{n^2}-\frac{\lambda}{n}\frac{\mathrm{d}n}{\mathrm{d}\lambda}\right) + \mathcal{O}\left(\left(\frac{v}{c}\right)^2\right), \tag{1.44}$$

wenn λ die Wellenlänge des Lichtes ist. Durchläuft das Licht im Medium die Strecke D, so ergibt sich eine Phasenverschiebung von

$$\Delta\psi = \frac{c}{\lambda} \cdot \frac{D}{u_{\mathrm{Ph}}} \simeq \frac{D}{\lambda}\left[n + \frac{v}{c}\left(n - \frac{1}{n} - \lambda\frac{\mathrm{d}n}{\mathrm{d}\lambda}\right)\right]. \tag{1.45}$$

Die Beziehung (1.45) ist schon von Zeeman bestätigt worden. Eine neuere Messung ist in [Mac64] beschrieben.

1.4 Experimentelle Überprüfung der Grundpostulate

Das *Relativitätsprinzip* ist vielfach durch Experimente überprüft worden, die an Folgerungen aus der Lorentztransformation anknüpfen. Wir werden solche Experimente in Abschnitt 2.9 besprechen (Zeitdilatation, Dopplereffekt etc.). Hier werden wir zwei Gruppen von Experimenten bzw. Beobachtungen diskutieren, die entweder zur *Überprüfung der Unabhängigkeit der Lichtgeschwindigkeit im Vakuum von der Bewegung der Lichtquelle* oder zur indirekten *Überprüfung der Isotropie des Raumes* gemacht worden sind. Die Tests sind „indirekt“, weil die angegebenen Grenzwerte für eine „räumliche Anisotropie“ sich nicht auf eine Verletzung der Drehsymmetrie des Anschauungsraums beziehen, sondern auf eine mögliche Verletzung der speziellen Lorentztransformation („boost-Symmetrie“).

1.4.1 Unabängigkeit der Lichtgeschwindigkeit von der Bewegung der Lichtquelle

Wir betrachten *drei Arten von Experimenten bzw. Beobachtungen*, die sich durch die Größe der Geschwindigkeit der Lichtquelle unterscheiden $\left(\sim 40\,\frac{\mathrm{m}}{\mathrm{s}}, \sim 170\,\frac{\mathrm{km}}{\mathrm{s}} \text{ und nahe der Lichtgeschwindigkeit}\right)$.

Das erste und älteste Experiment ist eine interferometrische Messung an einem langsamen makroskopischen optischen System [BB64]. Ein von der Lichtquelle Q kommender Strahl wird bei 1 in zwei Strahlen aufgespalten, die denselben Lichtweg in umgekehrter Richtung durchlaufen (vgl. Abb 1.1). Auf einer Glasscheibe sind zwei dünne Glasplatten montiert (P_1, P_2) und in den Lichtweg gebracht. Rotiert die Scheibe mit der Winkelgeschwindigkeit ω, so läuft der eine Lichtstrahl im Umdrehungssinn, der andere dagegen. Auf Grund des sogenannten *Extinktionstheorems* von Ewald und Oseen (vgl. [BW64], S. 100–108) können die Glasplatten als sekundäre bewegte Lichtquellen aufgefaßt werden. (Das Licht wird von den Atomen im Glas absorbiert und reemittiert. Damit das geschieht, muß das Licht eine gewisse Strecke, die sogenannte *Extinktionslänge*[4] $X = \frac{\lambda}{2\pi}\frac{1}{|n-1|}$ im Material zurücklegen. Dabei ist n der Brechungsindex, λ die Wellenlänge.)

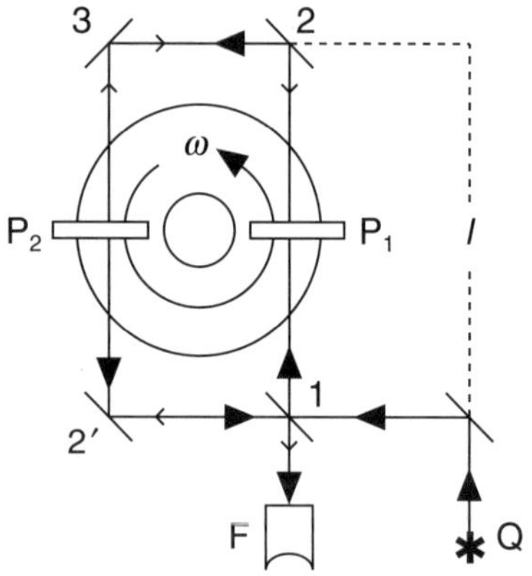

Abb. 1.1 Mitführung des Lichtes

Lassen wir nun die Lichtgeschwindigkeit von der Bewegung der Lichtquelle abhängen und machen den Ansatz

$$c'_{\pm} = c \pm k\upsilon\,. \tag{1.46}$$

Hier sind $\pm\,\upsilon = \pm\,R\omega$ die Geschwindigkeiten der sekundären Lichtquellen P_1, P_2 relativ zur ruhenden Lichtquelle Q (und dem ebenfalls ruhenden Beobachter), k ist cin *unbekannter Zahlenfaktor*. (Für die Galileitransformation wäre $k = 1$.) Der Lichtweg für den Strahl $1 \to 2 \to 3 \to 2' \to 1$ führt zur Phasendifferenz

$$\Delta\phi_+ = \frac{c}{\lambda}\Delta t_+ = \frac{c}{\lambda}\frac{t}{c+k\upsilon}\,.$$

Δt_+ ist die Laufzeit und l die maßgebende geometrische Größe: da die festen Spiegel wieder als neue Lichtquellen aufgefaßt werden können (Extinktionskoeffizient), tragen nur die Stücke $P_1 \to 2$ und Ƅ^ς → Ƨ、 zu Δt_+ bei. Entsprechend gilt für den umgekehrten Strahl

$$\Delta\phi_- = \frac{c}{\lambda}\Delta t_- = \frac{c}{\lambda}\frac{\lambda}{c-k\upsilon}\,.$$

---

[4] Die Länge, auf der die Amplitude der ankommenden Welle auf das $\frac{1}{e}$-fache reduziert wird.

Beide Strahlen weisen gegeneinander die Phasendifferenz

$$\Delta\phi := \Delta\phi_- - \Delta\phi_+ = \frac{cl}{\lambda}\frac{2k\upsilon}{c^2 - k^2\upsilon^2}$$

auf, und für $\frac{\upsilon}{c} \ll 1$

$$\Delta\phi \approx \frac{2l\upsilon}{\lambda c}k = 2k\beta\frac{l}{\lambda}, \qquad (1.47)$$

wenn $\beta := \frac{\upsilon}{c}$ ist.

Mit Hilfe eines Interferometers F müßte man diese Phasendifferenz als ω-abhängige Funktion der Verschiebung der Interferenzstreifen messen können ($\upsilon = R\omega$, R: Radius der Scheibe).

Versuchsdaten:

$$\upsilon = 37{,}6\,\frac{\text{m}}{\text{s}} \quad \triangleq \quad \beta = 1{,}25 \cdot 10^{-7} \ll 1$$

$$l = 2{,}76\,\text{m}, \qquad \lambda = 4{,}74 \cdot 10^{-7}\text{m}$$

Dicke der Glasplatten $d = 0{,}34\,\text{cm} \gg X \approx 10^{-4}\,\text{cm}$ (Extinktionslänge im verwendeten Glas).

Für $k = 1$ sollte der Effekt 2,9 Interferenzstreifenbreiten betragen; gemessen wurde eine Verschiebung von weniger als 0,02 Streifenbreiten. Daraus schließt man auf $k \leq 10^{-2}$. Das heißt, bis auf ca 1% ist die Lichtgeschwindigkei nach diesem Experiment von der Bewegung der Quelle unabhängig.

Als nächstes wenden wir uns einer Beobachtung zu, die an *pulsierenden Röntgenstrahlquellen in Doppelsternsystemen* gemacht wurde. Nehmen wir der Einfachheit halber an, ein Stern mit kleiner Masse bewege sich auf einem Kreis mit dem Radius r um einen ortsfesten Stern mit großer Masse im Abstand D vom Beobachter (Abb. 1.2). Die Umlaufgeschwindigkeit sei υ und konstant. Sei t' der Zeitpunkt zu dem ein Röntgenimpuls von der Quelle ausgesandt wird. Wir nehmen wieder an, daß die Lichtgeschwindigkeit wie im Ansatz (1.46) von der Bewegung der Lichtquelle abhängt. Zur Zeit t' ist die Entfernung der Quelle $D - r\sin(\phi) = D - r\sin(\omega t')$ und die Geschwindigkeit in Sehrichtung $\upsilon_{\parallel} = \upsilon\cos(\omega t')$. Beim Beobachter trifft der Röntgenimpuls zur Zeit

$$t = t' + \frac{D - r\sin(\omega t')}{c + k\upsilon\cos(\omega t')} \qquad (1.48)$$

ein. Dann kann es wegen der Veränderung von Abstand und auf die Seh-

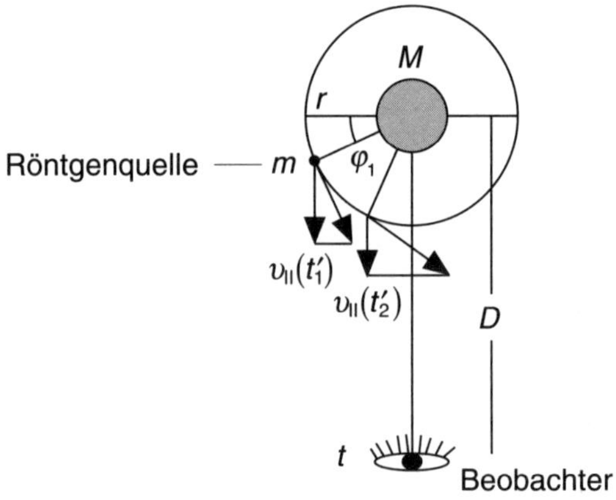

Abb. 1.2 Doppelsternsystem

richtung projizierter Geschwindigkeit sein, daß zwei zu den Zeiten t_1' und t_2' abgehende Röntgenpulse zur *selben* Zeit t beim Beobachter eintreffen ($t_1 = t_2$)

$$0 = t_2' - t_1' + \frac{D - r\sin(\omega t_2')}{c + k\upsilon\cos(\omega t_2')} - \frac{D - r\sin(\omega t_1')}{c + k\upsilon\cos(\omega t_1')}.$$

Für Geschwindigkeiten $\dfrac{\upsilon}{c} \ll 1$ kann der Nenner entwickelt werden und wir bekommen näherungsweise für $D \gg r$ (bis auf Größen 2.Ordnung)

$$0 = t_2' - t_1' + \frac{r}{c}[\sin(\omega t_1') - \sin(\omega t_2')] + \frac{kD\upsilon}{c^2}[\cos(\omega t_1') - \cos(\omega t_2')] + \mathbb{O}\left(\frac{r\upsilon}{Dc}\right).$$

$$(1.49)$$

Die Röntgenquelle ist bei $t_2' \neq t_1'$ aber an einer anderen Stelle am Himmel: man würde *Geisterbilder* bekommen. Setzen wir o.B.d.A. $t_1' = 0$. Dann muß die Gleichung

$$0 = t_2' - \frac{r}{c}\sin(\omega t_2') + \frac{kD\upsilon}{c^2}[1 - \cos(\omega t_2')]$$

eine Lösung $t_2' \neq 0$ haben. Versuchen wir eine Lösung mit t_2' in der Nähe von $t_2' = 0$. Dann folgt näherungsweise

$$0 \approx t_2' - \frac{r}{c}\omega t_2' + \frac{kD\upsilon}{c^2}[1 - (1 + \omega^2 t_2'^2)]$$

$$\approx t_2'\left[1 - \frac{r\omega}{c} - \frac{kD\upsilon}{c^2}\omega^2 t_2'\right].$$

Wegen $\upsilon = r\omega$ folgt

$$t_2' \approx \frac{1-\frac{\upsilon}{c}}{kD\upsilon\frac{\omega^2}{c^2}} > 0\,.$$

Da $t_2' \le \frac{r}{c}$ gilt, wenn t_2' klein sein soll, so wird der Term $-\frac{kD\upsilon}{c^2}\omega^2 t_2'$ klein gegenüber dem Term $\frac{r\omega}{c}$ sein, wenn gilt $\frac{kD\upsilon}{c^2}\omega^2 \ll 1$ oder

$$k \ll \frac{c^2}{D\upsilon\omega}\,. \tag{1.50}$$

Über den Dopplereffekt kann man eine weitere Einschränkung an den Zahlenfaktor k erhalten, die hier nicht abgeleitet werden soll [Bre77]. Wesentlich für die Beobachtung ist, *daß die Extinktionslänge X in dem den Stern umgebenden Plasma* groß ist gegenüber dem Sternabstand D. Für Röntgenstrahlen der Energie 70 keV ergibt sich für $X \approx \left(\lambda \frac{e^2}{m_e c^2} N\right)^{-1}$, wo N die Anzahldichte der Elektronen im Plasma ist, e die Elektronenladung, m_e die Elektronenmasse, λ die Wellenlänge der Röntgenstrahlen. Man erhält $X \approx 20\,\mathrm{kpc}$ ($\cong 3\cdot 10^{22}\,\mathrm{cm}$), wenn $N \approx 0{,}04\,\mathrm{cm}^{-3}$. Das gut vermessene Doppelsternsystem Her X–1 ist ~ 6 kpc entfernt mit einer Umlaufperiode von 1,7 Tagen. Der Autor erhält aus den Beobachtungsdaten

$$k < 2\cdot 10^{-9}\,.$$

Die Sterngeschwindigkeit in der Sehrichtung ist $\sim 169\frac{\mathrm{km}}{\mathrm{s}}$.

Als letztes betrachten wir ein Experiment, das ausnutzt, daß z.B. π-Mesonen in Lichtquanten zerfallen:

$$\pi^0 \to \gamma + \gamma\,.$$

Als bewegte Lichtquelle dient jetzt also das π^0-Meson. Man muß die Geschwindigkeit der γ-Quanten messen; dazu bestimmt man die Zeit, die sie zum Durchfliegen einer bekannten Meßstrecke benötigen. Im vorliegenden Experiment (am Protonensynchrotron von CERN) [ABF⁺66] wurden die π^0-Mesonen durch Beschuß eines Be-Targets mit Protonen erzeugt. Die π^0-Energie war $\approx 6\cdot 10^9\,\mathrm{eV} \mathrel{\hat{=}} \beta = \frac{\upsilon}{c} \approx 0{,}99975$. Die Pionen haben eine Lebensdauer von ca. 10^{-16} s, zerfallen also in unmittelbarer Nähe der Targets. Die Laufzeitmessung kann nicht so geschehen, daß man am Anfang und Ende (A bzw. B) der Meßstrecke γ-Detektoren aufstellt. Der Detektor bei A würde das eintreffende γ-Quant absorbieren, so daß es nicht zu B gelangt. Man geht so vor: der

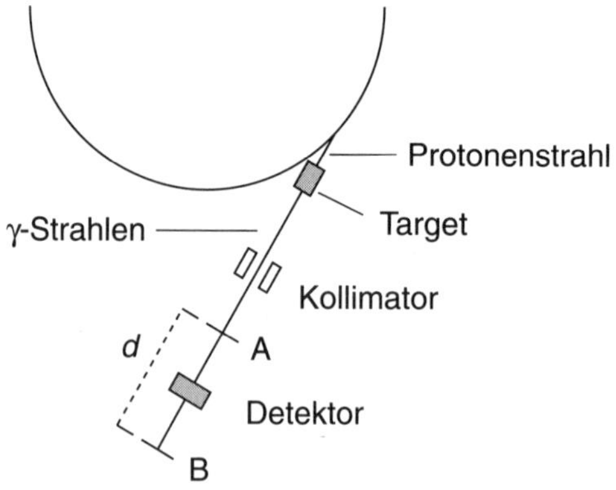

Abb. 1.3 Protonensynchroton von CERN

Protonenstrahl wird in Pulsen (von einigen 10^{-9} s Dauer) hergestellt; die Zeitspanne zwischen den Pulsen sei $\frac{1}{f}$, wenn f die Beschleunigungsfrequenz der Protonen ist ($f \sim 1{,}05 \cdot 10^{-7}$ s). Die π^0-Mesonen und γ-Quanten sind dann im gleichen Rhythmus gepulst wie die Protonen. Die Pulse haben ein bestimmtes Zeitspektrum, das durch einen Zeit-Pulshöhen-Konverter gemessen wird. Sein Startsignal erhält dieser vom Detektor in Position A, sein Stopsignal von der Radiofrequenz des Protonensynchrotrons. Fährt man nun den Detektor von Position A nach B weiter vom Target weg, so werden die Startsignale (Ankunft eines γ-Quanten-Pulses) immer später ankommen. Ist der Detektor gerade um eine Strecke $d = \frac{c}{f}$ verschoben worden, so haben die Startsignale wieder dieselbe Zeitbeziehung zu den Stopsignalen wie am Anfang. Ist jedoch $c' = c + kv$ die Geschwindigkeit der γ-Quanten, so ist die Flugzeit von A nach B nicht $\frac{d}{c} = \frac{1}{f}$, sondern $\frac{1}{f} + \Delta$. Die Messungen ergeben

$$\Delta = (0{,}000 \pm 0{,}013) \cdot 10^{-9}\,\text{s}\,.$$

Dem enstpricht ein Wert von c':

$$c' = (2{,}9979 \pm 4 \cdot 10^{-4}) \cdot 10^{8}\,\frac{\text{m}}{\text{s}}\,,$$

d.h. ein k-Faktor von $\sim 4 \cdot 10^{-4}$.

Die Extinktionslänge der γ-Quanten der angegebenen Energie in Luft beträgt X ~5 km; der Abstand des Detektors vom Target war ~100 m (vergleiche Abbildung 1.3).

1.4.2 Isotropie des Raumes

In jüngster Zeit sind mehrere Experimente durchgeführt worden, die als Bestätigung der Isotropie des Raumes gelten sollen [BH79]. In Wirklichkeit handelt es sich um die Isotropie des Raums der Relativgeschwindigkeiten bezüglich eines ausgezeichneten Bezugssystems. Seit die 3K-Hintergrund-Mikrowellenstrahlung kosmologischen Ursprungs entdeckt wurde, könnte man wieder an ein ausgezeichnetes Bezugssystem denken; nämlich gerade das, in dem diese kosmologische Hintergrundstrahlung *isotrop* ist. Die folgenden Experimente gehen von verschiedenen Annahmen über die Ursache der möglichen Verletzung der Symmetrie gegenüber speziellen Lorentztransformationen aus.

Auf der einen Seite könnte eine anisotrope Verteilung der kosmischen Massen bzw. eine verschiedenartige Kopplung der Schwerkraft an verschiedene Energieformen (Bindungsenergie, träge Masse, Ruhmasse) eine Abweichung von der speziellen Lorentztransformation ergeben. Solche Experimente zur Massenanisotropie verwenden *die Wechselwirkung des Kernspins mit einem Magnetfeld (Zeeman-Effekt, Kernspinresonanz).* Ältere Messungen laufen unter dem Namen *Hughes-Drever-Experimente* [HRBL60], [Dre61]. Hierbei wird die Aufspaltung der Energiezustände eines ^{7}Li-Kerns gemessen (Quadrupolaufspaltung im Magnetfeld) als Funktion der sich ändernden Richtung der Magnetfeldachse relativ zur Richtung zum Zentrum der Milchstraße bei der Rotation der Erde relativ zu den Fixsternen.

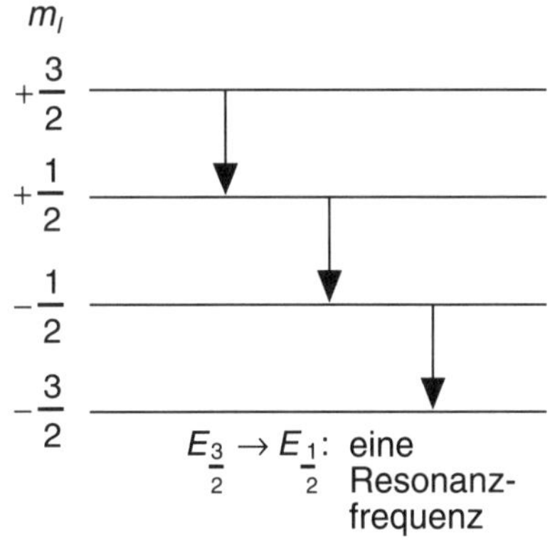

Abb. 1.4 Grundzustand ^{7}Li

Im Grundzustand hat ^{7}Li den Kernspin $m_I = \frac{3}{2}$ mit den magnetischen Quantenzahlen $-\frac{3}{2}, -\frac{1}{2}, \frac{1}{2}$ und $\frac{3}{2}$, die vier Zuständen im äußeren homogenen Magnet-

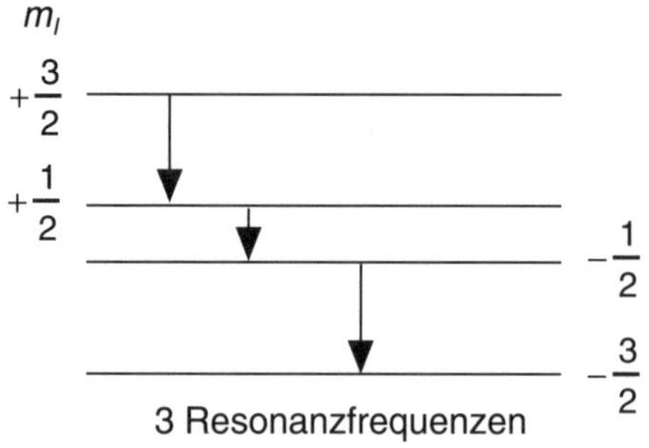

Abb. 1.5 Anisotropieeffekt

feld *mit gleicher Energiedifferenz* entsprechen. Im Falle des Vorliegens einer Massen-Anisotropie wäre die Aufspaltung der Energieniveaus *ungleich* groß: Die ungleiche Aufspaltung ist durch eine Abhängigkeit der Kernruhmasse von der Orientierung relativ zu einer ausgezeichneten Richtung bewirkt (vergleiche Abbildung 1.4 und 1.5). Eine Zeitabhängigkeit der Aufspaltung im 24-Stunden-Rhythmus würde als Verletzung der Lorentz-Transformation interpretiert werden können. Die Meßergebnisse der Hughes-Drever-Experimente und weiterer Tests [Pre 85] (Frequenzvergleich eines Hyperfeinstrukturüberganges von Be-Ionen und eines Wasserstoff-Masers), [Lam86] (Vergleich von Frequenzen des Kernspinpräzession zweier Hg-Isotope im Magnetfeld) waren aber negativ. Die bisher präziseste Messung einer (möglicherweise) zeitabhängigen Quadrupolaufspaltung von Zeeman-Energieniveaus [Chu89], [Lam86], [Pre85], setzt eine obere Schranke für einen richtungsabhängigen Beitrag zur Masse von:

$$\delta m < 2 \cdot 10^{-21}\,\text{eV}\,.$$

In der theoretischen Interpretation solcher Experimente durch *Will und Haughan* [Wil81, Hau79] gibt es einen numerischen Parameter, der, *wenn er von Null verschieden ist*, eine Bezugssystem-Abhängigkeit des Effekts, d.h. eine Anisotropie des Raumes, kennzeichnet. Der obige Meßwert schränkt diesen Parameter ein auf einen Betrag $< 3 \cdot 10^{-21}$.

Auf der anderen Seite wird eine *Richtungsabhängigkeit* der Vakuumlichtgeschwindigkeit c untersucht. Ein einfacher Ansatz ist $c(\theta) = c(\alpha_1 + \alpha_2 \cos\theta + \alpha_3 \cos^2\theta)$ mit dem Winkel θ zwischen dem Weg des Lichtsignals und der Bewegungsrichtung der Erde relativ zu einem hypothetischen ausgezeichneten Bezugssystem. Als solches wird gewöhnlich das durch den kosmischen Mikrowellenhintergrund (KMH) definierte genommen. Je nachdem, ob Ätherdriftexperimente in der Art des Milchelson-Morley-Experimentes ([MM87], [Joo30], [HH90]) gemacht werden, die Dopplerverschiebung von Spektrallinien ([KP85], [RP88], [KG92], [MG93]) oder die Lichtgeschwindigkeit direkt

[KM90a] gemessen werden, ergeben sich Aussagen über die Parameter α_i (i = 1, 2, 3). Diese sind Funktionen der Relativgeschwindigkeit υ von Laborsystem (mit Koordinaten t, x, y, z) und ausgezeichneten Bezugssystem (KMH-System, mit Koordinaten T, X, Y, Z). Eine Entwicklung nach υ / c ergibt

$$\alpha_1 = 1 + \left(\delta - \alpha - \frac{1}{2}\right), \quad \alpha_2 = 1 + 2\alpha, \quad \alpha_3 = \beta - \delta - \frac{1}{2}.$$

Dabei sind α, β, δ numerische Parameter, die aus einem Ansatz von Mansouri und Sexl [MS77] für die Transformation zwischen dem Laborsystem und dem KMH-System folgen:

$$t = \left(1 + \alpha\left(\frac{\upsilon}{c}\right)^2 + \ldots\right) T + ex \tag{1.51}$$

$$x = \left(1 + \beta\left(\frac{\upsilon}{c}\right)^2 + \ldots\right)(X - \upsilon T) \tag{1.52}$$

$$y = \left(1 + \delta\left(\frac{\upsilon}{c}\right)^2 + \ldots\right) Y \tag{1.53}$$

$$z = \left(1 + \delta\left(\frac{\upsilon}{c}\right)^2 + \ldots\right) Z . \tag{1.54}$$

(1.55)

Dabei ist e ein von der Uhrensynchronisation herrührender Parameter (siehe Abschnitt 2.3), der in die Messungen nicht eingeht. Für eine spezielle Lorentz-Transformation (vgl. (1.36)) gilt $\beta = -\alpha = 1/2, \delta = 0$, woraus $\alpha_1 = 1, \alpha_2 = \alpha_3 = 0$ folgt, d.h. die Richtungsunabhängigkeit der Vakuumlichtgeschwindigkeit. Die angegebenen Messungen ergeben eine sehr gute Übereinstimmung mit der speziellen Relativitätstheorie: $|\beta - \alpha - 1| < 6{,}6 \cdot 10^{-5}$ [HH90], $|\alpha + 1/2| < 1{,}8 \cdot 10^{-4}$, $|1/2 + \delta - \beta| < 2 \cdot 10^{-2}$ [KM90a], $|\alpha + 1/2| \simeq 1{,}4 \cdot 10^{-6}$ [RP88], $|\alpha + 1/2| \simeq 1{,}5 \cdot 10^{-5}$ [KG92].

Anmerkungen: 1. Wir sind hier auf die Ätherdriftexperimente vom Morley-Michelson-Typ (Zwei-Arm-Interferometer mit gleicher Armlänge, das sich relativ zu einem ausgezeichneten Bezugssystem bewegt) bzw. vom Kennedy-Thorndike-Typ (ungleiche Armlänge des Interferometers) nicht im einzelnen eingegangen, da diese in den meisten Büchern über die Spezielle Relativitätstheorie ausführlich besprochen werden.

2. Die einzige Testtheorie, die tatsächlich die Isotropie der Raum-Zeit in Frage stellt, ist meines Wissens die von G. Bogoslowsky [Bog92] im Rahmen einer Finsler-Geometrie vorgeschlagene.
3. Es ist in der Regel *nichttrivial*, eine Messung einer bestimmten theoretischen Vorhersage eindeutig zuzuordnen. Daher findet man in der Literatur auch gelegentlich Meinungsverschiedenheiten zur Interpretation von Meßresultaten (vgl. [BW89], [Wil92], [Kre92]). Amateure ohne genügende mathematische und physikalische Kenntnisse sollten sich dadurch aber *nicht* ermutigt fühlen, die spezielle Relativitätstheorie in Zweifel zu ziehen. (Meistens gibt das eine „Bauchlandung".)

2 Einfache Folgerungen aus der Lorentztransformation

Wir untersuchen nun einfache Konsequenzen der gegenüber der vorrelativistischen Mechanik geänderten Transformationsformeln. Die wichtigste ist, daß der Gleichzeitigkeitsbegriff vom Beobachter abhängig wird. Daraus ergeben sich Effekte wie Längenkontraktion und Zeitdilatation, Dopplerverschiebung der Spektrallinien und Aberration der Sterne. Als konkrete Anwendungen besprechen wir das sogenannte Zwillingsparadoxon und die Abbildung schnell bewegter Objekte. Daran schließt sich der Vergleich mit den Messungen an.

2.1 Makroskopisches Kausalitätsprinzip

In Abschnitt 1.3 haben wir gesehen, daß man durch Wechseln des Inertialsystems nie eine größere Geschwindigkeit als die Lichtgeschwindigkeit erreichen kann (wenn die Ausgangsgeschwindigkeit und die Relativgeschwindigkeit der Inertialsysteme nicht größer als c sind).

Wir wollen nun begründen, warum die *Vakuumlichtgeschwindigkeit c die größte Geschwindigkeit* ist, *mit der eine Signalübertragung erfolgen kann.* Dazu gehen wir von unserer Vorstellung von Ursache und Wirkung aus: Wenn ein Ereignis P_1 (am Ort x_1 zur Zeit t_1) ein Ereignis P_2 (am Ort x_2 zur Zeit t_2) nachsichzieht, so muß immer $t_2 - t_1 \geq 0$ gelten: Die Folge kann nicht früher als die Ursache eintreten.

Aus der speziellen Lorentztransformation (1.36) folgt für die Zeitdifferenz zweier Ereignisse im gegenüber I mit der Geschwindigkeit v bewegten Inertialsystem I':

$$t'_2 - t'_1 = \gamma\left[t_2 - t_1 + \frac{v}{c^2}(x_2 - x_1)\right] = \gamma(t_2 - t_1)\left[1 + \frac{v}{c^2}\frac{(x_2 - x_1)}{t_2 - t_1}\right].$$

In dieser Beziehung können wir $\dfrac{(x_2 - x_1)}{(t_2 - t_1)}$ als die Geschwindigkeit v_ω betrachten, mit der sich im Inertialsystem I eine Wirkung von x_1 nach x_2 ausbreitet:

$$t_2' - t_1' = \gamma(t_2 - t_1)\left[1 + \frac{v v_\omega}{c^2}\right]. \tag{2.1}$$

Wir *verlangen* nun als *physikalisches Prinzip, daß die Zeitordung zwischen zwei Ereignissen („früher" oder „später") unabhängig vom Inertialsystem* ist (*Makroskopisches Kausalitätsprinzip*). Das heißt, für $t_2 - t_1 > 0$ muß auch $t_2' - t_1' > 0$ für alle Inertialbeobachter gelten. Wir bekommen so aus (2.1) die Forderung

$$1 + \frac{v v_\omega}{c^2} > 0 .$$

Nehmen wir nun an, es gelte $|v_\omega| > c$ und führen die Annahme zum Widerspruch. Es läßt sich immer ein Inertialsystem finden mit $\left|\frac{v}{c}\right| < 1$, so daß $1 + \frac{v v_\omega}{c^2} < 0$. Zum Beispiel für

$$\frac{v_\omega}{c} = \frac{n+1}{n} > 1 \quad \text{und} \quad \frac{v}{c} = -\frac{n+1}{n+2}, \quad n = 1, 2, 3, \ldots$$

Es ergibt sich $1 + \frac{v v_\omega}{c^2} = -\frac{1}{n(n+2)} < 0$. Widerspruch und $|v_\omega| \leq c$. Wir haben also das Ergebnis, daß jede Signalgeschwindigkeit nach oben durch die Vakuumlichtgeschwindigkeit beschränkt ist, wenn wir die Lorentztransformation zugrundelegen[1].

2.2 Relativität der Gleichzeitigkeit, Raum-Zeit-Diagramm

Während die zeitliche Aufeinanderfolge von Ereignissen von sämtlichen Inertialbeobachtern gleich beurteilt wird (*Erhaltung der Zeitordnung* durch spezielle Lorentztransformation), *hängt der Begriff der Gleichzeitigkeit vom Bezugssystem ab.*

Wegen $t_2' - t_1' = \gamma(v)\left[t_2 - t_1 + \frac{v}{c^2}(x_2 - x_1)\right]$ folgt $t_2' - t_1' = \gamma(v)\frac{v}{c^2}(x_2 - x_1) \neq 0$ wenn $t_2 - t_1 = 0$ und $x_2 - x_1 \neq 0$. Das heißt, Ereignisse an *verschiedenen Orten*, die gleichzeitig in I sind, erfolgen von I' aus gesehen *nicht* gleichzeitig.

[1] Die Argumentation entspricht der Einsteinschen Schlußweise. Vgl. [Ein07].

Nur für (formal)[2] $c \to \infty$ wird Gleichzeitigkeit zu einem vom Inertialsystem unabhängigen Begriff.

Insbesondere beschreiben die Flächen gleicher Phase $t' = const$ eines vom Ursprung ausgehenden Lichtsignals in I', dessen geometrischer Ort im euklidischen Raum durch

$$(x')^2 + (y')^2 + (z')^2 = c^2 t'^2 \tag{2.2}$$

gegeben ist, vom Inertialsystem I aus gesehen nicht gleichzeitige Ereignisse. Andererseits hat der geometrische Ort des Signals in I sogar dieselbe funktionale Form wegen:

$$\begin{aligned}(x')^2 + (y')^2 + (z')^2 - (ct')^2 &= \gamma^2 (x^2 + 2\upsilon t x + \upsilon^2 t^2) + y^2 + z^2 \\ &\quad - c^2\gamma^2 \left(t^2 + 2\frac{\upsilon}{c^2} x t + \frac{\upsilon^2 x^2}{c^4} \right) \\ &= \gamma^2 \left[x^2 \left(1 - \frac{\upsilon^2}{c^2} \right) - c^2 t^2 \left(1 - \frac{\upsilon^2}{c^2} \right) \right] + y^2 + z^2 \\ &= x^2 + y^2 + z^2 - c^2 t^2 \,. \end{aligned} \tag{2.3}$$

(Konstanz der Vakuumlichtgeschwindigkeit!) Das heißt, hier gilt $f(x', y', z', t') = f(x, y, z, t)$: wir nennen die Bilinearform *invariant* (gegenüber Lorentztransformation).

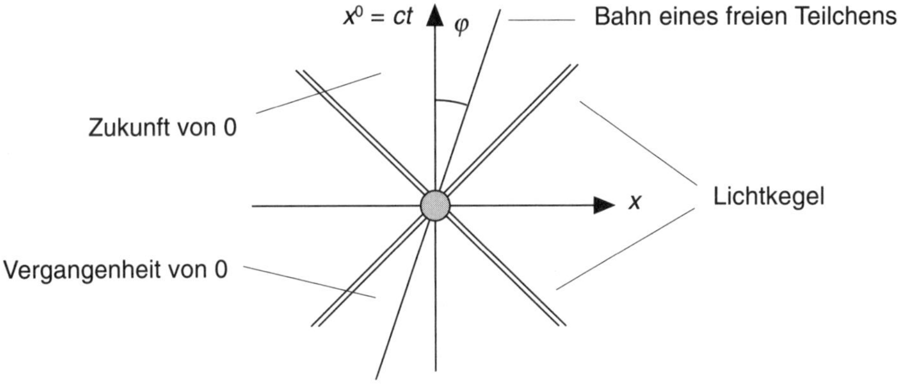

Abb. 2.1 Raum-Zeit-Diagramm

---

[2] c ist dimensionsbehaftet; d.h. der Limes $c \to \infty$ hat strenggenommen keine Bedeutung. Er läuft auf $\lim_{\upsilon \neq 0} \frac{\upsilon}{c} \to 0$ hinaus, wenn wir zulassen, daß c einen Wertebereich annehmen kann.

Auf der Raum-Zeit-Mannigfaltigkeit mit den Koordinaten $\{ct, x, y, z\}$ stellt (2.2) einen *Kegel* dar, den sogenannten *Lichtkegel*. (Mit x, y, z, ct liegen auch alle Ereignisse λx, λy, λz, λct, $\lambda \in \mathbb{R}$ in der durch (2.2) gegebenen Punktmenge.)

Zeichnen wir ein Bild (mit nur einer Raumdimension; vgl. Abb. 2.1): Der Lichtkegel beschreibt die Bahn von Lichtsignalen, die an seiner Spitze ausgesandt werden. Er zerfällt in einen *Zukunfts*kegel und einen *Vergangenheits*kegel, je nachdem, ob $ct > 0$ bzw. $ct < 0$ gilt (Spitze im Ursprung). Freie Teilchen mit der Masse $m \neq 0$ werden durch $\frac{\mathrm{d}x}{\mathrm{d}t} = v_0 = const$ beschrieben oder

$$x = v_0 t = \frac{v_0}{c}(ct) = \frac{v_0}{c} x^0 ,$$

wenn sie bei $t = 0$ in $x = 0$ waren. Wegen $\frac{v_0}{c} < 1$ folgt $\tan(\phi) := \frac{v_0}{c} < 1$ oder $-\frac{\pi}{4} < \phi < +\frac{\pi}{4}$ (der Winkel ϕ wird von der ($x^0 =$ ct)-Achse aus gemessen). Damit umfaßt das Innere des Lichtkegels gerade die Bahnen freier Teilchen, die zum Zeitpunkt $t = 0$ durch den Ursprung gehen. Genauer: Das Innere des *Zukunfts-* (oder Nach-)kegels und sein Rand beschreiben die Ereignisse, die vom Ursprung aus kausal beeinflußt werden können; das Innere und der Rand des *Vergangenheits-* (oder Vor-)kegels umfassen die Ereignisse, die den Ursprung beeinflussen können. Das Gebiet *außerhalb* des Lichtkegels umfaßt alle Ereignisse, die mit dem Ursprung *nicht* kausal zusammenhängen: es ist das *Gleichzeitigkeitsgebiet*.

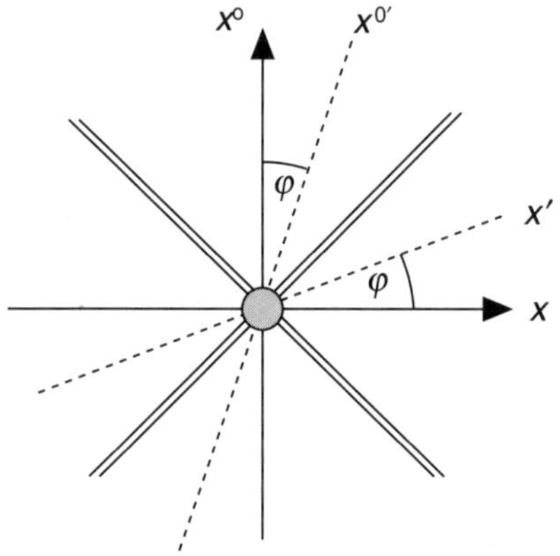

Abb. 2.2 Raum-Zeit-Diagramm, Lorentz-Transformation

Bilder in der x^0-x-Ebene nennen wir *Raum-Zeit-Diagramme*. Wie stellt sich die spezielle Lorentztransformation im Raum-Zeit-Diagramm dar? Nun, die

x^0-Achse ($x^{0'}$- Achse), die durch $x = 0$ ($x' = 0$) gegeben ist, stellt das Bild eines in $I(I')$ *ruhenden* Teilchens dar. Da sich I' gegen I mit Unterlichtgeschwindigkeit bewegt, liegt die $x^{0'}$- Achse *im Inneren* des Lichtkegels mit dem Winkel $\phi = \arctan\left(\frac{v}{c}\right)$ zur $x^{0'}$-Achse. Da in (1.37) Symmetrie zwischen x^0 und x besteht, muß die neue x'-Achse ebenfalls den Winkel ϕ gegen die alte x-Achse einnehmen:

Wegen (2.3) ist der Lichtkegel in beiden Systemen derselbe (vgl. Abb. 2.2).

2.3 Längen- und Zeitmessungen, Uhrensynchronisation

Daß Gleichzeitigkeit *kein absoluter* Begriff ist, haben viele Leute am Anfang des Jahrhunderts nur schwer verstehen können. Kann man denn nicht durch Messungen *nachprüfen*, ob zwei Ereignisse P_1 und P_2 an zwei *verschiedenen* Orten gleichzeitig stattfinden?

Nun, zu dieser Messung muß ein Signal von P_1 nach P_2 gesandt werden, damit man überhaupt etwas feststellen kann. Man muß die Geschwindigkeit des Signals kennen (sie sei endlich und $\leq c$), um eine Feststellung der Gleichzeitigkeit treffen zu können. Die Messung einer Geschwindigkeit setzt aber die Kenntnis der Gleichzeitigkeit, d.h. die Synchronisation von Uhren schon voraus (Zeitangaben an verschiedenen Orten!). Man gerät in einen *logischen Zirkel.* Um sich daraus zu befreien, muß man die Gleichzeitigkeit von Vorgängen eben *operativ definieren.*

Wir wollen dies tun! Wir denken uns in einem festen Inertialsystem I kartesische Koordinaten eingeführt. In jedem durch das Tripel der Ortskoordinaten x^k festgelegten Ort sei eine Uhr, eine Vorrichtung zur Aussendung und Reflexion von Lichtsignalen und ein Winkelmesser vorhanden. Alle diese Instrumente sollen in I relativ zueinander ruhen (was wir durch Messungen überprüfen können, siehe unten) und identisch gebaut sein. Das heißt, wenn wir die Instrumente alle in einen Punkt transportieren würden und sie dort bei relativer Ruhe verglichen, so sollten sie völlig gleich beschaffen sein.

Wir senden ein Lichtsignal vom Ereignis P_a zum Ereignis P_b[3]. Es wird dort ohne Zeitverlust reflektiert und kommt zu P_a zurück. Die folgende Tabelle faßt die Koordinaten der verschiedenen Ereignisse zusammen.

[3] Unter der Annahme, daß das Lichtsignal zwischen P_a und P_b im *Vakuum* läuft.

Art des Ereignisses	Koordinaten des Ereignisses P_a	P_b
Signalemission in P_a	(t_{a0}, x_a^k)	(t_{b-}, x_b^k)
Signalreflektion in P_b	(t_{ab}, x_a^k)	(t_{b0}, x_b^k)
Signalabsorption in P_a	(t_{a1}, x_a^k)	

mit $t_{a0} < t_{ab} < t_{a1}$, $t_{b-} < t_{b0} < t_{b+}$

Wir definieren nun als erstes die Synchronisation der Uhren in P_a und P_b durch die Festsetzung[4]:

$$t_{b0} := t_{ab} = \frac{1}{2}(t_{a0} + t_{a1}) . \tag{2.4}$$

Zur praktischen Durchführung dieser Definition sind mehrere Hin- und Herwege des Signals nötig. Zuerst wird von der Uhr in P_a die Zeit t_{a0} bzw. t_{a1} gemessen. Da wir annehmen, daß die Vakuumlichtgeschwindigkeit konstant und auf dem Hin- wie Rückweg dieselbe ist, ergibt sich t_{ab} als Festsetzung für die Laufzeit von P_a nach P_b. Durch Wiederholung der Laufzeitmessung stellt man fest, ob die *Laufzeit zeitunabhängig* ist, d.h. ob die relative Entfernung von P_a und P_b konstant bleibt, also die Uhren in P_a und P_b relativ zueinander ruhen. Schließlich wird die Information über die Laufzeit mittels eines weiteren Signals von P_a nach P_b übertragen (elektromagnetisches Signal!) und dort dazu benutzt, die Uhr synchron zu stellen.

Mit diesem Prozeß können alle Uhren in I von einer Zentraluhr aus synchronisiert werden, *ohne daß man die Geschwindigkeit des Signals kennen muß.* Der Synchronisationsprozeß betrifft lediglich die Feststellung eines gemeinsamen Zeitnullpunktes. Daß alle Uhren in I denselben Gang haben, ist durch den identischen Bau – laut Annahme – garantiert.

Statt mit Licht könnte man auch mit anderen Signalen synchronisieren, deren Geschwindigkeit konstant und richtungsunabhängig ist. Der Vorschlag, zuerst alle Uhren bei einer Zentraluhr zu versammeln, zu synchronisieren und dann zurückzutransportieren, geht nur gut, wenn der Uhrengang nicht von der Transportgeschwindigkeit abhängt. Eine solche Abhängigkeit wird sich aber

---

[4] Einstein-Synchronisation: $t_{b0} = t_{a0} + \frac{1}{2}(t_{a1} - t_{a0})$

Allgemeiner Ansatz: $t_{b0} = t_{a0} + \varepsilon(t_{a1} - t_{a0})$, $0 \le \varepsilon \le 1$. Isotropie des Raumes erzwingt $\varepsilon = \frac{1}{2}$. Vgl. [Mit76].

gerade herausstellen (Zeitdilatation). Macht man den Uhrentransport langsam genug ($v/c \ll 1$), so zeigt sich, daß *im Rahmen der speziellen Relativitätstheorie* die Einstein-Synchronisation (2.4) und die Synchronisation durch Uhrentransport übereinstimmen [MS77].

Bisher sind Entfernungen nur als *Lichtlaufzeiten* bekannt. Der Anschluß an die Entfernungsmessung mit Maßstäben erfolgt unter der Annahme, daß es so etwas wie *starre* Körper gibt, durch deren Anlegen wir eine Strecke ausmessen können. (In Strenge ist das nicht richtig; ein starrer Körper bedeutet, daß in ihm eine unendlich große Signalgeschwindigkeit existiert!)[5]

Kennt man den Wert der Vakuumlichtgeschwindigkeit c, so kann man den *räumlichen* Abstand der Ereignisse P_a und P_b definieren durch:

$$\overline{P_a P_b} := \frac{1}{2} c(t_{a1} - t_{a0}) . \tag{2.5}$$

Die Abstandsmessung kann (logischerweise) nicht vor der Uhrensynchronisation erfolgen, denn das Anlegen und Ablesen der Meßlatten muß so vor sich gehen, daß Anfangs- und Endablesung gleichzeitig geschehen.

Die gegebene Vorschrift für die Synchronisation von Uhren ist eine *Zuordnungsdefinition*, die nicht durch Messungen falsifiziert werden kann, es sei denn, man könnte eine „Einweg-Geschwindigkeit" des Lichtes messen, wie sie in [KM90a] versucht wird (vgl. auch [Wil92]). Sie muß *symmetrisch* und *transitiv* sein.

Als letztes müssen wir uns fragen, ob die Uhren, die wir zur Zeitmessung benutzen (Atomuhren, Planetenbewegung) mit den gegebenen Vorschriften (Synchronisation, Uhrengang) verträglich sind. Die Erfahrung hat dies im Rahmen der Meßgenauigkeit bestätigt.

2.4 Längenkontraktion

Die Längenkontraktion ist eine direkte Folge der Relativität der Gleichzeitigkeit. Die Länge l eines Stabes in Richtung der x-Achse im System I ist gegeben durch die *zur gleichen Zeit* gemessenen Differenz der Koordinaten von Stabanfang und Stabende:

$$l := (x_2 - x_1)\big|_{t_2 = t_1} . \tag{2.6}$$

[5] In der Kosmologie ist es deshalb nicht trivial, Entfernungen, die als Lichtlaufzeiten angegeben werden (Lichtjahr, Parsec etc.), in km auszudrücken.

Im dazu bewegten Inertialsystem gilt dieselbe Meßvorschrift, das heißt

$$l' := (x_2' - x_1')\big|_{t_2'=t_1'} \,. \tag{2.7}$$

Rechnen wir um von I nach I', so folgt aus (1.36):

$$x_2' - x_1' = \gamma(v)(x_2 - x_1) + \gamma(v)(t_2 - t_1)v\,,$$

$$t_2' - t_1' = \gamma(v)(t_2 - t_1) + \gamma(v)\frac{v}{c^2}(x_2 - x_1)\,.$$

Nach Elimination von $t_2 - t_1$ ergibt sich

$$x_2' - x_1' = \gamma(v)\left[1 - \frac{v^2}{c^2}\right](x_2 - x_1) + v(t_2' - t_1')$$

$$= \sqrt{1 - \frac{v^2}{c^2}}\,(x_2 - x_1) + v(t_2' - t_1')\,.$$

Nach (2.7) ist also die Länge des Stabes in I'

$$l' = \sqrt{1 - \frac{v^2}{c^2}}\,l = \gamma^{-1} l\,. \tag{2.8}$$

Für $v \neq 0$ folgt $l' < l$. (2.8) ist die Formel für die sogenannte *Längenkontraktion*. Die Länge in Bewegungsrichtung eines Stabes scheint relativ zum ruhenden Stab verkürzt. Senkrecht dazu ändert sich wegen $y' = y$, $z' = z$ nichts. Während Lorentz und auch Poincaré noch versuchten, ein Modell der Materie zu finden, das diese Kontraktion aus *geschwindigkeitsabhängigen* Kräften zwischen den Atomen erklärt, sehen wir jetzt, daß der Effekt daher kommt, daß den gleichen Zeitpunkten $t_1 = t_2$ in I verschiedene Zeitpunkte $t_1' \neq t_2'$ in I' entsprechen. Die einem Körper zuzusprechende Länge (im alltäglichen Sprachgebrauch) ist die sogenannte *Ruhlänge*, d.h., die von einem relativ zum Körper ruhenden Beobachter gemessene Länge.

Die Frage stellt sich, ob man die Lorentzkontraktion im Prinzip sehen bzw. photographieren kann. Eine Antwort darauf werden wir in Abschnitt 2.8 kennenlernen.

2.5 Zeitdilatation

Auch auf die Gang*rate* von Uhren in relativ zueinander bewegten Inertialsystemen hat die Einsteinsche Gleichzeitigkeitsdefinition einen Einfluß. Wir betrachten eine Uhr in I am Ort x zu den Zeitpunkten t_1 und $t_2 > t_1$. Dem Zeitintervall $\Delta t := t_2 - t_1$ in I entspricht dann in I'

$$\Delta t' := t_2' - t_1' = \gamma(v)\Delta t + \gamma(v)\frac{v}{c^2}(x - x),$$

oder

$$\Delta t' = \gamma(v)\Delta t\,. \tag{2.9}$$

Das ist die Formel für die *Zeitdilatation.* Die Zeitanzeige *einer* Uhr am Ort x in I muß mit der Zeitanzeige von *zwei* Uhren an den Orten x_1' und x_2' im System I' verglichen werden:

$$\begin{aligned} x_2' - x_1' &= \gamma(v)[x - x] + \gamma(v)\,v(t_2 - t_1) \\ &= +\gamma(v)\,v\Delta t \neq 0\,. \end{aligned}$$

Daher geht das Verfahren der Uhrensynchronisation in das Meßergebnis für das Zeitintervall ein. Die Gangrate der bewegten Uhr *vergrößert* sich für den ruhenden Beobachter in I. Eine Folge ist das sogenannte *Zwillingsparadoxon* (Uhren-), das wir in Abschnitt 2.7 besprechen werden.

2.6 Dopplereffekt und Aberration

Wir wenden uns zwei optischen Effekten zu, die schon vor der Entstehung der speziellen Relativitätstheorie bekannt waren.[6]

2.6.1 Transformationsverhalten einer ebenen Welle

Ein weiterer, aus der speziellen Lorentztransformation folgender Effekt, ergibt sich, wenn wir untersuchen, wie sich die Frequenz und der Wellenvektor einer ebenen Welle im Vakuum

$$\phi(x,t) = \phi_0 \mathrm{e}^{\mathrm{i}(\omega t - \boldsymbol{k}\cdot\boldsymbol{x})} \tag{2.10}$$

transformieren. In (2.10) ist $\omega = 2\pi\nu$ die Kreisfrequenz, $\boldsymbol{k} = |\boldsymbol{k}|\cdot\hat{\boldsymbol{n}} = \frac{2\pi}{\lambda}\hat{\boldsymbol{n}}$ der Wellenvektor der Welle mit Wellenlänge λ. $\hat{\boldsymbol{n}}$ ist der Einheitsvektor in der Ausbreitungsrichtung der Welle. Wenn durch

$$\begin{aligned} \cos(\alpha_x) &:= \hat{\boldsymbol{n}}\cdot\boldsymbol{e}_x\,, \\ \cos(\alpha_y) &:= \hat{\boldsymbol{n}}\cdot\boldsymbol{e}_y\,, \\ \cos(\alpha_z) &:= \hat{\boldsymbol{n}}\cdot\boldsymbol{e}_z \end{aligned}$$

[6] *Christian Doppler* (1803–1853), österreichischer Physiker, Professor an den Universitäten Prag und Wien.

die Richtungscosinus eingeführt werden (Cosinus der Winkel zwischen $\hat{\boldsymbol{n}}$ und den Achsenrichtungen), so folgt (vgl. Abb. 2.3)

$$\hat{\boldsymbol{n}} = (\cos(\alpha_x), \cos(\alpha_y), \cos(\alpha_z))$$

mit

$$\cos^2(\alpha_x) + \cos^2(\alpha_y) + \cos^2(\alpha_z) = 1 .$$

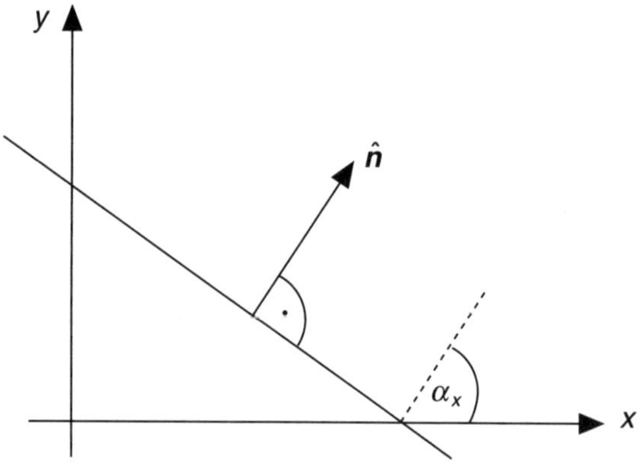

Abb. 2.3 Wellenfront

Die Phase der Welle schreibt sich dann als

$$\begin{aligned}\omega t - \boldsymbol{k} \cdot \boldsymbol{x} &= 2\pi\nu\left(t - \frac{1}{\lambda\nu}(x\cos(\alpha_x) + y\cos(\alpha_y) + z\cos(\alpha_z))\right)\\ &= 2\pi\nu\left(t - \frac{x\cos(\alpha_x) + y\cos(\alpha_y) + z\cos(\alpha_z)}{c}\right), \qquad (2.11)\end{aligned}$$

wenn $c = \lambda\nu$ die Vakuumlichtgeschwindigkeit ist.

Als Lösung der Wellengleichung muß die ebene Welle im relativ zu I bewegten System I' genauso geschrieben werden können (Form- bzw. Kovarianz):

$$\begin{aligned}\omega' t' - \boldsymbol{k}' \cdot \boldsymbol{x}' &= 2\pi\nu'\left(t' - \frac{x'\cos(\alpha'_x) + y'\cos(\alpha'_y) + z'\cos(\alpha'_z)}{c}\right)\\ &= 2\pi\nu'\left[\gamma\left(t + \frac{\upsilon}{c^2}x\right) - \frac{\gamma}{c}\cos(\alpha'_x)(x + \upsilon t)\right.\\ &\qquad \left. - \frac{y}{c}\cos(\alpha'_y) - \frac{z}{c}\cos(\alpha'_z)\right]\end{aligned}$$

$$= 2\pi\nu'\left\{t\gamma(\upsilon)\left[1-\frac{\upsilon}{c}\cos(\alpha'_x)\right]+\frac{1}{c}\gamma(\upsilon)x\right.$$

$$\left.\times\left[\frac{\upsilon}{c}-\cos(\alpha'_x)\right]-\frac{y}{c}\cos(\alpha'_y)-\frac{z}{c}\cos(\alpha'_z)\right\}$$

$$= 2\pi\nu'\gamma(\upsilon)\left[1-\frac{\upsilon}{c}\cos(\alpha'_x)\right]$$

$$\times\left\{t-\frac{x}{c}\frac{\cos(\alpha'_x)-\frac{\upsilon}{c}}{1-\frac{\upsilon}{c}\cos(\alpha'_x)}-\frac{y\cos(\alpha'_y)+z\cos(\alpha'_z)}{c\gamma\left(1-\frac{\upsilon}{c}\cos(\alpha'_x)\right)}\right\}$$

$$\stackrel{!}{=} 2\pi\nu\left(t-\frac{x\cos(\alpha_x)+y\cos(\alpha_y)+z\cos(\alpha_z)}{c}\right)=\omega t-\boldsymbol{k}\cdot\boldsymbol{x}\,.$$

Daraus folgt die *Transformationsformel für die Frequenz* $\gamma\nu'\left(1-\frac{\upsilon}{c}\cos(\alpha'_x)\right)$ $= \nu$ oder durch Vertauschen von ν und ν' sowie υ durch $-\upsilon$:

$$\nu' = \nu\frac{1+\frac{\upsilon}{c}\cos(\alpha_x)}{\sqrt{1-\frac{\upsilon^2}{c^2}}}\,. \tag{2.12}$$

Ebenso folgt für die *Transformation der Ausbreitungsrichtung*:

$$\begin{aligned}
\cos(\alpha'_x) &= \frac{\cos(\alpha_x)+\frac{\upsilon}{c}}{1+\frac{\upsilon}{c}\cos(\alpha_x)}\,,\\
\cos(\alpha'_y) &= \frac{\cos(\alpha_y)\sqrt{1-\frac{\upsilon^2}{c^2}}}{1+\frac{\upsilon}{c}\cos(\alpha_x)}\,,\\
\cos(\alpha'_z) &= \frac{\cos(\alpha_z)\sqrt{1-\frac{\upsilon^2}{c^2}}}{1+\frac{\upsilon}{c}\cos(\alpha_x)}\,.
\end{aligned} \tag{2.13}$$

Man bestätigt leicht, daß $\cos^2(\alpha'_x)+\cos^2(\alpha'_y)+\cos^2(\alpha'_z)=1$. Diese Beziehungen können in eine Form gebracht werden, die unabhängig von der Annahme gilt, daß die Relativgeschwindigkeit in Richtung der gemeinsamen x- und x'-Achse liegt. Dazu nutzen wir aus, daß das innere Produkt in $\mathbb{R}^3$ ein Skalar unter Drehungen ist. Bilden wir $\boldsymbol{v} \cdot \hat{\boldsymbol{n}}$ und wenden eine Drehung mit der Drehmatrix $\mathbf{R}$ an:

$$\upsilon^{i'} = \sum_k R^i_k \upsilon^k , \hat{n}^{i'} = \sum_l R^i_l \hat{n}^l ,$$

so folgt

$$\begin{aligned} \boldsymbol{v}' \cdot \hat{\boldsymbol{n}}' &= \sum_i \upsilon^{i'} \hat{n}^{i'} = \sum_{k,l} \left(\sum_i R^i_k R^i_l \right) \upsilon^k \hat{n}^l \\ &= \sum_{k,l} \delta_{kl} \upsilon^k \hat{n}^l = \sum_k \upsilon^k \hat{n}^k = \boldsymbol{v} \cdot \hat{\boldsymbol{n}} , \end{aligned}$$

da $\mathbf{R}$ eine Orthogonalmatrix ist

$$\sum_i R^i_k R^i_l = \delta_{kl} .$$

Wenn $\boldsymbol{v}$ in Richtung der x-Achse fällt, so folgt $\boldsymbol{v} = (\upsilon, 0, 0)$ und $\boldsymbol{v} \cdot \hat{\boldsymbol{n}} = \upsilon \cdot \cos(\alpha_x)$, $\boldsymbol{v}^2 = \upsilon^2$. Damit geht (2.12) über in

$$\nu' = \nu \frac{1 + \frac{1}{c} \boldsymbol{v} \cdot \hat{\boldsymbol{n}}}{\sqrt{1 - \frac{\boldsymbol{v}^2}{c^2}}} . \tag{2.14}$$

Aufgabe 2.1: Transformation des Normalenvektors

Zeige, daß gilt:

$$\hat{\boldsymbol{n}}' = \left(1 + \frac{\boldsymbol{v} \cdot \hat{\boldsymbol{n}}}{c} \right)^{-1} \left[\gamma^{-1} \hat{\boldsymbol{n}} + \frac{1}{\boldsymbol{v}^2} \boldsymbol{v} (\hat{\boldsymbol{n}} \cdot \boldsymbol{v})(1 - \gamma^{-1}) + \frac{\boldsymbol{v}}{c} \right] . \tag{2.15}$$

2.6.2 Dopplereffekt

Sehen wir uns die Transformation für die Frequenz genauer an! Im Spezialfall, in dem die Ausbreitungsrichtung der Welle mit der Richtung der Relativgeschwindigkeit der Inertialsysteme I und I' zusammenfällt, ist $\alpha_x = 0$ und (2.12) geht über in

$$\nu' = \nu \frac{1 + \frac{\upsilon}{c}}{\sqrt{1 - \frac{\upsilon^2}{c^2}}} = \nu \sqrt{\frac{1 + \frac{\upsilon}{c}}{1 - \frac{\upsilon}{c}}} . \tag{2.16}$$

Das ist der bekannte (longitudinale) *Dopplereffekt*. Für $\frac{v}{c} \ll 1$ folgt

$$\nu' = \nu\left(1 + \frac{v}{c}\right).$$

Im Gegensatz zum akustischen Dopplereffekt[7] kommt es bei einer elektromagnetischen Welle (Licht, Radiowelle) *nicht* darauf an, ob sich die Lichtquelle bewegt oder der Beobachter; nur die Relativbewegung ist maßgebend. Wenn sich der Abstand verkleinert, d.h. wenn $\boldsymbol{v} \cdot \hat{\boldsymbol{n}} > 0$, in (2.14), so vergrößert sich die Frequenz: $\nu' > \nu$. Wenn sich die Lichtquelle vom Beobachter *weg*bewegt, d.h. $\boldsymbol{v} \cdot \hat{\boldsymbol{n}} < 0$, so verkleinert sich die Frequenz: $\nu' < \nu$. Die Wellenlänge wächst: man erhält die bekannte *Rotverschiebung der Spektrallinien*:

$$\lambda' \simeq \frac{\lambda}{1 - \frac{v}{c}} \cong \lambda\left(1 + \frac{v}{c}\right), \tag{2.17}$$

die schon vor der Erfindung der speziellen Relativitätstheorie gemessen war.

Im 2. *Spezialfall*, daß die Ausbreitungsgeschwindigkeit der Welle $\hat{\boldsymbol{n}}$ senkrecht zur Relativgeschwindigkeit $\boldsymbol{v}$ ist, folgt aus (2.14) der sogenannte *transversale* Dopplereffekt:

$$\nu' = \frac{\nu}{\sqrt{1 - \frac{v^2}{c^2}}} \cong \nu\left(1 + \frac{v^2}{2c^2}\right). \tag{2.18}$$

Er führt auf eine Blauverschiebung der Spektrallinien und ist ein Effekt der Ordnung $\left(\frac{v}{c}\right)^2$. Daher ist der transversale Dopplereffekt nicht leicht zu messen. Er wird meistens durch den viel größeren linearen Dopplereffekt maskiert. Wir werden erfolgreiche Messungen in Abschnitt 2.9 besprechen.

[7] Beim *akustischen* Dopplereffekt gilt:

$$\nu = \nu_0 \frac{1 \mp \frac{v_B}{c_S}}{1 \pm \frac{v_Q}{c_S}}$$

mit der Schallgeschwindigkeit c_s, der Beobachter-(Quell-)Geschwindigkeit v_B (v_Q). Das obere Vorzeichen gilt, wenn sich Empfänger und Quelle aufeinander zubewegen. Die Geschwindigkeiten v_B und v_Q sind relativ zum Medium der Schallausbreitung (z.B. Luft) zu messen.

2.6.3 Aberration

Aus der Transformationsformel (2.13) folgt, daß der Winkel unter dem eine Lichtquelle (z.B. ein Stern) gesehen wird, vom Bewegungszustand des Beobachters relativ zu diesem Objekt abhängt. Legen wir die Sehrichtung der Einfachheit halber in die x-z-Ebene $\left(\alpha_y = \frac{\pi}{2}\right)$. Dann folgt aus (2.13) auch $\alpha'_y = \frac{\pi}{2}$.

Aus $\tan\left(\frac{\alpha'_x}{2}\right) = \frac{\sin(\alpha'_x)}{1+\cos(\alpha'_x)}$ und der 1. Gleichung von (2.13) folgt

$$\left(\text{mit} \quad \sin(\alpha'_x) = \frac{\sin(\alpha_x)\sqrt{1-\frac{v^2}{c^2}}}{1+\frac{v}{2}\cos\alpha_x}\right) \tag{2.19}$$

$$\begin{aligned}\tan\left(\frac{\alpha'_x}{2}\right) &= \frac{\sin(\alpha_x)\sqrt{1-\frac{v^2}{c^2}}}{1+\frac{v}{c}\cos a_x} \cdot \frac{1+\frac{v}{c}\cos(\alpha_x)}{\left(1+\frac{v}{c}\right)(1+\cos(\alpha_x)} \\ &= \sqrt{\frac{1-\frac{v}{c}}{1+\frac{v}{c}}} \cdot \left\{\frac{\sin(\alpha_x)}{1+\cos(\alpha_x)}\right\} = \sqrt{\frac{1-\frac{v}{c}}{1+\frac{v}{c}}}\tan\left(\frac{\alpha_x}{2}\right).\end{aligned} \tag{2.20}$$

Wenn wir den sogenannten *Aberrationswinkel* $\delta := \alpha'_x - \alpha_x$ einführen, so gilt wegen

$$\tan\left(\frac{\delta}{2}\right) = \frac{\tan\left(\frac{\alpha'_x}{2}\right) - \tan\left(\frac{\alpha_x}{2}\right)}{1+\tan\left(\frac{\alpha'_x}{2}\right)\cdot\tan\left(\frac{\alpha_x}{2}\right)}$$

und wegen (2.20):

$$\tan\left(\frac{\delta}{2}\right) = \frac{\sqrt{\frac{1-\frac{v}{c}}{1+\frac{v}{c}}} - 1}{\cot\left(\frac{\alpha_x}{2}\right) + \sqrt{\frac{1-\frac{v}{c}}{1+\frac{v}{c}}}\tan\left(\frac{\alpha_x}{2}\right)} \tag{2.21}$$

Setzen wir nun speziell $\alpha_x = \frac{\pi}{2}$, das heißt schauen in z-Richtung, so folgt

$$\tan\left(\frac{\delta}{2}\right) = \frac{\sqrt{\frac{1-\frac{v}{c}}{1+\frac{v}{c}}}-1}{\sqrt{\frac{1-\frac{v}{c}}{1+\frac{v}{c}}}+1}$$

und schließlich, mit $\tan(\delta) = \frac{2\tan\left(\frac{\delta}{2}\right)}{1-\tan^2\left(\frac{\delta}{2}\right)}$,

$$\tan(\delta) \approx \delta = \frac{\frac{v}{c}}{\sqrt{1-\frac{v^2}{c^2}}}. \tag{2.22}$$

Der Effekt ist z.B. meßbar, wenn sich dieser Winkel *verändert*. Nehmen wir nun an, die Geschwindigkeit des Beobachters sei *variabel*, während die Richtung $\hat{\boldsymbol{n}}$ festgehalten wird. Dann folgt aus der ersten Gleichung von (2.13)

$$\begin{aligned}-\sin(\alpha_x')\mathrm{d}\alpha_x' &= \frac{\mathrm{d}\left(\frac{v}{c}\right)}{1+\frac{v}{c}\cos(\alpha_x)} - \frac{\cos(\alpha_x)+\frac{v}{c}}{\left(1+\frac{v}{c}\cos(\alpha_x)\right)^2}\cos(\alpha_x)\mathrm{d}\left(\frac{v}{c}\right) \\ &= \mathrm{d}\left(\frac{v}{c}\right)\frac{\sin^2(\alpha_x)}{\left(1+\frac{v}{c}\cos(\alpha_x)\right)^2}\end{aligned}$$

und nach Einsetzen von

$$\sin(\alpha_x') = \frac{\sin(\alpha_x)}{1+\frac{v}{c}\cos(\alpha_x)}\sqrt{1-\frac{v^2}{c^2}}$$

ergibt sich

$$-\,\mathrm{d}\alpha_x' = \mathrm{d}\left(\frac{v}{c}\right)\frac{\sin(\alpha_x)}{1+\frac{v}{c}\cos(\alpha_x)}\frac{1}{\sqrt{1-\frac{v^2}{c^2}}}. \tag{2.23}$$

Eine ähnliche Rechnung führt auf

$$\mathrm{d}\alpha_z' = \mathrm{d}\left(\frac{v}{c}\right)\frac{\cos(\alpha_z)}{\sqrt{1-\frac{v^2}{c^2}}}\frac{\frac{v}{c}+\cos(\alpha_x)}{1+\frac{v}{c}\cos(\alpha_x)}$$

$$\times\left(\sin^2(\alpha_z)+2\frac{v}{c}\cos(\alpha_x)+\frac{v^2}{c^2}\sin^2(\alpha_y)\right)^{-\frac{1}{2}} \tag{2.24}$$

und die entsprechende durch Vertauschen von y und z zu gewinnende Gleichung für $\mathrm{d}\alpha_y'$.

Betrachten wir die Bahnebene der Erde um die Sonne. Während des jährlichen Umlaufs variiert die Erdgeschwindigkeit um $\mathrm{d}\left(\frac{v}{2}\right) \approx 2\cdot 10^{-4}$. Richtet man ein Teleskop zum Himmelspol (also senkrecht zur Ekliptik), so gilt – wenn wir die momentane x-Achse in Richtung der Geschwindigkeit legen – $\alpha_x = \alpha_y = \frac{\pi}{2}$, $\alpha_z = 0$. Dann folgt aus (2.23), (2.24)

$$\begin{aligned} -\,\mathrm{d}\alpha_x' &= \mathrm{d}\left(\frac{v}{c}\right)\frac{1}{\sqrt{1-\frac{v^2}{c^2}}} \\ -\,\mathrm{d}\alpha_y' &= 0 \\ -\,\mathrm{d}\alpha_z' &= \mathrm{d}\left(\frac{v}{c}\right)\frac{1}{\sqrt{1-\frac{v^2}{c^2}}} \end{aligned} \tag{2.25}$$

d.h., die Richtung zum Stern ändert sich im Laufe des Jahres. In der Tat beschreibt die scheinbare Position eines Fixsterns in der Nähe des Himmelspoles einen Kreis vom Durchmesser $\sim 41''$ (Bogensekunden). Der Beitrag der speziellen Relativitätstheorie ist $\sim\left(\frac{v}{2}\right)^2\mathrm{d}\left(\frac{v}{c}\right)$ also von 2. Ordnung klein. Der Effekt $\sim\mathrm{d}\left(\frac{v}{c}\right)$, der schon aus der vorrelativistischen Geschwindigkeitsaddition folgt, wurde von *J. Bradley* 1728 beobachtet[8] (vgl. Abb. 2.4).

---

[8] *James Bradley* (1692–1762), Pfarrer und Professor der Astronomie in Oxford. Nachfolger Halleys als Direktor der Greenwicher Sternwarte.

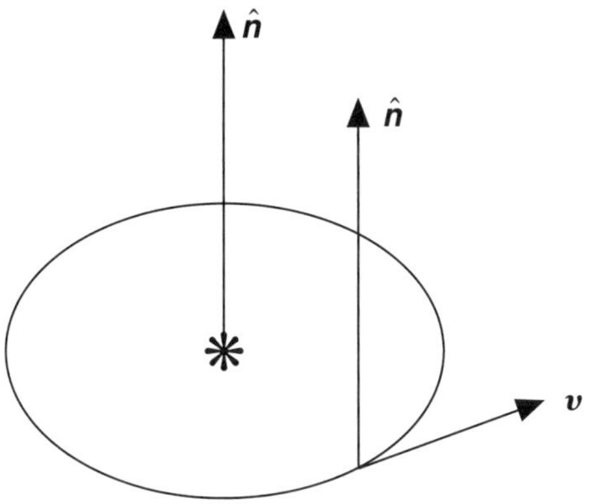

Abb. 2.4 Aberration

2.7 Das Zwillingsparadoxon

Es liegt folgende Situation vor: Von einem Zwillingspaar Z_1, Z_2 macht Z_2 folgende Reise. Er besteigt eine Rakete, wird auf eine hohe Geschwindigkeit beschleunigt und fliegt eine lange Zeit geradeaus. Dann bremst die Rakete ab, wechselt die Flugrichtung, beschleunigt in der entgegengesetzten Richtung bis auf denselben Betrag der Geschwindigkeit, und Z_2 kehrt schließlich zu seinem Bruder-/Schwesterherz Z_1 zurück. Wenn er mit der Geschwindigkeit $v = \frac{\sqrt{3}}{2}c$ unterwegs gewesen ist und seine (mitgeführte) Uhr eine Reisezeit von 10 Jahren anzeigt, so hat der zurückgebliebene Zwilling aber 20 Jahre verstreichen sehen (Zeitdilatation). Und umgekehrt?

Nachdem wir den Dopplereffekt kennengelernt haben, können wir mit seiner Hilfe das Uhren- oder Zwillingsparadoxon auflösen. Zeichnen wir zuerst wieder das Raum-Zeit-Diagramm für die Weltlinien der beiden Zwillinge Z_1 und Z_2. (Z_1: der Zuhausgebliebene, Z_2: der Raumfahrer). Die zwischen Z_1 und Z_2 getroffenen Vereinbarungen sind:

1. Die Reise ist symmetrisch angelegt. Z_1 fliegt genauso lange mit der Geschwindigkeit $+v$ von Z_1 weg, wie dann mit $-v$ auf Z_1 zu.
2. Der Umkehrort U (Stern etc.) ruht relativ zum Zwilling Z_1.
3. Beide haben Sender der Ruhfrequenz ν_o.

Wir analysieren nun, was der zuhausegebliebene Zwilling mißt bzw. ausrechnet (vgl. Abb. 2.5).

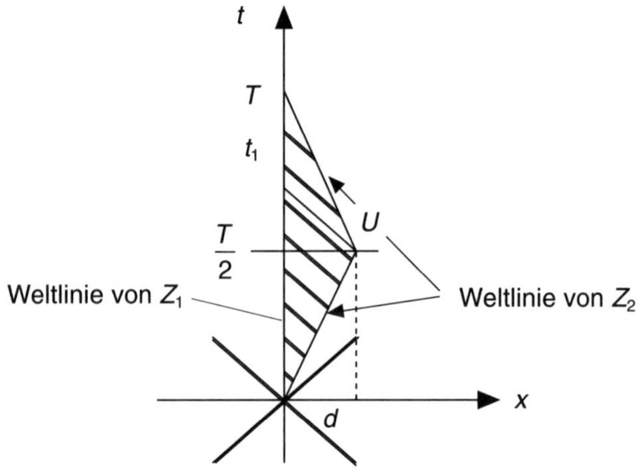

Abb. 2.5 Zwillingsparadoxon, Analyse in I

Analyse im System I = Ruhsystem von Z_1		
a)	Startzeit **Erster Teil der Reise von Z_2**	$t = 0$
1)	Relativgeschwindigkeit von Z_2	v
2)	Gesamtreisezeit von Z_2	$t = T$
3)	Entfernung $\overline{Z_1 U}$ von Z_1 und Z_2, wenn Z_2 die weiteste Entfernung erreicht hat (Umkehrpunkt).	$d = \frac{T}{2} v$
4)	Frequenz der von Z_2 ausgesandten und von Z_1 empfangenen Signale. *longitudinaler Dopplereffekt, Rotverschiebung*, da Z_2 von Z_1 wegfliegt!)	$\nu_2^{\text{hin}} = \nu_0 \sqrt{\frac{1 - \frac{v}{c}}{1 + \frac{v}{c}}}$
5)	Zeitpunkt t_1, an dem Z_1 von der Umkehr von Z_2 erfährt.	$t_1 = \frac{T}{2} + \frac{d}{c} = \frac{d}{v}\left(1 + \frac{v}{c}\right)$
6)	Anzahl der von Z_1 bis zur Zeit t_1 empfangenen Signale der Frequenz ν_2^{hin} von Z_2.	$N_2^{\text{hin}} = \nu_2^{\text{hin}} \cdot t_1 = \nu_0 \frac{d}{v} \sqrt{1 - \frac{v^2}{c^2}}$

b) **Zweiter Teil der Reise von Z_2**

7)	Relativgeschwindigkeit von Z_2	$-v$
8)	Frequenz der von Z_2 ausgesandten Signale (Z_2 fliegt auf Z_1 zu) wie von Z_1 gemessen.	$\nu_2^{\text{zur}} = \nu_0 \sqrt{\dfrac{1+\dfrac{v}{c}}{1-\dfrac{v}{c}}}$
9)	Anzahl der bis zur Rückkehr von Z_2 durch Z_1 empfangenen Signale der Frequenz ν_2^{zur}.	$N_2^{\text{zur}} = \nu_2^{\text{zur}}(T - t_1)$ $= \nu_2^{\text{zur}}\left(\dfrac{T}{2} - \dfrac{d}{c}\right)$ $= \nu_2^{\text{zur}} \dfrac{d}{v}\left(1 - \dfrac{v}{c}\right)$ $= \nu_0 \dfrac{d}{v}\sqrt{1 - \dfrac{v^2}{c^2}}$
10)	Gesamtanzahl der von Z_1 empfangenen Signale (von Z_2 ausgesandt)	$N_2 = N_2^{\text{hin}} + N_2^{\text{zur}}$ $= \dfrac{2\nu_0 d}{v}\sqrt{1 - \dfrac{v^2}{c^2}}$ $= \nu_0 T \sqrt{1 - \dfrac{v^2}{c^2}}$
11)	Gesamtzahl der während der Reise von Z_1 ausgesandten Signale	$N_1 = \nu_o \cdot T$

Schlußfolgerung von Z_1: Da $N_1 > N_2$, so muß für Z_2 die Zeit $T' = T\sqrt{1 - \dfrac{v^2}{c^2}} < T$ vergangen sein.

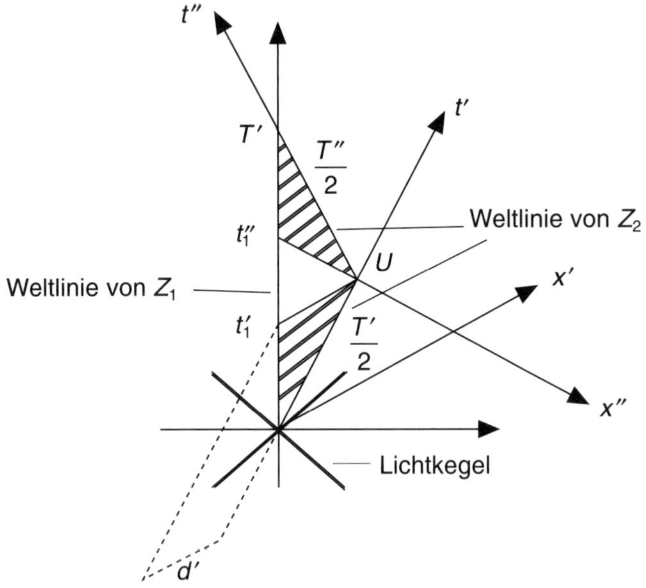

Abb. 2.6 Zwillingsparadoxon, Analyse in I', II''

Analyse im System I' = Ruhsystem von Z_2 auf dem ersten Teil der Reise und im System I'' = Ruhsystem von Z_2 auf dem Rückweg (vgl. Abb. 2.6)

a)	**Erster Teil der Reise von Z_2** (System I') Startzeit	$t' = 0$
1)	Relativgeschwindigkeit von Z_2 zu Z_1	$-\upsilon$
2)	Gesamtreisezeit von Z_1	$t' = T'\left(=\frac{T'}{2}+\frac{T''}{2}\right)$
3)	Entfernung $\overline{Z_1U}$ (Die Strecke $\overline{Z_1U}$ ist relativ zu I' bzw. zu I'' in Bewegung, daher *Längenkontraktion*)	$d' = \frac{d}{\gamma} = \frac{T'}{2}\lvert-\upsilon\rvert$
4)	Frequenz der von Z_1 ausgesandten und von Z_2 empfangenen Signale. (longitudinaler Dopplereffekt)	$\nu_1^{\text{hin}} = \nu_0\sqrt{\frac{1-\frac{\upsilon}{c}}{1+\frac{\upsilon}{c}}}$

5) Zeitpunkt, an dem Z_2 umkehrt	$t_1' = \frac{T'}{2}\left(= \frac{T''}{2}\right)$
6) Anzahl der bis zum Zeitpunkt t_1' von Z_2 empfangenen Signale (von Z_1) der Frequenz ν_1^{hin}	$N_1^{\text{hin}} = \nu_1^{\text{hin}} \cdot t_1' = \frac{T'}{2}\nu_1^{\text{hin}} = \nu_0 \frac{d}{v}\left(1 - \frac{v}{c}\right)$

b) **Rückreise** (System I'')

Startzeit	$t'' = \frac{T'}{2}$
7) Relativgeschwindigkeit von Z_1 zu Z_2	$+v$
8) Frequenz der von Z_1 ausgesandten und von Z_2 empfangenen Signale	$\nu_1^{\text{zur}} = \nu_0 \sqrt{\frac{1+\frac{v}{c}}{1-\frac{v}{c}}}$ $d'' = \frac{d}{\gamma} = d'$
9) Anzahl der bis zur Rückkehr von Z_2 empfangenen Signale der Frequenz ν_1^{zur}.	$N_1^{\text{zur}} = \nu_1^{\text{zur}} \frac{T''}{2} = \nu_1^{\text{zur}} \frac{T'}{2} = \nu_0 \frac{d}{v}\left(1 + \frac{v}{c}\right)$
10) Gesamtanzahl der von Z_2 empfangenen Signale (von Z_1 ausgesandt)	$N_1 = N_1^{\text{hin}} + N_1^{\text{zur}} = \nu_0 \frac{2d}{v}$
11) Gesamtzahl der während der Reise von Z_2 ausgesandten Signale	$N_2 = \nu_0 T' = \nu_0 \frac{2d}{v\gamma}$

Schlußfolgerung von Z_2: Für Z_1 ist eine Zeit von $T = \frac{2d}{v} > T'$ während der Reise vergangen.

Die Analyse beider Zwillinge führt also zum gleichen Ergebnis: *Für den zuhausegebliebenen vergeht eine längere Zeit.* Vom Zwilling Z_2 aus gesehen, kommt die Asymmetrie durch den *Wechsel der Inertialsysteme* herein. Die Linien $t_1' = const$ und $t_1'' = const$ springen abrupt bei der Umkehr. Für den Zeitabschnitt zwischen t_1' und t_1'' auf der Weltlinie von Z_1 hat Z_2 keine physikalische Erklärung (außer der, daß er eine Beschleunigung erfahren hat) [Mar71].

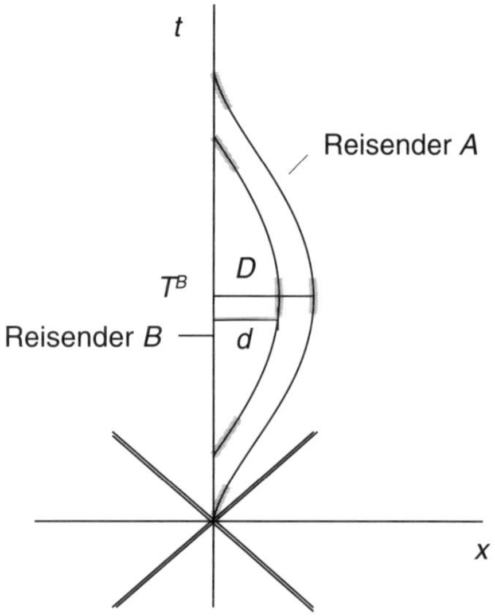

Abb. 2.7 Zwillingsparadoxon, Einfluß der Beschleunigung

Man könnte nun den Verdacht haben, daß es gerade die Beschleunigungen sind, die den wesentlichen Einfluß auf den Uhrengang haben. Das ist aber nicht der Fall. Um das einzusehen, schicken wir zwei Reisende nacheinander los, deren Beschleunigungs- und Bremsvorgänge genau gleich sein sollen und die mit der gleichen Reisegeschwindigkeit fliegen sollen. Nur die Zeit, die sie auf den *unbeschleunigten* Strecken unterwegs sind, soll verschieden sein. Die Analyse betrifft dann gerade die nicht quer gestrichelt eingezeichneten Abschnitte (vgl. Abb. 2.7). Die Beschleunigungsintervalle der Reisenden A und B fallen bei der Differenzbildung heraus. A, der länger unterwegs war (vom Zurückgebliebenen aus gemessen) als B, ist jünger als B bei der Rückkehr [Kes85].

$$N_2^A - N_2^B = \nu_0(T^A - T^B)\sqrt{1-\frac{v^2}{c^2}}$$

$$N_1^A - N_1^B = \nu_0(T^A - T^B); \quad T^A = \frac{2D}{v}, \quad T^B = \frac{2d}{v}$$

$$D > d$$

2.8 Abbildung schnell bewegter Gegenstände

Wie sieht eine Photographie eines schnell bewegten Gegenstandes aus? Kann man die Lorentzkontraktion sehen?

Bei der Längenkontraktion bedeutet Messen, daß im jeweiligen Ruhsystem des Stabes *zwei* Beobachter das Zusammenfallen von Stabanfang und Stabende mit Meßmarken *gleichzeitig* feststellen. Photographieren bzw. sehen unterscheidet sich hiervon in zwei Punkten.

1. Es ist nur *ein* Beobachter vorhanden (Netzhaut, Film)
2. Er befindet sich in einer Entfernung R vom Meßobjekt mit Durchmesser d.

Letzteres bewirkt den Effekt der *Retardierung*: wenn alle Lichtquanten den Film oder die Netzhaut *zur selben Zeit* erreichen sollen, so müssen sie zu *verschiedenen* Zeiten, die zwischen $t-\frac{R+d}{c}$ und $t-\frac{R-d}{c}$ liegen, vom Objekt abgehen. Das ist kein relativistischer Effekt, sondern folgt aus der *endlichen* Ausbreitungsgeschwindigkeit des Lichtes. Für $\frac{d}{R} \ll 1$ können wir von Retardierungseffekten absehen.

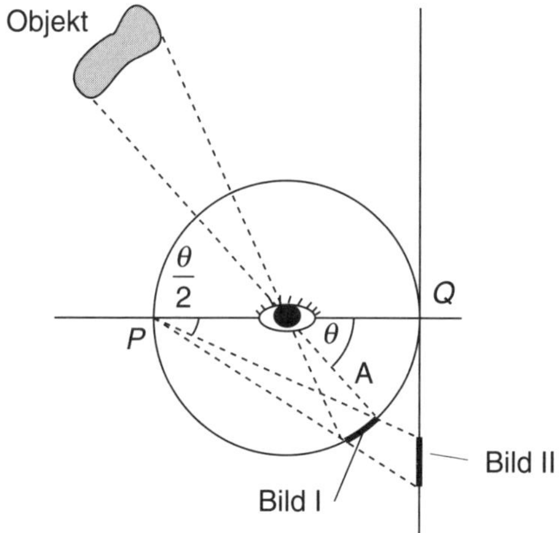

Abb. 2.8 Zentralprojektion

Wie definieren wir nun die *Abbildung* des Objektes auf die Netzhaut (den Film)? Als erstes wählen wir die *Zentralprojektion*, d.h. wir lassen das Auge wie eine Lochkamera wirken. Betrachten wir ein kleines Stück der Kugeloberfläche im Inertialsystem I, in dem Beobachter und Objekt relativ zueinander *ruhen* (vgl. Abb. 2.8).

Führen wir Polarkoordinaten r, θ, φ ein durch

$$\begin{cases} x &= r\cos\theta\,, \\ y &= r\sin\theta\cos\varphi\,, \\ z &= r\sin\theta\cos\varphi\,, \end{cases}$$

das heißt Polarachse ist die x-Achse. Die Winkelkosinus einer Richtung $\cos\alpha_x$, $\cos\alpha_y$, $\cos\alpha_z$ können nun durch die Winkel θ und ϕ ausgedrückt werden. Wegen

$$\cos\alpha_x = \frac{x}{r}, \quad \cos\alpha_y = \frac{y}{r}, \quad \cos\alpha_z = \frac{z}{r}$$

und

$$r = (x^2 + y^2 + z^2)^{\frac{1}{2}}$$

ergibt sich

$$\cos\alpha_x = \cos\theta, \quad \frac{z}{y} = \frac{\cos\alpha_z}{\cos\alpha_y} = \tan\varphi,$$

das heißt wir können θ und den früher benutzten Winkel α_x zwischen Beobachtungsrichtung und x-Achse identifizieren. Von einem Inertialsystem I' aus, dessen Ursprung zur Zeit $t = t_0$, in dem das Objekt photographiert werden soll, mit dem Ursprung von I zusammenfällt, folgt gemäß (2.13)

$$\tan\varphi' = \frac{\cos\alpha'_z}{\cos\alpha'_y} = \frac{\cos\alpha_z}{\cos\alpha_y} = \tan\varphi,$$

das heißt $\varphi' = \varphi$. Andererseits erhalten wir

$$\cos\theta' = \frac{\cos\theta + \dfrac{\upsilon}{c}}{1 + \dfrac{\upsilon}{c}\cos\theta}\,.$$

Die Veränderung eines Flächenelementes auf der Einheitskugel um die Beobachter $\mathrm{d}F = \sin\theta\mathrm{d}\theta\mathrm{d}\varphi$ ergibt sich zu

$$-\sin\theta'\mathrm{d}\theta'\mathrm{d}\varphi' = -\sin\theta\left[\frac{1}{1+\dfrac{\upsilon}{c}\cos\theta} - \frac{\dfrac{\upsilon}{c}\left(\cos\theta + \dfrac{\upsilon}{c}\right)}{\left(1+\dfrac{\upsilon}{c}\cos\theta\right)^2}\right]\mathrm{d}\theta\mathrm{d}\varphi$$

$$= -\sin\theta\mathrm{d}\theta\mathrm{d}\varphi\frac{1-\dfrac{\upsilon^2}{c^2}}{\left(1+\dfrac{\upsilon}{c}\cos\theta\right)^2}\,.$$

Also

$$\boxed{\mathrm{d}F' = M^2(\theta)\mathrm{d}F} \tag{2.26}$$

mit

$$\boxed{M(\theta) = \frac{\sqrt{1-\dfrac{v^2}{c^2}}}{1+\dfrac{v}{c}\cos\theta}} \,. \tag{2.27}$$

Die relativ zueinander bewegten Beobachter sehen ein *ähnliches*, nur durch einen Maßstabsfaktor verändertes Bild, wenn der schnell bewegte Gegenstand unter dem Sehwinkel θ_0, φ_0 erscheint und die Retardierungseffekte vernachlässigt werden können. Ist die Ausdehnung des Körpers nicht mehr klein gegen die Entfernung zum Beobachter, so ergeben sich in der Regel Verzerrungen der Geometrie des Objektes in der Abbildung.

Eine Ausnahme bildet eine schnell bewegte *Kugel*, die immer als Kugel abgebildet wird bei der Zentralprojektion.

Aufgabe 2.2: Die Kugel unter Zentralprojektion

Es ist zu zeigen, daß eine Kugel bei Zentralprojektion für relativ zueinander bewegte Beobachter immer als Kugel abgebildet wird.
Vgl. [Pen59], [Boa61].

Wir können die Abbildung dem photographischen Prozeß besser anpassen, indem wir das vorher betrachtete Bild auf der Einheitskugel durch stereographische Projektion auf eine *Ebene E* werfen (Filmebene). Aus der ebenen Kreisgeometrie folgt $\sphericalangle\, APQ = \frac{1}{2} \cdot \sphericalangle\, AOQ = \frac{\theta}{2}$. Die steoreographische Projektion erfolgt von P aus. Dann ergibt sich für die Bildpunkte $\overline{A'Q} = 2\tan\frac{\theta}{2}$. Für den relativ zu I bewegten Beobachter folgt nach (2.19) von Abschnitt 2.6

$$\tan\frac{\theta'}{2} = \sqrt{\frac{1-\dfrac{v}{c}}{1+\dfrac{v}{c}}}\tan\frac{\theta}{2}$$

oder

$$\boxed{\overline{A'Q}|_{I'} = \sqrt{\frac{1-\frac{v}{c}}{1+\frac{v}{c}}}\,\overline{A'Q}|_{I}} \quad , \tag{2.28}$$

das heißt auch die stereographische Projektion führt nur zu einem *Skalen*faktor, wenn der Gegenstand weit genug weg ist (vgl. Abb. 2.9).

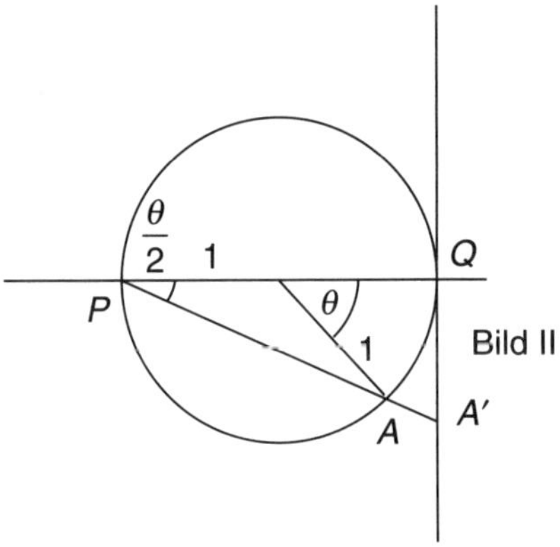

Abb. 2.9 Stereographische Projektion

Als dritte Definition für die Abbildung eines fernen Gegenstandes nehmen wir die *Parallelprojektion* (Projektion durch parallele Strahlen auf eine zu den Strahlen senkrechte Fläche). Im folgenden Beispiel sei die Retardierung *nicht* zu vernachlässigen [Wei61]. Wir betrachten einen Würfel der Kantenlänge 1 (Ruhlänge) und projizieren auf eine zu seiner Bewegungsrichtung (x-Achse) und der Kante in z-Richtung parallelen Ebene. Der relativ zum Würfel ruhende Beobachter erhält nur das Bild der ihm zugewandten Würfelfläche $ABCD$. Für den relativ zum Würfel bewegten Beobachter verkürzen sich die Kanten $\overline{AB}$ und $\overline{CD}$ um den Faktor $\sqrt{1-\frac{v^2}{c^2}}$ (Lorentzkontraktion), während die Kanten $\overline{AC}$ und $\overline{BD}$ unverändert bleiben. Auf Grund des Retardierungseffektes kommt jetzt aber auch die *seitliche* Würfelfläche $AEFC$ ins Bild. Wenn die Lichtimpulse alle zur selben Zeit t_0 auf der Bildebene eintreffen sollen, so müssen sie von der Kante EF um eine Zeit von $\Delta t = \frac{1}{c}$ früher abgehen (Kantenlänge 1 des Würfels) als von der Kante AC. Zu dieser Zeit $t_0 - \Delta t$ befanden sich E und F aber an den Positionen E' bzw F' mit $\overline{EE'} = \overline{FF'} = \frac{v}{c}$. Das Gesamtbild des Würfels entspricht gerade dem um die z-Achse um den Aberrationswinkel δ gedrehten

Würfel. Nach (2.22) aus Abschnitt 2.6 gilt in $\delta = \frac{v}{c}$, $\cos\delta = \sqrt{1-\frac{v^2}{c^2}}$, so daß die Drehung dargestellt wird durch

$$\begin{cases} x' = x\cos(\delta) + y\sin(\delta) = x\sqrt{1-\frac{v^2}{c^2}} + y\frac{v}{c}, \\ y' = -x\sin(\delta) + y\cos(\delta) = -x\frac{v}{c} + y\sqrt{1-\frac{v^2}{c^2}}, \\ z' = z. \end{cases}$$

In der Bildebene erhält man dann (vgl. Abb. 2.10)

$$\text{Bild von } \overline{AB} = \sqrt{1-\frac{v^2}{c^2}}\,\overline{AB},$$

$$\text{Bild von } \overline{AE} = \frac{v}{c}\,\overline{AE}.$$

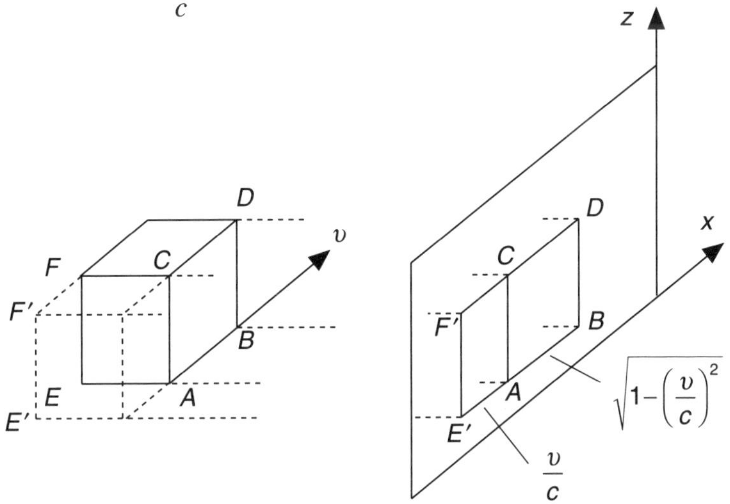

Abb. 2.10 Paralellprojektion

Von der Galilei-Gruppe aus betrachtet würde der Lorentzkontraktionsfaktor verschwinden, der Retardierungseffekt aber bleiben (Verzerrung des Bildes entspricht keiner Drehung mehr).

2.9 Experimentelle Überprüfung

In diesem Abschnitt besprechen wir Messungen zum Nachweis der Zeitdilatation und des Dopplereffektes.

1. Experimente zur Zeitdilatation

Beim ersten Experiment handelt es sich um eine *Zeitmessung* an relativ zueinander bewegten *makroskopischen* Präzisionsuhren. Hafele und Keating [HK 72] flogen mit 4 Cäsium-Atomuhren auf Linienflügen um die Erde, und zwar einmal ostwärts und einmal westwärts. Nach Beendigung des Flugs wurde die Zeitanzeige der transportierten Uhren mit der einer zurückgebliebenen Uhr gleichen Typs verglichen.

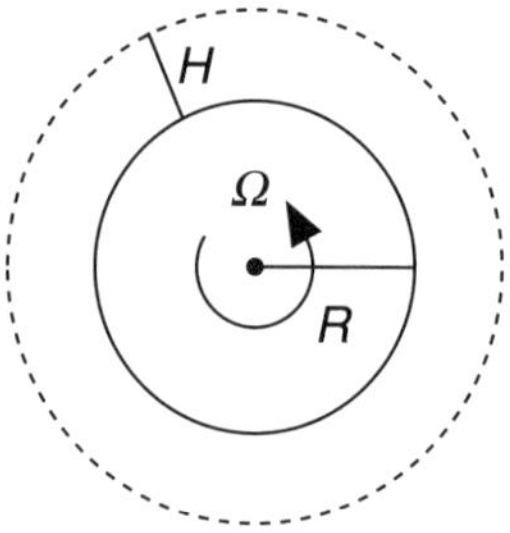

Abb. 2.11 Uhrentransport um die Erde

Zur theoretischen Beschreibung gehen wir in ein mit der Erde *nicht* mitrotierendes (Inertial-)System, das Ruhsystem der zurückgebliebenen Uhr (Inertialzeit t_0). Eine Uhr am Äquator weist dann momentan die Zeit aus (vgl. Abb. 2.11)

$$\Delta t' = \frac{\Delta t_0}{\sqrt{1 - \dfrac{R^2\Omega^2}{c^2}}} \simeq t_0\left(1 + \frac{1}{2}\frac{R^2\Omega^2}{c^2}\right),$$

wenn R der Radius und Ω die Winkelgeschwindigkeit der Erde sind. Für ein in der Höhe H über dem Äquator mit der Geschwindigkeit u fliegendes Flugzeug ist dann die Gesamtgeschwindigkeit

$$v = u + \Omega(R + H),$$

also das angezeigte Zeitintervall

$$\Delta t'' \simeq \Delta t_0 \left[1 + \frac{1}{2c^2} (u + (R+H)\Omega)^2 \right].$$

Wegen $\frac{H}{R} \ll 1$ ($H \simeq 10\,\text{km}$, $R \simeq 6378\,\text{km}$ folgt

$$\Delta t'' \simeq \Delta t_0 \left[1 + \frac{1}{2c^2} (u^2 + R^2\Omega^2 + 2u\,R\Omega \right].$$

Der Zeitunterschied zwischen der ostwärts und der westwärts geflogenen Uhr ist (u durch $-u$ ersetzen!)

$$\Delta t'' := \Delta t''\big|_{\text{ostw.}} - \Delta t''\big|_{\text{westw.}} \simeq \Delta t_0 \cdot \frac{1}{2c^2} (2u\,R\Omega - (2u\,R\Omega))$$

oder

$$\Delta t'' \simeq \frac{2u\,R\Omega}{c^2} \Delta t_0 \,. \tag{2.29}$$

Mit $u \simeq 720 \frac{\text{km}}{\text{h}} \simeq 200 \frac{\text{m}}{\text{s}}$, $\omega = \frac{2\pi}{24} h^{-1}$ ergibt sich

$$\Delta t'' \simeq 2 \cdot 10^{-12} \Delta t_0 \,.$$

Für einen Nonstop-Flug rund um die Erde ist ungefähr

$$\Delta t_0 = \frac{2\pi R}{u} \approx 27{,}8\,\text{h}$$

und damit $\Delta t'' \sim 1 \cdot 10^{-7}$ s. Das ist sehr wohl im Bereich dessen, was Atomuhren messen können, deren Ganggenauigkeit besser als $1 \cdot 10^{-12}$ s über einen Monat ist.

Hafele und Keating haben die richtige Größenordnung des Effektes bekommen und die Vorzeichenänderung bei der Richtungsänderung des Fluges gesehen. Eine genaue Messung liegt *nicht* vor, schon weil die Flugbahn nicht genau bekannt war. (Aus Polygonzug variabler Höhe und Geschwindigkeit berechnet.) Ein weiterer Einfluß auf den Uhrengang durch das Gravitationsfeld von derselben Größenordung ist ebenfalls zu berücksichtigen (vgl. Abschnitt 6.6).

Eine wesentliche Verbesserung der Meßgenauigkeit wurde durch den Flug einer Atomuhr in einer Rakete bis zu 10^4 km über die Erde erzielt [Ves80]. Allerdings werden auch hier verschiedene speziell- und allgemein-relativistische Effekte gleichzeitig gemessen. Die Autoren geben eine globale Übereinstimmung von Theorie und Experiment bis auf $7 \cdot 10^{-5}$ an.

Ein zweiter Typ von Experimenten mißt die *Lebensdauer von Elementarteilchen*. Und zwar wird die Lebensdauer von Teilchen mit hoher Geschwindigkeit verglichen mit der Lebensdauer derselben Teilchen in Ruhe. Eine sehr genaue Messung folgte als Nebenergebnis aus der Bestimmung des anomalen magnetischen Momentes der $\mu^{\pm}$-Mesonen (Müonen) am CERN-Protonen-Synchrotron [Bai77]. Die Müonen bewegen sich in einem konstanten Magnetfeld auf einer ringförmigen Bahn und zerfallen über

$$\mu^{+} \rightarrow e^{+} + \nu_{e} + \overline{\nu}_{\mu} (\mu^{-} \rightarrow e^{-} + \nu_{\mu} + \overline{\nu}_{e})$$

in nachweisbare Elektronen. Im Experiment wurde die Präzession des Müonenspins um die Magnetfeldrichtung gemessen, und zwar über die *Zählrate der Zerfallselektronen*, die in Richtung des Müonenspins ausgesandt werden.

$$N(t) = N_0 e^{-\frac{t}{\tau}} [1 - A\cos(\omega_a t + \Phi)] . \tag{2.30}$$

Hierin ist $\omega_a = a \cdot \frac{e}{m_\mu e} B$ die Präzessionfrequenz (m_μ Müonenmasse, B Magnetfeld) und a der Faktor, der die Abweichung des magnetischen Momentes des Müons vom Bohrschen Magneton $\mu_B = \frac{eh}{4\pi m_e c}$ (m_e Elektronenmasse) angibt:

$$M_{\mu^{\pm}} = (1 + a^{\pm})\mu_B .$$

τ ist die Lebensdauer der Müonen. Mit der Zeitdilatationsformel können wir aus der an den Müonen im Flug gemessenen Lebensdauer τ_{exp} zurückrechnen auf die Lebensdauer im Ruhsystem des Müons

$$\tau^0_{\text{theo}} = \gamma^{-1} \tau_{\text{exp}} .$$

Dieser Wert wird mit der experimentell bestimmten Ruh-Lebensdauer des Müons τ^0_{exp} verglichen, die man dadurch erhält, daß die Müonen in einem Material erst auf Ruhe abgebremst werden und dann das Zerfallsspektrum der Elektronen gemessen wird. Aus dem Experiment ergab sich

$$\frac{(\tau^0_{\text{exp}} - \gamma^{-1}\tau_{\text{exp}})}{\tau^0_{\text{exp}}} = (2 \pm 9) \cdot 10^{-4}$$

und bei einer verbesserten Analyse [Bai79]

$$\frac{(\tau^0_{\text{exp}} - \gamma^{-1}\tau_{\text{exp}})}{\tau^0_{\text{exp}}} = (8 \pm 7) \cdot 10^{-4}$$

bzw. bei 95% Zuverlässigkeit ein Bereich von (–0,6 bis 2,2) $\cdot 10^{-3}$. Im Experiment war $\gamma \approx 29{,}33$ ($v/c \simeq 0{,}9994$). Die Messung stellt eine Verbesserung der

Überprüfung der Zeitdilatation durch ein früheres Experiment an π^0-Mesonen um eine Größenordnung dar [Ayr71].

2. Experimente zum Dopplereffekt

Zum Nachweis des relativistischen Dopplereffektes gibt es wieder verschiedene Typen von Experimenten. Wir beginnen mit einem Experiment, bei dem die „Lichtquelle" *langsam* bewegt ist. In diesem Experiment von W. Kündig [Kü63][9] wird die Frequenzverschiebung von γ-Quanten mit Hilfe des *Mößbauereffektes* (Kernresonanzabsorption) gemessen. Eine Quelle von γ-Quanten wird auf der Achse einer mit der Winkelgeschwindigkeit ω rotierenden Scheibe angebracht, der Absorber bei einem Radius r_a auf der Scheibe und ein Zähler hinter dem Absorber aufgestellt (vgl. Abb. 2.12). Zur theoretischen

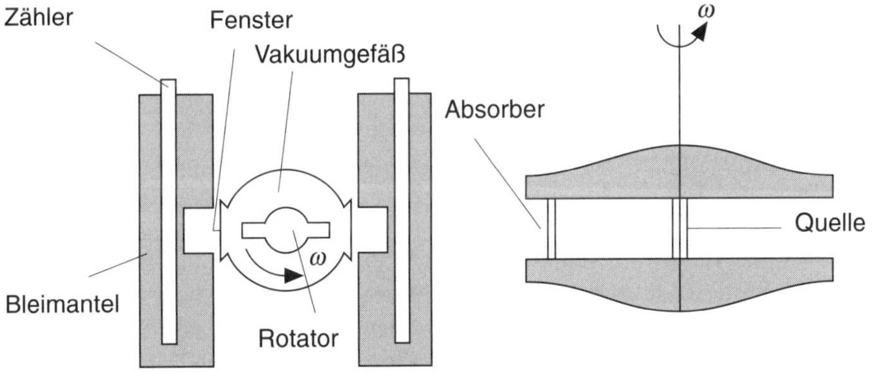

Abb. 2.12 Messapparatur für transversalen Dopplereffekt

Beschreibung der Messung gehen wir in ein Inertialsystem I (das also *nicht mitrotiert*). Sei ν_0 die Ruhfrequenz der γ-Quanten, ν_a die vom Beobachter im Ruhsystem gemessene Frequenz der relativ zu ihm mit der Geschwindigkeit υ_A bewegten γ-Quanten. Nehmen wir zuerst an, sowohl Quelle Q wie Absorber A bewegten sich relativ zu I mit der Scheibe. Nach Beziehung (2.14) für den transversalen Dopplereffekt folgt dann:

$$\nu_a = \frac{\nu_0}{\sqrt{1 - \frac{\upsilon_a^2}{c^2}}} = \nu_o \left(1 - \frac{r_a^2 \omega^2}{c^2}\right)^{-\frac{1}{2}},$$

[9] Vgl. auch das ähnliche Experiment von D.C. Champeney, G.R. Isaac und A.M. Kahn [CIK65]. Vergleiche auch die Ableitung des Effektes in [HB66].

wenn r_a der Abstand Absorber-Achse ist. Ebenso

$$\nu_\mathrm{Q} = \nu_0\left(1-\frac{r_\mathrm{Q}^2\omega^2}{c^2}\right)^{-\frac{1}{2}},$$

wenn r_Q den Abstand Quelle-Achse bedeutet. Also

$$\frac{\nu_\mathrm{a}}{\nu_\mathrm{Q}} = \left(\frac{1-\frac{r_\mathrm{Q}^2\omega^2}{c^2}}{1-\frac{r_\mathrm{a}^2\omega^2}{c^2}}\right)^{\frac{1}{2}},$$

oder, in niedrigster Näherung,

$$\frac{\nu_\mathrm{a}}{\nu_\mathrm{Q}} = 1+\frac{\omega^2}{2c^2}(r_\mathrm{a}^2 - r_\mathrm{Q}^2)+\mathcal{O}\left(\frac{\omega^4 r^4}{c^4}\right).$$

In der Versuchsanordnung von Kündig war aber $r_\mathrm{Q} = 0$, d.h. $\nu_\mathrm{Q} = \nu_0$, also sollte folgen:

$$\nu_\mathrm{a} \cong \nu_0\left[1+\frac{\omega^2}{2c^2}r_a^2\right]. \tag{2.31}$$

Da $\nu_\mathrm{a} \neq \nu_0$ ist für $\omega \neq 0$, kann bei Laufen des Rotators keine Resonanzabsorption auftreten, d.h. es gehen mehr γ-Quanten durch den Absorber hindurch und werden vom Zähler registriert. Um wieder Resonanzabsorption herzustellen, hat Kündig die Quelle auf einen Piezokristall gegeben. Durch eine Wechselspannung konnte die Quelle dann hin- und herbewegt werden. Die Meßergebnisse sind qualitativ in Abbildung 2.13 dargestellt. Darin ist $D := \frac{\nu_\mathrm{a}-\nu_0}{\nu_0}$ die relative Verschiebung der Resonanzlinie. Als Rotator wurde eine Ultrazentrifuge benutzt. Kündig gibt an, die Vorhersage der speziellen Relativitätstheorie mit 1,1% Genauigkeit durch seine Messungen bestätigt zu haben.

Die ähnliche Messung von Champeney u.a. [CIK65] ergibt:

$$K = 1{,}021 \pm 0{,}019,$$

wenn man $D = K\cdot\frac{\omega^2}{2c^2}r_\mathrm{a}^2$ setzt, d.h. eine Abweichung vom Wert 1,0 um ca. 2% bei einem Fehler von ebenfalls ca. 2%.

Man kann dieses Experiment auch von einem mit der Scheibe mitrotierenden System aus analysieren, das also *kein* Inertialsystem ist (vgl. Abschnitt 6.7).

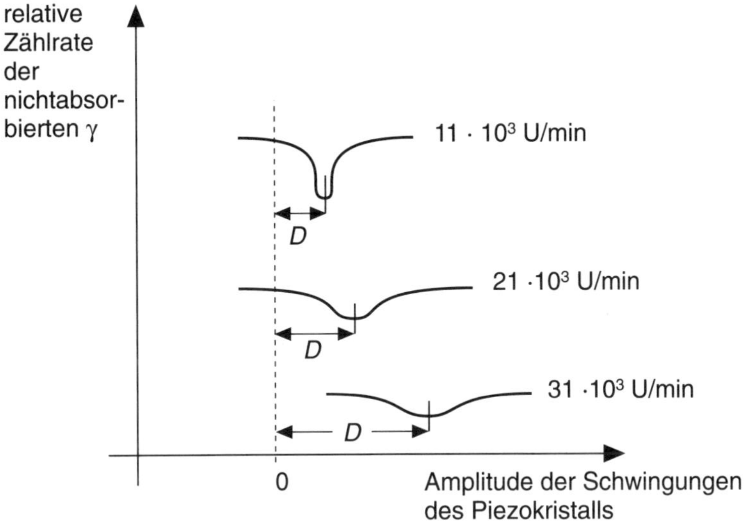

Abb. 2.13 Verschiebung der Resonanzlinie

Eine andere Art von Experimenten benutzt die sogenannte *Laserabsorptionsspektroskopie*, genauer die *2-Photonen-Absorption*. Bei der Absorption von zwei Photonen kann der lineare Anteil des *longitudinalen* Dopplereffektes ausgeschaltet werden. Das sieht man so ein: Sei $2\nu_0$ die Resonanzfrequenz für zwei Energieniveaus E_i und E_f im *Ruhsystem* des Atoms: Denken wir uns eine Absoption von zwei Photonen der Energie $h\nu_0$ mit entgegengesetzt gleichem Impuls (Lichtstrahlen in Gegenrichtung; hin- und zurücklaufender Laserstrahl). Relativ zum *bewegten* Atom haben die beiden Photonen dann die Frequenz (longitudinaler Dopplereffekt, Gleichung (2.16)) (vgl. Abb. 2.14)

$$\nu^+ = \nu_0 \frac{1+\frac{\upsilon}{c}}{\sqrt{1-\frac{\upsilon^2}{c^2}}} \quad \text{und} \quad \nu^- = \nu_0 \frac{1-\frac{\upsilon}{c}}{\sqrt{1-\frac{\upsilon^2}{c^2}}}\,. \tag{2.32}$$

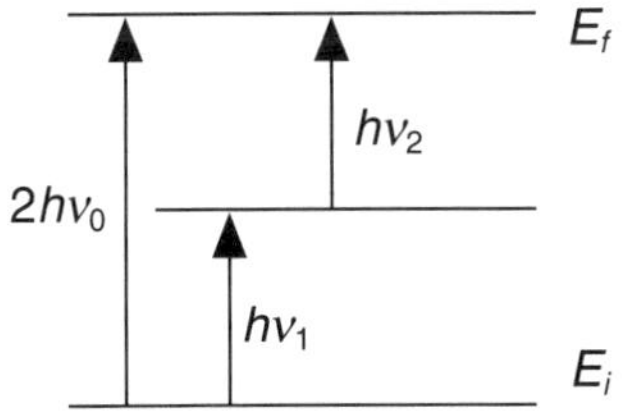

Abb. 2.14 Zwei-Photonen-Absorption

Ihre Gesamtenergie ist

$$h(\nu^+ + \nu^-) = 2\gamma\nu_0 h = 2\nu_0 h\left(1 + \frac{1}{2}\frac{v^2}{c^2} + \mathcal{O}\left(\frac{v^4}{c^4}\right)\right).$$

Erst der Term $\sim\left(\frac{v}{c}\right)^2$ verstimmt die Resonanz, wenn man Licht der Frequenz ν_0 einstrahlt. Benutzt man einen frequenzveränderbaren Laser (z.B. Farbstofflaser), so kann man eine solche Frequenz einstellen, daß wieder Resonanz eintritt. Eine solche Messung wurde von Snyder und Hall [SH75] gemacht. Schreibt man

$$\nu' = \nu_0\left(1 + \alpha\frac{v^2}{c^2}\right),$$

so ergab das Experiment

$$\alpha = 0{,}502 \pm 0{,}003\,,$$

bestätigte also die Formel (2.18) für den transversalen Dopplereffekt auf ca. 1/2%. Der v/c-Anteil des linearen Dopplereffektes hebt sich bei der Versuchsanordnung heraus.

In einem raffinierteren und genaueren Experiment nutzten Kaivola et al. [KP85] ebenfalls die 2-Photonen-Absorption, maßen aber die *Differenz der Frequenzen* für eine solche Absorption an einem schnellen Atomstrahl und an thermischen Atomen in einem Behälter. Dazu verwendeten sie zwei Farbstofflaser, die jeweils in Resonanz mit den schnell bewegten Atomen und den langsamen Atomen im Behälter waren. In dem Gefäß mit thermischen Ne-Atomen ist die 2-Photonen-Absorption kein Resonanzprozeß; da mehrere Zwischenzustände existieren, kann man den Prozeß dennoch beobachten. Die Dichte der Atome im schnellen Atomstrahl ist um den Faktor 10^{-6} kleiner. Erst durch Resonanzabsorption, die zu einer Vergrößerung des Signals um 10^9 führt, kann man dort 2-Photonen-Absorption beobachten bzw. durch den Doppler-Effekt in Resonanz bringen (vgl. Abb. 2.15, 2.16)

Aus (2.32) bekommen wir

$$\nu^+\nu^- = \nu_0^2, \quad \nu^+ + \nu^- = \frac{2\nu_0}{\sqrt{1-\frac{v^2}{c^2}}}.$$

Für thermische Atome ist $\left(\frac{v}{c}\right)^2 \sim 10^{-5}$ und wird vernachlässigt. Damit ist

$$\nu_0^{\text{Behäter}} = \frac{1}{2}(\nu^+ + \nu^-) = \frac{1}{2}(\nu_1 + \nu_2).$$

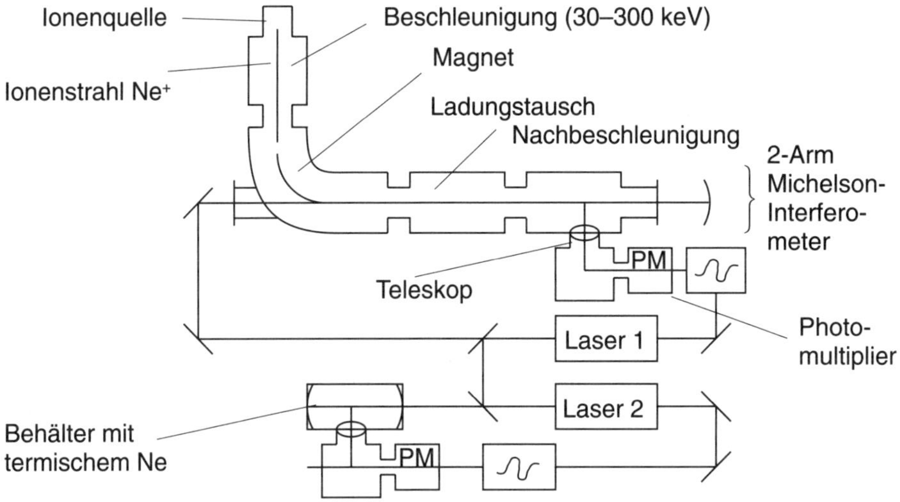

Abb. 2.15 Apparatur zum Experiment von [KP85]

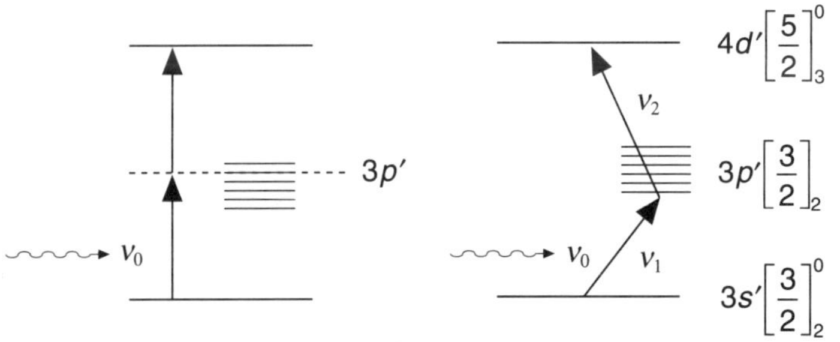

Abb. 2.16 Resonanzabsorption

Für den Atomstrahl folgt als theoretischer Wert

$$\nu_0^{\text{Strahl}} = \sqrt{\nu^+ \nu^-} = \sqrt{\nu_1 \nu_2}\ .$$

Gemessen wird $\nu_0^{\text{Behälter}} - \nu_0^{\text{Strahl}} = \Delta\nu$. Da die 2-Photonen-Absorption im Behälter vom Gasdruck abhängt (Verschiebung, Verbreiterung) wird sie als Funktion des Ne-Druckes gemessen und auf Druck Null extrapoliert. Das Meßergebnis mitsamt der Korrekturen für andere Effekte ist

$$\Delta\nu\big|_{\text{exp}} = 3155{,}90 \pm 0{,}11\,\text{MHz}$$

Korrekturen

Akustisch-optischer Modulator	80,00 ± 0,00 MHz

Wechselstrom Starkeffekt im Behälter	0,04 ± 0,02 MHz
Laserkopplung (einzeln)	± 0,04 MHz
Unsicherheit in Strahlbegrenzung	± 0,04 MHz

Korrigiertes Meßresultat: $\Delta\nu\big|_{\text{korr, exp}} = 3235{,}94 \pm 0{,}14\ \text{MHz}$

Theorie: $\Delta\nu\big|_{\text{theor}} = 3235{,}89 \pm 0{,}05\ \text{MHz}\,.$

Inzwischen ist diese Messung für den relativistischen Dopplereffekt weiter verbessert worden. Mc Gowan u.a. [MG93] geben an, die Zeitdilatation mit einer relativen Genauigkeit von $2{,}3 \cdot 10^{-6}$ gemessen zu haben.

2.10 Die Vakuumlichtgeschwindigkeit als obere Grenze der Signalgeschwindigkeit

In Abschnitt 2.1 haben wir gesehen, daß das makroskopische Kausalitätsprinzip die Vakuumlichtgeschwindigkeit c als obere Grenze für *Signalgeschwindigkeiten* setzt. Andererseits gibt es keine verbindliche Definition dafür, was denn eine Signalgeschwindigkeit sei. In konkreten Fällen der Signalübertragung, etwa mit Hilfe von Wellen oder Quanten, ist eine sinnvolle Definition möglich, z.B. als Gruppengeschwindigkeit $v_g := \dfrac{\mathrm{d}\omega(k)}{\mathrm{d}k}$, als Frontgeschwindigkeit eines Pulses mit geeignetem Profil, als Geschwindigkeit des Peaks eines Wellenpakets usw. Wir wissen aber, daß Gruppengeschwindigkeiten $v_g > c$ möglich sind (z.B. in Gebieten anomaler Dispersion) und daß auch für andere Geschwindigkeiten, die als Signalgeschwindigkeiten herangezogen werden, keine Garantie dafür besteht, daß sie nie größer als c werden. Alle bisher analysierten Einzelfälle haben sich jedoch als mit dem makroskopischen Kausalitätsprinzip verträglich erwiesen.

Wenn in Experimenten oder Beobachtungen Überlichtgeschwindigkeiten auftraten, so konnten diese nie zur Signalübertragung verwendet werden. Ein Beispiel hierfür sind etwa die an Quasaren (quasistellaren Radioquellen) oder auch an galaktischen Radioquellen gemachten Beobachtungen, daß sie mit Überlichtgeschwindigkeit auseinanderfliegende Komponenten enthalten können (vgl. [San74] bzw. für eine kürzliche Beobachtung [Tin95]). Dieses Phänomen erklärt sich zwanglos als Retardierungseffekt und steht nicht im Widerspruch mit dem Kausalitätsprinzip.

Ein anderes gegenwärtig besonders diskutiertes Beispiel bezieht sich auf den quantenmechanischen Tunneleffekt (Durchdringung einer Welle durch einen Potentialwall) oder die entsprechenden evaneszenten Moden in der klassischen Optik (exponentiell abfallende Feldstärke im optisch dünneren Medium bei Totalreflektion). Es gibt auch Messungen, nach denen die Laufzeit von Mikrowellen durch einen verengten Hohlleiter, in dem keine propagierende Mode existieren kann, *unabhängig* von der Länge der Verengung ist ([EN93b], [EN93a], [Nim93]). Die Engstelle im Hohlleiter entspricht einer Tunnelbarriere mit dem Unterschied, daß im elektromagnetischen Fall Dispersion auftritt [RF93]. Der von den Autoren gezogene richtige Schluß, daß die „Gruppengeschwindigkeit" in der Verengung größer als c ist, besagt aber *nicht*, daß die von den Mikrowellen in diesem Experiment transportierte Energie sich mit Überlichtgeschwindigkeit ausgebreitet hat (vgl. die Diskussion in [TWE94]). Entsprechendes gilt für die Messung der Tunnelzeit von Photonen (SKC93], [KSC93]), bei denen Photonen, die einen Potentialwall queren müssen, schneller sind als die direkt in den Zähler gelaufenen Photonen. Auch dieses Experiment kann *nicht* dazu benutzt werden, um ein Signal mit Überlichtgeschwindigkeit zu messen [CK96]. Im übrigen ist schon die Definition der Zeit des Tunneldurchgangs eines Teilchens äußerst kontrovers [HS89].

In diesem Zusammenhang soll auch erwähnt werden, daß Teilchen durch die Fachliteratur spuken, die *Tachyonen* genannt werden und die schneller als das Licht sein müssen. Für ihre Geschwindigkeit bildet nämlich c eine *untere* Grenze; ihr Impuls kann nie kleiner als $m_*(0)c$ sein mit $m_*(0) = -im(0)$, wenn $m(0) > 0$ die übliche Ruhmasse ist ($\mathrm{i} = \sqrt{-1}$) [BDS62]. Tachyonen, die Teil eines *abgeschlossenen* Systems sind, können unter Zuhilfenahme gewisser gedanklicher Klimmzüge konsistent und ohne Verletzung der Kausalität beschrieben werden. Eine planmäßige und wiederholbare Erzeugung von Tachyonen (etwa zur Übertragung von Information) würde aber zu logischen Widersprüchen führen, so daß man auf eine *Zufallsbeobachtung* solcher Teilchen angewiesen ist [Hav74]. Die Suche nach Tachyonen ist bisher vergeblich gewesen [BF70] und erscheint, nicht nur für tachyonische Neutrinos [HS90], nicht sinnvoll.

3 Die Geometrie der Raum-Zeit

In diesem Abschnitt fügen wir Raum und Zeit zur sogenannten Raum-Zeit zusammen, das heißt, wir setzen unseren Anschauungsraum (den Gleichzeitigkeitsraum) beliebig weit in die Zukunft und Vergangenheit fort. In einer Art Vogelperspektive – als ob wir diese Raum-Zeit von außen anschauten – können wir dann auf einer vierdimensionalen Mannigfaltigkeit Geometrie treiben und die Vorteile der Anschaulichkeit genießen.

Der berühmte Ausspruch von Hermann Minkowski „Von Stund an sollen Raum für sich und Zeit für sich völlig zu Schatten herabsinken und nur noch eine Art Union der beiden soll Selbständigkeit bewahren“ ist allerdings die Übertreibung eines von seinem eben erfundenen eleganten Formalismus hingerissenen Mathematikers. Die Welt, in der wir leben, ist kein *vier*dimensionaler Raum (im eigentlichen Sinne des Wortes), sondern *drei*dimensional. Aber der vierdimensionale Raum-Zeit-Standpunkt ist der Theorie so gut angepaßt und so leistungsfähig, daß ein Verzicht darauf unklug wäre. Das hängt damit zusammen, daß die Lorentz-Transformation Raum- und Zeitkoordinaten mischt.

Auf der Raum-Zeit können wir Begriffe wie Vektoren und Tensoren einführen, etwa den Vektor der 4-Stromdichte, der elektrische Ladungs- und Stromdichte umfaßt. Über eine Lorentz-invariante Bilinearform kommen wir zur Minkowskimetrik, mit der Zeit- und Raumintervalle ausgemessen werden und zum sogenannten Lichtkegel, dem geometrischen Ort aller mit Lichtgeschwindigkeit ablaufenden Phänomene. Danach sehen wir uns die zugrundeliegenden Symmetriegruppen (Lorentz-, Poincaré-) an.

3.1 Spezielle Lorentz-Transformation und elektrischer Feldstärketensor

Wir erinnern uns an unseren Ausgangspunkt in Abschnitt 1.2 und 1.3: an das *Relativitätsprinzip* und seinen mathematischen Ausdruck, die *kovariante* oder forminvariante *Formulierung der physikalischen Gesetze*. Wir haben ausgenutzt, daß die Wellengleichung eine *relativistische* Gleichung ist und sind zur speziellen Lorentz-Transformation (1.36) gekommen. Um die Maxwellgleichungen der Elektrodynamik in einer offensichtlich *Lorentz-kovarianten*[1] Form zu schreiben, müssen wir wissen, wie sich die elektromagnetischen Grundgrößen wie $\boldsymbol{E}$, $\boldsymbol{B}$, φ, $\boldsymbol{A}$, ρ und $\boldsymbol{j}$, d.h. Felder, Potentiale, Ladungs- und Stromdichte gegenüber Lorentz-Transformationen verhalten. Sind es Skalare, Vektoren oder Tensoren?

3.1.1 Vierdimensionale Formulierung der spez. Lorentz-Transformation

Zunächst machen wir jetzt ernst mit dem in Abschnitt 1.1 eingeführten Koordinaten*quadrupel* $x^\alpha := (x^0 = ct, \boldsymbol{x})$, welches ein Ereignis der Ereignismannigfaltigkeit etikettiert[2]. Wir können die spezielle Lorentz-Transformation (1.37) dann in die Form bringen

$$x^{\mu'} = \sum_{\nu=0}^{3} L^\mu{}_\nu x^\nu \tag{3.1}$$

mit der 4×4-Matrix $L^\mu{}_\nu$, die gegeben ist durch

$$L^\mu{}_\nu = \begin{pmatrix} \gamma & \gamma\frac{v}{c} & 0 & 0 \\ \gamma\frac{v}{c} & \gamma & 0 & 0 \\ 0 & 0 & 1 & 0 \\ 0 & 0 & 0 & 1 \end{pmatrix} \tag{3.2}$$

also

$$\left.\begin{aligned} L^0{}_0 &= \gamma, & L^0{}_k &= \gamma\frac{v}{c}\delta^1_k \\ L^k{}_0 &= \gamma\frac{v}{c}\delta^k_1, & L^j{}_k &= \delta^j_k + (\gamma-1)\delta^j_1\delta^1_k \end{aligned}\right\} \tag{3.3}$$

$$k, j = 1, 2, 3; \quad \gamma = \left(1 - \frac{v^2}{c^2}\right)^{-\frac{1}{2}}.$$

Dabei ist δ^k_j das sogenannte *Kroneckersymbol*, also $\delta^k_j = 1$, wenn $k = j$; $\delta^k_j = 0$ für $k \neq j$. Wir haben die Matrixelemente $L^\mu{}_\nu$ in einer so suggestiven Weise geschrieben, daß man daraus leicht die Transformationen gewinnt, in der die

---

[1] Das ist eine Kurzform für „kovariant unter den Transformationen der Lorentzgruppe“.

[2] Hier ist t die Inertialzeit ($x^0 = ct$); $\boldsymbol{x}$ sind kartesische Koordinaten. In Abschnitt 3.1 verwenden wir nur solche Koordinaten (Inertialkoordinaten).

Relativgeschwindigkeit zwischen den Inertialsystemen I und I' *beliebig* (d.h. nicht in der gemeinsamen x-x'-Achse) *liegen kann.* Dazu ist in (3.3) $\upsilon\delta_k^1$ durch υ^k zu ersetzen[3]. Man erhält so:

$$\boxed{\begin{aligned} &L^0{}_0 = \gamma, \quad L^0{}_k = \gamma\frac{\upsilon^k}{c}, \quad L^k{}_0 = \gamma\frac{\upsilon^k}{c} \\ &L^j{}_k = \delta_k^j + (\gamma - 1)\frac{1}{\upsilon^2}\upsilon^j\upsilon_k \end{aligned}} \tag{3.4}$$

mit $\upsilon^2 = |y|^2 = \Sigma_{k=1}^3 \upsilon^k \upsilon^k$.

Bevor wir die elektromagnetischen Grundgrößen transformieren, erweitern wir die Transformation (3.1) auf den Fall, der *sowohl spezielle Galilei-* wie auch *Lorentz-Transformationen* umfaßt (vgl. (1.38)), d.h. wir führen die Matrix $\Lambda^\mu{}_\nu$ ein mit

$$\boxed{\begin{aligned} &\Lambda^0{}_0 = \gamma(\varepsilon), \quad \Lambda^0{}_k - \gamma(\varepsilon)\frac{\upsilon^k}{c}\varepsilon, \quad \Lambda^k{}_0 = \gamma(\varepsilon)\frac{\upsilon^k}{c} \\ &\Lambda^j{}_k = \delta_k^j + (\gamma(\varepsilon) - 1)\frac{1}{c^2}\upsilon^j\upsilon_k \end{aligned}} \tag{3.5}$$

mit $\varepsilon = Kc^2, \gamma(\varepsilon) = \left(1 - \varepsilon\frac{\upsilon^2}{c^2}\right)^{-\frac{1}{2}}$.

$\varepsilon = 0$ führt auf die spezielle *Galilei*transformation;
$\varepsilon = 1$ führt auf die spezielle *Lorentz*-Transformation:

$$\begin{aligned} t' &= \gamma(\varepsilon)\left[t + \varepsilon\frac{\boldsymbol{y}\cdot\boldsymbol{x}}{c^2}\right], \\ \boldsymbol{x}' &= \boldsymbol{x}_\perp + \gamma(\varepsilon)[\boldsymbol{\upsilon} t + \boldsymbol{x}_\parallel]. \end{aligned} \tag{3.6}$$

Hierin bedeuten $\boldsymbol{x}_\parallel$ und $\boldsymbol{x}_\perp$ die Projektionen von $\boldsymbol{x}$ parallel bzw. senkrecht zur Geschwindigkeit $\boldsymbol{\upsilon}$.

Nun führen wir eine weitere 4×4-Matrix $\eta_{(\varepsilon)}^{\mu\nu}$ ein, die sich *tensoriell* transformieren soll unter den Transformationen

$$x^{\mu'} = \sum_{\nu=0}^{3} \Lambda^\mu{}_\nu x^\nu. \tag{3.7}$$

Nach der in (1.11) gegebenen Vorschrift heißt das:

[3] Dahinter steckt, daß Ausdrücke wie $\boldsymbol{\upsilon}\cdot\boldsymbol{\upsilon}$ und $\boldsymbol{\upsilon}\cdot\boldsymbol{x}$ in der Summe $\sum_\nu L^\mu{}_\nu x^\nu$ *Skalare bei Raumdrehungen* sind, d.h. im speziellen System mit $\boldsymbol{\upsilon} \triangleq (\upsilon, 0, 0)$ in υ^2 bzw $\upsilon \cdot x$ übergehen.

$$\eta_{(\varepsilon)}^{\mu'\nu'} = \sum_{\kappa,\lambda=0}^{3} \frac{\partial x^{\mu'}}{\partial x^{\kappa}} \frac{\partial x^{\nu'}}{\partial x^{\lambda}} \eta_{(\varepsilon)}^{\kappa\lambda}$$

$$= \sum_{\kappa,\lambda=0}^{3} \Lambda^{\mu}{}_{\kappa} \Lambda^{\nu}{}_{\lambda}\, \eta_{(\varepsilon)}^{\kappa\lambda} \,. \tag{3.8}$$

Nun gelte in einem bestimmten Inertialsystem

$$\eta_{(\varepsilon)}^{\kappa\lambda} \stackrel{(*)}{=} \begin{pmatrix} \varepsilon & 0 & 0 & 0 \\ 0 & -1 & 0 & 0 \\ 0 & 0 & -1 & 0 \\ 0 & 0 & 0 & -1 \end{pmatrix}. \tag{3.9}$$

Dann zeigt man (*Übungsaufgabe*!), daß die Matrix $\eta_{(\varepsilon)}^{\kappa\lambda}$ *numerisch invariant* ist, d.h. in *jedem* Inertialsystem die durch (3.9) angegebenen Werte annimmt. Oder:

$$\boxed{\eta_{(\varepsilon)}^{\kappa'\lambda'} = \eta_{(\varepsilon)}^{\kappa\lambda}} \;. \tag{3.10}$$

Damit schreibt sich (3.8) als

$$\boxed{\eta_{(\varepsilon)}^{\mu\nu} = \sum_{\kappa,\lambda=0}^{3} \Lambda^{\upsilon}{}_{\kappa} \Lambda^{\nu}{}_{\lambda}\, \eta_{(\varepsilon)}^{\kappa\lambda}} \;. \tag{3.11}$$

In Matrixschreibweise liest sich (3.11) als $\boldsymbol{\eta}_\varepsilon = \boldsymbol{\Lambda}\boldsymbol{\eta}_\varepsilon\boldsymbol{\Lambda}^{\mathrm{T}}$ und kann als *Verallgemeinerung der Orthogonalitätsrelation* $\mathbf{1} = \boldsymbol{A}\mathbf{1}\boldsymbol{A}^{\mathrm{T}}$ für orthogonale Matrizen (z.B. Drehmatrizen) aufgefaßt werden. $\lim_{\varepsilon\to 0} \eta_{(\varepsilon)}^{\mu\nu}$ existiert

$$\lim_{\varepsilon\to 0} \eta_{(\varepsilon)}^{\mu\nu} = \begin{pmatrix} 0 & 0 & 0 & 0 \\ 0 & -1 & 0 & 0 \\ 0 & 0 & -1 & 0 \\ 0 & 0 & 0 & -1 \end{pmatrix},$$

ist aber entartet. Wegen des Satzes für Determinanten von Matrizen folgt

$$\det \eta_{(\varepsilon)}^{\mu\nu} = \det(\boldsymbol{\Lambda}\boldsymbol{\eta}_\varepsilon\boldsymbol{\Lambda}^{\mathrm{T}}) = \det\boldsymbol{\Lambda}\,\det\boldsymbol{\eta}_\varepsilon\,\det\boldsymbol{\Lambda}^{\mathrm{T}}$$
$$= (\det\boldsymbol{\Lambda})^2 \det\boldsymbol{\eta}_\varepsilon$$

oder

$$\det\boldsymbol{\eta}_{(\varepsilon)}[1-(\det\boldsymbol{\Lambda})^2] = 0\,.$$

Also det $\boldsymbol{\Lambda} = \pm 1$, wenn $\det \eta(\varepsilon) \neq 0$. An (3.2) bzw. (3.5) stellen wir fest, daß det $\boldsymbol{\Lambda} = +1$ für eine *spezielle* Lorentz-Transformation gilt.

3.1.2 Transformationsverhalten der elektromagnetischen Größen

Wir fügen jetzt die Ladungsdichte ρ und die Stromdichte $\boldsymbol{j}$ zu einem *Vierervektor*, der sogenannten *Viererstromdichte* zusammen (im Inertialsystem I; eine Begründung dafür folgt in Abschnitt 3.2.1):

$$j^{\mu} :\stackrel{*}{=} (c\rho, \boldsymbol{j}); \quad [j^{\mu}] = \mathrm{g}^{\frac{1}{2}}\,\mathrm{cm}^{-\frac{1}{2}}\,\mathrm{s}^{-2}\,.$$

In I' gilt dann nach der Vorschrift der Vektortransformation

$$j^{\mu'} = \sum_{\mu=0}^{3} \Lambda^{\mu}{}_{\nu} j^{\nu} \quad \mu', \mu = 0, \ldots, 3\,. \tag{3.12}$$

Zerlegen wir (3.12) in Raum und Zeitkomponenten

$$\begin{aligned} j^{0'} &= \Lambda^{0}{}_{0} j^{0} + \sum_{k=1}^{3} \Lambda^{0}{}_{k} j^{k} \\ &= \gamma(\varepsilon)\left(j^{0} + \sum_{k=1}^{3} \frac{v^{k}}{c} \varepsilon j^{k} \right), \end{aligned}$$

also

$$c\rho' = \gamma(\varepsilon)\left(c\rho + \frac{\varepsilon}{c} \boldsymbol{v} \cdot \boldsymbol{j} \right)$$

oder

$$\boxed{\rho' = \gamma(\varepsilon)\left(\rho + \frac{\varepsilon}{c^2} \boldsymbol{v} \cdot \boldsymbol{j} \right)}\,. \tag{3.13}$$

Weiter

$$\begin{aligned} j^{l'} &= \Lambda^{l}{}_{0} j^{0} + \sum_{k=1}^{3} \Lambda^{l}{}_{k} j^{k} \\ &= \gamma(\varepsilon) \frac{v^{l}}{c} c\rho + \sum_{k=1}^{3} \left(\delta^{l}_{k} + (\gamma(\varepsilon) - 1) \frac{1}{v^2} v^{l} v_{k} \right) j^{k} \\ &= j^{l} - v^{l} \frac{\boldsymbol{v} \cdot \boldsymbol{j}}{v^2} + \gamma(\varepsilon)\left(v^{l} \rho + \frac{1}{v^2} v^{l} \boldsymbol{v} \cdot \boldsymbol{j} \right) \quad l = 1, 2, 3\,. \end{aligned}$$

Gehen wir ganz zur 3-Vektorschreibweise über und zerlegen $\boldsymbol{j}$ in einen Anteil $\boldsymbol{j}_\perp$ senkrecht zur Relativgeschwindigkeit und einen Anteil $\boldsymbol{j}_\parallel$ parallel zu $\boldsymbol{v}$:

$$\boldsymbol{j}_\perp = \boldsymbol{j} - \hat{\boldsymbol{v}}(\boldsymbol{j}\cdot\hat{\boldsymbol{v}}), \quad \boldsymbol{j}_\parallel = \hat{\boldsymbol{v}}(\boldsymbol{j}\cdot\hat{\boldsymbol{v}})$$

$$\text{mit } \boldsymbol{j} = \boldsymbol{j}_\perp + \boldsymbol{j}_\parallel, \quad \hat{\boldsymbol{v}}^2 = 1,$$

so folgt schließlich

$$\boxed{\boldsymbol{j}' = \boldsymbol{j}_\perp + \gamma(\varepsilon)(\rho\boldsymbol{v} + \boldsymbol{j}_\parallel)} \quad . \tag{3.14}$$

Im *Galileifall* bedeutet dies ($\gamma(\varepsilon) = 1, \varepsilon = 0$)

$$\left.\begin{aligned} \rho' &= \rho \\ \boldsymbol{j}' &= \boldsymbol{j} + \rho\boldsymbol{v} \end{aligned}\right\} . \tag{3.15}$$

Bei einer *speziellen Lorentz-Transformation* ($\varepsilon = 1$) bekommen wir dagegen

$$\left.\begin{aligned} \rho' &= \gamma\left(\rho + \frac{1}{c^2}\boldsymbol{v}\cdot\boldsymbol{j}\right) \\ \boldsymbol{j}' &= \boldsymbol{j}_\perp + \gamma(\rho\boldsymbol{v} + \boldsymbol{j}_\parallel) \end{aligned}\right\} . \tag{3.16}$$

Das heißt, auch wenn $\boldsymbol{j} = 0$ war, mißt der Beobachter in I' den Strom $\boldsymbol{j}' = \gamma\rho\boldsymbol{v} = \rho\boldsymbol{v} + \mathbb{O}\left(\frac{v^2}{c^2}\right)$: Für den bewegten Beobachter ergibt sich ein Konvektionsstrom. Das wird um so deutlicher, wenn wir uns den Feldgrößen $\boldsymbol{E}$ und $\boldsymbol{B}$ zuwenden, bzw. dem elektrischen Potential φ und Vektorpotential $\boldsymbol{A}$. Wir fassen sie zu einem *Ko*vektor (kovarianter Vektor) oder einer *1-Form* zusammen, dem sogenannten *4-Potential*:

$$A_\mu := (\varphi, -\boldsymbol{A}) .$$

Zum Unterschied vom Vektor haben wir den Index *unten* an den Kernbuchstaben geschrieben.

Definition: Unter der Koordinatentransformation $x^{\mu'} = x^{\mu'}(x^k)$ transformiert sich eine *Linearform* (1-Form, ein Kovektor) wie

$$\boxed{\omega_{\mu'} = \sum_{\nu=0}^{3} \omega_\nu \frac{\partial x^\nu}{\partial x^{\mu'}}} \quad , \tag{3.17}$$

das heißt, eine Linearform transformiert sich mit der *inversen* Matrix $(\Lambda^{-1})^\mu{}_\nu$, wenn

$$\sum_{\kappa=0}^{3} \Lambda^\mu{}_\kappa (\Lambda^{-1})^\kappa{}_\nu = \delta^\mu_\nu . \tag{3.18}$$

Die inverse Transformation zu (3.4) bzw. (3.5) erhalten wir durch Ersetzen von $\boldsymbol{v}$ durch $-\boldsymbol{v}$.

Also folgt

$$A_{\mu'} = \sum_{\nu=0}^{3} (\Lambda^{-1})^{\nu}{}_{\mu} A_{\nu}, \tag{3.19}$$

oder

$$\left.\begin{aligned} \varphi' &= \gamma(\varepsilon)\left[\varphi + \frac{\boldsymbol{v}\cdot\boldsymbol{A}}{c}\right] \\ \boldsymbol{A}' &= \boldsymbol{A}_{\perp} + \gamma(\varepsilon)\left(\varepsilon\varphi\frac{\boldsymbol{v}}{c} + \boldsymbol{A}_{\parallel}\right) \end{aligned}\right\} \tag{3.20}$$

mit $\boldsymbol{A}_{\parallel} := \hat{\boldsymbol{v}}(\hat{\boldsymbol{v}}\cdot\boldsymbol{A})$, $\quad \boldsymbol{A}_{\perp} := \boldsymbol{A} - \boldsymbol{A}_{\parallel}$.

Wir bilden jetzt die Raum- und Zeitableitungen des 4-Potentials. Dazu müssen wir $\dfrac{\partial A_{\mu}}{\partial x^{\nu}}$ berechnen. Aus diesen Größen bilden wir die *schiefsymmetrische* 4×4-Matrix

$$\boxed{F_{\mu\nu} := \frac{\partial A_{\nu}}{\partial x^{\mu}} - \frac{\partial A_{\mu}}{\partial x^{\nu}}} \quad (\mu, \nu = 0, 1, 2, 3). \tag{3.21}$$

$F_{\mu\nu}$ heißt der *Tensor der elektromagnetischen Feldstärke*. Für $\mu = 0$ und $\nu = 1, 2, 3$ folgt nämlich

$$F_{0k} = \frac{\partial A_k}{\partial x^0} - \frac{\partial A_0}{\partial x^k} \triangleq -\frac{1}{c}\frac{\partial \boldsymbol{A}}{\partial t} - \nabla\varphi = \boldsymbol{E}$$

und

$$F_{12} = \frac{\partial A_2}{\partial x^1} - \frac{\partial A_1}{\partial x^2} \triangleq -\frac{\partial A_y}{\partial x} + \frac{\partial A_x}{\partial y} = -(\operatorname{rot}\boldsymbol{A})_z = -B_z = -B_3\,.$$

Entsprechend $F_{13} = (rot\,\boldsymbol{A})_2 = B_2$, $F_{23} = -B_1$. Insgesamt also:

$$F_{\mu\nu} = \begin{pmatrix} 0 & E_x & E_y & E_z \\ -E_x & 0 & -B_z & B_y \\ -E_y & B_z & 0 & -B_x \\ -E_z & -B_y & B_x & 0 \end{pmatrix}. \tag{3.22}$$

Wir fordern nun, daß sich der Feldstärketensor wie eine *2-Form* transformiert, d.h. wie

$$F_{\mu'\nu'} = \sum_{\kappa,\lambda} (\Lambda^{-1})^{\kappa}{}_{\mu} (\Lambda^{-1})^{\lambda}{}_{\nu} F_{\kappa\lambda}\,. \tag{3.23}$$

Aus (3.5) folgt dann nach einiger Rechnung (Übungsaufgabe!)

$$\boxed{\boldsymbol{E}' = \boldsymbol{E}_{\parallel} + \gamma(\varepsilon)\left(\boldsymbol{E}_{\perp} - \frac{\boldsymbol{v}}{c} \times \boldsymbol{B}\right)} \ , \tag{3.24}$$

bzw.

$$\boxed{\boldsymbol{B}' = \boldsymbol{B}_{\parallel} + \gamma(\varepsilon)\left(\boldsymbol{B}_{\perp} + \varepsilon \frac{\boldsymbol{v}}{c} \times \boldsymbol{E}\right)} \ . \tag{3.25}$$

Für $\varepsilon = 0$ folgt

$$\boldsymbol{E}' = \boldsymbol{E} - \frac{\boldsymbol{v}}{c} \times \boldsymbol{B} \, ,$$
$$\boldsymbol{B}' = \boldsymbol{B} \, ,$$

das heißt, die Lorentzkraft kommt richtig heraus. Aber: die Erfahrungstatsache, daß eine Ladung, die ein elektrisches Feld erzeugt, vom bewegten System aus wie ein Strom erscheint, also ein Magnetfeld erzeugt, ergibt sich hier *nicht*. ($\boldsymbol{B} = 0, \boldsymbol{E} \neq 0$ gibt $\boldsymbol{B}' = 0$).

Für $\varepsilon = 1$ dagegen ergibt sich aus (3.24), (3.25)

$$\boldsymbol{E}' = \boldsymbol{E}_{\parallel} + \gamma\left(\boldsymbol{E}_{\perp} - \frac{\boldsymbol{v}}{c} \times \boldsymbol{B}\right),$$
$$\boldsymbol{B}' = \boldsymbol{B}_{\parallel} + \gamma\left(\boldsymbol{B}_{\perp} - \frac{\boldsymbol{v}}{c} \times \boldsymbol{E}\right),$$

das heißt auch für $\boldsymbol{B} = 0$ ist $\boldsymbol{B}' = \gamma \frac{\boldsymbol{v}}{c} \times \boldsymbol{E} \neq 0$. Wir sehen also deutlich, daß nur die Lorentz-Transformation die physikalische Situation im bewegten System richtig beschreibt.

Bevor wir die Maxwellgleichungen mit Hilfe des Feldstärketensors $F_{\mu\nu}$ in einer knappen vierdimensionalen Formulierung angeben (Abschnitt 4.4.1), wenden wir uns den mathematischen Grundstrukturen der Raum-Zeit-Mannigfaltigkeit zu.

3.2 Der Minkowski-Raum

Wir betrachten grundlegende mathematische Strukturen auf der Menge *M* der physikalischen Ereignisse. Die sogenannte Minkowski-Metrik ist das zentrale Objekt[4].

3.2.1 Vektoren und Linearformen

Die *Kontinuums-* und *Differenzierbarkeitsstruktur* (Umgebung eines Ereignisses, Koordinatenatlas), welche die Menge der physikalischen Ereignisse zu einer *differenzierbaren Mannigfaltigkeit* macht, werde ich undiskutiert voraussetzen (vgl. aber Abschnitt 8.1.1). Als erstes betrachten wir *Kurven* auf *M*.

Definition: Eine parameterisierte C^∞-Kurve $\lambda(u)$ in M ist eine C^∞-Abbildung eines offenen Intervalls $I \subset \mathbb{R}$ in M.

Sei u ein reeller Parameter, $u \in I$ mit dem (offenen) Intervall $I := \{x \in \mathbb{R}, a < x < b\}$. Dann gilt $\lambda : u \mapsto \lambda(u) \in M$: In lokalen Koordinaten $\{x^\alpha\}$ ($\alpha = 0, 1, 2, 3$) ist die Abbildung durch die vier C^∞-Funktionen $x^0\,(\lambda(u))$, $x^1\,(\lambda(u))$, $x^2\,(\lambda(u))$, $x^3\,(\lambda(u))$ gegeben. Ein spezielles Beispiel sind die *Koordinatenlinien*, etwa die x^0-Linie. Sie ist durch $x^0\,(\lambda(u)) = u$, $x^j\,(\lambda(u)) = x_o^j = const$ ($j = 1, 2, 3$) beschrieben. Ein anderes Beispiel in zwei Raumdimensionen ist:

$$\lambda : u \mapsto (u^3 - 4u, u^2 - 4)$$

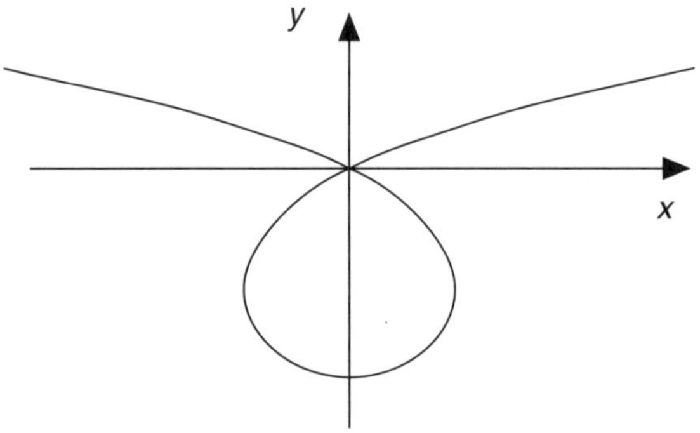

Abb. 3.1 parametrisierte Kurve

[4] *Hermann Minkowski* (1864–1909), deutscher Mathematiker, Professor in Königsberg, Zürich und Göttingen.

$-\infty < u < +\infty$. Die Ableitungen λ', λ'' etc. existieren überall, z.B. $\lambda' : u \mapsto (3u^2 - 4, 2u)$. Die Abbildung ist *nicht* bijektiv, da $\lambda(+2) = \lambda(-2) \to (0,0)$ mit $\lambda'(+2) = (8,4)$, $\lambda'(-2) = (8,-4)$. Als nächstes führen wir den Begriff des *Tangentenvektors* ein, eine Verallgemeinerung der Richtungsableitung.

Definition: Der Tangentenvektor X der parameterisierten Kurve $\lambda(u)$ im Ereignis $p \triangleq \lambda(u_0) \in M$ ist eine Vorschrift, die jeder C^∞-Funktion f und dem Ereignis p die relle Zahl

$$Xf\Big|_p = \frac{\partial f(\lambda(u))}{\partial u}\Big|_{u=u_0}$$

zuordnet.

Wir berechnen den Tangentenvektor in lokalen Koordinaten, in denen $x^\alpha = x^\alpha(u)$ $(\alpha = 0, 1, 2, 3)$ die Parameterdarstellung von λ(u), durch

$$\frac{\partial f(\lambda(u))}{\partial u}\Big|_{u=u_0} := \frac{\partial f(x^\alpha(u))}{\partial u}\Big|_{u=u_0} = \sum_{\alpha=0}^{3} \frac{\mathrm{d}x^\alpha(u)}{\mathrm{d}u}\Big|_{u=u_0} \frac{\partial f}{\partial x^\alpha}. \tag{3.26}$$

Der Tangentenvektor an die Kurve $\lambda(u)$ in $u = u_0$ ist also eine *Linear*kombination der partiellen Ableitungen $\frac{\partial}{\partial x^0}, \frac{\partial}{\partial x^1}, \frac{\partial}{\partial x^2}, \frac{\partial}{\partial x^3}$. Als *seine Komponenten in bezug auf das Koordinatensystem* $\{x^\alpha\}$ haben wir $X^a := \frac{\mathrm{d}x^\alpha(u)}{\mathrm{d}u}\Big|_{u=u_0}$. Im Beispiel der Koordinatenlinie von vorher ist also

$$X^0 = 1, \quad X^1 = X^2 = X^3 = 0 \quad \text{oder} \quad X^\alpha = \delta_0^\alpha \quad (\alpha = 0, 1, 2, 3).$$

Im zweiten Beispiel gilt $X^A = (3u^2 - 4, 2u)$ $A = 1, 2$.

Die Tangentenvektoren bilden einen *linearen Vektorraum* $T_p(M)$:

$$(aX + bY)f = a(Xf) + b(Yf) \tag{3.27}$$

wenn X, Y Tangentenvektoren sind, $a, b \in \mathbb{R}$ und f eine C^∞-Funktion. Die Tangentenvektoren der Koordinatenlinien bilden eine *Basis* dieses Vektorraumes, d.h. jeder Tangentenvektor X kann dargestellt werden als

$$\begin{aligned} X &= \sum_{\alpha=0}^{3} X^\alpha \frac{\partial}{\partial x^\alpha} = X^0 \frac{\partial}{\partial x^0} + X^1 \frac{\partial}{\partial x^1} + X^2 \frac{\partial}{\partial x^2} + X^3 \frac{\partial}{\partial x^3} \\ &= \sum_{\alpha=0}^{3} X^\alpha E_\alpha \end{aligned}$$

mit

$$E_0 = \sum_{\beta=0}^{3} \delta_0^\beta \frac{\partial}{\partial x^\beta} = \frac{\partial}{\partial x^0},$$

$$E_1 = \sum_{\beta=0}^{3} \delta_1^\beta \frac{\partial}{\partial x^\beta} = \frac{\partial}{\partial x^1},$$

etc.

Als nächstes führen wir den Begriff der *Linearform* (1-Form, Kovektor, Kotangentenvektor) ein:

Definition: Eine Linearform ω in $p \in M$ ist eine reellwertige lineare Abbildung von $T_p(M)$ in die reellen Zahlen.

Also $\omega: T_p(M) \to \mathbb{R}$, bzw. $\omega: X \mapsto \omega(X)$. Wegen der Linearität der Abbildung folgt

$$\omega(aX + bY) = a\omega(X) + b\omega(y)$$
$$a, b \in \mathbb{R}; \quad X, Y \in T_p(M). \tag{3.28}$$

Wie rechnen wir $\omega(X)$ aus? Nun, nach (3.27) und (3.28) gilt

$$\omega(X) = \omega\left(\sum_{\alpha=0}^{3} X^\alpha \frac{\partial}{\partial x^\alpha}\right) = \sum_{\alpha=0}^{3} X^\alpha \omega\left(\frac{\partial}{\partial x^\alpha}\right) = \sum_{\alpha=0}^{3} X^\alpha \omega_\alpha,$$

wenn die *Komponenten der Linearform* ω definiert sind durch $\omega\left(\frac{\partial}{\partial x^\alpha}\right) =: \omega_\alpha$.

Wir schreiben $\omega = \sum_{\alpha=0}^{3} \omega_\alpha \mathrm{d}x^\alpha$.

Auch die Linearformen bilden einen linearen Vektorraum, den sogenannten *Kotangentialraum* $T_p^*(M)$. *Als Basis von* $T^*(M)$ *können wir die Koordinatendifferentiale* $\mathrm{d}x^0, \mathrm{d}x^1, \mathrm{d}x^2, \mathrm{d}x^3$, *wählen, wenn wir noch die Vorschrift hinzunehmen:*

$$\boxed{\mathrm{d}x^\alpha\left(\frac{\partial}{\partial x^\beta}\right) = \delta_\beta^\alpha} \qquad (\alpha, \beta = 0, 1, 2, 3). \tag{3.29}$$

Die Konsistenz dieser Vorschrift sieht man, wenn man das totale Differential einer Funktion bildet, ebenfalls eine Linearform:

$$\mathrm{d}f = \sum_{\alpha=0}^{3} \frac{\partial f}{\partial x^\alpha} \mathrm{d}x^\alpha,$$

und diese auf den Tangentenvektor $\boldsymbol{X}$ losläßt[5]:

$$\begin{aligned}
\mathrm{d}f(\boldsymbol{X}) &= \sum_{\alpha=0}^{3} \frac{\partial f}{\partial x^\alpha}\, \mathrm{d}x^\alpha(X) = \sum_{\alpha=0}^{3} \frac{\partial f}{\partial x^\alpha}\, \mathrm{d}x^\alpha\left(\sum_{\alpha=0}^{3} X^\beta \frac{\partial}{\partial x^\beta}\right) \\
&= \sum_{\alpha,\beta=0}^{3} \frac{\partial f}{\partial x^\alpha} X^\beta \mathrm{d}x^\alpha\left(\frac{\partial}{\partial x^\beta}\right) = \sum_{\alpha,\beta=0}^{3} \frac{\partial f}{\partial x^\alpha} X^\beta \delta^\alpha_\beta \\
&= \sum_{\alpha=0}^{3} X^\alpha \frac{\partial f}{\partial x^\alpha} = \boldsymbol{X} f\,. \qquad (3.30)
\end{aligned}$$

Wie schon angedeutet, kann jede Linearform also dargestellt werden als

$$\omega = \sum_{\alpha=0}^{3} \omega_\alpha \mathrm{d}x^\alpha\,.$$

Wir können jetzt die Transformationsvorschrift (3.12) für den Tangentenvektor „Viererstromdichte" j^α verstehen. Denn wegen

$$\begin{aligned}
\sum_{\alpha=0}^{3} X^\alpha \frac{\partial}{\partial x^\alpha} &= \sum_{\alpha=0}^{3} X^\alpha \sum_{\beta'=0}^{3} \frac{\partial x^{\beta'}}{\partial x^\alpha}\frac{\partial}{\partial x^{\beta'}} = \sum_{\beta'=0}^{3}\left(\sum_{\alpha=0}^{3} X^\alpha \frac{\partial x^{\beta'}}{\partial x^\alpha}\right)\frac{\partial}{\partial x^{\beta'}} \\
&= \sum_{\beta'=0}^{3} X^{\beta'} \frac{\partial}{\partial x^{\beta'}}
\end{aligned}$$

$$\text{folgt}\quad X^{\beta'} = \sum_{\alpha=0}^{3} X^\alpha \frac{\partial x^{\beta'}}{\partial x^\alpha} \underset{(3.7)}{=} \sum_{\alpha=0}^{3} \Lambda^\beta{}_\alpha X^\alpha\,.$$

Umgekehrt gilt

$$\sum_{\alpha=0}^{3} \omega_\alpha \mathrm{d}x^\alpha = \sum_{\alpha=0}^{3} \omega_\alpha \sum_{\beta'=0}^{3} \frac{\partial x^\alpha}{\partial x^{\beta'}} \mathrm{d}x^{\beta'} = \sum_{\beta'=0}^{3}\left(\sum_{\alpha=0}^{3} \omega_\alpha \frac{\partial x^\alpha}{\partial x^{\beta'}}\right)\mathrm{d}x^{\beta'}\,,$$

das heißt

$$\omega_{\beta'} = \sum_{\alpha=0}^{3} \omega_\alpha \frac{\partial x^\alpha}{\partial x^{\beta'}} = \sum_{\alpha=0}^{3} (\Lambda^{-1})^\alpha{}_\beta\, \omega_\alpha\,.$$

Wir sehen, daß *ein Tangentenvektor X bzw. eine Linearform ω geometrische Objekte sind, also unabhängig vom speziellen Koordinatensystem.* Ihre Komponenten in bezug auf eine bestimmte Koordinatenbasis sind abhängig von dieser Basis. Auch die reelle Zahl $\omega(X)$ ist koordinatenunabhängig:

[5] Das Differential $\mathrm{d}f(X)$ gibt die Änderung der Funktion f in Richtung des Tangentenvektors X an.

$$\begin{aligned}\omega(X) &= \sum_{\alpha'=0}^{3} X^{\alpha'}\omega_{\alpha'} = \sum_{\alpha'=0}^{3}\sum_{\beta=0}^{3} X^{\beta}\frac{\partial x^{\alpha'}}{\partial a^{\beta}}\sum_{\gamma=0}^{3}\omega_{\gamma}\frac{\partial x^{\gamma}}{\partial a^{\alpha'}} \\ &= \sum_{\beta,\gamma=0}^{3} X^{\beta}\omega_{\gamma}\underbrace{\sum_{\alpha'=0}^{3}\frac{\partial x^{\alpha'}}{\partial a^{\beta}}\frac{\partial x^{\gamma}}{\partial a^{\alpha'}}}_{\delta_{\beta}^{\gamma}} \\ &= \sum_{\beta=0}^{3} X^{\beta}\omega_{\beta}\,.\end{aligned}$$

Anmerkungen:

1. *Einsteinsche Summationskonvention*: Um die vielen Summenzeichen zu sparen, wenn man mit Komponenten von Vektoren und Formen rechnet, hat man vereinbart, folgende Kurzschrift zu verwenden:

$$\sum_{\alpha=0}^{3} X^{\alpha}\omega_{\alpha} \triangleq X^{\alpha}\omega_{\alpha}\,.$$

   Das heißt, kommt ein und derselbe Index zweimal vor, einmal als oberer und einmal als unterer Index, so ist darüber zu summieren.
2. Statt $\omega(X)$ findet man in der Literatur auch die Bezeichnungen $X \lrcorner\, \omega$ oder $\iota_X \omega$
3. Wir können jetzt begründen, warum wir die 4-Stromdichte als Tangentenvektor angesetzt haben. Der Strom ist ein Transport von Ladungen und daher tangential an die Bahn dieser Ladungen, also proportional zum *Tangentenvektor* an die Bahn.

Warum haben wir das 4-Potential als Linearform angesetzt? Nun, das hängt mit den sogenannten Eichtransformationen zusammen. Es gilt

$$\tilde{\varphi} = \varphi - \frac{1}{c}\frac{\partial f}{\partial t}\,, \quad \tilde{\boldsymbol{A}} = \boldsymbol{A} + \nabla f$$

für eine solche Eichtransformation. Zusammengefaßt ergibt das gerade

$$\tilde{A}_{\mu} = A_{\mu} - \frac{\partial f}{\partial x^{\mu}}\,. \tag{3.31}$$

Bei einer Lorentz-Transformation gilt aber

$$\frac{\partial f}{\partial x^{\mu'}} = \frac{\partial x^{\nu}}{\partial x^{\mu'}}\frac{\partial f}{\partial x^{\nu}} = (\Lambda^{-1})^{\nu}{}_{\mu'}\frac{\partial f}{\partial x^{\mu'}}\,, \tag{3.32}$$

das heißt, der *Vierergradient* $\nabla_\mu := \frac{\partial}{\partial x^\mu}$ transformiert sich wie eine Linearform.

Damit in der Beziehung (3.31) sich jeder Term in gleicher Weise transformiert, also

$$\tilde{A}_{\mu'} = A_{\mu'} - \frac{\partial f}{\partial x^{\mu'}}$$

wieder eine Linearform derselben Art ist, muß A_μ eine Linearform sein. Es gilt:
$A(j) = A\left(j^\alpha \frac{\partial}{\partial x^\alpha}\right) = j^\alpha A\left(\frac{\partial}{\partial x^\alpha}\right) = j^\alpha A_\alpha$ ist ein Lorentz-*Skalar*.

3.2.2 Minkowski-Metrik

Wir führen nun ein *inneres Produkt* im Tangentialraum ein:

Definition: Der Minkowskitensor oder die *Minkowski-Metrik* η ist eine Abbildung

$$\eta := T(M) \times T(M) \to \mathbb{R}$$

mit

$$\eta(X, Y) = \eta(Y, X) := X^0Y^0 - X^1Y^1 - X^2Y^2 - X^3Y^3 .$$

Jedem Paar von (Tangenten-)Vektoren $X, Y \in T(M)$ wird die reelle Zahl $\eta(X, Y)$ zugeordnet. Wegen der Linearität folgt

$$\eta(X, Y) = \eta\left(X^\alpha \frac{\partial}{\partial x^\alpha}, Y^\beta \frac{\partial}{\partial x^\beta}\right) = X^\alpha Y^\beta \eta\left(\frac{\partial}{\partial x^\alpha}, \frac{\partial}{\partial x^\beta}\right)$$
$$= X^\alpha Y^\beta \eta_{\alpha\beta} .$$

Wir nennen $\eta_{\alpha\beta} := \eta\left(\frac{\partial}{\partial x^\alpha}, \frac{\partial}{\partial x^\beta}\right)$ die *Komponenten* des *metrischen* Tensors. Nach Definition ist

$$\eta_{\alpha\beta} = \delta^0_\alpha \delta^0_\beta - \delta^1_\alpha \delta^1_\beta - \delta^2_\alpha \delta^2_\beta - \delta^3_\alpha \delta^3_\beta . \tag{3.33}$$

Die Minkowski-Metrik entspricht in Inertialkoordinaten einer symmetrischen 4×4-Matrix $\boldsymbol{\eta}$ mit den Diagonalelementen1 und –1, so daß die Signatur von $\boldsymbol{\eta}$: sig $\boldsymbol{\eta} = -2$ ist. (Man nennt eine Metrik mit dieser Signatur auch Lorentz-Metrik. Oft wird auch ein globales Minuszeichen mit in die Definition von $\eta_{\alpha\beta}$ aufgenommen: $\eta = \mathrm{diag}\,(-1, +1, +1, +1)$.) Die Minkowski-Metrik verallgemeinert die Euklidische Metrik des 3-dimensionalen Ortsraumes. An der Signatur wird deutlich, daß Raum und Zeit *nicht* gleichberechtigt sind. (Andernfalls müßte die Signatur Vier gewählt werden.)

Das eingeführte innere Produkt gibt uns das *Normquadrat eines Vektors* als

$$|X|^2 := \eta(X, X) = (X^0)^2 - (X^1)^2 - (X^2)^2 - (X^3)^2 \tag{3.34}$$

und, wenn wir *Inertialkoordinaten* benutzen, folgt für die Ortsvektoren $(X^\alpha = x^\alpha)$

$$\eta(X, X) = (x^0)^2 - (x^1)^2 - (x^2)^2 - (x^3)^2 \,. \tag{3.35}$$

Im Gegensatz zu den Verhältnissen im Euklidischen Raum gibt es jetzt vom *Nullvektor* (das heißt, dem Vektor dessen Komponenten alle Null sind) *verschiedene Vektoren mit Norm Null*. Für sie gilt

$$(x^0)^2 - (x^1)^2 - (x^2)^2 - (x^3)^2 = 0 \,. \tag{3.36}$$

Wir erkennen die Lichtkugel, d.h. den geometrischen Ort einer vom Ursprung ausgehenden oder in ihn einmündenden Lichtwelle

$$x^2 + y^2 + z^2 = c^2t^2 \,.$$

(3.36) ist die Verallgemeinerung des *Lichtkegels*, den wir im zweidimensionalen Raumzeitdiagramm in Abschnitt 2.2 eingeführt haben, auf drei Raumdimensionen. *Vektoren mit Norm Null nennt man lichtartig* (manchmal auch „isotrope" Vektoren oder (englisch) „null vectors").

Wir wissen schon, daß der *Lichtkegel invariant* ist *unter Lorentz-Transformationen*:

$$\begin{aligned} X^{\alpha'} X^{\beta'} \eta_{\alpha'\beta'} &= L^\alpha{}_\kappa X^\kappa L^\beta{}_\lambda X^\lambda (L^{-1})^\gamma{}_\alpha (L^{-1})^\delta{}_\beta \eta_{\gamma\delta} \\ &= \underbrace{(L^\alpha{}_\kappa (L^{-1})^\gamma{}_\alpha)}_{\delta^\gamma_\kappa} \underbrace{(L^\beta{}_\lambda (L^{-1})^\delta{}_\beta)}_{\delta^\delta_\lambda} X^\kappa X^\gamma \eta_{\gamma\delta} = X^\kappa X^\lambda \eta_{\kappa\lambda} \,. \end{aligned}$$

Die Transformation für η folgt aus der Definition

$$\begin{aligned} \eta_{\alpha'\beta'} &= \eta\left(\frac{\partial}{\partial x^{\alpha'}}, \frac{\partial}{\partial x^{\beta'}} \right) = \eta\left(\frac{\partial x^\gamma}{\partial x^{\alpha'}} \frac{\partial}{\partial x^\gamma}, \frac{\partial x^\delta}{\partial x^{\beta'}} \frac{\partial}{\partial x^\delta} \right) \\ &= \frac{\partial x^\gamma}{\partial x^{\alpha'}} \frac{\partial x^\delta}{\partial x^{\beta'}} \eta\left(\frac{\partial}{\partial x^\gamma} \frac{\partial}{\partial x^\delta} \right) \\ &= \frac{\partial x^\gamma}{\partial x^{\alpha'}} \frac{\partial x^\delta}{\partial x^{\beta'}} \eta_{\gamma\delta} = (L^{-1})^\gamma{}_{\alpha'} (L^{-1})^\delta{}_{\beta'} \eta_{\gamma\delta} \,. \end{aligned} \tag{3.37}$$

Der Lichtkegel trennt Vektoren mit *positivem* Normquadrat im Innern, die wir *zeitartig* nennen, von Vektoren mit *negativem* Normquadrat im Äußeren, den *raumartigen* Vektoren (vgl. Abb. 3.2).

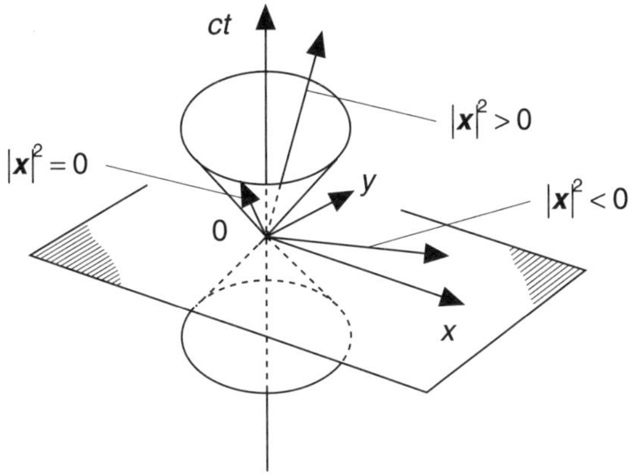

Abb. 3.2 Raum-Zeit-Charakter von Vektoren

Durch eine spezielle Lorentz-Transformation mit $v^j = -c(X^0)^{-1}X^j$ können wir die Komponenten eines *zeitartigen* Vektors in die Form bringen $X^{j'} \stackrel{*}{=} 0$, $X^{0'} \neq 0$ (vgl. die Formel (3.36)). Mit $\eta(X, X) > 0$ und $X^0 > 0$ ist auch $X^{0'} \stackrel{*}{=} \sqrt{\eta(X, X)} > 0$. Anschaulich bedeutet das, daß wir die *neue Zeitachse in Richtung von X* legen.

Umgekehrt läßt sich für einen *raumartigen* Vektor durch eine Lorentz-Transformation erreichen, daß gilt: $X^{0'} \stackrel{*}{=} 0$. Dazu wählt man

$$\frac{v^j}{c} = -X^0 \cdot \frac{X^j}{\sum_{k=1}^{3} X^k X^k}.$$

Die Bedingung $(X^0)^2 - \sum_{k=1}^{3} X^k X^k < 0$ (raumartig!) ist dann äquivalent mit $|v^j| < c$. Das heißt: also: *raumartige* Vektoren verbinden *gleichzeitige* Ereignisse.

Die Bedingung

$$\eta(X, Y) = 0 \tag{3.38}$$

ist die Verallgemeinerung der Forderung im Euklidischen Raum, daß Vektoren aufeinander senkrecht stehen. Weil das innere Produkt *nicht* über eine *positiv-definite* Form definiert ist, ergeben sich jetzt Besonderheiten: ein *lichtartiger* Vektor „steht auf sich selbst senkrecht". Zwei *zeitartige* Vektoren können (3.38) *nicht* befriedigen. Nach dem oben Gesagten können wir ein Inertialsystem finden, in dem $X^0 \neq 0$, $X^j = 0$ $(j = 1, 2, 3)$. Dann folgt

$$0 \stackrel{!}{=} \eta(X, Y) \stackrel{*}{=} X^0 Y^0 \quad \text{also} \quad Y^0 = 0\,.$$

Dann gilt aber $\eta(Y, Y) = -[(Y^1)^2 + (Y^2)^2 + (Y^3)^2] \leq 0$. Im Falle des Gleichheitszeichens ist $Y = 0$. Im Falle des „kleiner"-Zeichens wäre Y raumartig; wir bekommen einen Widerspruch.

Eine Linearkombination von zeitartigen (raumartigen) Vektoren führt in der Rege *nicht* wieder zu einem zeitartigen (raumartigen) Vektor.

Aufgabe 3.1:

Zeige, daß die Summe zweier *zukunftsgerichteter, zeitartiger* Vektoren wieder ein *zeitartiger* Vektor ist.

In *Inertialkoordinaten* hat die zum metrischen Tensor *inverse* 4×4-Matrix dieselben Komponenten wie die Minkowski-Metrik selbst. Wir notieren sie mit oberen Indizes, also

$$\eta^{\alpha\beta} = \delta_0^\alpha \delta_0^\beta - \delta_1^\alpha \delta_1^\beta - \delta_2^\alpha \delta_2^\beta - \delta_3^\alpha \delta_3^\beta$$

und es gilt:

$$\eta^{\alpha\gamma}\eta_{\gamma\beta} = \delta_\beta^\alpha \,. \tag{3.39}$$

$\eta^{\alpha\beta}$ haben wir schon in Abschnitt 3.1.1 als $\lim_{\varepsilon\to 1} \eta_{(\varepsilon)}^{\alpha\beta}$ kennengelernt. In anderen Koordinaten wird diese Komponentengleichheit von $\eta^{\alpha\beta}$ und $\eta_{\alpha\beta}$ nicht mehr gelten.

Beispiele

1. Übergang zu einem Nichtinertialsystem

$$x^{0'} = x^0, \quad x^{1'} = x^1 + \frac{1}{2}\frac{g}{c^2}(x^0)^2, \quad x^{2'} = x^2, \quad x^{3'} = x^3 \,. \tag{3.40}$$

Wir erhalten

$$\eta_{\alpha'\beta'} \mathrel{\hat{=}} \begin{pmatrix} 1-\left(\frac{g}{c}t'\right)^2 & \frac{g}{c}t' & 0 & 0 \\ \frac{g}{c}t' & -1 & 0 & 0 \\ 0 & 0 & -1 & 0 \\ 0 & 0 & 0 & -1 \end{pmatrix}$$

oder

$$\eta_{\alpha'\beta'} = \delta_\alpha^0 \delta_\beta^0 \left(1-\left(\frac{g}{c}t'\right)^2\right) + \frac{g}{c}t'(\delta_\alpha^0 \delta_\beta^1 + \delta_\beta^0 \delta_\alpha^1) - \delta_\alpha^1 \delta_\beta^1 - \delta_\alpha^2 \delta_\beta^2 - \delta_\alpha^3 \delta_\beta^3 \,. \tag{3.41}$$

In diesen Koordinaten sind die Komponenten der Minkowski-Metrik weder konstant, noch bildet $\boldsymbol{\eta}$ eine Diagonalmatrix.

2. Rindler-Koordinaten

$$
\begin{aligned}
x^{0'} &= (x^1 + \frac{1}{\alpha})\sinh(\alpha x^0), & x^{1'} &= (x^1 + \frac{1}{\alpha})\cosh(\alpha x^0) - \frac{1}{\alpha} \\
x^{2'} &= x^2, & x^{3'} &= x^3
\end{aligned}
\tag{3.42}
$$

Auch diese Transformation entspricht dem Übergang in ein Nichtinertialsystem [Rin77].

Aufgabe 3.2: Rindler-Koordinaten

Berechne $\eta_{\alpha'\beta'}$ in Rindler-Koordinaten. Zeichne das Raum-Zeit-Diagramm für einen in I ruhenden Beobachter in I'. Interpretiere die Transformation für $\alpha x^0 \ll 1$, $\alpha x^1 \ll 1$. Zeige, daß

$$\frac{\mathrm{d}^2 x^{1'}}{(\mathrm{d}x^{0'})^2} \neq 0\,,$$

wenn

$$\frac{\mathrm{d}^2 x^{1}}{(\mathrm{d}x^{0})^2} = 0$$

gilt.

---

3. Übergang zu räumlichen Polarkoordinaten:

$$
\begin{cases}
x = r\sin(\theta)\cos(\varphi) \\
y = r\sin(\theta)\sin(\varphi) \\
z = r\cos(\theta) \\
t = t'
\end{cases}
\quad \text{mit} \quad
\begin{aligned}
x^0 &= t\,, & x^{0'} &= t' \\
x^1 &= x\,, & x^{1'} &= r \\
x^2 &= y\,, & x^{2'} &= \theta \\
x^3 &= z\,, & x^{3'} &= \varphi\,.
\end{aligned}
$$

Juvenko S. 142

Dann wird die Transformationsmatrix $\dfrac{\partial x^\mu}{\partial x^{\nu'}}$ gegeben durch

$$
\frac{\partial x^\mu}{\partial x^{\nu'}} =
\begin{pmatrix}
1 & 0 & 0 & 0 \\
0 & \sin(x^{2'})\cos(x^{3'}) & x^{1'}\cos(x^{2'})\cos(x^{3'}) & -x^{1'}\sin(x^{2'})\sin(x^{3'}) \\
0 & \sin(x^{2'})\sin(x^{3'}) & x^{1'}\cos(x^{2'})\sin(x^{3'}) & x^{1'}\sin(x^{2'})\cos(x^{3'}) \\
0 & \cos(x^{2'}) & -x^{1'}\sin(x^{2'}) & 0
\end{pmatrix}
$$

und

$$\eta_{\alpha'\beta'} = \eta_{\mu\nu} \frac{\partial x^\mu}{\partial x^{\alpha'}} \frac{\partial x^\nu}{\partial x^{\beta'}}$$
$$= \frac{\partial x^0}{\partial x^{\alpha'}} \frac{\partial x^0}{\partial x^{\beta'}} - \frac{\partial x^1}{\partial x^{\alpha'}} \frac{\partial x^1}{\partial x^{\beta'}} - \frac{\partial x^2}{\partial x^{\alpha'}} \frac{\partial x^2}{\partial x^{\beta'}} - \frac{\partial x^3}{\partial x^{\alpha'}} \frac{\partial x^3}{\partial x^{\beta'}} . \tag{3.43}$$

Die weitere Ausrechnung führt auf:

$$\eta_{\alpha'\beta'} = \delta^0_{\alpha'} \delta^0_{\beta'} - \delta^1_{\alpha'} \delta^1_{\beta'} - r^2 [\delta^2_{\alpha'} \delta^2_{\beta'} + \sin^2(\theta) \delta^3_{\alpha'} \delta^3_{\beta'}] , \tag{3.43}$$

das heißt auf die Matrix

$$\boldsymbol{\eta} = \begin{pmatrix} 1 & 0 & 0 & 0 \\ 0 & -1 & 0 & 0 \\ 0 & 0 & -r^2 & 0 \\ 0 & 0 & 0 & -r^2 \sin^2(\theta) \end{pmatrix} ,$$

deren Reziproke $\boldsymbol{\eta}^{-1}$ (mit den Komponenten $\eta^{\alpha\beta}$) gegeben ist durch

$$\boldsymbol{\eta}^{-1} = \begin{pmatrix} 1 & 0 & 0 & 0 \\ 0 & -1 & 0 & 0 \\ 0 & 0 & -r^{-2} & 0 \\ 0 & 0 & 0 & -r^{-2} \sin^{-2}(\theta) \end{pmatrix} .$$

Die Minkowski-Metrik wird zum *Herauf- bzw. Herunterziehen von Komponentenindizes* benutzt. Nehmen wir z.B. den elektrischen Feldstärketensor $F_{\mu\nu}$ und bilden $F_{\mu\nu}\eta^{\mu\alpha}\eta^{\nu\beta}$. Die so entstehende Größe nennen wir

$$F^{\alpha\beta} := F_{\mu\nu}\eta^{\mu\alpha}\eta^{\nu\beta} .$$

Entsprechend gilt

$$F^\alpha{}_\beta := \eta^{\mu\alpha} F_{\mu\beta}$$

oder

$$j_\alpha := j^\beta \eta_{\beta\alpha} .$$

In Inertialkoordinaten bringt dieses „Ziehen“ von Indizes lediglich Vorzeichenänderungen bei den Komponenten. Dahinter steckt aber begrifflich die *Isomorphie von Tangentialraum und Kotangentialraum*: durch $\eta_{\alpha\beta}$ bzw. $\eta^{\alpha\beta}$ können jeder Linearform (jedem Tangentenvektor) eindeutig ein Tangentenvektor (eine Linearform) zugeordnet werden. Insofern können wir auch einer Linearform eine Norm geben:

$$|\omega|^2 := \omega_\alpha \omega_\beta \eta^{\alpha\beta} = \omega^\kappa \omega^\lambda \eta_{\kappa\lambda} \,.$$

Als Beispiel betrachten wir eine ebene Welle $\sim \mathrm{e}^{\mathrm{i}(\omega t - \boldsymbol{k}\cdot\boldsymbol{x})}$ mit der Phase $\varphi(t,\boldsymbol{x}) = \omega t - \boldsymbol{k}\cdot\boldsymbol{x}$. Die *4-Normale* N_μ auf den Flächen konstanter Phase ergibt sich aus $\mathrm{d}\varphi = \dfrac{\partial\varphi}{\partial x^\mu}\mathrm{d}x^\mu = 0$ zu $N_\mu \sim \dfrac{\partial\varphi}{\partial x^\mu} \triangleq \left(\dfrac{\omega}{c}, -\boldsymbol{k}\right)$, entspricht also einer Linearform $N = N_\mu \mathrm{d}x^\mu$. Wegen $|N|^2 = N_\mu N_\nu \eta^{\mu\nu} = \dfrac{\omega^2}{c^2} - \boldsymbol{k}^2$ folgt $|N|^2 = 0$ (Dispersionsrelation für die Lösungen der Wellengleichung). Das heißt, die Normale N_μ entspricht einem *lichtartigen* Ausbreitungsvektor $N^\mu := \eta^{\mu\nu}N_\nu \triangleq \left(\dfrac{\omega}{c}, +\boldsymbol{k}\right)$. In der *geometrischen Optik*, in der wir die Lichtstrahlen wie Bahnen von Lichtteilchen auffassen, entspricht dieser Vektor einem Tangentialvektor an die Bahn und liegt daher auf dem Lichtkegel.

3.2.3 Tensoren, Tensorfelder, Tensordichten

Aus dem Tangentialraum $T_p(M)$ und dem Kotangentialraum $T_p^*(M)$ kann man das kartesische Produkt bilden, z.B.

$$\Pi_{r,s} := \underbrace{T_p^*(M) \otimes T_p^*(M) \otimes \ldots \otimes T_p^*(M)}_{r \text{ Faktoren}} \otimes \underbrace{T_p(M) \otimes \ldots \otimes T_p(M)}_{s \text{ Faktoren}},$$

das heißt die Menge $\{\omega_{(1)}, \ldots, \omega_{(r)}, X_{(1)}, \ldots, X_{(s)}\}$ der *geordneten* r Linearformen $\omega_{(1)}, \ldots, \omega_{(r)}$ und s Tangentialvektoren $X_{(1)}, \ldots, X_{(s)}$.

Definition: Ein Tensor T vom Typ (r, s) im Ereignis $p \in M$ ist eine Multilinearfunktion über dem kartesischen Produkt von r Kotangential- und s Tangentialräumen.

Also: $T : \Pi_{r,s} \to \mathrm{I\!R}$. Multilinearfunktion bedeutet: in jedem Argument linear. Es folgt daher

$$\begin{aligned}
&T(\omega_{(1)}, \ldots, \omega_{(r)}, X_{(1)}, \ldots, X_{(s)}) = \\
&= T\left(\omega_{(1)\alpha_1}\mathrm{d}x^{\alpha_1}, \ldots, \omega_{(r)\alpha_r}\mathrm{d}x^{\alpha_r}, X_{(1)}^{\beta_1}\frac{\partial}{\partial x^{\beta_1}}, \ldots, X_{(s)}^{\beta_s}\frac{\partial}{\partial x^{\beta_s}}\right) \\
&= \omega_{(1)\alpha_1} \ldots \omega_{(r)\alpha_r} X_{(1)}^{\beta_1} \ldots X_{(s)}^{\beta_s}\, T\left(\mathrm{d}x^{\alpha_1} \ldots \mathrm{d}x^{\alpha_r}, \frac{\partial}{\partial x^{\beta_1}}, \ldots, \frac{\partial}{\partial x^{\beta_s}}\right) \\
&= \omega_{(1)\alpha_1} \ldots \omega_{(r)\alpha_r} X_{(1)}^{\beta_1} \ldots X_{(s)}^{\beta_s}\, T^{\alpha_1,\ldots,\alpha_r}{}_{\beta_1,\ldots,\beta_s} \,.
\end{aligned}$$

Wir nennen

$$T\left(\mathrm{d}x^{\alpha_1},\ldots,\mathrm{d}x^{\alpha_r},\frac{\partial}{\partial x^{\beta_1}},\ldots,\frac{\partial}{\partial x^{\beta_s}}\right):=T^{\alpha_1,\ldots,\alpha_r}{}_{\beta_1,\ldots,\beta_s}$$

die Komponenten des Tensors vom Typ (r, s).

Aufgabe 3.3: Tensortransformation

Schreibe das Transformationsgesetz für $T^{\alpha_1,\ldots,\alpha_r}{}_{\beta_1,\ldots,\beta_s}$ auf.

Einfache *Beispiele sind der Stromdichte-Vierervektor* $\boldsymbol{j}$ *(Tensor vom Typ* (1,0) $\triangleq$ *Tangentenvektor), das 4-Potential* $\boldsymbol{A}$ *(Tensor vom Typ* (0,1) $\triangleq$ *Linearform), elektr. Feldstärketensor F (Tensor vom Typ* (0,2)) *etc.*. Direkte Produktbildung wie $\boldsymbol{j}\otimes\boldsymbol{A}$ gibt einen Tensor vom Typ (1,1). (Skalare sind Tensoren vom Typ (0,0). Das Kronecker-Symbol δ^α_β können wir als einen Tensor vom Typ (1,1) auffassen:

$$\delta^{\alpha'}_{\beta'}=\frac{\partial x^{\alpha'}}{\partial x^\kappa}\frac{\partial x^\lambda}{\partial x^{\beta'}}\delta^\kappa_\lambda\,. \tag{3.44}$$

Es ist der Sonderfall eines Tensors, dessen Komponenten in allen Koordinatensystemen gleich und konstant sind.

Tensoren *desselben Typs* bilden einen *linearen* Raum. Zwei Tensoren verschiedenen Typs lassen sich *„überschieben“*, wenn sie mindestens einen sog. kovarianten (das heißt tiefgestellten) und einen sogenannten kontravarianten (das heißt hochgestellten) Index haben. Man bildet zunächst das direkte (kartesische) Produkt der Komponenten z.B. $A_{\alpha\beta\gamma}B^{\mu\nu}$, setzt einen kovarianten und einen kontravarianten Index gleich und summiert darüber: $A_{\alpha\beta\gamma}B^{\mu\nu}\rightarrow A_{\alpha\beta\gamma}B^{\mu\gamma}$. Der Tensorcharakter bleibt erhalten, der Typ ändert sich von (r, s) zu $(r-1, s-1)$ (Übungsaufgabe).

Eine weitere Operation an einem Tensor vom Typ (r, s) ist die sogenannte *Kontraktion*. Man summiert hier wieder über einen kontravarianten und einen kovarianten Index:

$$T^{\alpha\beta\gamma}{}_{\mu\nu\varepsilon}\rightarrow T^{\overset{\circ}{\alpha}\beta\gamma}{}_{\overset{\circ}{\alpha}\nu\varepsilon}\,. \tag{4.45}$$

Das Resultat ist ein Tensor vom Typ $(r-1, s-1)$. Beim Tensor vom Typ (1,1), dem eine 4×4-Komponentenmatrix entspricht, bedeutet die Kontraktionsoperation gerade die *Spurbildung*. Beispiel:

$$\delta^\alpha_\beta\rightarrow\delta^\alpha_\alpha\equiv\sum_{\alpha=0}^{3}\delta^\alpha_\alpha=4\,,\quad F^\alpha{}_\alpha=\eta^{\alpha\gamma}F_{\gamma\alpha}=0\,.$$

Die Operation „Überschiebung“ bzw. „Kontraktion“ sind in der koordinatenfreien Schreibweise unhandlich. Man könnte die Kontraktion etwa als

$$\mathrm{Spur}_{(i,j)} T(\omega_{(1)}, \ldots, \omega_{(r)}, X_{(1)}, \ldots, X_{(s)}) \tag{3.46}$$

mit $1 \leq i \leq r, 1 \leq j \leq s$ ausdrücken. Die Reihenfolge der Indizes bzw. der Linearformen- und Vektoreingänge in der Multilinearform ist wichtig. In der Regel ist eine Vertauschung der $\omega_{(i)}$ bzw. $X_{(i)}$ untereinander *nicht* zulässig. Wir haben den *schief*symmetrischen Tensor der elektrischen Feldstärke kennengelernt:

$$F(\omega_{(1)}, \omega_{(2)}) = -F(\omega_{(2)}, \omega_{(1)})$$

und den *symmetrischen* Minkowski-Tensor:

$$\eta(X, Y) = \eta(Y, X).$$

Ein Tensor vom Typ (1,1) ist weder symmetrisch noch schiefsymmetrisch. Zur Symmetrisierung bzw. Antisymmetrisierung führen wir eine Abkürzung ein:

$$A_{(\alpha\beta)} := \frac{1}{2}(A_{\alpha\beta} + A_{\beta\alpha}), \quad A_{[\alpha\beta]} := \frac{1}{2}(A_{\alpha\beta} - A_{\beta\alpha}).$$

Definition: Ein *Tensorfeld* vom Typ (r, s) auf dem Minkowski-Raum ist eine Vorschrift, die jedem Ereignis der Raum-Zeit einen solchen Tensor vom Typ (r, s) zuordnet.

Die Komponenten von Tensorfeldern sind reellwertige C^∞-Funktionen der Koordinaten x^μ der Ereignisse: $T^{\alpha_1 \ldots \alpha_r}{}_{\beta_1 \ldots \beta_s}(x^0, x^1, x^2, x^3)$. Sie können daher nach den x^μ differenziert werden. Zum Beispiel gilt

$$\begin{aligned} \frac{\partial A^{\alpha'}(x^{\gamma'})}{\partial x^{\beta'}} &= \frac{\partial}{\partial x^{\beta'}}\left[A^\kappa(x^\sigma)\frac{\partial x^{\alpha'}}{\partial x^\kappa}\right] \\ &= \frac{\partial A^\kappa}{\partial x^\lambda}\frac{\partial x^\lambda}{\partial x^{\beta'}}\frac{\partial x^{\alpha'}}{\partial x^\kappa} + A^\kappa \frac{\partial^2 x^{\alpha'}}{\partial x^\lambda \partial x^\kappa}\frac{\partial x^\lambda}{\partial x^{\beta'}}. \end{aligned} \tag{3.47}$$

Man sieht an (3.47), daß die partielle Ableitung eines Tensors dann und nur dann wieder ein Tensor ist, das heißt sich linear-homogen transformiert, wenn gilt:

$$\frac{\partial^2 x^{\alpha'}}{\partial x^\kappa \partial x^\lambda} = 0, \tag{3.48}$$

das heißt die Transformation *linear* ist:

$$x^{\alpha'} = \Omega^\alpha{}_\beta x^\beta + a^\alpha,$$

$\Omega^\alpha{}_\beta, a^\alpha$ Konstante (α, β = 0, 1, 2, 3). Innerhalb der Inertialsystemtransformation können wir also die partielle Ableitung verwenden. Um in Nicht-Inertialsystemen bzw. krummlinigen Koordinaten eine tensorielle Ableitung zu bekommen, müssen wir den neuen Begriff der *Konnektion* einführen (vgl. Kap. 8.2).

Beispiel: Bilden wir

$$\begin{aligned}\partial_\alpha j^\alpha &:= \frac{\partial j^\alpha}{\partial x^\alpha} = \\ &= \frac{\partial j^0}{\partial x^0} + \frac{\partial j^1}{\partial x^1} + \frac{\partial j^2}{\partial x^2} + \frac{\partial j^3}{\partial x^3} \\ &= \frac{1}{c}\frac{\partial \rho}{\partial t} + \nabla \boldsymbol{j}\,,\end{aligned}$$

so ist $\partial_\alpha j^\alpha = 0$ die Lorentz-kovariante Formulierung der Kontinuitätsgleichung, das heißt des Ladungserhaltungssatzes.

Neben den Tensoren sind noch weitere Größen von Bedeutung, deren Transformationsverhalten ein wenig anders ist.

Definition: Ein *relativer Tensor* vom Typ (r, s) ist eine mehrkomponentige Größe, deren Komponenten $A^{\beta_1\beta_2\ldots\beta_s}_{\alpha_1\alpha_2\ldots\alpha_r}$ sich bei der Koordinatentransformation $x^{\alpha'} = x^\alpha(x^\beta)$ transformieren wie

$$A^{\beta_1'\beta_2'\ldots\beta_s'}_{\alpha_1'\alpha_2'\ldots\alpha_\gamma'} = \left[\det\frac{\partial x^\sigma}{\partial x^{\rho'}}\right]^\omega A^{\lambda_1\lambda_2\ldots\lambda^s}_{\kappa_1\kappa_2\ldots\kappa_r}\frac{\partial x^{\kappa_1}}{\partial x^{\alpha_1'}}\cdots\frac{\partial x^{\kappa_r}}{\partial x^{\alpha_r'}}\frac{\partial x^{\beta_1'}}{\partial x^{\lambda_1}}\cdots\frac{\partial x^{\beta_s'}}{\partial x^{\lambda_s}}\,. \tag{3.49}$$

ω heißt das *Gewicht* des Tensors.

Der einzige Unterschied zur Definition des Tensors ist das Auftreten des Faktors $\left[\det\frac{\partial x^\sigma}{\partial x^{\rho'}}\right]^\omega$, also einer Potenz der Jacobi-Determinante. ω ist als ganzzahlig vorausgesetzt. Tritt anstelle der Jacobi-Determinante ihr *Betrag*, so nennen wir die Größe *orientierbaren* relativen Tensor. Die orientierbaren, relativen Tensoren vom Gewicht –1 spielen eine wichtige Rolle und haben daher einen eigenen Namen: Tensor*dichten*.

Beispiel: Als Beispiel betrachten wir das sogenannte *Permutationssymbol* (auch Levi-Civita-Symbol genannt) $\varepsilon_{\alpha\beta\gamma\delta}$. Es ist definiert durch

$$\varepsilon_{\alpha\beta\gamma\delta} \begin{cases} = +1, & \text{wenn } \alpha\beta\gamma\delta \text{ eine } \textit{gerade} \text{ Permutation} \\ & \text{von } 0,\ 1,\ 2,\ 3 \text{ ist,} \\ = -1 & \text{wenn } \alpha\beta\gamma\delta \text{ eine } \textit{ungerade} \text{ Permutation} \\ & \text{von } 0,\ 1,\ 2,\ 3 \text{ ist,} \\ = 0, & \text{wenn zwei Indizes gleich sind.} \end{cases} \tag{3.50}$$

Wir transformieren das Permutationssymbol als Tensor*dichte* (vergleiche Aufgabe 4.4).

Aufgabe 3.4: Energie-Impuls-Zerlegung

Spalte den differentiellen Erhaltungssatz für Energie und Impuls $T^{\alpha\beta}{}_{,\beta} = 0$ in Raum- und Zeitanteile auf.

3.2.4 Minkowski-Raum

Wir veranschaulichen uns jetzt die Mannigfaltigkeit der physikalischen Ereignisse M und ihren Tangentialraum $T_p(M)$ am Beispiel einer Kugel, die in den 3-dim. euklidischen Raum eingebettet ist[6]. M und $T_p(M)$ sind *verschieden*; die Ereignismannigfaltigkeit ist eine *Punktmenge*, der Tangentialraum ein *linearer Vektorraum*. (vgl. Abb. 3.3) Wir schränken nun die Geometrie der Mannigfal-

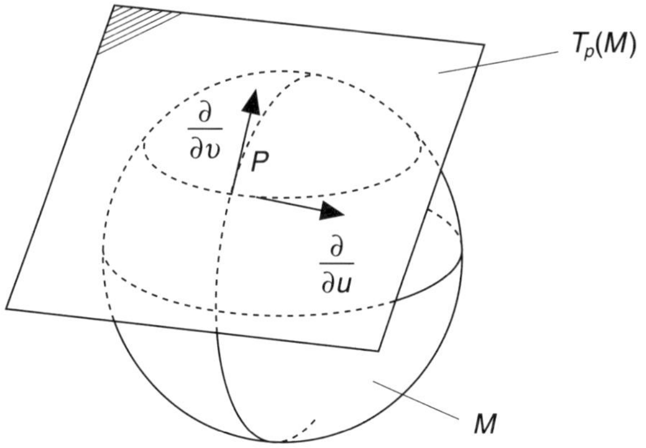

Abb. 3.3 Kugel im Tangentialraum in P

[6] Die Einbettung ist für alle bisher eingeführten Begriffe wie Tangentenvektor, Linearform, Tensor irrelevant und dient nur der Anschauung.

tigkeit der physikalischen Ereignisse drastisch ein, in dem wir fordern, daß neben der Lorentz-Gruppe auch die *Raum- und Zeittranslationen* eine wichtige Rolle spielen sollen: jedes Ereignis p soll durch eine Raum-Zeittranslation

$$x^{\mu'} = x^{\mu} + a^{\mu} \tag{3.51}$$

mit konstantem a^{μ} aus einem anderen Ereignis erreichbar sein *(Homogenität* von Raum und Zeit)[7]. Die Koordinatendifferenz zweier Ereignisse p und q $(p \neq q)$ ist dann *invariant* unter (3.51): $x^{\mu'} - y^{\mu'} = x^{\mu} - y^{\mu}$. Gegenüber speziellen Lorentz-Transformationen folgt wegen (3.1): $x^{\mu'} - y^{\mu'} = L^{\mu}{}_{\nu}(x^{\nu} - y^{\nu})$. Wir können also die Differenz der Koordinaten als Komponenten eines Tangentenvektors $X := (x^{\alpha} - y^{\alpha})\dfrac{\partial}{\partial x^{\alpha}}$ auffassen. Wählen wir ein festes Ereignis q, z.B. den Ursprung, so ist $y^{\alpha} = 0$ und die Koordinaten x^{α} fallen mit den Komponenten X^{α} zusammen. Das entspricht der Einführung der Ortsvektoren im Euklidischen Raum E^3. Dadurch, daß wir Homogenität von Raum und Zeit verlangen, ist der Ursprung *kein* ausgezeichnetes Ereignis.

Wir identifizieren nun den Tangentialraum $T_p(M)$ mit dem Punktraum M: Die Koordinatenlinien der Inertialkoordinaten sind Geraden. Anschaulich ist unsere Ereignismenge M damit eine Art „*ebene*“ Mannigfaltigkeit wie eine Seite dieses Buches, nur eben in (1 + 3)-Dimensionen, das heißt nicht gekrümmt wie die Kugel in der Figur. Die mathematische Größe, die eine Krümmung beschreibt (unabhängig von irgendwelcher Einbettung von M), werden wir später kennenlernen (Kapitel 8.3).

Definition: Die Menge der physikalischen Ereignisse, versehen mit der Topologie des $\mathbb{R}^4$, der Struktur einer differenzierbaren Mannigfaltigkeit, eines linearen Vektorraums und der Minkowski-Metrik, nennen wir Minkowski-Raum oder Raum-Zeit (der speziellen Relativitätstheorie).

3.3 Homogene Lorentz-Transformation

Die *homogenen Lorentz-Tranformationen* sind nun gerade die linearen Transformationen $x^{\alpha'} = \Lambda^{\alpha}{}_{\beta}x^{\beta}$ mit $\varepsilon = 1$, die (3.11) befriedigen. Dagegen sind die sogenannten *inhomogenen Lorentz-Transformationen* oder *Poincaré-Transfor-*

[7] Beides, Raum- und Zeittranslationsvarianz sind Annahmen, die unserer unmittelbaren, menschlichen Erfahrung widersprechen. Sie bilden jedoch die Basis für alle grundlegenden physikalischen (mikroskopischen) Theorien.

mationen diejenigen, für die allgemeiner die erste Gleichung von (3.37) gilt. Durch Differentiation folgt aus ihr

$$\eta_{\gamma\delta}\left(\frac{\partial^2 x^\gamma}{\partial x^{\kappa'}\partial x^{\mu'}}\frac{\partial x^\delta}{\partial x^{\lambda'}}+\frac{\partial x^\gamma}{\partial x^{\kappa'}}\frac{\partial^2 x^\delta}{\partial x^{\lambda'}\partial x^{\mu'}}\right)=0$$

oder

$$2\eta_{\gamma\delta}\frac{\partial^2 x^\gamma}{\partial x^{\kappa'}\partial x^{\mu'}}\frac{\partial x^\delta}{\partial x^{\lambda'}}=0\,.$$

Für eine nichtsinguläre Transformation $\left(\det\frac{\partial x^\gamma}{\partial x^{\kappa'}}\neq 0\right)$ folgt daraus die Linearität der Transformation

$$\frac{\partial^2 x^\gamma}{\partial x^{\kappa'}\partial x^{\mu'}}=0\,, \tag{3.52}$$

also $x^\alpha = \Lambda^{-1\alpha}{}_\beta x^{\beta'} + b^\alpha$ oder

$$\boxed{x^{\alpha'} = \Lambda^\alpha{}_\beta x^\beta + a^\alpha} \tag{3.53}$$

mit $a^\alpha = -\Lambda^\alpha{}_\beta b^\beta$. Die inhomogenen Lorentz-Transformationen enthalten also noch die *Raum- und Zeittranslationen*:

$$x^\alpha = x^\alpha + a^\alpha \tag{3.54}$$

Unter diesen ist nicht $\eta_{\alpha\beta}x^\alpha x^\beta$ invariant, sondern $\eta_{\alpha\beta}(x^\alpha - y^\alpha)(x^\beta - y^\beta)$.

Wegen $\det(\eta_{\alpha\beta}) = -1$ folgt aus (3.37)

$$(\det\Lambda^\alpha{}_\beta)^2 = 1$$

oder

$$\boxed{\det\Lambda^\alpha{}_\beta = \pm 1}\;. \tag{3.55}$$

Für die *identische* Transformation $\Lambda^\alpha{}_\beta = \delta^\alpha_\beta$ ist $\Lambda^\alpha{}_\beta = 1$. Alle homogenen Lorentz-Transformationen, die sich stetig aus der Identität erzeugen lassen, haben ebenfalls $\det\Lambda^\alpha{}_\beta = 1$. Solche Transformationen heißen *eigentliche homogene Lorentz-Transformationen*. Transformationen mit $\det\Lambda^\alpha{}_\beta = -1$ dagegen *uneigentliche Lorentz-Transformationen*. Uneigentliche Lorentz-Transformationen sind z.B. die *Raumspiegelung*

$$P:\quad t' = t,\quad x' = -x,\quad y' = -y,\quad z' = -z\,,$$

das heißt

$$x^{\alpha'} = \underbrace{[\delta^{\alpha'}_0\,\delta^0_\nu - (\delta^{\alpha'}_1\,\delta^1_\nu + \delta^{\alpha'}_2\,\delta^2_\nu + \delta^{\alpha'}_3\,\delta^3_\nu)]}_{\Lambda^\alpha{}_\nu}x^\nu\,, \tag{3.56}$$

und die *Zeitspiegelung*:

$$T: \quad t' = -t, \quad x' = x, \quad y' = y, \quad z' = z\,,$$

das heißt

$$x^{\alpha'} = \underbrace{[-\delta_0^{\alpha'}\,\delta_\nu^0 + \delta_1^{\alpha'}\,\delta_\nu^1 + \delta_2^{\alpha'}\,\delta_\nu^2 + \delta_3^{\alpha'}\,\delta_\nu^3]}_{\Lambda^\alpha{}_\nu} x^\nu\,. \tag{3.57}$$

Sowohl (3.56) wie (3.57) befriedigen die Beziehung (3.11). Setzt man in (3.11) $\mu = \nu = 0$, so ergibt sich

$$(\Lambda^0{}_0)^2 - \sum_{k=1}^{3} (\Lambda^0{}_k)^2 = 1$$

oder

$$\left|\Lambda^0{}_0\right| \geq 1\,. \tag{3.58}$$

Dies führt auf eine weitere Unterteilung der homogenen Lorentz-Transformationen: Lorentz-Transformationen mit $\Lambda^0{}_0 \geq 1$ heißen *orthochron*, Transformationen mit $\Lambda^0{}_0 \leq -1$ heißen *antiorthochron*. Die Bezeichnung rührt daher, daß orthochrone Transformationen die Richtung eines zeitartigen Vektors invariant lassen. Dies sieht man so ein: Wegen der Schwarzschen Ungleichung (für 3-dim. Vektoren) folgt zuerst

$$\left(\sum_k \Lambda^0{}_k A^k\right)^2 \leq \sum_k (\Lambda^0{}_k)^2 \sum_k (A^k)^2$$
$$= [(\Lambda^0{}_0)^2 - 1] \sum_k (A^k)^2\,.$$

Da A^α ein zeitartiger Vektor sein soll, so gilt

$$(A^o)^2 - \sum_k (A^k)^2 > 0\,.$$

Also

$$\left(\sum_k \Lambda^0{}_k A^k\right)^2 < [(\Lambda^0{}_0)^2 - 1](A^0)^2 < (\Lambda^0{}_0)^2 (A^0)^2$$

oder

$$\left|\Lambda^0{}_0 A^0\right| > \left|\sum_k \Lambda^0{}_k A^k\right|\,.$$

Das bedeutet aber, daß $A^{0'} = \Lambda^0{}_\beta A^\beta = \Lambda^0{}_0 A^0 + \sum_k \Lambda^0{}_k A^k > 0$ q.e.d.

Die bisherige Einteilung der Lorentz-Transformationen (LT) fassen wir in der folgenden Tabelle zusammen:

Name	Eigenschaft	Bezeichnung der Menge aller Transf. mit dieser Eigenschaft
eigentliche LT	$\det \Lambda^{\alpha}{}_{\beta} = +1$	$\mathscr{L}_+$
uneigentliche LT	$\det \Lambda^{\alpha}{}_{\beta} = -1$	$\mathscr{L}_-$
orthochrone LT	$\Lambda^0{}_0 \geq +1$	$\mathscr{L}^{\uparrow}$
antiorthochrone LT	$\Lambda^0{}_0 \leq -1$	$\mathscr{L}_{\downarrow}$

Auf die Lorentz-Transformationen, die sowohl eigentlich wie auch orthochron sind und die wir mit $\mathscr{L}_+^{\uparrow}$ bezeichnen, werden wir im folgenden Abschnitt zurückkommen.

3.4 Die Poincaré-Gruppe

Die inhomogenen Lorentz-Transformationen bilden eine Transformations*gruppe* $\mathscr{P}$, die eine außerordentlich große Bedeutung für die Physik hat, die sogenannte Poincaré-Gruppe[8]. Die Gruppenmultiplikation besteht in der Hintereinanderausführung zweier Transformationen (vergleiche Abschnitt 1.4). Ein Element $g \in \mathscr{P}$ bezeichnen wir auch durch (Λ, a). Führt man die 5-komponentige Spalte[9] $\begin{pmatrix} x^{\mathrm{T}} \\ 1 \end{pmatrix}$ und die 5×5 Matrix $\begin{pmatrix} \Lambda & a^{\mathrm{T}} \\ 0 & 1 \end{pmatrix}$ ein, so läßt sich (3.53) formal schreiben als:

$$\begin{pmatrix} x^{\mathrm{T}\prime} \\ 1 \end{pmatrix} = \begin{pmatrix} \Lambda & a^{\mathrm{T}} \\ 0 & 1 \end{pmatrix} \begin{pmatrix} x^{\mathrm{T}} \\ 1 \end{pmatrix}.$$

[8] *Henri Poincaré* (1854–1912), ein französischer Mathematiker und Naturphilosoph, war einer der bedeutendsten Mathematiker seiner Zeit und ein Wegbereiter für die spezielle Relativitätstheorie.

[9] $x = (x^0, x^1, x^2, x^3)$ und $a = (\mathrm{a}^0, a^1, a^2, a^3)$ sind *Zeilen*matrizen, x^{T}, a^{T} Spaltenmatrizen.

Aus der Matrizenmultiplikation erhalten wir für zwei hintereinander ausgeführte Transformationen

$$\begin{pmatrix} \Lambda_1 & a_1 \\ 0 & 1 \end{pmatrix}\begin{pmatrix} \Lambda_2 & a_2 \\ 0 & 1 \end{pmatrix} = \begin{pmatrix} \Lambda_1\Lambda_2 & \Lambda_1 a_2 + a_1 \\ 0 & 1 \end{pmatrix},$$

also das Kompositionsgesetz

$$(\Lambda_1, a_1)(\Lambda_2, a_2) = (\Lambda_1\Lambda_2, \Lambda_1 a_2 + a_1)\,. \tag{3.59}$$

Das *Einheitselement* ist $(I, 0)$ mit der 4×4 Einheitsmatrix I. Das zu (Λ, a) *inverse Element* $g \in \mathcal{P}$ ist gegeben durch $(\Lambda^{-1}, -\Lambda^{-1}a)$.

Neben den durch die 10 *kontinuierlichen* Parameter $\Lambda^\alpha{}_\beta$ (drei Komponenten der Relativgeschwindigkeit, drei Drehwinkel) und a^α (eine Zeit-, drei Raumtranslationen) charakterisierten Transformationen enthält $\mathcal{P}$ auch die *diskreten Elemente P* (Raumspiegelung), T (Zeitspiegelung) und PT (Raum- und Zeitspiegelung). Zusammen mit den Einheitselement I bilden diese wieder eine Gruppe $\{I, P, T, PT\}$, also eine *Untergruppe* von $\mathcal{P}$.

Wir wollen im folgenden einige *kontinuierliche Untergruppen der Poincaré-Gruppe* betrachten.

1. Da ist zunächst die *Translationsgruppe* $\mathcal{D}$, welche die Elemente (I, a) umfaßt. Das inverse Element ist $(I, -a)$, die Komposition zweier Elemente $g_1 \circ g_2$ gibt $(I, a_1 + a_2)$. Bilden wir die sogenannte *Rechtsnebenklasse* von $\mathcal{D}$ mit Elementen $h \in \mathcal{P}$, das heißt die Menge aller Transformationen $g \circ h$ mit $g \in \mathcal{D}, h \in \mathcal{P}$, so ergibt sich wegen $(I, b)(\Lambda, a) = (I\Lambda, Ia + b) = (\Lambda, a + b)$, daß $g \circ \mathcal{P} = \mathcal{P}$. Andererseits ist die *Linksnebenklasse* von $\mathcal{D}$ mit $h \in \mathcal{P}$ gegeben durch alle Elemente der Komposition $(\Lambda, a)(I, b) = (\Lambda I, \Lambda b + a) = (\Lambda, \tilde{b} + a)$. Wenn a, b und $a, \tilde{b}$ sämtliche Werte durchlaufen, erhält man also wieder $\mathcal{P}$, das heißt $\mathcal{P} \circ g = \mathcal{P}$. Wenn für eine Untergruppe $\mathcal{G}$ die Links- bzw. Rechtsnebenklassen identisch sind, so nennt man diese Untergruppe einen *Normalteiler*. Die Translationsgruppe $\mathcal{D}$ ist also ein Normalteiler der Poincaré-Gruppe.

2. Eine weitere Untergruppe $\mathcal{L} \in \mathcal{P}$ ist die sogenannte *volle homogene Lorentz-Gruppe* $\mathcal{L}$. Sie besteht gerade aus den *homogenen* Lorentz-Transformationen $(\Lambda, 0)$. Die *eigentlichen* homogenen Lorentz-Transformationen $\mathcal{L}_+$ bilden wieder eine Untergruppe (wegen $\det \Lambda_1\Lambda_2 = \det \Lambda_1 \cdot \det \Lambda_2$, $\det \Lambda^{-1} = (\det \Lambda)^{-1}$), nicht aber die uneigentlichen $\mathcal{L}_-$. Wegen $\mathcal{L}_+ \cap \mathcal{L}_- = \phi$ folgt gerade

$$\mathcal{L} = \mathcal{L}_+ \cup \mathcal{L}_-\,. \tag{3.60}$$

Ebenso bilden die *orthochronen* Lorentz-Transformationen eine Untergruppe $\mathcal{L}^\uparrow \subset \mathcal{L}$, die antiorthochronen dagegen nicht. Letzteres folgt aus der Komposition zweier Elemente $g_1, g_2 \in \mathcal{L}^\downarrow$

$$\Lambda_{3\,0}^{\;0} = \Lambda_{1\,0}^{\;0}\,\Lambda_{2\,0}^{\;0} + \Lambda_{1\,k}^{\;0}\,\Lambda_{2\,0}^{\;k}\,.$$

Mit der eine Drehung (Drehmatrix $R^i{}_j$) einschließenden Verallgemeinerung von (3.4)

$$\Lambda^0{}_0 = \gamma, \qquad \Lambda^0{}_k = -\frac{\gamma}{c}\upsilon^k$$
$$\Lambda^k{}_0 = -\frac{\gamma}{c}R^k{}_j\upsilon^j, \quad \Lambda^j{}_k = R^j_i\left(\delta^i_k + (\gamma-1)\frac{1}{\upsilon^2}\upsilon^i\upsilon_k\right)$$

folgt

$$\Lambda_{3\,0}^{\;0} = \Lambda_{1\,0}^{\;0}\,\Lambda_{2\,0}^{\;0} + \frac{1}{c^2}\gamma_1\gamma_2\upsilon_1^k R_{kj}\upsilon_2^j\,.$$

Wegen $\gamma_1\gamma_2 > 0$, $\upsilon_1^k R_{kj}\upsilon_2^j \geq 0$ und $\Lambda_{1\,0}^{\;0}\Lambda_{2\,0}^{\;0} \geq 1$ ergibt sich $\Lambda_{3\,0}^{\;0} > 0$.

Aufgabe 3.5:

Man zeige, daß die orthochronen Lorentz-Transformationen $\mathscr{L}^\uparrow$ eine Untergruppe $\mathscr{L}^\uparrow \subset \mathscr{L}$ bilden. Anleitung: Man zeige, daß das inverse Element und das Produkt zweier Elemente wieder zu $\mathscr{L}^\uparrow$ gehören (vgl. [Bar64]).

Da $\mathscr{L}^\uparrow \cap \mathscr{L}^\downarrow = \phi$ bekommt man

$$\mathscr{L} = \mathscr{L}^\uparrow \cup \mathscr{L}^\downarrow\,. \tag{3.61}$$

Bilden wir den Durchschnitt der beiden Gruppen $\mathscr{L}_+$ und $\mathscr{L}^\uparrow$, so ergibt sich wieder eine Gruppe, die sogenannte *eigentliche, orthochrone* (homogene) *Lorentz-Gruppe*

$$\mathscr{L}_+^\uparrow = \mathscr{L}_+ \cap \mathscr{L}^\uparrow\,.$$

Ihre Elemente $g \in \mathscr{L}_+^\uparrow$ sind charakterisiert durch $(\Lambda, 0)$ mit $\det\Lambda = +1$, $\Lambda_0^0 \geq +1$. Es gilt also $\mathscr{L} \supset \mathscr{L}_+ \supset \mathscr{L}_+^\uparrow$ und $\mathscr{L} \supset \mathscr{L}^\uparrow \supset \mathscr{L}_+^\uparrow$. $\mathscr{L}_+^\uparrow$ enthält weder Raum- noch Zeitspiegelungen.

Wir betrachten nun die *Wirkung der diskreten Elemente P, T* und *PT* $\subset \mathscr{P}$ *auf die homogenen Lorentztransformationen.* Wegen

$$\left.\begin{aligned} \det(P\Lambda) &= -\det\Lambda, & (P\Lambda)^0_0 &= \Lambda^0_0 \\ \det(T\Lambda) &= -\det\Lambda, & (T\Lambda)^0_0 &= -\Lambda^0_0 \\ \det(PT\Lambda) &= \;\;\det\Lambda, & (TP\Lambda)^0_0 &= -\Lambda^0_0 \end{aligned}\right\} \tag{3.62}$$

ergibt sich:

$$\left.\begin{array}{ll} P\,\mathcal{L}_+ = \mathcal{L}_-, & T\,\mathcal{L}_+ = \mathcal{L}_- \\ P\,\mathcal{L}_- = \mathcal{L}_+, & T\,\mathcal{L}_- = \mathcal{L}_+ \\ P\,\mathcal{L}^\uparrow = \mathcal{L}^\uparrow, & T\,\mathcal{L}^\uparrow = \mathcal{L}^\downarrow \\ P\,\mathcal{L}^\downarrow = \mathcal{L}^\downarrow, & T\,\mathcal{L}^\downarrow = \mathcal{L}^\uparrow \end{array}\right\}. \tag{3.63}$$

Damit läßt sich (3.61) weiter zerlegen gemäß

$$\begin{aligned} \mathcal{L} &= \mathcal{L}^\uparrow \cup \mathcal{L}^\downarrow = \mathcal{L}^\uparrow \cup T\,\mathcal{L}^\uparrow = \mathcal{L}_+^\uparrow \cup \mathcal{L}_-^\uparrow \cup T(\mathcal{L}_+^\uparrow \cup \mathcal{L}_-^\uparrow) \\ &= \mathcal{L}_+^\uparrow \cup P\,\mathcal{L}_+^\uparrow \cup T\,\mathcal{L}_+^\uparrow \cup TP\,\mathcal{L}_+^\uparrow\,. \end{aligned}$$

Man sieht also, daß sich die volle homogene Lorentz-Gruppe in vier disjunkte Teilmengen zerlegen läßt, die alle durch Anwendung der diskreten Operationen I, P, T bzw. $TP = PT$ aus der eigentlichen, orthochronen Lorentz-Gruppe $\mathcal{L}_+^\uparrow$ hervorgehen. In der klassischen Physik ist nur diese Untergruppe $\mathcal{L}_+^\uparrow$ von Bedeutung; sie enthält die Drehungen und speziellen Lorentz-Transformationen. Die diskreten Transformationen spielen eine wichtige Rolle erst in der Quantentheorie und Elementarteilchenphysik (*Parität*, CPT-Invarianz, wenn C die Ladungskonjugation beschreibt etc.).

3.4.1 Darstellungen der Lorentz-Gruppe

Im vorigen Abschnitt haben wir genau genommen nicht mit der abstrakten Lorentz-Gruppe gearbeitet, sondern mit einer *Darstellung* dieser Gruppe. Sei V ein linearer Vektorraum mit Elementen $x, y \in V$ (endlichdimensionaler oder unendlich dimensionaler Raum). Sei weiter D eine *lineare Abbildung* von V, also $D: V \to V$. Wir ordnen nun einem Element g einer (abstrakten) Gruppe $\mathcal{G}$ die Abbildung $D(g)$ zu. Ist diese Zuordnung

$$g \to D(g)$$

ein *Homomorphismus* bezüglich der Gruppenverknüpfung, so nennen wir $D(g)$ eine Darstellung der Gruppe. Es muß also gelten

$$g_1 \circ g_2 \to D(g_1)D(g_2) = D(g_1 \circ g_2)\,. \tag{3.64}$$

Unter der *Dimension der Darstellung* verstehen wir die Dimension des Darstellungsraums. Für einen n-dimensionalen Vektorraum ist die lineare Abbildung D in bezug auf eine Basis durch eine $n \times n$ Matrix gegeben. Die 4×4-Matrizen Λ von Abschnitt 3.3, 3.4 bilden eine 4-dimensionale Darstellung der vollen homogenen Lorentz-Gruppe $\mathcal{L}$; der Darstellungsraum ist der Minkowski-Raum. Ebenso bilden die 5×5-Matrizen $\begin{pmatrix} \Lambda & a \\ 0 & 1 \end{pmatrix}$, eine 5-dimensionale

Darstellung der Poincaré-Gruppe $\mathcal{P}$ in dem 5-dimensionalen Vektorraum mit Elementen $\begin{pmatrix} x^{\mathrm{T}} \\ 1 \end{pmatrix}$.

Beides sind Beispiele für sogenannte *treue* Darstellungen. Wir nennen eine Darstellung treu, wenn die Zuordnung $g \to D(g)$ eineindeutig ist, also der Homomorphismus $D(g_1)D(g_2) = D(g_1 \circ g_2)$ sogar ein Isomorphismus ist.

Folgende 1-dimensionale Darstellungen der homogenen Lorentz-Gruppe $\mathcal{L}$ sind Beispiele für *nicht*treue Darstellungen:

1. die sogenannte *triviale* Darstellung

$$g \to I \text{ (Einheitsmatrix)}$$
$$g_1 \circ g_2 \to I \cdot I = I\,;$$

2.

$$g \to \operatorname{sig} \Lambda^0_0(g) = \pm 1$$
$$g_1 \circ g_2 \to \operatorname{sig} \Lambda^0_0(g_1) \operatorname{sig} \Lambda^0_0(g_2) = \operatorname{sig}[\Lambda^0_0(g_1)\,\Lambda^0_0(g_2)]\,;$$

3.

$$g \to \det \Lambda(g) = \pm 1 \tag{3.65}$$
$$g_1 \circ g_2 \to \det \Lambda(g_1) \det \Lambda(g_2) = \det[\Lambda(g_1)\,\Lambda(g_2)]\,. \tag{3.66}$$

Eine Darstellung heißt *reduzibel*, wenn der zugehörige Darstellungsraum einen nichttrivialen invarianten *Teilraum* enthält. D.h. einen Unterraum, der durch die lineare Abbildung D in sich abgebildet wird. Das ist gerade dann der Fall wenn die Darstellungsmatrix die Form hat

$$\begin{pmatrix} A & B \\ 0 & C \end{pmatrix},$$

worin A eine $p \times p$-Matrix und C eine $q \times q$-Matrix mit $p + q = n$ sind. Dann gilt ja

$$\begin{pmatrix} A & B \\ 0 & C \end{pmatrix} \begin{pmatrix} x \\ y \end{pmatrix} = \begin{pmatrix} Ax + By \\ Cy \end{pmatrix},$$

worin x eine p-komponentige und y eine q-komponentige Spalte sind. Der von den Vektoren y aufgespannte q-dimensionale Teilraum ist ein invarianter Unterraum.

Eine Darstellung heißt *vollreduzibel*, wenn der Darstellungsraum eine direkte Summe von invarianten Teilräumen ist. Die Darstellungsmatrix besteht dann aus Diagonalblöcken:

Die betrachtete 5-dimensionale Darstellung der Poincaré-Gruppe ist reduzibel, aber nicht vollreduzibel. Eine Darstellung, die nicht reduzibel ist, heißt *irreduzibel*. Ein notwendiges und hinreichendes Kriterium für Irreduzibilität einer Darstellung wird durch das sogenannte *Schursche Lemma* gegeben[10]. Es besagt:

Lemma: Eine Darstellung ist dann und nur dann nicht vollreduzibel, wenn es außer der Einheitsmatrix (und ihren Vielfachen) *keine* weitere Matrix gibt, die mit *allen* Darstellungsmatrizen D vertauscht.

Aus diesem Lemma folgt, daß die einzigen *endlich*-dimensionalen, irreduziblen Darstellungen einer *Abelschen* Gruppe (das heißt einer solchen mit *kommutativer* Verknüpfung) *eindimensional* sind. Als Beispiel wählen wir die Untergruppe der Raum-Zeit-Translationen der Poincaré-Gruppe.

Führt man eine Basistransformation im Darstellungsraum aus, also etwa $\underline{\tilde{x}}' = S\underline{x}'$, $\underline{\tilde{x}} = S\underline{x}$, so folgt

$$\underline{\tilde{x}}' = S \cdot D \cdot S^{-1}\underline{\tilde{x}} = \tilde{D}\underline{\tilde{x}} .$$

Die Abbildung $\tilde{D}: V \to V$ ist wieder eine Darstellung, die aber nichts Neues bringt. Darstellungen D_1 und D_2, für die mit Hilfe einer nichtsingulären Matrix S gilt:

$$D_2 = SD_1S^{-1}, \tag{3.67}$$

heißen *äquivalente Darstellungen*.

Unter dem Gesichtspunkt der Darstellungstheorie bedeutet die Einordnung physikalischer Theorien in den Rahmen der speziellen Relativitätstheorie folgendes: Den physikalischen Größen (Observablen) werden (relative) Tensoren zugeordnet, die sich linear mit Darstellungen der Lorentz- (bzw. Poincaré-) Gruppe transformieren. Die physikalischen Gesetze werden dann als Gleichungen zwischen solchen „Trägern" der Darstellungen der Lorentzgruppe formuliert. In der vorrelativistischen Physik tritt die Galilei-Gruppe an die Stelle der Poincaré-Gruppe. Die gewöhnliche 3-dimensionale Vektorschreibweise bedeutet nichts anderes, als daß Vektordarstellungen der 3-dimensionalen Drehgruppe zur Beschreibung der Physik verwandt werden. In Abschnitt 4.7 werden wir weitere Größen kennenlernen, welche die Lorentzgruppe darstellen, die sogenannten Spinoren.

---

[10] Zum Beweis siehe etwa [SU82], Abschnitt 6.6.

3.4.2 Irreduzible Darstellungen der Poincaré-Gruppe

Aus Abschnitt 3.3 wissen wir, daß sich die Poincaré-Gruppe aus der Lorentz-Gruppe und der *abelschen* Gruppe der Raum-Zeit-Translationen zusammensetzt (vgl. (3.54)). Nach dem Schurschen Lemma kann also keine *endlich*-dimensionale irreduzible Darstellung existieren. Man findet jedoch *unendlich*-dimensionale Darstellungen durch unendlich-dimensionale Matrizen oder durch Differentialoperatoren, die in linearen Funktionenräumen wirken (Hilbertraum in der Quantenmechanik!).

Als Darstellung der Raum-Zeit-Translationen $x^\alpha \to x^\alpha + a^\alpha$ hat man etwa

$$D(a^\alpha) := \exp(a^\kappa P_\kappa) \tag{3.68}$$

mit den infinitesimalen Erzeugenden

$$P_\alpha := \frac{\partial}{\partial x^\alpha} \tag{3.69}$$

und mit

$$[P_\alpha, P_\beta] := P_\alpha P_\beta - P_\beta P_\alpha = 0\,. \tag{3.70}$$

In der Tat ist

$$\begin{aligned}\exp(a^\kappa P_\kappa) f(x^\rho) &= \left(1 + a^\kappa \partial_\kappa + \frac{1}{2} a^\kappa \partial_\kappa a^\lambda \partial_\lambda + \dots\right) f(x^\rho) \\ &= f(x^\rho + a^\rho)\,.\end{aligned}$$

Als Darstellung der Lorentz-Transformationen nehmen wir (die Begründung folgt in Abschnitt 4.7.3):

$$D(\omega^{\kappa\lambda}) := \exp(\omega^{\kappa\lambda} S_{\kappa\lambda}) \tag{3.71}$$

mit den infinitesimalen Erzeugenden

$$S_{\alpha\beta} := -x^\sigma \eta_{\sigma[\alpha} \partial_{\beta]}\,. \tag{3.72}$$

Man rechnet nach, daß gilt

$$[S_{\alpha\beta}, S_{\gamma\delta}] = -\eta_{\gamma[\alpha} S_{\beta]\delta} + \eta_{\delta[\alpha} S_{\beta]\gamma}\,. \tag{3.73}$$

Aus (3.69), (3.72) folgt

$$[P_\alpha, S_{\beta\gamma}] = -\eta_{\alpha[\beta} P_{\gamma]}\,. \tag{3.74}$$

(3.70), (3.73) und (3.74) bilden die Strukturrelationen der Poincaré-Gruppe.

Definiert man noch die Größe

$$S_\alpha := \frac{1}{2} \varepsilon_{\alpha\beta\gamma\delta} S^{\beta\gamma} P^\delta\,, \tag{3.75}$$

so kann gezeigt werden, daß $P^2 := \eta_{\alpha\beta} P^\alpha P^\beta$ und $S^2 := \eta^{\alpha\beta} S_\alpha S_\beta$ mit allen Erzeugenden P^α, $S_{\beta\gamma}$ *vertauschen*. Damit lassen sich die irreduziblen Darstellungen der Poincaré-Gruppe durch die Eigenwerte von P^2 und S^2 klassifizieren, die wir m^2 und $m^2 s\,(s + 1)$ nennen:

$$P^2 f(x) = m^2 f(x)\,, \tag{3.76}$$

$$S^2 f(x) = m^2 s(s+1) f(x)\,. \tag{3.77}$$

Man kann beweisen, daß $m \geq 0$ kontinuierlich ist, während s die Werte $s = 0$, 1/2, 1, 3/2, 2, … annimmt. m entspricht der Ruhmasse (vgl. (4.18) von Abschnitt 4.2). s bezeichnet den Spin (vgl. Abschnitt 4.7.3). Für eine ausführlichere Behandlung des Themas vgl. [GMS63].

4 Relativistische Mechanik und Feldtheorie

In diesem Kapitel passen wir die Mechanik an die neuen Transformationen zwischen Inertialsystemen, die Lorentz-Transformationen an. Als Anwendung betrachten wir Stoß- und Streuprobleme. Mit Hilfe der Vierervektoren bzw. -tensoren bringen wir die Elektrodynamik in eine Form, die das richtige Transformationsverhalten gegenüber Lorentz-Transformationen erkennen läßt. Auch Thermodynamik und kinetische Theorie müssen an die spezielle Relativitätstheorie angepaßt werden. Schließlich gehen wir auf eine weitere Art von Größen ein, welche die Lorentzgruppe darstellen, die *Spinoren*. Sie werden zur Beschreibung von Teilchen mit halbzahligem Spin (Eigendrehimpuls) in der Elementarteilchentheorie bzw. Kernphysik gebraucht. Wir stellen grundlegende Feldgleichungen für Spinoren wie die Dirac-Gleichung auf und verknüpfen sie mit dem empirischen Material.

4.1 Kinematik des Massenpunktes und Uhrenhypothese

Sei eine Kurve $\mathscr{C}$ im Minkowski-Raum in der Parameterdarstellung $x^\alpha = x^\alpha(u)$ gegeben. (u ist ein beliebiger Kurvenparameter.) Die Komponenten des Tangentenvektors $x|_p$ im Ereignis p mit den Koordinaten $x^\alpha = x^\alpha(u_0)$ sind dann

$$t^\alpha := \left.\frac{\mathrm{d}x^\alpha(u)}{\mathrm{d}u}\right|_{u=u_0} .$$

Wir nennen ein Kurvenstück zeitartig (raum-, licht-), wenn der Tangentenvektor in jedem Punkt des Kurvenstücks zeitartig (raum-, licht-) ist. Die *Bogenlänge* l der Kurve zwischen den Parameterwerten u_1 und u_2 ist definiert durch:

$$l_{12} := \int_{u_1}^{u_2} \mathrm{d}u \sqrt{\left|\eta_{\alpha\beta} t^\alpha t^\beta\right|} . \tag{4.1}$$

Für lichtartige Kurven ist die Bogenlänge immer Null, unabhängig vom Parameterintervall. Für Ereignisse in infinitesimalem Parameter„abstand" u und u + du, d.h. mit den Koordinaten $x^\alpha(u)$ und $x^\alpha(u+\mathrm{d}u) \simeq x^\alpha(u)+t^\alpha \mathrm{d}u = x^\alpha + \mathrm{d}x^\alpha$ ergibt sich als *Bogenlänge*

$$\mathrm{d}l = \mathrm{d}u \sqrt{\left|\eta_{\alpha\beta}\frac{\mathrm{d}x^\alpha}{\mathrm{d}u}\frac{\mathrm{d}x^\beta}{\mathrm{d}u}\right|}$$

oder[1]

$$\boxed{\mathrm{d}l^2 = \eta_{\alpha\beta}\mathrm{d}x^\alpha \mathrm{d}x^\beta} \,. \tag{4.2}$$

Man nennt $\mathrm{d}l^2$ auch (Quadrat des) *Ereignisabstandes* der Ereignisse mit Koordinaten x^α und $x^\alpha + \mathrm{d}x^\alpha$. d$l$ ist *kein* totales Differential; die Schreibweise $\mathrm{d}l^2$ ist irreführend:

$$\begin{aligned}\mathrm{d}l^2 &= c^2\mathrm{d}t^2 - \mathrm{d}x^2 - \mathrm{d}y^2 - \mathrm{d}z^2 \\ &= c^2\mathrm{d}t^2\left[1-\frac{1}{c^2}\left(\left(\frac{\mathrm{d}x}{\mathrm{d}t}\right)^2+\left(\frac{\mathrm{d}y}{\mathrm{d}t}\right)^2+\left(\frac{\mathrm{d}z}{\mathrm{d}t}\right)^2\right)\right] .\end{aligned} \tag{4.3}$$

Führen wir die sogenannte Eigenzeit τ ein durch

$$\boxed{\mathrm{d}\tau := \frac{1}{c}\mathrm{d}l} \,, \tag{4.4}$$

so folgt

$$\mathrm{d}\tau = \mathrm{d}t\left[1-\frac{1}{c^2}(\dot{\boldsymbol{x}})^2\right]^{\frac{1}{2}} . \tag{4.5}$$

(4.5) entspricht der Formel (2.9) für die Zeitdilatation. Denken wir uns eine Uhr als Massenpunkt in Bewegung längs $\mathscr{C}$, so ist $\mathrm{d}\tau = \mathrm{d}t$ gerade das Intervall, das die *ruhende* Uhr mißt. Wir führen nun die sogenannte *Uhrenhypothese* ein, eine Zuordnung von mathematischer Größe und Meßgröße:

> Eine beliebig bewegte Normaluhr
> zeigt die Eigenzeit τ an.

[1] In (4.2) läßt man die Betragsstriche üblicherweise weg; d.h. $\mathrm{d}l^2$ kann auch negativ sein.

Das ist eine *Erweiterung* dessen, was durch die besprochene experimentelle Überprüfung der Lorentztransformation gesichert ist: die Hypothese bezieht sich nur auf *geradlinig gleichförmig* bewegte Uhren; wir müssen uns noch davon überzeugen, ob die Uhrenhypothese auch für *beschleunigte* Bewegungen vernünftig ist (vgl. Abschnitt 6.4).

Führt man die Bogenlänge l als Kurvenparameter ein, so folgt

$$1 = \eta_{\alpha\beta} \frac{\mathrm{d}x^\alpha}{\mathrm{d}l} \frac{\mathrm{d}x^\beta}{\mathrm{d}l} = \eta_{\alpha\beta} \frac{\mathrm{d}x^\alpha}{\mathrm{d}u} \frac{\mathrm{d}x^\beta}{\mathrm{d}u} \left(\frac{\mathrm{d}u}{\mathrm{d}l} \right)^2$$

oder

$$\eta_{\alpha\beta} t^\alpha t^\beta = \left(\frac{\mathrm{d}l}{\mathrm{d}u} \right)^2 . \tag{4.6}$$

Ist die Kurve durch die *Eigenzeit* τ parametrisiert, so nennen wir $u^\alpha := \dfrac{\mathrm{d}x^\alpha}{\mathrm{d}\tau}$ die *Vierergeschwindigkeit* des Massenpunktes längs der Bahn $x^\alpha = x^\alpha(\tau)$. Aus (4.5) ergibt sich

$$\eta_{\alpha\beta} u^\alpha u^\beta = c^2 . \tag{4.7}$$

Wir zerlegen nun die 4-Geschwindigkeit in Raum- und Zeitkomponenten und rechnen dazu von der Eigenzeit auf die Inertialzeit t um

$$u^\alpha = \frac{\mathrm{d}x^\alpha}{\mathrm{d}\tau} = c \frac{\mathrm{d}x^\alpha}{\mathrm{d}l} = c \frac{\mathrm{d}x^\alpha}{\mathrm{d}t} \frac{\mathrm{d}t}{\mathrm{d}l} .$$

Aus (4.3) folgt[2]

$$c \frac{\mathrm{d}t}{\mathrm{d}l} = \left[1 - \frac{1}{c^2} \dot{\boldsymbol{x}} \cdot \dot{\boldsymbol{x}} \right]^{-\frac{1}{2}} = \gamma(\dot{\boldsymbol{x}}) , \tag{4.8}$$

wenn wir mit $\gamma(\dot{\boldsymbol{x}})$ den zum in der speziellen Lorentztransformation vorkommenden analogen Faktor bezeichnen. Wir haben also

$$\boxed{u^\alpha = \gamma(\dot{\boldsymbol{x}}) \frac{\mathrm{d}x^\alpha}{\mathrm{d}t} = \gamma(\dot{\boldsymbol{x}})(c, \dot{\boldsymbol{x}})} \tag{4.9}$$

mit $[u^\alpha] = \mathrm{cm\,s^{-1}}$.

[2] Das positive Vorzeichen der Wurzel ist zur Auszeichnung *einer* Richtung gewählt.

Wir bezeichnen als *momentanes Ruhsystem* das Inertialsystem, in dem $\dot{\boldsymbol{x}} = \boldsymbol{0}$ zur Zeit $t = t_0$. Das heißt, die Zeitachse im momentanen Ruhsystem ist parallel zur 4-Geschwindigkeit. Dann folgt $\gamma(0) = 1$ und $u^\alpha \overset{*}{=} (c, \boldsymbol{0})$. Von einem momentanen Ruhsystem zum nächsten führt eine spezielle Lorentztransformation.

Anmerkung: Statt der Kurve können wir demnach auch alle in einen Punkt parallelverschobenen, durch Lorentztransformation (gemäß der Parameterdarstellung der Kurve) miteinander verknüpften ($t^{\alpha'} = L^\alpha{}_\beta(\dot{\boldsymbol{x}})t^\beta$) Tangentenvektoren betrachten. Das ist der Standpunkt von *Cartan*.

Die *Viererbeschleunigung* $\dot{u}^\alpha$ definieren wir als $\dot{u}^\alpha := \dfrac{\mathrm{d}u^\alpha}{\mathrm{d}\tau} = c^2\dfrac{\mathrm{d}^2x^\alpha}{\mathrm{d}l^2}$. Wegen (4.7) gilt

$$\eta_{\alpha\beta}(u^\alpha\dot{u}^\beta + u^\alpha\dot{u}^\beta) = 2\eta_{\alpha\beta}u^\alpha\dot{u}^\beta = 0\,,$$

das heißt, 4-Beschleunigung und 4-Geschwindigkeit stehen aufeinander senkrecht. Im momentanen Ruhsystem ist also $\dot{u}^0 \overset{*}{=} 0$, das heißt die 4-Beschleunigung ist ein *raumartiger* Vektor. Die Zerlegung in Raum- und Zeitkomponenten (*Übungsaufgabe*) ergibt (mit γ aus (4.8)):

$$\dot{u}^\alpha = \left(\frac{1}{c}\gamma^4\dot{\boldsymbol{x}}\cdot\ddot{\boldsymbol{x}},\, \frac{1}{c^2}\gamma^4(\dot{\boldsymbol{x}}\cdot\ddot{\boldsymbol{x}})\dot{\boldsymbol{x}} + \gamma^2\ddot{\boldsymbol{x}}\right) \tag{4.10}$$

bzw. im momentanen Ruhsystem

$$\dot{u}^\alpha \overset{*}{=} (0, \ddot{\boldsymbol{x}})\,.$$

Aufgabe 4.1:

Berechne den Betrag der Raumkomponenten der 4-Beschleunigung für eine Kreisbewegung mit Radius $R = 7$ m und $|\dot{\boldsymbol{x}}| = 0{,}9940c$ (Beschleuniger).

4.2 Masse, Energie, Impuls

Um nun zur Beschreibung der *Dynamik* eines Massenpunktes zu gelangen, müssen wir überlegen, wie sich Begriffe wie Impuls, Energie und Masse gegenüber Transformationen zwischen Inertialsystemen verhalten. Wir denken daran, statt des gewöhnlichen Impulses einen *Viererimpuls* einzuführen. Was ist die Zeitkomponente einer solchen Größe?

Erinnern wir uns an die ebene Welle mit dem Wellenvektor $k^\mu = \left(\frac{\omega}{c}, \boldsymbol{k}\right)$ von Abschnitt 3.2.2. Wir wissen aus der Quantenmechanik, daß die Energie eines Quants $E = h\nu = \hbar\omega$ ist, und daß Teilchen in der Wellenmechanik ein Impuls $\boldsymbol{p} = \hbar\boldsymbol{k}$ zugeordnet werden kann (De Broglie-Welle). Damit wissen wir, daß $\hbar\left(\frac{\omega}{c}, \boldsymbol{k}\right) = \left(\frac{E}{c}, \boldsymbol{p}\right)$ ein 4-Vektor ist. Wir übertragen dies auf beliebige Punktteilchen und setzen für die Komponenten des 4-Impulses im Inertialsystem I an:

$$p^\mu = \left(\frac{E}{c}, \boldsymbol{p}\right). \tag{4.11}$$

Im Inertialsystem I' hat der 4-Impuls dann die Komponenten $p^{\mu'} = L^\mu{}_\nu p^\nu$ oder (nach (3.13, 3.14), wenn wir wieder die Formeln verwenden, die sowohl eine spezielle Galileitransformation wie eine spezielle Lorentz-Transformation beinhalten):

$$\begin{aligned} E' &= \gamma(\varepsilon)[E + \varepsilon \boldsymbol{v} \cdot \boldsymbol{p}], \\ \boldsymbol{p}' &= \boldsymbol{p}_\perp + \gamma(\varepsilon)\left[\boldsymbol{v}\frac{E}{c^2} + p_\parallel\right]. \end{aligned} \tag{4.12}$$

In I ist der gewöhnliche Impuls $\boldsymbol{p} = m\frac{\mathrm{d}\boldsymbol{x}}{\mathrm{d}t}$, in I' $\boldsymbol{p}' = \frac{\mathrm{d}\boldsymbol{x}'}{\mathrm{d}t'}$. Aus (3.6) berechnen wir

$$\boxed{\frac{\mathrm{d}\boldsymbol{x}'}{\mathrm{d}t'} = \frac{\dot{\boldsymbol{x}}_\parallel + \boldsymbol{v} + \gamma^{-1}(\varepsilon)\dot{\boldsymbol{x}}_\perp}{1 + \varepsilon\frac{\boldsymbol{v} \cdot \dot{\boldsymbol{x}}}{c^2}}} \tag{4.13}$$

mit $\dot{\boldsymbol{x}} := \frac{\mathrm{d}\boldsymbol{x}}{\mathrm{d}t}$. Setzen wir in (4.12) ein, so ergibt sich

$$\boldsymbol{p}' = m'\left(1 + \varepsilon\frac{\boldsymbol{v} \cdot \dot{\boldsymbol{x}}}{c^2}\right)^{-1}[\dot{\boldsymbol{x}}_\parallel + \boldsymbol{v} + \gamma^{-1}(\varepsilon)\dot{\boldsymbol{x}}_\perp] = m\dot{\boldsymbol{x}}_\perp + \gamma(\varepsilon)\left[\boldsymbol{v}\frac{E}{c^2} + m\dot{\boldsymbol{x}}_\parallel\right].$$

Ein Vergleich der Koeffizienten von $\dot{\boldsymbol{x}}_\parallel, \dot{\boldsymbol{x}}_\perp$ und $\boldsymbol{v}$ auf beiden Seiten gibt die folgenden Beziehungen (von den Koeffizienten von $\dot{\boldsymbol{x}}_\parallel$ und $\dot{\boldsymbol{x}}_\perp$ erhalten wir nur eine Gleichung)

$$m' = \gamma_{(\varepsilon)}(\upsilon)\left(1 + \frac{\varepsilon}{c^2}\boldsymbol{v} \cdot \dot{\boldsymbol{x}}\right)m, \tag{4.14}$$

$$\frac{E}{c^2} = \gamma_{(\varepsilon)}^{-1}(\upsilon)\frac{m'}{1 + \frac{\varepsilon}{c^2}\boldsymbol{v} \cdot \dot{\boldsymbol{x}}}. \tag{4.15}$$

Setzt man (4.14) in (4.15) ein, so folgt die bekannte Beziehung zwischen Energie und *träger* Masse (*Äquivalenz von Masse und Energie*)

$$\boxed{E = mc^2} \ . \tag{4.16}$$

(4.14) ist das Transformationsgesetz für die *träge* Masse. Die Beziehung (4.16) war schon 1937 an Kernreaktionen mit einem Fehler von weniger als 1% überprüft [Bra37]. Für $\varepsilon = 0$, d.h. bei Galileitransformationen folgt $m' = m$ wie in (1.8) angenommen. Wir führen jetzt noch den Begriff der *Ruhmasse* $m(0)$ ein, d.h. der von einem relativ zur Masse ruhenden Beobachter gemessenen Masse.

Den Zusammenhang von Ruhmasse $m(0)$ und träger Masse m bekommen wir aus folgender Überlegung. Wir schreiben den 4-Impuls p^μ in derselben Form wie den gewöhnlichen Impuls, aber mit der Ruhmasse, d.h. wir setzen an[3]

$$\boxed{p^\mu = m(0)u^\mu} \ . \tag{4.17}$$

In (4.17) ist u^μ die 4-Geschwindigkeit. Damit ist $\eta_{\alpha\beta}p^\alpha p^\beta = m(0)^2c^2$. Andererseits (aus (4.11))

$$p_\alpha p^\alpha = \frac{E^2}{c^2} - \boldsymbol{p}^2 = m(0)^2c^2 \tag{4.18}$$

oder (mit (4.16))

$$m^2(c^2 - \dot{\boldsymbol{x}}^2) = m(0)^2c^2 \ ,$$

also

$$\boxed{m = \frac{m(0)}{\sqrt{1 - \frac{1}{c^2}\dot{\boldsymbol{x}}^2}}} \ . \tag{4.19}$$

Demnach ist also die *träge* Masse eines Punktteilchens *geschwindigkeitsabhängig*. Sie ist kein konstanter Skalar wie die Ruhmasse, sondern die Zeitkomponente eines Vierervektors.

Wenn im Inertialsystem I der Massenpunkt ruht und sich das Inertialsystem I' mit der Geschwindigkeit $\boldsymbol{v}$ relativ zu I geradlinig gleichförmig bewegt, so schließt der Beobachter in I' auf eine Geschwindigkeit des Massenpunktes

---

[3] Im momentanen Ruhsystem gilt $p^\mu \triangleq (m(0)c, \mathbf{o})$, das heißt die Energie im momentanen Ruhsystem ist $m(0)c^2$, also verträglich mit (4.16).

$\dot{\boldsymbol{x}}' = -\boldsymbol{v}$ und auf eine träge Masse $m' = \dfrac{m(0)}{\sqrt{1 - \frac{1}{c^2}\dot{\boldsymbol{x}}'^2}}$. Das ist der in den Büchern üblicherweise angegebene Ausdruck für die Geschwindigkeitabhängigkeit der trägen Masse. Das folgt auch aus (4.14) mit $\dot{\boldsymbol{x}} = 0$.

Bemerkung: 1. Eine Betrachtung, die näher an der Physik bleibt, hätte die fundamentale Beziehung $E = mc^2$ aus der Annahme der Gültigkeit von Energie- und Impulserhaltungssatz in allen Inertialsystemen abgeleitet – etwa in Anwendung auf den relativistischen Stoß zweier Massen.

2. Gelegentlich wird die Masse m in (4.16) fälschlich als Ruhmasse interpretiert. Solche Autoren regen sich dann unnötigerweise über den (vermeintlich) unterschiedlichen Transformationscharakter der beiden Seiten der Gleichung auf.

Aufgbe 4.2:

Zeige, daß sich $m = \dfrac{m(0)}{\sqrt{1 - \frac{1}{c^2}\dot{\boldsymbol{x}}^2}}$ beim Übergang auf ein sich relativ zu I (mit der in der gemeinsamen x- und x'-Richtung liegenden Geschwindigkeit υ) bewegendes System I' wie (4.14) transformiert ($\varepsilon = 1$).

Mit Hilfe des 4-Impulses (4.17) können wir den Energie- und Impulserhaltungssatz in einer Gleichung formulieren. Nehmen wir als Beispiel den *elastischen Stoß* von Teilchen. Er ist dadurch definiert, *daß die Ruhmassen der Stoßpartner sich beim Stoß nicht verändern*. Seien $p_1^\mu, p_2^\mu, \ldots$ die 4-Impulse vor dem Stoß und $\bar{p}_1^\mu, \bar{p}_2^\mu, \ldots$ die 4-Impulse nach dem Stoß. Dann gilt

$$\sum_{A=1}^{n} p_A^\mu = \sum_{A=1}^{n} \bar{p}_B^\mu \,. \tag{4.20}$$

Aufgabe 4.3:

Zeige, daß der Gesamtimpuls $\sum_{A=1}^{n} p_A^\mu$ ein zeitartiger Vektor ist, wenn $p_A^\mu \, (A = 1, \ldots, n)$ zeitartige *zukunftsgerichtete* Vektoren sind.

Zu (4.20) treten die Beziehungen:

$$p_A^\mu p_A^\nu \eta_{\mu\nu} = m_A(0)^2 c^2 = \bar{p}_A^\mu \bar{p}_A^\nu \eta_{\mu\nu} \quad A = 1, 2, \ldots, n \,.$$

4.3 Speziell-relativistische Mechanik von Punktteilchen

In diesem Abschnitt behandeln wir elastische bzw. inelastische Stöße von beliebig schnellen Punkt-Teilchen im Labor- bzw. Schwerpunktsystem und definieren den Streuquerschnitt.

4.3.1 Dynamik einer Punktmasse

Als dynamische Grundgleichung setzen wir an die Stelle des Newtonschen Gesetzes (1.5)

$$\boxed{\frac{\mathrm{d}p^\alpha}{\mathrm{d}\tau} = F^\alpha} \; . \tag{4.21}$$

Die rechte Seite nennen wir *4-Kraft* oder *Minkowski-Kraft*. Wegen (4.18) folgt aus (4.21)

$$p_\alpha \frac{\mathrm{d}p^\alpha}{\mathrm{d}\tau} = \frac{1}{2}\frac{\mathrm{d}}{\mathrm{d}\tau}(p_\alpha p^\alpha) = 0 = p_\alpha F^\alpha \, . \tag{4.22}$$

Das bedeutet, daß die Viererkraft auf dem 4-Impuls (der 4-Geschwindigkeit) *senkrecht* steht. Zerlegen wir nach Raum- und Zeitkomponenten, so folgt aus (4.22): $u^0 F^0 - \sum_k u^k F^k = 0$ oder, mit (4.9):

$$F^0 = \frac{1}{u^0}\sum_k u^k F^k = \frac{1}{c}\sum_k \dot{x}^k F^k \, .$$

Die Raum-Zeit-Zerlegung der dynamischen Grundgleichung des Massenpunktes ist dann

$$\left(\frac{1}{c}\frac{\mathrm{d}E}{\mathrm{d}\tau}, \frac{\mathrm{d}\boldsymbol{p}}{\mathrm{d}\tau}\right) = \left(\frac{1}{c}\sum_k \dot{x}^k F^k, F^j\right). \tag{4.23}$$

Aus der Zeitkomponente erhalten wir nach Umrechnung auf $\dfrac{\mathrm{d}E}{\mathrm{d}t}$

$$\frac{\mathrm{d}E}{\mathrm{d}t} \overset{(!)}{=} \gamma^{-1}\sum_{k=1}^{3} \dot{x}^k F^k \, .$$

Wenn die linke Seite als Leistung der Kraft interpretiert werden soll, so muß gelten $\dfrac{\mathrm{d}E}{\mathrm{d}t} = \dot{\boldsymbol{x}} \cdot \boldsymbol{F}$, wenn $\boldsymbol{F}$ die übliche Kraft in der Newtonschen Bewegungsgleichung ist. Damit haben wir zu identifizieren $\gamma^{-1}F^k \triangleq \boldsymbol{F}$, so daß die 4-Kraft die Raum-Zeit-Komponenten hat:

$$F^\mu = \gamma\left(\frac{1}{c}\boldsymbol{F}\cdot\dot{\boldsymbol{x}}, \boldsymbol{F}\right). \tag{4.24}$$

Setzt man in (4.21) $p^\alpha = m(0)u^\alpha$ ein, so folgt mit (4.24) für die *räumlichen* Komponenten nach Umrechnung auf die Ableitung nach t

$$\boxed{\frac{\mathrm{d}}{\mathrm{d}t}\left(\frac{m(0)\dot{\boldsymbol{x}}}{\sqrt{1-\dfrac{\dot{\boldsymbol{x}}^2}{c^2}}}\right) = \boldsymbol{F}}\,. \tag{4.25}$$

Für die zeitliche Komponente folgt

$$m(0)c\frac{\mathrm{d}\gamma}{\mathrm{d}t} = \frac{1}{c}\boldsymbol{F}\cdot\dot{\boldsymbol{x}}$$

oder

$$\frac{\mathrm{d}}{\mathrm{d}t}(m(0)c^2\gamma) = \boldsymbol{F}\cdot\dot{\boldsymbol{x}}\,. \tag{4.26}$$

Wir definieren nun als (relativistische) *kinetische Energie des Teilchens*

$$T := mc^2 - m(0)c^2 = m(0)c^2[\gamma(\dot{\boldsymbol{x}}) - 1]\,.$$

Dann folgt für das bewegte Punktteilchen

$$\frac{\mathrm{d}T}{\mathrm{d}t} = \frac{\mathrm{d}E}{\mathrm{d}t}$$

und die Entwicklung des γ-Faktors führt auf den Newtonschen Wert der kinetischen Energie

$$\begin{aligned} T &= m(0)c^2\left[1 + \frac{1}{2}\frac{\dot{\boldsymbol{x}}^2}{c^2} + \mathcal{O}\left(\frac{(\dot{\boldsymbol{x}}^2)^2}{c^4}\right) - 1\right] \\ &= \frac{1}{2}m(0)\dot{\boldsymbol{x}}^2 + \mathcal{O}\left(\frac{(\dot{\boldsymbol{x}}^2)^2}{c^2}\right) \end{aligned} \tag{4.27}$$

in niedrigster Näherung[4].

Wenn keine Kraft wirkt, d.h. $\boldsymbol{F} = 0$ bzw. $F^\mu = 0$ gilt, so folgt aus (4.21) $p^\mu = p^\mu_o = m(0)u^\mu$ d.h. die *Bahn des Teilchens ist eine Gerade im Minkowski-Raum*. Eine Kraft $F^\mu \neq 0$ ist z.B. die *Lorentzkraft*. Wir können sie in der Raum-Zeit darstellen als

---

[4] Da die Energie in der Newtonschen Theorie nur bis auf eine additive Konstante bestimmt ist, können wir $E = T + m(0)c^2$ setzen. Die träge Masse m ist hier als Summe aus Ruhmasse und kinetischer Energie zu verstehen.

$$F_L^{\mu} = +\frac{e}{c} F^{\mu\nu} u_\nu \,, \tag{4.28}$$

wenn e die Ruhladung der Punktmasse ist. Aus der Definition des elektromagnetischen Feldstärketensors (3.22) folgt:

$$\begin{aligned} \frac{e}{c} F^{\mu\nu} u_\nu &= \frac{e}{c}\left[F^{\mu 0} u_0 + \sum_{j=1}^{3} F^{\mu j} u_j \right] = \gamma \frac{e}{c}\left[c F^{\mu 0} + \sum_{j=1}^{3} F^{\mu j} \dot{x}_j \right] \\ &= \gamma \frac{e}{c}\left[c\eta^{\mu\nu} F_{\nu 0} + \eta^{\mu\nu} \sum_{j=1}^{3} F_{\nu j} \dot{x}^j \right]. \end{aligned}$$

Die Zeitkomponente ($\mu = 0$) ist also $F_L^0 = \frac{e}{c} \gamma\, \boldsymbol{E} \cdot \dot{\boldsymbol{x}}$ und die Raumkomponenten sind $F_L^j \triangleq \gamma e \left(\boldsymbol{E} + \frac{\dot{\boldsymbol{x}}}{c} \times \boldsymbol{B} \right)$. Statt der Newtonschen Bewegungsgleichung haben wir anzusetzen (nach (4.25))

$$\frac{\mathrm{d}}{\mathrm{d}t}\left(\frac{m(0)\dot{\boldsymbol{x}}}{\sqrt{1 - \frac{\dot{\boldsymbol{x}}^2}{c^2}}} \right) = e\left(\boldsymbol{E} + \frac{\dot{x}}{c} \times \boldsymbol{B} \right). \tag{4.25}$$

4.3.2 Schwerpunktsystem

Wenn wir nun *Systeme* von Punktteilchen behandeln, so tritt die Schwierigkeit auf, daß ihre Wechselwirkung sich nicht mehr instantan, sondern mit endlicher Geschwindigkcit vollzieht. Das kompliziert die Beschreibung enorm, ja man hat gegenwärtig noch keine voll ausgearbeitete, konsistente *relativistische* Theorie wechselwirkender Punktteilchen. Zur Literatur vergleiche (insbesondere die Einleitung von) [WH72].

Wir betrachten im folgenden daher nur *Kontakt*wechselwirkung, also Stöße zwischen den Teilchen. Für ein solches System von durch Stöße miteinander wechselwirkenden Punktteilchen gilt der Erhaltungssatz (4.20) für den Energie-Impuls-Vektor, wenn der Stoß *elastisch* ist. Anderenfalls kann sich die Summe auf der rechten Seite von (4.20) über eine andere Zahl von Summanden erstrecken, da Teilchenerzeugung möglich ist (vgl. Abschnitt 4.3.3).

Wir nehmen nun an, daß das System der stoßenden Teilchen nicht nur aus Photonen mit gleicher Ausbreitungsrichtung besteht. Dann ist der Gesamt-Energie-Impulsvektor zeitartig (vergleiche Aufgabe 3.1). Ein solches Inertialsystem kann gefunden werden, daß darin die *räumlichen* Komponenten des Gesamtimpulses verschwinden oder

$$\sum_i \boldsymbol{p}_i' + \hbar \sum_i \boldsymbol{k}_i' = 0 \,, \tag{4.30}$$

bzw. wenn zwischen Teilchen mit verschwindender bzw. nichtverschwindender Ruhmasse nicht unterschieden wird,

$$\sum_i \boldsymbol{p}_i' = 0\,. \tag{4.31}$$

Das System, in dem (4.31) gilt, heißt *Schwerpunktsystem.* In diesem System verschwindet die Schwerpunktsbewegung. Ein System, in dem $\sum \boldsymbol{p}_i \neq 0$, nennt man gewöhnlich *Laborsystem.* Der Übergang vom System I mit 4-Impuls $\left(c\sum_i m_i, \sum_i \boldsymbol{p}_i\right)$ zu I' mit $\left(c\sum_i m_i', \boldsymbol{0}\right)$ wird durch eine spezielle Lorentztransformation (3.6) mit der Relativgeschwindigkeit

$$\boldsymbol{v} := \frac{\sum_i \boldsymbol{p}_i \cdot c^2}{\sum_j E_j} \tag{4.32}$$

erreicht. (In (3.6) ist $\boldsymbol{r}$ durch $\boldsymbol{p}$, $c \cdot t$ durch $\frac{E}{c}$ und $\boldsymbol{v}$ durch $-\boldsymbol{v}$ zu ersetzen.) Direktes Ausrechnen ergibt

$$\sum_i \boldsymbol{p}_i' = \sum_i \boldsymbol{p}_i + \left[-\frac{\gamma}{c^2} \cdot \sum_j E_j + \frac{\gamma - 1}{\boldsymbol{v} \cdot \boldsymbol{v}} \boldsymbol{v} \cdot \sum_k \boldsymbol{p}_k\right] = 0. \tag{4.33}$$

Führen wir die Bezeichnungen $\boldsymbol{P}_{\mathrm{g}} := \sum_j \boldsymbol{p}_j$ und $E_{\mathrm{g}} := \sum_i E_i$ für den Gesamt-3-Impuls und die Gesamtenergie ein, so läßt sich (4.32) auch schreiben als

$$\frac{\boldsymbol{v}}{c} = c\frac{\boldsymbol{P}_{\mathrm{g}}}{E_{\mathrm{g}}}\,. \tag{4.34}$$

Der Gesamt-4-Impuls $P^\alpha := \left(\frac{E_{\mathrm{g}}}{c}, \boldsymbol{P}_{\mathrm{g}}\right)$ in I hat im Schwerpunktsystem I' die Komponenten $P^{\alpha'} = (P^{0'}, \boldsymbol{0})$. Um die 3-Impulse und die Energien der *einzelnen* Teilchen im Schwerpunktsystem auszurechnen, wenden wir erneut die Transformationsformeln (3.6) an, und zwar in der Form

$$\frac{E'}{c} = \gamma\left(\frac{E}{c} - \frac{\boldsymbol{v} \cdot \boldsymbol{p}}{c}\right),$$

$$\boldsymbol{p}' = \boldsymbol{p} + \boldsymbol{v}\left(-\gamma\frac{E}{c^2} + \frac{\gamma - 1}{\boldsymbol{v}^2}\boldsymbol{v} \cdot \boldsymbol{p}\right). \tag{4.35}$$

Durch Einführung einer formalen Gesamtruhmasse $M_{\mathrm{g}}(0)$ des Systems lösen wir (4.34) auf in

$$\boldsymbol{P}_{\mathrm{g}} = M_{\mathrm{g}}(0)\gamma\boldsymbol{v}\,,$$

$$E_{\mathrm{g}} = M_{\mathrm{g}}(0)\gamma c^2\,. \tag{4.36}$$

Es gilt also $\frac{E_\mathrm{g}^2}{c^2} - \boldsymbol{P}_\mathrm{g} \cdot \boldsymbol{P}_\mathrm{g} = M_\mathrm{g}^2(0)c^2$. Setzt man $\boldsymbol{v}$ und $\gamma = \frac{E_\mathrm{g}}{M_\mathrm{g}(0)c^2}$ aus (4.36) in (4.35) ein, so folgt

$$E_i' = \frac{E_\mathrm{g}}{M_\mathrm{g}(0)c}\left[\frac{E_i}{c} - \frac{\boldsymbol{P}_\mathrm{g} \cdot \boldsymbol{p}_i c}{E_\mathrm{g}}\right],$$

$$\boldsymbol{p}_i' = \boldsymbol{p}_i + \frac{\boldsymbol{P}_\mathrm{g}}{M_\mathrm{g}(0)c}\left[-\frac{E_i}{c} + \frac{\boldsymbol{P}_\mathrm{g} \cdot \boldsymbol{p}_i}{E_\mathrm{g}/c + M_\mathrm{g}(0)c}\right]. \tag{4.37}$$

Diese Beziehungen geben die Energie E_i' des i-ten Teilchens im Schwerpunktsystem als Funktion von Energie und 3-Impuls der Teilchen im Laborsystem. Dazu müssen wir uns in (4.37) E_g, $\boldsymbol{P}_\mathrm{g}$ und $M_\mathrm{g}(0)$ noch durch E_i und p_i ausgedrückt denken:

$$E_\mathrm{g} = \sum_j E_j\,,$$

$$\boldsymbol{P}_\mathrm{g} = \sum_j \boldsymbol{p}_j\,,$$

$$c^2 M_\mathrm{g}(0) = \left[\left(\sum_k E_k\right)^2 - c^2\left(\sum_j \boldsymbol{p}_j\right)^2\right]^{1/2}. \tag{4.38}$$

Mit (4.37) rechnet man nach, daß gilt

$$\sum_i E_i' = M_\mathrm{g}(0)c^2, \qquad \sum_i \boldsymbol{p}_i' = 0\,. \tag{4.39}$$

Die Erhaltungssätze für Energie und Impuls beim Stoß lauten damit im *Schwerpunktsystem I′*

$$0 = \sum_i \boldsymbol{p}_i' = \sum_i \overline{\boldsymbol{p}_i'}$$

$$M_\mathrm{g}(0)c^2 = \sum_i E_i' = \sum_i \overline{E_i'} \tag{4.40}$$

$\overline{\boldsymbol{p}_i'}$, $\overline{E_i'}$ sind die 3-Impulse bzw. die Energien nach dem Stoß. Für ein *System von nur zwei Punktmassen* lauten die Transformationsformeln (4.37) für den Übergang vom Laborsystem zum Schwerpunktsystem

$$\frac{E_1'}{c} = \frac{c^2 m_1^2(0) + \frac{E_1 E_2}{c^2} - \boldsymbol{p}_1 \cdot \boldsymbol{p}_2}{\left[\frac{(E_1 + E_2)^2}{c^2} - (\boldsymbol{p}_1 \cdot \boldsymbol{p}_2)^2\right]^{1/2}}$$

$$\frac{E_2'}{c}=\frac{c^2m_2^2(0)+\dfrac{E_1E_2}{c^2}-\boldsymbol{p}_1\cdot\boldsymbol{p}_2}{\left[\dfrac{(E_1+E_2)^2}{c^2}-(\boldsymbol{p}_1\cdot\boldsymbol{p}_2)^2\right]^{1/2}}$$

$$\boldsymbol{p}_1'=\boldsymbol{p}_1\frac{m_2^2(0)c^2+\dfrac{E_1E_2}{c^2}-\boldsymbol{p}_1\cdot\boldsymbol{p}_2+\dfrac{E_2}{c}\left[\dfrac{(E_1+E_2)^2}{c^2}-(\boldsymbol{p}_1+\boldsymbol{p}_2)^2\right]^{1/2}}{\dfrac{(E_1+E_2)}{c}\left[\dfrac{(E_1+E_2)^2}{c^2}-(\boldsymbol{p}_1+\boldsymbol{p}_2)^2\right]^{1/2}+\dfrac{(E_1+E_2)^2}{c^2}-(\boldsymbol{p}_1+\boldsymbol{p}_2)^2}$$

$$-\boldsymbol{p}_2\frac{m_1^2(0)c^2+\dfrac{E_1+E_2}{c^2}-\boldsymbol{p}_1\cdot\boldsymbol{p}_2+\dfrac{E_1}{c}\left[\dfrac{(E_1+E_2)^2}{c^2}-(\boldsymbol{p}_1+\boldsymbol{p}_2)^2\right]^{1/2}}{\dfrac{(E_1+E_2)}{c}\left[\dfrac{(E_1+E_2)^2}{c^2}-(\boldsymbol{p}_1+\boldsymbol{p}_2)^2\right]^{1/2}+\dfrac{(E_1+E_2)^2}{c^2}-(\boldsymbol{p}_1+\boldsymbol{p}_2)^2}$$

$$\boldsymbol{p}_2'=-\boldsymbol{p}_1'\,. \tag{4.41}$$

Hierin ist die Abhängigkeit von E_1, E_2, $\boldsymbol{p}_1$ und $\boldsymbol{p}_2$ sowie von den Ruhmassen $m_1(0)$ und $m_2(0)$ explizit angegeben. Für den *praktischen* Gebrauch sind die Formeln (4.41) *nicht* geeignet. Führt man wieder $M_g(0)$ ein, also

$$cM_g(0)=\left[\frac{(E_1+E_2)^2}{c^2}-(\boldsymbol{p}_1\cdot\boldsymbol{p}_2)^2\right]^{1/2} \tag{4.42}$$

und damit

$$\frac{E_1+E_2}{c^2}-\boldsymbol{p}_1\cdot\boldsymbol{p}_2=\frac{c^2}{2}[M_g^2(0)-m_1^2(0)-m_2^2(0)]\,, \tag{4.43}$$

so erhält man statt (4.41)

$$E_1'=\frac{c^2}{2M_g(0)}[M_g^2(0)+m_1^2(0)-m_2^2(0)]\,,$$

$$E_2'=\frac{c^2}{2M_g(0)}[M_g^2(0)+m_2^2(0)-m_1^2(0)]\,,$$

$$\boldsymbol{p}_1'=[c^2M_g(0)+E_1+E_2]^{-1}\left\{\boldsymbol{p}_1\left[E_2+\frac{c^2}{2M_g(0)}(M_g^2(0)+m_2^2(0)-m_1^2(0))\right]\right.$$

$$\left.-\boldsymbol{p}_2\left[E_1+\frac{c^2(M_g^2(0)+m_1^2(0)-m_2^2(0))}{2M_g(0)}\right]\right\},$$

$$\boldsymbol{p}_2'=-\boldsymbol{p}_1'\,. \tag{4.44}$$

Für den *Betrag des 3-Impulses im Schwerpunktsystem* folgt nach weiterer Rechnung (Elimination von $|\boldsymbol{p}_1|$, $|\boldsymbol{p}_2|$ und $\boldsymbol{p}_1 \cdot \boldsymbol{p}_2$)[5]

$$|\boldsymbol{p}_1'| = \frac{1}{2} c M_g(0) \left[1 - 2\frac{m_1^2(0) + m_2^2(0)}{M_g^2(0)} + \frac{(m_1(0) - m_2(0))^2 (m_1(0) + m_2(0))^2}{M_g^4(0)} \right]^{1/2} . \tag{4.45}$$

4.3.3 Elastischer Zweikörperstoß

Wir wenden die Begriffe Schwerpunkts- und Laborsystem und die Erhaltungssätze auf den Fall des elastischen Stoßes zweier Punktmassen an. Unter *elastischer* Stoß verstehen wir einen Prozess, bei dem die *Ruhmassen* der beteiligten Körper *nicht* verändert werden. Die Viererimpulse der beiden Körper *vor dem Stoß* seien im *Laborsystem*

$$p_1^\alpha = \left(\frac{E_1}{c}, \boldsymbol{p}_1 \right), \quad p_2^\alpha = \left(\frac{E_2}{c}, \boldsymbol{p}_2 \right)$$

und im *Schwerpunktsystem*

$$p_1^{\alpha'} = \left(\frac{E_1'}{c}, \boldsymbol{p}_1' \right), \quad p_2^{\alpha'} = \left(\frac{E_2'}{c}, \boldsymbol{p}_2' \right).$$

Die Viererimpulse *nach dem Stoß* seien dagegen im *Laborsystem*

$$\bar{p}_1^\alpha = \left(\frac{\varepsilon_1}{c}, \boldsymbol{q}_1 \right), \quad \bar{p}_2^\alpha = \left(\frac{\varepsilon_2}{c}, \boldsymbol{q}_2 \right)$$

im *Schwerpunktsystem*[6]

$$\bar{p}_1^{\alpha'} = \left(\frac{\varepsilon_1'}{c}, \boldsymbol{q}_1' \right), \quad \bar{p}_2^{\alpha'} = \left(\frac{\varepsilon_2'}{c}, \boldsymbol{q}_2' \right). \tag{4.46}$$

Da der Stoß *elastisch* sein soll, gilt

$$p_1^\alpha p_{1\alpha} = m_1^2(0) c^2 = \bar{p}_1^\alpha \bar{p}_{1\alpha} , \tag{4.47}$$

$$p_2^\alpha p_{2\alpha} = m_2^2(0) c^2 = \bar{p}_2^\alpha \bar{p}_{2\alpha} . \tag{4.48}$$

Der Energie-Impulserhaltungssatz (4.20), also

$$p_1^\alpha + p_2^\alpha = \bar{p}_1^\alpha + \bar{p}_2^\alpha , \tag{4.49}$$

---

[5] $|\boldsymbol{p}_1'|^2 = \left(\frac{1}{4}\right) c^2 M_g^{-2}(0) [M_g^4 + m_1^4 + m_2^4 - 2M_g^2 m_1^2 - 2M_g^2 m_2^2 - 2m_1^2 m_2^2]$
(4.45) stimmt also mit dem in [Hag73] auf Seite 31 in Formel (3.7) angegebenen Wert überein.

[6] In Vereinfachung der Notation des vorigen Abschnitts haben wir hier $\bar{E}_1 = \varepsilon_1$, $\bar{E}_2 = \varepsilon_2$, $\bar{\boldsymbol{p}}_1 = \boldsymbol{q}_1$, $\bar{\boldsymbol{p}}_2 = \boldsymbol{q}_2$ gesetzt.

bedeutet demnach im *Laborsystem*

$$E_1 + E_2 = \varepsilon_1 + \varepsilon_2 \tag{4.50}$$

$$\boldsymbol{p}_1 + \boldsymbol{p}_2 = \boldsymbol{q}_1 + \boldsymbol{q}_2 \tag{4.51}$$

und im *Schwerpunktsystem*

$$E_1' + E_2' = \varepsilon_1' + \varepsilon_2', \tag{4.52}$$

$$\boldsymbol{p}_1' + \boldsymbol{p}_2' = 0\,, \quad \boldsymbol{q}_1' + \boldsymbol{q}_2' = 0\,. \tag{4.53}$$

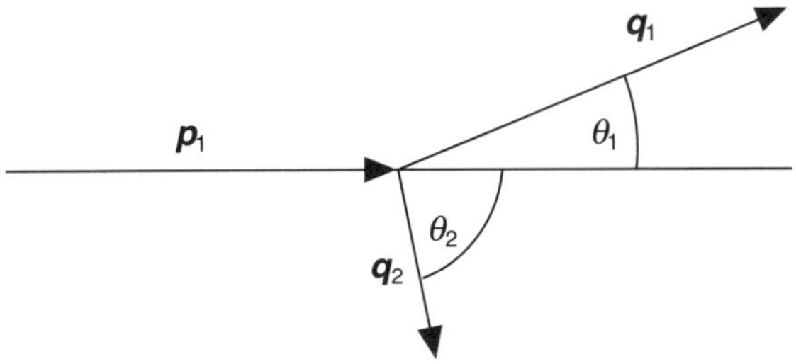

Abb. 4.1

Dies bedeutet, daß nur die vier Gleichungen (4.50) (4.51) für die sechs Unbekannten $|\boldsymbol{q}_1|$, $|\boldsymbol{q}_2|$, ε_1, ε_2, $\cos\theta_1$, $\cos\theta_2$ vorhanden sind. Dabei bedeuten θ_1 bzw. θ_2 die Streuwinkel im Laborsystem (vgl. Abbildung 4.1). Zur Vereinfachung wollen wir im weiteren annehmen, daß *der zweite Körper im Laborsystem I ruht*, das heißt, daß gilt

$$\boldsymbol{p}_2 = 0\,, \tag{4.54}$$

$$E_2 = m_2(0)c^2\,. \tag{4.55}$$

Damit reduzieren sich (4.50), (4.51) auf

$$E_1 + m_2(0)c^2 = \varepsilon_1 + \varepsilon_2 \tag{4.56}$$

$$\boldsymbol{p}_1 = \boldsymbol{q}_1 + \boldsymbol{q}_2\,. \tag{4.57}$$

Der Streuvorgang spielt sich also in einer Ebene ab. Im *Schwerpunktsystem* gilt nun für den *3-Impuls* des *einlaufenden* Teilchens wegen (4.44) und (4.54)

$$\boldsymbol{p}_1' = \frac{m_2(0)}{M_g(0)}\boldsymbol{p}_1 \tag{4.58}$$

mit

$$M_g(0) = \left[m_1^2(0) + m_2^2(0) + \frac{2m_2(0)E_1}{c^2}\right]^{1/2}. \tag{4.59}$$

Anmerkung: Im *ultrarelativistischen Grenzfall*, das heißt, wenn das einfallende Teilchen sich der Vakuumlichtgeschwindigkeit nähert, gilt ($E_1 \gg m_1(0)c^2$, $E_1 \gg m_2(0)c^2$)

$$cM_g(0) \simeq \sqrt{2m_2(0)E_1}\,, \quad |\boldsymbol{p}_1| \simeq \frac{E_1}{c}$$

$$|\boldsymbol{p}_1| \simeq \frac{1}{2}\sqrt{2m_2(0)E_1}\,. \tag{4.60}$$

Der Impuls im Schwerpunktsystem geht also nur mit der *Wurzel* aus der Energie des einfallenden Teilchens (Anwendung: Teilchenbeschleuniger, Speicherringe).

Für die *Relativgeschwindigkeit des Schwerpunktsystems gegenüber dem Laborsystem*, gemessen von letzterem aus, erhält man aus (4.34)

$$\frac{\boldsymbol{v}}{c} = \frac{c\boldsymbol{p}_1}{\boldsymbol{E_1} + m_2(0)c^2} \tag{4.61}$$

oder, nach (4.36)

$$\gamma = \left(1 - \frac{v^2}{c^2}\right)^{-1/2} = \frac{E_1 + m_2(0)c^2}{M_g(0)c^2}\,. \tag{4.62}$$

Als nächstes möchte ich zeigen, daß gilt:

$$|\boldsymbol{q}_1'| = |\boldsymbol{p}_1'|\,. \tag{4.63}$$

Im *Schwerpunktsystem* ist also der Betrag des 3-Impulses *nach* dem Stoß gleich dem Betrag des 3-Impulses *vor* dem Stoß (vgl. Abbildung 4.2). Für die Unbekannten ε_1, ε_2 und den Streuwinkel χ besteht nur eine Gleichung (genauer (4.56)).

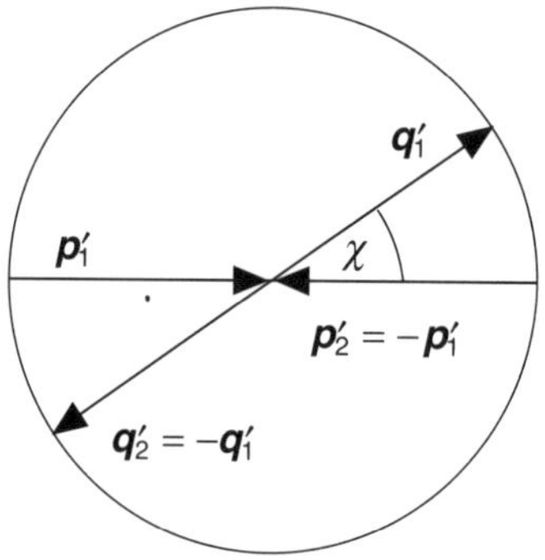

Abb. 4.2

Der Beweis von (4.63) kann direkt mit (4.45) und (4.44) geführt werden. Wir gehen umständlicher vor, um uns an die verschiedenen Bezugssysteme zu gewöhnen. Wir betrachten einen Skalar gegenüber Lorentztransformationen und rechnen ihn sowohl im Laborsystem als auch im Schwerpunktsystem aus:

$$\bar{p}_1^{\alpha}(\bar{p}_{1\alpha}+\bar{p}_{2\alpha})_{\text{Laborsystem}}=\bar{p}'^{\alpha'}(\bar{p}_{1\alpha'}+\bar{p}_{2\alpha'})_{\text{Schwerpunktsystem}}\,, \tag{4.64}$$

oder wegen (4.47) und (4.53)

$$m_1^2(0)c^2+\frac{\varepsilon_1\,\varepsilon_2}{c^2}-\boldsymbol{q}_1\cdot\boldsymbol{q}_2=m_1^2(0)c^2+\frac{\varepsilon_1'\,\varepsilon_2'}{c^2}+|\boldsymbol{q}_1'|^2\,. \tag{4.65}$$

Um $\boldsymbol{q}_1\cdot\boldsymbol{q}_2$ zu eliminieren, wenden wir den Impulserhaltungssatz an (vgl. (4.51))

$$|\boldsymbol{p}_1|^2=|\boldsymbol{q}_1|^2+|\boldsymbol{q}_2|^2+2\boldsymbol{q}_1\cdot\boldsymbol{q}_2$$

oder

$$2\boldsymbol{q}_1\cdot\boldsymbol{q}_2=|\boldsymbol{p}_1|^2+m_1^2(0)c^2+m_2^2(0)c^2-\frac{\varepsilon_1^2}{c^2}-\frac{\varepsilon_2^2}{c^2}\,.$$

Als nächstes rechnen wir ε_1' und ε_2' aus mit Hilfe der Transformationsformeln (4.44). Da ein elastischer Stoß vorliegt, können wir die beiden ersten Zeilen sofort übernehmen[7]

$$\varepsilon_1'=\frac{c^2}{2M_{\text{g}}(0)}[M_{\text{g}}^2(0)+m_1^2(0)-m_2^2(0)]\,, \tag{4.66}$$

$$\varepsilon_2'=\frac{c^2}{2M_{\text{g}}(0)}[M_{\text{g}}^2(0)+m_2^2(0)-m_1^2(0)]\,. \tag{4.67}$$

Setzt man nun $\boldsymbol{q}_1\cdot\boldsymbol{q}_2$, ε_1', ε_2' in (4.65) ein und eliminiert $\varepsilon_1+\varepsilon_2$ über den Energieerhaltungssatz, so folgt

$$\begin{aligned}|\boldsymbol{q}_1'|^2&=\frac{1}{2}c^2[M_{\text{g}}^2(0)-m_1^2(0)-m_2^2(0)]-\frac{c^2}{4M_{\text{g}}^2(0)}[M_{\text{g}}^4(0)-(m_1^2(0)-m_2^2(0))^2]\\&=(1/4)c^2M_{\text{g}}^2(0)\left\langle 1-2\frac{m_1^2(0)+m_2^2(0)}{M_{\text{g}}^2(0)}+\frac{[m_1(0)-m_2(0)]^2[m_1(0)+m_2(0)]^2}{M_{\text{g}}^4(0)}\right\rangle\\&=|\boldsymbol{p}_1'|^2\end{aligned} \tag{4.68}$$

nach (4.45).

---

[7] Direkte Ausrechnung durch Betrachten von $p_1^{\alpha}(p_{1\alpha}+p_{2\alpha})$ im Laborsystem und Schwerpunktsystem und Benutzen von $\varepsilon_1'+\varepsilon_2'=M_{\text{g}}(0)c^2$ liefert dasselbe Resultat. Es ist demnach $E_1'=\varepsilon_1'$, $E_2'=\varepsilon_2'$. Man zeigt weiter, daß die einzige andere Lösung $E_1'=\varepsilon_2'$, $E_2'=\varepsilon_1'$ ist.

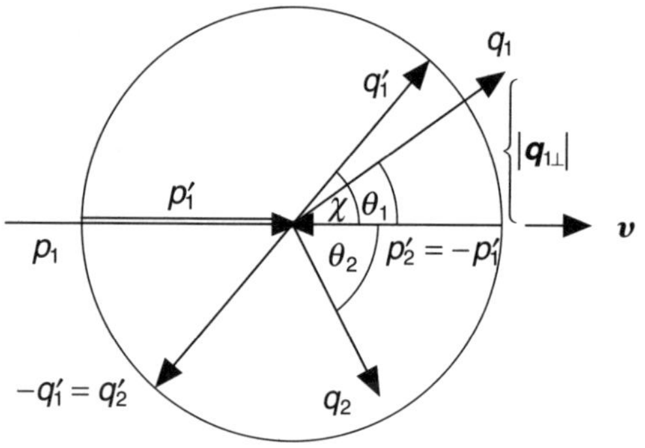

Abb. 4.3

Als weitere *Anwendung* wollen wir nun die *Streuwinkel* θ_1, θ_2 *im Laborsystem durch die Energie* E_1 *des einfallenden Teilchens und durch den Streuwinkel* χ *im Schwerpunktsystem ausdrücken.* (E_1, χ bestimmen demnach die zweiparametrige Lösungsschar dieses Stoßproblems.) Nach (4.58), (4.61) ist $\boldsymbol{v} \sim \boldsymbol{p}_1 \sim \boldsymbol{p}_1'$. Bei der Transformation vom Schwerpunktsystem zum Laborsystem bleiben alle Komponenten von 3-Vektoren *senkrecht* zu $\boldsymbol{v}$ unverändert. Damit gilt (vgl. Abbildung 4.3)

$$\tan\theta_1 = \frac{|\boldsymbol{q}_{1\perp}|}{|\boldsymbol{q}_{1\parallel}|} = \frac{|\boldsymbol{q}_{1\perp}'|}{|\boldsymbol{q}_{1\parallel}|} = \frac{|\boldsymbol{q}_1'|\sin\chi}{|\boldsymbol{q}_{1\parallel}|}.$$

Für $|\boldsymbol{q}_{1\parallel}|$ müsen wir eine spezielle Lorentztransformation der Form

$x = \gamma(x' + vt')$ bzw. $p = \gamma(p' + \frac{v}{c^2}E')$ anwenden, also

$$\begin{aligned} |\boldsymbol{q}_{1\parallel}| &= \gamma\left(|\boldsymbol{q}_{1\parallel}'| + \frac{v}{c^2}\varepsilon_1'\right) \\ &= \gamma\left(|\boldsymbol{q}_1'|\cos\chi + \frac{v}{c^2}\varepsilon_1'\right). \end{aligned}$$

Damit ergibt sich zunächst

$$\begin{aligned} \tan\theta_1 &= \frac{|\boldsymbol{q}_1'|\sin\chi}{\gamma|\boldsymbol{q}_1'|\left(\cos\chi + \dfrac{v\varepsilon_1'}{c^2|\boldsymbol{q}_1'|}\right)} \\ &= \frac{\sin\chi}{\gamma(\cos\chi + \alpha)} \end{aligned}$$

mit $\alpha := \dfrac{v\varepsilon_1'}{c^2|\boldsymbol{q}_1'|}$. Zur weiteren Ausrechnung benutzen wir (4.66) und setzen

$\upsilon = \sqrt{|\boldsymbol{v} \cdot \boldsymbol{v}|}$ und γ aus (4.61, 4.62) ein. Es folgt

$$\tan\theta_1 = \frac{M_g(0)c^2}{E_1 + m_2(0)c^2} \cdot \frac{\sin\chi}{\cos\chi + \alpha} \tag{4.69}$$

mit

$$\alpha = \frac{m_1(0)}{m_2(0)} \cdot \frac{E_1 \frac{m_2(0)}{m_1(0)} + m_1(0)c^2}{E_1 + m_2(0)c^2}. \tag{4.70}$$

Ebenso erhält man

$$\tan\theta_2 = \frac{|\boldsymbol{q}_{2\perp}|}{|\boldsymbol{q}_{2\parallel}|}$$

und nach weiterer Ausrechnung

$$\tan\theta_2 = \frac{M_g(0)c^2}{E_1 + m_2(0)c^2} \cdot \frac{\sin\chi}{1 - \cos\chi} \tag{4.71}$$

$$= \frac{M_g(0)c^2}{E_1 + m_2(0)c^2} \cdot \tan\left(\frac{\pi - \chi}{2}\right). \tag{4.72}$$

Gehen wir nun zum *nichtrelativistischen* Grenzfall über, das heißt zu $\frac{\upsilon_1}{c} \ll 1$, wenn υ_1 die Geschwindigkeit des einlaufenden Teilchens ist. Dann folgt

$$\begin{aligned} E_1 &= m_1(0)c^2 + T_1 \\ &\simeq m_1(0)c^2 + \left(\frac{1}{2}\right) m_1(0)\,\upsilon_1^2, \end{aligned}$$

also wegen (4.59)

$$M_g(0) \simeq [m_1(0) + m_2(0)] + \left(\frac{1}{2}\right)\mu\frac{\upsilon_1^2}{c^2} \tag{4.73}$$

mit der *reduzierten Masse* $\mu \frac{m_1 m_2}{m_1 + m_2}$. (Gesamtenergie $\simeq$ Ruhenergie plus kinetische Energie der Schwerpunktsbewegung.) Damit ergibt sich

$$\tan\theta_1 \simeq \frac{\sin\chi}{\cos\chi + \alpha},$$

$$\tan\theta_2 \simeq \frac{\sin\chi}{1 - \cos\chi}, \tag{4.74}$$

mit $\alpha \simeq \dfrac{m_1}{m_2}\left[1+(1/2)\dfrac{m_2-m_1}{m_1+m_2}\cdot\dfrac{v_1^2}{c^2}\right]$.

In niedrigster Näherung, also bis zu Gliedern $\sim \dfrac{v_1}{c}$, erhält man daher das bekannte Resultat zurück.

Wenn die Stoßpartner *gleiche Ruhmasse* haben, also wenn $m_1(0) = m_2(0)$, so folgt aus (4.69), (4.71) mit $\alpha = 1$

$$\tan(\theta_1+\theta_2) = \frac{2a}{1-a^2}\cdot\frac{1}{\sin\chi} \tag{4.75}$$

mit

$$a := \frac{M_g(0)c^2}{E_1 + m_2(0)c^2}\,. \tag{4.76}$$

Im nichtrelativistischen Grenzfall ist $a \simeq 1+\mathcal{O}\left(\dfrac{v_1^2}{c^2}\right)$ und wir erhalten das Resultat $\theta_1+\theta_2 = \dfrac{\pi}{2}$ der Newtonschen Mechanik zurück. Für $m_1 \neq m_2$ erhält man

$$\tan(\theta_1+\theta_2) = \left[a_1\sin\chi + b_1\tan\frac{\chi}{2}\right]^{-1}$$

mit

$$a_1 = m_2\frac{E_1^2 - m_1^2c^4}{M_g^3c^4}\,,\quad b_1 = \frac{m_1^2 - m_2^2}{M_g^3c^2}(E_1 + m_2c^2)\,.$$

4.3.4 Compton-Streuung

Unter Compton-Streuung[8] versteht man den elastischen Stoß eines Photons mit einem Elektron (Ruhmasse m_e). Wenn das Elektron im Laborsystem ruht, so haben wir für die 4-Impulse von Photon und Elektron *vor* dem Stoß $p^\alpha = (m_ec, \boldsymbol{0})$, $k^\alpha = \hbar(\omega/c, \boldsymbol{k})$. Aus (4.56), (4.57) folgt

$$\hbar\omega + m_ec^2 = \hbar\overline{\omega} + \varepsilon_2\,, \tag{4.77}$$

$$\hbar\boldsymbol{k} = \hbar\overline{\boldsymbol{k}} + \boldsymbol{q}_2\,. \tag{4.78}$$

Da der Stoß elastisch ist, gilt für den 4-Impuls *nach* dem Stoß

[8] *Arthur Holly Compton* (1892-1962), amerikanischer Physiker, Nobelpreis 1927.

$$\overline{p}^{\alpha}\overline{p}_{\alpha} = m_e^2 c^2 = \frac{1}{c^2}\varepsilon_2^2 - \boldsymbol{q}^2 . \tag{4.79}$$

Eliminiert man ε_2 und $\boldsymbol{q}_2$ aus (4.77)–(4.79), so folgt die Beziehung für die Änderung der Wellenlänge des Photons λ beim Stoß

$$\overline{\lambda} - \lambda = 2\lambda_c \sin^2\frac{\theta}{2}, \tag{4.80}$$

wenn $\lambda_c := \dfrac{h}{m_e c} \simeq 2{,}4 \cdot 10^{-10}\text{cm}$ die sogenannte Comptonwellenlänge ist und θ der Winkel zwischen $\boldsymbol{k}$ und $\overline{\boldsymbol{k}}$ (Richtung des Photons vor bzw. nach dem Stoß). Führt man die dimensionslose Energievariable $x := \dfrac{\hbar\omega}{m_e c^2}$ ein, so läßt sich (4.80) umschreiben in

$$\overline{x} = x\left(1 + 2x\sin^2\frac{\theta}{2}\right)^{-1}. \tag{4.81}$$

($\overline{x}$ wird mit $\overline{\omega}$ gebildet.) Um vom Einzelstoß zum *Wirkungsquerschnitt* der Compton-Streuung zu kommen (vgl. Abschnitt 4.4) muß man eine quantenmechanische Rechnung unter Verwendung der Dirac-Gleichung machen (siehe etwa [Sok57], Abschnitt 34). Sie liefert die sogenannte *Klein-Nishina-Formel* für den differentiellen Wirkungsquerschnitt (vgl. Abschnitt 4.4):

$$\frac{\partial\sigma(\omega,\theta)}{\partial\Omega} = \frac{1}{2}\left(\frac{e^2}{m_e c^2}\right)^2\left[\frac{x'}{x} + \left(\frac{x'}{x}\right)^3 - \left(\frac{x'}{x}\right)^2\sin^2\theta\right]. \tag{4.82}$$

Setzt man (4.81) in (4.82) und integriert über den Raumwinkel $\mathrm{d}\Omega = \mathrm{d}\phi\mathrm{d}\theta \sin\theta$, so folgt als *totaler* Streuquerschnitt

$$\sigma_{\text{tot}} = 2\pi\left(\frac{e^2}{m_e c^2}\right)^2\left[\frac{1+x}{(1+2x)^2} + \frac{2}{x^2} + \frac{x^2 - 2(1+x)}{2x^3}\ln(1+2x)\right]. \tag{4.83}$$

Im *nichtrelativistischen* Fall (Energie des Photons klein gegen die Ruhenergie des Elektrons) $x \ll 1$ folgt aus (4.83)

$$\sigma_{\text{tot}}(\omega) = \frac{8\pi}{3}\left(\frac{e^2}{m_e c^2}\right)^2[1 - 2x + \mathcal{O}(x^2)]. \tag{4.84}$$

Der niedrigste Term ist der klassische sogenannte Thomsonsche Streuquerschnitt. Im *ultrarelativistischen* Fall $x \gg 1$ bekommt man aus (4.83)

$$\sigma_{\text{tot}} = \pi\left(\frac{e^2}{m_e c^2}\right)^2\frac{1}{x}\left[\ln 2x + \frac{1}{2}\right] + \mathcal{O}\left(\frac{1}{x^2}\right). \tag{4.85}$$

4.4 Wirkungsquerschnitt der Streuung

4.4.1 Zur Definition des Wirkungsquerschnitts

In einem Streuexperiment mit Atomen, Molekülen, Kernen oder Elementarteilchen haben wir nicht nur einen einzelnen Stoßprozess zu beschreiben, sondern eine Vielzahl von Stößen. In der Regel ist der experimentelle Aufbau so, daß ein Strahl von einlaufenden Teilchen *senkrecht* auf ein Target ruhender Teilchen auftrifft und an diesem gestreut wird. Eine Zählvorrichtung weist die in ein bestimmtes Raumwinkelintervall $[\Omega, \Omega + \mathrm{d}\Omega]$ gestreuten Teilchen mit einer Energie zwischen E und $E + \mathrm{d}E$ oder mit einem Impuls von $|\boldsymbol{p}|$ bis $|\boldsymbol{p}| + \mathrm{d}|\boldsymbol{p}|$ nach.

Die Situation ist also ähnlich wie die vorher im Abschnitt 4.3.3 betrachtete: die einlaufenden Teilchen haben alle die Richtung $\frac{\boldsymbol{p}_1}{|\boldsymbol{p}_1|}$ im Laborsystem (L), aber verschiedene Impulsbeträge und verschiedene Energien. Da bei zwei aufeinander folgenden Stößen die 3-Impulse der nach dem Stoß auslaufenden Teilchen nicht in derselben Ebene liegen müssen, ist jetzt aber der *Raumwinkel* Ω zu verwenden. Führt man ein räumliches Polarkoordinatensystem mit Polarachse in Richtung von $\boldsymbol{p}_1$ ein, so ist die Streurichtung (3-Impuls $\boldsymbol{q}_1$) durch θ_1 und den Winkel ϕ_1 festgelegt. Unter dem *Wirkungsquerschnitt der Streuung* (oder kurz Streuquerschnitt) σ versteht man das Verhältnis

$$\sigma = \frac{\begin{array}{l}\text{Zahl der gestreuten Teilchen, die pro Zeiteinheit von einem}\\ \text{Detektor gemessen werden}\end{array}}{\begin{array}{l}\text{Zahl der pro Flächeneinheit und Zeiteinheit einlaufenden}\\ \text{Teilchen}\end{array}} . \tag{4.86}$$

Damit hat σ die Dimension einer Fläche.

Diese Definition muß man noch verfeinern. Nehmen wir an, der Zähler messe die in das Raumwinkelintervall $[\Omega_0, \Omega_0 + \mathrm{d}\Omega]$ gestreuten Teilchen im Impulsintervall $[|\boldsymbol{p}_0|, |\boldsymbol{p}_0| + \mathrm{d}|\boldsymbol{p}_0|]$. Dann betrachtet man den sogenannten *differentiellen Wirkungsquerschnitt*, das heißt den Wirkungsquerschnitt pro Impulseinheit und Raumwinkeleinheit, den man schreibt

$$\frac{\partial\sigma(|\boldsymbol{p}|, \Omega)}{\partial|\boldsymbol{p}|\partial\Omega} . \tag{4.87}$$

Die Messung durch die Apparatur würde dann die Größe

$$\frac{\partial\sigma(|\boldsymbol{p}|, \Omega)}{\partial|\boldsymbol{p}|\partial\Omega}\,\mathrm{d}|\boldsymbol{p}|\mathrm{d}\Omega \tag{4.88}$$

bestimmen. Sie entspricht der Definition (4.86). Entsprechend den Fähigkeiten der Meßapparatur kann man differentielle Wirkungsquerschnitte von der Art $\frac{\partial\sigma(E,\Omega)}{\partial E\partial\Omega}$ oder $\frac{\partial\sigma(p_x, p_y, p_z)}{\partial p_x\partial p_y\partial p_z}$ usf. betrachten. Integration über die angegebenen Variabeln führt dann zum sogenannten *totalen Wirkungsquerschnitt*

$$\sigma = \iint \frac{\sigma(|\boldsymbol{p}|,\Omega)}{\partial|\boldsymbol{p}|\partial\Omega}\,\mathrm{d}|\boldsymbol{p}|\mathrm{d}\Omega\,. \tag{4.89}$$

Man sieht, daß die differentiellen Wirkungsquerschnitte *Verteilungsfunktionen* sind in einem bestimmten Raum: etwa dem Impulsraum mit den Variablen p_x, p_y, p_z oder dem Raum mit Variablen E, θ, ϕ etc. Der totale Wirkungsquerschnitt wird besonders bei *elastischer* Streuung benutzt, d.h. dem Fall, in dem die einlaufenden Teilchen durch den Streuvorgang weder Energie verlieren noch bekommen. Man wird dann im differentiellen Wirkungsquerschnitt nur den Winkel Ω als Variable haben. Bei *inelastischer* Streuung ist $\frac{\partial\sigma(E,\Omega)}{\partial E\partial\Omega}$ eine nützliche Größe.

4.4.2 Transformation des Wirkungsquerschnitts vom Laborsystem zum Schwerpunktsystem

Wie verhält sich der Wirkungsquerschnitt beim Übergang vom Laborsystem zum Schwerpunktsystem? Nun, die Gesamtzahl der gestreuten Teilchen ist unabhängig vom Inertialsystem, in welchem der Vorgang beschrieben wird. Die Anzahl/Zeiteinheit ändert sich, aber im Nenner gleich wie im Zähler. Die Zahl der einlaufenden Teilchen ist ebenfalls bezugssystemunabhängig. Nicht aber im Prinzip die Flächendichte der Teilchen. Da jedoch der Strahlquerschnitt *senkrecht* auf der Relativgeschwindigkeit von (L) und (S) steht wegen $\boldsymbol{v} \sim \boldsymbol{p}_1 \sim \boldsymbol{p}_1'$ für $\boldsymbol{p}_2 = \boldsymbol{0}$ (Targetimpuls in (L)), so ist auch die Zahl der Teilchen pro Flächeneinheit in diesem Falle invariant. Daraus folgt, daß der *totale Wirkungsquerschnitt* der Streuung schon durch seine Definition invariant ist gegenüber der Transformation von (L) nach (S).

Dies trifft aber *nicht* für die *differentiellen* Wirkungsquerschnitte zu. Je nach der funktionalen Abhängigkeit von den gewählten Variabeln erhalten wir andere Transformationsformeln. Ihrem Charakter als Verteilungsfunktionen nach transformieren sie sich aber alle wie *relative Skalare vom Gewicht* +1:

$$f'(X^{1'}, X^{2'}, \ldots, X^{r'})\mathrm{d}X^{1'}\ldots\mathrm{d}X^{r'} = f'(X^{1'}, \ldots, X^{r'})\det\left(\frac{\partial X^{A'}}{\partial X^{B}}\right)\mathrm{d}X^{1}\ldots\mathrm{d}X^{r}$$

oder (vergleiche (3.49))

$$f'(X^{1'}, \ldots, X^{r'})\det\left(\frac{\partial X^{A'}}{\partial X^{B}}\right) = f(X^{1}, \ldots, X^{r})\,. \tag{4.90}$$

Beispiel 1: Wir betrachten $\dfrac{\partial\sigma(p_x, p_y, p_z)}{\partial p_x \partial p_y \partial p_z}$ also eine Abhängigkeit von den drei Impulskomponenten. Mit der speziellen Lorentz-Transformation von (L) nach (S)

$$p'_x = \gamma\left(p_x - \frac{\upsilon}{c^2}E\right) = \gamma\left(p_x - \frac{\upsilon}{c}\sqrt{m^2(o)c^2 + p_x^2 + p_y^2 + p_z^2}\right)$$

$$p'_y = p_y$$

$$p'_z = p_z$$

folgt wegen $\dfrac{\partial p'_x}{\partial p_x} = \gamma\dfrac{E - \upsilon p_x}{E} = \dfrac{E'}{E}$ und

$$\frac{\partial p'_y}{\partial p_x} = \frac{\partial p'_y}{\partial_z} = 0\,, \quad \frac{\partial p'_y}{\partial p_y} = 1$$

$$\frac{\partial p'_z}{\partial p_x} = \frac{\partial p'_z}{\partial_y} = 0\,, \quad \frac{\partial p'_z}{\partial p_z} = 1$$

$$\boxed{\det\frac{\partial p^{k'}}{\partial p^k} = \frac{E'}{E}}\,, \tag{4.91}$$

also

$$\frac{\partial\sigma(p'_x, p'_y, p'_z)}{\partial p'_x\,\partial p'_y\,\partial p'_z} = \frac{E}{E'}\,\frac{\partial\sigma(p_x, p_y, p_z)}{\partial p_x\,\partial p_y\,\partial p_z}\,. \tag{4.92}$$

Durch

$$\frac{\partial\sigma(p_x, p_y, p_z)}{\partial p_x \partial p_y \partial p_z}\cdot E$$

ist also eine invariante Größe definiert. Multipliziert mit dem ebenfalls *invarianten „Volumenelement" des Impulsraumes* $\dfrac{\mathrm{d}^3 p}{E}$ (wegen $\mathrm{d}^3 p' = \dfrac{E'}{E}\mathrm{d}^3 p$!) ergibt sich also wieder

$$\frac{\partial\sigma(p'_x, p'_y, p'_z)}{\partial p'_x\,\partial p'_y\,\partial p'_z}\,E'\,\frac{\mathrm{d}^3 p'}{E'} = \frac{\partial\sigma(p_x, p_y, p_z)}{\partial p_x\,\partial p_y\,\partial p_z}\,E\,\frac{\mathrm{d}^3 p}{E}.$$

Beispiel 2: Wir betrachten $\frac{\partial\sigma(|\boldsymbol{p}|,\theta,\phi)}{\partial|\boldsymbol{p}|\partial\theta\partial\phi}$, also eine Abhängigkeit vom Betrag des Impulses und von der Streurichtung θ, ϕ. $x^1 = |\boldsymbol{p}|$, $x^2 = \theta$, $x^3 = \phi$. Dann folgt wegen

$$p'_x = x^1 \cos x^2, \quad p'_y = x^1 \sin x^2 \cos x^3$$
$$p'_z = x^1 \sin x^2 \sin x^3$$
$$\det \frac{\partial p^{k'}}{\partial x^k} = |\boldsymbol{p}|^2 \sin\theta \,,$$

also nach (4.90)

$$\frac{\partial\sigma(|\boldsymbol{p}|,\theta,\phi)}{\partial|\boldsymbol{p}|\partial\theta\partial\phi} = \frac{1}{|\boldsymbol{p}|^2 \sin\theta} \frac{\partial\sigma(p_x,p_y,p_z)}{\partial p_x \partial p_y \partial p_z} \,. \tag{4.93}$$

Nun gehen wir zum Schwerpunktsystem (S) über wie in Beispiel 1. Es folgt

$$\frac{\partial\sigma(|\boldsymbol{p}|,\theta,\phi)}{\partial|\boldsymbol{p}|\partial\theta\partial\phi} = \frac{1}{|\boldsymbol{p}|^2 \sin\theta} \frac{E'}{E} \frac{\partial\sigma(p'_x,p'_y,p'_z)}{\partial p'_x \partial p'_y \partial p'_z} \,.$$

In (S) führen wir dann eine weitere Transformation auf räumliche Polarkoordinaten $|\boldsymbol{p}'|$, θ', ϕ' durch, so daß schließlich folgt

$$\frac{\partial\sigma(|\boldsymbol{p}|,\theta,\phi)}{\partial|\boldsymbol{p}|\partial\theta\partial\phi} = \frac{1}{|\boldsymbol{p}|^2 \sin\theta} \frac{E'}{E} |\boldsymbol{p}'|^2 \sin\theta' \frac{\partial\sigma(|\boldsymbol{p}'|,\theta',\phi')}{\partial|\boldsymbol{p}'|,\partial\theta'\partial'\phi'} \,. \tag{4.94}$$

Die invariante Größe ist also

$$\frac{\partial\sigma(|\boldsymbol{p}|,\theta,\phi)}{\partial|\boldsymbol{p}|\partial\theta\partial\phi} |\boldsymbol{p}|^2 \sin\theta\, E \,.$$

Es ist nun kein Kunststück, weitere Beziehungen abzuleiten wie

$$\frac{\partial\sigma(|\boldsymbol{p}|,\Omega)}{\partial|\boldsymbol{p}|\partial\Omega} \frac{E}{|\boldsymbol{p}|^2} = \frac{\partial\sigma(|\boldsymbol{p}'|,\Omega)}{\partial|\boldsymbol{p}'|\partial\Omega'} \frac{E'}{|\boldsymbol{p}'|^2} \tag{4.95}$$

und

$$\frac{\partial\sigma(E,\Omega)}{\partial E\partial\Omega} \frac{1}{|\boldsymbol{p}|} = \frac{\partial\sigma(E',\Omega')}{\partial E'\partial\Omega'} \frac{1}{|\boldsymbol{p}'|} \tag{4.96}$$

unter der Benutzung der vorhergehenden Beispiele und von $\mathrm{d}\Omega = \sin\theta \mathrm{d}\theta \mathrm{d}\phi$.

4.5 Empirische Überprüfung der Geschwindigkeitsabhängigkeit der Masse und der Energie-Masse-Äquivalenz

4.5.1 Geschwindigkeitsabhängigkeit der Masse

Anwendung: Synchrozyklotron

1. *Bewegung einer Punktladung im homogenen Magnetfeld*

Wir wenden die relativistische Bewegungsgleichung (4.25) bzw. (4.29) auf die folgende Situation an: Eine Punktladung der Masse m und Ladung e bewege sich in einem homogenen Magnetfeld $\boldsymbol{B}$ in Richtung der z-Achse. Ihre Anfangsgeschwindigkeit $\frac{\mathrm{d}\boldsymbol{x}}{\mathrm{d}t}$ sei senkrecht auf dem Magnetfeld $\boldsymbol{B}$. Aus der Lorentzkraft $\boldsymbol{F} = e\boldsymbol{E} + \frac{e}{c}\frac{\mathrm{d}\boldsymbol{x}}{\mathrm{d}t} \times \boldsymbol{B}$ folgt damit für die Kraft im homogenen Magnetfeld $\frac{e}{c}\frac{\mathrm{d}\boldsymbol{x}}{\mathrm{d}t} \times \boldsymbol{B}$ und $\boldsymbol{F} \cdot \frac{\mathrm{d}\boldsymbol{x}}{\mathrm{d}t} = 0$. Wir erhalten aus (4.29) als Bewegungsgleichung wegen $\dot{\boldsymbol{x}} \cdot \ddot{\boldsymbol{x}} = 0$:

$$\frac{m_0}{\sqrt{1 - \frac{1}{c^2}\left(\frac{\mathrm{d}\boldsymbol{x}}{\mathrm{d}t}\right)^2}} \cdot \frac{\mathrm{d}^2\boldsymbol{x}}{\mathrm{d}t^2} = \frac{e}{c}\frac{\mathrm{d}\boldsymbol{x}}{\mathrm{d}t} \times \boldsymbol{B}, \tag{4.97}$$

oder in Komponenten zerlegt,

$$\begin{cases} m_0 \dfrac{\mathrm{d}^2x}{\mathrm{d}t^2} = -\dfrac{e}{c}B\dfrac{\mathrm{d}y}{\mathrm{d}t}\left[1 - \dfrac{1}{c^2}\left(\dfrac{\mathrm{d}x}{\mathrm{d}t}\right)^2 - \dfrac{1}{c^2}\left(\dfrac{\mathrm{d}y}{\mathrm{d}t}\right)^2\right]^{\frac{1}{2}} \\ m_0 \dfrac{\mathrm{d}^2y}{\mathrm{d}t^2} = +\dfrac{e}{c}B\dfrac{\mathrm{d}x}{\mathrm{d}t}\left[1 - \dfrac{1}{c^2}\left(\dfrac{\mathrm{d}x}{\mathrm{d}t}\right)^2 - \dfrac{1}{c^2}\left(\dfrac{\mathrm{d}y}{\mathrm{d}t}\right)^2\right]^{\frac{1}{2}} \end{cases}.$$

Die Bewegung verläuft ganz in der Ebene $\perp \boldsymbol{B}$, die durch den Anfangswert der Geschwindigkeit festgelegt ist. (Wir wählen $z = 0, \frac{\mathrm{d}z}{\mathrm{d}t} = 0$.) Aus (4.97) folgt durch Überschieben mit $\frac{\mathrm{d}\boldsymbol{x}}{\mathrm{d}t}$ sofort, daß $\left(\frac{\mathrm{d}\boldsymbol{x}}{\mathrm{d}t}\right)^2 = \mathrm{const}$ ist: *Die Bewegung ist eine Kreisbahn*: $\boldsymbol{x}(t) = r_0(\cos(\omega t), \sin(\omega t), 0)$ (vgl. Abb. 4.4).

Die vom Magnetfeld auf die Punktladung ausgeübte Kraft wirkt radial nach innen und kompensiert die Zentrifugalbeschleunigung. Setzen wir

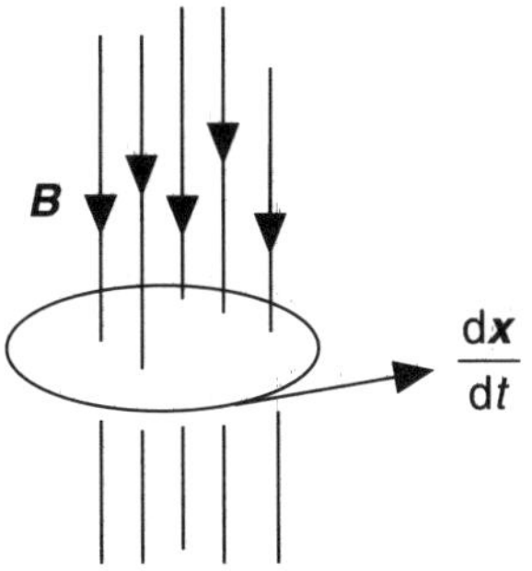

Abb. 4.4 Punktladung im Magnetfeld

$\left|\frac{d\boldsymbol{x}}{dt}\right| = u$, so folgt für die Kreisbahn vom Radius r_0:

$$\frac{mu^2}{r_0} = \frac{e}{c} u B$$

oder

$$\boxed{r_0 = \frac{m(u) \cdot u \cdot c}{e B}}. \tag{4.98}$$

Die Zeit für einen Umlauf ist

$$\tau = \frac{2\pi r_0}{u} = \frac{2\pi m(u) c}{e B} = \frac{2\pi c}{e B} \frac{m(0)}{\sqrt{1 - \frac{u^2}{c^2}}}. \tag{4.99}$$

Für eine feste Umlaufbahn (Radius r_0) ist τ eine Konstante. (4.98) bzw. (4.99) unterscheiden sich von den vor-relativistischen Formeln durch die Wurzel $\left(1 - \frac{u^2}{c^2}\right)^{-\frac{1}{2}}$.

2. *Synchrozyklotronprinzip*

Im Zyklotron wird ein Elektromagnet zur Erzeugung eines angenähert *homogenen* Feldes $\boldsymbol{B}$ zwischen den ebenen Endflächen zweier zylindrischer Magnetpole benutzt. Zwischen den Polschuhen sitzt eine Vakuumkammer, in der zwei dünnwandige, dosenförmige Elektroden angebracht sind (vgl. Abb. 4.5 u. 4.6). Zwischen den beiden Elektroden liegt ein hochfrequentes elektrisches Wechselfeld $\boldsymbol{E}$ senkrecht zum Magnetfeld. In der Mitte zwischen den Elektroden befindet sich eine Ionenquelle, die positive Ionen (der Ladung e) auf die momentan negativ geladene Elektrode hin aussendet.

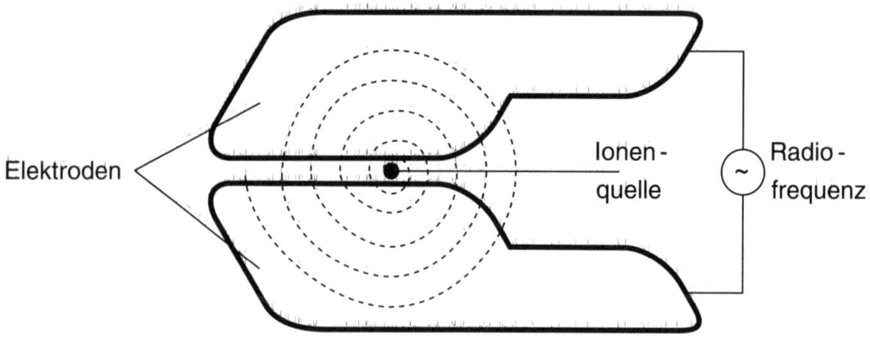

Abb. 4.5 Aufsicht auf Synchrozyklotron

Innerhalb der hohlen Elektroden ist das elektrische Feld vernachlässigbar klein. Die Ionen beschreiben daher Kreisbahnstücke im homogenen Magnetfeld. Im Spalt *zwischen* den Elektroden wirkt das elektrische Feld als Beschleunigungsstrecke. Bei geeigneter Phase des Hochfrequenzfeldes finden die geladenen Teilchen nach Durchlaufen einer halbkreisförmigen Bahn ein richtig gepoltes elektrisches Feld vor, werden beschleunigt und laufen auf einem größeren Halbkreis weiter. Dies ist genau dann der Fall, wenn die Zeit zum Durchlaufen der halbkreisförmigen Bahn genau gleich der Zeit ist, die bis zum Umpolen des Feldes verstreicht. Mit der Hochfrequenz ν_{HF} und τ aus Gleichung (4.99) folgt

$$\tau^{-1} = \boxed{\nu_{\mathrm{HF}} = \frac{eB}{2\pi mc}}\,. \tag{4.100}$$

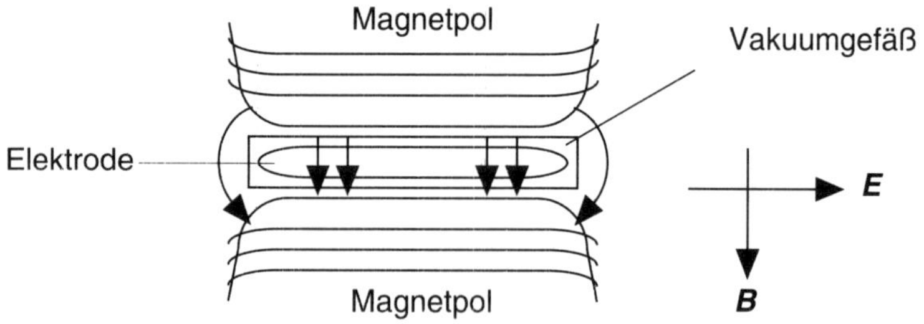

Abb. 4.6 Seitenriß Synchrozykloton

Mißt man das Magnetfeld in kGauß (= 10^{-1} Tesla), die Frequenz in MHz, so folgt z.B. für Protonen $\nu_{\mathrm{HF}} \sim 1{,}52\,B$. Für Ionen mit großer Masse und niedriger Geschwindigkeit bzw. kleiner kinetischer Energie kann die Geschwindigkeitsabhängigkeit der Masse vernachlässigt werden. Die

Radiofrequenz kann während des ganzen Beschleunigungsvorganges *konstant* gehalten werden, damit eine phasengerechte Beschleunigung erfolgt. (Z.B. gilt dies für Protonen mit einer kinetischen Energie $T \leq$ 40 MeV oder Elektronen mit $T \leq$ 50 keV.)

Bei höheren Energien kommen die geladenen Teilchen bei konstanter Radiofrequenz wegen der Zunahme der trägen Masse aus dem Beschleunigungstakt. Es gibt zwei Möglichkeiten, dies zu verhindern:

a) Die Radiofrequenz wird im gleichen Verhältnis erniedrigt wie die Masse anwächst. Das ist das *Synchrozyklotronprinzip*.
b) Das Magnetfeld wird im gleichen Verhältnis erhöht; das ist das *Synchrotronprinzip.*

In der Praxis werden sowohl Radiofrequenz wie Magnetfeld geändert, damit man die zu beschleunigenden Teilchen auf einer festen Kreisbahn halten und damit die Magneten kleiner dimensionieren kann. Außerdem werden Ionengruppen beschleunigt (*Impulsbetrieb* im Gegensatz zum Betrieb mit kontinuierlichem Strahl).

Der seit Jahren erfolgreiche Betrieb von Teilchenbeschleunigern wäre ohne die Annahme der Geschwindigkeitsabhängigkeit der trägen Masse *gar nicht* möglich. Bei der Konstruktion ist immer die relativistische Formel $m = m(0)\left[1-\frac{u^2}{c^2}\right]^{-\frac{1}{2}}$ benutzt. Eine wie gute quantitative Bestätigung dieser Formel das Funktionieren der großen Beschleuniger darstellt, ist nicht offensichtlich. Die Resonanzbedingung (4.100) ist nicht für alle Teilchen genau erfüllt. Die beschleunigende Hochfrequenz schwankt um ν_{HF} ($\nu_{HF} \pm \Delta\nu$), der Radius der Teilchenbahnen ist $r_0 \pm \Delta r_0$, das Magnetfeld ist absichtlich inhomogen zur Strahlfokussierung und -stabilisierung [FJ57]. Außerdem strahlen die beschleunigten Ladungen Energie ab (Synchrotronstrahlung), die nachgeliefert werden muß.

Messungen zur Geschwindigkeitsabhängigkeit der trägen Masse

Die in den Büchern geschilderten älteren Messungen [Kau06] der Geschwindigkeitsabhängigkeit der trägen Masse von Elektronen (natürliche β-Strahlung oder Kathodenstrahlen) waren nicht sehr genau (ca. 10%) [Kau06] und erlauben nicht, zwischen verschiedenen Theorien zu entscheiden. Diese Messungen wurden aber vor bzw. während des ersten Weltkrieges so verbessert, daß die spezielle Relativitätstheorie im Geschwindigkeitsbereich $0{,}3 \leq \frac{v}{c} \leq 0{,}85$ bis auf „einige Promille“ als richtig überprüft worden war [Neu14], [Sch16a].

Nachdem Sommerfeld zur Berechnung der Feinstruktur der Spektren im Rahmen der Bohrschen Quantentheorie die relativistischen Formeln für Energie und Impuls angewandt hatte, gelang es aus spektroskopischen Messungen (an Heliumlinien bzw. der L-Serie der Röntgenspektren), die spezielle Relativitätstheorie als richtige Beschreibung zu erkennen [Gli17], [Som24]. Daher ließ das Interesse an einer weiteren Überprüfung der Geschwindigkeitsabhängigkeit der trägen Masse nach. Es scheint keine neueren *direkten* Präzisionsmessungen dieses Effektes zu geben. [ZTF58] haben den Impuls und die Geschwindigkeit von 660 MeV-Protonen in einem externen Strahl des Synchrozyklotrons in Dubna gemessen. Die so erhaltene Masse $m_1 = p / v$ wurde mit dem Wert $m_2 = m_0\left[1-\frac{v^2}{c^2}\right]^{-\frac{1}{2}}$ verglichen. Beide Massenwerte sind in guter Übereinstimmung innerhalb der Fehlergrenzen des Versuches. Die relative Abweichung betrug

$$\frac{\Delta m}{m} = \frac{m_1 - m_2}{m} = 0{,}0041 \pm 0{,}0006\,.$$

Zur Messung der Geschwindigkeit wurde die Absorption der Protonen in Kupfer gemessen. Die so gewonnene Absorptionskurve (als Funktion der Energie) wurde mit ähnlichen Kurven verglichen, die in früheren Experimenten von Protonen derselben Energie gewonnen wurden und deren Geschwindigkeit über den Čerenkov-Effekt direkt bestimmt worden war.

Zur Messung des Impulses wurde ein stromdurchflossener Draht benutzt, der längs des Protonenstrahls gespannt war. Ein solcher gespannter Draht, durch den ein Strom I fließt, nimmt in einem Magnetfeld die Form der Bahn eines geladenen Teilchens des Impules $p = \frac{Q}{I}$ an. Diese Beziehung folgt aus der Kraftbilanz $Q \cdot r_0 = B \cdot I$ unter Verwendung von (4.98) mit $p = m(u) \cdot u$ (vergleiche [Tho07]). Hierin ist Q das Gewicht, welches den Draht am Ende spannt. Mit $[Q]$ = g und $[I]$ = Ampère wird der Impuls des Protons $[p] = \frac{\text{MeV}}{c}$ gegeben durch:

$$p = 2{,}943\frac{Q}{I}\,.$$

4.5.2 Energie-Masse-Äquivalenz

Wenn sich Atome zu Molekülen, Elektronen und positiv geladene Kerne oder Elektronen und Ionen zu Atomen, Nukleonen zu Kernen verbinden, so wird die sogenannte Bindungsenergie E_B frei. (Größenordnungen: Bei Molekülen einige eV, bei Kernen 2,2 MeV ($^2_1$D) bis 1780 MeV ($_{90}$U).) Dieser Bindungsenergie entspricht ein Massenäquivalent $\frac{E_B}{c^2}$: die Masse des gebundenen Systems ist kleiner als die Summe der Massen der Reaktionspartner. Bei chemischen Reaktionen ist dieser sogenannte Massendefekt im allgemeinen nicht meßbar.

In den folgenden Situationen ist der Energieumsatz direkt meßbar, schon technisch ausnutzbar bzw. besteht die Hoffnung, dies in absehbarer Zeit zu erreichen:

- Massendefekt bei Kernreaktionen; Schon 1937 war die Beziehung (4.16) mit einer Fehlergrenze von weniger als 1% überprüft [Bra37].
- Kernspaltung;
- Kernfusion. Ein Beispiel sind die in der Sonne ablaufenden Energieerzeugungsprozesse, bei denen vier Protonen zu einem Heliumkern gebunden werden. Der relative Massendefekt ist dabei $\Delta m_{\mathrm{He}} / m_{\mathrm{He}} \simeq 7{,}6 \cdot 10^{-3}$.

Dazu brauche ich nichts zu sagen, da die Experimentalphysikbücher die Einzelheiten weiter ausführen. Während bei Kernspaltung bzw. -fusion nur Bruchteile der beteiligten Ruhmasse in Energie um- bzw. freigesetzt werden, wird in der sogenannten *Paarzerstrahlung* die *gesamte* Ruhmasse in Strahlungsenergie umgewandelt. Zum Beispiel:

$$e^+ + e^- \to 2\gamma\,.$$

Solche Prozesse sind experimentell gut zugänglich. Die spezielle Relativitätstheorie ist aus der Kernphysik und Elementarteilchenphysik nicht wegzudenken. Selbst in der Atomphysik wird für die innersten gebundenen Elektronen die spezielle Relativitätstheorie zur Zustandsberechnung herangezogen (vergleiche Abschnitt 4.8).

4.5.3 Synchrotronstrahlung

Eine weitere Bestätigung der speziellen Relativitätstheorie ist die Erzeugung von Synchrotronstrahlung durch Elektronenbeschleuniger. Beschleunigte Elektronen strahlen elektromagnetische Energie ab; im Ruhsystem des Elektrons S geht sie isotrop in alle Richtungen. Im Ruhsystem eines Beobachters S', gegenüber dem sich das Elektron (momentan) mit der Geschwindigkeit v bewegt, ist die Strahlung vollständig um die Bewegungsrichtung konzentriert. Das ist eine Folge der *Aberration* (vergleiche Abschnitt 2.6.3). Hat das abgestrahlte Photon die Richtung der z-Achse und den 4-Impuls $k^\mu = (E/c, 0, 0, \kappa)$ mit $k^\mu k^\nu \eta_{\mu\nu} = 0$ und bewegt sich das Elektron in x-Richtung, so folgt aus (3.2) für den 4-Impuls im System S' des Beobachters

$$k^{\mu'} = L^{\mu}{}_{\nu} k^{\nu} = \left(\gamma\kappa, \gamma \frac{v}{c} \kappa, 0, \kappa \right).$$

Der Winkel δ' des abgestrahlten Photons in S' berechnet sich aus

$$\tan \delta' = \left| \frac{k_3}{k_1} \right| = \frac{1}{\gamma v / c}.$$

Wenn $v/c \simeq 1$, so folgt $\tan\delta' \simeq \delta' \simeq \gamma^{-1}$ mit $\gamma = (1 - v^2/c^2)^{-1/2}$. Bei den gegenwärtig Synchrotronstrahlung erzeugenden Anlagen entspricht v/c der Energie von einigen GeV. Beim ESRF (European Sychrotron Radiation Facility) in Grenoble z.B. 6 GeV, also $\gamma \simeq 1{,}2 \cdot 10^4$. Die Strahlungskeule in S' hat demnach die Form eines sich aufweitenden Fadens. Im ESRF beträgt die Öffnung des Strahlungskegels in 50 m Abstand von der Quelle ca. 4 mm.

4.6 Feldtheorie

Wir formulieren die Maxwell-Gleichungen so, daß sie erkennbar Lorentz-kovariant sind. Dann deuten wir an, wie Hydrodynamik und Thermodynamik dem Rahmen der speziellen Relativitätstheorie angepasst werden.

4.6.1 Maxwell-Gleichungen und Energie-Impulstensor des elektromagnetischen Feldes

a) Maxwell-Gleichungen

Die Elektrodynamik ist der Prototyp einer relativistischen Feldtheorie. Wir haben in Abschnitt 3.1 den Tensor der elektromagnetischen Feldstärke kennengelernt, der $\boldsymbol{E}$ und $\boldsymbol{B}$ zusammenbringt. Sind $\boldsymbol{E}$ und $\boldsymbol{B}$ raum- und zeitabhängig, so ist $F_{\mu\nu}$ ein Tensor*feld*. Die Maxwell-Gleichungen sind partielle Differentialgleichungen 1. Ordnung für die Ableitungen von $\boldsymbol{E}$ und $\boldsymbol{B}$. Wir betrachten jetzt folgencê> @%£druck in den 1. Ableitungen von $F_{\alpha\beta}$:

$$X_{\alpha\beta\gamma} := \frac{\partial F_{\alpha\beta}}{\partial x^{\gamma}} + \frac{\partial F_{\gamma\alpha}}{\partial x^{\beta}} + \frac{\partial F_{\beta\gamma}}{\partial x^{\alpha}}$$

und überschieben mit dem total antisymmetrischen Tensor

$$e^{\alpha\beta\gamma\delta} := \frac{1}{\sqrt{-\det \eta_{\kappa\gamma}}} \varepsilon^{\alpha\beta\gamma\delta}. \tag{4.101}$$

mit dem Permutationssymbol $\varepsilon^{\alpha\beta\gamma\delta}$ aus (3.50).

Aufgabe 4.4: Transformation des total antisymmetrischen Tensors

Zeige, daß sich $\varepsilon^{\alpha\beta\gamma\delta}$ wie ein Tensor vom Typ (4,0) transformiert. (Benutze die Weierstraßsche Entwicklung einer Determinante.)

Sehen wir uns die Größe an

$$\begin{aligned} X^\delta &:= e^{\delta\alpha\beta\gamma} X_{\alpha\beta\gamma} \\ &= e^{\delta\alpha\beta\gamma}\left(\frac{\partial F_{\alpha\beta}}{\partial x^\gamma}+\frac{\partial F_{\gamma\alpha}}{\partial x^\beta}+\frac{\partial F_{\beta\gamma}}{\partial x^\alpha}\right) \\ &= e^{\delta\alpha\beta\gamma}\frac{\partial F_{\alpha\beta}}{\partial x^\gamma}+e^{\delta\beta\gamma\alpha}\frac{\partial F_{\alpha\beta}}{\partial x^\gamma}+e^{\delta\gamma\alpha\beta}\frac{\partial F_{\alpha\beta}}{\partial x^\gamma} \\ &= 3e^{\delta\alpha\beta\gamma}\frac{\partial F_{\alpha\beta}}{\partial x^\gamma} = 6\frac{\partial \overset{*}{F}{}^{\delta\gamma}}{\partial x^\gamma}\,. \end{aligned}$$

Hier haben wir den sogenannten *dualen* Feldstärketensor

$$\overset{*}{F}{}^{\alpha\beta} := \frac{1}{2} e^{\alpha\beta\kappa\lambda} F_{\kappa\lambda} \tag{4.102}$$

eingeführt. Damit ist

$$\begin{aligned} &\overset{*}{F}{}^{01}= F_{23}\,, \quad \overset{*}{F}{}^{02}= -F_{13}\,, \quad \overset{*}{F}{}^{03}= F_{12} \\ &\overset{*}{F}{}^{12}= F_{03}\,, \quad \overset{*}{F}{}^{13}= -F_{02}\,, \quad \overset{*}{F}{}^{23}= F_{01} \end{aligned}\,.$$

In $\overset{*}{F}{}^{\alpha\beta}$ sind die Komponenten von $\boldsymbol{E}$ und $\boldsymbol{B}$ anders plaziert als in $F_{\alpha\beta}$. Damit wird

$$\begin{aligned} X^0 &= 6\left(\frac{\partial \overset{*}{F}{}^{01}}{\partial x^1}+\frac{\partial \overset{*}{F}{}^{02}}{\partial x^2}+\frac{\partial \overset{*}{F}{}^{03}}{\partial x^3}\right) \\ &= 6\left(\frac{\partial F_{23}}{\partial x^1}-\frac{\partial F_{13}}{\partial x^2}+\frac{\partial F_{12}}{\partial x^3}\right) \\ &= -6\left(\frac{\partial B_1}{\partial x^1}+\frac{\partial B_2}{\partial x^2}+\frac{\partial B_3}{\partial x^3}\right) = -6\,\mathrm{div}\,\boldsymbol{B}\,. \end{aligned}$$

Man rechnet ebenso nach, daß gilt

$$X^1 = 6\left(\frac{1}{c}\frac{\partial B_1}{\partial t}+(\mathrm{rot}\,\boldsymbol{E})_1\right)$$

etc. Den Raumkomponenten von X^μ entspricht demnach $6\left(\frac{1}{c}\dot{\boldsymbol{B}}+\mathrm{rot}\,\boldsymbol{E}\right)$. Ein Satz der Maxwell-Gleichungen läßt sich also durch $X^\mu = 0$ ausdrücken bzw. durch

$$\boxed{\frac{\partial \overset{*}{F}{}^{\alpha\beta}}{\partial x^\beta} = 0} \,. \tag{4.103}$$

Eine einfache Rechnung (Übungsaufgabe!) zeigt, daß sich die restlichen Maxwell-Gleichungen darstellen lassen als:

$$\boxed{\frac{\partial F^{\alpha\beta}}{\partial x^\beta} = -\frac{4\pi}{c} j^\alpha} \,. \tag{4.104}$$

Anmerkung: Die Ableitung von (4.103) ist fast trivial, wenn man in der *Algebra der Differentialformen* rechnet. Dazu führen wir das sogenannte *äußere Produkt* von 2 Linearformen („wedge"-Produkt) durch folgende definierende Eigenschaft ein (ω, μ, ν Linearformen):

$$\begin{aligned}
&i) & \omega \wedge \mu &= -\mu \wedge \omega \\
&ii) & \omega \wedge (\mu_1 + \mu_2) &= \omega \wedge \mu_1 + \omega \wedge \mu_2 \\
&iii) & \omega \wedge (\mu \wedge \nu) &= (\omega \wedge \mu) \wedge \nu \,.
\end{aligned}$$

Durch dieses äußere Produkt ensteht eine sogenannte 2-Form und, wenn wir weiter multiplizieren, eine sogenannte p-Form.

Weiter definiert man die sogenannte äußere *Ableitung* der Linearform ω durch die Forderung[9]:

$$\begin{aligned}
&i) & \mathrm{d}(\omega + \mu) &= \mathrm{d}\omega + \mathrm{d}\mu \\
&ii) & \mathrm{d}(\omega \wedge \mu) &= \mathrm{d}\omega \wedge \mu - \omega \wedge \mathrm{d}\mu \\
&iii) & \mathrm{d}\,d\omega &= 0
\end{aligned}$$

iv) Für eine Funktion f gilt $\mathrm{d}f = \dfrac{\partial f}{\partial x^\alpha}\mathrm{d}x^\alpha$.

Gehen wir jetzt vom 4-Potential aus, d.h. der Linearform $A = A_\mu \mathrm{d}x^\mu$. Die äußere Ableitung nach der obigen Regel führt auf

$$\begin{aligned}
\mathrm{d}A &= \frac{\partial A_\mu}{\partial x^\nu}\mathrm{d}x^\nu \wedge \mathrm{d}x^\mu + A_\mu \wedge \underbrace{\mathrm{d}\,\mathrm{d}x^\mu}_{=0}, \\
&= \frac{1}{2}\left(\frac{\partial A_\mu}{\partial x^\nu} - \frac{\partial A_\nu}{\partial x^\mu}\right)\mathrm{d}x^\nu \wedge \mathrm{d}x^\mu = \frac{1}{2}F_{\nu\mu}\mathrm{d}x^\nu \wedge \mathrm{d}x^\mu
\end{aligned}$$

nach (3.21) und der Antisymmetrie des äußeren Produktes. Bilden wir nun noch einmal die äußere Ableitung, so folgt

[9] Ist ω eine p-Form, so ist ii) zu ersetzen durch: $\mathrm{d}(\omega \wedge \mu) = \mathrm{d}\omega \wedge \mu + (-1)^p \omega \wedge \mathrm{d}\mu$

$$\partial F = \mathrm{dd}A = 0 = \frac{1}{2}\left[\frac{\partial F_{\nu\mu}}{\partial x^\gamma}\mathrm{d}x^\nu \wedge \mathrm{d}x^\nu \wedge \mathrm{d}x^\mu + F_{\nu\mu} \wedge \underbrace{\mathrm{dd}x^\nu}_{=0} \wedge \mathrm{d}x^\mu - F_{\nu\mu}\mathrm{d}x^\nu \wedge \underbrace{\mathrm{dd}x^\mu}_{=0}\right],$$

also

$$\frac{\partial F_{\nu\mu}}{\mathrm{d}x^\gamma}\mathrm{d}x^\gamma \wedge \mathrm{d}x^\nu \wedge \mathrm{d}x^\mu = 0\,.$$

Wegen der totalen Antisymmetrie des äußeren Produktes folgt demnach:

$$\frac{\partial F_{\nu\mu}}{\partial x^\gamma} + \frac{\partial F_{\gamma\nu}}{\partial x^\mu} + \frac{\partial F_{\mu\gamma}}{\partial x^\nu} = 0 = X_{\nu\mu\gamma}\,.$$

b) Energie-Impuls-Tensor und Erhaltungsätze

Wir überschieben nun die Hälfte der Maxwell-Gleichungen (4.104) mit $F_{\alpha\gamma}$ und erhalten

$$-\frac{4\pi}{c}j^\alpha F_{\alpha\gamma} = \frac{\partial F^{\alpha\beta}}{\partial x^\beta}F_{\alpha\gamma} = \frac{\partial}{\partial x^\beta}(F^{\alpha\beta}F_{\alpha\gamma}) - F^{\alpha\beta}\frac{\partial F_{\alpha\gamma}}{\partial x^\beta}$$

Den zweiten Term auf der rechten Seite formen wir mit der anderen Hälfte der Maxwell-Gleichungen (4.103) um:

$$F^{\alpha\beta}\left(\frac{\partial F_{\alpha\gamma}}{\partial x^\beta} + \frac{\partial F_{\beta\alpha}}{\partial x^\gamma} + \frac{\partial F_{\gamma\beta}}{\partial x^\alpha}\right) = 0$$

oder

$$F^{\alpha\beta}\frac{\partial F_{\alpha\beta}}{\partial x^\gamma} = F^{\alpha\beta}\frac{\partial F_{\alpha\gamma}}{\partial x^\beta} + F^{\alpha\beta}\frac{\partial F_{\gamma\beta}}{\partial x^\alpha} = 2\cdot F^{\alpha\beta}\frac{\partial F_{\alpha\gamma}}{\partial x^\beta}\,.$$

Also folgt

$$\begin{aligned}-\frac{4\pi}{c}j^\alpha F_{\alpha\gamma} &= \frac{\partial}{\partial x^\beta}(F^{\alpha\beta}F_{\alpha\gamma}) - \frac{1}{2}F^{\alpha\beta}\frac{\partial F_{\alpha\beta}}{\partial x^\gamma}\\ &= \frac{\partial}{\partial x^\beta}(F^{\alpha\beta}F_{\alpha\gamma}) - \frac{1}{4}\frac{\partial}{\partial x^\gamma}(F^{\alpha\beta}F_{\alpha\beta})\,.\end{aligned}$$

Ziehen wir die Ableitung auf der rechten Seite heraus, so ergibt sich:

$$-\frac{4\pi}{c}j^\alpha F_{\alpha\gamma} = \frac{\partial}{\partial x^\beta}\left[(F^{\alpha\beta}F_{\alpha\gamma}) - \frac{1}{4}\delta^\beta_\gamma F^{\kappa\lambda}F_{\kappa\lambda}\right].$$

Nun definieren wir den Tensor T^β_γ durch

$$\boxed{T_\gamma^\beta := \frac{c}{4\pi}\left[(F^{\alpha\beta}F_{\gamma\alpha}) + \frac{1}{4}\delta_\gamma^\beta F^{\kappa\lambda}F_{\kappa\lambda}\right]}\,. \tag{4.105}$$

Dann folgt die Beziehung

$$\boxed{\frac{\partial T_\gamma^\beta}{\partial x^\beta} = j^\alpha F_{\alpha\gamma}}\,. \tag{4.106}$$

Die Zerlegung in Raum- und Zeitkomponenten zeigt, daß (4.106) gerade die *Energie- und Impulserhaltungssätze für das elektromagnetische Feld* darstellt. Es gilt ja

$$\begin{aligned}
T_0^0 &= \frac{c}{4\pi}\left[F_{0\alpha}F^{\alpha 0} + \frac{1}{4}F_{\kappa\lambda}F^{\kappa\lambda}\right] \\
&= \frac{c}{8\pi}(\boldsymbol{E}^2 + \boldsymbol{B}^2) = \omega_{\text{elmagn.}} \\
T_0^k &= \frac{c}{4\pi}[F_{0\alpha}F^{\alpha k} + 0] \\
&= \frac{c}{4\pi}(\boldsymbol{E}\times\boldsymbol{B})_k =: S^k \\
T_i^j &= \frac{c}{4\pi}\left[F_{i\alpha}F^{\alpha j} + \frac{1}{4}\delta_i^j F_{\kappa\lambda}F^{\kappa\lambda}\right] \\
&= \frac{c}{4\pi}\left[E_iE_j + B_iB_j - \frac{1}{2}\delta_i^j(\boldsymbol{E}^2 + \boldsymbol{B}^2)\right].
\end{aligned}$$

$$(i, j, k = 1, 2, 3)$$

Sukzessive treten hier die *Energiedichte*, die *Energiestromdichte* ($\sim$ Impulsdichte) und die *Spannungsdichte* des elektromagnetischen Feldes auf. Daher heißt T_α^β der *Energie- Impuls- (Spannungs-) Tensor des elektromagnetischen Feldes*. Die Ableitung zeigt, daß die Erhaltungssätze für Energie- und Impulsdichte für das System „elektromagnetisches Feld plus Feldquellen" eine Folge der Maxwell-Gleichungen sind. Zur *integralen* Formulierung des Energie-Impuls-Erhaltungssatzes $T^{\alpha\beta}{}_{,\beta} = 0$ für den quellfreien Raum werden wir in Abschnitt 7.6 kommen.

Andererseits folgt (Lorentzkraft!)

$$j^\alpha F_{\alpha\gamma} = (-\boldsymbol{j}\cdot\boldsymbol{E}, \rho c\boldsymbol{E} + \boldsymbol{j}\times\boldsymbol{B})\,.$$

Damit ergibt sich aus der Zeitkomponente von (4.106), d.h. für $\gamma = 0$

$$\boxed{\frac{1}{2}\frac{\partial\omega_{\text{elmagn.}}}{\partial t} + \nabla\cdot\boldsymbol{S} = -\boldsymbol{j}\cdot\boldsymbol{E}} \tag{4.107}$$

und aus den Raumkomponenten ($\gamma = 1, 2, 3$)

$$\boxed{-\frac{1}{c}\dot{\boldsymbol{S}} + \nabla \cdot \boldsymbol{T} = c\left(\rho \boldsymbol{E} + \frac{\boldsymbol{j}}{c} \times \boldsymbol{B}\right)}\,. \tag{4.108}$$

Auch der *Ladungserhaltungssatz* in der Form der Kontinuitätsgleichung folgt unmittelbar aus (4.104). Wir bilden

$$\frac{\partial^2 F^{\alpha\beta}}{\partial x^\alpha \partial x^\beta} = 0 = -\frac{4\pi}{c}\frac{\partial j^\alpha}{\partial x^\alpha} \tag{4.109}$$

unter Ausnutzung der Vertauschbarkeit der partiellen Ableitungen.

Schließlich kann man die *Drehimpulsbilanz des elektromagnetischen Feldes* aus (4.106) in der Form

$$\frac{\partial M^{\alpha\beta\gamma}}{\partial x^\gamma} = -x^{[\alpha} F^{\beta]\sigma} j_\sigma \tag{4.110}$$

erhalten. Dabei ist der Feldbahndrehimpuls definiert durch

$$M^{\alpha\beta\gamma} := -x^{[\alpha} F^{\beta]\gamma}.$$

Aufgabe 4.5: Feldbahndrehimpuls

Zeige, daß (4.110) gilt. (Benutze die Symmetrie von $T^{\alpha\beta}$.)

4.6.2 Hydrodynamik, Thermodynamik

Man kann nun alle Gebiete der Physik so umformulieren, daß ihre Grundgleichungen *Lorentz-kovariant* werden. In der Hydrodynamik bedeutet dies, daß z.B. die Gleichungen für die Schallausbreitung so sein müssen, daß sich eine Schallwelle nur mit Unterlichtgeschwindigkeit fortpflanzt. In der Thermodynamik darf der Wärmetransport auch nur mit Unterlichtgeschwindigkeit stattfinden: die übliche Wärmeleitungsgleichung, die das nicht garantiert, muß abgeändert werden. Speziell-relativistische Hydrodynamik und Thermodynamik sind von physikalischem Interesse allerdings nur in den Fällen, in denen Phänomene mit Geschwindigkeiten auftreten, die nicht mehr klein gegen die Lichtgeschwindigkeit sind. Anwendungen sind also zur Zeit kaum im irdischen Labor möglich, sondern nur in der Astrophysik. Dort begegnet man Materie in sehr heißem oder sehr dichtem Zustand (Plasmen, Neutronensterne).

Wegen des knappen hier zur Verfügung stehenden Raumes will ich nur einige wenige Punkte ansprechen.

1. Ideale Flüssigkeit

Zuerst sehen wir uns den Energie-Impuls-Tensor einer *idealen Flüssigkeit* an (inkompressibel). Im hydrostatischen Gleichgewicht gibt es keinen Energie- und Impulsstrom; die Spannungen in der Flüssigkeit sind *isotrop*. Der Druck p der Flüssigkeit ist der dreifache Eigenwert des Spannungstensors. Der Energie-Impuls-Tensor der idealen Flüssigkeit hat also *im Ruhsystem der Materie* (hydrostatisches Gleichgewicht) die Gestalt:

$$\left(\begin{array}{c|ccc} \mu & & \underline{0} & \\ \hline & p & 0 & 0 \\ \underline{0} & 0 & p & 0 \\ & 0 & 0 & p \end{array}\right) \stackrel{*}{=} T^{\alpha\beta} . \tag{4.111}$$

Hierin ist μ die Energiedichte der Flüssigkeit. Sie setzt sich zusammen aus der Ruhenergie ρc^2 (mit der Ruhmassendichte ρ) und der Energie ε der inneren Freiheitsgrade (Schwingungs- und Rotationsfreiheitsgrade der Moleküle, Bindungsenergie etc.)

$$\mu = \rho c^2 + \varepsilon . \tag{4.112}$$

Ist die 4-Geschwindigkeit eines Flüssigkeitsteilchens u^α, die jetzt als ein Geschwindigkeits*feld* aufgefaßt werden muß, so läßt sich der Energie-Impuls-Tensor im beliebigen Inertialsystem schreiben als:

$$\boxed{T^{\alpha\beta} = \frac{1}{c^2}(\mu + p)u^\alpha u^\beta - p\eta^{\alpha\beta}} . \tag{4.113}$$

Aus (4.113) folgt mit $u^\alpha \stackrel{*}{=} (c, \boldsymbol{0})$ im momentanen Ruhsystem der Materie

$$\begin{aligned} T^{00} &\stackrel{*}{=} (\mu + p) - p = \mu \\ T^{0k} &\stackrel{*}{=} 0 \\ T^{ik} &\stackrel{\wedge}{=} p\delta^{ik} , \end{aligned}$$

also gerade (4.111). Zur vollständigen Beschreibung der Flüssigkeit braucht man noch eine *Zustandsgleichung* $p = p(\rho)$ bzw. $p = p(\mu)$.

Eine *nichtideale* Flüssigkeit (bzw. ein Festkörper) wird durch den folgenden allgemeinen Ausdruck für den Energie-Impulstensor beschrieben:

$$T^\alpha = \mu u^\alpha u^\beta + u^\alpha q^\beta + u^\beta q^\alpha - p p^{\alpha\beta} + \pi^{\alpha\beta}$$

mit

$$q^\alpha u_\alpha = 0 , \quad \pi^{\alpha\beta} u_\beta = 0 , \quad \pi^{\alpha\beta}\eta_{\alpha\beta} = 0$$

und

$$p^{\alpha\beta} := \eta^{\alpha\beta} - \frac{1}{c^2} u^\alpha u^\beta .$$

Die Definitionen von μ, p, q^α, $\pi^{\alpha\beta}$ sind

$$\mu := T^{\alpha\beta} u_\alpha u_\beta ,$$

$$p := \frac{1}{3}[\mu - T^{\alpha\beta}\eta_{\alpha\beta}] ,$$

$$q^\alpha := p^\alpha_\beta T^{\beta\gamma} u_\gamma ,$$

$$\pi^{\alpha\beta} := \left(p^\alpha_\kappa p^\beta_\lambda - \frac{1}{3} p^{\alpha\beta} p_{\kappa\lambda} \right) T^{\kappa\lambda} .$$

Sie bedeuten sukzessive die Energiedichte, den isotropen kinetischen Druck, die Energieflußdichte (Wärmestrom) relativ zur 4-Geschwindigkeit der Materie und den spurfreien, anisotropen Anteil des Spannungstensors. Alle Größen werden im Ruhsystem der Materie gemessen; die Definitionen zeigen aber, daß sie Observable in jedem Bezugssystem sind. Der kinetische Druck p muß *nicht* gleich dem thermodynamischen Druck p_T sein; dieser Fall tritt beim Vorliegen von Volumzähigkeit ein.

Der Energie-Impuls-Erhaltungssatz in differentieller Form

$$T^{\alpha\beta}{}_{,\beta} = 0$$

kann in Anteile $u_\alpha T^{\alpha\beta}{}_{,\beta} = 0$ und die Projektion in den lokalen Ruhraum $p^\gamma_\alpha T^{\alpha\beta}{}_{,\beta} = 0$ zerlegt werden. Es folgen die Gleichungen

$$\dot\mu + (\mu + p) u^\beta{}_{,\beta} + q^\beta{}_{,\beta} - \frac{1}{c^2} \dot u_\alpha q^\alpha - u_{(\alpha,\beta)} \pi^{\alpha\beta} = 0 , \tag{4.114}$$

$$(\mu + p)\dot u^\alpha + u^\alpha{}_{,\beta} q^\beta + q^\alpha u^\beta{}_{,\beta} + p^{\alpha\beta}(-p_{,\beta} + \dot q_\beta + \pi^\sigma_{\beta,\sigma}) = 0 \tag{4.115}$$

mit $\dot\mu = \mu_{,\sigma} u^\sigma$. Für die ideale Flüssigkeit mit $q^\alpha = \pi^{\alpha\beta} = 0$ reduzieren sich diese Gleichungen auf

$$\dot\mu + (\mu + p) u^\beta{}_{,\beta} = 0 ,$$

$$(\mu + p)\dot u^\alpha - p^{\alpha\beta}{}_{,\beta} = 0 .$$

Die erste Gleichung ist die relativistische Kontinuitätsgleichung; die zweite die relativistische Verallgemeinerung der Grundgleichung der Newtonschen Hydrodynamik. In nullter Näherung in v / c gehen sie in

$$\frac{\partial \rho}{\partial t} + \boldsymbol{v} \cdot \nabla \rho = 0 ,$$

$$\rho \ddot{\boldsymbol{x}} + \nabla p = 0$$

über. Die *Ruhmassenerhaltung* wird durch

$$(\rho u^{\alpha})_{,\alpha} = 0$$

ausgedrückt, oder

$$\dot{\rho} + \rho u^{\alpha}{}_{,\alpha} = 0\,. \tag{4.116}$$

2. Relativistische Thermodynamik
Zuerst sehen wir uns die Temperatur T an. In der inneren Energie ε von (4.112) kann die Temperatur als Variable auftreten. Wie sollen wir die Temperatur transformieren, wenn wir von einem Inertialsystem zu einem anderen gehen? Nun, Temperaturmessung heißt, Wärmekontakt mit einem System herstellen. Das ist direkt nur im Ruhsystem der Materie möglich. Das heißt, Temperatur ist als „Ruh"-Temperatur aufzufassen. Wir wollen diesen Sachverhalt in der Theorie dadurch berücksichtigen, daß wir die Temperatur wie einen *Skalar* transformieren. Für ein Temperaturfeld gilt demnach:

$$T'(t', \boldsymbol{x}') = T(t, \boldsymbol{x}) \tag{4.117}$$

Den Boltzmannfaktor $\mathrm{e}^{-\frac{E}{kT}}$ würden wir lorentz-kovariant formulieren als

$$\mathrm{e}^{-p\vartheta^{\mu}}$$

mit dem 4-Impuls p^{μ} und dem Tangentenvektor

$$\vartheta^{\mu} := \frac{1}{kT} u^{\mu}\,. \tag{4.118}$$

Im momentanen Ruhsystem folgt dann gerade

$$p_{\mu} u^{\mu} \stackrel{*}{=} E\,.$$

Um die Hauptsätze der phänomenologischen Thermodynamik zu formulieren, führen wir die innere Energie $\varepsilon = \varepsilon(p_T, \upsilon)$ und die spezifische Entropie $s = s(p_T, \upsilon)$ ein. Hierbei sind p_T der thermodynamische Druck und $\upsilon = \dfrac{1}{\rho}$ das spezifische Volumen; ρ ist die Massendichte. Dann lautet der 1. Hauptsatz

$$\mathrm{d}\left(\frac{\varepsilon}{\rho}\right) = T\mathrm{d}s - p_T \mathrm{d}\upsilon\,. \tag{4.119}$$

Den 2. Hauptsatz formulieren wir mit Hilfe der Entropiestromdichte

$$S^{\alpha} := \rho s u^{\alpha} + T^{-1} q^{\alpha} \tag{4.120}$$

in der Form

$$S^{\alpha}{}_{,\alpha} \geq 0\,. \tag{4.121}$$

Mit (4.114) und (4.116) geht (4.119) über in

$$\rho T\dot{s} = -(p - p_T)u^{\beta}{}_{,\beta} - q^{\beta}{}_{,\beta} + \frac{1}{c^2}\dot{u}_{\alpha}q^{\alpha} + u_{(\alpha,\beta)}\pi^{\alpha\beta}\,.$$

Berechnet man mit diesem Ausdruck für $\dot{s}$ die Größe $T\,S^{\alpha}{}_{,\alpha}$, so folgt wegen (4.121), daß

$$\pi^{\alpha\beta}u_{(\alpha,\beta)} - T^{-1}q^{\alpha}\left(T_{,\alpha} - \frac{1}{c^2}\dot{u}_{\alpha}T\right) - (p - p_T)u^{\beta}{}_{,\beta} \geq 0$$

gelten muß. Wir zeigen nun, daß diese Beziehung durch die Ansätze für die Materialgleichungen:

$$\begin{cases} \pi^{\alpha\beta} &= \lambda\sigma^{\alpha\beta} \\ q^{\alpha} &= \eta p^{\alpha\beta}\left(T_{,\beta} - \frac{1}{c^2}T\dot{u}_{\beta}\right), \\ p &= p_T - \xi u^{\beta}_{,\beta}\,, \end{cases} \tag{4.122}$$

befriedigt werden mit $\lambda \geq 0$, $\eta \geq 0$, $\xi \geq 0$ (eventuell temperaturabhängige Materialkonstante). Dabei ist

$$\sigma_{\alpha\beta} := u_{(\alpha,\beta)} - \frac{1}{c^2}u_{(\alpha}\dot{u}_{\beta)} - \frac{1}{3}u^{\sigma}{}_{,\sigma}p_{\alpha\beta}$$

der relativistische *Scherungstensor*, der ebenfalls spurfrei ist und nur Anteile im (momentanen) Ruhraum der durch u^a charakterisierten Strömung besitzt ($\sigma_{\alpha\beta}u^{\beta} = 0$). In Ruhraum gilt $u^{\alpha} \stackrel{*}{=} \delta^{\alpha}_{o}$, so daß $\sigma_{00} \stackrel{*}{=} \sigma_{0k} \stackrel{*}{=} 0$ und

$$\sigma_{ik} \stackrel{*}{=} \frac{1}{2}(u_{i,k} + u_{k,i}) + \frac{1}{3}\left(\frac{1}{c}\frac{\partial u^0}{\partial t} + u^k{}_{,k}\right)\delta_{ik}$$

bzw. mit zeitunabhängigen Geschwindigkeitsfeldern[10]

$$\sigma_{ik} \stackrel{*}{=} \frac{1}{2}(u_{i,k} + u_{k,i}) + \frac{1}{3}u^k{}_{,k}\delta_{ik}\,.$$

Wegen $\sigma^{\alpha\beta}\sigma_{\alpha\beta} \geq 0$, $q^{\alpha}q_{\alpha} \leq 0$ ist also offensichtlich

$$\lambda\sigma^{\alpha\beta}\sigma_{\alpha\beta} - \frac{\eta}{T}q^{\alpha}q_{\alpha} + \zeta(u^{\beta}{}_{,\beta})^2 \geq 0\,.$$

---

[10] Bei der Spurbildung an σ_{ik} muß berücksichtigt werden, daß $u^i{}_{,k} = -u_{i,k}$ gilt (Signatur der Minkowski-Metrik $\eta_{\alpha\beta}$!).

Der Ansatz (4.122) ist hinreichend und beschreibt das *lineare* Regime; λ bedeutet die sogenannte *Scherzähigkeit*, ζ die *Volumzähigkeit* und η ist die *Wärmeleitfähigkeit*. Im momentanen Ruhsystem geht (4.122_2) über in den Ausdruck für den Wärmestrom

$$\boldsymbol{q} \stackrel{*}{=} -\eta \nabla T .$$

4.7 Spinoren und relativistische Feldgleichungen

In Abschnitt 3.4.1 zeigte es sich, daß Tensoren deswegen eine so wichtige Rolle spielen, weil sie eine Darstellung der Lorentzgruppe bilden. Den *Observablen* haben wir daher jeweils Größen zugeordnet, die sich unter der Lorentzgruppe wie Tensoren bzw. relative Tensoren transformieren. (Beispiel p^α, $F^{\alpha\beta}$, j^α). Es gibt aber noch weitere Größen, welche die Lorentzgruppe darstellen und in einem gewissen Sinne fundamentaler sind als Tensoren, die sogenannten Spinoren. Diese wollen wir jetzt betrachten.

4.7.1 Spinoren

Unimodulare Gruppe der 2 × 2-Matrizen und $\mathscr{L}_+^\uparrow$

Wir betrachten die Gruppe der unimodularen, komplexen 2 × 2-Matrizen mit vollem Rang $C_2 = SL(2, \mathbb{C})$. Sei A eine solche Matrix mit 4 komplexen, d.h. 8 reellen Elementen. Unimodular heißt eine Matrix mit

$$\det A = 1 . \tag{4.123}$$

Das sind *zwei* Gleichungen für die Elemente von A, so daß noch 6 unabhängige Elemente übrigbleiben. Die homogene Lorentzgruppe hat auch 6 unabhängige Parameter (3 Drehungen, 3 spezielle Lorentztransformationen). Man kann nun zeigen, daß die Gruppen $SL(2, \mathbb{C})$ und $\mathscr{L}_+^\uparrow$ (eigentliche, orthochrone Lorentzgruppe) *homomorph* sind. Der Homomorphismus ist 2–1; den Matrizen $+A$ und $-A$ entspricht *dieselbe* Lorentztransformation $\Lambda(A)$. Als erstes wollen wir die Zuordnung $A \to \Lambda(A)$ finden. Dazu betrachten wir eine *hermitesche* 2 × 2 Matrix X; es gilt also $X^+_{AB} := \overline{X}_{BA} = X_{AB}$, wenn mit dem Querstrich das *konjugiert-komplexe* bezeichnet wird[11]. Jede solche Matrix läßt sich darstellen als

---

[11] Und mit + das hermitesch-konjugierte Element. *Unitär* ist eine Matrix, wenn gilt $X^+ = X^{-1}$.

$$X = \begin{pmatrix} x^0 + x^3 & x^1 - \mathrm{i}x^2 \\ x^1 + \mathrm{i}x^2 & x^0 - x^3 \end{pmatrix}$$

$$= x^0 \begin{pmatrix} 1 & 0 \\ 0 & 1 \end{pmatrix} + x^1 \begin{pmatrix} 0 & 1 \\ 1 & 0 \end{pmatrix} + x^2 \begin{pmatrix} 1 & -\mathrm{i} \\ \mathrm{i} & 0 \end{pmatrix} + x^3 \begin{pmatrix} 1 & 0 \\ 0 & -1 \end{pmatrix} \tag{4.124}$$

(x^0, x^1, x^2, x^3 reell). Hier tauchen die hermiteschen *Pauli-Matrizen* σ_i ($i = 1, 2, 3$) auf

$$\sigma_1 = \begin{pmatrix} 0 & 1 \\ 1 & 0 \end{pmatrix}, \quad \sigma_2 = \begin{pmatrix} 0 & -\mathrm{i} \\ \mathrm{i} & 0 \end{pmatrix}, \quad \sigma_3 = \begin{pmatrix} 1 & 0 \\ 0 & -1 \end{pmatrix}, \tag{4.125}$$

so daß (4.124) lautet

$$X = x^0 I + \sum_j \sigma_j x^j = \sigma_\mu x^\mu, \tag{4.126}$$

wenn $\sigma_0 = I = \begin{pmatrix} 1 & 0 \\ 0 & 1 \end{pmatrix}$ die 2 × 2-Einheitsmatrix bezeichnet.

Sei nun A unimodular, dann ist $X' = AXA^+$ wieder hermitesch wegen

$$X'^+ = (A^+)^+ X^+ A^+ = AXA^+ = X' .$$

Andererseits ist

$$\det X' = \det A \cdot \det A^+ \cdot \det X = \det X \tag{4.127}$$

oder

$$(x^{0'})^2 - (x^{1'})^2 - (x^{2'})^2 - (x^{3'})^2 = (x^0)^2 - (x^1)^2 - (x^2)^2 - (x^3)^2 , \tag{4.128}$$

das heißt aber wenn wir die x^μ als Ereigniskoordinaten im Minkowskiraum auffassen, so erzeugt die Matrixtransformation $X' = AXA^+$ eine homogene Lorentztransformation $\Lambda^\mu{}_\nu$ der Koeffizienten x^μ:

$$x^{\mu'} = \Lambda^\mu{}_\nu x^\nu .$$

Wegen (4.126) ergibt sich

$$X' = \sigma_\mu x^{\mu'} = \sigma_\mu \Lambda^\mu{}_\nu x^\nu = AXA^+ = Ax^\nu \sigma_\nu A^+ ,$$

oder

$$(\sigma_\mu \Lambda^\mu{}_\nu - A\sigma_\nu A^+) = x^\nu 0 ,$$

also

$$\sigma_\mu \Lambda^\mu{}_\nu - A\sigma_\nu A^+ = 0 .$$

Multipliziert man hier von links mit σ_κ und berücksichtigt die Beziehung:

$$\mathrm{Spur}(\sigma_\alpha\sigma_\beta) = 2\delta_{\alpha\beta}, \quad \alpha, \beta = 0,1,2,3 \tag{4.129}$$

so folgt schließlich (mit $\mathrm{Spur}(cA) = c\,\mathrm{Spur}\,A$)

$$\boxed{\Lambda(A)_{\kappa\nu} = \frac{1}{2}\,\mathrm{Spur}(\sigma_\kappa A\sigma_\nu A^+)} \quad . \tag{4.130}$$

Man sieht nun, daß $+A$ und $-A$ dieselbe Lorentztransformation zugeordnet ist. Etwas vornehmer ausgedrückt heißt dies, daß ein Isomorphismus $\mathcal{L}_+^\uparrow \cong \dfrac{SL(2,\mathbb{C})}{Z_2}$ besteht, mit der Faktorgruppe $Z_2 = \{-\mathbf{I}, +\mathbf{I}\}$ als Zentrum von $SL(2,\mathbb{C})$[12]. Als nächstes muß man zeigen, daß $\Lambda \in \mathcal{L}_+^\uparrow$, d.h.: $\det\Lambda = +1$, $\Lambda^0{}_0 \geq +1$. Es gilt

$$\begin{aligned}\Lambda^0{}_0 &= \frac{1}{2}\,\mathrm{Spur}(\sigma_0 A\sigma_0 A^+) = \frac{1}{2}\,\mathrm{Spur}(IAIA^+)\\ &= \frac{1}{2}\,\mathrm{Spur}(AA^+) \geq 0\,.\end{aligned}$$

Damit ist der Fall $\mathcal{L}_+^\downarrow$ mit $\Lambda^0{}_0 \leq -1$ schon ausgeschlossen. Weiter ist für $A = I$:

$$\begin{aligned}\det\Lambda_{\kappa\nu}(I) &= \det\left\{\frac{1}{2}\,\mathrm{Spur}(\sigma_\kappa I\sigma_\lambda I)\right\} = \det\left\{\frac{1}{2}\,\mathrm{Spur}(\sigma_\kappa\sigma_\lambda)\right\}\\ &= \det\left(\frac{1}{2}\cdot 2\delta_{\kappa\lambda}\right) = +1\,.\end{aligned}$$

Da sich die Elemente von $SL(2,\mathbb{C})$ stetig aus der Einheit I erzeugen lassen ($\det A = +1$ für alle $A \in SL(2,\mathbb{C})$), muß dieses Resultat auch für eine *beliebige* unimodulare Matrix gelten.

Aufgabe 4.6:

Man kehre (4.130) um durch Auflösen nach A (vgl. [Bar64], S. 42).

Spinoren und Bispinoren

Wir betrachten nun einen 2-dimensionalen, komplexen Vektorraum mit Elementen ξ^A $(A = 1,2)$. Seien $A^B{}_C$ die Matrixelemente einer unimodularen 2×2-

[12] Das Zentrum ist die Untergruppe der Elemente, die mit *allen* Gruppenelementen vertauschen.

Matrix. Wir nennen Größen, die sich bei einer Lorentztransformation Λ transformieren wie[13, 14]

$$\xi^{A'} = \pm A^A{}_C \xi^C \tag{4.131}$$

Spinoren (auch 2-komponentige oder *elementare* Spinoren). Größen, die sich mit der konjugiert-komplexen Matrix $\overline{A}^B{}_C$ transformieren, nennen wir *„gepunktete" Spinoren* und schreiben

$$\eta^{\dot{B}'} = \pm \overline{A}^{\dot{B}}{}_{\dot{C}} \eta^{\dot{C}} . \tag{4.132}$$

Die konjugiert-komplexe Gleichung zu (4.131) ist $\overline{\xi}^{B'} = \pm \overline{A}^B{}_C \overline{\xi}^C$, so daß wir die Zuordnung $\overline{\xi}^{B'} \triangleq \eta^{\dot{B}'}, \overline{\xi}^C \triangleq \eta^{\dot{C}}$ haben. Die Größen ξ^C in (4.131) müssen genauer *kontravariante* Spinoren heißen, ebenso $\eta^{\dot{C}}$ kontravariante gepunktete Spinoren. Transformiert man mit den zu A bzw. $\overline{A}$ *reziproken* Matrizen, so erhält man die *kovarianten* Spinoren

$$\xi_{B'} = \pm (A^{-1})^C{}_B \xi_C , \tag{4.133}$$

bzw.

$$\eta_{\dot{B}'} = \pm (\overline{A}^{-1})^{\dot{C}}{}_{\dot{B}} \eta_{\dot{C}} . \tag{4.134}$$

Wie zwischen ko- und kontravarianten Vektoren besteht auch zwischen ko- und kontravarianten Spinoren eine *eindeutige Zuordung*.

Wir führen die *reellen* Matrizen ein

$$\varepsilon^{AB} = \varepsilon_{AB} = \begin{pmatrix} 0 & 1 \\ -1 & 0 \end{pmatrix}, \quad \varepsilon^{AE} \varepsilon_{EB} = -\delta^A_B . \tag{4.135}$$

Mit ihnen ergibt sich die Zuordnung

$$\boxed{\xi^A = \varepsilon^{AB} \xi_B} . \tag{4.136}$$

Daraus zeigt man durch Überschieben mit ε_{AC}

$$\boxed{\xi_A = \xi^B \varepsilon_{BA}} . \tag{4.137}$$

(Beachte die Stellung der Indizes! $\varepsilon_{BA} = -\varepsilon_{AB}$). Entsprechendes gilt für die gepunkteten Spinoren. Das innere Produkt wird hier also durch eine *antisymmetrische* Matrix (sogenannte *symplektische* Form) vermittelt.

Als *Spinoren höherer Ordnung* definieren wir nun Größen mit dem Transformationsverhalten

---

[13] Summationskonvention nun auch für Indizes $A, B, C \ldots$ gebraucht.

[14] Spinoren können unabhängig vom Transformationsverhalten gegenüber $SL(2, \mathbb{C})$ als Elemente eines Minimalideals in einer Clifford-Algebra definiert werden. Vergleiche [Hes66].

$$S^{A\ldots\dot{B}}{}_{C\ldots\dot{D}} = \pm A^A{}_R \ldots \overline{A}^{\dot{B}}{}_{\dot{S}} \ldots (A^{-1})^T{}_C \ldots (\overline{A}^{-1})^{\dot{U}}{}_{\dot{D}} S^{R\ldots\dot{S}}{}_{T\ldots\dot{U}} \,. \tag{4.138}$$

Spinoren 2. Ordnung wären also Größen wie S^{AB}, $S^{A\dot{B}}$ oder $S^{\dot{A}\dot{B}}$ etc. Aus der Weierstraßschen Definition der Determinante det $A^A{}_B$ folgt, daß ε_{AB} bzw. ε^{AB} *numerisch invariante* Spinoren 2. Ordnung sind: $\varepsilon_{A'B'} = \varepsilon_{AB}$. Spinoren 2. Ordnung nennen wir auch *Bispinoren*.

Da ε_{AB} reell ist, schreiben wir statt $\overline{\varepsilon}_{\dot{A}\dot{B}}$ einfach $\varepsilon_{\dot{A}\dot{B}}$. ε_{AB} kann als eine Art *„Metrik" im Raum der Spinoren* bzw. gepunkteten Spinoren aufgefasst werden[15]:

$$\begin{aligned} \varepsilon_{A'B'}\xi^{A'}\eta^{B'} &= \varepsilon_{AB}\xi^C A^A{}_C \eta^D A^B{}_D \\ &= \varepsilon_{CD}\xi^C\eta^D \,. \end{aligned} \tag{4.139}$$

Aus (4.139) folgt insbesondere wegen $\varepsilon_{CD}\xi^C\eta^D = -\varepsilon_{CD}\eta^C\xi^D$, daß die *Norm eines Spinors von ungerader Ordnung verschwindet*:

$$\boxed{\varepsilon_{CD}\xi^C\xi^D = 0} \,. \tag{4.140}$$

Spinoren und Tensoren

Schreiben wir die Transformation $X' = AXA^+$ in Komponenten auf, so lautet sie:

$$X'^{AB} = A^A{}_C X^{CD} A^+{}_D{}^B = A^A{}_C X^{CD} \overline{A}^B{}_D$$

oder gemäß der Vereinbarung vom vorigen Abschnitt

$$X'^{A\dot{B}} = A^A{}_C \overline{A}^{\dot{B}}{}_{\dot{D}} X^{C\dot{D}} \,. \tag{4.141}$$

X transformiert sich also wie ein Bispinor mit einem einfachen und einem gepunkteten Index. Damit können wir auch (4.126) in Komponenten aufschreiben:

$$X^{A\dot{B}} = \sigma_\mu^{A\dot{B}} x^\mu \,. \tag{4.142}$$

Die Größe $\sigma_\mu^{A\dot{B}}$ ist eine *Verbindungsgröße zwischen Tensoren und Spinoren.* Unter Lorentztransformationen geht sie über in

$$\sigma_{\mu'}^{A\dot{B}} = \Lambda_\mu{}^\nu \sigma_\nu^{A\dot{B}} \,. \tag{4.143}$$

Statt $\sigma_\mu^{A\dot{B}}$ führt man oft die mit $1/\sqrt{2}$ multiplizierte Größe ein,

$$s_\mu^{A\dot{B}} := \frac{1}{\sqrt{2}} \sigma_\mu{}^{A\dot{B}} \tag{4.144}$$

---

[15] Man beachte aber die Antisymmetrie von ε_{AB}.

und definiert die reziproke Größe $s^{\mu}_{A\dot{B}}$ durch

$$\boxed{s_{\mu}^{A\dot{B}} s^{\mu}_{C\dot{D}} = \delta^{A}_{C}\delta^{\dot{B}}_{\dot{D}}} \quad . \tag{4.145}$$

$s_{\mu}^{A\dot{B}}$ ist wie $\sigma^{\mu}_{A\dot{B}}$ *hermitesch*: $\sigma^{\mu}_{A\dot{B}} = \overline{\sigma}^{\mu}_{\dot{B}A}$. Durch Überschieben mit $s^{\nu}_{A\dot{B}}$ folgt aus (4.145)

$$s^{\mu}_{C\dot{D}}(\delta^{\nu}_{\mu} - s^{\nu}_{A\dot{B}} s_{\mu}^{A\dot{B}}) = 0\,,$$

also

$$\boxed{s_{\mu}^{A\dot{B}} s^{\nu}_{A\dot{B}} = \delta^{\nu}_{\mu}} \quad . \tag{4.146}$$

Die explizit angegebenen Komponenten lauten:

$$\begin{aligned}
s_0^{A\dot{B}} &= \frac{1}{\sqrt{2}}\begin{pmatrix} 1 & 0 \\ 0 & 1 \end{pmatrix}, \quad s_1^{A\dot{B}} = \frac{1}{\sqrt{2}}\begin{pmatrix} 0 & 1 \\ 1 & 0 \end{pmatrix},\\
s_2^{A\dot{B}} &= \frac{1}{\sqrt{2}}\begin{pmatrix} 0 & -\mathrm{i} \\ \mathrm{i} & 0 \end{pmatrix}, \quad s_3^{A\dot{B}} = \frac{1}{\sqrt{2}}\begin{pmatrix} 1 & 0 \\ 0 & -1 \end{pmatrix},\\
s^0_{A\dot{B}} &= \frac{1}{\sqrt{2}}\begin{pmatrix} 1 & 0 \\ 0 & 1 \end{pmatrix}, \quad s^1_{A\dot{B}} = \frac{1}{\sqrt{2}}\begin{pmatrix} 0 & 1 \\ 1 & 0 \end{pmatrix},\\
s_2^{A\dot{B}} &= \frac{1}{\sqrt{2}}\begin{pmatrix} 0 & \mathrm{i} \\ -\mathrm{i} & 0 \end{pmatrix}, \quad s_3^{A\dot{B}} = \frac{1}{\sqrt{2}}\begin{pmatrix} 1 & 0 \\ 0 & -1 \end{pmatrix}.
\end{aligned} \tag{4.147}$$

Aus (4.145) erhalten wir noch durch Überschieben mit $\varepsilon^{CE}\varepsilon^{\dot{D}\dot{F}}$

$$\boxed{s_{\mu}^{A\dot{B}} s^{\mu E\dot{F}} = \varepsilon^{AE}\varepsilon^{\dot{B}\dot{F}}} \quad . \tag{4.148}$$

Jedem Tensor $T^{\alpha\beta}{}_{\gamma}\ldots$ kann man nun einen Spinor zuordnen durch

$$T^{A\dot{B}C\dot{D}}{}_{E\dot{F}} = s_{\alpha}^{A\dot{B}} s_{\beta}^{C\dot{D}} s^{\gamma}_{E\dot{F}} T^{\alpha\beta}{}_{\gamma}\,, \tag{4.149}$$

aber nicht umgekehrt, insbesondere nicht den elementaren Spinoren[16].

Als erstes Anwendungsbeispiel wollen wir einen *lichtartigen* 4-Vektor k^{α} betrachten: $k_{\alpha}k^{\alpha} = 0$. Ihm wird formal $k^{A\dot{B}} = s_{\alpha A\dot{B}}k^{\alpha}$ zugeordnet. Nun gilt wegen (4.146):

$$k^{A\dot{B}}k_{A\dot{B}} = \frac{1}{2}\,\sigma_{\alpha}^{A\dot{B}}k^{\alpha}\sigma_{\beta A\dot{B}}k^{\beta} = \frac{1}{2}\,\delta^{\alpha}_{\beta}k_{\alpha}k^{\beta} = \frac{1}{2}\,k_{\alpha}k^{\alpha} = 0\,.$$

[16] Wenn der Spinor die gleiche Anzahl von einfachen wie gepunkteten Indizes hat, so kann man ihm einen Tensor zuordnen. Dieser ist jedoch im allgemeinen *nicht* reell.

Andererseits ist aber

$$k^{A\dot{B}}k_{A\dot{B}} = k^{A\dot{B}}k^{C\dot{D}}\varepsilon_{AC}\varepsilon_{\dot{B}\dot{D}} = 2\det(k^{A\dot{B}}) = 0\,.$$

Also muß der Rang der Determinante 1 sein. Es folgt

$$k^{A\dot{B}} = \xi^A\eta^{\dot{B}}\,.$$

Wegen der Realität von k_a und $\overline{\sigma}^{\alpha A\dot{B}} = \sigma^{\alpha A\dot{B}}$ folgt auch $k^{A\dot{B}} = \overline{k}^{A\dot{B}}$ oder

$$\xi^A\eta^{\dot{B}} = \overline{\xi}^{\dot{B}}\eta^A\,,$$

woraus

$$\eta^A = \lambda\xi^A\,, \qquad \lambda \text{ reell}$$

folgt, also $k^{A\dot{B}} = \lambda\xi^A\overline{\xi}^{\dot{B}}$. Absorbiert man λ in x, so kann man sagen: *Einem lichtartigen Vektor ist bis auf einen Phasenfaktor* $e^{i\phi}$ *eindeutig ein 1-komponentiger Spinor zugeordnet.*

Weitere Beispiele: $\psi^{AB}\psi^{\dot{A}\dot{B}}$ ist ein selbstdualer, schiefsymmetrischer Tensor 2. Stufe; $\psi^{\dot{A}\dot{B}}{}_{CD}$ ist ein symmetrischer Tensor 2. Stufe mit verschwindender Spur. Für das erstgenannte Beispiel nehmen wir etwa den Feldstärketensor $F_{\alpha\beta}$ des elektrischen Feldes. In (4.102) ist der zugehörige *duale* Tensor $*F^{\alpha\beta}$ definiert. Man nennt einen (mögleicherweise komplexen) schiefsymmetrischen Tensor *selbstdual*, wenn gilt $*F^{\alpha\beta} = iF^{\alpha\beta}$ und *antiselbstdual*, wenn $*F^{\alpha\beta} = -iF^{\alpha\beta}$. $F^{\alpha\beta}$ läßt sich eindeutig in einen selbstdualen und einen antiselbstdualen Anteil zerlegen.

Schließlich wollen wir noch eine *spinorielle Ableitung* einführen. Der partiellen Ableitung im Minkowskiraum $\partial_\mu = \dfrac{\partial}{\partial x^\mu}$ ist nach der allgemeinen Regel (4.149) die spinorielle Ableitung zugeordnet

$$\boxed{\partial_{A\dot{B}} = s^\mu_{A\dot{B}}\partial_\mu}\,. \tag{4.150}$$

$$\partial_{1\dot{1}} = \frac{1}{\sqrt{2}}\left(\frac{\partial}{\partial x^0} + \frac{\partial}{\partial x^3}\right), \quad \partial_{1\dot{2}} = \frac{1}{\sqrt{2}}\left(\frac{\partial}{\partial x^1} + i\frac{\partial}{\partial x^2}\right)$$
$$\partial_{2\dot{1}} = \frac{1}{\sqrt{2}}\left(\frac{\partial}{\partial x^1} - i\frac{\partial}{\partial x^2}\right), \quad \partial_{2\dot{2}} = \frac{1}{\sqrt{2}}\left(\frac{\partial}{\partial x^0} - \frac{\partial}{\partial x^3}\right).$$

Definiert man wieder

$$\partial^{A\dot{B}} = \varepsilon^{AC}\varepsilon^{\dot{B}\dot{D}}\partial_{C\dot{D}} ,$$

so folgt für den Ausdruck

$$\begin{aligned}\partial^{A\dot{B}}\partial_{A\dot{B}} &= 2(\partial_{1\dot{1}}\partial_{2\dot{2}} - \partial_{1\dot{2}}\partial_{2\dot{1}})\\ &= \frac{\partial^2}{(\partial x^0)^2} - \frac{\partial^2}{(\partial x^1)^2} - \frac{\partial^2}{(\partial x^2)^2} - \frac{\partial^2}{(\partial x^3)^2} ,\end{aligned}$$

also

$$\boxed{\partial^{A\dot{B}}\partial_{A\dot{B}} = \Box} . \tag{4.151}$$

Wir merken noch an, daß wir stillschweigend eine der *Tensorkontraktionsregel* entsprechende Vorschrift mit Hilfe des inneren Produkts im Spinorraum eingeführt haben.

4.7.2 Spinoren und Darstellung der Lorentzgruppe[17]

In Abschnitt 4.7.1 haben wir gesehen, daß die unimodularen, komplexen 2 × 2-Matrizen eine Darstellung von $\mathscr{L}_+^\uparrow$ bilden. Sie ist *treu*, d.h. zwei verschiedenen Gruppenelementen $g_1, g_2 \in \mathscr{L}_+^\uparrow$ sind verschiedene Matrizen $A_1 \neq A_2$ zugeordnet. Die Darstellung ist allerdings *zweiwertig*, da g_1 sowohl $+A_1$ wie auch $-A_1$ zugeordnet werden.

Wir wollen nun *sämtliche irreduziblen Darstellungen von* $SL(2,\mathbb{C})$, die *endlichdimensional* sind, beschreiben. Sei wieder:

$$A = \begin{pmatrix} a & b \\ c & d \end{pmatrix} \quad \text{mit} \quad ad - bc = 1$$

die unimodulare Matrix. Die elementaren Spinoren transformieren sich dann wie:

$$\left.\begin{aligned}\xi^{1\prime} &= a\xi^1 + b\xi^2\\ \xi^{2\prime} &= c\xi^1 + d\xi^2\end{aligned}\right\} \tag{4.152}$$

bzw.

$$\left.\begin{aligned}\xi^{\dot{1}\prime} &= \bar{a}\xi^{\dot{1}} + \bar{b}\xi^{\dot{2}}\\ \xi^{\dot{2}\prime} &= \bar{c}\xi^{\dot{1}} + \bar{d}\xi^{\dot{2}}\end{aligned}\right\} . \tag{4.153}$$

[17] Zur Darstellungstheorie von $\mathscr{L}_+^\uparrow$ vergleiche [GMS63]

Man betrachtet nun den linearen Raum der *Monome* vom Grad $\upsilon + u$:

$$p_{kl} := (\xi^1)^{\upsilon-k}\,(\xi^2)^k\,(\xi^{\dot{1}})^{u-l}\,(\xi^{\dot{2}})^l \tag{4.154}$$

mit den *ganzen* (reellen) Zahlen k, l in

$$0 \leq k \leq \upsilon\,, \qquad 0 \leq l \leq u\,. \tag{4.155}$$

Es gibt $(\upsilon+1)(u+1)$ solche Monome, das heißt der von ihren Linearkombinationen aufgespannte Raum ist $(\upsilon+1)(u+1)$-dimensional. Als erstes überzeugen wir uns davon, daß dieser lineare Raum ein Darstellungsraum von $SL(2,\mathbb{C})$ und damit von $\mathscr{L}_+^\uparrow$ ist. Nach (4.152, 4.153) transformiert sich p_{kl} in

$$\begin{aligned} p_{k'l'} &= (a\xi^1 + b\xi^2)^{\upsilon-k}\,(c\xi^1 + d\xi^2)^k\,(\bar{a}\xi^{\dot{1}} + \bar{b}\,\xi^{\dot{2}})^{u-l}\,(\bar{c}\,\xi^{\dot{1}} + \bar{d}\,\xi^{\dot{2}})^l \\ &= D_{k'}{}^{k}{}_{l'}{}^{l}(A)p_{kl}\,, \end{aligned} \tag{4.156}$$

wenn man ausmultipliziert und neu ordnet. Das heißt, wir haben eine lineare Abbildung des Raums der Monome durch $(\upsilon+1)(u+1)\times(\upsilon+1)(u+1)$-Matrizen. Die Hintereinanderausführung von zwei Transformationen führt auf

$$\begin{aligned} p_{k''l''} &= \{a[\tilde{a}\xi^1 + \tilde{b}\xi^2] + b[\tilde{c}\xi^1 + \tilde{d}\xi^2]\}^{\upsilon-k} \cdot \{c[\tilde{a}\xi^1 + \tilde{b}\xi^2] + d[\tilde{c}\xi^1 + \tilde{d}\xi^2]\}^k \cdot \\ &\quad \{\bar{a}[\bar{\tilde{a}}\xi^{\dot{1}} + \bar{\tilde{b}}\,\xi^{\dot{2}}] + \bar{b}[\bar{\tilde{c}}\,\xi^{\dot{1}} + \bar{\tilde{d}}\,\xi^{\dot{2}}]\}^{u-l}\{\bar{c}[\bar{\tilde{a}}\,\xi^{\dot{1}} + \bar{\tilde{b}}\,\xi^{\dot{2}}] + \bar{d}[\bar{\tilde{c}}\,\xi^{\dot{1}} + \bar{\tilde{d}}\,\xi^{\dot{2}}]\}^l \\ &= \{(a\tilde{a} + b\tilde{c})\xi^1 + (a\tilde{b} + b\tilde{d})\xi^2\}^{\upsilon-k}\{(\tilde{a}c + d\tilde{c})\xi^1 + (c\tilde{b} + d\tilde{d})\xi^2\}^k \cdot \\ &\quad \cdot \{(\bar{a}\bar{\tilde{a}} + \bar{b}\bar{\tilde{c}})\xi^{\dot{1}} + (\bar{a}\bar{\tilde{b}} + \bar{b}\bar{\tilde{d}})\xi^{\dot{2}}\}^{u-l}\{(\bar{\tilde{a}}\bar{c} + \bar{d}\bar{\tilde{c}})\xi^{\dot{1}} + (\bar{c}\bar{\tilde{b}} + \bar{d}\bar{\tilde{d}})\xi^{\dot{2}}\}^l \\ &= D_{k''}{}^{k}{}_{l''}{}^{l}(A\tilde{A})p_{kl}\,. \end{aligned}$$

Andererseits war ausgegangen worden von

$$p_{k''l''} = D_{k''}{}^{k'}{}_{l''}{}^{l'}(A)D_{k'}{}^{i}{}_{e'}{}^{j}(\tilde{A})p_{ij}\,.$$

Also gilt

$$D(A)D(\tilde{A}) = D(A\tilde{A})\,.$$

Schließlich entspricht der Einheitsmatrix $A = I$ die $(\upsilon+u)\times(\upsilon+u)$ Einheitsmatrix im Darstellungsraum. Damit sind die notwendigen und hinreichenden Voraussetzungen für das Vorliegen einer Darstellung erfüllt (vgl. Abschnitt 3.4.1). Üblicherweise führt man statt υ und u die Größen $j = \frac{1}{2}\upsilon$ und $j' = \frac{1}{2}u$ ein. Dann hat die Darstellung (4.156) die Dimension $(2j+1)(2j'+1)$ und wird als $D^{jj'}(A,\tilde{A})$ bezeichnet. j und j' können *ganzzahlige* bzw. *halbzahlige* Werte annehmen: $j, j' = 0, \frac{1}{2}, 1, \frac{3}{2}, \ldots$

Die einfachste Darstellung ist $D^{0,0}$, d.h. die eindimensionale Darstellung, die jedem Gruppenelement die reelle Zahl 1 zuordnet. Die Darstellungen $D^{1/2,0}$ bzw. $D^{0,1/2}$ sind die sogenannten *Selbstdarstellungen* im Raum der elementaren Spinoren bzw. gepunkteten Spinoren (zweidimensional). $D^{1/2,0}$ hat die Basis $p_{00} = \xi^{\mathrm{i}}$, $p_{10} = \xi^2$; $D^{0,1/2}$ hat die Basis $p_{00} = \xi^{\dot{1}}$, $p_{01} = \xi^{\dot{2}}$. Die vierstellige Darstellung $D^{1/2,1/2}$ operiert im Raum der Basis

$$p_{00} = \xi^1 \xi^{\mathrm{i}}, \quad p_{01} = \xi^1 \xi^{\dot{2}}, \quad p_{10} = \xi^{\mathrm{i}} \xi^2, \quad p_{11} = \xi^2 \xi^{\dot{2}} \tag{4.157}$$

mit

$$D^{1/2,1/2}(A, \bar{A}) = \begin{pmatrix} a\bar{a} & a\bar{b} & b\bar{a} & b\bar{b} \\ a\bar{c} & a\bar{d} & b\bar{c} & b\bar{d} \\ c\bar{a} & c\bar{b} & d\bar{a} & d\bar{b} \\ c\bar{c} & c\bar{d} & d\bar{c} & d\bar{d} \end{pmatrix} \begin{matrix} k'l' \downarrow \\ 0'0' \\ 0'1' \\ 1'0' \\ 1'1' \end{matrix} \tag{4.158}$$

$$\begin{matrix} 00 & 01 & 10 & 11 & \leftarrow kl \end{matrix}$$

$$= \begin{pmatrix} a & b \\ c & d \end{pmatrix} \otimes \begin{pmatrix} \bar{a} & \bar{b} \\ \bar{c} & \bar{d} \end{pmatrix} = A \otimes \bar{A} .$$

Man kann zeigen, daß $D^{1/2,1/2}$ gerade mit der Vektordarstellung $x^{\mu'} = \Lambda^{\mu}{}_{\nu} x^{\nu}$ von $\mathscr{L}_+^{\uparrow}$ äquivalent ist. Dazu führt man durch

$$\psi^{\mu} = \frac{1}{\sqrt{2}} T^{\mu kl} p_{kl} \tag{4.159}$$

mit

$$T^{\mu kl} = \frac{1}{\sqrt{2}} \begin{pmatrix} \mathrm{i} & 0 & 0 & \mathrm{i} \\ 0 & 1 & 1 & 0 \\ 0 & \mathrm{i} & -\mathrm{i} & 0 \\ 1 & 0 & 0 & -1 \end{pmatrix} \begin{matrix} \mu \downarrow \\ 0 \\ 1 \\ 2 \\ 3 \end{matrix}$$

$$\begin{matrix} 00 & 01 & 10 & 11 & \leftarrow kl \end{matrix}$$

eine neue Größe ψ^{μ} ein. Bei einer Transformation von $SL(2, \mathbb{C})$ folgt für ψ

$$\psi' = T D^{1/2,1/2} T^{-1} \psi . \tag{4.160}$$

Man weist nach, daß $\psi^{\mu'} \psi_{\mu'} = \psi^{\mu} \psi_{\mu}$, $\det (T D^{1/2,1/2} T^{-1}) = +1$, $(T D^{1/2,1/2}\, T^{-1})_{00} \geq 1$. Es gilt das allgemeine Resultat:

Die Darstellungen $D^{jj'}$ fallen für $j+j'$ ganz mit den Tensordarstellungen von $\mathcal{L}_+^\uparrow$ zusammen; für $j+j'$ halbzahlig erhält man neue, sogenannte *Spinordarstellungen.*

Wie am Beispiel (4.158) zu sehen, sind die Tensordarstellungen eindeutig.

Weiter kann man beweisen, daß die Darstellungen $D^{jj'}$ *irreduzibel* sind und jede irreduzible Darstellung von $SL(2,\mathbb{C}) \cong \mathcal{L}_+^\uparrow$ in der Menge der $D^{jj'}$ auftritt [SU82], [MB62].

4.7.3 Spin und Darstellungen $D^{jj'}$

Daß die Spinoren etwas mit dem „*Spin*" zu tun haben, sagt schon der Name. Der Zusammenhang soll jetzt plausibel gemacht werden.

Von der Quantemechanik her wissen wir, daß die *Spindrehimpulsoperatoren* S_i ($i = 1, 2, 3$) den Vertauschungsrelationen gehorchen:

$$[S_i, S_j] = \mathrm{i}\hbar \sum_k \varepsilon_{ijk} S_k \qquad i, j, = 1, 2, 3\,. \tag{4.161}$$

Genau denselben Vertauschungsrelationen genügen aber auch die infinitesimalen Erzeugenden der *Drehgruppe* $O(3)$ im $\mathbb{R}^3$. Um dies einzusehen, schreiben wir die infinitesimalen Erzeugenden der *homogenen Lorentzgruppe* an, die ja die Drehgruppe als Untergruppe enthält. Die allgemeine Form der Lorentztransformation

$$x^{\alpha'} = \Lambda^\alpha{}_\beta x^\beta$$

entwickeln wir nun nach den 6 Parametern $\boldsymbol{v}$, R_{ik} (3 spezielle Lorentztransformationen, 3 Drehungen), die wir in einer Matrix $\omega_{\alpha\beta}$ zusammenfassen:

$$\Lambda^\alpha{}_\beta = \delta^\alpha_\beta + \omega^\alpha{}_\beta + \mathcal{O}(\omega^2)\,. \tag{4.162}$$

Wegen der Bedingung (3.11) an $\Lambda^\alpha{}_\beta$, nämlich

$$\eta_{\gamma\delta} = \eta_{\alpha\beta} \Lambda^\alpha{}_\gamma \Lambda^\beta{}_\delta\,,$$

folgt mit (4.162) $\omega_{(\alpha\beta)} = 0$, d.h. $\omega_{\alpha\beta} = -\omega_{\beta\alpha}$. ($\omega_{\alpha\beta}$ hat also gerade 6 unabhängige Komponenten). Als infinitesimale Lorentztransformation schreiben wir nun

$$x^{\alpha'} = x^\alpha + x^\beta \omega^{\kappa\lambda} I^\alpha_{\kappa\lambda\beta} \tag{4.163}$$

mit

$$I^\alpha_{\kappa\lambda\beta} = 2\delta^\alpha_{[\kappa} \eta_{\lambda]\beta}\,. \tag{4.164}$$

Wir nennen $I_{\kappa\lambda}$ eine Darstellung der *infinitesimalen Erzeugenden* der Lorentzgruppe. Als diese infinitesimalen Erzeugenden definieren wir

$$S_{\alpha\beta} = -x^{\sigma}\eta_{\sigma[\alpha}\partial_{\beta]} ,$$

da $\omega^{\kappa\lambda}S_{\kappa\lambda}x^{\alpha} = \omega^{\alpha}{}_{\sigma}x^{\sigma}$ gilt. Es gibt gerade 6 davon mit den Komponenten $I^{(\alpha)}_{\kappa\lambda(\beta)}$

$$I_{12} = \begin{pmatrix} 0 & 0 & 0 & 0 \\ 0 & 0 & -1 & 0 \\ 0 & 1 & 0 & 0 \\ 0 & 0 & 0 & 0 \end{pmatrix}, \quad I_{13} = \begin{pmatrix} 0 & 0 & 0 & 0 \\ 0 & 0 & 0 & -1 \\ 0 & 0 & 0 & 0 \\ 0 & 1 & 0 & 0 \end{pmatrix},$$

$$I_{23} = \begin{pmatrix} 0 & 0 & 0 & 0 \\ 0 & 0 & 0 & 0 \\ 0 & 0 & 0 & -1 \\ 0 & 0 & 1 & 0 \end{pmatrix}, \quad I_{01} = \begin{pmatrix} 0 & -1 & 0 & 0 \\ -1 & 0 & 0 & 0 \\ 0 & 0 & 0 & 0 \\ 0 & 0 & 0 & 0 \end{pmatrix},$$

$$I_{02} = \begin{pmatrix} 0 & 0 & -1 & 0 \\ 0 & 0 & 0 & 0 \\ -1 & 0 & 0 & 0 \\ 0 & 0 & 0 & 0 \end{pmatrix}, \quad I_{03} = \begin{pmatrix} 0 & 0 & 0 & -1 \\ 0 & 0 & 0 & 0 \\ 0 & 0 & 0 & 0 \\ -1 & 0 & 0 & 0 \end{pmatrix}.$$

Ihre Vertauschungsrelationen berechnen sich zu

$$[I_{\alpha\beta}, I_{\gamma\delta}] = -\eta_{\gamma[\alpha}I_{\beta]\delta} + \eta_{\delta[\alpha}I_{\beta]\gamma} \,. \tag{4.165}$$

Die $I_{\alpha\beta}$ spannen die sogenannte Lie-Algebra der Lorentzgruppe auf: $[I_{\alpha\beta}, I_{\gamma\delta}] = c_{\alpha\beta\gamma\delta}{}^{\mu\nu}I_{\mu\nu}$ mit den Strukturkonstanten $c_{\alpha\beta\gamma\delta}{}^{\mu\nu} := -\eta_{\gamma[\alpha}\delta^{\mu}_{\beta]}\delta^{\nu}_{\delta} + \eta_{\delta[\alpha}\delta^{\mu}_{\beta]}\delta^{\nu}_{\gamma}$. Man rechnet nach, daß auch $S_{\alpha\beta}$ die Vertauschungsrelationen (4.165) befriedigen. Identifizieren wir nun Spindrehimpulsoperatoren und I_{ik} so, daß gilt:

$$S_1 \to -\mathrm{i}\hbar I_{12} , \quad S_2 \to -\mathrm{i}\hbar I_{13} , \quad S_1 \to -\mathrm{i}\hbar I_{23} , \tag{4.166}$$

so folgt (4.161) aus (4.165).

Wollen wir nun ein Teilchen mit Spin durch eine Wellenfunktion ψ beschreiben, so werden wir für ψ eine solche Größe nehmen, die eine *irreduzible Darstellung der Drehgruppe* repräsentiert. Man kann zeigen, daß die Drehgruppe homomorph ist zu $SU(2)$[18], d.h. der Gruppe der *unitären, unimodularen* 2×2-*Matrizen*. Ihre irreduziblen Darstellungen werden – ähnlich wie die von $SL(2,\mathbb{C})$ – durch die Monome $(\xi^1)^{\upsilon-k}(\xi^2)^k$ aufgespannt. (Wegen der Unitarität braucht man nicht zwischen einfachen und gepunkteten Spinoren zu un-

[18] 1 zu 2-Homomorphismus. $SU(2)$ ist *einfach* zusammenhängend und die universale Überdeckungsgruppe von $O(3,\mathbb{R})$, die zweifach zusammenhängend ist.

terscheiden, wenn man ihr Transformationsverhalten untersucht.) Die Darstellungen der Rotationsgruppe bezeichnet man als D_j, $j = 0, \frac{1}{2}, 1, \frac{3}{2}, \ldots$ Sie sind irreduzibel.

Gehen wir nun zu den Darstellungen $D^{jj'}$ der eigentlichen, orthochronen Lorentzgruppe $\mathscr{L}_+^{\uparrow}$ zurück! Schränkt man die unimodularen Matrizen A auf *unitäre* ein, d.h. auf solche, die den Drehungen im $\mathbb{R}_3$ entsprechen, so zerfällt $D^{jj'}$ in ein direktes Produkt von Darstellungen der Rotationsgruppe:

$$D^{jj'} \cong D^j \otimes D^{j'} . \tag{4.167}$$

Zum Beispiel entspricht A für eine Drehung um die z-Achse um den Winkel ϕ in der Selbstdarstellung von $SL(2, \mathbb{C})$

$$A = \pm \begin{pmatrix} e^{\frac{1}{2}i\phi} & 0 \\ 0 & e^{-\frac{1}{2}i\phi} \end{pmatrix} .$$

Die Einschränkung von A auf unitäre Matrizen beweist, daß die Darstellung $D^{jj'}$ *reduzibel* wird und sich in eine direkte Summe von irreduziblen Darstellungen zerlegen läßt[19]:

$$D^{jj'} \triangleq D^j \otimes D^{j'} = D^{j+j} \oplus D^{j+j'-1} \oplus \ldots \oplus D^{|j-j'|} . \tag{4.168}$$

Der Darstellungsraum von D^j ist $(2j + 1)$-dimensional. Die infinitesimalen Erzeugenden der Drehgruppe werden durch $(2j + 1) \times (2j + 1)$ Matrizen dargestellt und haben also gerade $(2j + 1)$ Eigenwerte. Gemäß (4.166) entsprechen diese (abgesehen vom Faktor $i\hbar$) den *Spineigenwerten*. Daraus folgt, *daß der Index j in der Darstellung D^j gerade dem Spin des* durch die Wellenfunktion ψ beschriebenen *Teilchens* entspricht.

Die Darstellung $D^{jj'}$ von $\mathscr{L}_+^{\uparrow}$ zerfällt also in irreduzible Spindarstellungen zu ganzzahligem Spin, wenn $j + j'$ ganz ist und zu halbzahligem Spin, wenn $j + j'$ halbzahlig ist. Die *einfachsten Beispiele* sind

$$\begin{array}{llll} D^{0,0} & = D^0 \otimes D^0 & \triangleq D^0 & \text{: spinlose Teilchen} \\ D^{1/2,0} & = D^{1/2} \otimes D^0 & \triangleq D^{1/2} & \text{: Spin } 1/2 \\ D^{1/2,1/2} & = D^{1/2} \otimes D^{1/2} & \triangleq D^1 \oplus D^0 & \text{: Spin 1 \textit{und} Spin 0} \\ D^{1,0} & = D^1 \otimes D^0 & \triangleq D^1 & \text{: Spin 1} \end{array}$$

etc.

Eine Wellenfunktion ψ, die sich mit einer Darstellung $D^{jj'}$ von $\mathscr{L}_+^{\uparrow}$ transformiert, gehört also im allgemeinen *nicht zu einem einzigen Spinwert*, sondern

---

[19] *Clebsch-Gordan-Zerlegung*, siehe [SU82], Abschnitt 7.8, Seite 183.

zu mehreren. Man muß versuchen, durch *Zusatzbedingungen* gerade einen Spinwert eindeutig zu beschreiben.

4.7.4 Relativistische 1-Teilchen-Feldgleichungen

Wir wollen nun die einfachsten Feldgleichung betrachten, die *Lorentz-kovariant* sind. Die Feldfunktion ψ transformiere sich mit einer Darstellung $D^{jj'}$ von $\mathcal{L}_+^\uparrow$. Als *Konstruktionsprinzipien* wollen wir die Einfachheitskriterien wählen:

1. Die Feldgleichungen sollen *linear* in ψ sein (*Superpositionsprinzip*).
2. Die Feldgleichungen sollen höchstens von 2. Ordnung in den auf ψ wirkenden Ableitungen sein (*Anfangswertproblem*).
3. Die Feldfunktion soll *lokal* sein: $\psi = \psi(x^\mu)$.

Klein-Gordon-Gleichung, Proca-Gleichung

Betrachten wir zunächst eine *skalare* Feldfunktion $\psi(x^\sigma) = \psi'(x^{\sigma'})$. Die einfachste lorentzkovariante Gleichung für ψ ist die sogenannte Klein-Gordon-Gleichung

$$(\Box + K^2)\,\phi = 0\,. \tag{4.169}$$

K ist eine Konstante der Dimension (Länge)$^{-1}$. Lösungen von (4.169) sind Wellenpakete der Form:

$$\phi = \int \mathrm{d}^4 k\, u\,(k^\sigma)\, \mathrm{e}^{\pm \mathrm{i} k_\mu x^\mu} \tag{4.170}$$

mit

$$k_\mu k^\mu = k_0^2 - \boldsymbol{k}^2 = K^2\,. \tag{4.171}$$

$$\text{Mit} \quad \begin{cases} E = h\nu = \hbar\omega = \hbar k_0 c \\ \boldsymbol{p} = \hbar \boldsymbol{k} \end{cases}$$

also $E^2/c^2 - \boldsymbol{p}^2 = \hbar^2 K^2$ oder $p^\mu p_\mu = +m^2(0)c^2 = \hbar^2 K^2 \rightsquigarrow m(0) = \dfrac{\hbar K}{c}$.

Durch die Klein-Gordon-Gleichung werden Teilchen der Ruhmasse $\dfrac{\hbar K}{c}$ *beschrieben*. Da sich ϕ wie $D^{0,0}$ transformiert, also wie $D^0 \otimes D^0 \cong D^0$, so handelt es sich um *spinlose Teilchen*.

Als nächstes betrachten wir als Feldfunktion ein *4-Vektor-Feld* $\psi_\mu(x^\sigma)$, dessen Komponenten einzeln die Klein-Gordon-Gleichung befriedigen sollen:

$$(\Box + K^2)\,\psi^\mu(x^\sigma) = 0\,. \tag{4.172}$$

ψ^μ transformiert sich mit $D^{1/2,1/2} = D^{1/2} \otimes D^{1/2} = D^1 \oplus D^0$ (*vergleiche den vorigen Abschnitt*), ist also *keine eindeutige* Spindarstellung. Um die Darstellung D^0 auszuschließen, d.h. einen dreidimensionalen Darstellungsraum ($j = 1$) zu erhalten, fügt man eine Zusatzbedingung hinzu:

$$\partial_\mu \psi^\mu = 0 . \tag{4.173}$$

Dann beschreibt das System (4.172), (4.173) ein *Feld, das Teilchen der Ruhmasse* $\frac{\hbar K}{c}$ *und mit Spin 1* zugeordnet ist. Führt man den Feldtensor $F_{\mu\nu}$ ein durch $F_{\mu\nu} = \partial_\mu \psi_\nu - \partial_\nu \psi_\mu$, so lassen sich (4.172) und (4.173) in eine Gleichung zusammenfassen

$$\boxed{\partial_\nu F^{\mu\nu} = K^2 \psi^\mu} . \tag{4.174}$$

(4.174) heißt *Proca-Gleichung*. Sie enthält als Spezialfall ($K = 0$) die *Maxwell-Gleichungen des Vakuums*. Das elektromagnetische Feld entspricht (nach Quantisierung) Teilchen der Ruhmasse Null und vom Spin 1: den Photonen. Für $K \neq 0$ würde man *Vektormesonen* (ω, ρ und ϕ) als zugehörige Teilchen haben.

Weyl-Gleichung

Nun wollen wir die einfachste Spinorgleichung betrachten, d.h. die Feldfunktion soll sich wie eine Darstellung $D^{1/2,0}$ von $\mathcal{L}_+^\uparrow$ transformieren. Wir nehmen die Selbstdarstellung von $SU(2)$, haben also einen elementaren Spinor ψ^A zu wählen. Mit der eingeführten spinoriellen Ableitung $\partial_{A\dot{B}}$ hätten wir als einfachste Gleichung

$$\partial_{A\dot{B}} \psi^A = \kappa \psi_{\dot{B}} \quad \text{mit} \quad \kappa = \frac{m_0 c}{\hbar} . \tag{4.175}$$

Hier tritt neben ψ^A auch der gepunktete Spinor $\psi_{\dot{B}}$ auf, d.h. der konjugiert-komplexe $\varepsilon_{BA} \overline{\psi}^B$. Die Bildung des konjugiert-komplexen ist aber eine *nicht-lineare* Operation. Wir verwerfen daher (4.175) und begnügen uns mit

$$\partial_{A\dot{B}} \psi^A = 0 \quad \dot{B} = \dot{1}, \dot{2} . \tag{4.176}$$

Geht man mittels der Übertragungsgröße $s^\mu_{A\dot{B}}$ (vergleiche (4.150)) zur partiellen Ableitung $\frac{\partial}{\partial x^\mu}$ im Minkowski-Raum über und führt die Spalte $\phi = \begin{pmatrix} -\psi^2 \\ \psi^1 \end{pmatrix}$ ein, so läßt sich das System (4.176) umformen in

$$\boxed{\sigma^\mu \frac{\partial}{\partial x^\mu}\phi = 0} \; . \tag{4.177}$$

Das ist die sogenannte Weyl-Gleichung, die freie *ruhmasselose* Teilchen mit Spin 1/2 beschreiben kann.

$$\begin{aligned} \sigma^i &= \sigma_i && : \text{Paulische Spinmatrizen} \\ \sigma^0 &= \sigma_0 = 1 && : \text{Einheitsmatrix}\,. \end{aligned}$$

Dirac-Gleichung

Wenn wir Feldgleichungen für eine Wellenfunktion ψ aufschreiben wollen, die ein Teilchen mit Spin $\frac{1}{2}$ und mit Ruhmasse ungleich Null beschreiben kann, so kann man den Ansatz (4.175) dadurch *linearisieren*, daß statt des konjugiert-komplexen $\psi_{\dot{B}}$ $(=\overline{\psi}_B)$ von ψ_B ein *weiterer Spinor* $\mathrm{i}\phi_{\dot{B}}$ eingeführt wird (Faktor i ist Konvention!):

$$\boxed{\partial_{A\dot{B}}\psi^A = \frac{1}{\sqrt{2}}\kappa \mathrm{i}\phi_{\dot{B}}} \; . \tag{4.178}$$

Für $\phi_{\dot{B}}$ muß aber ebenfalls eine Feldgleichung aufgestellt werden. Die einfachste Möglichkeit ist

$$\boxed{\partial^{A\dot{B}}\phi_{\dot{B}} = \frac{1}{\sqrt{2}}\kappa \mathrm{i}\psi^A} \; . \tag{4.179}$$

Das System (4.178, 4.179) von gekoppelten partiellen Differentialgleichungen 1. Ordnung für die Spinoren ϕ und ψ ist die *Dirac-Gleichung*[20] in spinorieller Form. Nach Konstruktion ist sie manifest *Lorentz-kovariant*. Aus (4.178, 4.179) folgt[21]

$$\begin{aligned} &\partial^{E\dot{B}}\partial_{A\dot{B}}\psi^A = \frac{1}{2}\kappa \mathrm{i}\cdot\kappa \mathrm{i}\psi^A \\ &(\Box + \kappa^2)\,\psi^A = 0\,. \end{aligned} \tag{4.180}$$

[20] *Paul Adrian Maurice Dirac* (1902-1984), englischer Physiker und Mathematiker, Professor in Oxford, Nobelpreis 1933.

[21] Benutzt wird $\partial^{A\dot{B}} = \varepsilon^{AC}\varepsilon^{\dot{B}\dot{D}}\partial_{C\dot{D}}$ und $\partial^{E\dot{B}}\partial_{A\dot{B}} = \frac{1}{2}\delta^E_A\,\Box$ (vgl. auch (4.151)).

Ebenso folgt

$$(\Box + \kappa^2)\,\phi_{\dot{B}} = 0\,. \tag{4.181}$$

Das heißt, daß jede Komponente von ψ und ϕ der Klein-Gordon-Gleichung genügt. Dies stützt die Interpretation, daß ψ, ϕ ein Feld mit *Ruhmasse* $\neq 0$ darstellt: Schreibt man (4.178, 4.179) aus, so ergibt sich das System:

$$\partial_{1\dot{1}}\psi^1 + \partial_{2\dot{1}}\psi^2 - \kappa \mathrm{i}\phi_{\dot{1}}\frac{1}{\sqrt{2}} = 0$$

$$\partial_{1\dot{2}}\psi^1 + \partial_{2\dot{2}}\psi^2 - \kappa \mathrm{i}\phi_{\dot{2}}\frac{1}{\sqrt{2}} = 0$$

$$\partial_{2\dot{2}}\phi_{\dot{1}} + \partial_{2\dot{1}}\phi_{\dot{2}} - \kappa \mathrm{i}\psi^1\frac{1}{\sqrt{2}} = 0$$

$$\partial_{1\dot{2}}\phi_{\dot{1}} + \partial_{1\dot{1}}\phi_{\dot{2}} - \kappa \mathrm{i}\psi^2\frac{1}{\sqrt{2}} = 0\,.$$

Dabei ist benutzt worden, daß gilt

$$\partial^{1\dot{1}} = \partial_{2\dot{2}}\,, \quad \partial^{1\dot{2}} = -\partial_{2\dot{1}}\,, \quad \partial^{2\dot{1}} = -\partial_{1\dot{2}}\,, \quad \partial^{2\dot{2}} = \partial_{1\dot{1}}\,.$$

Man faßt jetzt die beiden elementaren Spinoren ψ^A und $\phi_{\dot{B}}$ zu einer *vierkomponentigen Spalte*

$$\chi = \begin{pmatrix} \psi^1 \\ \psi^2 \\ \phi_{\dot{1}} \\ \phi_{\dot{2}} \end{pmatrix}$$

zusammen und führt die vier 4×4-Matrizen ein

$$\left.\begin{aligned} \gamma^0 &= \begin{pmatrix} 0 & 0 & 1 & 0 \\ 0 & 0 & 0 & 1 \\ 1 & 0 & 0 & 0 \\ 0 & 1 & 0 & 0 \end{pmatrix}, \qquad \gamma^1 = \begin{pmatrix} 0 & 0 & 0 & -1 \\ 0 & 0 & -1 & 0 \\ 0 & 1 & 0 & 0 \\ 1 & 0 & 0 & 0 \end{pmatrix} \\ \gamma^2 &= \begin{pmatrix} 0 & 0 & 0 & \mathrm{i} \\ 0 & 0 & -\mathrm{i} & 0 \\ 0 & -\mathrm{i} & 0 & 0 \\ \mathrm{i} & 0 & 0 & 0 \end{pmatrix}, \qquad \gamma^3 = \begin{pmatrix} 0 & 0 & -1 & 0 \\ 0 & 0 & 0 & 1 \\ 1 & 0 & 0 & 0 \\ 1 & -1 & 0 & 0 \end{pmatrix} \end{aligned}\right\} \tag{4.182}$$

also $\gamma^i = \begin{pmatrix} 0 & -\sigma^i \\ \sigma^i & 0 \end{pmatrix}$ $(i = 1, 2, 3)$ mit den Pauli-Matrizen σ^i. Bis auf ein globales Vorzeichen ist das die sogenannte *chirale* Darstellung der sogenannten *Dirac-Matrizen* $\gamma^\alpha(\alpha = 0,1,2,3)$, deren Eigenschaften in der Matrixgleichung

$$\boxed{\gamma^\mu \gamma^\nu + \gamma^\nu \gamma^\mu = 2\eta^{\mu\nu} I} \qquad (4.183)$$

zusammengefaßt werden können. Dann läßt sich (4.178, 4.179) schreiben als

$$\boxed{\left(\mathrm{i}\gamma^\mu \frac{\partial}{\partial x^\mu} + \kappa\right)\chi = 0} \quad . \qquad (4.148)$$

Das ist die vertraute Form der Dirac-Gleichung [Dir 28a], [Dir28b]. Das Dirac-Feld χ ist eine direkte Summe der Spinoren ψ^A und $\phi_{\dot{B}}$, die sich als Darstellungen von $D^{1/2,0}$ und $D^{0,1/2}$ transformieren.

$$\chi = \begin{pmatrix} \psi^1 \\ \psi^2 \\ 0 \\ 0 \end{pmatrix} \oplus \begin{pmatrix} 0 \\ 0 \\ \phi_{\dot{1}} \\ \phi_{\dot{2}} \end{pmatrix} .$$

χ transformiert sich also wie $D^{1/2,0} \oplus D^{0,1/2}$. Da für räumliche Drehungen $D^{1/2,0} \cong D^{1/2} \otimes D^0 = D^{1/2}$ und ebenso $D^{0,1/2} \cong D^{1/2}$, so degeneriert $D^{1/2,0} \oplus D^{0,1/2}$ in $D^{1/2} \oplus D^{1/2}$, d.h. das Dirac-Feld beschreibt *Teilchen mit Spin* 1/2. Daß zwei Darstellungsräume derselben Art auftreten hängt damit zusammen, daß sowohl negativ wie positiv geladene Teilchen mit derselben Ruhmasse und demselben Spin auftreten (Teilchen und Antiteilchen).

Die Dirac-Gleichung ist also eine 1-Teilchen Feldgleichung für Elektronen oder Protonen oder überhaupt für Fermionen mit Spin 1/2 und mit nichtverschwindender Ruhmasse. Sie hat als solche keine Bedeutung als *klassische* Feldgleichung, sondern erst als Gleichung für ein operatorwertiges *Quantenfeld* $\hat{\chi}$, da Teilchen mit Spin 1/2 nur als Ensemble gleichartiger Teilchen beschrieben werden können.

Die Dirac-Gleichung für ein Elektron in einem äußeren elektromagnetischen Feld mit dem Vektorpotential A_μ erhält man durch die Substitution $\partial_\mu \to \partial_\mu - \frac{e}{c} A_\mu$ in der Form

$$\left(\mathrm{i}\gamma^\mu \frac{\partial}{\partial x^\mu} + \kappa\right)\chi = \mathrm{i}\frac{e}{c} A\chi$$

mit $A := \gamma^\mu A_\mu$. Führt man hier das Coulomb-Potential als skalares elektrisches Potential ein, so ergibt sich eine neue Möglichkeit der Behandlung des Wasserstoff-Atoms, die der speziellen Relativitätstheorie Rechnung trägt. In einer

Näherung bis zu Termen $\sim (v/c)^2 \simeq \alpha^2$, wenn v die „Geschwindigkeit" des Elektrons und $\alpha = \frac{e^2}{\hbar c}$ die Feinstrukturkonstante bedeutet, erhält man zu den aus der Schrödinger-Gleichung der Quantenmechanik folgenden Energieeigenwerten des Wasserstoffatoms Korrekturen: eine Korrektur zur kinetischen Energie (Geschwindigkeitsabhängigkeit der trägen Masse), die Spin-Bahn-Wechselwirkungsenergie und den sogenannten Darwin-Term, der die Verschmierung der Ladung des Elektrons über eine Comptonwellenlänge berücksichtigt. Daraus ergeben sich meßbare Verschiebungen und eine Aufspaltung der Energieniveaus, etwa des Niveaus zur Hauptquantenzahl $n = 2$ in zwei Niveaus, von denen das tiefere $(2s_{1/2}, 2p_{1/2})$ entartet ist, das um ca. 10969,1 MHz höher liegende Niveau $2p_{3/2}$ nicht. Wird auch die Quantennatur des elektromagnetischen Feldes berücksichtigt (Quantenelektrodynamik), so folgt die Aufhebung der Entartung in zwei um 1057,8 MHz getrennte Energieniveaus $2p_{1/2}$ bzw. $2s_{1/2}$ (Lambshift).

4.8 Weitere (indirekte) empirische Bestätigung der speziellen Relativitätstheorie

Offensichtlich müssen Teilchen, die sich mit einer Geschwindigkeit bewegen, die nicht mehr klein gegen die Vakuumlichgeschwindigkeit ist, durch *relativistische* Gleichungen wie die Dirac-Gleichung beschrieben werden. Das wirkt sich in einer Vielzahl von Effekten aus, die mit der *Elektronenstruktur* der Atome bzw. von Kristallen verknüpft sind. Eine sehr unvollständige Aufzählung solcher meßbaren Effekte in der Atomphysik ist

- die inelastische Streuung von Röntgen- und Gammastrahlung an Atomelektronen aus inneren Schalen [Kan92]
- die Ionisation von inneren Schalen der Atome aus [Mas56], [BL81], [PM86]
- Photoionisation [Whi79], [JC79]
- der Auger-Effekt. Hierbei wird ein fehlendes Elektron (etwa) in der K-Schale durch (etwa) ein L-Schalen Elektron in einem strahlungslosen Übergang ersetzt und ein anderes Elektron aus dem Atom abgegeben [Cro76]
- Compton-Streuung mit relativistischen Elektronen [Coo85], [Sur91] (vergleiche Abschnitt 4.3.4);
- adiabatische Stöße von Schwerionen [SFM81].

Auch bei *Bandstrukturrechnungen* für Übergangs- und Edelmetalle wie Niob oder Gold ist eine Berücksichtigung der speziellen Relativitätstheorie zur Erklärung der Meßdaten notwendig [EK77], [Leh83]. Weitere Anwendungen findet die spezielle Relativitätstheorie etwa bei der Erschließung der Kernstuktur durch Elektronenstreuung [DG89].

In all diesen Fällen ist die spezielle Relativitätstheorie nur ein theoretischer Beitrag neben anderen, z.B. der Quantenmechanik von Mehrteilchensystemen oder der Quantenfeldtheorie. Außerdem sind die über Ein-Teilchen-Probleme hinausgehenden Effekte nur mit *Näherungsmethoden* zu berechnen. Die Übereinstimmung von Theorie und Experiment kann demnach als *indirekte* Bestätigung der speziellen Relativitätstheorie interpretiert werden in dem Sinne, daß eine Einbeziehung speziell-relativistischer Phänomene eine bessere Beschreibung der empirischen Daten ermöglicht.

5 Minkowski-Raum und Nichtinertialsysteme

Wir gehen zu Nichtinertialsystemen über und beschreiben Trägheitspotentiale bzw. -kräfte. Derselbe Formalismus wird benötigt, wenn statt kartesischer *krummlinige* Koordinaten in der speziellen Relativitätstheorie benutzt werden sollen. Wir stoßen dabei auf eine Größe, das sogenannte Christoffelsymbol, mit dem Trägheitsfelder wie etwa das Zentrifugalfeld dargestellt werden können.

5.1 Trägheitsfelder

Bevor wir *Gravitationsfelder* in unsere Diskussion einbeziehen, wollen wir den Fall der *Trägheitsfelder* betrachten. Wir sehen uns die Newtonsche Bewegungsgleichung im *Nichtinertialsystem* an:

$$m\frac{\mathrm{d}^2\boldsymbol{x}}{\mathrm{d}t^2} = \boldsymbol{F} - m\dot{\boldsymbol{\omega}}\times\boldsymbol{x} - m\boldsymbol{\omega}\times(\boldsymbol{\omega}\times\boldsymbol{x}) - 2m(\boldsymbol{\omega}\times\dot{\boldsymbol{x}})\,. \tag{5.1}$$

Führen wir ein *Zentrifugalpotential* $\varphi_{\text{zentr}} := -\frac{1}{2}|\boldsymbol{\omega}\times\boldsymbol{x}|^2$ und ein *Coriolis-Vektorpotential* $A_{\text{cor}} := c(\boldsymbol{\omega}\times\boldsymbol{x})$ ein, in dem $\boldsymbol{\omega} = \boldsymbol{\omega}(t)$ der Winkelgeschwindigkeitsvektor des Nichtinertialsystems ist, so läßt sich (5.1) schreiben als:

$$m\frac{\mathrm{d}^2\boldsymbol{x}}{\mathrm{d}t^2} = \boldsymbol{F} - m\frac{1}{c}\frac{\partial \boldsymbol{A}_{\text{cor}}}{\partial t} - m\nabla\varphi_{\text{zentr}} - m\,rot\,\boldsymbol{A}_{\text{cor}}\times\frac{\dot{\boldsymbol{x}}}{c}\,. \tag{5.2}$$

Es sieht also zunächst so aus, als ob es eine Art *Lorentzkraft* für die Trägheitsfelder gäbe. Während wir für das Gravitationsfeld in der Newtonschen Theorie nur ein skalares Potential $\varphi_{\text{grav}} = -G\frac{M}{|\boldsymbol{x}|}$ benötigen (G Newtonsche Gravitationskonstante), müssen wir die Trägheitsfelder vielleicht analog zum elektromagnetischen Feld behandeln.

Um hier weiterzukommen, müssen wir erstens den Übergang vom Inertialsystem zum Nichtinertialsystem in Raum *und* Zeit durchführen und uns zweitens daran erinnern, daß die Minkowski-Metrik η im Nichtinertialsystem nicht die konstanten Komponenten $\eta_{\alpha\beta}$ hat. Der Übergang zu einem *frei fallenden* System in Abschnitt 3.2.2 (1. Beispiel Seite 84) führte auf das Linienelement:

$$\eta_{\alpha'\beta'}\mathrm{d}x^{\alpha'}\mathrm{d}x^{\beta'} = \left(1-\left(\frac{g}{c^2}x^{0'}\right)^2\right)(\mathrm{d}x^{0'})^2 + 2\frac{g}{c^2}x^{0'}\mathrm{d}x^{0'}\mathrm{d}x^{1'} - (\mathrm{d}x^{1'})^2 - (\mathrm{d}x^{2'})^2 - (\mathrm{d}x^{3'})^2\,, \tag{5.3}$$

also $\dfrac{\partial\eta_{\alpha'\beta'}}{\partial x^{\gamma'}} \neq 0$. Um anzudeuten, daß die Komponenten der Minkowski-Metrik im Nichtinertialsystem raum-zeitabhängig sind, führen wir für sie eine neue Bezeichnung ein:

$$g_{\alpha'\beta'} := \eta_{\alpha'\beta'} = \eta_{\kappa\lambda}\frac{\partial x^{\kappa}}{\partial x^{\alpha'}}\frac{\partial x^{\lambda}}{\partial x^{\beta'}}\,. \tag{5.4}$$

Im folgenden soll der Buchstabe g in der Bezeichnung einer Metrik, das heißt, $g(X, Y)$ darauf hinweisen, daß eine *ereignisabhängige* Größe, ein sog. *metrisches Feld* vorliegt.

5.2 Freies Teilchen im Nichtinertialsystem

Für ein freies Teilchen gilt $\boldsymbol{F} = 0$ in (5.1): als Kräfte im Nichtinertialsystem wirken nur die Trägheitskräfte. Sie haben gerade die Eigenschaft, proportional zur trägen Masse zu sein. Diese fällt aus der Bewegungsgleichung (5.1) ganz heraus:

$$\frac{\mathrm{d}^2\boldsymbol{x}}{\mathrm{d}t^2} = -\dot{\boldsymbol{\omega}}\times\boldsymbol{x} - \boldsymbol{\omega}\times(\boldsymbol{\omega}\times\boldsymbol{x}) - 2(\boldsymbol{\omega}\times\dot{\boldsymbol{x}})\,. \tag{5.5}$$

Wir erwarten daher, daß die Bahn eines freien Teilchens rein kinematisch bestimmt werden kann. Eine Methode dazu ist die folgende. Im Inertialsystem ist die Bahn eines freien Teilchens eine *Gerade*, also die kürzeste Verbindungskurve zwischen zwei Raumpunkten. Wir erhalten sie aus folgendem *Variationsprinzip für die Bogenlänge* $\tilde{l}$ *im* $\mathbb{R}^3$:

$$\delta\int_1^2 \mathrm{d}\tilde{l} = \delta\int_1^2 \mathrm{d}u\,\sqrt{\left(\frac{\mathrm{d}x}{\mathrm{d}u}\right)^2 + \left(\frac{\mathrm{d}y}{\mathrm{d}u}\right)^2 + \left(\frac{\mathrm{d}z}{\mathrm{d}u}\right)^2} = 0\,, \tag{5.6}$$

wenn $\boldsymbol{x} = \boldsymbol{x}(u)$ die parametrisierte Raumkurve mit Kurvenparameter u ist und die Randpunkte festgehalten werden. (5.6) entspricht dem Hamiltonschen Prin-

zip der Mechanik mit der Lagrangefunktion $L=\sqrt{\left(\frac{\mathrm{d}x}{\mathrm{d}u}\right)^2+\left(\frac{\mathrm{d}y}{\mathrm{d}u}\right)^2+\left(\frac{\mathrm{d}z}{\mathrm{d}u}\right)^2}$.
Die Euler-Lagrange-Gleichungen

$$\frac{\partial L}{\partial \boldsymbol{x}}-\frac{\mathrm{d}}{\mathrm{d}u}\left(\frac{\partial L}{\partial \dot{\boldsymbol{x}}}\right)=0$$

ergeben $\frac{\mathrm{d}}{\mathrm{d}u}\left(\frac{\dot{\boldsymbol{x}}}{L}\right)=0$ oder $\dot{\boldsymbol{x}}=\boldsymbol{const}$, wenn wir die Bogenlänge $\tilde{l}$ selbst als Kurvenparameter wählen ($\mathrm{d}u=\mathrm{d}\tilde{l}$). Wir führen jetzt dieses Variationsprinzip im Minkowski-Raum durch und mit einem raum-zeitabhängigen Linienelement

$$\mathrm{d}l^2=g_{\alpha\beta}\mathrm{d}x^\alpha \mathrm{d}x^\beta\,. \tag{5.7}$$

Also haben wir die Euler-Lagrange-Gleichungen

$$\frac{\partial L}{\partial x^\alpha}-\frac{\mathrm{d}}{\mathrm{d}u}\frac{\partial L}{\partial \dot{x}^\alpha}=0$$

zu berechnen für

$$L=\sqrt{g_{\kappa\lambda}(t,\boldsymbol{x})\frac{\mathrm{d}x^\kappa}{\mathrm{d}u}\frac{\mathrm{d}x^\lambda}{\mathrm{d}u}}\,.$$

Wegen

$$\frac{\partial L}{\partial x^\alpha}=\frac{\frac{\partial g_{\kappa\lambda}}{\partial x^\alpha}\frac{\mathrm{d}x^\kappa}{\mathrm{d}u}\frac{\mathrm{d}x^\lambda}{\mathrm{d}u}}{2\sqrt{g_{\kappa\lambda}\frac{\mathrm{d}x^\kappa}{\mathrm{d}u}\frac{\mathrm{d}x^\lambda}{\mathrm{d}u}}}$$

und

$$\frac{\partial L}{\partial \dot{x}^\alpha}=\frac{2g_{\kappa\lambda}\frac{\mathrm{d}x^\kappa}{\mathrm{d}u}\delta^\lambda_\alpha}{2L}=\frac{g_{\alpha\kappa}\frac{\mathrm{d}x^\kappa}{\mathrm{d}u}}{L}$$

folgt

$$\frac{1}{2L}\frac{\partial g_{\kappa\lambda}}{\partial x^\alpha}\frac{\mathrm{d}x^\kappa}{\mathrm{d}u}\frac{\mathrm{d}x^\lambda}{\mathrm{d}u}-\frac{\mathrm{d}}{\mathrm{d}u}\left[\frac{1}{L}g_{\alpha\kappa}\frac{\mathrm{d}x^\kappa}{\mathrm{d}u}\right]=0\,. \tag{5.8}$$

Jetzt führen wir die Bogenlänge als Parameter ein ($\mathrm{d}u=\mathrm{d}l$), bekommen also ($L=1$)

$$\frac{1}{2}\frac{\partial g_{\kappa\lambda}}{\partial x^\alpha}\frac{\mathrm{d}x^\kappa}{\mathrm{d}u}\frac{\mathrm{d}x^\lambda}{\mathrm{d}u}-g_{\alpha\kappa}\frac{\mathrm{d}^2x^\kappa}{\mathrm{d}x^\beta}-\frac{\partial g_{\alpha\kappa}}{\partial l^2}\frac{\mathrm{d}x^\beta}{\mathrm{d}l}\frac{\mathrm{d}x^\kappa}{\mathrm{d}l}=0\,.$$

Überschieben mit der reziproken Metrik $g^{\gamma\alpha}$, für die $g^{\gamma\alpha}g_{\alpha\beta}=\delta^{\gamma}_{\beta}$ gilt, ergibt weiter

$$\frac{d^2x^\gamma}{dl^2}-g^{\gamma\alpha}\left[\frac{1}{2}\frac{\partial g_{\kappa\lambda}}{\partial x^\alpha}\frac{dx^\kappa}{dl}\frac{dx^\lambda}{dl}-\frac{\partial g_{\alpha\kappa}}{\partial x^\beta}\frac{dx^\beta}{dl}\frac{dx^\kappa}{dl}\right]=0$$

oder, nach Änderung eines Summationsindex im letzten Term,

$$\frac{d^2x^\gamma}{dl^2}+g^{\gamma\alpha}\left[-\frac{1}{2}\frac{\partial g_{\kappa\lambda}}{\partial x^\alpha}+\frac{\partial g_{\kappa\lambda}}{\partial x^\beta}\right]\frac{dx^\kappa}{dl}\frac{dx^\lambda}{dl}=0\,.$$

Durch Ausnützen der Symmetrie in κ und λ im letzten Term können wir die Bewegungsgleichung des freien Teilchens in die Form bringen:

$$\boxed{\frac{d^2x^\gamma}{dl^2}+\Gamma_{\kappa\ \lambda}^{\ \gamma}\frac{dx^\kappa}{dl}\frac{dx^\lambda}{dl}=0} \tag{5.9}$$

mit dem sogenannten *Christoffelsymbol* (2. Art)

$$\boxed{\Gamma_{\kappa\ \lambda}^{\ \gamma}:=\frac{1}{2}g^{\gamma\alpha}\left[\frac{\partial g_{\alpha\kappa}}{\partial x^\lambda}+\frac{\partial g_{\alpha\lambda}}{\partial x^\kappa}-\frac{\partial g_{\kappa\lambda}}{\partial x^\alpha}\right]\quad[\Gamma]=\mathrm{cm}^{-1}}\,. \tag{5.10}$$

$\Gamma_{\kappa\ \lambda}^{\ \gamma}$ sind die 40 Komponenten einer wichtigen geometrischen Größe, die wir in Kapitel 8 kennenlernen werden. Wir wissen schon, daß diese Größe *kein Tensor* sein kann. Denn durch Rücktransformation auf Inertialkoordinaten können wir immer $g_{\alpha\beta}\stackrel{*}{=}\eta_{\alpha\beta}$ erreichen, also $\Gamma_{\kappa\ \lambda}^{\ \gamma}\stackrel{*}{=}0$. Da ein Tensor sich linear-homogen transformiert, ist er *identisch* Null, wenn seine Komponenten in *einem* Inertialsystem verschwinden. Als Bewegungsgleichung eines freien Massenpunktes betrachtet, nämlich als

$$\boxed{m\frac{d^2x^\gamma}{d\tau^2}=-m\Gamma_{\kappa\ \lambda}^{\ \gamma}\frac{dx^\kappa}{d\tau}\frac{dx^\lambda}{d\tau}} \tag{5.11}$$

mit der Eigenzeit $d\tau=c^{-1}dl$ und der Ruhmasse m steht auf der rechten Seite ein *Kraftterm*. Um ihn genauer zu studieren, schreiben wir (5.11) auf die Koordinatenzeit t um. Wegen

$$\frac{dx^\alpha}{d\tau}=\frac{dx^\alpha}{dt}\cdot\frac{dt}{d\tau}, \tag{5.12}$$

und

$$\frac{d^2x^\alpha}{d\tau^2}=\left(\frac{dt}{d\tau}\right)^2\frac{d^2x^\alpha}{dt^2}+\frac{d^2t}{d\tau^2}\frac{dx^\alpha}{dt} \tag{5.13}$$

müssen wir zuerst $\dfrac{\mathrm{d}^2 t}{\mathrm{d}\tau^2}$ aus (5.11) für $\gamma = 0$ bestimmen:

$$c\frac{\mathrm{d}^2 t}{\mathrm{d}\tau^2} + \Gamma_{\kappa\ \lambda}^{\ 0}\frac{\mathrm{d}x^\kappa}{\mathrm{d}t}\frac{\mathrm{d}x^\lambda}{\mathrm{d}t}\left(\frac{\mathrm{d}t}{\mathrm{d}\tau}\right)^2 = 0\,. \tag{5.14}$$

Setzt man (5.14) in die 3 restlichen Gleichungen von (5.11) für γ =1, 2 , 3 ein, so ergibt sich nach einiger Rechnung (Übungsaufgabe!) eine gegenüber dem ersten Newtonschen Gesetz erheblich verkomplizierte Gleichung:

$$\begin{aligned}\frac{\mathrm{d}^2 x^k}{\mathrm{d}t^2} = {} & -c^2\Gamma_{0\ 0}^{\ k} - c\left(2\sum_{j=1}^{3}\Gamma_{0\ j}^{\ k}\frac{\mathrm{d}x^j}{\mathrm{d}t} - \Gamma_{0\ 0}^{\ 0}\frac{\mathrm{d}x^k}{\mathrm{d}t}\right)\\ & -\sum_{j=1}^{3}\left(\sum_{i=1}^{3}\Gamma_{i\ j}^{\ k}\frac{\mathrm{d}x^i}{\mathrm{d}t} - 2\Gamma_{0\ j}^{\ 0}\frac{\mathrm{d}x^k}{\mathrm{d}t}\right)\frac{\mathrm{d}x^i}{\mathrm{d}t}\\ & +\frac{1}{c}\frac{\mathrm{d}x^k}{\mathrm{d}t}\sum_{i,j=1}^{3}\Gamma_{i\ j}^{\ 0}\frac{\mathrm{d}x^i}{\mathrm{d}t}\frac{\mathrm{d}x^j}{\mathrm{d}t} \qquad (k=1,2,3)\,.\end{aligned} \tag{5.15}$$

Wir sehen auf der rechten Seite einen Term, der nicht von der Geschwindigkeit des Teilchens abhängt und Terme, die linear, quadratisch und kubisch in der Geschwindigkeit sind.

Aufgabe 5.1: Komponenten der Christoffelsymbole

Zeige, daß gilt:

$$\begin{aligned}
\Gamma_{0\ 0}^{\ 0} &= \frac{1}{2}g^{00}\frac{\partial g_{00}}{\partial x^0} + \frac{1}{2}\sum_{j=1}^{3}g^{0j}\left(2\frac{\partial g_{0j}}{\partial x^0} - \frac{\partial g_{00}}{\partial x^j}\right)\\
\Gamma_{0\ j}^{\ 0} &= \frac{1}{2}g^{00}\frac{\partial g_{00}}{\partial x^j} + \frac{1}{2}\sum_{k=1}^{3}g^{0k}\left(\frac{\partial g_{0k}}{\partial x^j} - \frac{\partial g_{0j}}{\partial x^k} + \frac{\partial g_{kj}}{\partial x^0}\right)\\
\Gamma_{0\ 0}^{\ k} &= \frac{1}{2}g^{k0}\frac{\partial g_{00}}{\partial x^0} + \frac{1}{2}\sum_{j=1}^{3}g^{kj}\left(2\frac{\partial g_{j0}}{\partial x^0} - \frac{\partial g_{00}}{\partial x^j}\right)\\
\Gamma_{i\ j}^{\ k} &= \frac{1}{2}g^{k0}\left(\frac{\partial g_{0i}}{\partial x^j} + \frac{\partial g_{0j}}{\partial x^i} - \frac{\partial g_{ij}}{\partial x^0}\right) + \frac{1}{2}\sum_{l=1}^{3}g^{kl}\left(\frac{\partial g_{li}}{\partial x^j} + \frac{\partial g_{lj}}{\partial x^i} - \frac{\partial g_{ij}}{\partial x^l}\right)\\
\Gamma_{i\ j}^{\ 0} &= \frac{1}{2}g^{00}\left(\frac{\partial g_{0i}}{\partial x^j} + \frac{\partial g_{0j}}{\partial x^i} - \frac{\partial g_{ij}}{\partial x^0}\right) + \frac{1}{2}\sum_{k=1}^{3}g^{0k}\left(\frac{\partial g_{ki}}{\partial x^j} + \frac{\partial g_{kj}}{\partial x^i} - \frac{\partial g_{ij}}{\partial x^k}\right)\\
\Gamma_{0\ j}^{\ k} &= \frac{1}{2}g^{k0}\frac{\partial g_{00}}{\partial x^j} + \frac{1}{2}\sum_{l=1}^{3}g^{kl}\left(\frac{\partial g_{l0}}{\partial x^j} + \frac{\partial g_{lj}}{\partial x^0} - \frac{\partial g_{0j}}{\partial x^l}\right)
\end{aligned} \tag{5.16}$$

Im Beispiel (5.3), also für

$$g_{00} = 1 - \left(\frac{g}{c}t\right)^2, \quad g_{0k} = \frac{g}{c}t\delta_k^1, \quad g_{ik} = -\delta_{ik},$$

84 165

bzw.

$$\begin{cases} g^{00} = 1\,, \quad g^{0k} = \dfrac{gt}{c}\delta_1^k\,, \quad g^{00} = -1 + \left(\dfrac{g}{c}t\right)^2 \\ g^{22} = g^{33} = -1 \end{cases}$$

folgt wegen $\dfrac{\partial g_{00}}{\partial x^0} = -2\dfrac{g^2}{c^3}t,\ \dfrac{\partial g_{0k}}{\partial x^0} = \dfrac{g}{c^2}\delta_k^1$

$$\begin{cases} \Gamma_{0\,0}^{\;k} = \dfrac{1}{2}\dfrac{g}{c}t\delta_1^k\left(-2\dfrac{g^2}{c^3}t\right) + \dfrac{1}{2}\sum_{j=1}^{3} g^{ki}\left(2\dfrac{g}{c^2}\delta_j^1 - 0\right) \\ \quad = -\dfrac{g}{c^2}\delta_1^k \\ \Gamma_{\alpha\,\beta}^{\;\gamma} = 0 \ \text{ sonst}\,. \end{cases} \tag{5.17}$$

Aus (5.15) ergibt sich daher in diesem Beispiel

$$\frac{\mathrm{d}^2x^k}{\mathrm{d}t^2} = -g\delta_1^k\,, \tag{5.18}$$

also

$$\frac{\mathrm{d}^2x^1}{\mathrm{d}t^2} \cong -g\,, \quad \frac{\mathrm{d}x^2}{\mathrm{d}t^2} = 0\,, \quad \frac{\mathrm{d}^2x^3}{\mathrm{d}t^2} = 0\,. \tag{5.19}$$

Aufgabe 5.2: Rindler-Koordinaten

Zeige, daß für den Übergang zu Rindler-Koordinaten aus Abschnitt 3.2.2 Seite 85 gilt:

$$g_{00} = (1+\alpha x^1)^2\,, \quad g_{0k} = 0\,, \quad g_{ik} = -\delta_{ik}$$

und die Bewegungsgleichung die Gestalt annimmt:

$$\frac{\mathrm{d}^2x^k}{\mathrm{d}t^2} = -c^2\alpha(1+\alpha x^1)\delta_1^k + 2\alpha\frac{\mathrm{d}x^k}{\mathrm{d}t}\frac{\frac{\mathrm{d}x^1}{\mathrm{d}t}}{1+\alpha x^1}\,.$$

Das heißt, hier folgt nur in einer Umgebung von $x^1 = 0$ und für $\left|\dfrac{\mathrm{d}x^k}{\mathrm{d}t}\right|^2 \ll c^2$, daß

$$\frac{\mathrm{d}^2x^k}{\mathrm{d}t^2} \cong -c^2\alpha = const.$$

Die Rechnungen dieses Abschnittes zeigen uns, daß die Größe $\Gamma_{k\ \lambda}^{\ \gamma}$ die Trägheitsfelder beschreibt. Insofern Γ eine Linearkombination der ersten Ableitungen der Komponenten $g_{\alpha\beta}$ der Metrik im Nichtinertialsystem ist, spielen die $g_{\alpha\beta}$ die Rolle von *Trägheitspotentialen*. Das würde bedeuten, daß es 10 solcher Potentiale gibt, statt der vier (Zentrifugal- bzw. Coriolis-Vektorpotential), auf die wir gestoßen sind. Diese vier Potentiale erhält man aus den Gleichungen (5.15) und (5.16) zurück mit dem Ansatz $g_{00} = \left(1 - \frac{2}{c^2}\phi\right)$, $g_{ik} = -\delta_{ik}$, $g_{oi} = A_i$ und unter Vernachlässigung von Termen $\sim (v/c)^2, (v/c)^3$, $(v/c) \cdot \phi \cdot A$ bzw. $(v/c) \cdot A^2$. Gleichung (5.15) reduziert sich dann auf:

$$\frac{\mathrm{d}^2 \boldsymbol{x}}{\mathrm{d}t^2} = -\nabla\phi + c^2 \operatorname{rot} \boldsymbol{A} \times \frac{\boldsymbol{v}}{c} - \frac{1}{c}\frac{\partial \boldsymbol{A}}{\partial t}. \tag{5.20}$$

Hier erkennt man eine formale Analogie zur Lorentzkraft.

Bemerkungen:

1. Die Trägheitspotentiale bilden einen symmetrischen Tensor, der gleich dem metrischen Tensor ist. Heißt das etwa, daß in einem Nichtinertialsystem Zeit- und Längenmessung zu einer anderen *Geometrie* führen? In der vierdimensionalen Raum-Zeit nicht, denn wir befinden uns nach wie vor im Minkowski-Raum, und geometrische Größen dürfen nicht vom Bezugssystem abhängen. Andererseits bemerkt der Experimentator, der Zeit und Länge mit den gleichen Vorschriften und Instrumenten wie im Inertialsystem mißt, durchaus neue Effekte. Wenn die Uhrenhypothese auf beschleunigte Systeme übertragen wird, so bekommen wir als Eigenzeit einer im Nichtinertialsystem ruhenden Uhr $(\mathrm{d}x^1 = \mathrm{d}x^2 = \mathrm{d}x^3 = 0)$ $\mathrm{d}\tau = \sqrt{g_{00}}\,\mathrm{d}t$. Die Relativbeschleunigung zum Inertialsystem ist durch g_{00} erfaßt (vgl. auch Abschn. 5.3).
2. Der Formalismus dieses Abschnitts schließt auch den *Übergang zu beliebigen krummlinigen Koordinaten in einem Inertialsystem* ein.

Aufgabe 5.3: Christoffelsymbole in Polarkoordinaten

Berechne das Christoffelsymbol $\Gamma_{\kappa\ \lambda}^{\ \mu}$ für den Übergang zu räumlichen Polarkoordinaten.

Aufgabe 5.4: Rotierendes System

Berechne die Komponenten der Minkowski-Metrik und die Komponenten $\Gamma_{\kappa\ \lambda}^{\ \mu}$ für ein relativ zum Inertialsystem um die z-Achse starr rotierendes System.

---

3. Die Bewegungsgleichung (5.15) ist nur deswegen so kompliziert, weil sie für alle denkbaren Fälle des Überganges zwischen Inertialsystemen und Nichtinertialsystemen und für alle möglichen Koordinatentransformationen gilt. Im Einzelfall leitet man die Komponenten des Christoffel-symboles einfacher auf folgende Weise ab. Man schreibt das Linienelement an

$$\mathrm{d}l^2 = g_{\alpha\beta}\mathrm{d}x^\alpha \mathrm{d}x^\beta$$

und verwendet

$$\left(\frac{\mathrm{d}l}{\mathrm{d}\tau}\right)^2 = g_{\alpha\beta}\frac{\mathrm{d}x^\alpha}{\mathrm{d}\tau}\frac{\mathrm{d}x^\beta}{\mathrm{d}\tau}$$

als Lagrangefunktion zur direkten Berechnung der Bewegungsgleichungen.

Nehmen wir das Beispiel der Metrik in Rindler-Koordinaten (Übungsaufgabe 5.2 auf Seite 169). Hier ist

$$\mathrm{d}l^2 = (1+\alpha x)^2 c^2 \mathrm{d}t^2 - \mathrm{d}x^2 - \mathrm{d}y^2 - \mathrm{d}z^2 ,$$

Wir wählen daher als Lagrange-Funktion

$$L = (1+\alpha x)^2 c^2 \dot{t}^2 - \dot{x}^2 - \dot{y}^2 - \dot{z}^2 , \tag{5.21}$$

wobei die Punkte die Ableitung nach der Eigenzeit bedeuten. Wegen

$$\frac{\partial L}{\partial x} = 2c^2\alpha(1+\alpha x)\dot{t}^2 , \qquad \frac{\partial L}{\partial x^0} = \frac{\partial L}{\partial x} = \frac{\partial L}{\partial z} = 0 ,$$

$$\frac{\partial L}{\partial \dot{x}^k} = -2\dot{x}^k \qquad (k = 1, 2, 3) ,$$

$$\frac{\partial L}{\mathrm{d}\dot{t}} = 2c^2(1+\alpha x)^2\dot{t}$$

sind die Euler-Lagrange-Gleichungen dann

$$\frac{\mathrm{d}}{\mathrm{d}\tau}[(1+\alpha x)^2\dot{t}] = 0 , \qquad \frac{\mathrm{d}}{\mathrm{d}\tau}(\dot{y}) = 0 = \frac{\mathrm{d}}{\mathrm{d}\tau}(\dot{z}) ,$$

$$2c^2\alpha(1+\alpha x)\dot{t}^2 - \frac{\mathrm{d}}{\mathrm{d}\tau}(-2\dot{x}) = 0 ,$$

oder, nach Isolierung der höchsten Ableitungen,

$$\left.\begin{aligned}
\frac{d^2t}{d\tau^2} &= -\frac{2\alpha}{1+\alpha x}\frac{dt}{d\tau}\frac{dx}{d\tau} \\
\frac{d^2y}{d\tau^2} &= 0 = \frac{d^2z}{d\tau^2} \\
\frac{d^2x}{d\tau^2} &= -\alpha c^2(1+\alpha x)\dot{t}^2
\end{aligned}\right\} . \tag{5.22}$$

Der Vergleich mit (5.9) gibt

$$\left.\begin{aligned}
&\Gamma_{0\,1}^{\,0} = \Gamma_{1\,0}^{\,0} = \frac{\alpha}{1+\alpha x} \\
&\Gamma_{0\,0}^{\,1} = \alpha(1+\alpha x) \\
&\Gamma_{\alpha\,\beta}^{\,\gamma} = 0 \qquad \text{sonst} .
\end{aligned}\right\} \tag{5.23}$$

Diese Art der Berechnung geht für einfache Linienelemente dl^2 in der Regel schnell.

Eine weitere Methode zur Berechnung des Christoffelsymbols, nämlich die Cartansche Differentialformenmethode, werden wir in Abschnitt 8.3.3 kennenlernen. Sie beruht darauf, das Linienelement in der Form $dl^2 = \eta_{ab}\theta^a\theta^b$ zu schreiben mit vier Linearformen $\theta^a (a, b = 0, 1, 2, 3)$, die als $\theta^a = e^a_\sigma dx^\sigma$ geschrieben werden können. Anwendungen der äußeren Ableitung auf θ^a führt dann ebenfalls zum Christoffelsymbol durch

$$d\theta^a = -\omega^a{}_b \wedge \theta^b \tag{5.24}$$

mit $\omega^a{}_b := \Gamma_{b\,c}^{\,a}\theta^c$.
Nehmen wir als Beispiel die Minkowski-Metrik in Rindler-Koordinaten: Hier gilt

$$\theta^0 = (1+\alpha x^1)dx^0, \quad \theta^i = dx^i \quad (i = 1, 2, 3) ,$$

so daß also $e^0_\sigma = (1+\alpha x^1)\delta^0_\sigma, e^i_\sigma = \delta^i_\sigma (\sigma = 0, 1, 2, 3)$. Durch äußere Differentiation erhalten wir

$$d\theta^0 = \alpha dx^1 \wedge dx^0 = -\frac{\alpha}{1+\alpha x^1}\theta^0 \wedge^1, \; d\theta^i = 0 \;\; (i = 1, 2, 3)$$

Man liest ab, daß

$$\omega^0{}_1 = -\omega^1{}_0 = \frac{\alpha}{1+\alpha x^1}\theta^0, \qquad \omega^i{}_k = 0 \qquad \text{sonst}.$$

Um die Christoffelsymbole in den lokalen Koordinaten $\{x^\alpha\}$ zu erhalten, müssen wir von den Beinkoordinaten umrechnen

$$\Gamma_{a\,b}{}^{c} = e^c_\gamma e^\alpha_a e^\beta_b \Gamma_{\alpha\,\beta}{}^{\gamma}\,. \tag{5.25}$$

Dabei sind die e^α_a die zu e^b_β reziproken Matrizen: $e^\alpha_a e^a_\beta = \delta^\alpha_\beta$, so daß also $e^\gamma_0(1+\alpha x^1)^{-1}\delta^\gamma_0$. Damit erhalten wir aus

$$\Gamma_{\hat{1}\hat{0}}{}^{\hat{0}} = \frac{\alpha}{1+\alpha x^1}, \qquad \Gamma_{\hat{0}\hat{0}}{}^{\hat{1}} = -\frac{\alpha}{1+\alpha x^1}$$

in Beinkoordinaten $\Gamma_{10}{}^{0} = \Gamma_{\hat{1}\hat{0}}{}^{\hat{0}}$ und $\Gamma_{00}{}^{1} = -(1+\alpha x^1)^2\Gamma_{\hat{0}\hat{0}}{}^{\hat{1}}$, was mit (5.23) übereinstimmt.

5.3 Momentaner Ruhraum eines Beobachters und Geometrie des Anschauungsraumes

In Bemerkung 1 des vorigen Abschnitts sind wir auf das Problem gestoßen, daß zwischen dem flachen Minkowski-Raum und dem eventuell nichteuklidischen dreidimensionalen Anschauungsraum unterschieden werden muß.

Wie mißt ein Beobachter die *Raum*-Geometrie aus (im Unterschied zur *Raum-Zeit*-Geometrie)? Wir beschreiben einen Beobachter durch einen *zeitartigen* Vektor u^α, der Tangente an seine Weltlinie ist. Legen wir die Zeitachse in seine Richtung, so folgt für die Komponenten $u^\alpha \stackrel{*}{=} \frac{c}{\sqrt{g_{00}}}\delta^\alpha_0$ (wegen der Normierung $g_{\alpha\beta}u^\alpha u^\beta = c^2$). Längenmessungen werden dann im momentanen Ruhraum des Beobachters ausgeführt. Wir bekommen ihn als eine Projektion *senkrecht* zu u^α. Diese Projektion wird gerade durch einen Projektionstensor

$$p_{\alpha\beta} := g_{\alpha\beta} - \frac{1}{c^2}u_\alpha u_\beta \tag{5.26}$$

geleistet, da $p_{\alpha\beta}u^\beta = 0$, $p_{\alpha\beta}p^\beta{}_\gamma = p_{\alpha\gamma}$ und $g^{\alpha\beta}p_{\alpha\beta} = 3$ gilt. Die zweite Beziehung spiegelt die Idempotenz eines Projektionsoperators wieder, die dritte die Dimension des Raumes, in den projiziert wird. Im momentanen Ruhraum des Beobachters gilt

$$p_{\alpha\beta} :\stackrel{*}{=} g_{\alpha\beta} - \frac{g_{\alpha 0}g_{\beta 0}}{g_{00}},$$

also

$$p_{00} \stackrel{*}{=} p_{ok} \stackrel{*}{=} 0\,, \qquad p_{ik} \stackrel{*}{=} g_{ik} - \frac{g_{i0}g_{k0}}{g_{00}}\,. \tag{5.27}$$

Auf die Komponenten der Metrik angewandt bedeutet p_{ik} gerade die Komponenten der Metrik im momentanen Ruhraum des Beobachters. Das sieht man auch an der identischen Umformung von $\mathrm{d}l^2 = g_{\alpha\beta}\mathrm{d}x^\alpha \mathrm{d}x^\beta$ in

$$\mathrm{d}l^2 \stackrel{*}{=} \left(\sqrt{g_{00}}\,\mathrm{d}x^0 + \frac{g_{0i}\mathrm{d}x^i}{\sqrt{g_{00}}}\right)^2 + p_{ik}\mathrm{d}x^i\mathrm{d}x^k\,.$$

Für das Beispiel des freifallenden Bezugssystems (5.3) folgt

$$p_{i'k'} = -\left(1-\left(\frac{g}{c^2}x^{0'}\right)^2\right)^{-2} \delta^1_{i'}\delta^1_{k'} - \delta^2_{i'}\delta^2_{k'} - \delta^3_{i'}\delta^3_{k'}\,,$$

also eine *zeitabhängige* Geometrie. Das weitere Beispiel der rotierenden Scheibe werden wir in Abschnitt 6.7 besprechen.

Anmerkung: 1. Wir haben hier zum erstenmal den in Abschnitt 1.1 erwähnten Unterschied zwischen Koordinaten- und Bezugssystem eines Beobachters formalisiert. Letzteres wird in einer koordinaten*unabhängigen* Weise durch einen zeitartigen Vektor bzw. das um drei raumartige Vektoren ergänzte *Vierbein* definiert. Es ist ein zusätzliches, willkürliches Element in der Theorie, wenn nicht physikaliche Gründe eindeutig für die Wahl eines zeitartigen 4-Vektors sprechen.

2. Man hat versucht, eine Untergruppe der Diffeomorphismengruppe als „Koordinatentransformationen“ einzugrenzen, nämlich

$$\begin{aligned} x^{0'} &= f(x^0, x^j) \\ x^{k'} &= g^k(x^l) \qquad k, l, j = 1, 2, 3\,. \end{aligned}$$

Unter dieser Gruppe ist p_{ik}, also die Raummetrik, ein Tensor. Dieser Zugang ist äquivalent zur Einführung eines zeitartigen Vektorfeldes. In den Beispielen 1 und 2 von Abschnitt 3.2.2 und dem Beispiel von Aufgabe 5.4, die als Übergang zu beschleunigten Bezugssysteme gedeutet wurden, wird der Rahmen dieser Gruppe überschritten

6 Äquivalenzprinzip und lokales Inertialsystem

In diesem Kapitel beschreiten wir einen möglichen Weg von der speziellen zur allgemeinen Relativitätstheorie. In den Überlegungen spielen das Äquivalenzprinzip und die Änderung des Begriffs *Inertialsystem* eine wichtige Rolle. Leitgedanke ist, daß in einem Ereignis (oder einer kleinen Umgebung desselben) zwischen Trägheits- und Gravitationskräften nicht unterschieden werden kann. Ein erstes meßbares Resultat ist die Rotverschiebung der Spektrallinien (Gravitationsrotverschiebung). Experimente dazu werden besprochen.

6.1 Träge und schwere Masse

Schon seit Galilei und Newton unterscheiden wir zwischen den Begriffen *träge* und *schwere* Masse. Aus der Messung der Schwingungsdauer eines Fadenpendels $T = 2\pi\sqrt{\frac{L}{g}\frac{m}{M}}$ der Länge L mit träger Masse m, schwerer Masse M und Erdbeschleunigung g hatte Newton für verschiedene Stoffe festgestellt, daß

$$\left(\frac{m}{M}\right)_A = \left(\frac{m}{M}\right)_B = \ldots \, const\,. \tag{6.1}$$

Setzt man die Konstante gleich eins, so sind träge und schwere Masse gleich groß. Die relative Genauigkeit seiner Messungen von $\frac{m-M}{m} < 10^{-3}$ wurde in unserer Zeit durch Messungen an Torsionswaagen stark verbessert: Eötvös (1922): $\frac{m-M}{m} < 3 \cdot 10^{-9}$, Renner (1935): $\frac{m-M}{m} < 2 \cdot 10^{-10}$. Die gegenwärtig besten Messungen [DKR72] [BP72] (für Massen aus Gold und Aluminium bzw. Blei und Aluminium) führen auf $\frac{m-M}{m} < 1 \cdot 10^{-12}$. Die Erfahrungstatsache, daß die Beschleunigung, die eine Masse durch die Gravitationskraft erfährt, *unabhängig ist von ihrer stofflichen Zusammensetzung*, hebt die Gravitation von allen anderen Wechselwirkungen ab. (In der Elektrodynamik geht $\frac{e}{m}$ ein!)

6.2 Homogenes Gravitationsfeld und Nichtinertialsystem

Der Grund dafür, daß wir im Rahmen der Newtonschen Gravitationstheorie ein *homogenes* Gravitationsfeld (d.h. ein raum- und zeitunabhängiges Feld) durch Übergang zu einem gleichförmig beschleunigten Bezugssystem „wegtransformieren" können, liegt gerade in dieser Gleichheit der trägen und schweren Masse: Von

$$m\frac{\mathrm{d}^2x}{\mathrm{d}t^2} = -Mg \tag{6.2}$$

kommen wir durch $x' = x + \frac{1}{2}gt^2, t' = t$ für $m = M$ zu

$$\frac{\mathrm{d}^2x'}{\mathrm{d}t'^2} = 0\,. \tag{6.3}$$

(Man könnte dies auch für $m \neq M$ erreichen; allerdings braucht man dann für jede Masse eine andere Transformation.) Im Rahmen der speziellen Relativitätstheorie kann man nicht erwarten, daß eine Transformation $x^\alpha \to x'^\alpha = x'^\alpha(x^\beta)$ die 4-Kraft F^α in

$$m\frac{\mathrm{d}^2x^\alpha}{\mathrm{d}\tau^2} = F^\alpha$$

wegtransformiert: sie ist ja ein *4-Vektor*[1]. Bestenfalls kann man einen Teil der Komponenten zum Verschwinden bringen. Nehmen wir an, wir hätten ein freies Teilchen:

$$\frac{\mathrm{d}^2x}{\mathrm{d}t^2} = 0\,. \tag{6.4}$$

Der Übergang zu Rindler-Koordinaten bringt dann nach (5.15) und (5.23)

$$\frac{\mathrm{d}^2x'}{\mathrm{d}t'^2} = c^2\alpha(1+\alpha x') + 2\alpha\frac{\left(\frac{\mathrm{d}x'}{\mathrm{d}t'}\right)^2}{1+\alpha x'}\,. \tag{6.5}$$

[1] Streng genommen haben wir sie als 4-Vektor gegenüber *Lorentz-Transformationen* eingeführt. Im folgenden wollen wir alle Tensoren gegenüber der Lorentz-Gruppe auch unter allgemeinen Transformationen wie Tensoren behandeln.

Im momentanen Ruhsystem, etwa zur Zeit $t' = 0$, und am Ursprung gilt dann

$$\frac{d^2 x'}{dt'^2} \stackrel{*}{=} -c^2 \alpha \,, \tag{6.6}$$

das heißt wir erhalten eine *konstante* Kraft. *Aber nur in einem Ereignis* $(t' = 0, x' = 0)$ [bzw. näherungsweise in einer kleinen Umgebung]. Die Rindler-Koordinaten bedeuten also den Übergang auf ein momentan frei fallendes Bezugssystem an einem Ort.

Wir verallgemeinern diese Erfahrung und schließen, daß ein homogenes Gravitationsfeld in der Umgebung eines Ereignisses durch Einführung eines frei fallenden Bezugssystems zum Verschwinden gebracht werden kann. (Im frei fallenden Bezugssystem bewegt sich eine Punktmasse dann geradlinig-gleichförmig.) Wir schließen weiter daraus, daß ein homogenes Gravitationsfeld *nicht* durch einen Tangentenvektor beschrieben werden kann.

6.3 Äquivalenzprinzip und lokales Inertialsystem

6.3.1 Einsteinsches Äquivalenzprinzip

An dieser Stelle greift das Gedankenexperiment Einsteins mit dem im Gravitationfeld frei fallenden Fahrstuhl. In ihm laufen alle mechanischen Vorgänge so ab, wie in einem relativ zu einem (Newtonschen) Inertialsystem ruhenden Labor. Einstein sah keinen Grund, warum dies nur für *mechanische* Vorgänge gelten sollte und übertrug die Situation auf die ganze Physik in folgendem Postulat: *(starkes Äquivalenzprinzip) Die lokalen, frei fallenden, nicht-rotierenden Bezugssysteme sind in bezug auf die Beschreibung aller physikalischen Vorgänge gleichberechtigt.*

Daß ein Bezugssystem nicht rotiert, kann man etwa mit Hilfe eines Pendels (Schwingungsebene relativ zu den Laborwänden fest) oder durch Messung von *Spannungen* in den das System bildenden Massen feststellen. (Ein rotierendes makroskopisches System hat immer nichtlokale Eigenschaften.)

Eine etwas andere Formulierung des starken Äquivalenzprinzips besagt, daß „*im lokalen Inertialsystem die speziell-relativistische Physik gilt*". In der Literatur sind die verschiedensten, nicht immer äquivalenten Formulierungen des Äquivalenzprinzips anzutreffen. So versteht man etwa unter dem „*schwachen Äquivalenzprinzip*" häufig die Universalität des freien Falls, also die Tatsache, daß die Beschleunigung im Gravitationsfeld unabhängig von der stofflichen Zusammensetzung der Körper ist. Eine direkte Folgerung daraus ist dann die populäre Formulierung, daß die Wirkungen eines homogenen Gravitationsfeldes durch gewisse Beschleunigungen ersetzt werden könnten. Die in Abschnitt 6.1 angegebene Überprüfung dieses schwachen Äquivalenzprinzips soll durch ein Satellitenexperiment um 5 – 6 Zehnerpotenzen (relativer Fehler von $\simeq 10^{-17}$) verbessert werden. (Sogenannter STEP-Projektvorschlag; vergleiche [Sch93]. Das Projekt ist allerdings noch nicht von der Europäischen Raumfahrtbehörde angenommen worden.)

Bemerkung: 1. Unser Sprachgebrauch des Wortes „lokal“ ist nicht ganz eindeutig. Einmal verstehen wir darunter eine kleine Umgebung eines Ereignisses, ein anderes Mal (und in Strenge) nur ein einziges Ereignis selbst.

2. Zur historischen Entwicklung des Äquivalenzprinzips vgl. [Nor85]. Die Schlußfolgerungen des Autors weichen von dem im vorliegenden Buch vertretenen Standpunkt ab.

6.3.2 Lokale Inertialsysteme

Das Einsteinsche Äquivalenzprinzip ist ein erster Schritt in Richtung darauf, die bevorzugte Stellung der Inertialsysteme der speziellen Relativitätstheorie zu beseitigen. Erinnern wir uns: es gibt *keine physikalische Erklärung* der Existenz dieser Inertialsysteme. Oder umgekehrt formuliert: in der Anwesenheit von Gravitationsfeldern also von (schweren) Massen, die solche Felder erzeugen, sollte es in Strenge gar keine Inertialsysteme geben. Ein etwa mit der Erde festverbundenes aber nicht mitrotierendes System kann nur in einer Näherung als Inertialsystem betrachtet werden.

Einstein dreht den Spieß herum. Er findet, daß es sogar in unmittelbarer Nähe von Massen, also auch in *starken* Gravitationsfeldern Inertialsysteme geben muß, die sogar durch dieses Gravitationsfeld *bestimmt* werden: die frei fallenden. Der Preis, den man für diese Neudefinition des Begriffs Inertialsystem bezahlen muß, ist *die beschränkte räumliche und zeitliche Ausdehnung dieser neu definierten Inertialsysteme.*

Betrachten wir einen *zentralsymmetrischen Stern* oder *Planeten* (vgl. Abb. 6.1). Die durch frei fallende Massenpunkte definierten lokalen Inertialsysteme unterscheiden sich von Radiusvektor zu Radiusvektor: sie sind *relativ zueinander beschleunigt*[2]. Ihre zeitliche Beschränkung ergibt sich nicht erst mit dem Ende des freien Falls, sondern schon, wenn sich die Radialbeschleunigung merklich geändert hat. Statt des *einen* räumlichen und zeitlich unendlich ausgedehnten Inertialsystems der speziellen Relativitätstheorie (bzw. die aus ihm durch eine Lorentztransformation hervorgehenden), das aber nur in einer *Näherung* als solches verwendet werden kann, bekommen wir *viele* kurzzeitig

[2] Radialbeschleunigung

gültige und auf enge Raumbereiche beschränkte *lokale* Inertialsysteme, die *nicht* mehr durch Lorentztransformationen miteinander verbunden sind.

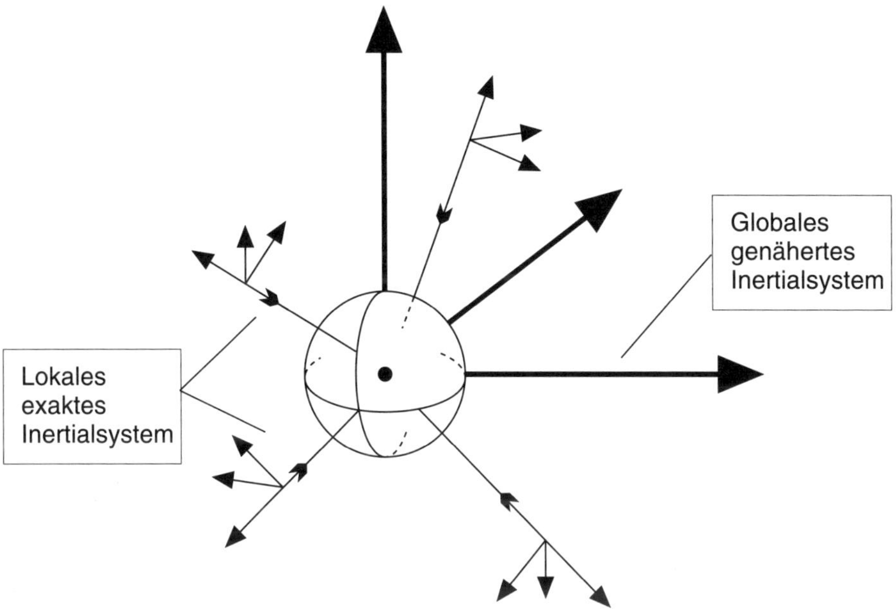

Abb. 6.1 lokale Inertialsysteme

Wir können uns auch eine andere Art von frei fallenden lokalen Inertialsystemen vorstellen: einen um den Planeten kreisenden Satelliten (vgl. Abb. 6.2). Hier sind die *lokalen* Inertialsysteme durch die verschiedenen Satellitenbahnen bestimmt. Die Satelliten auf verschiedenen Bahnen sind wieder *relativ zueinander beschleunigt* (Winkelbeschleunigung).

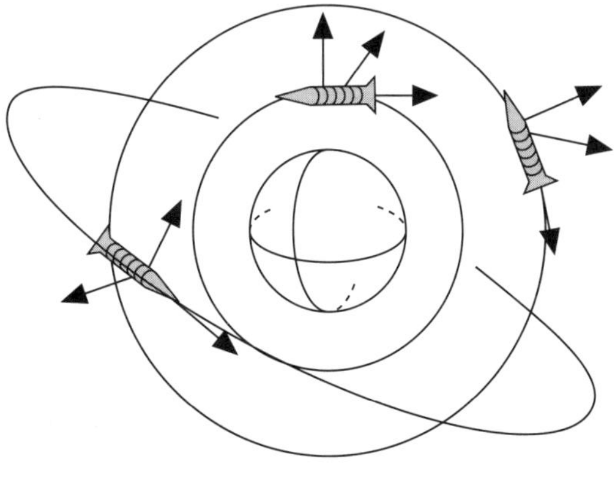

Abb. 6.2 lokale Inertialsysteme

Für einen Beobachter im lokalen Inertialsystem manifestiert sich das Gravitationsfeld *nicht*. Dieses zeigt sich dagegen in der *Relativbeschleunigung von Massen*, sei sie durch die Newtonsche Mechanik oder durch die speziell relativistische Mechanik, also durch

$$m\frac{\mathrm{d}^2\delta x^\alpha}{\mathrm{d}\tau^2}=\frac{\partial F^\alpha}{\partial x^\kappa}\delta x^\kappa \tag{6.7}$$

beschrieben. Hierin bedeutet δx^α den Ereignisabstand zweier benachbarter Ereignisse.

6.4 Ereignisabstand und Gravitationspotentiale

Der Gedankengang zur Einbeziehung des Gravitationsfeldes verlief bisher wie folgt:

- Ein *homogenes* Gravitationsfeld kann durch Übergang in ein beschleunigtes Bezugssystem *lokal* (d.h. in der Nähe eines Ereignisses) wegtransformiert werden.
- Da jedes Gravitationsfeld in einem Ereignis bzw. einer kleinen Nachbarschaft homogen ist, folgt: *In jedem Ereignis der Raum-Zeit Mannigfaltigkeit kann ein Gravitationsfeld wegtransformiert werden.*
- Die Transformation ist aber von Ereignis zu Ereignis verschieden wegen eventueller Gradienten des Gravitationsfeldes. D.h. man vermutet, daß ein *inhomogenes* Gravitationsfeld auch in einer kleinen Umgebung eines Ereignisses *nicht* wegtransformiert werden kann.
- Wir haben den *Begriff des Inertialsystems umdefiniert*: Ein in einem Gravitationsfeld (an einem Ereignis) frei fallendes Bezugssystem heißt jetzt *lokales* Inertialsystem. Im lokalen Inertialsystem gilt die speziell-relativistische Mechanik. Die lokalen Inertialsysteme sind relativ zueinander beschleunigt.
- *Äquivalenzprinzip: Im lokalen Inertialsystem gelten die Gesetze der speziell relativistischen Physik.* Jedem lokalen Inertialsystem entspricht eine Äquivalenzklasse von untereinander durch Lorentztransformation verknüpften Bezugssystemen.
- *Das lokale Inertialsystem wird durch das lokale Gravitationsfeld bestimmt.* Wie dieses Gravitationsfeld durch Massen erzeugt wird, wissen wir an dieser Stelle noch nicht. Man kann sich vorstellen, daß die lokalen Inertialsysteme gegenüber den Quellen des Gravitationsfeldes (gleichförmig) beschleunigt sind.

Nun der nächste Schritt! Da wir *lokal* zwischen Gravitationskräften und Trägheitskräften *nicht* unterscheiden können, die Trägheitskräfte sich aber in der Abweichung der Komponenten der Metrik von der Minkowski-Metrik (in Inertialkoordinaten) ausdrücken lassen, *so müssen die Koeffizienten* $g_{\alpha\beta}$ *im Ereignisabstand* $g_{\alpha\beta}\mathrm{d}x^{\alpha}\mathrm{d}x^{\beta}$ *auch etwas mit dem Gravitationsfeld zu tun haben.* Nehmen wir an, die Abweichung, die durch das Gravitationsfeld verursacht ist, sei klein:

$$\mathrm{d}l^2 = g_{\alpha\beta}\mathrm{d}x^{\alpha}\mathrm{d}x^{\beta} = (\eta_{\alpha\beta} + h_{\alpha\beta}(x^{\kappa}))\mathrm{d}x^{\alpha}\mathrm{d}x^{\beta} \tag{6.8}$$

mit $\left|h_{\alpha\beta}\right| \ll 1$. Wenn wir in Raum- und Zeitkomponenten aufspalten, so folgt

$$\begin{aligned} \mathrm{d}l^2 &= (1+h_{00})c^2\mathrm{d}t^2 + 2\sum_{k=1}^{3} h_{0k}c\mathrm{d}t\mathrm{d}x^k - \sum_{i,k=1}^{3}(\delta_{ik} - h_{ik})\,\mathrm{d}x^i\,\mathrm{d}x^k \\ &= c^2\mathrm{d}t^2\left\{1 + h_{00} + 2\sum_{k=1}^{3} h_{0k}\frac{1}{c}\frac{\mathrm{d}x^k}{\mathrm{d}t} - \sum_{i,k=1}^{3}(\delta_{ik} - h_{ik})\frac{1}{c^2}\frac{\mathrm{d}x^i}{\mathrm{d}t}\frac{\mathrm{d}x^k}{\mathrm{d}t}\right\}. \end{aligned} \tag{6.9}$$

Für *langsame* Bewegung $\frac{1}{c}\left|\frac{\mathrm{d}x^k}{\mathrm{d}t}\right| \ll 1$ folgt $\mathrm{d}l^2 \cong c^2\mathrm{d}t^2(1+h_{00})$ oder, für die Eigenzeit,

$$\mathrm{d}\tau^2 \cong \mathrm{d}t^2(1+h_{00}),$$

woraus schließlich folgt:

$$\boxed{\mathrm{d}\tau \cong \mathrm{d}t\left(1 + \frac{1}{2}h_{00}\right)}\,. \tag{6.10}$$

Nun erinnern wir uns an die *Uhrenhypothese* von Abschnitt 4.1: eine beliebig bewegte Uhr soll die *Eigenzeit* messen. Dann folgt aus (6.10) ein physikalischer Effekt: *die Beschleunigung bzw. ein Gravitationsfeld beeinflussen den Uhrengang!* Dieser Effekt ist mit großer Genauigkeit in Form der sogenannten *Gravitationsrotverschiebung der Spektrallinien* bzw. durch direkten Vergleich des Uhrenganges von Uhren in verschiedenen Gravitationsfeldern gemessen worden (vgl. Abschnitt 6.5).

Betrachten wir einen Signalemitter der Frequenz ν_{e} und einen Absorber der Frequenz ν_{a}, die im System, in dem die Metrik die Form (6.8) hat, ruhen. Sei N die Anzahl der Wellenzüge, die von der Quelle ausgesandt und vom Absorber empfangen werden. Dann gilt

$$\nu_{\mathrm{e}} = \frac{N}{\triangle\tau_{\mathrm{e}}}, \qquad \nu_{\mathrm{a}} = \frac{N}{\triangle\tau_{\mathrm{a}}},$$

wenn $\triangle\tau_{\mathrm{e}}$ und $\triangle\tau_{\mathrm{a}}$ die Meßintervalle der Uhren an der Quelle bzw. dem Absorber sind.

Es folgt für die *relative Frequenzverschiebung:*

$$\frac{\nu_e - \nu_a}{\nu_e} = 1 - \frac{\triangle\tau_e}{\triangle\tau_a} = 1 - \frac{\triangle t\left(1 + \frac{1}{2}h_{00}(x^\kappa_{\text{emitter}})\right)}{\triangle t\left(1 + \frac{1}{2}h_{00}(x^\kappa_{\text{absorber}})\right)}$$

oder

$$\boxed{\frac{\nu_e - \nu_a}{\nu_e} \cong \frac{1}{2}[h_{00}(x^\kappa_{\text{abs}}) - h_{00}(x^\kappa_{\text{em}})]}\ . \tag{6.11}$$

Betrachten wir das Beispiel des Übergangs in ein momentan frei fallendes Bezugssystem von Abschnitt 6.2. Hier ist $g_{00} = (1+\alpha x)^2 = 1 + 2\alpha x + \alpha^2 x^2$ also $h_{00} = 2\alpha x$, wenn $\alpha x \ll 1$. Das heißt

$$\frac{\nu_e - \nu_a}{\nu_e} = \alpha\,[x_{\text{abs}} - x_{\text{em}}]\,.$$

Aus (6.6) erhalten wir die Beziehung zwischen der Konstanten α und der Erdbeschleunigung g zu $\alpha = \frac{g}{c^2}$. Damit lautet die *relative Frequenzverschiebung im homogenen Gravitationsfeld:*

$$\boxed{\frac{\nu_e - \nu_a}{\nu_e} \cong \frac{g}{c^2}\cdot\triangle x}\ , \tag{6.12}$$

wenn $\triangle x$ die Entfernung zwischen Emitter und Absorber ist. Andererseits ist $g\cdot\triangle x = \triangle\varphi_{\text{(Newton)}}$ der Unterschied im Newtonschen Potential, das heißt wir interpretieren die Zeit-Zeit-Komponente der Abweichung von der Minkowski-Metrik (in Inertialkoordinaten) als Gravitationspotential:

$$\boxed{h_{00} \cong \frac{2}{c^2}\varphi_{\text{(Newton)}}}\ . \tag{6.13}$$

Diese Interpretation übernehmen wir auch für *Gravitationsfelder* (statt nur für Trägheitsfelder). Man spricht dann von *Gravitationsrotverschiebung.*

Die physikalische Interpretation der anderen neun Komponenten h_{0k}, h_{ik}, $(i,k = 1,2,3)$ in (6.9) müssen wir noch kennenlernen. h_{0k} stellt so etwas dar wie ein Vektorpotential für ein *gravi-magnetisches Feld.* Dieser Zug des Gravitationsfeldes ist bisher empirisch noch nicht überprüft worden, da die Effekte schwer zu messen sind (vgl. den *Lense-Thirring-Effekt;* Kapitel 10 in Teil II dieses Buchs). Es ist aber schon klar, daß nicht nur der Uhrengang durch die Beschleunigung bzw. durch ein Gravitationsfeld beeinflußt wird, sondern auch die *Längenmessung*. Für die Geometrie der Gleichzeitigkeitsflächen folgt aus (6.9):

$$\mathrm{d}l^2\Big|_{t=const} = -\left(\mathrm{d}x^2 + \mathrm{d}y^2 + \mathrm{d}z^2\right) + \sum_{i,k=1}^{3} h_{ik}\mathrm{d}x^k\mathrm{d}x^i\ , \tag{6.14}$$

das heißt *die Geometrie der Gleichzeitigkeitsflächen wird von der Euklidischen Geometrie abweichen*, wenn wir dieselben Meßvorschriften (starre Maßstäbe, Lichtstrahlen etc.) anwenden wie im Inertialsystem bzw. gravitationsfreien Raum.

Man sieht auch, daß die Lichtkegel verändert („verbogen") werden. In zwei Dimensionen folgt aus $\mathrm{d}l = 0$ mit (6.8)

$$\frac{c\mathrm{d}t}{\mathrm{d}x} = -\frac{g_{01}}{g_{00}} \pm \frac{1}{g_{00}}\sqrt{g_{01}^2 - g_{00}g_{11}} \tag{6.15}$$

oder, für kleine Abweichungen,

$$\frac{c\mathrm{d}t}{\mathrm{d}x} \cong \pm 1 - h_{01} \pm \frac{1}{2}(h_{00} - h_{11})\,. \tag{6.16}$$

Die physikalische Erklärung ist in der „Schwere" des Lichtes zu suchen, d.h. in seinem Energiegehalt, der gravitativ wechselwirkt mit anderen Massen.

6.5 Permanente und Nichtpermanente Gravitationsfelder

Zur Beschreibung eines Gravitationsfeldes gehen wir vom Ereignisabstand

$$\mathrm{d}l^2 = g_{\alpha\beta}(x^\gamma)\,\mathrm{d}x^\alpha\,\mathrm{d}x^\beta \tag{6.17}$$

aus, in dem die auftretende quadratische Form *nicht entartet* ist (also det $g_{\alpha\beta} \neq 0$) und die Signatur –2 hat (ein positiver, 3 negative Eigenwerte). Die $g_{\alpha\beta}$ fassen wir als Gravitationspotentiale auf.

Aus der linearen Algebra wissen wir, daß eine konstante, symmetrische Matrix diagonalisiert werden kann. In einem beliebigen, aber festen Ereignis x_0^γ können wir also immer erreichen

$$g_{\alpha\beta}(x_0^\gamma) = \eta_{\alpha\beta}\ . \tag{6.18}$$

Das bedeutet, daß *in einem Ereignis* die Gravitationspotentiale immer wegtransformiert werden können.

Wir unterscheiden *zwei Fälle*:

1. Durch eine Transformation $x^\alpha \mapsto x^\alpha = x^{\alpha'}(x^\beta)$ kann $g_{\alpha'\beta'}(x^{\kappa'}) = \eta_{\alpha'\beta'}$ *in einer ganzen Umgebung* eines Ereignisses erreicht werden. Dies ist z.B. der Fall für

$$\mathrm{d}l^2 = (1+\alpha x)^2 c^2 \mathrm{d}t^2 - \mathrm{d}x^2 - \mathrm{d}y^2 - \mathrm{d}z^2 \,,$$

wie wir in Abschnitt 6.2 explizit nachgerechnet haben (vgl. auch Übungsaufgaben auf Seite 85 und 169). In diesem Fall nennen wir das Gravitationsfeld *nichtpermanent* oder *Trägheitsfeld.*

2. Es gibt keine Transformation $x^\alpha \mapsto x^{\alpha'}(x^\beta)$, für die $g_{\alpha'\beta'} = \eta_{\alpha'\beta'}$ erreichbar ist, *außer in einem einzigen (beliebigen) Ereignis.* Das ist der Fall der *permanenten Gravitationsfelder.* Sie entsprechen Gravitationsfeldern, die *inhomogen* sind und von *irgendwelchen materiellen Quellen erzeugt* werden. Lokal ist bisher kein Unterschied zwischen permanenten und nichtpermanenten Gravitationsfeldern möglich. Wir werden in Kapitel 8.3 (Teil II des Buches) ein geometrisches (d.h. koordinatenunabhängiges) Kriterium kennenlernen, das die Feststellung, ob „echte" Gravitationsfelder (permanente) vorliegen, leicht macht. Im Falle des Vorliegens echter Gravitationsfelder kann die Raum-Zeit-Mannigfaltigkeit *nicht* mehr der *Minkowski-Raum* sein.

Es liegt nahe, die Christoffelsymbole, die ja die Ableitung der Gravitationspotentiale enthalten, mit der *Feldstärke* von Gravitations- bzw. Trägheitsfeld zu identifizieren (siehe auch Abschnitt 8.4.3).

6.6 Experimente zum Einfluß des Gravitationsfeldes auf den Uhrengang

Wenn die Eigenzeit die Zeitmessung einer Uhr im Trägheits- bzw. Gravitationsfeld angibt, so muß nach den Überlegungen des Abschnitts 6.4 eine Uhr im niedrigeren Gravitationspotential langsamer gehen als eine Uhr im höheren. In den folgenden Messungen wird dieser Sachverhalt quantitativ bestätigt.

6.6.1 Die Experimente von Pound und Mitarbeitern

Zuerst wollen wir ein Experiment betrachten, das von Pound und Rebka [PJ60] und von Pound und Snider [PS65) durchgeführt wurde und als Bestätigung des Äquivalenzprinzips interpretiert werden kann.

Der *Aufbau des Experimentes* ist der folgende (vgl. Abb. 6.3): Im Keller eines Turmes von 22,5 m Höhe ist eine ^{57}Fe-Quelle von γ-Strahlen. Durch eine Röhre können die γ-Strahlen zum Dach des Turmes gelangen und dort *resonant absorbiert* werden (Kernresonanz, Mößbauereffekt). Damit eine solche Resonanz möglich ist, müssen Quelle und Absorber *auf gleicher Temperatur* gehalten werden und die γ-Quanten, die am Absorber eintreffen, müssen *dieselbe Frequenz* ν haben wie die γ-Quanten von der Quelle. Damit auf jeden

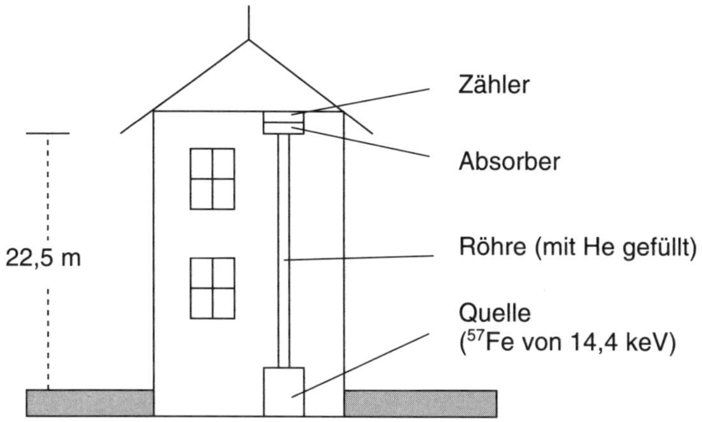

Abb. 6.3 Experiment von Pound und Rebka

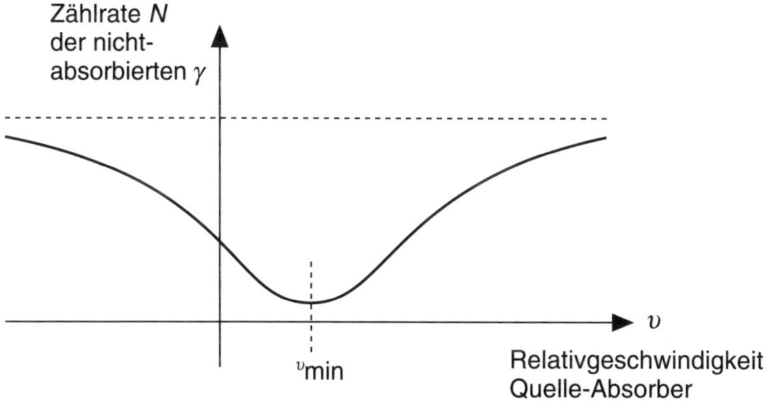

Abb. 6.4 Gravitationsrotverschiebung

Fall Resonanzabsorption erreicht werden kann, ist die Quelle beweglich, das heißt ihr kann gegenüber dem Absorber eine bestimmte Relativgeschwindigkeit v erteilt werden. Das Experiment zeigte nun, daß *keine* Resonanzabsorption eintritt, wenn Quelle und Absorber relativ zueinander *ruhen*. Durchfährt die Quelle ein Geschwindigkeitsintervall, so bekommt die Zählrate des γ-Zählers hinter dem Absorber ein Minimum: dort liegt die Resonanzabsorption (vgl. Abb. 6.4). Die Messungen von Pound und Rebka bzw. Pound und Snider interpretieren wir so: Da *keine* Resonanzabsorption eintritt, wenn Quelle und Absorber relativ zueinander *ruhen*, muß die Frequenz ν_e der von der Quelle ausgesandten von der Frequenz ν_a der am Absorber ankommenden γ-Quanten *verschieden* sein, also $\frac{\nu_e - \nu_a}{\nu_e} \neq 0$. Damit Resonanzabsorption eintritt, muß die Quelle bewegt werden. Für die Frequenz ν_e' der relativ zum Absorber bewegten Quelle gilt aber nach (2.16)

$$\frac{\nu_e' - \nu_e}{\nu_e} \approx -\frac{v}{c},$$

also

$$\frac{\nu_e' - \nu_a}{\nu_e} = \frac{\nu_e' - \nu_e}{\nu_e} + \frac{\nu_e - \nu_a}{\nu_e} = -\frac{v}{c} + \frac{\nu_e - \nu_a}{\nu_e}.$$

Für $v = v_{\text{min}}$ wird $\dfrac{\nu_e' - \nu_a}{\nu_e} = 0$, so daß die Bedingung für Resonanzabsorption erfüllt ist. Damit ergibt sich

$$\frac{\nu_e - \nu_a}{\nu_e} = \frac{v_{\text{min}}}{c} \quad . \tag{6.19}$$

Aus der Messung bestimmte sich die *zugehörige relative Verschiebung der Wellenlänge* zu

$$\boxed{\frac{\delta\lambda}{\lambda} \cong 2{,}5 \cdot 10^{-15}} \tag{6.20}$$

mit einer Genauigkeit von 1%. Bei der Messung wurden Emitter und Absorber auch vertauscht, so daß die γ-Quanten im Gravitationsfeld „frei fielen". Das Vorzeichen von $\dfrac{\delta\lambda}{\lambda}$ wechselt dabei natürlich. Nach der Interpretation von Abschnitt 6.4 sagt die Theorie voraus, daß

$$\frac{\nu_a - \nu_e}{\nu_e} \cong -\frac{g \cdot H}{c^2}. \tag{6.21}$$

Mit $g \cong 10 \dfrac{\text{m}}{\text{s}^2}$, $H \cong 22{,}5\,\text{m}$ und $c \cong 3 \cdot 10^8 \dfrac{\text{m}}{\text{s}}$ kommt man gerade auf den Wert in (6.20).

6.6.2 Messungen durch Raumprobe zum Saturn

Eine Messung [KAC90] benutzte den Vorbeiflug der Voyager 1-Raumprobe am Saturn im Jahr 1980. Die Raumprobe war mit einem ultrastabilen Kristalloszillator ausgerüstet, der eine genaue Referenzfrequenz für Einweg-Radiosignale vom Raumschiff zur Erde lieferte. Die Gravitationsrotverschiebung macht sich in einem Abfallen der Frequenz im Radiosignal bemerkbar, wenn das Raumschiff in das Gravitationsfeld des Saturn ein- und wieder austritt (vgl. Abb. 6.5): Wenn ν_0 die Frequenz des Senders ist, so kann die relativistische

Frequenzverschiebung, die sowohl den speziell-relativitischen Beitrag zum Dopplereffekt[3] als auch den Einfluß des Gravitationspotentiales enthält, berechnet werden aus

$$\frac{\nu - \nu_0}{\nu_0} = \sum_k \frac{\triangle\varphi_k}{c^2} + \frac{1}{2}\frac{\triangle v^2}{c^2}\,. \tag{6.22}$$

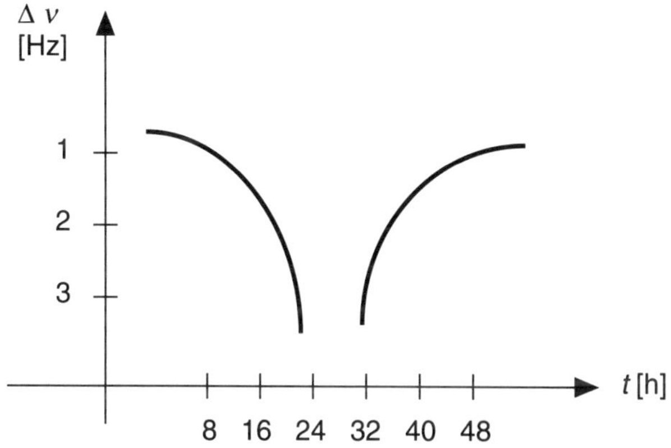

Abb. 6.5 Radiofrequenz von Raumproben

Hier sind φ_k die Newtonschen Gravitationspotentiale der beteiligten Körper, v ist die Geschwindigkeit des Raumschiffs und $\triangle$ bedeutet, daß diese Größen für das Raumschiff von denen des Empfängers auf der Erde subtrahiert werden. Als Ansatz wurde verwendet

$$\sum_k \frac{\triangle\varphi_k}{c^2} = -\alpha\triangle U_p^{(s)} + \triangle U_\odot + \triangle U^{(r)}\,.$$

Der erste Term ist die Differenz der Gravitations-Potentiale des Saturn am Raumschiff und an der Erde, letzteres kann vernachlässigt werden; der zweite Term die Differenz im Gravitationspotential der Sonne zwischen Raumschiff und Empfänger auf der Erde und der letzte die Differenz des Gravitationpotentials der Erde an der Raumprobe und am Empfänger. α ist ein dimensionsloser Parameter, der durch das Experiment bestimmt wird. In U_p muß das Quadrupolmoment des Saturn neben dem Newtonschen Potential einer Punktmasse berücksichtigt werden:

$$U_p = \frac{GM}{r}\left[1 - J_2\frac{R^2}{r^2}\frac{3\cos^2(\theta) - 1}{2}\right]; \tag{6.23}$$

[3] D.h. den Beitrag $\sim\left(\frac{v}{c}\right)^2$. Der lineare Beitrag aus dem longitudinalen Dopplereffekt ist schon aus den Daten eliminiert.

M, R: Masse und Äquatorial-Radius des Saturn, J_2 numerischer Parameter des Quadrupolmomentes; r, θ Polarkoordinaten vom Saturnzentrum aus. Die Messung lieferte

$$\alpha = 0{,}9956 \pm 0{,}01\,,$$

also eine Bestätigung des aus der allgemeinen Relativitätstheorie folgenden Wertes $\alpha = 1$.

6.6.3 Vergleich des Uhrenganges für Uhren in Turin (250 m ü.M.) und auf dem Monte Rosa-Plateau (3500 m ü.M.)

Die Gravitationsrotverschiebung ist auch durch *direkten Vergleich des Ganges zweier Caesium-Atomuhren* auf verschiedenen Meereshöhen gemessen worden. Dem Höhenunterschied der Uhren von 3250 m entspricht eine relative Änderung des Uhrengangs von $\frac{\Delta\tau}{\tau} = -\frac{\Delta\varphi}{c^2} \cong 3{,}54 \cdot 10^{-13}$ oder ein Vorgehen der Uhr in der Höhe um $\frac{\Delta\tau}{\tau} \cong 30{,}6\frac{\text{ns}}{\text{Tag}}$. Die mit zwei unabhängigen Methoden durchgeführten Messungen lieferten nach einer Meßzeit von 1584 Stunden die Werte [BL77]

$$\frac{\Delta\tau}{\tau} = (33{,}8 \pm 6{,}8)\frac{\text{ns}}{\text{Tag}}$$

bzw.

$$\frac{\Delta\tau}{\tau} = (36{,}5 \pm 5{,}8)\frac{\text{ns}}{\text{Tag}}\,.$$

Angesichts des großen Fehlerbalkens ist das zwar keine besonders genaue Bestätigung des starken Äquivalenzprinzips, aber dennoch eine überzeugende Messung. Routinemessungen mit genauen Atomuhren geben einen Effekt von ca. $1\frac{\text{ns}}{\text{Tag}}$ für 100 m Höhenunterschied auf der Erde.

6.7 Zu Experimenten auf einer Erdumlaufbahn oder auf der rotierenden Scheibe

In der Übungsaufgabe 5.4 auf Seite 170 haben wir die Komponenten der Minkowski-Metrik für ein relativ zum Inertialsystem um die z-Achse starr rotierendes System ausgerechnet. Das Ergebnis ist der Ereignisabstand:

$$\mathrm{d}l^2 = c^2\mathrm{d}t^2\left(1-\frac{\omega^2 r^2}{c^2}\right)+2\omega r\mathrm{d}r\mathrm{d}t-\mathrm{d}r^2-r^2\mathrm{d}\varphi^2-\mathrm{d}z^2 \,. \tag{6.24}$$

Das Potential der Trägheitskräfte ist also nach (6.13) gerade $\varphi_{\text{zentrif}} = -\frac{1}{2}\omega^2 r^2$, was mit dem am Beginn von Abschnitt 5.1 angegebenen Ausdruck $\varphi_{\text{zentrif}} = -\frac{1}{2}|\boldsymbol{\omega}\times\boldsymbol{x}|^2$ übereinstimmt. Die Eigenzeit im rotierenden System ist demnach bei $r = r_0$

$$\mathrm{d}\tau \cong \mathrm{d}t\left(1-\frac{1}{2}\frac{\omega^2 r^2}{c^2}\right) \cong \mathrm{d}t\left(1-\frac{1}{2}\frac{\upsilon^2}{c^2}\right), \tag{6.25}$$

wenn $\upsilon = \omega r$ gesetzt wird. (6.25) ist aber gerade die Formel in 1. Näherung in $\left(\frac{\upsilon}{c}\right)^2$, die aus der speziell-relativistischen Zeitdilatation, wie wir sie zur Beschreibung des Experimentes von Kündig in Abschnitt 2.9 benutzt haben, folgt. Die damalige Anwendung der speziell-relativistischen Formel in einem Nichtinertialsystem ist damit gerechtfertigt: auf Grund des Äquivalenzprinzips behält sie näherungsweise Gültigkeit.

Die *räumliche* Geometrie im rotierenden System wird nach (5.27) von Abschnitt 5.3 durch die Metrik $p_{ik} = g_{ik} - \frac{g_{i0}\,g_{k0}}{g_{00}}$ beschrieben, also durch

$$p_{ik}\mathrm{d}x^i\,\mathrm{d}x^k = -\frac{\mathrm{d}r^2}{1-\frac{\omega^2 r^2}{c^2}} - r^2\mathrm{d}\phi^2 - \mathrm{d}z^2 \,.$$

Das ist ein nicht-euklidischer Raum mit einer Krümmung $\sim\frac{\omega^2}{c^2}$ (siehe Abschnitt 8.4.4). Da sich der Radius einer rotierenden Scheibe im Ruhraum des Beobachters wie $\frac{\mathrm{d}r}{\sqrt{1-\frac{\omega^2 r^2}{c^2}}}$ (Eigenlänge!) verhält, ist der Umfang der Scheibe

$$\frac{2\pi r}{\sqrt{1-\frac{\omega^2 r^2}{c^2}}} > 2\pi r \,.$$

7 Das Gravitationsfeld einer kugelsymmetrischen Massenverteilung (Näherung)

Bevor wir die allgemeine Relativitätstheorie kennen lernen, wollen wir in einem Zwischenschritt das Gravitationsfeld einer kugelsymmetrischen Masse näherungsweise beschreiben. Wir nutzen dazu die durch das Äquivalenzprinzip geforderte *lokale* Gleichheit von Trägheits- und Gravitationsfeldern aus. Als Anwendung leiten wir die Lichtablenkung an der Sonne und die Verschiebung des Merkurperihels ab und vergleichen mit den astronomischen Beobachtungen dieser Effekte. Wir erhalten dadurch eine Anpassung für Parameter, deren Wert die Einsteinsche Gravitationstheorie dann festlegen wird.

7.1 Die Gravitationspotentiale

Wir betrachten eine konkrete physikalische Situation: einen kugelförmigen Planeten oder Stern. Wie läßt sich sein Gravitationsfeld beschreiben? Als naheliegende Einschränkung nehmen wir an, daß das Gravitationsfeld im Außenraum des Himmelskörpers *zeitunabhängig* ist. An die Komponenten von $h_{\alpha\beta}$ aus (6.8) haben wir also zwei Forderungen zu stellen: *Zentralsymmetrie* und *Zeitunabhängigkeit*. Obgleich wir im Folgenden von der Zerlegung $g_{\alpha\beta} = \eta_{\alpha\beta} + h_{\alpha\beta}$ ausgehen werden, führen wir die Diskussion an den metrischen Komponenten $g_{\alpha\beta}$ durch, die das Gravitationsfeld beschreiben sollen. Die Forderung der Zeitunabhängigkeit von $g_{\alpha\beta}$ bedeutet einmal, daß $g_{\alpha\beta}$ nur von den *Raum*koordinaten abhängen darf und zum anderen, daß das Linienelement gegenüber *Zeitspiegelungen* unempfindlich sein soll. Vertauscht man t durch $-t$, so folgt

$$\mathrm{d}l^2 = g_{00}(x^j)c^2\mathrm{d}t^2 - 2c\mathrm{d}t\sum_{j=1}^{3}\mathrm{d}x^j g_{0j}(x^k) + \sum_{i,k=1}^{3} g_{ik}(x^j)\mathrm{d}x^i\mathrm{d}x^k \,,$$

$$\mathrm{d}l^2 \stackrel{!}{=} g_{00}(x^j)c^2\mathrm{d}t^2 + 2c\mathrm{d}t\sum_{j=1}^{3}\mathrm{d}x^j g_{0j}(x^k) + \sum_{i,k=1}^{3} g_{ik}(x^j)\mathrm{d}x^i\mathrm{d}x^k \,,$$

also

$$\sum_{k=1}^{3} \mathrm{d}x^k g_{0k}(x^j) = 0\,.$$

Da dies für beliebige linear-unabhängige $\mathrm{d}x^1, \mathrm{d}x^2, \mathrm{d}x^3$ gelten muß, folgt

$$\boxed{g_{0k}(x^j) = 0} \qquad (k = 1, 2, 3)\,. \tag{7.1}$$

Der Ereignisabstand im *statischen* Gravitationsfeld reduziert sich demnach auf

$$\mathrm{d}l^2 = g_{00}(x^j)c^2\mathrm{d}t^2 + \sum_{i,k=1}^{3} g_{ik}(x^j)\mathrm{d}x^i\mathrm{d}x^k\,. \tag{7.2}$$

Nun zur Zentralsymmetrie! Sie besagt, daß die Komponenten g_{00} und g_{ik} des metrischen Tensors nur von der Radialkoordinate

$$r = [(x^1)^2 + (x^2)^2 + (x^3)^2]^{\frac{1}{2}}\,,$$

das heißt, dem (euklidischen) Abstand vom Symmetriezentrum (im Ursprung) abhängen können: $g_{00}(x^j) = g_{00}(r)$, $g_{ik}(x^j) = g_{ik}(r)$ $(i, k = 1, 2, 3)$. Ferner ist keine Raumrichtung ausgezeichnet. Das bedeutet, daß wir die 3×3-Matrix der g_{ik} auf Hauptachsenform mit dreifach entartetem Eigenwert transformieren können:

$$\boxed{g_{ik}(r) = g(r)\delta_{ik}}\,. \tag{7.3}$$

Damit lautet der Ereignisabstand

$$\mathrm{d}l^2 = g_{00}(r)c^2\mathrm{d}t^2 + g(r)\,[(\mathrm{d}x^1)^2 + (\mathrm{d}x^2)^2 + (\mathrm{d}x^3)^2] \tag{7.4}$$

bzw., wenn wir die Minkowski-Metrik abspalten,

$$\mathrm{d}l^2 = [1 + h_{00}(r)]\,c^2\,\mathrm{d}t^2 - (1 + h(r))\,[\mathrm{d}x^2 + \mathrm{d}y^2 + \mathrm{d}z^2]\,. \tag{7.5}$$

Das Gravitationsfeld im Äußeren des zeitunabhängigen, zentralsymmetrischen Himmelskörpers wird also durch *zwei* freie Funktionen von einer Variablen $h_{00}(r)$, $h(r)$ beschrieben. Beide Funktionen werden proportional zur Masse M des Körpers sein[1]. In niedrigster Näherung ist h_{00} proportional zum Newtonschen Gravitationspotential (vgl. (6.13)). Wir nehmen an, daß für $r \to \infty$ auch $h(r) \to 0$ geht. D.h. wir entwickeln sowohl $h_{00}(r)$ als auch $h(r)$ nach der dimensionslosen Größe $\dfrac{m}{r}$, in der $m := \dfrac{MG}{c^2}$ mit der Newtonschen

[1] Das ist eine Annahme der Einfachheit halber. Wir können streng nur behaupten, daß $\lim_{M\to 0} h_{00} = 0 = \lim_{M\to 0} h(r)$.

Gravitationskonstanten G. Physikalisch bedeutet dies, daß wir annehmen, daß das Gravitationsfeld weit weg vom Himmelskörper gegen Null gehen soll.

Damit eine solche Entwicklung sinnvoll ist, d.h. $|h_{\alpha\beta}| \ll 1$. gilt, muß $\frac{GM}{c^2 r} \ll 1$ gelten. Sei R der Radius des Himmelskörpers. Für das Außenfeld ist demnach zu fordern:

$$r \geq R \gg \frac{GM}{c^2}. \tag{7.6}$$

Die folgende Tabelle gibt die Verhältnisse für einige Himmelskörper schematisch an.

Himmelskörper	M [g]	m [cm]	R [cm]
Erde	$6 \cdot 10^{27}$	0,54	$6{,}4 \cdot 10^{8}$
Sonne	$2 \cdot 10^{33}$	$1{,}5 \cdot 10^{5}$	$7 \cdot 10^{10}$
Kugelsternhaufen	$\sim 10^{39}$	$\sim 5 \cdot 10^{10}$	$\sim 10^{20}$
Galaxie	$\sim 10^{43}$	$\sim 5 \cdot 10^{14}$	$\sim 19^{23}$

Das Gravitationsfeld im Außenraum all dieser Körper kann demnach bis zur Oberfläche mit guter Näherung durch den folgenden Ausdruck für den Ereignisabstand beschrieben werden:

$$\mathrm{d}l^2 = \left[1 - 2\frac{m}{r} + 2\beta\left(\frac{m}{r}\right)^2 + \ldots\right] c^2 \mathrm{d}t^2 - \left[1 + 2\gamma\frac{m}{r} + \ldots\right](\mathrm{d}x^2 + \mathrm{d}y^2 + \mathrm{d}z^2). \tag{7.7}$$

Die numerischen Koeffizienten β und γ sind durch Vergleich mit beobachtbaren Effekten in diesem Gravitationsfeld zu bestimmen bzw. mit Hilfe von Feldgleichungen für das Gravitationsfeld, die wir erst später kennen lernen werden (Teil II).

Die Form (7.7) des Ereignisabstandes geht auf Eddington [Edd22] und Robertson [Rob62] zurück. Die Koordinaten sind festgelegt bis auf Zeittranslationen und Raumdrehungen um das Symmetriezentrum.

Anmerkung: Die gemachten Überlegungen bedürfen einer Ergänzung. Die Zeitkoordinate t und der euklidische Abstand r als Raumkoordinate sind *keine* meßbaren Größen, also ohne physikalische Bedeutung. Die *beobachtbare* Zeit ist die Eigenzeit τ. Für die ruhende Materie des gravitierenden Objektes berechnet sie sich zu

$$\mathrm{d}\tau^2 = \frac{1}{c^2}\mathrm{d}l^2 = \mathrm{d}t^2 g_{00}(r)\,.$$

Man sieht jetzt aber, daß die eigentlich zu stellende Forderung, nämlich daß das Gravitationspotential invariant ist gegenüber der Substitution $\tau \to -\tau$, durch die gemachte Substitution $t \to -t$ richtig wiedergegeben wird.
Der räumlich *meßbare* Abstand (der sogenannte Eigenabstand) berechnet sich aus

$$-\mathrm{d}\sigma^2 = \sum_{i,k=1}^{3} g_{ik}\mathrm{d}x^i\mathrm{d}x^k = g(r)\,[\mathrm{d}x^2 + \mathrm{d}y^2 + \mathrm{d}z^2]\,.$$

Denken wir uns räumliche Polarkoordinaten r, θ, φ eingeführt, so daß

$$\mathrm{d}x^2 + \mathrm{d}y^2 + \mathrm{d}z^2 = \mathrm{d}r^2 + r^2\left(\mathrm{d}\theta^2 + \sin^2\theta\,\mathrm{d}\varphi^2\right).$$

Identifizieren wir θ und φ mit meßbaren Winkeln[2], so gilt für eine feste Richtung

$$|\mathrm{d}\sigma| = \sqrt{g(r)}\,\mathrm{d}r = \left(1 + \gamma\frac{m}{r} + \ldots\right)\mathrm{d}r\,.$$

Damit wird der meßbare räumliche Abstand $\sigma \cong r + \gamma m \log r + \ldots$, d.h. für $r \to \infty$ geht auch $\sigma \to \infty$. Die physikalische Forderung $h_{00} \to 0$, $h(r) \to 0$ für $\sigma \to \infty$ ist also befriedigt.

7.2 Bewegungsgleichungen von Probeteilchen im Gravitationsfeld

Wir untersuchen nun die Bewegung einer Probemasse (Testkörper) im Gravitationsfeld des kugelsymmetrischen Himmelskörpers. *Probe*masse heißt, daß ihr eigenes Gravitationsfeld gegenüber dem des Zentralkörpers vernachlässigt werden kann. In Abschnitt 5.2 haben wir die Bewegungsgleichung für ein freies Teilchen im Nichtinertialsystem, d.h. (5.9), hergeleitet. Insofern *Trägheits*felder und *Gravitations*felder durch dieselbe Größe mathematisch beschrieben

[2] Dahinter steckt die physikalische Hypothese, daß die Lichtstrahlen, zwischen denen die Winkel etwa mit Hilfe eines Theodoliten gemessen wurden, in guter Näherung *Geraden* sind.

werden, nämlich durch das Christoffelsymbol $\Gamma_{\alpha}{}^{\gamma}_{\beta}$ von (5.10), können wir die Bewegungsgleichung für eine Probemasse im Gravitationsfeld durch formalen Transfer aus Abschnitt 5.2 hinschreiben:

$$m\frac{\mathrm{d}^2x^\alpha}{\mathrm{d}\tau^2}=-m\Gamma_{\kappa}{}^{\alpha}_{\lambda}\frac{\mathrm{d}x^\kappa}{\mathrm{d}\tau}\frac{\mathrm{d}x^\lambda}{\mathrm{d}\tau}\,. \tag{7.8}$$

In Abschnitt 5.2 haben wir sie aus der Lagrangedichte $L=\left[g_{\kappa\lambda}\frac{\mathrm{d}x^\kappa}{\mathrm{d}u}\frac{\mathrm{d}x^\lambda}{\mathrm{d}u}\right]^{\frac{1}{2}}$ mit dem beliebigen Kurvenparameter u gewonnen. Ebensogut können wir jedoch von $L^*=g_{\kappa\lambda}\frac{\mathrm{d}x^\kappa}{\mathrm{d}u}\frac{\mathrm{d}x^\lambda}{\mathrm{d}u}$ ausgehen und (7.8) daraus ableiten[3]. Das werden wir im Weiteren benutzen.

7.3 Bewegung einer Probemasse im zentralsymmetrischen, statischen Gravitationsfeld

Als Lagrangedichte legen wir L^* zu Grunde, d.h. mit (7.7):

$$L^*=\left(\frac{\mathrm{d}l}{\mathrm{d}u}\right)^2=(1+F)c^2\dot{t}^2-(1+H)\,(\dot{x}^2+\dot{y}^2+\dot{z}^2)\,, \tag{7.9}$$

wobei[4]

$$F=-2\frac{m}{r}+2\beta\left(\frac{m}{r}\right)^2+\ldots,$$

$$H=2\gamma\frac{m}{r}+\ldots.$$

Für zeitartige Kurven $x^\alpha=x^\alpha(u)$ können wir $u=\tau$ wählen, d.h. $\left(\frac{\mathrm{d}l}{\mathrm{d}u}\right)^2=1$. Für lichtartige Kurven (ruhmasselose Teilchen) ist $\left(\frac{\mathrm{d}l}{\mathrm{d}u}\right)^2=0$. Wir führen statt $\left(\frac{\mathrm{d}l}{\mathrm{d}u}\right)^2$ den Parameter ε ein und geben ihm die Werte $\varepsilon=1$ (für Ruhmasse

[3] Das Variationsprinzip mit L^* ist nicht mehr parameterinvariant. Für $u=\tau$ fallen beide Variationsprinzipe auch formal zusammen.

[4] Der Punkt in $\dot{t}$, $\dot{x}$ etc. soll Ableitung nach u bedeuten.

$m \neq 0$) und $\varepsilon = 0$ für $m = 0$. Führen wir wieder räumliche Polarkoordinaten r, θ, φ ein, so ist die Lagrangedichte schließlich:

$$L^* = \varepsilon = (1 + F(r))c^2\dot{t}^2 - (1 + H(r))\,[\dot{r}^2 + r^2\dot{\theta}^2 + r^2\sin^2\theta\dot{\varphi}^2]\,. \tag{7.10}$$

Die Lagrangedichte ist zyklisch in t und φ. D.h. zwei der Euler-Lagrange-gleichungen (für $\alpha = 0$ und $\alpha = 3$) führen auf Erhaltungssätze ($x^0 = ct$, $x^1 = r$, $x^2 = \theta$, $x^3 = \varphi$). Wegen $\dfrac{\partial L}{\partial \dot{t}} = 2c^2(1 + F)\dot{t} = const$ und $\dfrac{\partial L}{\partial \dot{\varphi}} = -2r^2 \sin^2 \theta\dot{\varphi}^2(1 + H) = const$ ergeben sich die Ausdrücke

$$\dot{t} = \frac{d}{c}(1 + F)^{-1}\,, \tag{7.11}$$

$$\sin^2\theta r^2\dot{\varphi} = l(1 + H)^{-1}\,. \tag{7.12}$$

Dabei sind d mit $[d] = 1$ und l mit $[l] = \text{cm}$ Integrationskonstanten. l hängt mit dem Drehimpuls pro Masseneinheit zusammen.

Die Euler-Lagrangegleichung für $x^2 = \theta$ lautet

$$-(1 + H)r^2 \sin\theta\cos\theta\dot{\varphi}^2 + \frac{\mathrm{d}}{\mathrm{d}u}[(1 + H)r^2\dot{\theta}] = 0\,. \tag{7.13}$$

Geben wir die Anfangsbedingungen $\theta(0) = \dfrac{\pi}{2}$ und $\dot{\theta}(0) = 0$ vor, so folgt aus (7.13) $\ddot{\theta}(0) = 0$. Durch weiteres Differenzieren von (7.13) ergibt sich sukzessive

$$\dddot{\theta}(0) = 0\,, \ldots, \left.\frac{\mathrm{d}^k\theta}{\mathrm{d}u^k}\right|_{u=0} = 0\,.$$

Das bedeutet aber, daß $\theta(u) = \dfrac{\pi}{2}$ eine Lösung von (7.13) für die *gesamte* Bewegung ist. Die Bewegung erfolgt in der vorgegebenen *Ebene* $\theta = \dfrac{\pi}{2}$[5].

Statt die Euler-Lagrange-Gleichung für $x^1 = r$ anzuschreiben, verwenden wir (7.10) selbst. Man kann zeigen, daß diese Gleichung ein erstes Integral der Bewegungsgleichung ist.

---

5 Wegen der Kugelsymmetrie der Anordnung ist die spezielle Ebene $\theta = \dfrac{\pi}{2}$, so gut wie jede andere durch das Symmetriezentrum. Wir haben angenommen, daß $\theta(\mathrm{u})$ eine $\mathbb{C}^\infty$ - Funktion ist.

Aufgabe 7.1:

Man zeige, daß

$$\frac{\mathrm{d}\varepsilon}{\mathrm{d}u} = -\dot{r}\left[\frac{\partial L}{\partial r} - \frac{\mathrm{d}}{\mathrm{d}u}\frac{\partial L}{\partial \dot{r}}\right]$$

gilt.

Damit vereinfachen sich (7.10) und (7.12) zu

$$\varepsilon = (1+F)c^2\dot{t}^2 - (1+H)(\dot{r}^2 + r^2\dot{\varphi}^2)\,, \tag{7.14}$$

$$r^2\dot{\varphi} = l(1+H)^{-1}\,. \tag{7.15}$$

Setzt man nun (7.11) und (7.15) in (7.14) ein, so ergibt sich $\left(\theta = \frac{\pi}{2}\right)$:

$$\boxed{\dot{r}^2 = -\frac{\varepsilon}{1+H} + \frac{d^2}{(1+F)(1+H)} - \frac{l^2}{r^2}\frac{1}{(1+H)^2}}\quad . \tag{7.16}$$

Jetzt können wir die *ebene* Bahnkurve $r = r(\varphi)$ durch Elimination des Parameters u berechnen.

Dazu führen wir die *neue Variable* $\rho := \frac{1}{r}$ ein. Es gilt

$$\frac{\mathrm{d}\rho}{\mathrm{d}\varphi} = \frac{\frac{\mathrm{d}\rho}{\mathrm{d}u}}{\frac{\mathrm{d}\varphi}{\mathrm{d}u}} = -\frac{1}{r^2}\frac{\frac{\mathrm{d}r}{\mathrm{d}u}}{\frac{\mathrm{d}\varphi}{\mathrm{d}u}} = -\rho^2\frac{\dot{r}}{\dot{\varphi}}$$

und

$$\left(\frac{\mathrm{d}\rho}{\mathrm{d}\varphi}\right)^2 = \rho^4\frac{\dot{r}^2}{\dot{\varphi}^2}\,.$$

$\dot{r}$ und $\dot{\varphi}$ können wir aus (7.16) bzw. (7.12) ablesen. Es ergibt sich

$$\boxed{\left(\frac{\mathrm{d}\rho}{\mathrm{d}\varphi}\right)^2 = -\frac{\varepsilon}{l^2}(1+H) + \frac{d^2}{l^2}\frac{1+H}{1+F} - \rho^2} \tag{7.17}$$

und, wenn wir die Ausdrücke für F und H einsetzen und bis zu Gliedern $\sim\frac{m^2}{r^2} = m^2\rho^2$ entwickeln:

$$\left(\frac{\mathrm{d}\rho}{\mathrm{d}\varphi}\right)^2 = \frac{1}{l^2}(d^2-\varepsilon) + 2m\rho\left[\frac{d^2}{l^2} + \gamma\frac{d^2-\varepsilon}{l^2}\right] - \rho^2\left[1 - 4m^2\frac{d^2}{l^2}\left(1+\gamma-\frac{\beta}{2}\right)\right]. \tag{7.18}$$

Zur Integration formen wir um in

$$\varphi = \int \frac{\mathrm{d}\rho}{\sqrt{A + B\rho - C\rho^2}}$$

mit den konstanten Koeffizienten

$$\left.\begin{aligned} A &:= \frac{1}{l^2}(d^2-\varepsilon) \\ B &:= 2m\left[\frac{d^2}{l^2} + \gamma\frac{d^2-\varepsilon}{l^2}\right] \\ C &:= 1 - 4m^2\frac{d^2}{l^2}\left(1+\gamma-\frac{\beta}{2}\right). \end{aligned}\right\} \tag{7.19}$$

Die Integration läßt sich geschlossen ausführen und ergibt

$$\varphi = -\frac{1}{\sqrt{C}}\arcsin\frac{B - 2C\rho}{\sqrt{B^2 + 4AC}}$$

(wenn $B^2 + 4AC > 0$) oder

$$\boxed{\rho = \frac{B}{2C}\left[1 + \sqrt{1 + 4\frac{AC}{B^2}}\sin(\sqrt{C}\varphi)\right]} \quad . \tag{7.20}$$

Was ist das für eine Lösungskurve $r = r(\varphi)$? Nun, ihre *Extrema* liegen bei $\sqrt{C}\varphi = \pm\frac{\pi}{2}$, und zwar wird r maximal (ρ minimal), wenn $\varphi_{\mathrm{Max}} = -\frac{1}{\sqrt{C}}\frac{\pi}{2}$. Diese Extrema werden erneut erreicht beim Winkel

$$\varphi = \pm\frac{1}{\sqrt{C}}\frac{\pi}{2} + N\frac{2\pi}{\sqrt{C}} \qquad N \in \mathcal{G}.$$

Wenn $0 < C < 1$ ist[6], folgt $\frac{2\pi}{\sqrt{C}} > 2\pi$, d.h., bis zum erneuten Erreichen des Ma-

---

[6] D.h. neben $\frac{m}{l} \ll 1$ muß $1 + \gamma - \frac{\beta}{2} > 0$ sein. Die Meßergebnisse (vgl. Abschnitt 7.5) werden diese Annahmen bestätigen.

ximums (Minimums) muß ein Winkel > 2π durchlaufen werden. *Bei jedem Umlauf um das Symmetriezentrum (r = 0) verschiebt sich das Extremum um den Winkel*

$$\boxed{\triangle\varphi = 2\pi\left(\frac{1}{\sqrt{C}} - 1\right)} \quad . \tag{7.21}$$

Die Bahnkurve ist also keine Ellipse mehr. Um die genaue Gestalt der Bahn besser zu übersehen, betrachten wir zunächst die niedrigste Näherung, d.h. die *Kepler-Bewegung*. Dazu sehen wir uns (7.11) und (7.12) an. Durch Division bekommen wir

$$r^2 \frac{\mathrm{d}\varphi}{\mathrm{d}t} = c\frac{l}{d}\frac{1+F}{1+H} \cong c \cdot \frac{l}{d} + \mathcal{O}\left(\frac{m}{r}\right); \tag{7.22}$$

$L_\mathrm{N} := c \cdot \dfrac{l}{d}$ ist der *Drehimpuls pro Masseneinheit* der Kepler-Bewegung im Rahmen der Newtonschen Theorie. Berechnen wir nun $\left(\dfrac{\mathrm{d}r}{\mathrm{d}t}\right)^2$ aus Gleichung (7.16) durch konsequente Näherung, (d.h. es wird $\gamma = 1$ gesetzt und $\beta = 0$, also bis zum Glied $\sim \dfrac{m}{r}$ entwickelt), so ergibt sich die Gleichung:

$$\frac{1}{2}\left(\frac{\mathrm{d}r}{\mathrm{d}t}\right)^2 - \frac{GM}{r} + \frac{\left(\frac{cl}{d}\right)^2}{2r^2} \cong \frac{c^2(d^2-\varepsilon)}{2d^2}, \tag{7.23}$$

in der wir den *Energieerhaltungssatz* wiedererkennen. Damit ist

$$\frac{c^2(d^2-\varepsilon)}{2d^2} := E_\mathrm{N}$$

die (Newtonsche) *Gesamtenergie pro Masseneinheit.*

In der *niedrigsten* (Newtonschen) *Näherung* ergibt sich also für die Koeffizienten in (7.19):

$$\left.\begin{aligned} A &\cong \frac{2d^2}{c^2 l^2} E_\mathrm{N} = \frac{2E_\mathrm{N}}{L_\mathrm{N}^2} < 0 \quad , \quad [A] = \mathrm{cm}^{-2} \\ B &\cong \frac{2mc^2}{L_\mathrm{N}^2} \qquad\qquad\quad , \quad [B] = \mathrm{cm}^{-1} \\ C &\cong 1 \qquad\qquad\qquad\quad\; , \quad [C] = 1 \end{aligned}\right\} \tag{7.24}$$

und damit für die *Keplersche Bahnellipse*

$$\boxed{\frac{1}{r} = \frac{1}{p}[1 + e\sin\varphi]} \tag{7.25}$$

mit dem *Ellipsenparameter* $p_{\mathrm{N}} = \frac{L_{\mathrm{N}}^2}{mc^2}$ und der Exzentrizität $e = \sqrt{1 - \frac{p_{\mathrm{N}}}{a}}$, wenn die *große Halbachse der Ellipse a* durch

$$\boxed{a_{\mathrm{N}} = -\frac{mc^2}{2E_{\mathrm{N}}} > 0}$$

gegeben ist. Die Energie der Ellipsenbahn ist ja $E < 0$, d.h. wegen $\varepsilon = 1$ muß gelten $d^2 < 1$. Gehen wir nun zurück zur *exakten* Lösung der *genäherten* Bewegungsgleichung (Entwicklung in $\frac{m}{r}$ bei Gliedern $\sim \frac{m^2}{r^2}$ abgebrochen)! Dann ist also gemäß Gleichung (7.19)

$$\left.\begin{aligned} A &= \frac{2E_{\mathrm{N}}}{L_{\mathrm{N}}^2} \\ B &= \frac{2mc^2}{L_{\mathrm{N}}^2}\left(1 + 2\gamma\frac{E_{\mathrm{N}}}{c^2}\right) = \frac{2}{p_{\mathrm{N}}}\left(1 - \gamma\frac{m}{a_{\mathrm{N}}}\right) \\ C &= 1 - \frac{4m}{p_{\mathrm{N}}}\left(1 + \gamma - \frac{\beta}{2}\right). \end{aligned}\right\} \tag{7.26}$$

E_{N}, L_{N}, a_{N} und p_{N} sind die Größen der Keplerschen Ellipse. Die Terme $\frac{m}{a_{\mathrm{N}}}$ und $\frac{m}{p_{\mathrm{N}}}$ sind *klein von 1. Ordnung*. Die Lösung (7.20) läßt sich schreiben als

$$\boxed{\frac{1}{r} = \frac{1}{p}[1 + e\sin(1-\lambda)\varphi]} \tag{7.27}$$

mit

$$\left.\begin{aligned} p &= p_{\mathrm{N}}\left[1 + \gamma\frac{m}{a_{\mathrm{N}}} - \frac{4m}{p_{\mathrm{N}}}\left(1 + \gamma - \frac{\beta}{2}\right)\right] \\ 1 - e^2 &= \frac{p_{\mathrm{N}}}{a_{\mathrm{N}}}\left[1 + 2\gamma\frac{m}{a_{\mathrm{N}}} - \frac{4m}{p_{\mathrm{N}}}\left(1 + \gamma - \frac{\beta}{2}\right)\right] \\ a &= a_{\mathrm{N}}\left(1 - \gamma\frac{m}{a_{\mathrm{N}}}\right) \\ \lambda &= +\frac{2m}{p_{\mathrm{N}}}\left(1 + \gamma - \frac{\beta}{2}\right) \end{aligned}\right\}. \tag{7.28}$$

Wir können die Lösung also als eine ellipsenähnliche Kurve (Rosette) interpretieren, deren Extrema ($r_{\min}$) bzw. ($r_{\max}$) sich aber um

$$\triangle\varphi = 2\pi\lambda$$

verschieben (pro Umlauf). Mit (7.28) folgt

$$\boxed{\triangle\varphi \cong \frac{4\pi m}{p_\mathrm{N}}\left(1+\gamma-\frac{\beta}{2}\right)} + \mathcal{O}\left(\frac{m^2}{r^2}\right). \tag{7.29}$$

(vgl. Abb. 7.1). Die Bahnkurve ist nicht mehr geschlossen, da das Gravitationspotential nicht mehr streng wie $\frac{1}{r}$ geht.

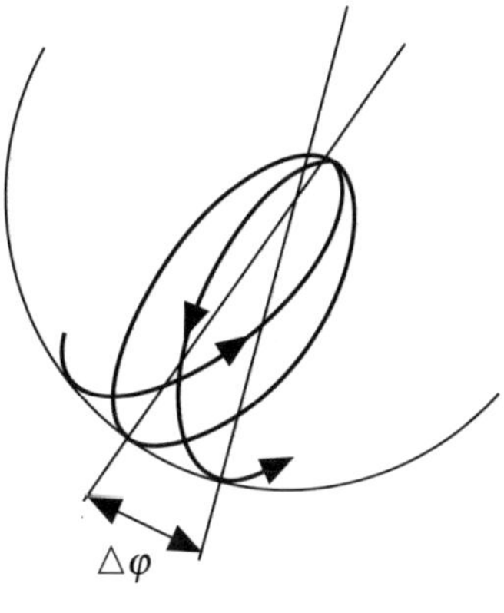

Abb. 7.1 Rosettenbahn

7.4 Die Perihelbewegung des Planeten Merkur

Wir wollen nun die im vorigen Abschnitt gemachte Rechnung auf das *Planetensystem* anwenden, genauer auf *die Bahn des Merkur um die Sonne*. Die Bahn wird in der Astronomie durch folgende 6 Größen festgelegt (vgl. Abb. 7.2)

1. Die *große Halbachse a.*
2. Die *Exzentrizität* $e = \frac{1}{a}\sqrt{a^2 - b^2}$.

3. Die *Inklination i*, d.h. der Winkel der Neigung der Bahnebene gegenüber der Ekliptik (d.h. der Ebene der Erdbahn).
4. Die *Länge des (aufsteigenden) Knotens Ω* im Winkelmaß. Der Schnittpunkt der Planetenbahn mit der Ekliptik heißt Knoten; er wird vom *Frühlingspunkt* ab gemessen.
5. Die *„Länge" des Perihels* φ, das heißt des Ortes, an dem der Planet der Sonne am nächsten kommt ($r = r_{\text{min}}$) und schließlich
6. einen Parameter zur Festlegung des momentanen Ortes des Planeten, die sogenannte *mittlere Anomalie u* (vergleiche auch (11.76) in Abschnitt 11.4.2).

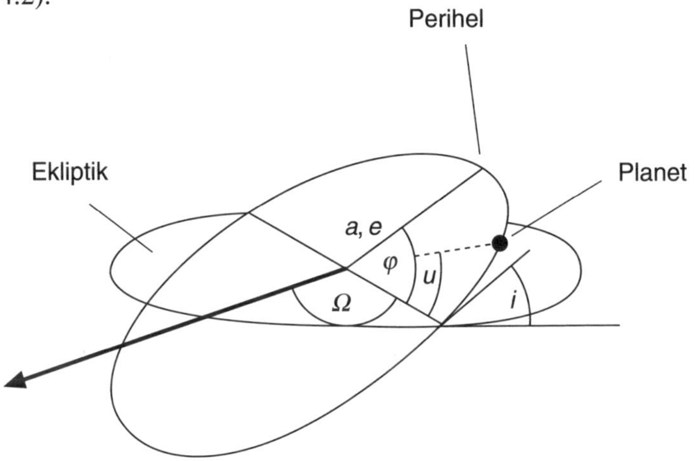

Abb. 7.2 astronomische Bahnelemente

Die jahrhundertelangen optischen Beobachtungen der Merkurbahn (200 Jahre), für die $b_{\text{N}} \cong 55{,}3 \cdot 10^6$ km, $a_{\text{N}} \cong 57{,}8 \cdot 10^6$ km, $e = 0{,}206$, $i \cong 7°$ gilt[7], ergeben nun folgende Situation: *Es wurde eine Verschiebung des Merkurperihels* im Laufe der Zeit *beobachtet*, und zwar von der Größe

$$e\delta\varphi\big|_{\text{Beob}} \cong 1152'' \text{ pro Jahrhundert}\,.$$

Um zu diesem Wert zu gelangen, muß man von der beobachteten Verschiebung eine allgemeine *Präzession des Frühlingspunktes* gegenüber den Fixsternen von ca. 5026" pro Jahrhundert vorweg abziehen.

Man versuchte nun, diese Perihelverschiebung mit Hilfe der Newtonschen Theorie zu berechnen und zwar als einen Effekt, der durch die *Störung der Ellipsenbahn durch die anderen Planeten* zustandekommt. Die Rechnung ergab für diesen Effekt [Cle47], [MW75]:

[7] Daten aus dem Septemberheft 1975 des Scientific American.

$$e\delta\varphi\big|_{\text{theoret Newton}} \cong (1142,730 \pm 0,040)'' \text{ pro Jahrhundert}\,.$$

Damit blieb eine Differenz zwischen Theorie und Beobachtung von

$$e\triangle\delta\varphi := e\left(\delta\varphi\big|_{\text{Beob}} - \delta\varphi\big|_{\text{theoret Newton}}\right) \cong (8,863 \pm 0,093)'' \text{ pro Jahrhundert}$$

oder, im Winkel der Perihelverschiebung selbst ausgedrückt

$$\triangle\delta\varphi = \delta\varphi\big|_{\text{Beob}} - \delta\varphi\big|_{\text{theoret Newton}} \cong (43,11 \pm 0,45)'' \text{ pro Jahrhundert}\,. \tag{7.30}$$

Diese Werte sind natürlich mit *Fehlerbalken* behaftet, die aber $\sim 1\%$ nicht überschreiten. Dabei kommt die Unsicherheit in der theoretischen Berechnung hauptsächlich aus der Ungenauigkeit mit der man die Planeten*massen* kennt.

Um die Diskrepanz zwischen Theorie und Beobachtung aufzuheben, wurden vor Einstein's allgemeiner Relativitätstheorie verschiedene Vorschläge gemacht wie z.B. eine Abänderung des Newtonschen Gravitationspotentials, ein Abweichen von der Kugelsymmetrie der Sonne, weitere Störungen durch noch unbekannte Massen im Planetensystem etc. All diese Ansätze konnten nicht überzeugen, da sie auf nicht beobachtete Effekte auch bei den anderen Planeten führten. Nach unserer Formel für die Perihelverschiebung würde sich *für einen Umlauf* des Merkur ergeben:

$$\triangle\varphi = \frac{4\pi G M_\odot}{c^2 p_{\text{merkur}}}\left(1 + \gamma - \frac{\beta}{2}\right).$$

In 100 Jahren läuft der Merkur

$$N = 100 \cdot \frac{365,26}{88} \cong 415,07$$

-mal um, da seine Umlaufperiode 88 Tage ist. Damit ergeben sich, wenn wir noch ins Winkelmaß übergehen, d.h. $\pi = 180 \cdot 60 \cdot 60''$ setzen,

$$\begin{aligned}\triangle\varphi &= N\,\frac{4 \cdot 1,8 \cdot 3,6 \cdot 10^5}{c^2 p_{\text{merkur}}}\,G M_\odot \left(1 + \gamma - \frac{\beta}{2}\right)''\bigg|_{\text{pro Jahrhundert}}\\ &\cong 29,15''\big|_{\text{pro Jahrhundert}}\left(1 + \gamma - \frac{\beta}{2}\right).\end{aligned}$$

Vergleichen wir dies mit der Differenz zwischen Theorie und Beobachtung, setzen also

$$29,15\left(1 + \gamma - \frac{\beta}{2}\right) \doteq 43,11 \pm 0,45\,,$$

so ergibt sich $1+\gamma-\frac{\beta}{2}\cong 1{,}48$ oder

$$\boxed{\gamma-\frac{\beta}{2}\cong 0{,}48} \quad . \tag{7.31}$$

Mehr können wir aus diesem einen Effekt bezüglich der Koeffizienten γ und β *nicht* bekommen.

Anmerkungen:

1. Auch andere Planeten und Planetoiden weisen eine Perihelverschiebung auf, die aber wegen des größeren Abstandes von der Sonne kleiner ist. Z.B. ist die Differenz zwischen beobachteter und durch die Newtonsche Theorie erklärter Perihelverschiebung [Dun56], [Gil53], [Sha71]

	$\triangle\delta\varphi$ [Bogensekunden pro Jahrhundert]
Venus	$(8{,}4 \pm 4{,}8)$
Erde	$(5{,}0 \pm 1{,}2)$
Icarus	$(9{,}8 \pm 0{,}8)$.

   Auch bei künstlichen Erdsatelliten tritt eine solche Verschiebung des Perigäums auf (jetzt ist die Erde der Zentralkörper), die aber trotz ihrer Größe von bis zu $(1\text{–}2)\cdot 10^3$ Bogensekunden pro Jahrhundert durch andere Effekte wie Strahlungsdruck, Strömungsreibung, Instabilitäten in der Satellitenbahn, Multipolmomente der Erde usw. völlig maskiert wird.
   Bei unserer Rechnung ist vorausgesetzt, daß die Störeinflüsse der anderen Planeten auch in der neuen Beschreibung des Gravitationsfeldes (durch die Matrix der Gravitationspotentiale $g_{\alpha\beta}$) mittels der Newtonschen Näherung berechnet werden können, also, daß die allgemein-relativistischen Mehrkörpereffekte von kleinerer Ordnung sind.

2. Die Sonne als Quelle des Gravitationsfeldes ist wegen ihrer Rotation nicht exakt kugelsymmetrisch (Abplattung). Nimmt man das Quadrupolmoment mit, so ist die Beziehung (7.29) für die Perihelverschiebung bei einem Umlauf zu ersetzen durch

$$\triangle\varphi=\frac{4\pi m}{p_{\mathrm{N}}}\left[1+\gamma-\frac{\beta}{2}-\frac{3}{4}\frac{R_{\odot}^2 J_{2\odot}}{m_{\mathrm{N}}}\right]. \tag{7.32}$$

Hierin ist $m = \dfrac{GM_\odot}{c^2}$ mit der Sonnenmasse $M_\odot$; $R_\odot$ ist der Äquatorialradius der Sonne und $J_{2\odot}$ der Koeffizient der zweiten zonalen Kugelfunktion in der Multipolentwicklung für das Graviationsfeld der Sonne. Aus der Sonnenseismologie [Duv84] folgt ein Wert $J_{2\odot} \simeq 10^{-7}$, d.h. eine Korrektur von 0,03% zum ersten Term in (7.32). Der Beitrag vom Quadrupolmoment der Sonne liegt also gegenwärtig noch außerhalb der Meßgenauigkeit.

3. Der Planet Merkur ist als Testkörper behandelt, also sein Graviationsfeld gegenüber dem der Sonne vernachlässigt worden.

7.5 Die Lichtablenkung am Sonnenrand

Wir besprechen jetzt einen weiteren beobachtbaren Effekt, der nur von γ abhängt, so daß wir dann β und γ *einzeln* aus den Beobachtungen bestimmen können.

Der Effekt bezieht sich auf die Ausbreitung von Licht im Schwerefeld der Sonne bzw. eines anderen kugelsymmetrischen Himmelskörpers. Nehmen wir das Teilchenbild des Lichtes! Wie lauten die Bahnkurven der Photonen im Gravitationsfeld der Sonne? Daß es keine Geraden mehr sein können, haben wir schon in früheren Abschnitten gesehen. Der Energie der Photonen entspricht eine schwere Masse, die vom Gravitationsfeld der Sonne angezogen wird.

Da wir die Rechnung im vorigen Abschnitt sowohl für Teilchen *mit* wie *ohne* Ruhmasse durchgeführt haben, können wir die Bewegungsgleichungen (7.18) übernehmen. Wir müssen nur $\varepsilon = 0$ setzen. Aus der Newtonschen Näherung folgt dann $E_\mathrm{N} > 0$, d.h. es liegt eine *Hyperbelbahn* vor.

Sehen wir uns (7.18) an!

$$\left(\frac{\mathrm{d}\rho}{\mathrm{d}\varphi}\right)^2 = \frac{d^2}{l^2}\left\{1 + 2m\rho(1+\gamma) + 4(m\rho)^2\left(1+\gamma-\frac{\beta}{2}\right)\right\} - \rho^2$$

oder

$$\left(\frac{\mathrm{d}\rho}{\mathrm{d}\varphi}\right)^2 + \rho^2 = \frac{d^2}{l^2}\left\{1 + 2m\rho(1+\gamma) + 4(m\rho)^2\left(1+\gamma-\frac{\beta}{2}\right)\right\}. \tag{7.33}$$

In *niedrigster Näherung* (d.h. *ohne* Gravitationsfeld) folgt

$$\left(\frac{\mathrm{d}\rho}{\mathrm{d}\varphi}\right)^2 + \rho^2 = \frac{d^2}{l^2}$$

mit der Lösung

$$\boxed{\rho = \frac{\sin\varphi}{R}}\,, \tag{7.34}$$

wobei

$$\boxed{R := \frac{l}{d}}\,.$$

(7.34) beschreibt eine Gerade, wie man durch Einführung *ebener* Polarkoordinaten

$$X = r\sin\varphi\,, \qquad Y = r\cos\varphi\,, \qquad \rightsquigarrow \sqrt{X^2+Y^2} = \frac{1}{\rho}$$

sieht; genauer: eine Parallele zur Y-Achse im Abstand R:

$$X = R\,. \tag{7.35}$$

In der nächsten Näherung ist das Glied $\sim m\rho$ mitzunehmen. Wir machen den Ansatz

$$\rho = \frac{\sin\varphi}{R} + a$$

und setzen in (7.33) ein:

$$\cancel{\frac{\cos^2\varphi}{R^2} + \frac{\sin^2\varphi}{R^2}} + 2\frac{a}{R}\sin\varphi + a^2 \cong \cancel{\frac{1}{R^2}} + \frac{2m}{R^2}(1+\gamma)\left[\frac{\sin\gamma}{R} + a\right]$$

und erhalten:

$$2\sin\varphi\left[a - \frac{m}{R^2}(1+\gamma)\right] + a\left[aR - \frac{2m}{R}(1+\gamma)\right] \cong 0\,.$$

Hieraus folgt zunächst $a = \frac{m}{R^2}(1+\gamma)$. Der zweite Term ergibt sich damit zu

$$\frac{m^2}{R^4}(1+\gamma)^2 \neq 0\,, \qquad \text{wenn} \qquad 1+\gamma \neq 0\,,$$

was jedoch nichts ausmacht, da dieser Term um eine Ordnung kleiner ist als der Term $\sim a$. Damit bekommen wir

$$\rho = \frac{\sin\varphi}{R} + \frac{m}{R^2}(1+\gamma)$$

oder, in den Koordinaten X, Y

$$R = X + \frac{m}{R}(1+\gamma)\sqrt{X^2+Y^2}\,. \tag{7.36}$$

Dies ist die Gleichung einer Hyperbel[8]. Die *Asymptoten* erhalten wir für $Y \to \infty$ bei endlichem X (vgl. Abb. 7.3):

$$X = R \mp \frac{m}{R}(1+\gamma)Y\,. \tag{7.37}$$

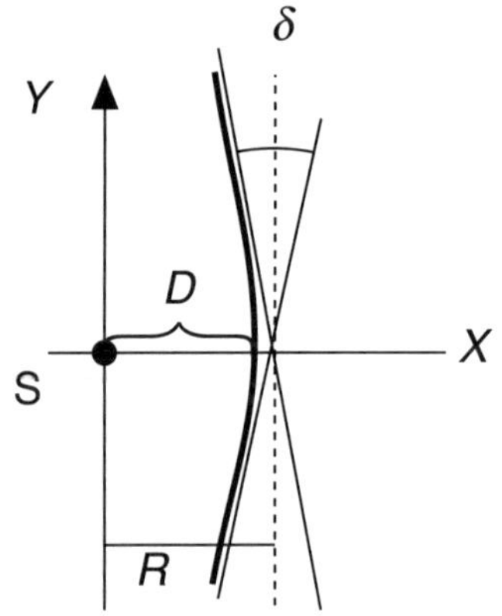

Abb. 7.3 Lichtablenkung am Sonnenrand

Der Winkel δ, um den das Photon im Gravitationsfeld aus seiner ursprünglichen Richtung abgelenkt wird, berechnet sich aus der Steigung der Asymptoten:

$$\frac{\mathrm{d}X}{\mathrm{d}Y} = \tan\frac{\delta}{2} \cong \frac{\delta}{2} = \frac{m}{R}(1+\gamma)$$

oder

$$\boxed{\delta \cong \frac{2MG}{c^2R}(1+\gamma)} + \mathcal{O}\left(\frac{m^2}{R^2}\right)^2\,. \tag{7.38}$$

[8] Eine Umformung ergibt

$$-\frac{\dfrac{Y^2}{R^2}}{1+\dfrac{m^2}{R^2}(1+\gamma)^2} + \frac{\left[X - \dfrac{R}{1+\dfrac{m^2}{R^2}(1+\gamma)^2}\right]^2}{\dfrac{m^2(1+\gamma)^2}{1+\dfrac{m^2}{R^2}(1+\gamma)^2}} = 1\,.$$

Das Symmetriezentrum des Gravitationsfeldes liegt bei $r = 0$, d.h. $X = Y = 0$: Der dem Symmetriezentrum am nächsten kommende Punkt $X = D$ der Hyperbel liegt bei $X \cong R\left[1+\frac{m}{R}(1+\gamma)\right]$. Setzt man in (7.38) ein, so unterscheidet sich der Zusatz um Größen, die von *zweiter* Ordnung klein sind. Wir können daher in (7.38) $R = D$ setzen und erhalten damit für den Ablenkungswinkel

$$\boxed{\delta \cong \frac{2MG}{c^2 D}(1+\gamma)+\mathcal{O}\left(\frac{m^2}{R^2}\right)^2} . \tag{7.39}$$

Wenden wir diese Beziehung auf die Sonne an und zwar auf Lichtstrahlen, die gerade *Sonnenrand* vorbeilaufen! Wir haben also $M = M_\odot$, $D = R_\odot$ zu setzen und bekommen

$$\delta \overset{\text{theoret}}{\cong} 0{,}884(1+\gamma)'' , \tag{7.40}$$

also eine sehr kleine Ablenkung. In der Newtonschen Theorie bekäme man einen um den Faktor $(1+\gamma)^{-1}$ kleineren Effekt.

Bis 1969 sind Beobachtungen dieses Effektes nur im *optischen* Bereich möglich gewesen[9]. Während totaler Sonnenfinsternisse wurde ein helles Sternfeld in der Nähe der Sonne photographiert. Dasselbe Sternfeld wurde dann einige Monate später, das heißt, wenn die Sonne nicht mehr in Richtung des Sternfeldes stand, erneut photographiert. Beide Photographien wurden verglichen und die relativen Verschiebungen der Sternfelder vermessen. Für 6 Sonnenfinsternisse sind Daten veröffentlicht worden, die zwischen $\delta = 1{,}43''$ und $\delta = 2{,}70''$ schwanken. Seit 1969 kann man die Ablenkung von *Radiowellen* an der Sonne messen, die von kosmischen Radioquellen stammen. Da diese Radioquellen *jährlich* von der Sonne überdeckt werden, erhöht sich die Meßzeit stark. Solche Beobachtungen ergeben [FS76], [Fom77]

$$\delta_{\text{beob}} = (1{,}78 \pm 0{,}02)'' . \tag{7.41}$$

Vergleichen wir mit dem in (7.40) berechneten Wert, so folgt

$$\gamma = 1{,}01 \pm 0{,}02 . \tag{7.42}$$

Zusammen mit der Verschiebung des Merkurperihels folgt also

$$\gamma = 1{,}01 \pm 0{,}02 , \quad \beta \approx 1{,}06 \pm 0{,}06 . \tag{7.43}$$

Die Unsicherheiten dieser Messungen liegen bei 1–5% (vgl. die Anmerkung wegen genauerer Messungen).

Aus den Beobachtungen allein können wir die Gravitationspotentiale $g_{\alpha\beta}$ *nicht* festlegen, da wir die *unendlich* vielen Parameter β, γ, ... in der Entwick-

[9] Vgl. den zusammenfassenden Artikel von [vK60].

lung der Funktionen F und H nach $\frac{m}{r}$ aus (7.7) bzw. (7.9) aus *endlich* vielen Messungen nicht bestimmen können. Die Theorie in Form der Einsteinschen Feldgleichungen der Allgemeinen Relativitätstheorie wird uns da weiter helfen.

Die exakte Lösung der Einsteinschen Feldgleichungen für den Fall des zentralsymmetrischen, statischen Gravitationsfeldes wird durch die sogenannte Schwarzschild-Metrik gegeben (vgl. Abschnitt 10.1)

$$\mathrm{d}l^2 = \left(\frac{1 - \frac{C}{4r}}{1 + \frac{C}{4r}} \right)^2 c^2 \mathrm{d}t^2 - \left(1 + \frac{C}{4r} \right)^4 (\mathrm{d}r^2 + r^2 \mathrm{d}\theta^2 + r^2 \sin^2 \theta \mathrm{d}\varphi^2) . \qquad (7.44)$$

In niedrigster Näherung folgt daraus

$$\mathrm{d}l^2 \cong \left(1 - \frac{C}{r} \right) c^2 \mathrm{d}t^2 - \left(1 + \frac{C}{r} \right) (\mathrm{d}r^2 + r^2 \mathrm{d}\Omega^2) + \mathcal{O}\left(\frac{C^2}{r^2} \right).$$

Der Vergleich mit unserer „heuristisch" erhaltenen Näherungslösung bringt $\boxed{C = 2m}$, $\boxed{\gamma = 1}$. Der Parameter β wird durch die lineare Näherung nicht erfaßt. Die nächste Näherung ergibt jedoch

$$\mathrm{d}l^2 \cong \left(1 - \frac{C}{r} + \frac{C^2}{2r^2} \right) c^2 \mathrm{d}t^2 - \left(1 + \frac{C}{r} + \frac{3C^2}{8r^2} \right) (\mathrm{d}r^2 + r^2 \mathrm{d}\Omega^2) + \mathcal{O}\left(\frac{C^3}{r^3} \right),$$

d.h. $\boxed{\beta = 1}$.

Anmerkungen:

1. Die Parameter β und γ stimmen gegenwärtig bis auf 1‰(!) genau mit den von der Allgemeinen Relativitätstheorie vorhergesagten Werten überein. Dazu wurden die Messungen der Viking-Raumsonden zum Mars (und die dort gelandeten Sender) sowie Laufzeitmessungen von Radarsignalen, die an den inneren Planeten reflektiert wurden (Merkur, Venus), ausgewertet [Sha90].
2. Wir haben den Term $\sim \frac{m^2}{r^2}$ vor dem Oberflächenelement der Kugel $\mathrm{d}r^2 + r^2 \mathrm{d}\Omega$ nicht berücksichtigt. Das ist in der gemachten Näherung gerechtfertigt (vgl. Abschnitt 10.6.1, Anmerkung).
3. Die Hauptarbeit der Abschnitte 7.3–7.5 bestand in der Einpassung der neuen Effekte in den Rahmen der Newtonschen Theorie.

7.6 Ausklang: Die Dynamik des Gravitationsfeldes (erste Näherung)

Bevor wir zu den Einsteinschen Feldgleichungen gelangen können, müssen wir noch einige mathematische Grundbegriffe wie *kovariante Ableitung* und *Krümmung* kennenlernen. Wir können jedoch mit Hilfe von einfachen Argumenten zu einer Feldgleichung kommen, die sich dann als niedrigste Näherung der Einsteinschen Feldgleichung erweisen wird.

Als erstes fragen wir uns, was die Quelle des Gravitationsfeldes sein könnte. Wir wissen schon, daß jeder Energie eine *träge* Masse entspricht und diese gleich der *schweren* Masse ist. Das bedeutet, daß jede Art von Energie ein Gravitationsfeld erzeugt. In Abschnitt 4.6.1 haben wir den Energie-Impulstensor des elektromagnetischen Feldes kennengelernt, für den gilt:

$$\frac{\partial T_\gamma{}^\beta}{\partial x^\beta} = j^\alpha F_{\alpha\gamma}\,.$$

In 4.6.2 verwendeten wir den Energie-Impulstensor einer idealen Flüssigkeit in der Form

$$T_{\alpha\beta} = \frac{1}{c^2}(\mu + p)u^\alpha u^\beta - p\eta^{\alpha\beta}\,.$$

Es liegt nahe, zu versuchen, *den Gesamt-Energie-Impuls-Spannungstensor*[10] *als Quelle des Gravitationsfeldes* anzusetzen. Dabei müssen wir berücksichtigen, daß die Energie-Impulsbilanz in der speziellen Relativitätstheorie geschrieben werden kann als

$$\frac{\partial T^{\alpha\beta}_{\text{total}}}{\partial x^\beta} = 0\,. \tag{7.45}$$

Spalten wir hier nach Raum und Zeit auf und integrieren über ein (zeitunabhängiges) Volumen V, so folgt

$$\int_V \mathrm{d}^3x \frac{\partial T^{\alpha 0}_{\text{total}}}{\partial x^0} + \int_V \mathrm{d}^3x \sum_{k=1}^{3} \frac{\partial T^{\alpha k}_{\text{total}}}{\partial x^k} = 0$$

und, nach Herausziehen der Zeitableitung im ersten Term und Anwendung des Gaußschen Satzes im 2. Term,

$$\boxed{\frac{1}{c}\frac{\partial}{\partial t}\int_V \mathrm{d}^3x T^{\alpha 0}_{\text{total}} = -\int_{\partial V} \mathrm{d}^2x \sum_{k=1}^{3} n_k T^{\alpha k}_{\text{total}}}\quad. \tag{7.46}$$

[10] der vorhandenen Materie und Felder, $T^{\alpha\beta}_{\text{total}}$

Für $\alpha = 0$ gibt dies wegen $T^{00}_{\text{total}} = \mu \triangleq$ Gesamtenergiedichte

$$\frac{\partial}{\partial t}(\text{Gesamtenergie in } V) = -\text{ Energiefluß durch Oberfläche } \partial V \,.$$

Für α = 1, 2, 3 folgt entsprechend die Impulsbilanz. Auf die integralen Erhaltungsgrößen $\int_V \mathrm{d}^3x T^{\alpha 0}$ bzw. $\int_V \mathrm{d}^3x T^{0[\alpha}x^{\beta]}$ und ihren Zusammenhang mit Symmetrietransformationen des Minkowskiraumes kommen wir in Abschnitt 13.4.1 zurück.

Wir haben einen Hinweis auf die Feldgleichung: Die Poisson-Gleichung der Newtonschen Mechanik sollte in ihr als eine nichtrelativistische Näherung enthalten sein. Versuchen wir, eine Feldgleichung hinzuschreiben, die eine Wellengleichung für die Gravitations- bzw. Trägheitspotentiale $h^{\alpha\beta}$, d.h. die Abweichung von der Minkowski-Metrik ergibt:

$$\boxed{\Box h^{\alpha\beta} = -\kappa T^{\alpha\beta}} \tag{7.47}$$

mit $g^{\alpha\beta} = \eta^{\alpha\beta} + h^{\alpha\beta}$ und der Kopplungskonstante κ. In (6.13) haben wir $h_{00} = \eta_{0\alpha}\eta_{0\beta}h^{\alpha\beta} = h^{00} \cong \frac{2}{c^2}\varphi_{\text{Newton}}$ gesetzt. Andererseits gilt $T^{00} = \mu$ ($\triangleq$ Energiedichte) und in niedrigster Näherung $\mu = \rho c^2$ wenn ρ die Ruhmassedichte ist. Damit ist also

$$\left(\frac{1}{c^2}\frac{\partial}{\partial t^2} - \triangle\right)\frac{2}{c^2}\varphi_{\text{Newton}} = -\kappa\rho c^2$$

oder, für ein statisches Gravitationspotential

$$\triangle\varphi_{\text{Newton}} = \frac{\kappa}{2}c^4\rho \overset{!}{=} 4\pi G\rho \,.$$

Damit erhalten wir für die *Kopplungskonstante*

$$\boxed{\kappa = \frac{8\pi G}{c^4}} \,. \tag{7.48}$$

Die Feldgleichung (7.47) hat noch einen Fehler: bilden wir auf beiden Seiten die Divergenz, so folgt wegen (7.45):

$$\Box\frac{\partial h^{\alpha\beta}}{\partial x^\beta} = -\kappa\frac{\partial T^{\alpha\beta}}{\partial x^\beta} = 0$$

Wir würden also 4 zusätzliche Gleichungen für $h^{\alpha\beta}$ bekommen. Um diese zu vermeiden, betrachten wir statt $h^{\alpha\beta}$ die Linearkombination

$$\psi^{\alpha\beta} := h^{\alpha\beta} - \frac{1}{2}\eta^{\alpha\beta}h^\sigma{}_\sigma \tag{7.49}$$

mit $h^{\sigma}{}_{\sigma} := \eta_{\mu\nu} h^{\mu\nu}$. Wir wollen nun zeigen, daß durch eine „*Umeichung*“ von $h^{\alpha\beta}$ immer $\dfrac{\partial \psi^{\alpha\beta}}{\partial x^{\beta}} = 0$ erreicht werden kann. Dazu führen wir infinitesimale Koordinatentransformationen aus

$$x^{\alpha} \mapsto x^{\alpha'} = x^{\alpha} + \xi^{\alpha}(x^{\kappa}) .$$

Hier soll $\dfrac{\partial \xi^{\alpha}(x^{\kappa})}{\partial x^{\beta}}$ von derselben Ordnung klein sein wie $h^{\alpha\beta}$. Wegen

$$\begin{aligned} g^{\alpha'\beta'} &= g^{\kappa\lambda} \frac{\partial x^{\alpha'}}{\partial x^{\kappa}} \frac{\partial x^{\beta'}}{\partial x^{\lambda}} = g^{\kappa\lambda} \left(\delta^{\alpha}_{\kappa} + \frac{\partial \xi^{\alpha}}{\partial x^{\kappa}} \right) \left(\delta^{\beta}_{\lambda} + \frac{\partial \xi^{\beta}}{\partial x^{\lambda}} \right) \\ &= g^{\alpha\beta} + g^{\kappa\beta} \frac{\partial \xi^{\alpha}}{\partial x^{\kappa}} + g^{\alpha\lambda} \frac{\partial \xi^{\beta}}{\partial x^{\lambda}} + \mathcal{O}\left[\left(\frac{\partial \xi}{\partial x} \right)^2 \right] \end{aligned}$$

folgt mit $g^{\alpha\beta} = \eta^{\alpha\beta} + h^{\alpha\beta}$

$$g^{\alpha'\beta'} = \eta^{\alpha\beta} + h^{\alpha\beta} + \eta^{\kappa\beta} \frac{\partial \xi^{\alpha}}{\partial x^{\kappa}} + \eta^{\alpha\lambda} \frac{\partial \xi^{\beta}}{\partial x^{\lambda}} + \mathcal{O}\left[h^2, \left(\frac{\partial \xi}{\partial x} \right)^2 \right].$$

Das Ergebnis ist, daß bei einer infinitesimalen Koordinatentransformation die Gravitations- bzw. Trägheitspotentiale übergehen in

$$h^{\alpha\beta} \mapsto \overline{h}^{\alpha\beta} = h^{\alpha\beta} + \eta^{\kappa\beta} \frac{\partial \xi^{\alpha}}{\partial x^{\kappa}} + \eta^{\alpha\lambda} \frac{\partial \xi^{\beta}}{\partial x^{\lambda}} . \tag{7.50}$$

Das ist ganz analog zur Eichtransformation für das 4-Potential in der Elektrodynamik

$$A_{\alpha} \mapsto A_{\alpha} + \frac{\partial f}{\partial x^{\alpha}}$$

(vgl. (3.31) von Abschnitt 3.2.1).

Sei nun $\dfrac{\partial \psi^{\alpha\beta}}{\partial x^{\beta}} \neq 0$. Dann eichen wir $h^{\alpha\beta}$ um in $\overline{h}^{\alpha\beta}$ und erhalten

$$\begin{aligned} \frac{\partial \overline{\psi}^{\alpha\beta}}{\partial x^{\beta}} &= \frac{\partial}{\partial x^{\beta}} \left[\overline{h}^{\alpha\beta} - \frac{1}{2} \eta^{\alpha\beta} \overline{h}^{\sigma}{}_{\sigma} \right] \\ &= \frac{\partial}{\partial x^{\beta}} \left[h^{\alpha\beta} + \eta^{\kappa\beta} \frac{\partial \xi^{\alpha}}{\partial x^{\kappa}} + \eta^{\alpha\lambda} \frac{\partial \xi^{\beta}}{\partial x^{\lambda}} - \frac{1}{2} \eta^{\alpha\beta} \left(h^{\sigma}{}_{\sigma} + 2 \frac{\partial \xi^{\sigma}}{\partial x^{\sigma}} \right) \right] \\ &= \frac{\partial \psi^{\alpha\beta}}{\partial x^{\beta}} + \eta^{\kappa\beta} \frac{\partial^2 \xi^{\alpha}}{\partial x^{\beta} \partial x^{\kappa}} + \underbrace{\eta^{\alpha\lambda} \frac{\partial^2 \xi^{\beta}}{\partial x^{\beta} \partial x^{\lambda}} - \eta^{\alpha\beta} \frac{\partial^2 \xi^{\sigma}}{\partial x^{\beta} \partial x^{\sigma}}}_{=0} . \end{aligned}$$

Wenn $\frac{\partial\overline{\psi}^{\alpha\beta}}{\partial x^{\beta}} \overset{!}{=} 0$ gefordert wird, so erhalten wir die Bedingung

$$\left(\eta^{\kappa\beta}\frac{\partial^2}{\partial x^{\kappa}\partial x^{\beta}}\right)\xi^{\alpha} = -\frac{\partial\psi^{\alpha\beta}}{\partial x^{\beta}}$$

oder

$$\Box\xi^{\alpha} = -\frac{\partial\psi^{\alpha\beta}}{\partial x^{\beta}}\,.$$

Wir wissen aber, daß die inhomogene Wellengleichung immer eine Lösung hat.

Damit betrachten wir als Feldgleichung

$$\boxed{\Box\psi^{\alpha\beta} = -\kappa T^{\alpha\beta}} \tag{7.51}$$

mit der Eichung

$$\boxed{\frac{\partial\psi^{\alpha\beta}}{\partial x^{\beta}} = 0}\,. \tag{7.52}$$

Wegen $\Box\psi^{\alpha}{}_{\alpha} = -\Box h^{\alpha}{}_{\alpha} = -\Box\kappa T^{\alpha}{}_{\alpha}$ können wir die Feldgleichung (7.51) umschreiben in

$$\boxed{\Box h^{\alpha\beta} = -\kappa\left[T^{\alpha\beta} - \frac{1}{2}\eta^{\alpha\beta}T^{\sigma}{}_{\sigma}\right]}\,. \tag{7.53}$$

Als eine spezielle Lösung haben wir z.B. die wohlbekannten retardierten Potentiale

$$h^{\alpha\beta}(t,\boldsymbol{x}) = -\frac{\kappa}{4\pi}\int \mathrm{d}^3x'\,\frac{\left[T^{\alpha\beta} - \frac{1}{2}\eta^{\alpha\beta}T^{\sigma}{}_{\sigma}\right]_{\mathrm{ret}}}{|\boldsymbol{x}-\boldsymbol{x}'|}\,. \tag{7.54}$$

Wie in der Elektrodynamik ist (7.54) die spezielle Lösung, für die $\left|h^{\alpha\beta}\right| \to 0$ für $|\boldsymbol{x}-\boldsymbol{x}'| \to \infty$. Außerdem müssen wir noch nachprüfen, ob die Eichbedingung (7.52) erfüllt ist bzw. unter welchen Bedingungen an den Energie-Impulstensor. Wir kommen auf die retardierten Gravitationspotentiale in Kap. 11 zurück.

Um über diesen heuristischen Zugang zu Feldgleichungen der Gravitation hinauszukommen, müssen wir den Wellenoperator in (7.47) durch eine *tensorielle* Operation über einer *beliebigen* Ereignismannigfaltigkeit – im Unterschied zum Minkowski-Raum – ersetzen. Oder, im Sinne von Abschnitt 3.2

formuliert: Die partielle Ableitung muß durch einen Ableitungsbegriff ersetzt werden, der auch bei *beliebigen* Koordinatentransformationen $x^\alpha \to x'^\alpha = \varphi^\alpha(x^\beta)$ tensoriellen Charakter hat, nicht nur bei linearen. Das wollen wir im nächsten Kapitel, dem ersten von Teil II tun.

Teil II

Allgemeine Relativitätstheorie

Zusammenfassung des ersten Teils

Im ersten Teil dieses Buches haben wir zuerst die *spezielle* Relativitätstheorie kennengelernt, also eine Theorie, die der Menge der physikalischen Ereignisse die Struktur der Raum-Zeit (des Minkowski-Raums) mit dem Ereignisabstandsquadrat (in Inertialkoordinaten):

$$\mathrm{d}s^2 = \eta_{\alpha\beta}\mathrm{d}x^\alpha \mathrm{d}x^\beta = c^2\mathrm{d}t^2 - \mathrm{d}x^2 - \mathrm{d}y^2 - \mathrm{d}z^2$$

zuweist. Dahinter steckt die an elektrodynamischen Systemen gewonnene Erkenntnis, daß nicht die Galilei- sondern die *Lorentz*-Transformationen von einem Inertialsystem zum anderen führen. Diese Einsicht hat drastische Auswirkungen auf unsere Auffassung von Raum und Zeit: Gleichzeitigkeit ist ein vom gewählten Inertialsystem abhängiger Begriff ebenso wie das Längenmaß eines Körpers bzw. das Zeitmaß eines Vorganges. Weitere wichtige Folgerungen sind z.B. die Beschränkung der Signalgeschwindigkeit nach oben durch die Vakuumlichtgeschwindigkeit, die Verknüpfung von Energie und träger Masse in der berühmten Formel $E = mc^2$, die Aufspaltung des Massenbegriffes beim Punktteilchen in *Ruh*masse (ein Skalar) und *träge* Masse (eine Vektorkomponente). Dann bezogen wir die *Trägheitskräfte* in unsere Betrachtungen ein. Wir erweiterten die zugelassenen Bezugssysteme von Inertialsystemen auf Nichtinertialsysteme. Es zeigte sich, daß die Komponenten der Metrik $g_{\alpha\beta}$ der Raum-Zeit im Nichtinertialsystem als eine Anzahl von *Trägheitspotentialen* interpretiert werden können. Eine bestimmte Linearkombination der ersten Ableitungen der Metrik, das sogenannte *Christoffelsymbol*:

$$\Gamma_{\alpha\ \beta}^{\ \gamma} = \frac{1}{2} g^{\gamma\sigma}\left(\frac{\partial g_{\sigma\beta}}{\partial x^\alpha} + \frac{\partial g_{\sigma\alpha}}{\partial x^\beta} - \frac{\partial g_{\alpha\beta}}{\partial x^\sigma} \right)$$

entsprach dann den *Trägheitsfeldern* (Summationskonvention benutzt, vergleiche Anmerkung 1 in Abschnitt 3.2.1). Über die experimentell festgestellte Gleichheit von schwerer und träger Masse nutzten wir dann aus, daß ein homogenes Gravitationsfeld durch Übergang in ein Nichtinertialsystem, das lokal freifallende Bezugssystem, zum Verschwinden gebracht werden kann. Dieses lokal frei fallende System wird durch das lokale Gravitationsfeld festgelegt. Das Einsteinsche Äquivalenzprinzip verallgemeinert die Aussage vom homogenen Feld auf ein beliebiges Gravitationsfeld: Im lokalen Inertialsystem gelten die Gesetze der speziell-relativistischen Physik. In einem Ereignis können wir bisher zwischen Trägheits- und Gravitationsfeld nicht unterscheiden. Das bedeutet, daß die Abweichung der Metrik von der Minkowski-Metrik auch etwas mit dem Gravitationsfeld zu tun haben muß. Wir betrachten daher die Komponenten der Metrik sowohl als Trägheits- wie als Gravitationspotential, das Christoffelsymbol als Ausdruck für Trägheits- *und* Gravitationsfeld. Ein beobachterunabhängiges Kriterium für das Vorliegen eines permanenten Gravitationsfeldes (im Unterschied zum Trägheitsfeld, das durch Übergang in ein anderes Bezugssystem wegtransformiert werden kann) haben wir noch nicht kennengelernt.

Neben ihrer Rolle als Trägheits- und Gravitationspotential spielt die Metrik auch die Rolle des *Maßtensors* in der Geometrie. Das heißt, sie bestimmt die Längen- und die Zeitmessung. Die Uhrenhypothese der speziellen Relativitätstheorie wurde so erweitert, daß eine im Gravitationsfeld beliebig bewegte Uhr die *Eigenzeit* mißt. Mit einem plausiblen Ansatz für das Gravitationspotential einer statischen, kugelsymmetrischen Masse (Stern, Sonne) haben wir dann die Bewegungsgleichungen einer Probemasse (Planet, Satellit) in niedrigster Näherung ausgerechnet. Daraus folgten zwei von der Newtonschen Gravitationstheorie abweichende Effekte im Sonnensystem: die Perihelverschiebung der Planeten (z.B. des Merkurs) und die Lichtablenkung an der Sonne. Aus der Messung dieser Effekte konnten zwei der unendlich vielen Parameter des Ansatzes für die Metrik bestimmt werden.

Zum Abschluß von Teil I haben wir die Wellengleichung für die Gravitationspotentiale

$$\Box h^{\alpha\beta} = -\kappa T^{\alpha\beta}$$

mit

$$g^{\alpha\beta} = \eta^{\alpha\beta} + h^{\alpha\beta}\,, \qquad \Box = \eta^{\kappa\lambda}\,\frac{\partial^2}{\partial x^\kappa \partial x^\lambda}$$

versuchsweise als Feldgleichung aufgeschrieben. Als Quellterm tritt der Energie-Impuls-Spannungstensor $T^{\alpha\beta}$ der das Gravitationsfeld erzeugenden Materie auf. Zwar geht diese Gleichung im statischen Fall in die Poisson-Gleichung der Newtonschen Gravitationstheorie über. Sie kann aber nicht die endgültige Feldgleichung der Gravitation sein, da der Wellenoperator sich beim Übergang von einem beliebigen Bezugssystem (Koordinaten) auf ein anderes *nicht* tensoriell transformiert, also keine systemunabhängige Größe ist.

Dasselbe Problem taucht auf, wenn wir die Gradienten der 4-Geschwindigkeit $\frac{\partial u^\alpha}{\partial x^\beta}$ oder die Divergenz des Energie-Impulstensors $\frac{\partial T^{\alpha\beta}}{\partial x^\beta}$ ausrechnen bzw. die *Gradienten des Gravitationsfeldes*. Insofern das Christoffelsymbol das Gravitationsfeld (und das Trägheitsfeld) beschreibt, haben wir $\frac{\partial \Gamma_{\alpha}{}^{\gamma}{}_{\beta}}{\partial x^\delta}$ zu bilden.

Aufgabe: Transformation des Christoffelsymbols

Zeige durch direktes Nachrechnen, daß bei einer Koordinatentransformation

$$x^\alpha \mapsto x^{\alpha'} = x^{\alpha'}(x^\beta)$$

gilt

$$\boxed{\Gamma_{\alpha'}{}^{\gamma'}{}_{\beta'} = \Gamma_{\kappa}{}^{\mu}{}_{\lambda} \frac{\partial x^{\gamma'}}{\partial x^\mu} \frac{\partial x^\kappa}{\partial x^{\alpha'}} \frac{\partial x^\lambda}{\partial x^{\beta'}} + \frac{\partial^2 x^\sigma}{\partial x^{\alpha'} \partial x^{\beta'}} \frac{\partial x^{\gamma'}}{\partial x^\sigma}} \; .$$

Wir stellen fest, daß weder $\Gamma_{\alpha}{}^{\gamma}{}_{\beta}$ noch seine partielle Ableitung Tensoren sind. Nur im Spezialfall, daß man sich auf *lineare* Tranfsormationen einschränkt, transformiert sich $\Gamma_{\alpha\,\beta}{}^{\gamma}$ linear-homogen. Schon beim Übergang von kartesischen zu Polarkoordinaten ist diese Bedingung verletzt. Das Christoffelsymbol als Tensor zu bezeichnen, wie dies in einer populären Vorlesungsreihe geschieht, ist daher *fahrlässig*. Zu Beginn des zweiten Teiles wenden wir uns daher zuerst einem mathematischen Kapitel zu, in dem wir eine tensorielle Verallgemeinerung der Operation der partiellen Ableitung gewinnen werden und mit ihrer Hilfe weitere Observablen des Gravitationsfeldes. Mit den so gewonnenen mathematischen Hilfsmitteln können wir dann die dynamischen Grundgleichungen der allgemeinen Relativitätstheorie aufschreiben, die sogenannten Einsteinschen Feldgleichungen (Kapitel 9).

8 Differentialgeometrie Riemannscher Mannigfaltigkeiten

In Abschnitt 3.2 haben wir die für die Raum-Zeit der speziellen Relativitätstheorie (also den Minkowski-Raum) wichtigen geometrischen Strukturen kennengelernt: Kurven, Tangentenvektoren, Linearformen, Tensorfelder. Ein Beispiel für einen Tensor ist die Minkowski-Metrik in Inertialkoordinaten. In beliebigen Nichtinertialkoordinaten wird sie zum ereignisabhängigen Tensorfeld. Die Kontinuums- und Differenzierbarkeitsstruktur (topologischer Raum, differenzierbare Mannigfaltigkeit) haben wir damals nicht besprochen. Dazu machen wir einige Bemerkungen, bevor dann der Begriff der kovarianten Ableitung, eine tensorielle Verallgemeinerung der partiellen Ableitung, eingeführt wird. Der zentrale neue Begriff ist der der sogenannten affinen Übertragung (Konnektion). Wir definieren schließlich Krümmungs- und Torsionstensor. Im weiteren werden torsions*freie* Räume betrachtet, die sogenannten (pseudo-) Riemannschen Mannigfaltigkeiten. Als Beispiele dienen gekrümmte Flächen im Anschauungsraum. Wir arbeiten mit einer indexfreien Notation und, parallel dazu, in der üblichen Indexnotierung (lokale Koordinaten). In Tabelle 8.1 bzw. 8.2 am Ende des Abschnitts werden die eingeführten mathematischen Größen und ihre physikalische Bedeutung zusammengefaßt.

8.1 Die Menge der physikalischen Ereignisse als differenzierbare Mannigfaltigkeit

8.1.1 Differenzierbarkeitsstruktur

Eine *Mannigfaltigkeit* ist eine Punktmenge, die in stetiger Weise parametrisiert werden kann. Die Parameter sind die Koordinaten $x^{\alpha}(p)$; die Anzahl der unabhängigen Koordinaten ($\alpha = 1, \ldots ,n$) gibt die Dimension der Mannigfaltigkeit an. *Lokal*, das heißt in der Umgebung eines Ereignisses p sieht eine Mannigfaltigkeit wie der $\mathbb{R}^n$ aus. *Global* kann sie ganz verschieden sein (Ebene, Torus, Zylinder, Kugel etc.). In der Regel braucht man zur Beschreibung mehrere Koordinatenumgebungen (sogenannte lokale Karten), die untereinander in differenzierbarer Weise verknüpft sein sollen. Formalisiert wird dies in folgender Definition:

Definition: Eine (n-dimensionale) $\mathbb{C}^r$-Mannigfaltigkeit ist eine Menge E zusammen mit einem sogenannten $\mathbb{C}^r$-Atlas $\{U_i, \Phi_i\}$, das heißt einer Sammlung von Koordinatenkarten (U_i, φ_i), in der U_i offene Untermengen von E sind, und φ_i bijektive Abbildungen $\varphi_i : U_i \to I \subset \mathbb{R}^n$ (I ein offener Quader) mit folgenden Eigenschaften:

1. Die U_i überdecken E:

$$E = \bigcup_i U_i \,.$$

2. Wenn $U_i \cap U_j \neq \emptyset$, so ist die Abbildung

$$\Phi_i \cdot \Phi_j^{-1} : \Phi_j(U_i \cap U_j) \to \Phi_i(U_i \cap U_j)$$

eine $\mathbb{C}^r$-Abbildung einer offenen Untermenge des $\mathbb{R}^n$ (vgl. Abb. 8.1).

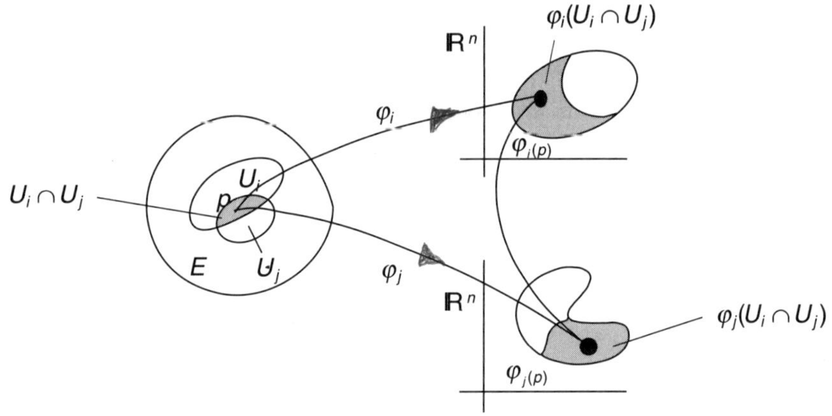

Abb. 8.1 Zum Mannigfaltigkeitsbegriff

Beispiele: 1. *Euklidischer n-dimensionaler Raum:* Der einfachste Atlas wird durch eine einzige lokale Karte gebildet, die schon den ganzen Raum überdeckt. Seien x_i die kartesischen Koordinaten; dann ist

$$U_1 = \{x_i \,|\, -\infty < x_i < \infty, i = 1, 2, \ldots, n\}\,.$$

467

Aufgabe 8.1:

Konstruiere einen Atlas für die euklidische Ebene, wenn ebene Polarkoordinaten r, φ mit $0 < r < \infty$, $0 < \varphi < 2\pi$ gegeben sind.

2. *Kugelfläche* $\mathbb{S}^2$ (Einheitskugel): Sie ist gegeben durch

$$\mathbb{S}^2 = \{(x, y, z) \in \mathbb{R}^3, x^2 + y^2 + z^2 = 1\}.$$

Wir konstruieren einen aus 2 lokalen Karten bestehenden Atlas mit Hilfe der stereographischen Projektion (vgl. Abb. 8.2) Die Projektion erfolge vom Nordpol N der Kugel; dem Punkt $(\xi, \eta) \in \mathbb{R}^2$ wird eineindeutig ein Punkt auf der Kugeloberfläche zugeordnet. Wenn (x, y, z) kartesische Koordinaten in $\mathbb{R}^3$, (ξ, η) kartesische Koordinaten in $\mathbb{R}^2$ sind, so lautet die Projektion

$$x = \frac{4\xi}{\xi^2 + \eta^2 + 4}, \quad y = \frac{4\eta}{\xi^2 + \eta^2 + 4}, \quad z = \frac{\xi^2 + \eta^2 - 4}{\xi^2 + \eta^2 + 4}. \tag{8.1}$$

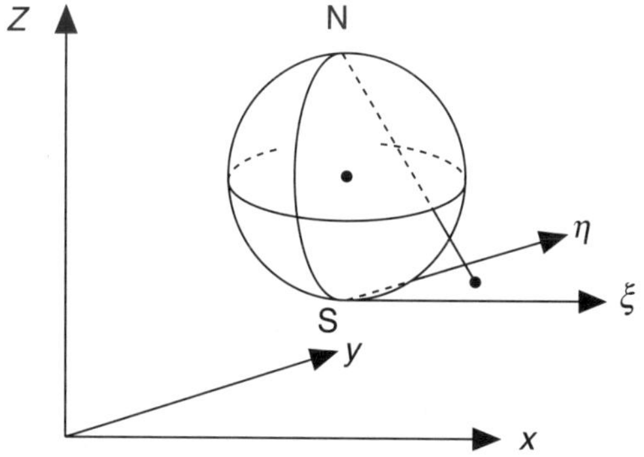

Abb. 8.2 Stereographische Projektion

Aufgabe 8.2:

In räumlichen Polarkoordinaten r, θ, φ habe die Kugelfläche die Gleichung $r = 1$. Zeige, daß die stereographische Projektion gegeben ist durch

$$\xi + i\eta = \pm 2 \cot\frac{\theta}{2} e^{i\varphi}$$

An (8.1) sieht man, daß der Nordpol kein eindeutiges Bild hat. Daher nimmt man eine 2. lokale Karte hinzu, für die man etwa den Südpol S als Projektionszentrum wählen kann. Dann ist die ganze Kugeloberfläche erfaßt.

Aufgabe 8.3:

Seien (ξ', η') die Koordinaten in der zweiten Karte. Zeige, daß im Überlappgebiet (ξ, η) und (ξ', η') beliebig oft differenzierbare Funktionen voneinander sind.

Die Abweichung der Eigenschaften einer Mannigfaltigkeit „im Großen" von denen des euklidischen Raumes zeigt sich gerade darin, daß mehr als eine Koordinatenkarte benötigt wird, um die Mannigfaltigkeit zu beschreiben.

Daß man nur *offene* Mengen als lokale Karten benutzt, liegt daran, daß damit das Problem der Differenzierbarkeit in Randpunkten (einseitige Differenzierbarkeit) ausgeklammert werden kann. Die hier definierten Mannigfaltigkeiten haben keinen Rand. Das führt auf gewisse Schwierigkeiten, wenn wir Singularitäten in exakten Lösungen der Einsteinschen Feldgleichungen kennenlernen (vgl. Kap. 10). Diese sind dann als Randpunkte zu betrachten.

8.1.2 Weitere Eigenschaften der Ereignismenge

Um Physik treiben zu können, müssen wir weitere teils unmittelbar einsichtige, teils etwas technische Eigenschaften von der differenzierbaren Mannigfaltigkeit E fordern.

(x) **Annahme:** Die differenzierbare Mannigfaltigkeit der physikalischen Ereignisse E soll

1. zusammenhängend,
2. Hausdorff'sch und
3. orientierbar sein.

Wir nennen eine differenzierbare Mannigfaltigkeit zusammenhängend, wenn sie *bogenweise* zusammenhängt.

Definition: E heißt bogenweise zusammenhängend, wenn irgend zwei Ereignisse $p, q \in E$, $p \neq q$ durch einen stetigen, ganz in E liegenden Kurvenzug verbunden werden können[1].

Die physikalische Motivation für die Forderung des Zusammenhanges liegt darin, daß Teile der Raum-Zeit, die nicht zusammenhängen, nicht miteinander in Verbindung treten können. Unter „in Verbindung treten" stellt man sich allerdings Signalübertragung bzw. allgemeiner *kausale* Verbindung vor. Aus der speziellen Relativitätstheorie wissen wir, daß eine solche kausale Verbindung

[1] Stückweise stetige Kurvenzüge genügen.

nur im Innern und auf dem Rand des Lichtkegels stattfinden kann. Es wird sich herausstellen (vgl. den *Horizont*begriff in Kap.12 und 14), daß bei exakten Lösungen der Einsteinschen Feldgleichung Gebiete der Raum-Zeit existieren, die *mit einem bestimmten* Beobachter noch nicht kausal in Verbindung getreten sind bzw. dies überhaupt nie können werden. Das ist kein Widerspruch mit dem bogenweisen Zusammenhang solcher Gebiete mit allen anderen der betrachteten Raum-Zeit, einer topologischen Eigenschaft.

Definition: E ist eine Hausdorff-Mannigfaltigkeit, wenn irgend zwei verschiedene Ereignisse *disjunkte* Umgebungen haben.

Als Beispiel für eine nicht Hausdorffsche Mannigfaltigkeit wählen wir das folgende: Zwei Exemplare der reellen Achse $\mathbb{R}$ seien gegeben mit Koordinaten $-\infty < x < \infty, -\infty < y < \infty$. Die Punkte, für die $x < 0$, $y < 0$ gilt, werden identifiziert; $x = 0$ und $y = 0$ aber nicht (vgl. Abb. 8.3). Die offenen Mengen, die die verschiedenen Punkte $x = 0$ und $y = 0$ enthalten, bestehen aus Paaren von Segmenten $(-b, 0) \cup [0, a)$ $b, a \in \mathbb{R}^+$. Zwei offene Mengen, die beide Punkte enthalten, haben einen nichtleeren Durchschnitt $(-c, 0)$. In Hausdorff-Räumen ist der Grenzwert einer konvergierenden Folge *eindeutig* (wenn er existiert). Das ist der Sinn der technischen Annahme.

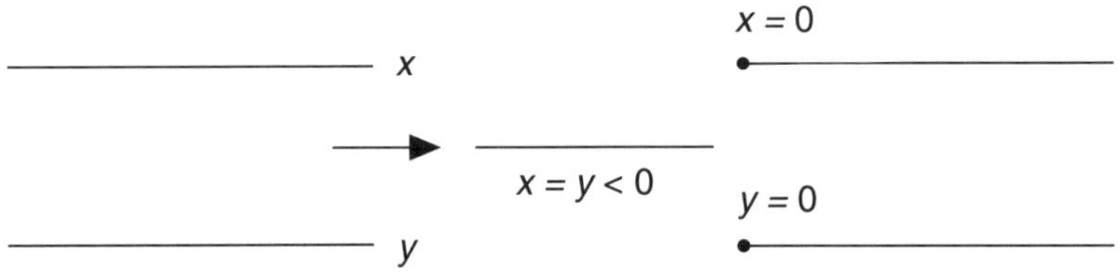

Abb. 8.3 Nicht Hausdorffsche Mannigfaltigkeit

Definition: E heißt *orientierbar*, wenn ein Atlas existiert, für den die Koordinatentransformationen von einer Karte zu einer anderen $x^\alpha \mapsto x^{\alpha'}(x^\beta)$ im Überlappgebiet positive (negative) Jacobische Determinante $\left(\frac{\partial x^\alpha}{\partial x^{\beta'}}\right)$ haben.

Auf der Mannigfaltigkeit der physikalischen Ereignisse soll ein einheitlicher Umlaufsinn definiert sein. Mannigfaltigkeiten wie Möbiusbänder scheiden demnach aus. Physikalisch durchsichtiger wird die Orientierbarkeit erst, wenn wir den Begriff der Metrik benutzen. Dann können wir zwischen *Zeit*-Orientierbarkeit und *räumlicher* Orientierbarkeit unterscheiden.

Anmerkungen: Für eine logisch befriedigendere und vollständigere Einführung in den Begriff der differenzierbaren Mannigfaltigkeiten konsultiere man z.B. die Bücher von [BG68], [O'N83].

Dort werden die Eigenschaften der Mannigfaltigkeit, die von der Topologie, und diejenigen, die von der Differenzierbarkeitsstruktur herrühren, ausführlich behandelt. (Einen Begriff wie z.B. die Parakompaktheit habe ich nicht erwähnt.) Meine Auswahl der geforderten Eigenschaften kommt erstens daher, daß Mannigfaltigkeiten alle lokalen Eigenschaften des euklidischen Raumes erben, wie etwa lokal zusammenhängend oder lokal kompakt zu sein. Was die Eigenschaften der Mannigfaltigkeit im Großen betrifft, mit denen wir uns in diesem Buch nur gelegentlich befassen, so empfinde ich Zusammenhang und Orientierbarkeit als anschaulich und physikalisch motivierbar. Unter den über eine Einführung hinausgehenden Büchern zur Allgemeinen Relativitätstheorie nenne ich in diesem Zusammenhang die von Hawking und Ellis [HE73] und Wald [Wal84].

Für das folgende können wir die Definition von Tangentenvektoren, Linearformen und Tensorfeldern aus den Abschnitten 3.2.1 und 3.2.2 unverändert übernehmen.

8.2 Lineare Übertragung und kovariante Ableitung

In diesem Abschnitt wird eine tensorielle Ableitung, die sogenannte kovariante Ableitung, eingeführt. Sie setzt den Vergleich von Tangentialvektoren in infinitesimal benachbarten Ereignissen voraus. Dieser Vergleich geschieht durch Parallelverschiebung der Vektoren in ein Ereignis. Dazu benötigen wir den Begriff der linearen Übertragung (Konnektion).

8.2.1 Vergleich von Vektorfeldern (Parallelverschiebung) auf Mannigfaltigkeiten

Wir beginnen mit der anschaulichen Feststellung, daß die Parallelverschiebung von Vektoren längs einer geschlossenen Kurve in der euklidischen Ebene bzw. auf einer *gekrümmten* Fläche zu verschiedenen Resultaten führt (vgl. die Abbildungen 8.4 und 8.5). Wir verschieben einen Vektor jeweils so, daß der mit dem Tangentenvektor an den Weg gebildete Winkel beibehalten wird. Es zeigt sich, daß in der euklidischen Ebene der transportierte Vektor mit den Ausgangsvektor zusammenfällt, auf der Kugel dagegen nicht. Wir müssen einen Begriff der Parallelverschiebung auf dem Raum der physikalischen Ereignisse einführen, der im Spezialfall des Minkowski-Raums (der dem $\mathbb{R}^4$ entspricht) in den gewöhnlichen Begriff übergeht.

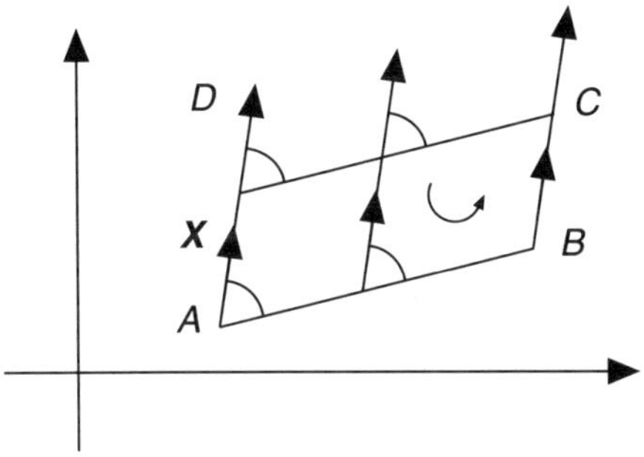

Abb. 8.4 Parallelverschiebung in euklidischer Ebene

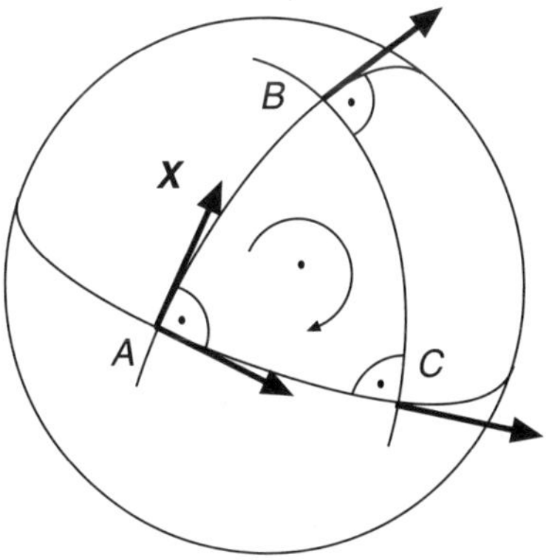

Abb. 8.5 Parallelverschiebung auf der Kugel

8.2.2 Kovariante Ableitung

Es handelt sich also darum, eine Vorschrift für den Vergleich von Vektorfeldern in verschiedenen Ereignissen in E zu definieren. Sei jetzt $M \equiv E$ eine differenzierbare Mannigfaltigkeit mit Tangentialraum TM_p im Ereignis $p \in M$. Wir gehen deduktiv vor; die gegebenen Definitionen erklären sich aus den daraus gezogenen Folgerungen.

Definition: Die *lineare Übertragung* bzw. der Operator der kovarianten Differentiation in einem Ereignis $p \in M$ ist ein Operator, der jedem $\mathbb{C}^\infty$-Vektorfeld Y in p und jedem Tangentenvektor $X \in TM_p$ einen Tangentenvektor $\nabla_X Y \in TM_p$ zuordnet, so daß gilt:

$$\nabla_{X+Z} Y = \nabla_X Y + \nabla_Z Y \tag{8.2}$$

$$\nabla_{aX} Y = a \nabla_X Y \tag{8.3}$$

$$\nabla_X (Y + W) = \nabla_X Y + \nabla_X W \tag{8.4}$$

$$\nabla_X (fY) = f \nabla_X Y + (Xf) Y \tag{8.5}$$

mit $Z \in TM_p$, W $\mathbb{C}^\infty$-Vektorfeld in $p \in M$, f $\mathbb{C}^\infty$-Funktion in p, $a \in \mathbb{R}$. (8.2) – (8.4) drücken die Linearitätseigenschaft aus, während (8.5) der Leibnizregel für die Ableitungsoperation entspricht.

In lokalen Koordinaten setzen wir

$$X = X^\alpha \partial_\alpha, \quad Z = Z^\alpha \partial_\alpha \quad \text{mit} \quad \partial_\alpha := \frac{\partial}{\partial x^\alpha}.$$

$X^\alpha, Z^\alpha \in \mathbb{R}$ $(\alpha = 0, 1, 2, 3)$ sind die Komponenten von X und Z. Aus (8.2), (8.3) folgt

$$\nabla_{X+Z} Y = (X^\alpha \nabla_{\partial_\alpha} + Z^\alpha \nabla_{\partial_\alpha}) Y .$$

∇_{∂_α} ist die definierte Operation durchgeführt mit dem Basisvektor ∂_α der lokalen Koordinatenbasis $\{\partial_\alpha\}$. Beziehen wir nun das Vektor*feld* Y ebenfalls auf diese Koordinatenbasis, d.h. $Y = Y^\alpha(x^\kappa)\partial_\alpha$, so folgt weiter mit (8.5):

$$\begin{aligned} \nabla_{X+Z} Y &= (X^\alpha + Z^\alpha) \nabla_{\partial_\alpha} (Y^\beta(x^\kappa) \partial_\beta) \\ &= (X^\alpha + Z^\alpha) \left[\partial_\alpha Y^\beta(x^\kappa) \partial_\beta + Y^\beta (\nabla_{\partial_\alpha} \partial_\beta) \right]. \end{aligned}$$

Die Kenntnis von $Y^\beta(x^\kappa)$ und $\nabla_{\partial_\alpha} \partial_\beta$ in einer lokalen Koordinatenbasis legt $\nabla_X Y$ vollständig fest. Wir setzen nun

$$\boxed{\nabla_{\partial\alpha} \partial_\beta = L_{\alpha\beta}{}^\gamma \partial_\gamma} \; , \tag{8.6}$$

da das Resultat nach Definition wieder ein Tangentenvektor sein soll. Die Koeffizienten $L_{\alpha\beta}{}^\gamma$ sind reellwertige Funktionen genommen in $p \in M$. Wir nennen sie die *Komponenten der linearen Übertragung*. Mit (3.29) von Abschnitt 3.2 ergibt sich, wenn wir $\nabla_{\partial_\alpha} \partial_\beta$ in die Linearform $\mathrm{d}x^\gamma$ einsetzen:

$$\begin{aligned} \mathrm{d}x^\gamma (\nabla_{\partial_\alpha} \partial_\beta) &= \mathrm{d}x^\gamma (L_{\alpha\beta}{}^\sigma \partial_\sigma) = L_{\alpha\beta}{}^\sigma \mathrm{d}x^\gamma (\partial_\sigma) \\ &= L_{\alpha\beta}{}^\sigma \delta_\sigma^\gamma = L_{\alpha\beta}{}^\gamma . \end{aligned} \tag{8.7}$$

In lokalen Koordinaten folgt daher

$$\begin{aligned}\nabla_X Y &= X^\alpha \nabla_{\partial_\alpha}(Y^\beta \partial_\beta)\\ &= X^\alpha (Y^\sigma{}_{,\alpha} + L_{\alpha\beta}{}^\sigma Y^\beta)\partial_\sigma\end{aligned}$$

Hierin haben wir $\partial_\alpha Y^\sigma = Y^\sigma{}_{,\alpha} = \dfrac{\partial Y^\sigma}{\partial x^\alpha}$ gesetzt. Wir schreiben abgekürzt:

$$\boxed{Y^\sigma{}_{\|\alpha} := Y^\sigma{}_{,\alpha} + L_{\alpha\beta}{}^\sigma Y^\beta} \tag{8.8}$$

und haben damit die *Komponenten der kovarianten Ableitung* des Vektorfeldes Y in lokalen Koordinaten gewonnen. Nach Definition ist das eine *tensorielle* Operation. Man sieht, daß $L_{\alpha\beta}{}^\gamma$ *nicht* Tensorkomponenten sein können, da sich die Inhomogenität in der Transformation von $Y^\sigma{}_{,\alpha}$ herausheben muß. Das kann man auch direkt nachrechnen. Nehmen wir einmal an, die Komponenten der linearen Übertragung transformierten sich ebenso linear-inhomogen wie das Christoffelsymbol, also wie (vgl. Übungsaufgabe 7.2 auf Seite 219)

$$\boxed{L_{\alpha'\beta'}{}^{\gamma'} = L_{\kappa\lambda}{}^\mu \frac{\partial x^{\gamma'}}{\partial x^\mu}\frac{\partial x^\kappa}{\partial x^{\alpha'}}\frac{\partial x^\lambda}{\partial x^{\beta'}} + \frac{\partial^2 x^\sigma}{\partial x^{\alpha'}\partial x^{\beta'}}\frac{\partial x^{\gamma'}}{\partial x^\sigma}} \ . \tag{8.9}$$

Wegen

$$\begin{aligned}\frac{\partial Y^{\sigma'}}{\partial x^{\alpha'}} &= \frac{\partial}{\partial x^{\alpha'}}\left(Y^\kappa \frac{\partial x^{\sigma'}}{\partial x^\kappa}\right)\\ &= Y^\kappa{}_{,\rho}\frac{\partial x^\rho}{\partial x^{\alpha'}}\frac{\partial x^{\sigma'}}{\partial x^\kappa} + Y^\kappa \frac{\partial^2 x^{\sigma'}}{\partial x^\lambda \partial x^\kappa}\frac{\partial x^\lambda}{\partial x^{\alpha'}}\end{aligned}$$

ergibt sich

$$\begin{aligned}Y^{\gamma'}{}_{,\alpha'} + L_{\alpha'\beta'}{}^{\gamma'} Y^{\beta'} &= Y^\kappa{}_{,\rho}\frac{\partial x^\rho}{\partial x^{\alpha'}}\frac{\partial x^{\gamma'}}{\partial x^\kappa} + L_{\kappa\rho}{}^\sigma Y^\rho \frac{\partial x^{\gamma'}}{\partial x^\sigma}\frac{\partial x^\kappa}{\partial x^{\alpha'}}\\ &\quad + Y^\rho\left\{\frac{\partial^2 x^{\gamma'}}{\partial x^\lambda\partial x^\rho}\frac{\partial x^\lambda}{\partial x^{\alpha'}} + \frac{\partial^2 x^\sigma}{\partial x^{\alpha'}\partial x^{\beta'}}\frac{\partial x^{\gamma'}}{\partial x^\sigma}\frac{\partial x^{\beta'}}{\partial x^\rho}\right\}\\ &= (Y^\sigma{}_{,\kappa} + L_{\kappa\rho}{}^\sigma Y^\rho)\frac{\partial x^{\gamma'}}{\partial x^\sigma}\frac{\partial x^\kappa}{\partial x^{\alpha'}} + Y^\rho \frac{\partial}{\partial x^\rho}\underbrace{\left\{\frac{\partial x^{\gamma'}}{\partial x^\sigma}\frac{\partial x^\sigma}{\partial x^{\alpha'}}\right\}}_{\delta^{\gamma'}_{\alpha'}} .\end{aligned}$$

Da der letzte Term verschwindet, haben wir das tensorielle (homogen-lineare) Transformationsgesetz für die Komponenten von $\nabla_X Y$ nachgewiesen. Umgekehrt kann (8.9) aus der Kenntnis, daß $\nabla_X Y$ ein Tensor ist, mittels derselben Rechnung abgeleitet werden. Wir sehen also, daß auch das Christoffelsymbol die Komponenten einer linearen Übertragung darstellt. Darauf kommen wir in Abschnitt 8.4 zurück.

Zunächst stellen wir jetzt aber den Zusammenhang zwischen der linearen Übertragung und dem Begriff der *Parallelverschiebung* her durch die folgende

Definition: Sei $\lambda(u)$ eine parametrisierte $\mathbb{C}^\infty$-Kurve in M mit Tangentenvektor X in TM_p. Dann heißt ein $\mathbb{C}^\infty$-Vektorfeld Y parallelverschoben längs λ genau dann, wenn gilt $\nabla_X Y = 0$.

Wenn $x^\alpha = x^\alpha(u)$ die Parameterdarstellung der Kurve in einer lokalen Karte ist und p etwa durch $u = 0$ festgelegt wird, so hat X die Komponenten $\dfrac{\mathrm{d}x^\alpha}{\mathrm{d}u}$ und die Forderung $\nabla_X Y = 0$ ist in $p \in M$:

$$(Y^\sigma{}_{,\alpha} + L_{\alpha\beta}{}^\sigma Y^\beta)\,\frac{\mathrm{d}x^\alpha(u)}{\mathrm{d}u}\bigg|_{u=0} = 0\,. \tag{8.10}$$

Wir können jetzt eine ausgezeichnete Klasse von Kurven definieren, die sogenannten *Autoparallelen.*

Definition: Die glatte, parametrisierte Kurve $\lambda : u \mapsto \lambda(u)$ heißt *Autoparallele* dann und nur dann, wenn der Tangentenvektor X in allen Punkten p von λ parallelverschoben ist: $\nabla_X X = 0 \;\forall u$.

In lokalen Koordinaten läuft dies auf die Differentialgleichung

$$\frac{\mathrm{d}^2 x^\alpha(u)}{\mathrm{d}u^2} + L_{\kappa\lambda}{}^\alpha \frac{\mathrm{d}x^\kappa(u)}{\mathrm{d}u}\frac{\mathrm{d}x^\lambda(u)}{\mathrm{d}u} = 0 \tag{8.11}$$

bei vorgegebenen Funktionen $L_{\kappa\lambda}{}^\alpha(x^\rho)$ hinaus. Ersetzen wir $L_{\kappa\lambda}{}^\alpha$ in (8.11) durch das Christoffelsymbol, so ergibt sich gerade die Bewegungsgleichung eines freien Teilchens (siehe (5.9) aus Abschnitt 5.2). Insofern sich der *symmetrische* Anteil von $L_{\kappa\lambda}{}^\alpha$, d.h.

$$L_{(\kappa\lambda)}{}^\alpha := \frac{1}{2}(L_{\kappa\lambda}{}^\alpha + L_{\lambda\kappa}{}^\alpha)$$

in einem beliebigen aber festen Ereignis $p \in M$ infolge der inhomogenen Transformation (8.9) zu Null transformieren läßt[2], entspricht die Autoparallele der *geradesten* Bahn.

Im Euklidischen Raum heißt Parallelverschiebung eines Vektors gerade, daß sich seine Komponenten bezüglich einer festen Basis nicht ändern. Als Autoparallelen erhalten wir Geraden. ($L_{\alpha\beta}{}^\gamma = 0$ in jedem Ereignis.)

[2] Dies werden wir in Abschnitt 8.4.3 zeigen.

Für alle anschaulichen Beispiele aus der Theorie der Flächen ist $L_{\alpha\beta}{}^{\gamma} = L_{(\alpha\beta)}{}^{\gamma}$. In Übungsaufgabe 3 etwa haben wir die Christoffelsymbole für die euklidische Metrik in Polarkoordinaten

$$\mathrm{d}l^2 = \mathrm{d}r^2 + r^2(\mathrm{d}\theta^2 + \sin^2\theta \mathrm{d}\phi^2)$$

ausgerechnet. Einzige nichtverschwindende Komponenten $L_{\alpha\beta}{}^{\gamma} = \Gamma_{\alpha\,\beta}{}^{\gamma}$ waren

$$\Gamma_{2\,2}{}^{1} = -\,x^1, \quad \Gamma_{3\,3}{}^{1} = -\,x^1 \sin^2 x^2\,,$$

$$\Gamma_{1\,2}{}^{2} = \Gamma_{2\,1}{}^{2} = \frac{1}{x^1}, \quad \Gamma_{3\,3}{}^{2} = -\sin x^2 \cos^2 x^2\,,$$

$$\Gamma_{1\,3}{}^{3} = \Gamma_{3\,1}{}^{3} = \frac{1}{x^1}, \quad \Gamma_{2\,3}{}^{3} = \Gamma_{3\,2}{}^{3} = \coth x^2\,,$$

$$(x^1 = r\,, \quad x^2 = \theta\,, \quad x^3 = \phi)\,.$$

Die Autoparallelengleichungen lauten demnach

$$\ddot{r} - r\,(\dot{\theta}^2 + \sin^2\theta\dot{\phi}^2) = 0\,,$$

$$\ddot{\phi} + \frac{2}{r}\dot{\phi}\dot{r} + 2\coth\theta\dot{\phi}\dot{\theta} = 0\,,$$

$$\ddot{\theta} + \frac{2}{r}\dot{\theta}\dot{r} - \sin\theta\cos\theta\dot{\phi}^2 = 0\,.$$

Mit einer einfachen Rechnung stellen wir fest, daß

$$r[\sin\theta(a_1\cos\phi + b_1\sin\phi) + c_1\cos\theta] + d_1 = 0\,,$$

also die Geradenschar $a_1 x + b_1 y + c_1 z + d_1 = 0$ eine Lösung ist.

In einer Mannigfaltigkeit mit linearer Übertragung gibt es zwei Beiträge zur Änderung des Vektorfeldes längs einer Kurve zwischen zwei Ereignissen; der erste rührt von der Änderung der Koordinaten bei festgehaltener Basis des Tangentialraumes her. Der zweite stammt von der Änderung der Koordinatenbasis, wenn man von einem Ereignis zum anderen geht. In ihm treten die Komponenten der linearen Übertragung auf (vgl. Abb. 8.6)

Es gilt

$$Y(p) = Y^{\sigma}(x^{\kappa})\partial_{\sigma}$$

$$Y(q) = Y^{\sigma}(x^{\kappa} + \mathrm{d}x^{\kappa})\partial_{\sigma}$$

$$= [Y^{\sigma}(x^{\kappa}) + Y^{\sigma}{}_{,\lambda}\big|_p \mathrm{d}x^{\lambda} + \mathcal{O}((\mathrm{d}x)^2)]\,\partial_{\sigma}\,.$$

Wir schreiben

$$Y(q) = Y(p) + \mathrm{d}x^{\lambda}[Y^{\sigma}{}_{,\lambda} + L_{\lambda\kappa}{}^{\sigma}Y^{\kappa}]\big|_p\partial_{\sigma} - \mathrm{d}x^{\lambda}L_{\lambda\kappa}{}^{\sigma}Y^{\kappa}\big|_p\partial_{\sigma} + \mathcal{O}((\mathrm{d}x)^2)$$

$$= Y(p) + \mathrm{d}u\nabla_X Y\big|_p - \mathrm{d}x^{\lambda}L_{\lambda\kappa}{}^{\sigma}Y^{\kappa}\big|_p\partial_{\sigma} + \mathcal{O}((\mathrm{d}x)^2)$$

Bei Parallelverschiebung gilt also in *niedrigster Näherung* in $\mathrm{d}x^\gamma$ für $\delta Y := Y(q) - Y(p)$:

$$\boxed{\partial Y^\sigma = -\mathrm{d}x^\lambda L_{\lambda\kappa}{}^\sigma Y^\kappa\big|_p} \quad . \tag{8.12}$$

Man nennt $\omega_\kappa{}^\sigma := L_{\lambda\kappa}{}^\sigma \mathrm{d}x^\lambda$ auch die *Übertragungs-1-Form* oder *Konnektionsform* (vgl. Abschnitt 8.3.3).

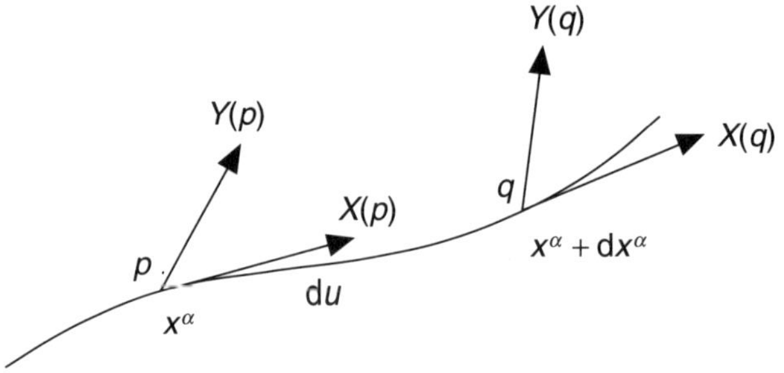

Abb. 8.6

Anmerkungen:

1. Der Begriff der linearen Übertragung (Konnektion) ist völlig unabhängig vom Begriff der Metrik. Mannigfaltigkeiten, die eine lineare Übertragung als zusätzliche Struktur haben (in jedem Punkt), nennt man *affine* Mannigfaltigkeiten. H. Weyl erkannte die Bedeutung der linearen oder, wie er sie nannte, *affinen* Übertragung wohl zuerst.[3]

2. Aus der Herleitung von (8.12) entnehmen wir, daß es sich um einen Vergleich von Vektorfeldern *in infinitesimal benachbarten* Ereignissen handelt (Terme $\sim \mathcal{O}((\mathrm{d}x)^2)$ weggelassen).

3. Manchmal wird in der Literatur nicht zwischen den Namen *„Autoparallele“* und *„Geodäte“* unterschieden, obgleich es sich um die „geradeste“ und um die „kürzeste“

3 Vgl.[Wey19]. *Hermann Weyl* (1885–1955) war Student in Göttingen von 1903–1908 und danach ab 1910 Privatdozent. Von 1913–1930 Professor der Mathematik an der ETH Zürich. Von 1930–1933 noch einmal Professor in Göttingen, danach in Princeton. Einer der bedeutensten Mathematiker seiner Zeit. Sein Buch „Raum-Zeit-Materie“ trug wesentlich zur Rezeption der allgemeinen Relativitätstheorie und zur Entwicklung der Kosmologie bei.

Verbindungslinie zwischen zwei Punkten handelt. In der Riemannschen Geometrie (vgl. Kap. 8.4), die der allgemeinen Relativitätstheorie zugrundeliegt, fallen beide Begriffe zusammen.

Aufgabe 8.4: Autoparallele

Auf einer 2-dimensionalen Mannigfaltigkeit sind die Komponenten einer linearen Übertragung (Konnektion) in lokalen Koordinaten gegeben durch

$$\Gamma^2_{12} = \cot x^1\,, \qquad \Gamma^2_{12} = \varepsilon \cot x^1$$

$$\Gamma^\gamma_{\alpha\beta} = 0 \text{ sonst;} \quad (\alpha, \beta = 1, 2) \qquad \varepsilon \text{ eine Konstante}\,.$$

Bestimme die Autoparallelen. Gib für $\varepsilon = 1$ eine geometrische Interpretation. (Hinweis: Interpretiere x^1 und x^2 als Winkel.)

8.2.3 Kovariante Ableitung von Tensorfeldern

Was ist die *kovariante Ableitung einer Linearform*? Nun, wenden wir den Operator ∇_X auf $\omega(Y)$ an, eine reelle Funktion, so folgt gemäß (8.5)[4]:

$$\begin{aligned}
\nabla_X \omega(Y) &= X^\sigma \partial_\sigma(\omega_\kappa Y^\kappa) = X^\sigma(\omega_{\kappa,\sigma} Y^\kappa + \omega_\kappa Y^\kappa{}_{,\sigma}) \\
&= X^\sigma(\omega_{\kappa,\sigma} Y^\kappa + \omega_\kappa Y^\kappa{}_{\|\sigma} - \omega_\kappa L_{\sigma\lambda}{}^\kappa Y^\lambda) \\
&= X^\sigma\{(\omega_{\lambda,\sigma} - L_{\sigma\lambda}{}^\kappa \omega_\kappa) Y^\lambda + \omega_\kappa Y^\kappa{}_{\|\sigma}\} \\
&= X^\sigma(\omega_{\lambda\|\sigma} Y^\lambda + \omega_\kappa Y^\kappa{}_{\|\sigma})\,,
\end{aligned} \tag{8.13}$$

wenn wir als kovariante Ableitung der Linearform schreiben (Leibnizregel!):

$$\boxed{\omega_{\lambda\|\sigma} = \omega_{\lambda,\sigma} - L_{\sigma\lambda}{}^\kappa \omega_\kappa} \quad . \tag{8.14}$$

Da der zweite Term auf der rechten Seite von (8.13) gerade $\omega(\nabla_X Y)$ ist, so folgt

$$\boxed{(\nabla_X \omega)(Y) = X\omega(Y) - \omega(\nabla_X Y)} \quad . \tag{8.15}$$

---

[4] Im ersten Term von (8.5) haben wir die Wirkung der kovarianten Ableitung auf eine Funktion f durch

$$\nabla x f = X f$$

definiert.

Damit ist offensichtlich, $\omega_{\lambda\|\sigma}$ Komponenten eines Tensors vom Typ (0,2) sind. Für ein beliebiges Tensorfeld mit r Linearformeneinträgen und s Vektoreinträgen verallgemeinern wir (8.15) zu

$$
\begin{aligned}
(\nabla_X T)(\omega_1,\ldots,\omega_r,Y_1,\ldots,Y_s) &= XT(\omega_1,\ldots,\omega_r,Y_1,\ldots,Y_s) \\
&\quad -\sum_{i=1}^{s} T(\omega_1,\ldots,\nabla_X\omega_i,\ldots,\omega_r,Y_1\ldots,Y_s) \\
&\quad +\sum_{j=1}^{s} T(\omega_1,\ldots,\omega_r,Y_1,\ldots,\nabla_X Y_j,\ldots,Y_s)\,. \qquad (8.16)
\end{aligned}
$$

Aufgabe 8.5:

Bestimme die Komponenten von $\nabla_X T$ aus (8.16) in einer lokalen Koordinatenkarte.

Aufgabe 8.6:

Berechne

$$\nabla_X\nabla_Y Z - \nabla_Y\nabla_X Z$$

in lokalen Koordinaten. Wann vertauschen die kovarianten Ableitungen?

8.3 Krümmung

Unter Krümmung stellen wir uns eine Abweichung von der Geradlinigkeit vor. Die Kugeloberfläche nennen wir gekrümmt, da sie – eingebettet in den euklidischen Anschauungsraum – kein ganz in ihr verlaufendes Geradenstück enthalten kann. Im folgenden führen wir die Krümmung ohne Zuhilfenahme eines Einbettungsraumes auf der Ereignismannigfaltigkeit über den Begriff der Parallelverschiebung ein.

8.3.1 Motivation

Wir betrachten den Paralleltransport eines Tangentenvektors vom Ereignis p mit lokalen Koordinaten x^α zum Ereignis $p_1(x^\alpha + \mathrm{d}x^\alpha)$ und von dort aus zum Ereignis $\overline{p}(x^\alpha + \mathrm{d}x^\alpha + \mathrm{d}\overline{x}^\alpha)$ (vgl. Abb. 8.7). Sei A der Tangentenvektor. Dann ergibt sich als Änderung der Komponenten bei Parallelverschiebung von p nach p_1 gemäß (8.12)

$$\delta A^\beta = -\mathrm{d}x^\alpha L_{\alpha\sigma}{}^{\beta} A^\sigma\big|_p\,.$$

In p_1 hat das Vektorfeld also die Komponenten

$$A^\beta + \delta A^\beta = A^\beta\big|_p - \mathrm{d}x^\alpha L_{\alpha\sigma}{}^\beta A^\sigma\big|_p\,.$$

Weitere Parallelverschiebung von p_1 nach $\overline{p}$ in Richtung von $\mathrm{d}\overline{x}^\kappa$ führt auf die Änderung

$$\begin{aligned}
\delta\overline{A}^\beta &= -\mathrm{d}\overline{x}^\nu L_{\nu\rho}{}^\beta\big|_{p_1}(A^\rho + \delta A^\rho)\\
&= -\mathrm{d}\overline{x}^\nu (L_{\nu\rho}{}^\beta\big|_p + L_{\nu\rho}{}^\beta{}_{,\kappa}\big|_p \mathrm{d}x^\kappa)(A^\rho + \delta A^\rho)\\
&= -\mathrm{d}\overline{x}^\nu L_{\nu\rho}{}^\beta A^\rho\big|_p - \mathrm{d}\overline{x}^\nu \mathrm{d}x^\kappa L_{\nu\rho}{}^\beta{}_{,\kappa} A^\rho\big|_p\\
&\quad + \mathrm{d}\overline{x}^\nu L_{\nu\rho}{}^\beta L_{\sigma\kappa}{}^\rho A^\kappa\big|_p \mathrm{d}x^\sigma + \mathcal{O}(\mathrm{d}\overline{x}\cdot(\mathrm{d}x^2))\,.
\end{aligned} \tag{8.17}$$

Vertauschen wir nun die Reihenfolge des Paralleltransports und verschieben A erst längs $\mathrm{d}\overline{x}^\kappa$ nach q_1 und von dort aus längs $\mathrm{d}x^\mu$ bis zum Ereignis $\overline{q}$. In (8.17) müssen wir dann $\mathrm{d}\overline{x}^\nu$ und $\mathrm{d}x^\kappa$ vertauschen und erhalten:

$$\begin{aligned}
\delta\overline{\overline{A}}^\beta &= -\mathrm{d}x^\nu L_{\nu\rho}{}^\beta A^\rho\big|_p - \mathrm{d}x^\nu \mathrm{d}\overline{x}^\kappa L_{\nu\rho}{}^\beta{}_{,\kappa} A^\rho\big|_p\\
&\quad + \mathrm{d}x^\nu L_{\nu\rho}{}^\beta L_{\sigma\kappa}{}^\rho A^\kappa\big|_p \mathrm{d}x^\sigma + \mathcal{O}((\mathrm{d}\overline{x})^2\cdot \mathrm{d}x))\,.
\end{aligned} \tag{8.18}$$

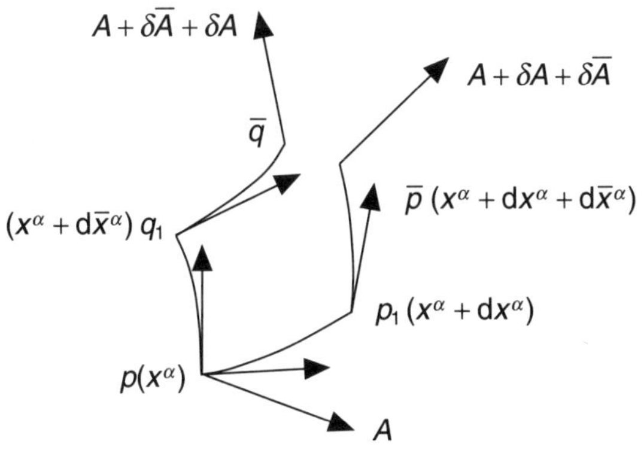

Abb. 8.7 Paralleltransport

Die Differenz der Änderung der Komponenten von A bei Parallelverschiebung längs der verschiedenen Wege ist damit gegeben durch:

$$\begin{aligned}
\triangle A^\beta &:= A^\beta + \delta\overline{A}^\beta - (A^\beta + \delta\overline{\overline{A}}^\beta)\\
&= (\mathrm{d}x^\nu - \mathrm{d}\overline{x}^\nu)\, L_{\nu\rho}{}^\beta A^\rho\big|_p - \mathrm{d}\overline{x}^\nu \mathrm{d}x^\sigma A^\rho K^\beta{}_{\rho\sigma\nu}\big|_p + \mathcal{O}(\mathrm{d}\overline{x}\cdot\mathrm{d}x^2, \mathrm{d}x\cdot\mathrm{d}\overline{x}^2)\,,
\end{aligned} \tag{8.19}$$

wobei

$$\boxed{K^{\beta}{}_{\rho\sigma\nu} := \partial_\sigma L_{\nu\rho}{}^{\beta} - \partial_\nu L_{\sigma\rho}{}^{\beta} + L_{\sigma\kappa}{}^{\beta} L_{\nu\rho}{}^{\kappa} - L_{\nu\kappa}{}^{\beta} L_{\sigma\rho}{}^{\kappa}} \; . \tag{8.20}$$

$\triangle A^{\beta}$ setzt sich aus zwei Anteilen zusammen. Der erste hängt damit zusammen, daß in einer so allgemeinen Geometrie, wie wir sie hier betrachten, in der Regel durch infinitesimale Parallelverschiebung von zwei Vektoren aneinander *kein* Parallelogramm entsteht (vgl. Abb. 8.8): Wir erhalten diesen Anteil aus dem 1. Term der oben durchgeführten Rechnung für $\triangle A^{\beta}$, wenn wir bei der Parallelverschiebung von p über p_1 nach $\overline{p}$ A^a durch $\mathrm{d}x^{\alpha}$ und bei der Parallelverschiebung von q_1 nach $\overline{q}$ A^a durch $\mathrm{d}x^{\kappa}$ ersetzen:

$$\triangle_1^{\beta} = \mathrm{d}x^{\nu}\mathrm{d}\overline{x}^{\rho}(L_{\nu\rho}{}^{\beta} - L_{\rho\nu}{}^{\beta}) \, . \tag{8.21}$$

Der *schiefsymmetrische Anteil* der affinen Übertragung $L_{[\nu\rho]}{}^{\beta}$ ist also für den *Schließungsfehler* verantwortlich. Im nächsten Abschnitt lernen wir $L_{[\nu\rho]}{}^{\beta}$ als Komponenten des sogenannten *Torsionstensors* kennen. Zur Veranschaulichung des Torsionstensors kann man ihn mit der lokalen Versetzungsdichte eines Kristalls mit einer kontinuierlichen Verteilung von Versetzungen vergleichen [Bil55]. Hier hat man den Vorteil, die Deformationen des Kristalls mit Versetzungen auf ein (undeformiertes) Vergleichs-Gitter beziehen zu können. Hätte die Raum-Zeit-Geometrie Torsion, so fehlte allerdings die Vergleichs-Raum-Zeit *ohne* Torsion. Der zweite Term in (8.19) verschwindet für alle möglichen Parallelverschiebungen genau dann, wenn $K^{\beta}{}_{\rho\sigma\nu} = 0$ gilt. Wir werden in Abschnitt 8.3.2 sehen, daß $K^{\beta}{}_{\rho\sigma\nu}$ die Komponenten des *Krümmungstensors* sind. Das Vorhandensein von Krümmung bedeutet demnach, daß die Parallelverschiebung längs verschiedener Wege zu verschiedenen Vektoren führt. (Das war unsere anschauliche Vorstellung von Abb. 8.5; Dreieck auf der Kugel.)

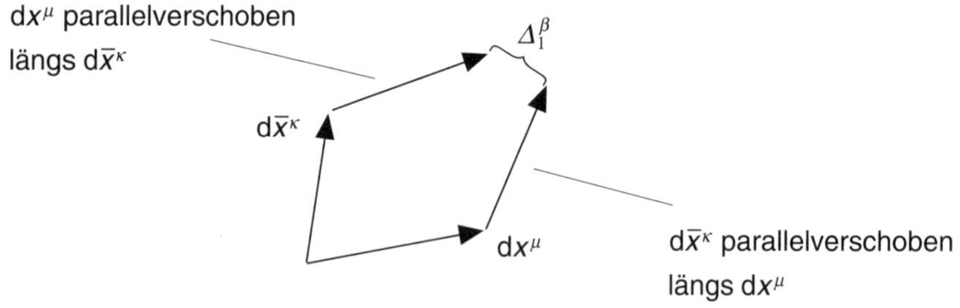

Abb. 8.8

8.3.2 Der Krümmungstensor einer linearen Übertragung

Wir formalisieren jetzt die Überlegungen des vorigen Abschnitts. Das geschieht durch die Definition eines weiteren Tensors.

Definition: Der *Krümmungstensor* eines linearen Zusammenhangs ∇ ist ein Tensor K, der jedem Paar von Vektorfeldern X, Y in jedem Ereignis $p \in M$ eine lineare Abbildung K(X, Y) : $TM_p \to TM_p$ zuordnet, für die gilt:

$$\boxed{K(X,Y)Z := (\nabla_X \nabla_Y - \nabla_Y \nabla_X)Z - \nabla_{[X,Y]}Z} \quad . \tag{8.22}$$

In (8.22) ist Z ein Vektorfeld und $[X, Y] := XY - YX$. $K(X, Y)$ heißt auch Krümmungsoperator. Angewandt auf ein Vektorfeld Z erzeugt er wieder ein Vektorfeld $K(X, Y)Z$. Um die Tensoreigenschaft nachzuweisen, muß gezeigt werden, daß $K(X, Y)Z$ eine Multi- (Tri-) Linearfunktion von $TM_p \to TM_p$ ist (in jedem festen Ereignis $p \in M$).

Aufgabe 8.7:

Zeige, daß gilt

$$K(fX, Y)Z = fK(X, Y)Z$$

und

$$K(X+W, Y)Z = K(X, Y)Z + K(W, Y)Z$$

wenn X, Y, Z, W Vektorfelder sind und f eine $\mathbb{C}^\infty$-Funktion ist. (Versuche, *ohne* lokale Koordinaten auszukommen.)

Wir berechnen nun $K(X, Y)Z$ in lokalen Koordinaten, in denen $X = X^\sigma \partial_\sigma$, $Y = Y^\kappa \partial_\kappa$, $Z = Z^\rho \partial_\rho$ gilt. Wegen (8.7) bekommen wir zunächst:

$$\begin{aligned}\nabla_X(\nabla_Y Z) &= X^\gamma (Y^\alpha Z^\beta{}_{\|\alpha})_{\|\gamma} \partial_\beta \\ &= X^\gamma (Y^\alpha{}_{\|\gamma} Z^\beta{}_{\|\alpha} + Y^\alpha Z^\beta{}_{\|\alpha\|\gamma}) \partial_\beta \, .\end{aligned} \tag{8.23}$$

Wegen

$$\begin{aligned}[X, Y] &= X^\sigma \partial_\sigma (Y^\rho \partial_\rho) - Y^\rho \partial_\rho (X^\sigma \partial_\sigma) \\ &= X^\sigma (Y^\rho{}_{,\sigma} \partial_\rho + Y^\rho \partial_\rho \partial_\sigma) - Y^\rho (X^\sigma{}_{,\rho} \partial_\sigma + X^\sigma \partial_\rho \partial_\sigma) \\ &= X^\rho Y^\sigma{}_{,\rho} - Y^\rho X^\sigma{}_{,\rho}) \partial_\sigma \\ &= [X^\rho (Y^\sigma{}_{\|\rho} - L_{\rho\kappa}{}^\sigma Y^\kappa) - Y^\rho (X^\sigma{}_{\|\rho} - L_{\rho\kappa}{}^\sigma X^\kappa)] \, \partial_\sigma \\ &= (X^\rho Y^\sigma{}_{\|\rho} - Y^\rho X^\sigma{}_{\|\rho} - 2X^\rho Y^\kappa L_{[\rho\kappa]}{}^\sigma) \, \partial_\sigma\end{aligned} \tag{8.24}$$

ergibt sich

$$\begin{aligned}\nabla_X(\nabla_Y Z) - \nabla_Y(\nabla_X Z) - \nabla_{[X,Y]} Z \;=\; & X^\gamma (Y^\alpha{}_{\|\gamma} Z^\beta{}_{\|\alpha} + Y^\alpha Z^\beta{}_{\|\alpha\|\gamma}) \, \partial_\beta \\ & - Y^\gamma (X^\alpha{}_{\|\gamma} Z^\beta{}_{\|\alpha} + X^\alpha Z^\beta{}_{\|\alpha\|\gamma}) \, \partial_\beta \\ & - (X^\rho Y^\sigma{}_{\|\rho} - Y^\rho X^\sigma{}_{\|\rho} - 2X^\rho Y^\kappa L_{[\rho\kappa]}{}^\sigma) \, Z^\beta{}_{\|\sigma} \partial_\beta \\ =\; & X^\gamma Y^\alpha \{ (Z^\beta{}_{\|\alpha\|\gamma} - Z^\beta{}_{\|\gamma\|\alpha}) + 2L_{[\gamma\alpha]}{}^\sigma Z^\beta{}_{\|\sigma} \} \, \partial_\beta \, .\end{aligned} \tag{8.25}$$

Nun berechnen wir noch mittels (8.16):

$$\begin{aligned}
Z^{\beta}{}_{\|\alpha\|\gamma} - Z^{\beta}{}_{\|\gamma\|\alpha} &= (Z^{\beta}{}_{\|\alpha})_{,\gamma} + L_{\gamma\sigma}{}^{\beta} Z^{\sigma}{}_{\|\alpha} - L_{\gamma\alpha}{}^{\sigma} Z^{\beta}{}_{\|\sigma} \\
&\quad - (Z^{\beta}{}_{\|\gamma})_{,\alpha} - L_{\alpha\sigma}{}^{\beta} Z^{\sigma}{}_{\|\gamma} + L_{\alpha\gamma}{}^{\sigma} Z^{\beta}{}_{\|\sigma} \\
&= (Z^{\beta}{}_{,\alpha} + L_{\alpha\rho}{}^{\beta} Z^{\rho})_{,\gamma} + L_{\gamma\sigma}{}^{\beta}(Z^{\sigma}{}_{,\alpha} + L_{\alpha\rho}{}^{\sigma} Z^{\rho}) \\
&\quad - 2L_{[\gamma\alpha]}{}^{\sigma} Z^{\beta}{}_{\|\sigma} - (Z^{\beta}{}_{,\gamma} + L_{\gamma\rho}{}^{\beta} Z^{\rho})_{,\alpha} \\
&\quad - L_{\alpha\sigma}{}^{\beta}(Z^{\sigma}{}_{,\gamma} + L_{\gamma\rho}{}^{\sigma} Z^{\rho}) \\
&= L_{\alpha\rho}{}^{\beta}{}_{,\gamma} - L_{\gamma\rho}{}^{\beta}{}_{,\alpha} + L_{\alpha\sigma}{}^{\beta} L_{\alpha\rho}{}^{\sigma} - L_{\alpha\sigma}{}^{\beta} L_{\gamma\rho}{}^{\sigma}) Z^{\rho} \\
&\quad - 2L_{[\gamma\alpha]}{}^{\sigma} Z^{\beta}{}_{\|\sigma} \\
&= K^{\beta}{}_{\rho\gamma\alpha} Z^{\rho} - 2L_{[\gamma\alpha]}{}^{\sigma} Z^{\beta}{}_{\|\sigma}
\end{aligned} \tag{8.26}$$

mit $K^{\beta}{}_{\rho\gamma\alpha}$ aus (8.20).

(8.26) in (8.25) gesetzt, ergibt für die Komponenten des Krümmungsoperators $K(X, Y)Z = K^{\beta}\partial_{\beta}$

$$K^{\beta} = X^{\gamma} Y^{\alpha} Z^{\rho} K^{\beta}{}_{\rho\gamma\alpha} \,. \tag{8.27}$$

Man nennt $K^{\beta}{}_{\rho\gamma\alpha}$ die Komponenten des Krümmungstensors(feldes). Wir sehen, daß K gerade dem zweiten Term in (8.19) enstpricht und bei der Parallelverschiebung eines Vektors längs eines infinitesimalen, geschlossenen (d.h. auf ein Ereignis zusammenziehbaren) Weges auftritt. Auch der erste Term, der den Torsionstensor $L_{[\alpha\beta]}{}^{\gamma}$ enthält, ist schon aufgetaucht (vgl. (8.24) bzw. (8.26)). Wir führen die formale Definition ein:

Definition: Seien X, Y Vektorfelder auf M. Dann ist der Torsionstensor $S(X, Y)$ definiert durch

$$S(X, Y) := \nabla_X Y - \nabla_Y X - [X, Y] \,. \tag{8.28}$$

Aufgabe 8.8:

Zeige, daß in einer lokalen Koordinatenkarte für die Komponenten des Torsionstensors gilt:

$$S_{\alpha\beta}{}^{\gamma} = 2L_{[\alpha\beta]}{}^{\gamma} \,.$$

Eine lineare Übertragung heißt *symmetrisch*, wenn $S(X, Y) = 0$. In diesem Fall bilden die Komponenten der linearen Übertragung einen in einem Indexpaar symmetrischen Tensor $L_{\alpha\beta}{}^{\gamma} = 2L_{(\alpha\beta)}{}^{\gamma}$. Mit solchen Übertragungen haben wir es in der allgemeinen Relativitätstheorie zu tun.

Anmerkung: Aus (8.22) bzw. (8.28) lesen wir ab, daß gilt

$$K(X,Y) = -K(Y,X) \tag{8.29}$$

$$S(X,Y) = -S(Y,X)\,. \tag{8.30}$$

8.3.3 Berechnung des Krümmungstensors mit der Cartanschen Differentialformenmethode

Wir gehen aus von der allgemeinen Differentialformenbasis im Kotangentialraum von $M(g)$, TM^*

$$\boxed{\theta^a = e^a_\alpha \mathrm{d}x^\alpha}$$

und der dazugehörenden Basis im Tangentialraum TM

$$\boxed{E_a = e^\beta_a \frac{\partial}{\partial x^\beta}}$$

mit

$$E_a \lrcorner \theta^b = \theta^b(E_a) = \langle \theta^b, E_a \rangle = \delta^b_a, \text{ d.h. } \left\langle e^b_\alpha \mathrm{d}x^\alpha, e^\beta_a \frac{\partial}{\partial x^\beta} \right\rangle = e^b_\alpha e^\beta_a \underbrace{\left\langle \mathrm{d}x^\alpha, \frac{\partial}{\partial x^\beta} \right\rangle}_{\delta^\alpha_\beta} = \delta^b_a$$

Amann II, S. 332

$$\boxed{e^b_\alpha e^\alpha_a = \delta^b_a}$$

bzw. $e^b_\alpha e^\beta_b = \delta^\beta_\alpha$, $(e^\beta_b = g^{\beta\gamma} e^c_\gamma \eta_{cb})$. Dann schreiben wir die Metrik bzw. das Linienelement in der Form

$$g_{\alpha\beta} \mathrm{d}x^\alpha \mathrm{d}x^\beta = g_{\alpha\beta} e^\alpha_a e^\beta_b \theta^a \theta^b = \eta_{ab} \theta^a \theta^b\,.$$

Als nächstes betrachten wir die *Konnektionsform* $\omega^a{}_b$, die über $\omega^\alpha{}_\beta := L_\sigma{}^\alpha{}_\beta \mathrm{d}x^\sigma = L_\sigma{}^\alpha{}_\beta \theta^c e^\sigma_c$ als $\boxed{\omega^a{}_b := e^a_\alpha e^\beta_b \omega^\alpha{}_\beta = e^a_\alpha e^\beta_b L_{c\beta}{}^\alpha \theta^c}$ definiert werden kann. Die kovariante Ableitung dieser Konnektionsform ist die *Torsionsform* (eine 2-Form):

S. 238 bis Übertragung

$$\boxed{\Theta^a := \mathrm{D}\theta^a := \mathrm{d}\theta^a + \omega^a{}_b \wedge \theta^b}$$

(1. Cartansche Strukturbeziehung) S. 241

Eine Begründung für diese Definition der *kovarianten* äußeren Ableitung folgt direkt aus der Definition der kovarianten Ableitung $\nabla_X Y$. Wegen $X = X^a E_a$, $Y = Y^b E_b$ folgt auch $X^a = \theta^a(X) = \langle \theta^a, X \rangle = \langle \theta^a, X^b E_b \rangle = X^b \delta^a_b$ und damit

$$\begin{aligned}\nabla_X Y &= \nabla_{\theta^a(x)E_a}\theta^b(Y)E_b \\ &= \theta^a(X)\,[(\nabla_{E_a}\theta^b(Y))\,E_b + \theta^b(Y)\nabla_{E_a}E_b] \\ &= \theta^a(X)\,[(E_a\theta^b(Y)\,E_b + \theta^b(Y)L_{ab}{}^c E_c]\end{aligned}$$

wegen $\nabla_{E_a}E_b := L_{ab}{}^c E_c$. Weiter ist $\nabla_{E_a} f = E_a f = f_{,a} = f_{,\alpha} e_a^\alpha$, d.h.

$$\begin{aligned}\nabla_X Y &= X^a[Y^c{}_{,a} + L_{ab}{}^c Y^b]\,E_c \\ &= (\mathrm{D}Y^c)\,(X)E_c\,.\end{aligned}$$

Wenn wir Riemannsche Räume betrachten, so ist $\Theta^a = 0$, das heißt aus der 1. Strukturformel folgt (Gleichung (5.24))

$$\boxed{\mathrm{d}\theta^a = -\omega^a{}_b \wedge \theta^b}\quad .$$

Als nächstes zeigen wir, daß (für eine Riemannsche Konnektionsform) gilt

$$\boxed{\omega_{ab} = -\omega_{ba}}\quad .$$

Nach Definition ist

$$\begin{aligned}\omega_{\alpha\beta} &= g_{\alpha\sigma}\omega^\sigma{}_\beta = g_{\alpha\sigma}\Gamma^\sigma_{\beta\gamma}\mathrm{d}x^\gamma \\ &= \frac{1}{2}(g_{\alpha\beta,\gamma} + g_{\alpha\gamma,\beta} - g_{\beta\gamma,\alpha})\,\mathrm{d}x^\gamma \\ &= \left(\frac{1}{2}g_{\alpha\beta,\gamma} + g_{\alpha[\gamma,\beta]}\right)\mathrm{d}x^\gamma\,.\end{aligned}$$

Also

$$\begin{aligned}\omega_{ab} &= e_a^\alpha e_b^\beta \omega_{\alpha\beta} = \left\{\frac{1}{2}e_a^\alpha e_b^\beta g_{\alpha\beta,\gamma} + e_a^\alpha e_b^\beta g_{\gamma[\alpha,\beta]}\right\}\mathrm{d}x^\gamma \\ &= \left\{\frac{1}{2}(e_a^\alpha e_b^\beta g_{\alpha\beta})_{,\gamma} - \frac{1}{2}e^\alpha_{a,\gamma}e_b^\beta g_{\alpha\beta} - \frac{1}{2}e_a^\alpha e^\beta_{b,\gamma}g_{\alpha\beta} + e^\alpha_{[a}e^\beta_{b]}g_{\gamma\alpha,\beta}\right\}\mathrm{d}x^\gamma\,.\end{aligned}$$

Nun ist aber $(e_a^\alpha e_b^\beta g_{\alpha\beta})_{,\gamma} = \eta_{\alpha\beta,\gamma} = 0$ und $(e_a^\alpha e_{b\alpha})_{,\gamma} = 0 = e^\alpha_{a,\gamma}e_{b\alpha} + e_{\beta a}e^\beta_{b,\gamma}$, so daß

$$\omega_{ab} = e^\alpha_{[a}e^\beta_{b]}g_{\gamma\alpha,\beta}\mathrm{d}x^\gamma = -\omega_{ba}\,\square\,.$$

Aufgabe 8.9:

Rechne nach, daß Θ^a mit dem früher angegebenen Ausdruck des Torsionstensors übereinstimmt. (Holonomes Bein benutzen: $e_a^\alpha = \delta_a^\alpha$.)

Aus der 1. Cartanschen Strukturformel folgt weiter

$$\begin{aligned}
\mathrm{D}\Theta^a &= \omega^a{}_b \wedge \Theta^b + \mathrm{d}\Theta^a \\
&= \mathrm{dd}\theta^a + \mathrm{d}\omega^a{}_b \wedge \theta^b - \omega^a{}_b \wedge \mathrm{d}\theta^b + \omega^a{}_b \wedge \mathrm{d}\theta^b + \omega^a{}_b \wedge \omega^b{}_c \wedge \theta^c \\
&= [\mathrm{d}\omega^a{}_c + \omega^a{}_b \wedge \omega^b{}_c] \wedge \theta^c \; .
\end{aligned}$$

Die *Krümmungs-2-Form* $\Omega^a{}_b$ ist definiert durch

$$\boxed{\Omega^a{}_b := \mathrm{d}\omega^a{}_b + \omega^a{}_c \wedge \omega^c{}_b} \; .$$

S. 239

Damit bekommen wir die *zweite Cartansche* Strukturformel

$$\boxed{\mathrm{D}\Theta^a = \Omega^a{}_b \wedge \theta^b} \; .$$

Die (Tetraden-) Komponenten des Krümmungstensors folgen aus der Krümmungs-2-Form gemäß

$$\boxed{\Omega^a{}_b = \frac{1}{2} R^a{}_{bcd} \theta^c \wedge \theta^d}$$

mit $R^a{}_{bcd} = e^a_\alpha R^\alpha{}_{\beta\gamma\delta} e^\beta_b e^\gamma_c e^\delta_d$. Aus der Definition des Krümmungstensors folgt weiter

$$\mathrm{d}\Omega^a{}_b = \mathrm{dd}\omega^a{}_b + \mathrm{d}\omega^a{}_c \wedge \omega^c{}_d - \omega^a{}_c \wedge \mathrm{d}\omega^c{}_d$$

und

$$\begin{aligned}
\mathrm{D}\Omega^a{}_b &:= \mathrm{d}\Omega^a{}_b + \omega^a{}_c \wedge \Omega^c{}_b - \omega^c{}_b \wedge \Omega^a{}_c \\
&= \mathrm{d}\omega^a{}_c \wedge \omega^c{}_b - \omega^a{}_c \wedge \mathrm{d}\omega^c{}_b + \omega^a{}_c \wedge [\mathrm{d}\omega^c{}_b \\
&\quad + \omega^a{}_c \wedge \omega^c{}_d \wedge \omega^d{}_b] - \omega^c{}_b \wedge [\mathrm{d}\omega^a{}_c + \omega^a{}_d \wedge \omega^d{}_c] \\
&= \omega^a{}_c \wedge \omega^c{}_d \wedge \omega^d{}_b - \omega^c{}_b \wedge \omega^a{}_d \wedge \omega^d{}_c = 0
\end{aligned}$$

oder

$$\boxed{\mathrm{D}\Omega^a{}_b = 0} \; .$$

Aufgabe 8.10:

Schreibe die Gleichungen $\mathrm{D}\Theta^a = 0$ und $\mathrm{D}\Omega^a{}_b = 0$ in lokalen Koordinaten auf.

Als Beispiel für die Berechnung der Konnektionsform und der Krümmungsform nehmen wir die folgende Metrik, der wir in Kapitel 14 wiederbegegnen werden

$$\mathrm{d}l^2 = (\mathrm{d}x^0)^2 - \exp\left(2\frac{x^0}{a}\right)(\mathrm{d}x^2 + \mathrm{d}y^2 + \mathrm{d}z^2)\,.$$

Die Differentialformenbasis ist also

$$\theta^0 = \mathrm{d}x^0, \quad \theta^i = \exp\left(\frac{x^0}{a}\right)\mathrm{d}x^i \quad (i = 1, 2, 3)\,.$$

Durch äußere Ableitung folgt

$$\mathrm{d}\theta^0 = 0\,, \quad \mathrm{d}\theta^i = \frac{1}{a}\exp\left(\frac{x^0}{a}\right)\mathrm{d}x^0 \wedge \mathrm{d}x^i = \frac{1}{a}\theta^0 \wedge \theta^i\,.$$

Schreibt man nun das System $\mathrm{d}\theta^a = -\omega^a{}_b \wedge \theta^b$ $(a, b = 0, 1, 2, 3)$ aus, so sieht man schnell, daß

$$\omega^i{}_0 = -\omega^0{}_i = \frac{1}{a}\theta^i, \quad \omega^i{}_j = 0 \quad (i, j = 1, 2, 3)$$

eine Lösung ist. Daraus berechnen sich dann

$$\mathrm{d}\omega^i{}_0 = \frac{1}{a}\mathrm{d}\theta^i = \frac{1}{a^2}\theta^0 \wedge \theta^i$$

und die Krümmungsform

$$\Omega^i{}_0 = \mathrm{d}\omega^i{}_0 + \omega^i{}_0 \wedge \underbrace{\omega^0{}_0}_{=0} + \underbrace{\omega^j{}_j}_{=0} \wedge \omega^j{}_0 = \frac{1}{a^2}\theta^0 \wedge \theta^i,$$

$$\Omega^i{}_j = \underbrace{\omega^i{}_j}_{=0} + \omega^i{}_0 \wedge \omega^0{}_j + \underbrace{\omega^i{}_k}_{=0} \wedge {}^k{}_j = -\frac{1}{a^2}\theta^i \wedge \theta^j\,.$$

Damit liest man die Komponenten des Riemannschen Krümmungstensors in der Differentialformenbasis mittels der Formel $\Omega^a{}_b = \frac{1}{2}R^a{}_{bcd}\theta^c \wedge \theta^d$ ab:

$$\left(R^i{}_{0k0} - \frac{1}{a^2}\delta^i_k\right)\theta^0 \wedge \theta^k + \frac{1}{2}R^i{}_{0kj}\theta^k \wedge \theta^j = 0\,,$$

und

$$R^i{}_{j0k}\theta^0 \wedge \theta^k + \left(\frac{1}{2}R^i{}_{jnm} + \frac{1}{a^2}\delta^i_n\delta^j_m\right)\theta^n \wedge \theta^m = 0\,.$$

Die letzte Klammer formen wir wegen der Antisymmetrie von $\theta^n \wedge \theta^m$ um in

$$\left[\frac{1}{2} R^i{}_{jnm} - \frac{1}{2a^2}(\delta^i_n \eta_{jm} - \delta^i_m \eta_{jn})\right] \theta^n \wedge \theta^m \, .$$

Damit folgt

$$R^i{}_{0k0} = \frac{1}{a^2}\delta^i_k = \frac{1}{a^2}(\delta^i_k \eta_{00} - \delta^i_0 \eta_{0k}) \, ,$$

$$R^i{}_{jnm} = \frac{1}{a^2}(\delta^i_n \eta_{jm} - \delta^i_m \eta_{jn}) \, ,$$

$$R^i{}_{0kj} = 0 = \frac{1}{a^2}(\delta^i_k \eta_{0j} - \delta^i_j \eta_{0k}) \, ,$$

$$R^i{}_{j0k} = 0 = \frac{1}{a^2}(\delta^i_0 \eta_{jk} - \delta^i_k \eta_{j0}) \qquad (i, j, k, n, m = 1, 2, 3)$$

oder, zusammengefaßt:

$$R^a{}_{bcd} = \frac{1}{a^2}(\delta^a_c \eta_{bd} - \delta^a_d \eta_{bc}) \qquad (a, b, c, d = 0, \ldots, 3) \, .$$

In Abschnitt 8.4.5 werden wir diesen Krümmungstensor einem Raum konstanter Krümmung zuordnen (vgl. (8.80), Seite 259).

Eine weitere Rechnung ergibt als Komponenten der Torsionsform

$$\Theta^0 = \underbrace{\mathrm{d}\theta^0}_{=0} + \omega^0{}_j \wedge \theta^j = -\frac{1}{a}\theta^j \wedge \theta^j = 0 \, ,$$

$$\Theta^k = \mathrm{d}\theta^0 + \omega^k{}_0 \wedge \theta^0 = -\frac{1}{a}\theta^k \wedge \theta^0 + \frac{1}{a}\theta^k \wedge \theta^0 = 0$$

8.4 Riemannsche Mannigfaltigkeiten

Bisher haben wir weder ein Längen- noch ein Winkelmaß auf der Ereignismannigfaltigkeit, können also zwischen einem Ellipsoid und einer Kugel nicht unterscheiden. Wir führen daher ein inneres Produkt für Tangentialvektoren ein.

8.4.1 Lorentz-Metrik

Um Kontakt mit der Gravitationstheorie in Form der allgemeinen Relativitätstheorie zu bekommen, verlangen wir nun, daß auf der Mannigfaltigkeit der physikalischen Ereignisse $E \equiv M$ neben einer linearen Übertragung ∇ auch eine *Metrik* g existiert, d.h. eine symmetrische Bilinearform über dem Tangentialraum in einem Ereignis $p \in M$.

$$g(X,Y) = g(Y,X) \quad \forall \quad X,Y \in TM_p\,. \tag{8.31}$$

$g(X, Y)$ ist eine relle Zahl. Wegen des Tensorcharakters von g (g ist ein symmetrisches $\mathbb{C}^\infty$-Tensorfeld vom Typ (0,2) auf M) folgt:

$$\left.\begin{aligned} g(X+Z,Y) &= g(X,Y)+g(Z,Y) \\ g(fX,Y) &= f\,g(X,Y) \end{aligned}\right\} \tag{8.32}$$

mit $X, Y, Z \in TM_p$, f reelle $\mathbb{C}^\infty$-Funktion. In einer lokalen Koordinatenkarte folgt mit

$$X = X^\sigma \partial_\sigma, \qquad Y = Y^\rho \partial_\rho\,,$$

$$\begin{aligned} g(X,Y) &= g(X^\sigma \partial_\sigma, Y^\rho \partial_\rho) = X^\sigma Y^\rho g(\partial_\sigma, \partial_\rho) \\ &= X^\sigma Y^\rho g_{\sigma\rho} \end{aligned}$$

mit den Komponenten $g_{\sigma\rho} := g(\partial_\sigma, \partial_\rho)$ der Metrik g. Wir verlangen von g weiter, daß es eine sogenannte *Lorentz-Metrik* ist, d.h. die Metrik die Signatur –2 hat und außerdem, daß g *nicht degeneriert* ist[5].

Die *Signatur* eines symmetrischen Tensors vom Typ (0,2) ist die Differenz der Anzahl der positiven Eigenwerte und der Anzahl der negativen Eigenwerte. Sie ist eine arithmetische Invariante, das heißt eine ganze Zahl unabhängig von der speziell gewählten lokalen Karte.

Nicht-degeneriert in einem Ereignis $p \in M$ heißt, daß die Determinante $g = \det(g_{\alpha\beta})$ der 4 × 4-Matrix der Komponenten $g_{\alpha\beta}$ in p *nicht* verschwindet. Man kann zeigen, daß für eine Lorentz-Metrik auf einer zusammenhängenden Mannigfaltigkeit die Signatur von Ereignis p zu Ereignis q nur dann wechseln kann, wenn $\det(g_{\alpha\beta}) = 0$ irgendwo auf einer stetigen Kurve zwischen p und q ($p \neq q$).

Die physikalische Motivation für die Wahl der speziellen Signatur –2 liegt darin, daß man *lokal* (d.h. in jedem beliebigen aber festem Ereignis) die Geometrie der speziellen Relativitätstheorie haben will, also den Minkowski-Raum als Tangentialraum. Dessen Metrik ist (vgl. (3.33) von Abschnitt 3.2):

$$\eta_{\alpha\beta} = \delta^0_\alpha \delta^0_\beta - \delta^1_\alpha \delta^1_\beta - \delta^2_\alpha \delta^2_\beta - \delta^3_\alpha \delta^3_\beta\,.$$

---

[5] Daß die Signatur –2 sein soll, ist eine Konvention. Wir könnten ebensogut +2 wählen. In diesem Fall würde die Zeitdimension einem negativen Eigenwert, die Raumdimensionen den drei positiven Eigenwerten entsprechen.

Man kann immer solche lokalen Koordinaten einführen, daß die Lorentz-Metrik g in $p \in M$ Gestalt hat $g_{\alpha\beta}(p) \stackrel{*}{=} \eta_{\alpha\beta}$.

Daß das Tensorfeld g „Metrik" genannt wird, liegt daran, daß man mit seiner Hilfe die Norm eines Tangentenvektors bzw. einen „Winkel" zwischen zwei Tangentenvektoren einführen kann durch (vgl. Abschnitt 3.2)

$$|X| := |g(X, X)|^{\frac{1}{2}},$$

$$\cos \sphericalangle X, Y := \frac{g(X, Y)}{|g(X, X)|^{\frac{1}{2}} \, |g(Y, Y)|^{\frac{1}{2}}} \qquad \text{wenn} \qquad |X|, |Y| \neq 0 .$$

Da $|X| = 0$ sein kann bei $X \neq 0$, ist die Lorentz-Metrik allerdings *keine* Metrik im topologischen Sinne (Abstandsfunktion).

Anmerkungen:

1. Ist $g(X, Y)$ in jedem Ereignis $p \in M$ positiv definit, so nennt man g *Riemannsche* Metrik. Eine Lorentz-Metrik wird auch als *Semi-Riemannsche* Metrik bezeichnet. Eine differenzierbare Mannigfaltigkeit mit einer Riemannschen (Lorentz-) Metrik heißt *Riemannsche* (Pseudo-Riemannsche, Semi-Riemannsche, Lorentz-) *Mannigfaltigkeit.*
2. Eine Änderung der Metrik um einen multiplikativen Faktor (skalares Feld) $\psi(x^k) \neq 0$, d.h. $g \mapsto \psi \bar{g}$, läßt die Lichtkegel unverändert:

   Aus $\quad 0 = g(X, Y) = \psi(x^k)\, \bar{g}(X, Y) \quad$ folgt
   $\bar{g}(X, Y) = 0$.

   Man nennt diese Transformation *konforme* Abbildung der Metrik und sagt, daß die Lichtkegel auf der Ereignismannigfaltigkeit eine *konforme Struktur* bilden.
3. Unter der *Zeitorientierbarkeit* verstehen wir eine Vorschrift, welche kontinuierlich auf der ganzen Ereignismannigfaltigkeit vorgibt, welche Hälfte des Lichtkegels die Zukunfts- und welche die Vergangenheitsrichtung beschreibt. *Lokal* ist diese Zeitorientierbarkeit dadurch garantiert, daß die Zeit-Orientierbarkeit des Minkowski-Raumes übernommen wird. *Globale* Zeit-Orientierbarkeit ist dadurch nicht garantiert, sondern muß extra gefordert werden. Die konforme Struktur zusammen mit der Auszeichnung einer Zeitrichtung in jedem Ereignis bildet die sogenannte *kausale Struktur* der Ereignismannigfaltigkeit.

8.4.2 Riemannsche Mannigfaltigkeit

Wir führen jetzt eine besonders einfache lineare Übertragung durch die folgende Definition ein:

Definition: Eine *Riemannsche Übertragung*[6] D auf einer Riemannschen Mannigfaltigkeit M ist eine Übertragung, für die gilt:

$$S(X, Y) = 0\,, \tag{8.33}$$

$$(\mathrm{D}_Z)(Y, Y) = 0 \tag{8.34}$$

Eine Riemannsche Übertragung (Konnektion) ist also symmetrisch (torsionsfrei). Die mit ihr gebildete kovariante Ableitung der Metrik verschwindet.

Wir berechnen die Komponenten der Riemannschen Übertragung D mit Hilfe von (8.33) und (8.34). Aus (8.16) folgt

$$\begin{aligned}(\mathrm{D}_Z g)(Y, X) =&\ Zg(X, Y) - g(\nabla_Z X, Y) - g(X, \nabla_Z Y)\\ =&\ Z^\sigma \partial_\sigma (X^\kappa Y^\lambda g_{\kappa\lambda}) - g_{\kappa\lambda} Z^\rho X^\kappa{}_{\Vert\rho} Y^\lambda - g_{\kappa\lambda} Z^\rho X^\kappa Y^\lambda{}_{\Vert\rho}\\ =&\ Z^\sigma[(X^\kappa{}_{,\sigma} Y^\lambda + X^\kappa Y^\lambda{}_{,\sigma})\, g_{\kappa\lambda} + X^\kappa Y^\lambda g_{\kappa\lambda,\,\sigma}]\\ &-g_{\kappa\lambda} Z^\rho (X^\kappa{}_{,\rho} + L_{\rho\sigma}{}^\kappa X^\sigma)\, Y^\lambda - g_{\kappa\lambda} X^\kappa Z^\rho (Y^\lambda{}_{,\rho} + L_{\rho\sigma}{}^\lambda Y^\sigma)\end{aligned}$$

also

$$(\mathrm{D}_Z)(X, Y) = X^\kappa Y^\lambda Z^\sigma (g_{\kappa\lambda,\,\sigma} - g_{\rho\lambda} L_{\sigma\kappa}{}^\rho - g_{\kappa\rho} L_{\sigma\lambda}{}^\rho)\,. \tag{8.35}$$

Bildet man nun weiter den Ausdruck:

$$\begin{aligned}(\mathrm{D}_Z g)(X, Y) + (\mathrm{D}_Y g)(Z, X) - (\mathrm{D}_X g)(Y, Z) =&\ X^\kappa Y^\lambda Z^\sigma (g_{\kappa\lambda,\,\sigma} + g_{\kappa\sigma,\,\lambda}\\ &- g_{\lambda\sigma,\,\kappa} - 2 g_{\lambda\rho} L_{[\kappa\sigma]}{}^\rho\\ &- 2 g_{\sigma\rho} L_{[\lambda\kappa]}{}^\rho - 2 g_{\kappa\rho} L_{(\sigma\lambda)}{}^\rho)\,,\end{aligned}$$

so folgt wegen (8.28) und (8.34) bei bei beliebigem $X^\kappa Y^\lambda Z^\sigma$:

$$0 = g_{\kappa\lambda,\,\sigma} + g_{\kappa\sigma,\,\lambda} - g_{\lambda\sigma,\,\kappa} - 2 g_{\kappa\rho} L_{(\sigma\lambda)}{}^\rho :$$

Überschiebt man diese Gleichung mit $g^{\alpha\kappa}$, so ergibt sich

$$L_{(\sigma\lambda)}{}^\alpha = \frac{1}{2} g^{\alpha\kappa} (g_{\kappa\lambda,\,\sigma} + g_{\kappa\sigma,\,\lambda} - g_{\lambda\sigma,\,\kappa})\,,$$

d.h. mit (5.10) aus Abschnitt 5.2 (Teil 1 des Buches)

[6] *Georg Friedrich Bernhard Riemann* (1826–1866), bedeutender Mathematiker, Professor an der Universität Göttingen.

$$\boxed{L_{(\sigma\lambda)}{}^{\alpha} = \Gamma_{\sigma}{}^{\alpha}_{\lambda}} \quad . \tag{8.36}$$

Die Komponenten der Riemannschen Übertragung werden gerade durch das Christoffelsymbol gegeben! Wenn wir im weiteren Riemannsche Mannigfaltigkeiten zugrundelegen, so verwenden wir die Begriffe „Christoffelsymbol", „Konnektion" und „Übertragung" gleichbedeutend für ein und denselben Sachverhalt.

Daß die Riemannsche Übertragung *eindeutig* ist, zeigt die gemachte Rechnung.

Aufgabe 8.11:

Rechne nach (mit Benutzung lokaler Koordinaten), daß die Regeln (8.2) bis (8.5) für die Riemannsche Übertragung D gelten.

Anmerkung: Eine Übertragung (Konnektion), für die (8.34) gilt, nennt man auch „metrik-verträglich". Die Riemannsche Übertragung, die auch als *Levi-Civita-Konnektion* bezeichnet wird, ist *nicht* die allgemeinste metrik-verträgliche Übertragung: es gibt solche, für die die Torsion $S(X, Y) \neq 0$ ist. Eine differenzierbare Mannigfaltigkeit mit einer Lorentz-Metrik und einer verträglichen Konnektion heißt *Riemann-Cartan-Mannigfaltigkeit.* Die Torsion enthält Freiheitsgrade, die von denen der Metrik *verschieden* sind. Es ist versucht worden, die Torsion mit dem Spin der Materie (Materiefelder) in Verbindung zu setzen. Insbesondere im Zusammenhang mit dem Versuch, die gravitative Wechselwirkung im Rahmen einer sogenannten *Eichtheorie* (wie es zum Beispiel die Elektrodynamik eine ist) zu beschreiben, hat dieser Zugang in den letzen Jahren vermehrt Aufmerksamkeit gefunden [Heh80]. Im Riemannschen Raum bestimmt die *Metrik* auch die (Riemannsche) *Übertragung* vollständig.

Das Symbol für die kovariante Ableitung im Riemann-Raum ist üblicherweise

$$\boxed{\mathrm{D}_X Y := X^{\sigma} Y^{\kappa}{}_{;\sigma} \partial_{\kappa}} \quad ,$$

das heißt, $Y^{\kappa}{}_{\|\sigma}$ für die kovariante Ableitung bezüglich einer linearen Übertragung wird durch $Y^{\kappa}{}_{;\sigma}$ ersetzt, wenn ein Riemannscher oder pseudo-Riemannscher Raum vorliegt. (8.34) in lokalen Koordinaten ist dann einfach

$$\boxed{g_{\alpha\beta;\gamma} = 0} \quad . \tag{8.37}$$

8.4.3 Lokale Inertialkoordinaten

In diesem Abschnitt wollen wir die lokalen Inertialsysteme, die wir in Abschnitt 6.3.2 des ersten Teils dieses Buches *qualitativ* beschrieben haben, im Formalismus der Theorie wiederfinden.

Geodäten

Erinnern wir uns an das Variationsprinzip aus Abschnitt 5.2 im ersten Teil des Buches, welches den Ereignisabstand dl extremal machte. Wir definieren

Definition: Eine *Geodäte* ist diejenige parametrisierte Kurve $l(u)$, die zwei Ereignisse p, q mit $p \neq q$ so verbindet, daß ihre Bogenlänge extremal wird.

Aus dem Variationsprinzip

$$\delta \int_1^2 \mathrm{d}l = 0$$

folgt nach Abschnitt 5.2 die sogenannte *Geodätengleichung*

$$\boxed{\frac{\mathrm{d}^2 x^\gamma}{\mathrm{d}l^2} + \Gamma_{\kappa}{}^{\gamma}{}_{\lambda} \frac{\mathrm{d}x^\kappa}{\mathrm{d}l} \frac{\mathrm{d}x^\lambda}{\mathrm{d}l} = 0} \quad , \tag{8.38}$$

die wir in (5.11) des ersten Teils dieses Buches als die Bewegungsgleichung eines freien Massenpunktes interpretierten. Die Lösungskurven $x^\alpha = x^\alpha(l)$ von (8.38) nennen wir nun also Geodäten.

Beispiel: Die Großkreise auf der Kugeloberfläche $\mathbb{S}^2$, d.h. die durch die Ebenen, welche durch p, q und den Kugelmittelpunkt gehen, ausgeschnittenen Kurven, sind die Geodäten auf der Kugel. Die Bogenlänge ist minimal, wenn für sie $l < \pi$ gilt (Kugelradius gleich eins.). Anderenfalls ist l auf dem Großkreis gerade maximal.

Verwenden wir statt der Bogenlänge l einen *beliebigen* Parameter u in der Geodätengleichung (8.38), so folgt wegen

$$\frac{\mathrm{d}}{\mathrm{d}l} = \frac{\mathrm{d}u}{\mathrm{d}l}\frac{\mathrm{d}}{\mathrm{d}u} \qquad \text{und}$$

$$\frac{\mathrm{d}^2}{\mathrm{d}l^2} = \frac{\mathrm{d}^2 u}{\mathrm{d}l^2}\frac{\mathrm{d}}{\mathrm{d}u} + \left(\frac{\mathrm{d}u}{\mathrm{d}l}\right)^2 \frac{\mathrm{d}^2}{\mathrm{d}u^2} :$$

$$\boxed{\frac{d^2x^\alpha}{du^2} + \Gamma_{\kappa}{}^{\alpha}{}_{\lambda} \frac{dx^\kappa}{du}\frac{dx^\lambda}{du} = \sigma(u)\frac{dx^\alpha}{du}} \tag{8.39}$$

$$\text{mit} \quad \sigma(u) = -\frac{d^2u}{dl^2}\left(\frac{du}{dl}\right)^{-2} .$$

(8.39) stellt die allgemeinste Form der Geodätengleichung dar. Wenn $u = al + b$, so folgt $\sigma(u) = 0$ und (8.38) bleibt erhalten; u heißt *affiner* Parameter.

Vergleichen wir (8.38) mit der Autoparallelengleichung (8.11), so stellen wir fest, daß auf einer Riemannschen (Lorentz-) Mannigfaltigkeit Geodäten und Autoparallelen zusammenfallen.

Fragt man sich, welche Abbildungen der Levi-Civita-Übertragung die Geodätengleichung in beliebiger Parametrisierung forminvariant lassen, so ergibt sich $\nabla \mapsto \tilde{\nabla}$ mit

$$\Gamma_{\kappa}{}^{\alpha}{}_{\lambda} = \tilde{\Gamma}_{\kappa}{}^{\alpha}{}_{\lambda} + \delta^\alpha_{(\kappa} p_{\lambda)} . \tag{8.40}$$

Man nennt diese Transformationen *projektive* Transformationen der Übertragung. (8.39) geht über in:

$$\frac{d^2x^\alpha}{du^2} + \tilde{\Gamma}_{\kappa}{}^{\alpha}{}_{\lambda} \frac{dx^\kappa}{du}\frac{dx^\lambda}{du} = \tilde{\sigma}(u)\frac{dx^\alpha}{du}$$

mit $\tilde{\sigma}(u) = \sigma(u) - p_\lambda \frac{dx^\lambda}{du}$. Dabei sind p_λ die Komponenten der 1-Form $p = p_\lambda dx^\lambda$. Man kann zeigen, daß der spurfreie Anteil der Levi-Cevita-Konnektion Γ unter den projektiven Transformationen (8.40) unverändert bleibt.

Aufgabe 8.12:

Zeige, daß in einer n-dimensionalen Riemannschen Mannigfaltigkeit die Größe

$$p_{\alpha\beta}{}^{\gamma} := \Gamma_{\alpha}{}^{\gamma}{}_{\beta} - \frac{2}{n+1}\,\delta^\gamma_{(\alpha}\Gamma_{\beta)}{}^{\sigma}{}_{\sigma}$$

sich bei den Transformationen (8.40) wie

$$p_{\alpha\beta}{}^{\gamma} = \tilde{p}_{\alpha\beta}{}^{\gamma} \tag{8.41}$$

transformiert ($p_{\alpha\sigma}{}^{\sigma} = 0$).

Man sagt, daß Geodäten auf der Ereignismannigfaltigkeit eine *projektive* Struktur bilden. Sowohl die konforme Struktur (durch Ausbreitung von Lichtsignalen vorgeben) wie die projektive Struktur (durch die Bahn freier Teilchen mit Ruhmasse vorgeben), haben eine direkte physikalische Bedeutung[7].

Anmerkung: Bei der *konformen* Abbildung $g \mapsto \psi(x^\sigma)\bar{g}$ geht die Riemannsche Übertragung über in

$$\Gamma_{\kappa}{}^{\alpha}_{\lambda} = \bar{\Gamma}_{\kappa}{}^{\alpha}_{\lambda} + \delta^{\alpha}_{(\kappa}\varphi_{,\lambda)} - \frac{1}{2}\bar{g}_{\kappa\lambda}\bar{g}^{\alpha\sigma}\varphi_{,\sigma} \tag{8.42}$$

mit $\varphi := \ln\psi$.

Eine konforme Abbildung führt also im allgemeinen Geodäten *nicht* in Geodäten über. Eine Ausnahme bilden die lichtartigen (oder Null-) Geodäten, bei denen sich aber die Parametrisierung ändert (Übungsaufgabe 8.1).

Aufgabe 8.13:

Zeige, daß konforme Abbildungen der Metrik Null-Geodäten wieder in Null-Geodäten überführen.

Lokal-geodätische Koordinaten

Als nächstes überlegen wir uns, daß $g_{\alpha\beta,\sigma}$ in einem beliebigen Ereignis $p \in M$ durch eine Transformation $x^\alpha \mapsto x^{\alpha'} = f^\alpha(x^\kappa)$ zum Verschwinden gebracht werden kann. Sei die lokale Karte um p durch die Koordinaten $\{x^\alpha\}$ gegeben. Dann betrachten wir die Transformation

$$x^\alpha = x^\alpha_p + y^\alpha - \frac{1}{2}\Gamma_{\kappa}{}^{\alpha}_{\lambda}\Big|_p y^\kappa y^\lambda + \mathcal{O}(y^3). \tag{8.43}$$

In Abweichung von unserer bisherigen Notation schreiben wir für die neuen Koordinaten $\{x^{\alpha'}\}$ ausnahmsweise $\{y^\alpha\}$. Für $y^\alpha = 0$ folgen aus (8.43) gerade die Koordinaten x^α_p des Ereignisses $p \in M$. Aus

$$\begin{aligned} g_{\alpha'\beta',\gamma'}(x^{\kappa'}) = {} & g_{\kappa\lambda,\mu}(x^\sigma)\frac{\partial x^\kappa}{\partial x^{\alpha'}}\frac{\partial x^\lambda}{\partial x^{\beta'}}\frac{\partial x^\mu}{\partial x^{\gamma'}} \\ & + g_{\kappa\lambda}\frac{\partial^2 x^\kappa}{\partial x^{\alpha'}\partial x^{\gamma'}}\frac{\partial x^\lambda}{\partial x^{\beta'}} + g_{\kappa\lambda}\frac{\partial^2 x^\lambda}{\partial x^{\beta'}\partial x^{\gamma'}}\frac{\partial x^\kappa}{\partial x^{\alpha'}} \end{aligned}$$

---

[7] Zum axiomatischen Aufbau der allgemeinen Relativitätstheorie aus der konformen und projektiven Struktur vgl. [EPS72], [CK80].

wird in der neuen Notation

$$g_{\alpha'\beta',\gamma'}(y^\kappa) = g_{\kappa\lambda,\mu}(x^\sigma)\frac{\partial x^\kappa}{\partial y^\alpha}\frac{\partial x^\lambda}{\partial y^\beta}\frac{\partial x^\mu}{\partial y^\gamma} + g_{\kappa\lambda}\frac{\partial^2 x^\kappa}{\partial y^\alpha \partial y^\gamma}\frac{\partial x^\lambda}{\partial y^\beta} + g_{\kappa\lambda}\frac{\partial^2 x^\lambda}{\partial y^\beta \partial y^\gamma}\frac{\partial x^\kappa}{\partial y^\alpha}\,. \tag{8.44}$$

Mit

$$\frac{\partial x^\kappa}{\partial y^\alpha} = \delta^\kappa_\alpha - \Gamma_{\alpha}{}^{\kappa}{}_{\nu}\Big|_p y^\nu + \mathcal{O}(y^2)\,, \tag{8.45}$$

$$\frac{\partial^2 x^\kappa}{\partial y^\gamma \partial y^\alpha} = -\Gamma_{\alpha}{}^{\kappa}{}_{\gamma}\Big|_p + \mathcal{O}(y) \tag{8.46}$$

ergibt sich aus (8.44)

$$g_{\alpha'\beta',\gamma'}(y^\kappa) = g_{\alpha\beta,\gamma}(x^\sigma) - g_{\kappa\beta}\Gamma_{\gamma}{}^{\kappa}{}_{\alpha}\Big|_p - g_{\alpha\lambda}\Gamma_{\gamma}{}^{\lambda}{}_{\beta}\Big| + \mathcal{O}(y)\,.$$

Also für $y^\kappa = 0$

$$g_{\alpha'\beta',\gamma'}(0^\kappa) = \left(g_{\alpha\beta,\gamma} - g_{\kappa\beta}\Gamma_{\gamma}{}^{\kappa}{}_{\alpha} - g_{\alpha\lambda}\Gamma_{\gamma}{}^{\lambda}{}_{\beta}\right)\Big|_p = g_{\alpha\beta;\gamma}\Big|_p\,. \tag{8.47}$$

Aus dem Verschwinden der kovarianten Ableitung der Metrik, also aus (8.37) folgt somit:

$$g_{\alpha'\beta',\gamma'}(0^\kappa) = 0\,. \tag{8.48}$$

Definition: Koordinaten aus einer lokalen Karte um $p \in M$, für die in p gilt

$$g_{\alpha\beta,\gamma}\Big|_p = 0\,,$$

heißen *lokal-geodätisch.*

Die Bezeichnung erklärt sich daraus, daß mit $g_{\alpha\beta,\gamma}\Big|_p = 0$ auch $\Gamma_{\alpha}{}^{\gamma}{}_{\beta}\Big|_p = 0$ gilt.

Damit lautet die Geodätengleichung (8.38) $\left.\frac{\mathrm{d}^2 x^\alpha}{\mathrm{d}l^2}\right|_p = 0$. Ihre Lösung ist

$$x^\alpha = l\eta^\alpha + \mathcal{O}(l^3)\,, \tag{8.49}$$

wenn $\eta^\alpha = \left.\frac{\mathrm{d}x^\alpha}{\mathrm{d}l}\right|_{l=0}$. D.h., die Geodäte wird im Punkt p, der zum Wert $l = 0$ des Kurvenparameters gehört, durch eine Gerade besonders gut approximiert.

Aus (8.45) folgt, daß der Übergang zu lokal-geodätischen Koordinaten die Komponenten der Metrik nicht ändert:

$$g_{\alpha'\beta'}(0) = g_{\kappa\lambda}\Big|_p \frac{\partial x^\kappa}{\partial y^\alpha}\frac{\partial x^\lambda}{\partial y^\beta} = g_{\alpha\beta}(x_p^\sigma)\,.$$

Durch eine *lineare* Transformation $x^{\alpha'} \mapsto x^{\alpha''} = \Lambda^{\alpha'}{}_{\beta'} x^{\beta'}$ mit konstantem $\Lambda^{\alpha'}{}_{\beta'}$ bringen wir dann die Metrik in $p \in M$ in die Form

$$g_{\alpha\beta}(x_p^\sigma) = \eta_{\alpha\beta}\,, \tag{8.50}$$

ohne daß sich an $\Gamma_{\alpha}{}^{\gamma}{}_{\beta}\Big|_p = 0$ etwas ändert.

Definition: Eine lokale Karte, in der sowohl (8.48) wie (8.50) gelten, nennen wir *lokale Inertialkoordinaten* in $p \in M$.

Der so definierte Begriff der Inertialkoordinaten modelliert das durch frei fallende Teilchen in Abschnitt 6.3 des ersten Teils des Buches beschriebene lokale Inertialsystem. Die Bahnen frei fallender Körper werden durch Geodäten dargestellt. Durch Übergang zu Inertialkoordinaten werden Gravitations- bzw. Trägheitsfeld in einem Ereignis zum Verschwinden gebracht.

Bemerkung: Γ kann sogar längs eines zeitartigen Kurvenstücks zu Null transformiert werden.

8.4.4 Riemannscher Krümmungstensor

Als *Riemannschen Krümmungstensor* R_4^0 vom Typ (0,4) definieren wir die Abbildung in $p \in M$

$$R_4^0 : TM_p \times TM_p \times TM_p \times TM_p \to \mathbb{R}\,,$$

die durch

$$R(X, Y, Z, W) := g(X, R(Z, W)Y) \tag{8.51}$$

gegeben ist. In lokalen Koordinaten folgt, wenn wir in (8.22) und (8.27) K durch R ersetzen:

$$R(X, Y, Z, W) = g_{\kappa\lambda} X^\kappa R^\lambda$$

mit

$$R^\lambda := Z^\gamma W^\alpha Y^\beta R^\lambda{}_{\beta\gamma\alpha}$$

und nach Herunterziehen des Index λ

$$R(X, Y, Z, W) = X^\kappa Y^\beta Z^\gamma W^\alpha R_{\kappa\beta\gamma\alpha} . \tag{8.52}$$

Hierin ist nach (8.20)

$$R^\lambda{}_{\beta\gamma\alpha} = \partial_\gamma \Gamma_\alpha{}^\lambda_\beta - \partial_\alpha \Gamma_\gamma{}^\lambda_\beta + \Gamma_\gamma{}^\lambda_\sigma \Gamma_\alpha{}^\sigma_\beta - \Gamma_\alpha{}^\lambda_\sigma \Gamma_\gamma{}^\sigma_\beta . \tag{8.53}$$

Aufgabe 8.14:

Berechne die Komponenten des Krümmungstensors für die Metrik

$$\mathrm{d}s^2 = c^2\mathrm{d}t^2 - \mathrm{d}r^2 - r^{2b}\mathrm{d}\theta^2 , \quad b \in \mathbb{R} .$$

In *lokal-geodätischen* Koordinaten in $p \in M$ folgt aus (8.53) für die Komponenten des Riemannschen Krümmungstensors

$$R^\lambda{}_{\beta\gamma\alpha} \stackrel{*}{=} \partial_\gamma \Gamma_\alpha{}^\lambda_\beta - \partial_\alpha \Gamma_\gamma{}^\lambda_\beta . \tag{8.54}$$

Rechnet man die rechte Seite mit der Definition des Christoffelsymbols aus (5.10) des ersten Teils dieses Buches weiter aus, so folgt:

$$R^\lambda{}_{\beta\gamma\alpha} \stackrel{*}{=} g^{\lambda\sigma}(g_{\sigma\alpha,\beta,\gamma} - g_{\alpha\beta,\sigma,\gamma} - g_{\sigma\gamma,\beta,\alpha} + g_{\gamma\beta,\sigma,\alpha})$$

oder

$$\begin{aligned} R_{\delta\beta\gamma\alpha} &:= g_{\delta\lambda} R^\lambda{}_{\beta\gamma\alpha} \\ &\stackrel{*}{=} \frac{1}{2}(g_{\alpha\delta,\beta,\gamma} + g_{\beta\gamma,\alpha,\delta} - g_{\delta\gamma,\beta,\alpha} - g_{\alpha\beta,\gamma,\delta}) . \end{aligned} \tag{8.55}$$

An (8.55) erkennt man leicht die Symmetrieeigenschaften des Riemannschen Krümmungstensors, die wegen der Tensoreigenschaft von R in jedem Bezugssystem gelten:

$$R_{\delta\beta\gamma\alpha} + R_{\beta\delta\gamma\alpha} = 0 \tag{8.56}$$

$$R_{\delta\beta\gamma\alpha} + R_{\delta\beta\alpha\gamma} = 0 \tag{8.57}$$

$$R_{\delta\beta\gamma\alpha} + R_{\gamma\alpha\delta\beta} = 0 \tag{8.58}$$

und

$$R_{\delta\beta\gamma\alpha} + R_{\delta\alpha\beta\gamma} + R_{\delta\gamma\alpha\beta} = 0 . \tag{8.59}$$

Die weitere kovariante Differentiation von (8.55) führt zur sogenannten *Bianchi-Identität:*

$$\boxed{R_{\alpha\beta\gamma\delta;\varepsilon} + R_{\alpha\beta\varepsilon\gamma;\delta} + R_{\alpha\beta\delta\varepsilon;\gamma} = 0} . \tag{8.60}$$

Aufgabe 8.15:

Bringe die Symmetriebeziehungen (8.56) – (8.59) und die Bianchi-Identität in die koordinatenfreie Schreibweise.

Aus (8.56) – (8.59) folgt, daß der Riemannsche Krümmungstensor in einem n-dimensionalen Raum statt der n^4 Komponenten eines allgemeinen Tensors vom Typ (0,4) nur $\frac{1}{12}n^2(n^2-1)$ *unabhängige* Komponenten hat. Auf der Raum-Zeit-Mannigfaltigkeit also gerade 20.[8]

Im Minkowski-Raum gilt $g_{\alpha\beta}=\eta_{\alpha\beta}$ in *jedem* Ereignis $p\in M$. D.h. $\Gamma_\alpha{}^\gamma{}_\beta=0=\Gamma_\alpha{}^\gamma{}_{\beta,\delta}$ überall. Daraus folgt das Verschwinden des Riemannschen Krümmungstensors auf dem ganzen Riemannschen Raum.

Definition: Ein (pseudo-) Riemannscher Raum M heißt *flach*, wenn der Riemannsche Krümmungstensor in jedem Ereignis $p\in M$ verschwindet.

Wir haben also ein Kriterium zur Unterscheidung von *permanenten* und *nicht-permanenten* Gravitationsfeldern (d.h. Trägheitsfeldern) gewonnen:

> In einem Ereignis $p\in M$ liegt ein permanentes Gravitationsfeld vor, wenn der Krümmungstensor in diesem Ereignis nicht verschwindet.

Da wir die Metrik g mit dem Gravitations- und Trägheits*potential*, die Riemann-Konnektion mit dem Gravitations- und Trägheits*feld* identifiziert haben, werden wir den Riemannschen Krümmungstensor als Maß für die *Gradienten* des Gravitationsfeldes wählen.

Mit den Komponenten des Riemannschen Krümmungstensors können wir (wegen der Antisymmetrie in den beiden Indexpaaren) *eine* unabhängige Kon-

---

[8] Um das einzusehen, faßt man die Indizes $(\delta\beta)$ und $(\gamma\alpha)$ zu neuen Indizes A, B zusammen, die wegen (8.56) und (8.57) gerade $N=\binom{n}{2}$ Werte annehmen können (Antisymmetrie). R_{AB} ist wegen (8.58) eine symmetrische Matrix von $\binom{N+1}{2}$ unabhängige Komponenten. Gleichung (8.59) gibt genau $\binom{n}{4}$ nichttriviale Aussagen (kein Index darf doppelt auftreten). D.h. die Anzahl der unabhängigen Komponenten des Krümmungstensors ist $\binom{N+1}{2}-\binom{n}{4}$. Für n = 2 folgt eine einzige Komponente; sie entspricht der Gaußschen Krümmung in der Flächentheorie.

traktion (Spurbildung) vornehmen. Dabei entsteht der sogenannte *Riccitensor* vom Typ (0,2)[9]:

$$R_{\alpha\beta} := R^{\lambda}{}_{\alpha\beta\lambda}, \tag{8.61}$$

ein *symmetrischer* Tensor. Er spielt eine entscheidende Rolle in den Einsteinschen Feldgleichungen. Wir können weiter ein Skalarfeld definieren, den sogenannte Krümmungs- oder Ricci-Skalar

$$R := g^{\alpha\beta} R_{\alpha\beta} \, . \tag{8.62}$$

Überschieben wir die Bianchi-Identität (8.60) mit $g^{\alpha\delta} g^{\beta\gamma}$, so ergibt sich wegen $g^{\alpha\delta}{}_{;\varepsilon} = 0$ (was aus (8.37) folgt):

$$2R^{\alpha}{}_{\varepsilon;\alpha} - R_{;\varepsilon} = 0 \, . \tag{8.63}$$

Führen wir den sogenannten *Einstein-Tensor* $G^{\alpha}{}_{\beta}$ ein durch

$$\boxed{G^{\alpha}{}_{\beta} := R^{\alpha}{}_{\beta} - \frac{1}{2} R \delta^{\alpha}_{\beta}} \, , \tag{8.64}$$

so liefert die kontrahierte Bianchi-Identität die Beziehung

$$\boxed{G^{\alpha}{}_{\beta;\alpha} = 0} \, , \tag{8.65}$$

die im folgenden wichtig werden wird.

Bemerkungen: 1. Bei der konformen Abbildung $g \mapsto \lambda \bar{g}$,, bleibt der sogenannte *Weylsche Konformkrümmungstensor* $C^{\alpha}{}_{\beta\gamma\delta}$ unverändert. Er ist definiert als der *spurfreie* Anteil des Riemannschen Krümmungstensors:

$$C^{\alpha}{}_{\beta\gamma\delta} := R^{\alpha}{}_{\beta\gamma\delta} + \delta^{\alpha}_{[\gamma} R_{\delta]\beta} - g_{\beta[\gamma} R^{\alpha}{}_{\delta]} - \frac{1}{3} R \delta^{\alpha}_{[\gamma} g_{\delta]\beta} \, . \tag{8.66}$$

Es gilt also

$$C^{\alpha}{}_{\beta\gamma\delta} = \bar{C}^{\alpha}{}_{\beta\gamma\delta} \, .$$

Einen Raum mit $C^{\alpha}{}_{\beta\gamma\delta} = 0$ nennt man *konform-flach*. In diesem Fall läßt sich durch eine Koordinatentransformation erreichen, daß lokal gilt:

$$g_{\alpha\beta} = \varphi(x^{\kappa}) \eta_{\alpha\beta} \, . \tag{8.67}$$

---

[9] In der Literatur wird der Riccitensor auch mit dem *umgekehrten* Vorzeichen definiert, d.h. durch $R^{\lambda}{}_{\alpha\lambda\beta}$.

2. Wenn die Komponenten des Krümmungstensors als die Gradienten des Gravitationsfeldes interpretiert werden, so folgt in Strenge, daß für ein *homogenes* Gravitationsfeld $R^{\alpha}{}_{\beta\gamma\delta} = 0$ gelten muß. Dann sind wir aber im Minkowski-Raum. Im Rahmen der allgemeinen Relativitätstheorie entspricht ein homogenes „Gravitations"feld also einem reinen Trägheitsfeld.

Aufgabe 8.16:

Berechne die Transformation des Riemannschen Krümmungstensors, des Ricci-Tensors und des Ricci-Skalars unter konformen Abbildungen $g \mapsto \lambda g =: \bar{g}$.

Aufgabe 8.17:

Berechne den Ricci-Tensor (bzw. den Einstein-Tensor) und isoliere den Term, der dem d'Alembert-Operator am ähnlichsten ist (lokal-geodätische Koordinaten).

8.4.5 Beispiele zur Veranschaulichung und physikalischen Interpretation

1. Im ersten Beispiel wählen wir die Metrik der Raum-Zeit als:

$$\mathrm{d}l^2 = c^2 \mathrm{d}t^2 \left(1 + \frac{2}{c^2}\varphi(x^j)\right) - \mathrm{d}x^2 - \mathrm{d}y^2 - \mathrm{d}z^2 \,. \tag{8.68}$$

Die Berechnung des Christoffelsymbols (der Komponenten der Levi-Civita-Konnektion) führt auf (S. 10)

$$\left.\begin{aligned} &\Gamma_{0\,0}^{\;k} = \frac{1}{c^2}\varphi_{,k}\,, \qquad \Gamma_{0\,j}^{\;0} = \frac{1}{c^2} g_{00}^{-1}\varphi_{,k} \\ &\Gamma_{\alpha\,\beta}^{\;\gamma} = \frac{1}{c^2} \qquad \text{sonst} \qquad (\alpha, \beta = 0, 1, 2, 3\,; \quad k, j = 1, 2, 3)\,. \end{aligned}\right\} \tag{8.69}$$

Die Bewegungsgleichung ergibt sich dann nach (5.15) des ersten Teils des Buches zu:

$$\ddot{\boldsymbol{x}} = -\nabla\varphi + \frac{2}{c^2} g_{00}^{-1}\, \dot{\boldsymbol{x}}(\nabla\varphi \cdot \dot{\boldsymbol{x}}) \tag{8.79}$$

$$\text{mit} \quad g_{00} = \left(1 + \frac{2}{c^2}\varphi(x^i)\right) \quad \text{und} \quad \dot{\boldsymbol{x}} = \frac{\mathrm{d}\boldsymbol{x}}{\mathrm{d}t}\,.$$

Bis auf den Term $\sim \frac{1}{c^2}|\dot{\boldsymbol{x}}|^2$ erhalten wir also die Newtonschen Bewegungsgleichungen. φ ist das Newtonsche Gravitationspotential (in niedrigster Näherung in $\frac{v}{c}$).

Den *Riemannschen Krümmungstensor* erhält man aus (8.53) und (8.69) zu:

$$R_{\alpha\beta\gamma\delta} = 4 g_{00}{}^{\frac{1}{2}} \left[\sum_{i=1}^{3} \delta^0_{[\alpha} \delta^i_{\beta]} \delta^0_{[\gamma} \delta^i_{\delta]} (g_{00}{}^{1/2})_{,i,i} \right. \\ \left. + \sum_{\substack{i,j=1 \\ i \neq j}}^{3} (\delta^0_{[\alpha} \delta^i_{\beta]} \delta^0_{[\gamma} \delta^j_{\delta]} + \delta^0_{[\alpha} \delta^j_{\beta]} \delta^0_{[\gamma} \delta^i_{\delta]}) (g_{0\mathrm{C}}\;\;{}^{2})_{,i,j} \right]\Bigg] \tag{8.71}$$

und daraus den *Ricci-Tensor*

$$R_{\alpha\beta} = -g_{00}{}^{1/2} \left[\delta^0_\alpha \delta^0_\beta \triangle (g_{00}{}^{1/2}) + \sum_{i,j=1}^{3} \delta^i_{(\alpha} \delta^j_{\beta)} (g_{00}{}^{1/2})_{(,ij)} \right] \tag{8.72}$$

und den Krümmungsskalar

$$R = -2 g_{00}{}^{-1/2} \triangle (g_{00}^{1/2}) = -2 \triangle \varphi + \mathcal{O}(\varphi \cdot \triangle \varphi) . \tag{8.73}$$

Dabei ist $\triangle = \frac{\partial^2}{\partial x^2} + \frac{\partial^2}{\partial y^2} + \frac{\partial^2}{\partial z^2}$ der übliche Laplace-Operator. Wir sehen also, daß der Ricci-Tensor und der Ricci-Skalar in niedrigster Näherung den Term $\triangle \varphi$ aus der Poisson-Gleichung reproduzieren können. Die Metrik (8.68) ist aber *nicht* die Newtonsche Näherung der Allgemeinen Relativitätstheorie (vergleiche Abschnitt 11.2).

2. Als zweites Beispiel wählen wir eine 2-dimensionale *Torusfläche* als Riemannsche Mannigfaltigkeit (vgl. Abb. 8.9). Seien x, y, z kartesische Koordinaten im $\mathbb{R}^3$, θ, φ räumliche Polarkoordinaten, mit denen wir einen Punkt auf dem Torus koordinatisieren. Dann induziert die Metrik des $\mathbb{R}^3$ die Metrik auf dem Torus über

$$\left. \begin{aligned} x &= (a + b \sin\theta) \cos\varphi \\ y &= (a + b \sin\theta) \sin\varphi \\ z &= b \cos\theta \end{aligned} \right\} \tag{8.74}$$

zu

$$\mathrm{d}l^2 = \mathrm{d}x^2 + \mathrm{d}y^2 + \mathrm{d}z^2 = b^2 \mathrm{d}\theta^2 + (a + b\sin\theta)^2 \mathrm{d}\varphi^2 . \tag{8.75}$$

$a = 0$ führt zur Metrik auf der Kugel mit Radius b. Die Berechnung der Komponenten des Christoffelsymboles gibt:

$$\Gamma_{i\ j}^{\ k} = -\left(\sin x^1 + \frac{a}{b}\right)\cos x^1 \delta_i^2 \delta_j^2 \delta_1^k + \frac{b\cos x^1}{a + b\sin x^1}\delta_{(i}^2 \delta_{j)}^2 \delta_2^k \tag{8.76}$$

mit $x^1 = \theta, x^2 = \varphi\,(i, j = 1, 2)$. Daraus folgt als einzige unabhängige Komponente des Riemann-Tensors:

$$R^1{}_{212} = \sin x^1 \left(\sin x^1 + \frac{a}{b}\right) = -R^1{}_{221}\,. \tag{8.77}$$

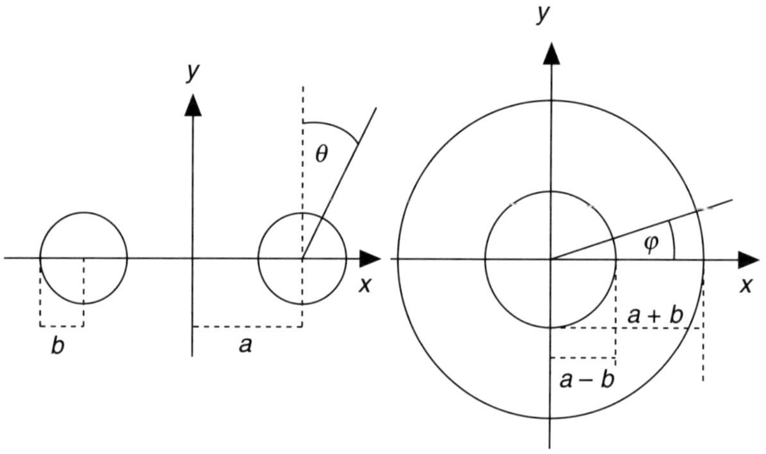

Abb. 8.9 Torusfläche

Es gilt weiter:

$$R^2{}_{112} = -R^2{}_{121} = -g^{22} g_{11} R^1{}_{212}\,,$$

so daß mit $g_{11} = b^2, g^{22} = (a + b\sin\theta)^{-2}$ folgt

$$R^2{}_{112} = -b\frac{\sin x^1}{\sin x^1 + \dfrac{a}{b}}\,.$$

Wir können alle Komponenten des Krümmungstensors zusammenfassen in der Beziehung:

$$\boxed{R^i{}_{jkl} = \frac{1}{b^2}\frac{\sin x^1}{\sin x^1 + \dfrac{a}{b}}(\delta_k^i g_{jl} - \delta_l^i g_{jk})} \qquad i, j, k, l = 1, 2\,. \tag{8.78}$$

Der *Ricci*-Tensor ergibt sich durch Kontraktion zu

$$R_{jk} := R^i{}_{jki} = -\frac{1}{b^2}\frac{\sin x^1}{\sin x^1 + \dfrac{a}{b}}\, g_{kj}$$

und der *Ricci-Skalar* zu[10]

$$R := g^{jk} R_{jk} = -\frac{2}{b^2}\frac{\sin x^1}{\sin x^1 + \dfrac{a}{b}}\,.$$

Der *Einstein-Tensor* verschwindet hier identisch

$$R_{jk} - \frac{1}{2} R g_{jk} = 0\,.$$

Im Falle $a = 0$ folgt aus (8.78):

$$R^i{}_{jkl} = \frac{1}{b^2}(\delta^i_k g_{il} - \delta^i_l g_{jk})\,. \tag{8.79}$$

Die konstante *Gaußsche Krümmung* der Kugel ist $\kappa_0 = \dfrac{1}{b^2}$. (8.79) ist ein Spezialfall der sogenanten *Räume konstanter Krümmung*, die für $n \geq 2$ durch

$$\boxed{R^\alpha{}_{\beta\gamma\delta} = 2\kappa_0 \delta^\alpha_{[\gamma} g_{\delta]\beta}} \tag{8.80}$$

definiert werden.

Aufgabe 8.18:

Berechne den Krümmungsskalar für die Fläche, die durch

$$\begin{cases} x = b\sinh\theta\cos\varphi \\ y = b\sinh\theta\sin\varphi \\ z = b\cosh\theta \end{cases}$$

in den $\mathbb{R}^3$ mit der Metrik $\mathrm{d}s^2 = \mathrm{d}z^2 - \mathrm{d}x^2 - \mathrm{d}y^2$ eingebettet ist.

Anmerkung: Die Krümmung ist eine „innere“ Eigenschaft der betrachteten Flächen; d.h., wenn man die Metrik kennt, ist auch die Krümmung bekannt. Die Einbettung in einen höherdimensionalen

[10] Wir sehen also, daß in diesem Beispiel sich Krümmungstensor und Ricci-Tensor durch Krümmungsskalar und Metrik ausdrücken lassen.

Raum ist nicht nötig zum Verständnis der Krümmung. In der allgemeinen Relativitätstheorie bekommt man die Metrik nicht durch Einbettung in einen pseudo-Euklidischen Raum mit 5 und mehr Dimensionen, deren physikalische Bedeutung unklar wäre. Die Metrik wird als Lösung einer Differentialgleichung 2. Ordnung aus der Energieverteilung der Materie bestimmt (vgl. das folgende Kapitel).

Aufgabe 8.19:

Zeige, daß für $n \geq 3$ (!) aus

$$R^{\alpha}{}_{\beta\gamma\delta} = 2\kappa(x^{\sigma})\delta^{\alpha}_{[\gamma}g_{\delta]\beta}$$

folgt, daß ein Raum konstanter Krümmung vorliegt.

Aufgabe 8.20:

Zeige, daß die Metrik (8.68) in einen 6-dimensionalen pseudo-euklidischen Raum mit der Metrik

$$\mathrm{d}L^2 = (\mathrm{d}z^1)^2 + (\mathrm{d}z^2)^2 - (\mathrm{d}z^3)^2 - (\mathrm{d}z^4)^2 - (\mathrm{d}z^5)^2 - (\mathrm{d}z^6)^2$$

eingebettet werden kann.

8.4.6 Geodätische Abweichung

Zur Veranschaulichung des Begriffes der Krümmung wollen wir uns jetzt *benachbarte* Geodäten aus einer ganzen Schar solcher Kurven ansehen. Zeichnen wir zwei Geodäten der Schar, die durch ein Ereignis $p \in M$ gehen und führen einen Verbindungsvektor $\boldsymbol{N}$ zwischen zwei festen Punkten auf den Kurven ein. Dann können die folgenden drei Fälle eintreten (vgl. Abb. 8.10): Die Geodäten können wie Geraden auseinanderlaufen wie im euklidischen (flachen) Raum oder stärker oder schwächer expandieren. Dieses qualitative Bild fassen wir nun quantitativ. Dazu betrachten wir eine Fläche, die von einer Schar von Geodäten aufgespannt wird und die Parameterdarstellung hat

$$x^{\alpha} = x^{\alpha}(\tau, \upsilon) \tag{8.81}$$

Hierin sind die Kurven $\upsilon = \upsilon_0 = const.$ die Geodäten, parametrisiert durch die Bogenlänge τ, die im Fall zeitartiger Geodäten der Eigenzeit entspricht. Die Kurven $\tau = \tau_0$ stellen die Orthogonaltrajektorien dar (vgl. Abb. 8.11). In einem Ereignis $p \in M$ mit den Koordinaten $x^{\alpha}(\tau_0, \upsilon_0)$ sei $U = \left.\dfrac{\partial x^{\alpha}}{\partial \tau}\right|_p \partial_{\alpha}$ der

Tangentenvektor an die durchlaufene Geodäte. U ist auf eins normiert. Weiter habe $N = \left.\frac{\partial x^\alpha}{\partial \upsilon}\right|_p \partial_\alpha$ die Richtung des Verbindungsvektors von p zu einem Ereignis q auf einer benachbarten Geodäte. (N ist Tangentenvektor an die Orthogonaltrajektorie zu $x^\alpha(\tau, \upsilon_0)$ in p). Dann gilt $g(U, N) = 0$ und wegen $\frac{\partial^2 x^\alpha}{\partial\tau\partial\upsilon} = \frac{\partial^2 x^\alpha}{\partial\upsilon\partial\tau}$ folgt $U^\sigma N^\kappa{}_{,\sigma} = N^\sigma U^\kappa{}_{,\sigma}$. Wegen der Symmetrie der Riemannschen Übertragung läßt sich dies auch schreiben als

$$\boxed{\nabla_U N = \nabla_N U} \quad . \tag{8.82}$$

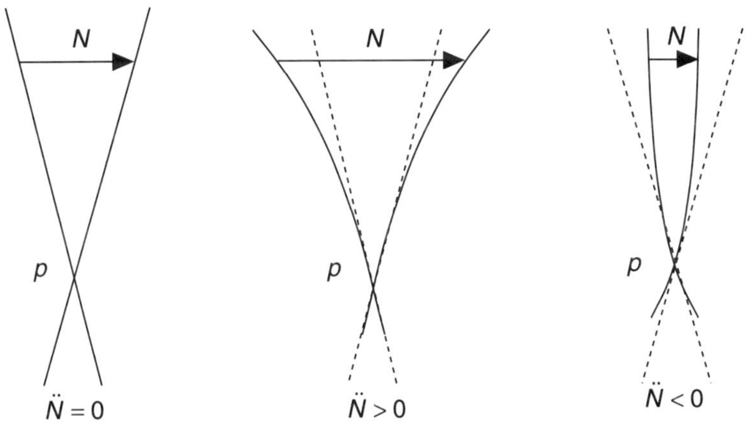

Abb. 8.10

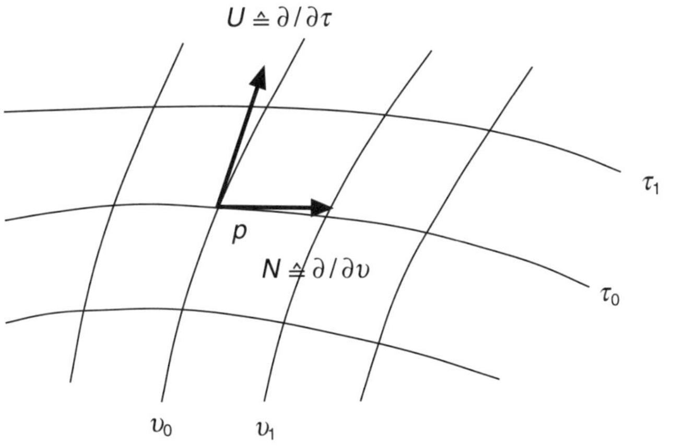

Abb. 8.11 Ortogonaltrajektorien

Wenden wir ∇_U noch einmal an:

$$\nabla_U \nabla_U N = \nabla_U \nabla_N U$$
$$= \nabla_N \nabla_U U + \nabla_{[U,N]} U + R(U,N)U \tag{8.83}$$

nach der Definition des Krümmungstensors (8.22) von Abschnitt 8.3. Da die Torsion verschwinden soll, folgt mit (8.28) und (8.82):

$$[U, N] = \nabla_U N - \nabla_N U = 0 \,.$$

Berücksichtigen wir, daß U Tangentenvektor an eine *Geodäte* ist, d.h. $\nabla_U U = 0$ gilt (vgl. (8.11)), so ergibt sich damit:

$$\boxed{\nabla_U^2 N = R(U,N)U} \,. \tag{8.84}$$

In lokalen Koordinaten mit $N = N^\sigma \partial_\sigma, U = U^\sigma \partial_\sigma$ bedeutet (8.84)

$$\boxed{\frac{\mathrm{D}^2 N^\alpha}{\mathrm{d}\tau^2} = R^\alpha{}_{\sigma\kappa\lambda} U^\sigma N^\kappa U^\lambda} \,. \tag{8.85}$$

(8.84) heißt *„Gleichung der geodätischen Abweichung"*. Der Krümmungstensor ist also ein Maß dafür, wie Geodäten einer Schar relativ zueinander verlaufen. Denkt man daran, daß wir zeitartige Geodäten mit der Bahn freifallender Teilchen identifiziert haben, so bedeutet $\dfrac{\mathrm{D}^2 N^\alpha}{\mathrm{d}\tau^2}$ so etwas wie die *Relativbeschleunigung* der Teilchen.

Im zweiten Beispiel von Abschnitt 8.4.5 ist die Gleichung der geodätischen Abweichung wegen (8.78) und $g(U,N) = g_{ij} U^i N^j = 0, g(U,U) = 1$

$$\frac{\mathrm{d}^2 N^i}{\mathrm{d}\tau^2} = \frac{1}{b} \frac{\sin x^1}{a + b \sin x^1} N^i \qquad i = 1, 2 \,.$$

Für $a > b$ und $0 < \mathrm{x}^1 < \pi$ ist die geodätische Abweichung immer größer Null, d.h. die durch einen Punkt gehenden benachbarten Geodäten auf dem Torus (der Kugel) *expandieren*.

Zum Abschluß dieses Abschnitts stellen wir in den Tabellen 8.1 und 8.2 die zur Modellierung des Gravitationsfeldes eingeführten geometrischen Objekte und ihre physikalische Interpretation zusammen.

Tabelle 8.1

Mathematische Größe (Koordinatenunabhängig definiert)	Komponenten in lokalen Koordinaten (Basis $dx^\alpha, \frac{\partial}{\partial x^\alpha}$)	*Operationsweise*	*Anwendung*
Tangentenvektor X in $p \in M$	X^α	Ordnet einer Funktion f die reelle Zahl (Äquivalenzkl. von Kurven) $Xf = X^\alpha \frac{\partial f}{\partial x^\alpha}$ zu.	4-Geschwindigkeit u^α, Gradient einer Zustandsfunktion in Richtung von u^α oder j^α
Linearform ω in $p \in M$	ω_α	Ordnet einem Tangentenvektor X die reelle Zahl $\langle \omega, X \rangle = \omega_\alpha X^\alpha$ zu.	4-Potential $A_\alpha = (\varphi, -A)$; Materieanteil in der Lagrangefunktion für die Maxwell-Gleichungen $L_M = A_\alpha j^\alpha$
Tensor vom Typ (r, s) $T_s^r(\omega_1, \ldots, \omega_r, X_1, \ldots, X_s)$ in $p \in M$	$T^{\alpha_1 \ldots \alpha_r}{}_{\beta_1 \ldots \beta_s}$	Ordnet s Tangentenvektoren und r Linearformen die reelle Zahl $T^{\alpha_1 \ldots \alpha_r}{}_{\beta_1 \ldots \beta_s} \otimes$ $\otimes X^{\beta_1} \cdots X^{\beta_s} \omega_{\alpha_1} \cdots \omega_{\alpha_r}$ zu	Energiepulstensor der Materie $T^{\alpha\beta}$, Tensor des elektromagn. Feldes $F_{\alpha\beta}$ $T^{\alpha\beta}\omega_\alpha\tilde{\omega}_\beta$, $F_{\alpha\beta}u^\alpha v^\beta$
Lineare Übertragung $\nabla_{\frac{\partial}{\partial x^\alpha}} \frac{\partial}{\partial x^\beta}$	$L_{\alpha\beta}{}^\gamma \frac{\partial}{\partial x^\gamma}$ S. 228 (8.6)	Ordnet Basisvektoren $\frac{\partial}{\partial x^\alpha}$ und $\frac{\partial}{\partial x^\beta}$ im Tangentialvektorraum wieder einen Basisvektor zu	Tensoroperation der Ableitung $Y^\sigma{}_{\Vert\alpha} dx^\alpha = dY^\sigma + L_{\alpha\beta}{}^\sigma dx^\alpha$ (kovariante Ableitung)
$\nabla_X Y$	$X^\alpha (Y^\sigma{}_{,\alpha} + L_{\alpha\beta}{}^\sigma) \frac{\partial}{\partial x^\beta}$	Ordnet $\mathbb{C}^\infty$-Vektorfeld Y und Tangentenvektor X wieder einen Tangentenvektor $\nabla_X Y$ zu.	Verallgemeinerung des Begriffs Parallelverschiebung, Autoparallele.
Krümmungsoperator $K(X, Y)\,Z$	$K^\alpha{}_{\beta\gamma\delta} =$ $L_{\delta\beta}{}^\alpha{}_{,\gamma} - L_{\gamma\beta}{}^\alpha{}_{,\delta} +$ $L_{\gamma\sigma}{}^\alpha L_{\delta\beta}{}^\sigma - L_{\delta\sigma}{}^\alpha L_{\beta\gamma}{}^\sigma$	Ordnet einem Paar X, Y von Tangentenvektoren und einem $\mathbb{C}^\infty$-Vektorfeld Z wieder einen Tangentenvektor $K(X, Y)Z =$ $X^\gamma Y^\delta Z^\beta K^\alpha{}_{\beta\gamma\delta} \frac{\partial}{\partial x^\alpha}$ zu.	Nichtvertauschbarkeit der zweiten kovarianten Ableitungen

Fortsetzung S. 264

Mathematische Größe (Koordinatenunabhängig definiert)	Komponenten in lokalen Korrdinaten (Basis $dx^\alpha, \frac{\partial}{\partial x^\alpha}$)	*Operationsweise*	*Anwendung*
Metrik $g(X, Y)$	$g_{\alpha\beta}$	Ordnet zwei Tangentenvektoren eine reelle Zahl zu.	Inneres Produkt, Norm, Winkel
Riemannsche Übertragung $D_X Y$	$\Gamma_{\alpha}{}^{\gamma}{}_{\beta} = \frac{1}{2} g^{\gamma\sigma}(g_{\sigma\alpha,\beta} + g_{\sigma\beta,\alpha} - g_{\alpha\beta,\sigma})$	wie oben.	Symm. Übertragung, Metrisches Tensorfeld wird längs der Kante verschoben, Geodäten ($g_{\alpha\beta;\gamma} = 0$)
Riemannscher Krümmungssektor	$R^\alpha{}_{\beta\gamma\delta} = \Gamma^{\alpha}_{\beta\delta,\gamma} - \Gamma^{\alpha}_{\beta\gamma,\delta} + \Gamma^{\alpha}_{\sigma\gamma}\Gamma^{\sigma}_{\beta\delta} - \Gamma^{\alpha}_{\sigma\delta}\Gamma^{\sigma}_{\beta\gamma}$	wie oben.	Geodätische Abweichung $\frac{D^2\eta^u}{ds^2} = R^\alpha{}_{\sigma\kappa\lambda} u^\sigma \eta^\kappa u^\lambda$

Tabelle 8.2

Mathematische Größe	*Komponenten*	*in lokal-geodätischen Koordinaten in* $p \in M$	*Entsprechende physikalische Größe*
Metrik	$g_{\alpha\beta}$	$\eta_{\alpha\beta}$	Gravitationspotential, Inertialpotential
Christoffelsymbol	$\Gamma_{\alpha}{}^{\gamma}{}_{\beta} = \begin{Bmatrix} \gamma \\ \alpha \quad \beta \end{Bmatrix}$	0	Gravitationsfeld, Inertialfeld
Riemannscher Krümmungssektor	$R^\alpha{}_{\beta\gamma\delta}$	$\frac{1}{2} g^{\alpha\sigma}(g_{\sigma\delta,\gamma,\beta} - g_{\sigma\gamma,\delta,\beta} + g_{\beta\gamma,\delta,\sigma} - g_{\beta\delta,\gamma,\sigma})$	Gradienten des Gravitationsfeldes. Wenn $R^\alpha{}_{\beta\gamma\delta} \equiv 0$, so gibt es nur Inertialfelder; wenn $R^\alpha{}_{\beta\gamma\delta} \neq 0$, so existieren permanente Gravitationsfelder.
Ricci-Tensor	$R_{\beta\gamma}$	$\frac{1}{2} g^{\alpha\sigma}(g_{\sigma\alpha,\gamma,\beta} - g_{\sigma\gamma,\alpha,\beta} + g_{\beta\gamma,\alpha,\sigma} - g_{\beta\alpha,\gamma,\sigma})$	Verallgemeinerung des Ausdrucks $\Delta\varphi$ bzw. $\Box\varphi$ der Newtonschen Gravitationstheorie.

9 Allgemeine Relativitätstheorie – Einsteinsche Gravitationstheorie

In diesem Abschnitt fassen wir die Grundannahmen der Allgemeinen Relativitätstheorie zusammen und schreiben die Einsteinschen Feldgleichungen für das Gravitationspotential (die Metrik) auf. Es zeigt sich, daß die Bewegungsgleichungen für die das Gravitationsfeld produzierende Materie *eine Folge* der Feldgleichungen sind, also nicht wie in der Elektrodynamik zusätzlich angegeben werden müssen. Wir zeigen dann, wie die Feldgleichungen aus einem von David Hilbert gefundenen Variationsprinzip abgeleitet werden können.

9.1 Einsteinsche Feldgleichungen

9.1.1 Mathematisches Modell und Dynamik

Im vorigen Kapitel haben wir die Menge der physikalischen Ereignisse durch ein mathematisches Modell (M, g) dargestellt. Hierin ist M die Mannigfaltigkeitsstruktur, d.h. die Annahme, daß die Ereignisse eine 4-dimensionale, zusammenhängende, orientierbare, Hausdorffsche differenzierbare Mannigfaltigkeit bilden. g steht für die Lorentzmetrik. (M, g) soll bedeuten, daß wir die (Pseudo-) *Riemannsche Geometrie* als mathematisches Modell für die Physik des Gravitationsfeldes verwenden wollen.

Ein wesentliches *physikalisches* Element fehlt aber noch im mathematischen Modell: *die Materie*. Und zwar sowohl in ihrer Eigenschaft als *Quelle* des Gravitationsfeldes als auch als die Substanz, an der das Gravitationsfeld angreift. In das mathematische Modell muß also die Dynamik der Wechselwirkung von (Ruh-) Massen und *nicht-gravischen* Feldern (wie etwa dem elektromagnetischen Feld) eingebracht werden. Wir wissen aus dem ersten Teil des Buches, Abschnitt 4.2, daß jede Art von Energie einer Masse entspricht, also ein Gravitationsfeld erzeugt. Wir wissen auch schon (vgl. Abschnitt 4.6.1–4.6.2), daß der *Energie-Impuls-Spannungstensor* $T^{\alpha\beta}$ die Energie einer kontinuierlichen Materieverteilung beschreibt. Das ist unsere *erste Annahme*[1]:

> Die Quelle des Gravitationsfeldes ist der Energie-Impuls-Spannungstensor der Materie(felder).

Der Begriff der schweren Masse taucht in dieser Kontinuumsbeschreibung der Materie zunächst nicht auf. Im weiteren werden wir die gravitierende Materie durch ein *Kontinuums*modell beschreiben. Außerdem führen wir drei *Zuordnungsrelationen* ein, die gewisse Größen des mathematischen Modells mit physikalischen Beobachtungsgrößen identifizieren:

> 1. Die Bahnen von in einem Gravitationsfeld frei fallenden Punktmassen (Probeteilchen), das heißt, von Massen ohne weitere innere Freiheitsgrade wie Ladung, Spin etc. (die nicht miteinander wechselwirken), werden durch die *zeitartigen Geodäten* der Riemannschen Geometrie dargestellt.
> 2. *Lichtstrahlen* werden durch die *Null-Geodäten* der Riemannschen Geometrie dargestellt.
> 3. Die Bogenlänge einer *beliebigen* zeitartigen Kurve ist ein Maß für die von einer Normaluhr (Atomuhr) angezeigten Zeit, deren Bahn durch die Kurve beschrieben wird.

Alle drei Annahmen haben wir schon benutzt (vgl. die Abschnitte 6.4, 7.2, 7.3 und 7.5 von Teil 1 des Buches). Sie implizieren, daß wir die Metrik g als *Gravitationspotential* und die Riemannsche Konnektion Γ als *Gravitationsfeld* interpretieren.

Wie schreiben wir den Energie-Impulstensor $T^{\alpha\beta}$ der Materie hin? Nun, das hängt vom konkreten physikalischen System ab, dessen Observable vorgegeben sein müssen. Bei der *idealen Flüssigkeit*, die wir in Abschnitt 4.6.2 kurz gestreift haben, sind die Observablen der hydrodynamische Druck p und die Energiedichte μ. An (4.113) sieht man aber, daß auch die Metrik der Raum-Zeit in $T^{\alpha\beta}$ eingeht! Wir könnten (4.113) auf den Fall des Vorliegens eines Gravitations(Trägheits-)feldes dadurch übertragen, daß wir die Minkowski-Metrik $\eta_{\alpha\beta}$ durch eine beliebige Metrik $g_{\alpha\beta}$ ersetzen und bekämen:

$$T^{\alpha\beta} = \left(\frac{\mu + p}{c^2}\right) u^\alpha u^\beta - p g^{\alpha\beta} \,. \tag{9.1}$$

[1] In *alternativen* Gravitationstheorien, die wir hier nicht besprechen können, tritt auch die Drehimpulsdichte (Bahn- und Spindrehimpuls) der Materie als Quelle des Gravitationsfeldes auf. Für *makroskopische* Materie ist dieser Beitrag entweder Null oder führt auf gegenwärtig nicht meßbare Effekte (vgl. die Anmerkung in Abschnitt 8.4.2).

Im Falle des *flachen Raumes* ($R^{\alpha}{}_{\beta\gamma\delta} = 0$, $g_{\alpha\beta} = \eta_{\alpha\beta}$) kämen wir dann zum speziell-relativistischen Ausdruck (4.113) zurück. Das ließe sich allerdings auch mit dem vom Krümmungsskalar R abhängenden Ausdruck:

$$T^{\alpha\beta} = (1 + l_0^2 R)\left[\left(\frac{\mu + p}{c^2}\right)u^{\alpha}u^{\beta} - pg^{\alpha\beta}\right] \tag{9.2}$$

erreichen bzw. mit anderen Ansätzen, die den Krümmungstensor beinhalten. Um Eindeutigkeit zu erhalten, führen wir ein weiteres Prinzip ein.

9.1.2 Das Prinzip der minimalen Kopplung

Das Prinzip der minimalen Kopplung ist eine Vorschrift, die die Terme, welche die Wechselwirkung des Gravitationsfeldes mit der Materie ausdrücken, *eindeutig* macht. Es lautet:

> Die Materievariablen koppeln nur an das Gravitationspotential g bzw. an das Gravitationsfeld Γ, *nicht* an die Gradienten des Gravitationsfeldes ($R^{\alpha}{}_{\beta\gamma\delta}$).

Konkret heißt dies: man nehme die speziell-relativistischen Ausdrücke für das zu beschreibende physikalische System und ersetze überall die Minkowski-Metrik η durch die Lorentz-Metrik g und die *partielle* Ableitung durch die *kovariante* Ableitung D. In einem lokal-geodätischen Koordinatensystem in $p \in M$ reduzieren sich die so gewonnenen Ausdrücke auf die speziell-relativistischen. Dieses Verfahren bezieht sich insbesondere auf die Lagrangedichte eines Variationsprinzips zur Gewinnung der Feldgleichungen (siehe Abschnitt 9.2.2).

Warum führen wir ein neues Prinzip ein? Ist das geschilderte Verfahren nicht genau das, was das *Äquivalenzprinzip* verlangt (vgl. Abschnitt 6.3.1)? Für Ausdrücke, in denen nur *erste* partielle Ableitungen vorkommen, stimmt das. Betrachten wir als Beispiel die Maxwell-Gleichungen (4.103, 4.104), die mit Hilfe des Prinzips der minimalen Kopplung in der Form geschrieben werden können:

$$F^{\alpha\beta}{}_{;\beta} = -\frac{4\pi}{c} j^{ga} , \tag{9.3}$$

$$F_{\alpha\beta;\gamma} + F_{\gamma\alpha;\beta} + F_{\beta\gamma;\alpha} = 0 . \tag{9.4}$$

Ersetzen wir in (9.3) $F_{\alpha\beta}$ durch das Viererpotential A_{α}, d.h. durch $F_{\alpha\beta} = 2\partial_{[\alpha}A_{\beta]}$, so folgt wegen $\partial_{[\alpha}A_{\beta]} = A_{[\beta;\alpha]}$ für die linke Seite:

$$2(g^{\alpha\kappa}g^{\beta\lambda}A_{[\lambda;\kappa]})_{;\beta} = g^{\alpha\kappa}g^{\beta\lambda}A_{\lambda;\kappa;\beta} - g^{\alpha\kappa}\,\Box_g A_\kappa$$

mit $\Box_g := g^{\mu\nu}\mathrm{D}_\mu\,\mathrm{D}_\nu$.

Aus (8.26) bekommen wir aber

$$A^{\beta}{}_{;\kappa;\beta} = A^{\beta}{}_{;\beta;\kappa} + R^{\beta}{}_{\sigma\beta\kappa}A^{\sigma}\ . \tag{9.5}$$

Da die partiellen Ableitungen vertauschbar sind, hätten wir mit gutem Recht sowohl von $A_{\lambda,\kappa,\beta}$ wie auch von $A_{\lambda,\beta,\kappa}$ ausgehen können. Ein Krümmungsterm $-R_{\sigma\kappa}A^{\sigma}$, wie er in (9.5) auftaucht, verletzt das Prinzip der minimalen Kopplung. Wenn wir die Lorenzeichung in der Form $A^{\beta}{}_{;\beta} = 0$ benutzen wollen, so werden wir die linke Seite von (9.3) schreiben als

$$A^{\beta}{}_{\beta;\kappa} - g^{\alpha\kappa}\Box_g A_k \tag{9.6}$$

und damit die Wellengleichung

$$\boxed{\Box_g A^{\alpha} = \frac{4\pi}{c}\,j^{\alpha}} \tag{9.7}$$

als Resultat der Vorschrift „minimale Kopplung“ erhalten. Ob dieses Verfahren gerechtfertigt ist, müssen Experiment und Beobachtung zeigen. Nur in sehr starken Gravitationsfeldern, wie sie gegenwärtig allein in der Nähe von Neutronensternen und schwarzen Löchern der Beobachtung zur Verfügung stehen, könnte eventuell der Einfluß krümmungsabhängiger Terme überprüft werden.

Aufgabe 9.1:

1. Wie lautet die Klein-Gordon Gleichung für ein *Skalarfeld* φ im Gravitationsfeld, wenn man das Prinzip der minimalen Kopplung anwendet?
2. Schreibe eine geänderte Klein-Gordon Gleichung auf, die unter konformen Abbildungen $g \mapsto \lambda(x^{\sigma})\overline{g}$ unverändert bleibt. Hinweis:
   a) Berücksichtige das Transformationsverhalten des Krümmungsskalars unter konformen Transformationen (vgl. Aufgabe 8.16 auf Seite 256).
   b) Transformiere φ ebenfalls unter der konformen Abbildung.

9.1.3 Die Einsteinschen Feldgleichungen der Gravitation

Die Feldgleichungen der Gravitation, also die dynamischen Gleichungen, die den Energie-Impuls-Tensor der Materie und Materiefelder $T^{\alpha\beta}$ mit dem Gravitationspotential $g_{\alpha\beta}$ verknüpfen, sind nicht aus tiefliegenden Annahmen beweisbar, sondern auf Grund plausibel erscheinender Argumente angesetzt. Solche sind etwa:

- Als Gleichungen zwischen tensoriellen Observablen müssen die Feldgleichungen *kovariant* gegenüber beliebigen Koordinatentransformationen sein, also Tensorgleichungen[2].
- Die Feldgleichungen sollten partielle Differentialgleichungen zweiter Ordnung sein und in niedrigster Näherung (d.h. für *schwache* Gravitationsfelder und *nicht-relativistische* Bewegung) in die Poisson-Gleichung übergehen.

Angesichts des ersten Beispiels von Abschnitt 8.4.5 und der Übungsaufgabe 8.17 auf Seite 256 kommt als Verallgemeinerung des Laplace- bzw. Wellenoperators in seiner Wirkung auf die Metrik der Ricci-Tensor in Frage. Aus der Annahme über die Quellen des Gravitationsfeldes von Abschnitt 9.1.1 könnte also eine Feldgleichung der Art

$$R^{\alpha\beta} = -\kappa T^{\alpha\beta} \tag{9.8}$$

genommen werden. Tatsächlich hat Albert Einstein (9.8) zuerst vorgeschlagen [Ein15b], dann aber aus folgendem Grund abgeändert. Der differentielle Erhaltungssatz für Energie und Impuls in der speziellen Relativitätstheorie wird gemäß (7.45) unter Anwendung des Prinzips der minimalen Kopplung bei Anwesenheit von Gravitationsfeldern zu formulieren sein als

$$T^{\alpha\beta}{}_{;\beta} = 0\,. \tag{9.9}$$

Will man nun, daß der „Erhaltungssatz" (9.9) zwangsläufig aus der Feldgleichung folgt (wie dies etwa bei den Maxwell-Gleichungen für den Ladungserhaltungssatz gilt), so muß die linke Seite von (9.8) durch den *Einstein-Tensor* aus (8.64) $G_{\alpha\beta} = R_{\alpha\beta} - \frac{1}{2} R g_{\alpha\beta}$ ersetzt werden:

$$\boxed{G^{\alpha\beta} = -\kappa T^{\alpha\beta}}\,. \tag{9.10}$$

Wegen (8.65) folgt dann aus $G^{\alpha\beta}{}_{;\beta} \equiv 0$, daß (9.9) gilt. (9.10) sind die berühmten *Einsteinschen Feldgleichungen*, die gleichzeitig und unabhängig voneinander durch Albert Einstein und David Hilbert im Jahr 1915 aufgestellt wurden[3].

Im Zusammenhang mit der Kosmologie (vgl. Kap. 14) sah Einstein später (1917), daß die linke Seite von (9.10) verallgemeinert werden kann zu

$$G^{\alpha\beta} + \Lambda g^{\alpha\beta} = -\kappa T^{\alpha\beta}\,. \tag{9.11}$$

---

[2] Im Unterschied zu den auch möglichen *Spinorgleichungen.*

[3] Vgl. [Hil15] und [Ein15a]. Zur Geschichte siehe [EG78] oder [Pai82].

Hierin ist Λ die sogenannte *kosmologische Konstante* mit $[\Lambda] = \mathrm{cm}^{-2}$ und (9.11) heißt *Einsteinsche Feldgleichung mit kosmologischer Konstante*. Wegen $g^{\alpha\beta}{}_{;\beta} = 0$ (die Metrik ist nach Definition in (8.34) kovariant konstant) folgt aus (9.11) wieder (9.9). Nach einem Resultat von D. Lovelock[4] ist $G^{\alpha\beta} + \Lambda g^{\alpha\beta}$ der *einzige* Tensor vom Typ (0,2) $A^{\alpha\beta}$, der aus $g_{\alpha\beta}$, seiner 1. und 2. partiellen Ableitung aufgebaut ist und für den $A^{\alpha\beta}{}_{;\beta} = 0$ gilt.

Für $\Lambda = 0$ folgt, wenn $g_{\alpha\beta} = \eta_{\alpha\beta}$, aus (9.10), daß $T^{\alpha\beta} = 0$ gelten muß. Das heißt, im Minkowskiraum gibt es keine Materie als Quelle des Gravitationsfeldes, sondern nur Test-Materie. Umgekehrt folgt aus $T^{\alpha\beta} = 0$ *nicht* $g_{\alpha\beta} = \eta_{\alpha\beta}$, sondern wir bekommen die sogenannten *Vakuumfeldgleichungen:*

$$G^{\alpha\beta} = R^{\alpha\beta} - \frac{1}{2} R g^{\alpha\beta} = 0$$

oder, wegen $R = 0$ nach Spurbildung,

$$\boxed{R_{\alpha\beta} = 0} \quad . \tag{9.12}$$

Die Vakuumfeldgleichungen haben viele Lösungen außer dem flachen Raum; diese beschreiben zum Beispiel das Außenfeld von Himmelskörpern und Wellenlösungen fern von ihren Quellen.

Gibt man die Materieverteilung in der Form des Energie-Impulstensors $T^{\alpha\beta}$ vor, d.h. als ein *Funktional* der Materievariablen, der Metrik (und eventuell der Christoffelsymbole), so ist (9.10) ein System von 10 partiellen Differentialgleichungen 2. Ordnung für die 10 Komponenten der Metrik $g_{\alpha\beta}$. Da $G^{\alpha\beta}$ bzw. $R^{\alpha\beta}$ nicht *linear* von den $g_{\alpha\beta}$ abhängt, ist die Lösungsmannigfaltigkeit von (9.10) bzw. (9.12) *kein* linearer Raum: *das Superpositionsprinzip gilt nicht.* Die 10 Differentialgleichungen sind allerdings wegen $G^{\alpha\beta}{}_{;\beta} = 0$ nicht unabhängig voneinander: wegen dieser vier Identitäten bilden die Einsteinschen Feldgleichungen ein System von 6 unabhängigen partiellen Differentialgleichungen für die 10 Komponenten der Metrik (des Gravitationspotentials). Diese Unbestimmtheit ist ein notwendiger Zug der Theorie, da wir die aus beliebigen Koordinatentransformationen $x^\alpha \mapsto x^{\alpha'} = f^\alpha(x^\beta)$ hervorgehenden Metrik-Komponenten:

$$g_{\alpha'\beta'}(x^{\kappa'}) = g_{\mu\nu} \frac{\partial x^\mu}{\partial x^{\alpha'}} \frac{\partial x^\nu}{\partial x^{\beta'}} = g_{\mu\nu} f^\mu{}_{,\alpha} f^\nu{}_{,\beta}$$

alle als zu *ein und demselben Gravitationsfeld* gehörend identifizieren. Mit Hilfe der vier freien Funktionen f^α können wir vier der zehn $g_{\alpha'\beta'}$ nach Belie-

[4] Vgl. [Lov72]. Unter der zusätzlichen Annahme, daß $A^{\alpha\beta}$ symmetrisch sein soll und nur *linear* von den 2. Ableitungen der Metrik abhängen soll, war dieses Ergebnis bereits früher gewonnen worden (Cartan, Weyl).

ben festlegen. Damit bildet (9.10) bzw. (9.12) weder ein unter- noch ein überbestimmtes System.

Was ist der Gültigkeitsbereich der Einsteinschen Feldgleichungen (9.10) oder (9.12)? Darüber wissen wir heute noch nicht genügend; die Feldgleichungen werden auf die größten beobachtbaren Lineardimensionen von 10^9–10^{10} Lichtjahren ebenso angewandt wie auf Mikrodimensionen der Größenordnung der Planck-Länge, von 10^{-33} cm. Es ist klar, daß physikalische Aussagen, die sich auf die beiden Enden dieses ungeheuer großen Bereiches beziehen, heute noch sehr spekulativ sind.

Anmerkung: Die Kopplungskonstante $\kappa = \dfrac{8\pi G}{c^4}$ bzw. die Newtonsche Gravitationskonstante G ist die am ungenauesten bekannte Naturkonstante: $G = (6{,}6726 \pm 0{,}0009)10^{-8}$ $\mathrm{g^{-1}\,cm^3 s^{-2}}$.

9.1.4 Feldgleichungen und Bewegungsgleichungen

Schreiben wir die Divergenzbeziehung für den Energie-Impuls-Tensor der Materie (9.9), die eine wichtige Rolle für die Festlegung der Einsteinschen Feldgleichungen gespielt hat, genauer auf. Sie lautet

$$T^{\alpha\beta}{}_{,\beta} + \Gamma_{\beta}{}^{\alpha}_{\sigma} T^{\alpha\beta} + \Gamma_{\beta}{}^{\beta}_{\sigma} T^{\alpha\sigma} = 0\,. \tag{9.13}$$

Wegen

$$\Gamma_{\beta}{}^{\alpha}_{\sigma} = \frac{1}{2} g^{\beta\rho}(g_{\rho\beta,\sigma} + g_{\rho\sigma,\beta} - g_{\beta\sigma,\rho}) = \frac{1}{2} g^{\beta\rho} g_{\beta\rho,\sigma}$$

und der aus der Definition der Determinante

$$g := \det g_{\alpha\beta} = \frac{1}{4!} \varepsilon^{\alpha\beta\gamma\delta} \varepsilon^{\kappa\lambda\mu\nu} g_{\alpha\kappa} g_{\beta\lambda} g_{\gamma\mu} g_{\delta\nu}$$

folgenden Beziehung

$$\frac{\partial g}{\partial x^\rho} = g\, g^{\alpha\beta} \frac{\partial g_{\alpha\beta}}{\partial x^\rho} \tag{9.14}$$

läßt sich weiter folgern

$$\boxed{\Gamma_{\beta}{}^{\beta}_{\sigma} = \frac{\partial}{\partial x^\sigma} \log\sqrt{-g}}\,. \tag{9.15}$$

Multiplizieren wir (9.13) mit $\sqrt{-g}$ so erhalten wir durch Zusammenfassung des ersten und dritten Terms mit Hilfe von (9.15)

$$\left(\sqrt{-g}T^{\alpha\sigma}\right)_{,\sigma} = -\sqrt{-g}\Gamma_{\kappa}{}^{\alpha}_{\lambda}\, T^{\kappa\lambda} . \tag{9.16}$$

Die linke Seite von (9.16) könnten wir analog zu dem in Teil I, 7.6, Gleichung (7.46) durchgeführten Verfahren formal als differenziellen Erhaltungssatz deuten; wegen der rechten Seite geht das nicht für den Gesamtausdruck[5]. Wir sehen, daß eine Interpretation von (9.9) bzw. (9.13) als Erhaltungssatz für Energie und Impuls im allgemeinen *nicht* möglich ist (vgl. Abschnitt 13). Leider haben dies noch nicht alle Autoren zur Kenntnis genommen.

Die Bedeutung von (9.9) bzw. (9.13) in der allgemeinen Relativitätstheorie ist eine andere: sie ermöglicht es, *Bewegungsgleichungen* für die Materie und Materiefelder (wie etwa das elektromagnetische Feld) aus den Feldgleichungen direkt abzuleiten.

Sehen wir uns als Beispiel die ideale Flüssigkeit mit dem Energie-Impuls-Tensor (9.1) an. Hier folgt aus (9.9)

$$\left[\left(\frac{\mu + p}{c^2}\right)u^\alpha u^\beta - p g^{\alpha\beta}\right]_{;\beta} = 0$$

oder

$$\left(\frac{\mu + p}{c^2}\right)_{;\beta} u^\alpha u^\beta + \left(\frac{\mu + p}{c^2}\right)(u^\alpha{}_{;\beta}u^\beta + u^\alpha u^\beta{}_{;\beta}) - p_{;\beta}g^{\alpha\beta} = 0 . \tag{9.17}$$

Überschieben mit $g_{\alpha\gamma}u^\gamma$ führt auf

$$\mu_{;\beta}u^\beta + (\mu + p)u^\beta{}_{;\beta} = 0 . \tag{9.18}$$

Mit (9.18) reduziert sich (9.17) auf

$$\boxed{\left(\frac{\mu + p}{c^2}\right)u^\alpha{}_{;\beta}u^\beta = \left(g^{\alpha\beta} - \frac{1}{c^2}u^\alpha u^\beta\right)p_{;\beta}} \; . \tag{9.19}$$

Diese Gleichung erkennen wir als Verallgemeinerung der speziell-relativistischen Bewegungsgleichung für den Massenpunkt (4.21). Vergleiche auch

[5] Da die rechte Seite von (9.16) kein Tensor ist, kann es auch die linke Seite nicht sein. Damit entfällt eine Interpretation durch Bezug auf *Meßgrößen* ohnehin. Daher ist es von zweifelhaftem Wert, die rechte Seite von (9.16) als $\frac{1}{\kappa}\sqrt{-g}\Gamma_{\kappa\,\lambda}{}^{\alpha}G^{\alpha\lambda}$ zu schreiben und in eine Divergenz $\hat{G}^\alpha{}_{,\alpha}$ zu verwandeln. Auf diese Weise entstehen *nichttensorielle* Energie-Impuls-Spannungskomplexe des Gravitationsfeldes, die in einem Ereignis durch eine Koordinatentransformation zum Verschwinden gebracht werden können.

Abschnitt 4.6.2. Statt der Massendichte steht $\frac{\mu+p}{c^2}$, statt der allgemeinen 4-Kraft die Projektion des Druckgradienten $p_{,\beta}$ in eine Hyperfläche senkrecht zur 4-Geschwindigkeit $u^\alpha \left(\left(g^{\alpha\beta} - \frac{1}{c^2} u^\alpha u^\beta \right) u_\beta = 0 \right)$. Falls *kein* räumlicher Druckgradient vorhanden ist, d.h. für $\left(g^{\alpha\beta} - \frac{1}{c^2} u^\alpha u^\beta \right) p_{;\beta} = 0$ folgt aus (9.19) die *Geodätengleichung*. In diesem Spezialfall, der den Fall der sogenannten *inkohärenten* oder Staub-Materie, der durch $p = 0$ charakterisiert wird, einschließt, finden wir die erste Zuordnungsrelation von Abschnitt 9.1.1 *als Folge der Einsteinschen Feldgleichungen* wieder. Wir sehen aber auch, daß in einer beliebigen idealen Flüssigkeit die Teilchen der Strömung *nicht* frei fallen, sondern durch (9.19) in ihrer Bewegung eingeschränkt werden. Zur eindeutigen Integration braucht man noch eine Zustandsgleichung der Art $p = p(\mu)$ (vgl. Abschnitt 12.1.2 über die sogenannte innere Schwarzschild-Lösung). Interessant ist auch, daß, wenn wir den Begriff der *trägen* Masse über die Einführung einer *Impulsdichte* $\hat{p}^\alpha := \frac{\mu+p}{c^2} u^\alpha$ ins Spiel bringen, diese als Ruhmasse plus Spannungsenergie plus Bindungsenergie plus kinetische Energie interpretiert werden muß – im Unterschied zur Interpretation in Abschnitt 4.3.1 (vergleiche auch (4.130) von Abschnitt 4.7.1). Diese künstliche Einführung der trägen Masse ist aber nur für die Newtonsche Näherung sinnvoll.

Aufgabe 9.2:

1 Läßt sich (9.18) im Falle $p = 0$ als ein Erhaltungssatz für eine physikalische Größe interpretieren?

2. Zeige, daß sich die Beziehung

$$A^{\alpha\beta}{}_{;\beta} = 0$$

mit $A^{(\alpha\beta)} = 0$ in einen Erhaltungssatz umschreiben läßt.

Als zweites Beispiel nehmen wir die Einstein-Maxwell-Gleichungen, also das System (9.10) mit dem Materietensor

$$T^{\alpha\beta}_{ges.} = \mu u^\alpha u^\beta + T^{\alpha\beta}_{elm.},$$

und die Maxwell-Gleichungen (9.3). Die 4-Stromdichte sei $j^\alpha = \rho_{elm} u^\alpha$ mit der Ladungsdichte $\rho_{elm.}$ Der Term $\mu u^\alpha u^\beta$ beschreibt die gravitierenden massiven Ladungsträger, $T^{\alpha\beta}_{elm}$ den Beitrag des elektromagnetischen Feldes zur Erzeugung des Gravitationsfeldes. Aus (4.105) folgt

$$T^{\alpha\beta}_{elm} = \frac{c}{4\pi} \left[F^\alpha{}_\sigma F^{\sigma\beta} + \frac{1}{4} g^{\alpha\beta} F^{\kappa\lambda} F_{\kappa\lambda} \right] \tag{9.20}$$

wobei alle Kontraktionen mit $g_{\alpha\beta}$ ausgeführt werden. Aus (9.9) folgt nun (9.18) mit $p = 0$ und die Gleichung

$$\mu \dot{u}^{\alpha} = \frac{c}{4\pi} F^{\alpha}{}_{\sigma} j^{\sigma}, \tag{9.21}$$

die relativistische Verallgemeinerung der Newtonschen Bewegungsgleichung mit der Lorentzkraft.

9.1.5 Allgemeine Relativitätstheorie – Einsteinsche Gravitationstheorie

Der Name „Allgemeine Relativitätstheorie" leitet sich aus dem Programm Einsteins ab, die ausgezeichnete Rolle der Inertialsysteme der Newtonschen Theorie bzw. der speziellen Relativitätstheorie zu beseitigen, d.h. die Klasse der Bezugssysteme, in denen die Physik gleichwertig beschrieben werden kann, zu *erweitern*. Das Programm hat zu einer in gewisser Weise *maximalen* Erweiterung geführt: statt der Galileigruppe (1.3) bzw. der Lorentzgruppe (3.3), welche die zulässigen Bezugssysteme verbinden, haben wir nun die sogenannte *Diffeomorphismengruppe* erhalten, d.h. die Menge aller $\mathbb{C}^{\infty}$-Koordinatentransformationen $x^{\alpha} \mapsto x^{\alpha'} = f^{\alpha}(x^{\beta})$. Diese Transformationen werden einfach mit Bezugssystemtransformationen identifiziert, ohne daß man die Frage stellt, ob Materieverteilungen (Körper) existieren, deren Relativbewegung durch solche Koordinatentransformationen beschrieben werden können.

Mehr noch: die Forderung, daß eine physikalische Gleichung als *Tensorgleichung* geschrieben werden kann, erscheint als eine *triviale* Forderung *ohne zusätzlichen physikalischen Gehalt*[6]. Daß gerade sie auf eine relativistische Gravitationstheorie geführt hat, mag heute als ein Zufall der Wissenschaftsgeschichte erscheinen. Wesentlicher als die Forderungen der Kovarianz unter beliebigen Koordinatentransformationen ist, daß die Einsteinsche Theorie keine *absoluten* Variablen enthält. Unter absoluten Variablen verstehen wir solche, mit deren Hilfe es möglich ist, einer echten (Lie-) Untergruppe[7] der Diffeomorphismengruppe in der Theorie eine Rolle zu verschaffen.

---

[6] Vgl. die Diskussion über diese Frage zwischen Kretschmann und Einstein in [Kre17], [Ein18].

[7] Das heißt einer Gruppe mit endlich vielen Gruppenparametern. Eine präzisere Definition von absoluter Variable ist diese: Eine absolute Variable ist ein geometrisches Objekt (wie Tensor, Konnektion etc.), dessen Lie-Ableitung nach den Generatoren einer echten Untergruppe der Diffeomorphismengruppe verschwindet. Zum Begriff der Lie-Ableitung vgl. Kapitel 13.

Als Beispiel betrachten wir folgendes System von Feldgleichungen

$$\begin{aligned}
&\left(g^{\alpha\beta}-\frac{1}{c^2}u^\alpha u^\beta\right)\varphi_{,\alpha;\beta}=4\pi G T^{\alpha\beta}u_\alpha u_\beta\,,\\
&R^u{}_{\beta\gamma\delta}(g)=0\,,\\
&g_{\alpha\beta}u^\alpha u^\beta=c^2\,.
\end{aligned}\tag{9.22}$$

Hierin ist φ ein skalares Feld, u^α ein zeitartiges Vektorfeld, $T^{\alpha\beta}$ der Materietensor, $g_{\alpha\beta}$ die pseudo-Riemannsche Metrik. Diese ist jetzt aber ein absolutes Objekt, denn aus (9.22) folgt, daß überall $g_{\alpha\beta}=\eta_{\alpha\beta}$ gilt (keine Krümmung vorhanden!). Damit ist die Poincaré-Gruppe bzw. die Lorentzgruppe als Untergruppe herausgehoben. Geht man in das momentane Ruhsystem $u^\alpha \stackrel{*}{=} (c, 0)$, so entpuppt sich (9.22) als nichts anderes denn die Poissongleichung $\triangle\varphi=-4\pi G T^{00}$. Das vornehm kovariant aufgeputzte System enthält physikalisch nicht viel mehr als die Newtonsche Gravitationstheorie[8].

Aufgabe 9.3:

Formuliere die Wärmeleitungsgleichung in einer scheinbar speziell-relativistischen (allgemein-relativistischen) Form.

9.2 Feldgleichungen und Variationsprinzip

In diesem Abschnitt folgen wir dem Vorbild Hilberts[9] und leiten die Einsteinschen Feldgleichungen als Euler-Lagrange-Gleichungen aus einem Variationsprinzip ab. Die dynamischen Variablen, nach denen variiert wird, sind die Komponenten $g_{\alpha\beta}$ des metrischen Tensors. Das Wirkungsfunktional ist

$$W[g_{\kappa\lambda}(x^\rho)]=\int \mathrm{d}^4x\,L$$

mit der Lagrangedichte[10] $L=L(g_{\kappa\lambda}\big|g_{\kappa\lambda,\mu}\big|g_{\kappa\lambda,\mu,\nu})$.

---

[8] Auch das Vektorfeld u^α ist eine absolute Variable ohne *dynamische* Bedeutung.

[9] *David Hilbert* (1862-1943), Mathematiker an der Universität Göttingen mit bedeutenden Beiträgen auf vielen Gebieten der reinen Mathematik und mathematischen Physik.

[10] Das Volumenelement d^4x transformiert sich bei einer Koordinatentransformation mit der Jacobi-Determinante $\left(\frac{\partial x^{\alpha'}}{\partial x^\beta}\right)$. Daher ist L kein Skalar, sondern eine skalare Dichte (vergleiche Abschnitt 3.2.3).

9.2.1 Die Vakuumfeldgleichungen

Wir setzen die folgende Lagrangedichte an

$$L = \sqrt{-g}R \tag{9.23}$$

mit $g = \det g_{\lambda}$, $R = g^{\alpha\beta} R_{\alpha\beta}$. Das Hamiltonsche Prinzip lautet also hier

$$\delta_g W = 0 = \delta_g \int_V \mathrm{d}^4 x L\,. \tag{9.24}$$

Die Variation $\delta g_{\kappa\lambda}$ soll so ausgeführt werden, daß $\delta g_{\kappa\lambda}$ und $\partial_g(\delta g_{\kappa\lambda})$ am Rand ∂V des Integrationsbereiches *verschwinden*, der selbst fest bleibt.

Die Variation berechnet sich aus

$$\delta L = \delta(\sqrt{-g}g^{\alpha\beta} R_{\alpha\beta}) = \delta(\sqrt{-g}g^{\alpha\beta})\, R_{\alpha\beta} + \sqrt{-g}g^{\alpha\beta}\delta R_{\alpha\beta}\,. \tag{9.25}$$

Wir zerlegen die Rechnungen in zwei Schritte. Im ersten berechnen wir die Variation im ersten Term. Im zweiten zeigen wir, daß $\delta R_{\alpha\beta}$ auf einen Randterm führt und damit zu $\delta_g W$ nichts beiträgt.

Wegen (9.14) gilt $\delta g = g g^{\alpha\beta} \delta g_{\alpha\beta}$, d.h.

$$\delta(\sqrt{-g}) = -\frac{1}{2\sqrt{-g}}\delta g = \frac{\sqrt{-g}}{2} g^{\alpha\beta}\delta g_{\alpha\beta}\,.$$

Andererseits folgt aus $g_{\alpha\rho}g^{\rho\beta} = \delta_\alpha^\beta$, daß

$$\delta g^{\alpha\beta} = -g^{\alpha\kappa} g^{\beta\lambda} \delta g_{\kappa\lambda}\,. \tag{9.26}$$

Insgesamt haben wir demnach

$$\delta(\sqrt{-g}g^{\alpha\beta}) = \sqrt{-g}\left(+\frac{1}{2}g^{\kappa\lambda}g^{\alpha\beta} - g^{\alpha\kappa}g^{\beta\lambda}\right)\delta g_{\kappa\lambda}\,,$$

so daß der erste Term in der Variation von δL

$$\delta(\sqrt{-g}g^{\alpha\beta})R_{\alpha\beta} = -G^{\kappa\lambda}\delta g_{\kappa\lambda}\sqrt{-g} \tag{9.27}$$

lautet. Nun kommen wir zur Berechnung von $\delta R_{\alpha\beta}$. Nach der Definition des Ricci-Tensors (8.61) und der Definition des Krümmungstensors (8.53) folgt

$$R_{\alpha\beta} = \Gamma_{\beta}{}^{\sigma}{}_{\sigma,\alpha} - \Gamma_{\alpha}{}^{\sigma}{}_{\beta,\sigma} + \Gamma_{\sigma}{}^{\mu}{}_{\alpha}\,\Gamma_{\beta}{}^{\sigma}{}_{\mu} - \Gamma_{\alpha}{}^{\sigma}{}_{\beta}\,\Gamma_{\sigma}{}^{\rho}{}_{\rho}\,,$$

d.h.

$$\delta R_{\alpha\beta} = (\delta\Gamma_{\beta}{}^{\sigma}{}_{\sigma})_{,\alpha} - (\delta\Gamma_{\alpha}{}^{\sigma}{}_{\beta})_{,\sigma} + \delta\Gamma_{\sigma}{}^{\mu}{}_{\alpha}\,\Gamma_{\beta}{}^{\sigma}{}_{\mu} + \ldots$$

Hierbei haben wir angenommen, daß die (lokale) Variation δ mit der partiellen Ableitung vertauscht. Im lokal-geodätischen Koordinatensystem, in dem

$\delta\Gamma_{\kappa\,\lambda}^{\ \mu}\Big|_p \overset{*}{=} 0$, folgt also

$$\delta R_{\alpha\beta} \overset{*}{=} (\delta\Gamma_{\beta\,\sigma}^{\ \sigma})_{,\alpha} - (\delta\Gamma_{\alpha\,\beta}^{\ \sigma})_{,\sigma}\,. \tag{9.28}$$

Da $\delta\Gamma_{\beta\,\sigma}^{\ \sigma}$ als *Differenz* der Konnektionskomponenten sich linear-homogen, d.h. *tensoriell* transformiert, können wir in (9.28) die partielle Ableitung durch die kovariante ersetzen

$$\delta R_{\alpha\beta} \overset{*}{=} (\delta\Gamma_{\beta\,\sigma}^{\ \sigma})_{;\alpha} - (\delta\Gamma_{\alpha\,\beta}^{\ \sigma})_{;\sigma}\,. \tag{9.29}$$

Da jeder der Terme auf der linken wie rechten Seite von (9.29) schon für sich ein Tensor ist, muß (9.29) in *jedem* Koordinatensystem richtig sein, nicht nur im lokal-geodätischen:

$$\delta R_{\alpha\beta} = (\delta\Gamma_{\beta\,\sigma}^{\ \sigma})_{;\alpha} - (\delta\Gamma_{\alpha\,\beta}^{\ \sigma})_{;\sigma}\,. \tag{9.30}$$

Damit folgt

$$\begin{aligned}\sqrt{-g}\,g^{\alpha\beta}\delta R_{\alpha\beta}) &= \sqrt{-g}(g^{\alpha\beta}\delta\Gamma_{\beta\,\sigma}^{\ \sigma})_{;\alpha} - \sqrt{-g}(g^{\alpha\beta}\delta\Gamma_{\alpha\,\beta}^{\ \sigma})_{;\sigma}\\ &= (\sqrt{-g}\,g^{\alpha\beta}\delta\Gamma_{\beta\,\sigma}^{\ \sigma})_{,\alpha} - (\sqrt{-g}\,g^{\alpha\beta}\delta\Gamma_{\alpha\,\beta}^{\ \sigma})_{,\sigma}\,.\end{aligned}$$

Der letzte Schritt erfolgte unter Benutzung des aus (9.15) folgenden und auch schon in Übungsaufgabe 9.2 (Seite 227) angewandten Resultates

$$\sqrt{-g}\,A^{\alpha}{}_{;\alpha} = (\sqrt{-g}\,A^{\alpha})_{,\alpha}\,. \tag{9.31}$$

Wir können also diesen Teil der Variation des Wirkungsfunktionals in Randintegrale überführen

$$\begin{aligned}\int_V d^4x\,g^{\alpha\beta}\delta R_{\alpha\beta} &= \int_{\partial V} d^3x\,n_\alpha(\sqrt{-g}\,g^{\alpha\beta}\delta\Gamma_{\beta\,\sigma}^{\ \sigma}) - \int_{\partial V} d^3x\,n_\sigma(\sqrt{-g}\,g^{\alpha\beta}\delta\Gamma_{\alpha\,\beta}^{\ \sigma})\\ &= 0\,,\end{aligned}$$

wenn $\delta\Gamma_{\kappa\,\lambda}^{\ \mu} = 0$ auf δV.

Mit $\delta g_{\alpha\beta} = \partial_\gamma(\delta g_{\alpha\beta}) = 0$ auf ∂V nach Annahme folgt dies wegen:

$$\delta\Gamma_{\alpha\,\beta}^{\ \gamma} = \frac{1}{2}g^{\gamma\sigma}[(\delta g_{\sigma\alpha})_{;\beta} + (\delta g_{\sigma\beta})_{;\alpha} - (\delta g_{\alpha\beta})_{;\sigma}]\,. \tag{9.32}$$

Das Resultat der Rechnung ist demnach

$$0 \overset{!}{=} \delta\int_V d^4x\sqrt{-g}\,R = -\int_V d^4x\sqrt{-g}\,G^{\alpha\beta}\delta g_{\alpha\beta}\,.$$

Da dies für beliebige Variationen $\delta g_{\alpha\beta}$ gelten soll, folgt

$$G^{\alpha\beta} = 0 \tag{9.33}$$

als Euler-Lagrange-Gleichung des Variationsprinzips.

Anmerkung: Wie kommt man auf die Gestalt der Lagrangedichte (9.23)? Nun, der Ricci-Skalar ist der *einfachste* Skalar, der aus der Metrik und ihren Ableitungen gebildet werden kann. Er ist *linear* im Krümmungstensor. Andere Möglichkeiten wären etwa die Krümmungsinvarianten R^2, $R_{\alpha\beta}R^{\alpha\beta}$, $R_{\alpha\beta\gamma\delta}R^{\alpha\beta\gamma\delta}$; letzteren werden wir in (10.12) begegnen. In der Tat sind Theorien untersucht worden, die diesen Lagrangefunktionen bzw. Linearkombinationen von ihnen entsprechen [Buc48], [Buc73]; sie führen auf Differentialgleichungen 4. Ordnung und ergeben nicht den Grenzfall der Newtonschen Gravitationstheorie.

9.2.2 Der Beitrag der Materie zum Variationsprinzip

Um den Quellterm der Einsteinschen Feldgleichungen (9.10) aus einem Variationsprinzip zu bekommen, fügen wir zur Lagrangedichte (9.23) des Gravitationsfeldes noch eine sogenannte *Materie*lagrangedichte $-2\kappa\sqrt{-g}\,L_{\mathrm{M}}$ hinzu

$$L_{\mathrm{total}} = \sqrt{-g}(R - 2\kappa L_{\mathrm{M}}) \,. \tag{9.34}$$

Die Materielagrangefunktion L_{M} hängt von der Metrik und ihren ersten Ableitungen, sowie den Materievariablen und ihren Ableitungen ab:

$$L_{\mathrm{M}} = L_{\mathrm{M}}(g_{\alpha\beta} \big| \partial_\gamma g_{\alpha\beta} \big| \psi^A \big| \psi^A{}_{,\alpha} \big| \ldots) \,. \tag{9.35}$$

ψ^A faßt alle Materievariablen zusammen. Das Prinzip der minimalen Kopplung ist vorausgesetzt, so daß wir statt (9.35) auch setzen können

$$L_{\mathrm{M}} = L_{\mathrm{M}}(g_{\alpha\beta} \big| \psi^A \big| \psi^A{}_{;\alpha} \big| \psi^A{}_{:\alpha;\beta} \big| \ldots) \,. \tag{9.36}$$

Die Variation des Hamiltonschen Prinzips mit (9.34) *nach den Materievariablen*

$$\int \mathrm{d}^4x \, \frac{\delta L}{\delta \psi^A} = \int \mathrm{d}^4x \sqrt{-g}\, \frac{\delta L_{\mathrm{M}}}{\delta \psi^A} = 0 \tag{9.37}$$

führt zu den *Materiefeldgleichungen.*

Die Variation *nach der Metrik definiert den Energie-Impuls-Tensor der Materie:*

$$\boxed{T^{\alpha\beta} := \frac{2}{\sqrt{-g}}\frac{\delta L_M}{\delta g_{\alpha\beta}} = \frac{2}{\sqrt{-g}}\frac{\delta(\sqrt{-g}L_M)}{\delta g_{\alpha\beta}}} \quad . \tag{9.38}$$

Diese (Hilbertsche) Definition macht den Energie-Impuls-Tensor automatisch *symmetrisch.*

Beispiel: 1. Das Materiefeld sei ein reelles skalares Feld φ. Wir setzen an

$$L_M = \frac{1}{2}(g^{\kappa\lambda}\varphi_{,\kappa}\varphi_{,\lambda} - m^2\varphi^2 + \lambda^2\varphi^4)\,. \tag{9.39}$$

Wegen

$$\frac{\partial(\sqrt{-g}L_M)}{\partial\varphi} = \sqrt{-g}(-m^2\varphi + 2\lambda^2\varphi^3)$$

und

$$\frac{\partial(\sqrt{-g}L_M)}{\partial\varphi,\alpha} = \sqrt{-g}g^{\alpha\kappa}\varphi_{,\kappa}$$

erhalten wir als Euler-Lagrange-Gleichungen

$$\frac{\partial L_M}{\partial\varphi} - \partial_\alpha\left(\frac{\partial L_M}{\partial\varphi_{,\alpha}}\right) = 0$$

$$\sqrt{-g}(-m^2\varphi + 2\lambda^2\varphi^3) - \partial_\alpha(\sqrt{-g}g^{\alpha\kappa}\varphi_{,\kappa}) = 0 \tag{9.40}$$

bzw. mit (9.31)

$$\boxed{\Box_g\varphi + m^2\varphi - 2\lambda^2\varphi^3 = 0} \tag{9.41}$$

mit $\Box_g := g^{\kappa\lambda}\nabla_\kappa\nabla_\lambda$.
Für $\lambda = 0$ erhalten wir die Klein-Gordon Gleichung, für $\lambda \neq 0$ die berühmte φ^4- Theorie mit der nichtlinearen Wechselwirkung $\sim\varphi^3$ und den Grundzustandslösungen:

$$\varphi_1 = 0\,, \quad \varphi_{2,3} = \pm\frac{m}{|\lambda|\sqrt{2}}\,.$$

(In der Eichtheorie spielt (9.41) eine Rolle unter dem Schlagwort „spontane Symmetriebrechung" des Grundzustandes.)
Für den Energie-Impuls-Tensor der Materie folgt nach der Definition (9.38)

$$T_{\alpha\beta} = -\varphi_{,\alpha}\varphi_{,\beta} + g_{\alpha\beta}L_M\,. \tag{9.42}$$

2. Das Materiefeld sei das elektromagnetische Feld $F_{\mu\nu}$. Aus der Lagrangefunktion $L_\mathrm{M} = \dfrac{c}{16\pi} F_{\kappa\lambda} F^{\kappa\lambda} = \dfrac{c}{16\pi} F_{\kappa\mu} F_{\lambda\nu} g^{\kappa\lambda} g^{\mu\nu}$ folgt nach der Hilbertschen Definition der Ausdruck (9.20).

Aufgabe 9.4:

Der sogenannte *kanonische* Energie-Impuls-Tensor des skalaren Feldes wird definiert durch

$$\hat{T}^{\alpha}{}_{\beta} := \frac{\partial L}{\partial \varphi_{,\alpha}} \varphi_{,\beta} - \delta^{\alpha}_{\beta} L \,. \tag{9.43}$$

Zeige, daß $\hat{T}^{g\alpha\beta} = -T^{\alpha\beta}$ gilt.

Anmerkung: Der kanonische Energie-Impuls-Tensor ist in der Regel *nicht* symmetrisch. Das bedeutet, daß die T^{0k}- und T^{k0}-Komponenten, die der Energiestromdichte bzw. der Impulsdichte der Materie entsprechen, nicht proportional sind. Wegen $E = mc^2$ müssen wir dies aber fordern. Daher werden wir im weiteren allein die Hilbertsche Definition des Energie-Impuls-Tensors der Materie benutzen.

10 Exakte Lösungen der Einsteinschen Feldgleichungen und Beobachtungen im Planetensystem

[handschriftlich: Inverso 237]

In diesem Abschnitt werden wir zwei einfache Lösungen der Einsteinschen Feldgleichungen kennenlernen und sie mit schon gemachten bzw. zukünftigen Beobachtungen im Planetensystem in Verbindung bringen. Diese Lösungen beschreiben das Gravitationsfeld im Außenraum einer kugelsymmetrischen Masse bzw. einer solchen Masse, die um eine feste Achse gleichförmig rotiert. In diesen beiden Lösungen steckt ein Großteil der gegenwärtig empirisch kontrollierbaren Aussagen der allgemeinen Relativiätstheorie. Aus ihnen ergibt sich auch der Begriff des „schwarzen Loches" (vgl. Abschnitt 12.4). Abgesehen vom Standardmodell des Kosmos (Kapitel 14) gibt es keine wichtigeren Lösungen der Einsteinschen Feldgleichungen, obgleich schon mehr als tausend exakte Lösungen gefunden wurden.

10.1 Die Schwarzschild-Lösung

Diese Lösung beschreibt das *Außenfeld* eines *kugelsymmetrischen, statischen* Himmelskörpers. In (7.4) sind wir vom Ansatz für die Metrik

[handschriftlich: S. 191]

$$dl^2 = f(\bar{r})c^2dt^2 - h(\bar{r})(d\bar{r}^2 + \bar{r}^2d\Omega^2) \qquad (10.1)$$

ausgegangen, in dem $d\Omega^2 := \sin^2\theta d\varphi^2 + d\theta^2$ das Oberflächenelement der Einheitskugel darstellt. Statt von (10.1) können wir genau so gut das Linienelement

[handschriftlich: Dirschmid 477 (6.68)]
[handschriftlich: Straumann 195]

$$dl^2 = e^{2\alpha(r)}c^2dt^2 - e^{2\beta(r)}dr^2 - r^2d\Omega^2 \qquad (10.2)$$

[handschriftlich: Inverso 245, 121]

benutzen, da die Koordinatentransformation

$$\bar{r} = f_0 \exp\left[\int\limits^r du \frac{e^{\beta(u)}}{u}\right] \qquad (10.3)$$

von (10.2) nach (10.1) führt. (Dabei folgt $h(\bar{r}) := \dfrac{r^2(\bar{r})}{\bar{r}^2}$, $f(\bar{r}) = \exp[2\alpha(r(\bar{r}))]$.)
Die Christoffelsymbole zu (10.2) sind gegeben durch:

$$
\left.
\begin{aligned}
&\Gamma^0_{10} = \Gamma^0_{01} = \alpha' &\quad,\quad& \Gamma^1_{00} = \alpha' e^{2(\alpha-\beta)} \\
&\Gamma^3_{23} = \Gamma^3_{32} = \cot\theta &\quad,\quad& \Gamma^1_{22} = -r e^{-2\beta} \\
&\Gamma^2_{12} = \Gamma^2_{21} = \frac{1}{r} &\quad,\quad& \Gamma^2_{33} = -\sin\theta\cos\theta \\
&\Gamma^3_{13} = \Gamma^3_{31} = \frac{1}{r} &\quad,\quad& \Gamma^1_{11} = \beta' \\
&\Gamma^\alpha_{\beta\gamma} = 0 = \quad \text{sonst} &\quad,\quad& \Gamma^1_{33} = -r\sin^2\theta\, e^{-2\beta}
\end{aligned}
\right\}.
\tag{10.4}
$$

Juvano 483
(121)

(Der Strich bezeichnet die Ableitung nach r; $x^1 := r$, $x^2 := \theta$, $x^3 := \varphi$. $\alpha(r)$, $\beta(r)$ sind unbekannte Funktionen, keine Indizes.) Die *Komponenten des Ricci-Tensors* berechnen sich zu

$$
\left.
\begin{aligned}
R_{00} &= e^{2(\alpha-\beta)}\left[-\alpha'^2 - \alpha'' + \alpha'\beta' - \frac{2}{r}\alpha'\right] \\[2mm]
R_{11} &= \alpha'^2 + \alpha'' - \alpha'\beta' - \frac{2}{r}\beta' \\[2mm]
R_{22} &= -1 + r e^{-2\beta}(\alpha' - \beta') + e^{-2\beta} \\[2mm]
R_{33} &= \sin^2\theta\, R_{22} \\[2mm]
R_{\alpha\beta} &= 0 \quad \text{sonst}.
\end{aligned}
\right\}
\tag{10.5}
$$

Man sieht hieraus, daß

$$
R_{11} e^{-2\beta} + R_{00}\cdot e^{-2\alpha} = -\frac{2}{r} e^{-2\beta}(\alpha+\beta)'.
$$

Wenn $R_{\alpha\beta} = 0$ gelten soll, so bekommen wir

$$
\boxed{\alpha = -\beta + \text{const}}\;.
\tag{10.6}
$$

Aus $R_{22} = 0$ folgt nach (10.5)

$$
-1 + r(e^{-2\beta})' + e^{-2\beta} = 0
$$

mit der allgemeinen Lösung

$$\boxed{e^{-2\beta} = 1 + \frac{b}{r}} \ . \qquad (10.7)$$

b ist eine Integrationskonstante.

Aus (10.6) folgt damit $e^{2\alpha} = a\left(1 + \frac{b}{r}\right)$ mit der weiteren Integrationskonstante $a > 0$. Sie ist ohne physikalische Bedeutung, da sie durch Übergang zu einer neuen Zeitkoordinate $\bar{t} = \sqrt{a}t$ entfernt werden kann. Als Lösung der Vakuumfeldgleichungen folgt daher die 1-parametrige Schar von Metriken

$$dl^2 = c^2 d\bar{t}^2 \left(1 + \frac{b}{r}\right) - \frac{dr^2}{1 + \frac{b}{r}} - r^2 d\Omega^2 \ . \qquad (10.8)$$

Zur Identifizierung der Integrationskonstante b vergleichen wir mit der Näherung aus dem ersten Teil des Buches, in der der Vorfaktor von $c^2 dt^2$ gerade $\cong 1 + 2\frac{\varphi N}{c^2}$ war. Das Newtonsche Gravitationspotential eines kugelsymmetrischen Körpers ist $\varphi_N = -\frac{GM}{r}$; damit setzen wir

$$\boxed{b = -\frac{2GM}{c^2}} \ , \quad [b] = \text{cm} \qquad (10.9)$$

wenn M die schwere Masse des Körpers, G die Newtonsche Gravitationskonstante ist. Man schreibt zur Abkürzung oft $b = -2m$ mit $m := \frac{GM}{c^2}$ und nennt $r_g = 2m$ den *Gravitationsradius* bzw. *Schwarzschildradius*. Wie aus (10.8) bzw.

$$\boxed{dl^2 = c^2 dt^2\left(1 - \frac{2m}{r}\right) - \frac{dr^2}{1 - \frac{2m}{r}} - r^2 d\Omega^2} \qquad (10.10)$$

hervorgeht, liegt an dieser Stelle eine Besonderheit vor, auf die wir in Abschnitt 10.4 zurückkommen. Die Lösung (10.10) wurde von K. Schwarzschild[1] und,

[1] *Karl Schwarzschild* (1873–1916), einer der hervorragendsten Astronomen seiner Zeit, Professor in Göttingen 1901–1909. Danach Direktor des Astrophysikalischen Observatoriums in Potsdam. Opfer einer Infektion im 1. Weltkrieg.

unabhängig davon, von J. Droste gefunden [Sch16c], [Dro16]. Beschreibt die *Schwarzschild-Metrik* (10.10) ein permanentes Gravitationsfeld? Nun, mit dem Ansatz (10.2) berechnen sich die Komponenten des Riemannschen Krümmungstensors zu

$$\left.\begin{aligned} R^{01}{}_{01} &= e^{-2\beta}(\alpha'' + \alpha'^2 - \alpha'\beta') &&= \frac{b}{r^3} \\ R^{02}{}_{02} &= R^{03}{}_{03} = \frac{a'}{r}e^{-2\beta} &&= -\frac{b}{2r^3} \\ R^{12}{}_{12} &= R^{13}{}_{13} = -\frac{\beta'}{r}e^{-2\beta} &&= -\frac{b}{2r^3} \\ R^{23}{}_{23} &= \frac{1}{r^2}(e^{-2\beta} - 1) &&= \frac{b}{r^3} \\ R^{\alpha\beta}{}_{\gamma\delta} &= 0 \quad \text{sonst}. \end{aligned}\right\} \tag{10.11}$$

Mit $b \neq 0$, d.h. $M \neq 0$ liegt also ein permanentes Gravitationsfeld vor. Die Krümmungsinvariante

$$R^{\alpha\beta}{}_{\gamma\delta}R^{\gamma\delta}{}_{\alpha\beta} = 12\frac{b^2}{r^6} \tag{10.12}$$

ist *überall regulär außer bei* $r = 0$. Dennoch ist der Gültigkeitsbereich der benutzten Koordinatenkarte nicht $0 < r < \infty$, sondern nur $2m < r < \infty$, da nach (10.10) g_{11} an der Stelle $r = 2m$ *unbeschränkt* wird. Um den Bereich $0 < r < 2m$ beschreiben zu können, müssen wir andere Koordinaten benützen. Die Koordinatentransformation (10.13) lautet jetzt[2]

$$r = \bar{r}\left(1 - \frac{b}{4\bar{r}}\right)^2$$

woraus

$$dl^2 = c^2dt^2\left(\frac{1 + \frac{b}{4\bar{r}}}{1 - \frac{b}{4\bar{r}}}\right)^2 - \left(1 - \frac{b}{4\bar{r}}\right)^4[d\bar{r}^2 + \bar{r}^2d\Omega^2] \tag{10.13}$$

folgt. (10.13) nennt man die *isotrope Form* der Schwarzschild-Metrik.

---

[2] Die Integration von (10.3) mit $e^{2\beta}$ aus (10.7) liefert zuerst $r = \frac{1}{\tilde{r}}(1 + c\tilde{r})$. An (10.13) sieht man jedoch, daß die Transformation $\tilde{r} = \frac{1}{\bar{r}}$. die Form von (10.13) erhält: nur die Integrationskonstante wird geändert und die Zeitkoordinate muß umskaliert werden.

Bemerkungen: 1. Man kann zeigen, daß die Schwarzschild-Metrik das Außenfeld nicht nur für eine *statische*, zentralsymmetrische Masse ist, sondern die eindeutige, *zentralsymmetrische* 1-Parameterlösung der Einsteinschen Vakuumfeldgleichungen im Falle $r_{,\alpha}\, r_{,\beta}\, g^{\alpha\beta} < 0$ (sogenannter *Birkhoffscher* Satz).

Aufgabe 10.1:

Bestimme die zentralsymmetrischen Lösungen der Einsteinschen Vakuumfeldgleichungen. Anleitung: Gehe vom Ansatz

$$\mathrm{d}l^2 = \mathrm{e}^{2\alpha(r,t)}c^2\mathrm{d}t^2 - \mathrm{e}^{2\beta(r,t)}\mathrm{d}r^2 - \mathrm{e}^{2\gamma(r,t)}\mathrm{d}\Omega^2$$

aus und reduziere ihn auf die drei Fälle:

$$\mathrm{e}^{2\gamma} = \text{const}\,, \qquad \mathrm{e}^{2\gamma(r,t)} = t^2\,, \qquad \mathrm{e}^{2\gamma(r,t)} = r^2\,.$$

Aufgabe 10.2:

Bestimme die zentralsymmetrische, statische Lösung der Einsteinschen Vakuumfeldgleichungen *mit* kosmologischer Konstante.

---

2. Man kann die Komponenten der Schwarzschild-Metrik in einer geeigneten lokalen Karte formal *zeitabhängig* machen. Führen wir statt t, r aus (10.10) die neuen Koordinaten τ, R ein durch

$$\left.\begin{aligned} r &= (r_g)^{\frac{1}{3}}\left[\frac{3}{2}(R-c\tau)\right]^{\frac{2}{3}} \\ ct &= -c\tau + 2(r-r_g)^{\frac{1}{2}} + r_g \ln\left|\frac{\sqrt{r}-\sqrt{r_g}}{\sqrt{r}+\sqrt{r_g}}\right|, \end{aligned}\right\} \qquad (10.14)$$

so folgt wegen

$$\left.\begin{aligned} \mathrm{d}R &= \mathrm{d}r\sqrt{\frac{r}{r_g}}\left(1-\frac{r_g}{r}\right)^{-1} - c\mathrm{d}t \\ c\mathrm{d}\tau &= \mathrm{d}r\sqrt{\frac{r_g}{r}}\left(1-\frac{r_g}{r}\right)^{-1} - c\mathrm{d}t\,, \end{aligned}\right\} \qquad (10.15)$$

daß die Schwarzschild-Metrik in den neuen Koordinaten[3] die Form hat:

---

[3] Diese lokale Karte nennt man auch *Lemaître*-Koordinaten nach dem belgischen Astrophysiker und Priester (Jesuit) *Georges Lemaître* (1894–1966). Ihre physikalische Bedeutung lernen wir im nächsten Abschnitt kennen [Lem33].

$$\boxed{\mathrm{d}l^2 = c^2\mathrm{d}\tau^2 - \frac{r_g}{r(R,\tau)}\mathrm{d}R^2 - r^2(R,\tau)\,\mathrm{d}\Omega^2} \quad . \tag{10.16}$$

Aus dieser Koordinatenkarte entnehmen wir, daß der Begriff *statisch koordinatenunabhängig* formuliert werden muß (vgl. Kapitel 13): wir brauchen ein koordinatenunabhängiges Kriterium dafür, daß eine lokale Karte gefunden werden kann, in der die Komponenten der Metrik *nicht* von der Zeitkoordinate abhängen.

3. Die Signatur der Metrik geht zwar in das Vorzeichen der einzelnen Komponenten des Ricci-Tensors ein, aber die funktionale Form der Komponenten der Schwarzschild-Metrik ändert sich nicht: Die Metrik

$$\mathrm{d}l^2 - \varepsilon_0\left(\varepsilon_1\varepsilon_2 + \frac{b}{r}\right)c^2\mathrm{d}t^2 + \varepsilon_1\frac{\mathrm{d}r^2}{\varepsilon_1\varepsilon_2 + \dfrac{b}{r}}$$
$$+\,\varepsilon_2 r^2\mathrm{d}\theta^2 + \varepsilon_3 r^2\sin^2\theta\mathrm{d}\varphi^2$$

mit $\varepsilon_0^2 = \varepsilon_1^2 = \varepsilon_2^2 = \varepsilon_3^2 = 1$ ist eine Lösung der Einsteinschen Vakuumfeldgleichungen.

10.2 Die Geodäten der Schwarzschild-Metrik

Um die Bahnen von frei fallenden Testteilchen und von Lichtsignalen im zentralsymmetrischen Gravitationsfeld zu studieren, wenden wir uns nun der *Geodätengleichung* zu. Wir gewinnen sie wie in Abschnitt 7.3 aus der Lagrangefunktion (aus (10.10))

$$L^* = \varepsilon = \left(1 + \frac{2m}{r}\right)c^2\dot{t}^2 - \left(1 - \frac{2m}{r}\right)^{-1}\dot{r}^2 - r^2\,(\dot{\theta}^2 + \sin^2\theta\dot{\varphi}^2)\,. \tag{10.17}$$

t, φ sind zyklische Koordinaten. Die zugehörigen Integrale sind[4] (entsprechend wie in (7.11) und (7.12))

$$\dot{t} = \frac{d}{c}\left(1 - \frac{2m}{r}\right)^{-1}, \tag{10.18}$$

$$\sin^2\theta r^2\dot{\varphi} = l\,. \tag{10.19}$$

[4] mit den Integrationskonstanten d und l. Der Punkt bezeichnet die Ableitung nach einem beliebigen Kurvenparameter.

Die Euler-Lagrangegleichung für $x^2 = \theta$ ist nun

$$-r^2 \sin\theta \cos\theta \dot{\varphi}^2 + (r^2\dot{\theta})^{\cdot} = 0\,. \tag{10.20}$$

Als Euler-Lagrangegleichung für die Radialkoordinate r nehmen wir wieder

$$\varepsilon = c^2\dot{t}^2\left(1-\frac{2m}{r}\right) - \dot{r}^2\left(1-\frac{2m}{r}\right)^{-1} - r^2(\dot{\theta}^2 + \sin^2\theta\dot{\varphi}^2)\,. \tag{10.21}$$

Mit (10.18) und (10.19) folgt aus (10.21

$$\dot{r}^2 = d^2 - \left(1-\frac{2m}{r}\right)\left[\varepsilon + r^2\dot{\theta}^2 + \frac{l^2}{r^2\sin^2\theta}\right]. \tag{10.22}$$

Mit den Anfangsbedingungen $\theta(0) = \frac{\pi}{2}, \dot{\theta}(0) = 0$ folgt aus (10.20) und den durch weiteres Differenzieren nach dem Kurvenparameter folgenden Gleichungen

$$\ddot{\theta}(0) = \dddot{\theta}(0) = \cdots = \theta^{(n)}(0) = 0 \qquad \forall\, n\,.$$

Das heißt, wir haben wieder Bewegung in der *Bahnebene* $\theta = \frac{\pi}{2}$. Damit vereinfacht sich (10.22) zu

$$\boxed{\dot{r}^2 = d^2 - \left(1-\frac{2m}{r}\right)\left[\varepsilon + \frac{l^2}{r^2}\right]}\,. \tag{10.23}$$

10.2.1 Radiale Geodäten

Zuerst betrachten wir *radiale* Bahnen mit $\dot{\varphi} = 0$, also Drehimpulsparameter $l = 0$. Aus (10.23) und (10.18) folgt

$$\frac{\mathrm{d}r}{c\,\mathrm{d}t} = \pm\left(1-\frac{2m}{r}\right)\left[1-\frac{\varepsilon}{d^2}\left(1-\frac{2m}{r}\right)\right]^{\frac{1}{2}}. \tag{10.24}$$

Für massive Testteilchen, also zeitartige Geodäten, setzen wir $\varepsilon = 1$. Die Integrationskonstante d wird festgelegt durch die Anfangsbedingung $\frac{\mathrm{d}r}{\mathrm{d}t} = 0$ für $r = r_0$. Dies führt auf

$$\frac{1}{c}\frac{\mathrm{d}r}{\mathrm{d}t} = \pm\left(1-\frac{2m}{r}\right)\left[1-\frac{1-\frac{2m}{r}}{1-\frac{2m}{r_0}}\right]^{\frac{1}{2}} . \tag{10.25}$$

Hat $\frac{\mathrm{d}r}{\mathrm{d}t}$ eine physikalische Bedeutung? Nun, t und r sind offensichtlich die Eigenzeit und der Eigenabstand, *wenn* $r \to \infty$, d.h. für Beobachter, die weit weg vom gravitierenden Körper sind. Für solche Beobachter (also Beobachter, die „speziell-relativistische" Uhren und Maßstäbe benutzen) wächst die Geschwindigkeit $\frac{\mathrm{d}r}{\mathrm{d}t}$ des radial frei fallenden Teilchen bis zu einem Maximum und fällt danach wieder auf Null am Gravitationsradius $r_g = 2m$. Physikalisch ist das unsinnig, da die Gravitationskraft *anziehend* ist.

Versuchen wir eine andere Definition der Geschwindigkeit mit Hilfe der Eigenzeit $\mathrm{d}\tau = \frac{1}{c}\mathrm{d}l$ für $r = const$ und des radialen Eigenabstandes $\mathrm{d}l\big|_{t=const}$!

$$\frac{\mathrm{d}l\big|_{t=const}}{\mathrm{d}\tau\big|_{t=const}} = \frac{1}{1-\frac{2m}{r}}\frac{\mathrm{d}r}{\mathrm{d}t} = \pm c\left(1-\frac{1-\frac{2m}{r}}{1-\frac{2m}{r_0}}\right)^{\frac{1}{2}} . \tag{10.26}$$

Der am Ort r ruhende Beobachter, der die Veränderung der räumlichen Geometrie berücksichtigt, stellt also fest, daß die Geschwindigkeit des frei fallenden Teilchens auf seinem Weg von $r = r_0$ bis $r = 2m$ dauernd bis zur Lichtgeschwindigkeit anwächst. Das kann man akzeptieren.

Wir wissen, daß es eine Definition der 3-Geschwindigkeit, die unabhängig von den Meßapparaturen wäre, nicht geben kann. Man muß versuchen, die 3-Geschwindigkeit so zu definieren, wie es den für den Beobachter vorhandenen Uhren und Maßstäben entspricht.

In den Lemaître-Koordinaten von (10.15) ist

$$\frac{\mathrm{d}R}{c\mathrm{d}\tau} = \frac{1-\frac{1}{c}\frac{\mathrm{d}r}{\mathrm{d}t}\sqrt{\frac{r}{2m}}\left(1-\frac{2m}{r}\right)^{-1}}{1-\frac{1}{c}\frac{\mathrm{d}r}{\mathrm{d}t}\sqrt{\frac{2m}{r}}\left(1-\frac{2m}{r}\right)^{-1}}$$

und mit (10.25) folgt daraus

$$\frac{\mathrm{d}R}{c\mathrm{d}\tau}=\frac{1-\left[\frac{1-\frac{r}{r_0}}{1-\frac{2m}{r_0}}\right]^{\frac{1}{2}}}{1-\left[\frac{\frac{2m}{r}\left(\frac{2m}{r}-\frac{2m}{r_0}\right)}{1-\frac{2m}{r_0}}\right]^{\frac{1}{2}}}\,. \tag{10.27}$$

Für $r_0 \to \infty$ folgt $\frac{\mathrm{d}R}{c\mathrm{d}\tau}=0 \quad \forall\, r$. Das heißt *die Lemaitre-Koordinaten beschreiben das Ruhsystem eines freifallenden Beobachters,* der den Fall im Unendlichen mit der Geschwindigkeit Null beginnt.

Berechnen wir nun die *Fallzeit* von einem Wert $r = r_1$ bis zur Stelle r! In der Newtonschen Theorie folgt aus

$$\frac{m}{2}(\dot{r}^2+r^2\dot{\varphi}^2)-\frac{mMG}{r}=0$$

für die radiale Bewegung $\frac{\mathrm{d}r}{\mathrm{d}t_\mathrm{N}}=\pm c\sqrt{\frac{2m}{r}}$, d.h. gerade der Wert, der aus (10.26) für $r_0 \to \infty$ folgt. Die *Newtonsche Fallzeit* ist also

$$\triangle t_\mathrm{N}(r)=\int\limits_{r_1}^{r}\mathrm{d}r\frac{\sqrt{r}}{c\sqrt{2m}}=\frac{2}{3\sqrt{2MG}}\,[r^{\frac{3}{2}}-r_1^{\frac{3}{2}}]\,. \tag{10.28}$$

Für die Koordinatenzeit t ergibt sich aus (10.25) [für $r_0 \to \infty$] dagegen

$$\triangle t(r)=\frac{1}{c}\frac{1}{\sqrt{2m}}\int\limits_{r_1}^{r}\mathrm{d}r\frac{r^{\frac{3}{2}}}{r-2m}$$

also

$$\triangle t(r)=\frac{2}{3\sqrt{2MG}}$$

$$\left\{r^{\frac{1}{2}}(r+3r_g)-r_1^{\frac{1}{2}}(r_1+3r_g)+\frac{3}{2}(r_g)^{\frac{3}{2}}\ln\left|\frac{r^{\frac{1}{2}}-r_g^{\frac{1}{2}}}{r^{\frac{1}{2}}+r_g^{\frac{1}{2}}}\cdot\frac{r_1^{\frac{1}{2}}+r_g^{\frac{1}{2}}}{r_1^{\frac{1}{2}}-r_g^{\frac{1}{2}}}\right|\right\}. \tag{10.29}$$

Für $r \to r_g$ divergiert $\triangle t$. Das bedeutet, daß von einem unendlich fernen Beobachter aus gemessen das von $r = \infty$ aus frei fallende Teilchen *unendlich lange* braucht, um von $r = r_1$ aus den Schwarzschildradius zu erreichen. Ein mit den Teilchen mitfallender Beobachter, dessen Uhr die Eigenzeit $\mathrm{d}\tau = \frac{1}{c}\mathrm{d}l$ mißt, bekommt dagegen

$$\triangle\tau(r) = \frac{1}{c}\int_{r_1}^{r} \frac{\mathrm{d}l}{\mathrm{d}r}\cdot \mathrm{d}r = \frac{1}{c}\int_{r_1}^{r} \mathrm{d}r \left[\frac{1-\frac{2m}{r}}{\frac{1}{c^2}\left(\frac{\mathrm{d}r}{\mathrm{d}t}\right)^2} - \frac{1}{1-\frac{2m}{r}}\right]^{\frac{1}{2}}$$

$$= \frac{1}{c\sqrt{2m}}\int_{r_1}^{r} \frac{\mathrm{d}r}{\sqrt{\frac{1}{r}-\frac{1}{r_0}}}$$

und für $r_0 \to \infty$

$$\boxed{\triangle\tau(r) = \frac{1}{\sqrt{2GM}}\int_{r_1}^{r} \mathrm{d}r\sqrt{r} = \frac{2}{3\sqrt{2GM}}\left[r^{\frac{3}{2}} - r_1^{\frac{3}{2}}\right]} \; . \tag{10.30}$$

Das bedeutet für $r \to r_g$, daß der mitfallende Beobachter eine *endliche* Zeit mißt, um von $r = r_1$ zu $r = r_g$ zu gelangen, und zwar genau dieselbe Zeit wie in der Newtonschen Theorie.

Nun wenden wir uns den *radialen Nullgeodäten* zu! Hier ist $\varepsilon = 0$ zu setzen, so daß (10.24) die einfache Form bekommt:

$$\frac{\mathrm{d}r}{\mathrm{d}t} = \pm c\left(1-\frac{2m}{r}\right). \tag{10.31}$$

Für die durch die Eigenzeit und den Eigenradius gemessene Geschwindigkeit erhalten wir analog zu (10.26)

$$\hat{v} = \frac{\mathrm{d}l\big|_{t=const}}{\mathrm{d}\tau\big|_{r=const}} = \pm c\,. \tag{10.32}$$

Das ist ein vernünftiges Resultat.

Aufgabe10.3:

Berechne die Koordinaten-Fallzeit eines Photons von $r = r_1$ nach $r = 2m$. Ist es sinnvoll, hier die Eigenzeit eines mitfallenden Beobachters zu verwenden?

10.2.2 Beliebige Geodäten

Jetzt wählen wir den Drehimpulsparameter $l \neq 0$. (10.23) liest sich wie der Energiesatz in der Newtonschen Theorie

$$\frac{\mu}{2}\dot{r}^2 + V_{\mathrm{eff}}(r) = \frac{\mu}{2}d^2\,, \tag{10.33}$$

wenn μ die träge Masse des Testteilchens ist und das effektive Potential gegeben ist durch

$$V_{\mathrm{eff}} = \frac{\mu}{2}\left(1-\frac{2m}{r}\right)\left(\varepsilon+\frac{l^2}{r^2}\right). \tag{10.34}$$

Im weiteren wollen wir alles pro Masseneinheit rechnen und der Einfachheit halber

$$\boxed{\tilde{V}_{\mathrm{eff}}(r) = \frac{2}{\mu}V_{\mathrm{eff}} = \left(1-\frac{2m}{r}\right)\left(\varepsilon+\frac{l^2}{r^2}\right)} \tag{10.35}$$

untersuchen.

Bemerkungen: 1. Statt von $\dot{r}$ in (10.33) könnten wir von der physikalisch sinnvolleren Geschwindigkeit $\hat{\upsilon} = \dfrac{\mathrm{d}l|_{t=const}}{\mathrm{d}t|_{r=const}}$ ausgehen und (10.35) umschreiben. Ein neues effektives Potential würde auftauchen. Das aber ändert nichts an den möglichen Bahntypen.

2. Statt der Koordinate r sollte der „Eigenradius“

$$X = \int^{r} \frac{\mathrm{d}u}{\sqrt{1-\dfrac{2m}{u}}}$$

$$= r\left(1-\frac{2m}{r}\right)^{\frac{1}{2}} + m\ln\left(\frac{r}{2m}\right) + 2m\ln\left[1+\left(1-\frac{2m}{r}\right)^{\frac{1}{2}}\right]$$

eingeführt werden. Da wir $r = r(X)$ nicht explizit hinschreiben können, bleiben wir bei r. Es ist aber offensichtlich, daß $\tilde{V}_{\mathrm{eff}}(r)$ keine meßbare Bedeutung hat.

Im Unterschied zum effektiven Potential der Newtonschen Theorie tritt in (10.35) ein zusätzlicher Term $\sim \dfrac{2ml^2}{r^3}$ auf. Die qualitative Diskussion von $\tilde{V}_{\mathrm{eff}}$ führt auf Extrema $\left(\dfrac{\mathrm{d}\tilde{V}_{\mathrm{eff}}}{\mathrm{d}r} = 0\right)$ im Endlichen bei

$$\rho_\pm = a^2\left[1 \pm \sqrt{1 - \frac{3}{a^2}}\right]. \tag{10.36}$$

In (10.36) haben wir $\rho := \dfrac{r}{2m}$ und $a^2 := \dfrac{l^2}{(2m)^2}$ eingeführt und $\varepsilon = 1$ gesetzt. Reelle Extrema treten hier also nur für

$$a \geq \sqrt{3} \tag{10.37}$$

auf. Wegen

$$\frac{3}{2a^2} < 1 - \sqrt{1 - \frac{3}{a^2}} \leq \frac{3}{a^2}$$

und

$$\frac{3}{a^2} < 1 + \sqrt{1 - \frac{3}{a^2}} \leq 2 - \frac{3}{2a^2}$$

folgt $\dfrac{3}{2} < \rho_- \leq 3, 3 < \rho_+ \leq 2a^2 - \dfrac{3}{2}$.

Damit ergibt sich folgendes Bild[5] für *zeitartige* Bahnen ($\varepsilon = +1$) (vgl. Abb. 10.1). Gegenüber dem Kepler-Problem in der Newtonschen Theorie ergibt sich eine größere Vielfalt von Bahnen. In Abbildung 10.1 sind einige Bahntypen angedeutet. Dem Maximum K_1 entspricht eine *labile* Kreisbahn, andere solche findet man für $\dfrac{3}{2}r_g < r < 3r_g$; dem Minimum bei ρ_+ entspricht eine *stabile* Kreisbahn. Alle stabile Kreisbahnen müssen bei $r \geq 3r_g$ liegen. Aus dem Verlauf von $\tilde{V}_{\mathrm{eff}}$ geht hervor, daß es ein *Perizentrum* und ein *Apozentrum* der Bewegung geben kann, d.h. Punkte größter Annäherung an $r = 0$ bzw. weitester Entfernung von $r = 0$, an denen die Bewegung umkehrt.

Bahntyp 4 entspricht den Ellipsenbahnen der Newtonschen Theorie. Hier sind die Bahnen *nicht* geschlossen, wie wir schon an der Näherungslösung (Periheldrehung) in Abschnitt 7.4 gesehen haben. Apozentrum und Perizentrum bewegen sich je auf einem Kreis. Bahntyp 3 entspricht den Hyperbelbahnen; das Perizentrum kann aber mehrfach durchlaufen werden. Beim Bahntyp 2 wird das Perizentrum nicht erreicht, sondern unendlich oft umlaufen, d.h.

[5] Bei ρ_- liegt ein Maximum, bei ρ_+ ein Minimun von $\tilde{V}_{\mathrm{eff}}$ vor.

dies sind nichtradiale *Einfangbahnen*, die es im Kepler-Problem nicht geben kann. Bahntyp 1 beschreibt Bahnen aus dem Unendlichen direkt in das Zentrum $r = 0$, also ebenfalls Einfangbahnen.

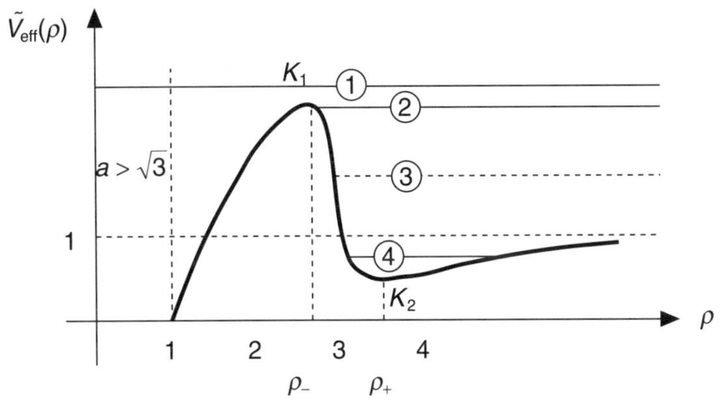

Abb. 10.1

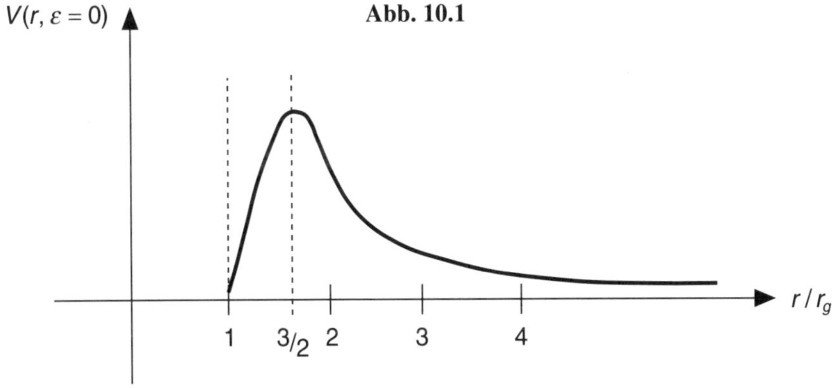

Abb. 10.2

Bemerkung: Eine ausführliche Diskussion der Bahnen findet man im Buch von Ya. Zeldovich und I. Novikov [ZN71] bzw. in Originalarbeiten [De24], [Hag31]. Die vollständige Integration der Geodätengleichung gelingt mit elliptischen Funktionen.

Die *lichtartigen* nicht-radialen Geodäten folgen mit $\varepsilon = 0$, so daß das effektive Potential

$$\tilde{V}_{\text{eff}}(r, \varepsilon = 0) = \frac{l^2}{r^2}\left(1 - \frac{2m}{r}\right)$$

nur *ein* Extremum, ein Maximum bei $r = \frac{3}{2} r_g$ hat. Es entspricht einer instabilen Kreisbahn. Es gibt kein Apozentrum. Einfangbahnen sind möglich (Abb. 10.2).

10.3 Anwendung: Frequenz eines von einem frei fallenden Teilchen ausgesandten Signals beim fernen Beobachter

Wir fragen hier, wie ein vom Zentralkörper weit entfernter Beobachter den zeitlichen Verlauf des radialen freien Falls einer Masse in der Nähe des Schwarzschildradius „sieht". Dazu nehmen wir an, daß die frei fallende Testmasse elektromagnetische Signale abstrahlt, die dann vom fernen Beobachter empfangen werden. Die Bahnbewegung der Testmasse sei durch $r = r(t)$ vorgegeben (vgl. Abb. 10.3).

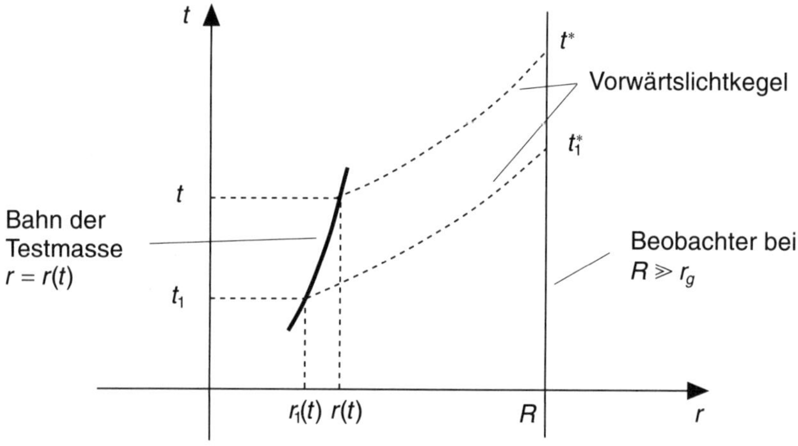

Abb. 10.3

1. Zuerst drücken wir die Bahn der Testmasse in der Nähe von $r = r_g$ als Funktion der Ankunftszeit t^* des Signals am Ort $r = R$ des fernen Beobachters aus. Dazu nehmen wir an, daß das elektromagnetische Signal durch eine *radiale lichtartige Geodäte* beschrieben wird nach (10.31). Ihr Integral ist

$$c(t^* - t) = -\left[r(t) - R + r_g \ln \frac{r(t) - r_g}{R - r_g} \right]. \tag{10.38}$$

Das Minuszeichen auf der rechten Seite ist gewählt, da die Testmasse nach innen fällt, d.h. $r(t) - R < 0$ und $\frac{r(t) - r_g}{R - r_g} < 1$. Die Zeitdifferenz zwischen der Sendezeit $t - t_1$ und der Ankunftszeit $t^* - t_1^*$ zweier Signale ist also $r_1 = r(t_1))$:

$$c(t^* - t_1^*) = c(t - t_1) - r(t) + r_1 - r_g \ln \frac{r(t) - r_g}{r_1 - r_g} . \tag{10.39}$$

Wir betrachten ein kurzes Stück der Bahn der Testmasse $r(t)$ und entwickeln nach $t - t_1$:

$$r(t) = r_1 + (t - t_1) \frac{\mathrm{d}r}{\mathrm{d}t}\bigg|_{t=t_1} + \mathcal{O}\left((t - t_1)^2\right) .$$

$\dfrac{\mathrm{d}r}{\mathrm{d}t}$ berechnen wir aus der Geodätengleichung (10.25) für die zeitartige Bahn der Testmasse (im Falle $r_0 \to \infty$)

$$\frac{\mathrm{d}r}{\mathrm{d}t}\bigg|_{t_1} = \pm c \left(1 - \frac{r_g}{r_1}\right)\left(\frac{r_g}{r_1}\right)^{\frac{1}{2}} ,$$

also folgt[6]

$$r(t) = r_1 - c(t - t_1)\left(1 - \frac{r_g}{r_1}\right)\left(\frac{r_g}{r_1}\right)^{\frac{1}{2}} + (r_1 - r_g)\, \mathcal{O}\left((t - t_1)^2\right) \tag{10.40}$$

und daraus

$$\begin{aligned} \ln \frac{r(t) - r_g}{r_1 - r_g} &= \ln \left[1 - c(t - t_1) \frac{r_g^{\frac{1}{2}}}{r_1^{\frac{3}{2}}} \right] + \mathcal{O}\left((t - t_1)^2\right) \\ &= -c \triangle t \frac{r_g^{\frac{1}{2}}}{r_1^{\frac{3}{2}}} + \mathcal{O}\left((t^2\right) , \end{aligned} \tag{10.41}$$

wobei $\triangle t := t - t_1$ gesetzt ist. Setzt man noch (10.40) und (10.41) in (10.39), so ergibt sich

$$c \triangle t^* = c \triangle t \left[1 + \left(\frac{r_g}{r_1}\right)^{\frac{1}{2}} \right] + (r_1 - r_g) \mathcal{O}\left((\triangle t)^2\right) . \tag{10.42}$$

---

[6] Daß das Restglied immer $\sim (r_1 - r_g)$ ist, folgt daraus, daß beim Berechnen der höheren Ableitungen jedesmal der Faktor $\left(1 - \frac{r_g}{r}\right)$ auftaucht.

Damit folgt aus (10.40) durch Ersetzen von $\triangle t$ durch $\triangle t^*$

$$\frac{r(t)-r_g}{r_1-r_g}=1-\frac{r_g^{\frac{1}{2}}}{r_1^{\frac{3}{2}}}\frac{c\triangle t^*}{1+\left(\frac{r_g}{r_1}\right)^{\frac{1}{2}}}+\mathcal{O}\,((\triangle t^*)^2)\,. \tag{10.43}$$

Die genaue Rechnung zeigt, daß die Differenz

$$\frac{r(t)-r_g}{r_1-r_g}-\exp\left\{-\frac{r_g^{\frac{1}{2}}}{r_1^{\frac{3}{2}}}\frac{c\triangle t^*}{1+\left(\frac{r_g}{r_1}\right)^{\frac{1}{2}}}\right\}$$

in jeder Ordnung der Taylorreihenentwicklung nach der ersten mit $r_1 \to r_g$ gegen Null geht. Wir approximieren daher in der Nähe von $r = r_g$ die Bahn des Testteilchens durch

$$\boxed{r(t)=r_g+(r_1-r_g)\exp\left\{-\frac{c\triangle t^*}{2r_g}\right\}+\mathcal{O}\,((r_1-r_g)^2)}\;. \tag{10.44}$$

2. Nun berechnen wir die *Rotverschiebung* z des Signals zwischen Emitter (Testmasse in der Nähe von $r_1 = r_g$) und Absorber (Beobachter fern von der Testmasse). Es gilt

$$\boxed{1+z=\frac{k_\nu^{(\mathrm{e})}u^\nu}{k_\nu^{(\mathrm{a})}u^\nu}}\,, \tag{10.45}$$

wenn $k_\nu^{(\mathrm{e})}$ bzw. $k_\nu^{(\mathrm{a})}$ die Wellenvektoren des Signals am Emitter bzw. Absorber und u^ν die Geschwindigkeit des Beobachter sind. Im Ruhsystem des Beobachters gilt $u^\nu \stackrel{*}{=} \delta_0^\nu c$, so daß aus (10.45) folgt:

$$1+z\stackrel{*}{=}\frac{k_0^{(\mathrm{e})}c}{k_0^{(\mathrm{a})}c}=\frac{\omega^{(\mathrm{e})}}{\omega^{(\mathrm{a})}}=\frac{\nu^{(\mathrm{e})}}{\nu^{(\mathrm{a})}}=\frac{\lambda^{(\mathrm{a})}}{\lambda^{(\mathrm{e})}}\,,$$

also

$$z\stackrel{*}{=}\frac{\lambda^{(\mathrm{a})}-\lambda^{(\mathrm{e})}}{\lambda^{(\mathrm{e})}}\,.$$

Wegen $\dfrac{\nu^{(\mathrm{e})}}{\nu^{(\mathrm{a})}}=\dfrac{\mathrm{d}\tau^{(\mathrm{a})}}{\mathrm{d}\tau^{(\mathrm{e})}}$, wenn $\mathrm{d}\tau^{(i)}$ die entsprechenden Eigenzeiten sind, folgt

$$d\tau^{(a)} = dt\,,$$

$$d\tau^{(e)2} = dt^2\left(1-\frac{2m}{r}-\frac{1}{c^2}\left(\frac{dr}{dt}\right)^2\frac{1}{1-\frac{2m}{r}}\right)$$

und mit (10.25) (für den Fall $r_0 \to \infty$)

$$d\tau^{(e)} = dt\left(1-\frac{2m}{r}\right). \tag{10.46}$$

Damit erhalten wir

$$\frac{v^a}{v^e} = \frac{dt\left(1-\frac{2m}{r}\right)}{dt} = \left(1-\frac{2m}{r}\right)$$

und nach Einsetzen von (10.44)

$$\frac{v^a}{v^e} = \frac{(r_1 - r_g)\exp\left(-\frac{c\triangle t^*}{2r_g}\right)}{r_g + (r_1 - r_g)\exp\left(-\frac{c\triangle t^*}{2r_g}\right)},$$

oder

$$\boxed{\frac{v^a}{v^e} \cong \left(\frac{r_1}{r_g}-1\right)\exp\left(-\frac{c\triangle t^*}{2r_g}\right)}\,. \tag{10.47}$$

Für den fernen Beobachter fällt die Frequenz mit der Beobachtungszeit exponentiell ab, wenn das Signal aus der Nähe von $r = r_g$, d.h. des Schwarzschildradius kommt. Stellen wir uns die Oberfläche eines leuchtenden kollabierenden Sterns durch lauter frei fallende Teilchen gebildet vor. Unter vereinfachenden Annahmen (wie *isotrope* Abstrahlung und *konstante* Intensität der Strahlung) läßt sich zeigen, daß die Gesamtintensität einer solchen Sternoberfläche ebenfalls exponentiell abfällt, allerdings mit einer etwas anderen Halbwertszeit[7]. Für einen Stern von der Masse der Sonne verlischt die Strahlung in einer Zeit von der Größenordnung $\frac{2m}{c} \cong 10^{-5}$s, wenn sich der Sternradius bei einem Kollaps dem Gravitationsradius nähert.

[7] Die Gesamtintensität $\sim\left(1-\frac{r_g}{r}\right)^4$. Vgl. [ZN71], Seite 96 oder [SU83].

10.4 Schwarzschildradius, Kruskal-Koordinaten

In den vorhergehenden Abschnitten ist die Stelle $r = r_g$ immer als eine besondere aufgefallen. Die benutzte lokale Karte der Schwarzschildkoordinaten war durch $r_g < r$ eingeschränkt. Wir fragen uns jetzt, ob wir vielleicht schlechte Koordinaten gewählt haben, die bei $r_g = r$ eine Besonderheit vortäuschen oder ob die Stelle $r_g = r$ geometrisch ausgezeichnet ist.

Betrachten wir einen am Ort r, θ, φ ruhenden Beobachter! Die Bogenlänge seiner Weltlinie ist

$$\mathrm{d}l^2 = c^2 \mathrm{d}t^2 \left(1 - \frac{r_g}{r}\right). \tag{10.48}$$

Der Tangentenvektor an seine Weltlinie ist gegeben durch $\frac{1}{c}\frac{\partial}{\partial t} = \frac{\partial}{\partial x^0}$, d.h. durch die Komponenten $t^\alpha \triangleq \delta_0^\alpha$. Wegen

$$t^\alpha t^\beta g_{\alpha\beta} = 1 - \frac{r_g}{r}$$

ist der Tangentenvektor *zeitartig* für $r > r_g$ und *raumartig* für $r < r_g$. Am Schwarzschildradius wird die Tangente gerade *lichtartig*. Es besteht also keine Aussicht, daß wir die Weltlinie über $r = r_g$ hinaus physikalisch sinnvoll interpretieren können.

Es gibt aber andere Koordinaten, welche einen größeren Bereich der Schwarzschild-Raum-Zeit umfassen als die Schwarzschild-Koordinaten. Sie sind von Kruskal [Kru60] zuerst betrachtet worden. Nennen wir sie u, υ und verbinden sie mit den Schwarzschildkoordinaten durch

$$\left.\begin{aligned} u &:= 2r_g \left(\frac{r}{r_g} - 1\right)^{\frac{1}{2}} \mathrm{e}^{\frac{r-ct}{2r_g}} \\ \upsilon &:= 2r_g \left(\frac{r}{r_g} - 1\right)^{\frac{1}{2}} \mathrm{e}^{\frac{r+ct}{2r_g}} \end{aligned}\right\}. \tag{10.49}$$

Dann erhalten wir wegen

$$\exp\left(-\frac{r-ct}{2r_g}\right)\mathrm{d}u = \frac{r}{r_g}\left(\frac{r}{r_g} - 1\right)^{-\frac{1}{2}} \mathrm{d}r - \left(\frac{r}{r_g} - 1\right)^{\frac{1}{2}} c\,\mathrm{d}t$$

$$\exp\left(-\frac{r+ct}{2r_g}\right)\mathrm{d}\upsilon = \frac{r}{r_g}\left(\frac{r}{r_g} - 1\right)^{-\frac{1}{2}} \mathrm{d}r + \left(\frac{r}{r_g} - 1\right)^{\frac{1}{2}} c\,\mathrm{d}t$$

die neue Form der Metrik

$$\boxed{g = -\frac{r_g}{r(u,\upsilon)} \mathrm{e}^{-\frac{r(u,\upsilon)}{r_g}} \mathrm{d}u\mathrm{d}\upsilon - r^2(u,\upsilon)\mathrm{d}\Omega^2} \quad . \tag{10.50}$$

Aus (10.49) folgt

$$\frac{u\upsilon}{4r_g^2} = \left(\frac{r}{r_g} - 1\right)\mathrm{e}^{\frac{r}{r_g}} \tag{10.51}$$

$$\frac{u}{\upsilon} = \mathrm{e}^{-\frac{ct}{r_g}} , \tag{10.52}$$

das heißt, wir können $t = t(u, \upsilon)$ durch eine elementare Funktion ausdrücken, nicht aber $r = r(u, \upsilon)$. An (10.51) sehen wir aber, daß die dreidimensionale Fläche $r = r_g$ durch $u\upsilon = 0$ oder $u = 0$, υ beliebig bzw. $\upsilon = 0$, u beliebig beschrieben wird. $u = 0$ entspricht nach (10.52) aber $t = +\infty$, $\upsilon = 0$ dagegen $t = -\infty$. Weiter ist $r = const$ in der u-υ-Ebene eine Hyperbel $u\upsilon = const$ während $t = const$ eine Gerade ist (vgl. Abb. 10.4). Genauer folgt für $r > r_g$ $u\upsilon = a^2 > 0$ und für $r < r_g$ $u\upsilon = -a^2 < 0$. An (10.49) sehen wir auch, daß die Schwarzschild-Koordinaten gerade dem ersten Quadranten in der u-υ-Ebene entsprechen. $r = 0$ liegt im 2. Quadranten, so daß der Bereich zwischen $r = 0$ und den u-υ-Achsen gerade dem Bereich $r < r_g$ entspricht.

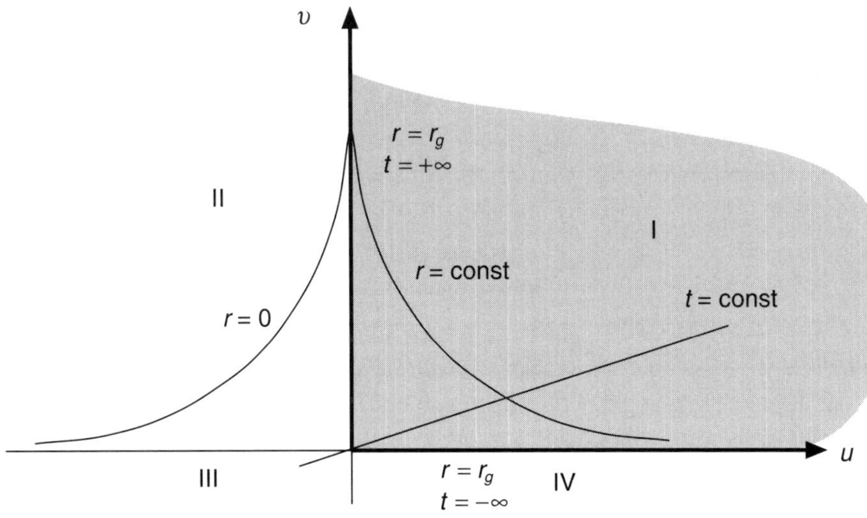

Abb. 10.4

Die radialen Nullgeodäten (10.31), die $\mathrm{d}l^2 = 0$ entsprechen, erhalten wir nun aus $0 = \mathrm{d}u\mathrm{d}\upsilon \dfrac{r_g}{r(u, \upsilon)}$ zu $u = const$, $\upsilon = const$ also als Parallelen zu den u- und υ-Achsen.

Wir zeichnen nun ein *qualitatives* Bild eines von $r = \dfrac{3}{2} r_g$ aus in Richtung auf $r = 0$ radial frei fallenden Teilchens, das ständig Lichtsignale aussendet, die ein bei $r = 3r_g$ zurückgebliebener Beobachter empfängt. Die Weltlinie des frei fallenden Teilchens muß immer innerhalb des lokalen Lichtkegels liegen (vgl. Abb. 10.5). Der Fall beginnt im Ereignis A, erreicht den Gravitationsradius bei B und trifft in C auf $r = 0$. Die vom frei fallenden Teilchen ausgesandten Lichtsignale können den zurückgebliebenen Beobachter in A', A'' etc. erreichen. Das in B an der Stelle $r = r_g$ ausgesandte Signal erreicht den zurückgebliebenen Beobachter nicht mehr in endlicher Zeit. Nach dem Durchqueren des Schwarzschildradius fallen alle Lichtsignale mit auf $r = 0$ zu: kein Signal kann die Hyperfläche $r = r_g$ durchdringen[8].

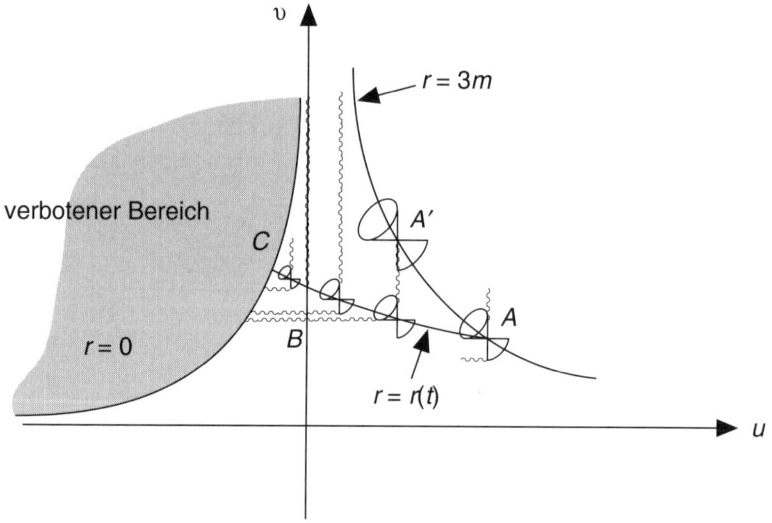

Abb. 10.5

Diese Hyperfläche bildet also eine Art von *semipermeabler* Membran für Teilchen mit Ruhmasse und elektromagnetische Signale: sie können von $r = r_g$ her nicht mehr hinausgelangen. Eine solche Hyperfläche nennt man *Ereignishorizont*. Der Ereignishorizont ist eine Hyperfläche, die lichtartige Richtungen enthält: das sind die Weltlinien derjenigen Photonen, die gerade noch nicht in das Gravitationszentrum bei $r = 0$ fallen (in endlicher Zeit). Der Effekt ist eine

[8] Wir nennen einen 3-dimensionalen Unterraum der Raum-Zeit eine *Hyperfläche*.

Folge der Lichtablenkung durch das Gravitationsfeld: die Ablenkung ist so stark, daß die Lichtstrahlen um das Gravitationszentrum herumgebogen werden.

Einen physikalischen Sinn hat diese Analyse nur dann, wenn der Gravitationsradius größer ist als der Radius des kugelsymmetrischen gravitierenden Objektes. Das trifft nur für den Fall des extremen Kollapses von Sternen zu. Wir gelangen dann zum Begriff des *schwarzen Loches* (vgl. Kapitel 12).

Bemerkungen: 1. Für $r < r_g$ ist die Transformation (10.49) zu ersetzen durch

$$\left.\begin{aligned} u' &= 2r_g\left(1-\frac{r}{r_g}\right)^{\frac{1}{2}} e^{\frac{r-ct}{2r_g}} \\ v' &= 2r_g\left(1-\frac{r}{r_g}\right)^{\frac{1}{2}} e^{\frac{r+ct}{2r_g}} \end{aligned}\right\} . \tag{10.53}$$

Wir sehen an der Kruskal-Form der Schwarzschild-Metrik (10.50), daß die Kruskal-Koordinaten u, v auch die übrigbleibenden Quadranten in der u-v-Ebene beschreiben. Im 3. Quadranten ist $u < 0$, $v < 0$, im 4. Quadranten $u > 0$, $v < 0$. Die entsprechenden Koordinatentransformationen sind $u'' = -u$, $v'' = -v$ bzw. $u''' = -u'$, $v''' = -v'$. D.h. wir haben ein *zweites* Exemplar des Bereiches $0 < r < \infty$ erhalten, das aber vom ersten Exemplar durch Signale auf dem Vorwärtslichtkegel nicht physikalisch zugänglich erscheint. Die einzigen *Randpunkte* auf der Raum-Zeit-Mannigfaltigkeit sind die durch $r = 0$ gegebenen: hier werden nach (10.12) die Krümmungsinvarianten unbeschränkt. Man sagt auch, bei $r = 0$ sei eine *Singularität* der Raum-Zeit. Die Kruskal-Form ist die *maximale analytische Fortsetzung* der Schwarzschild-Metrik.

Aufgabe 10.4:

Führe an der Schwarzschild-Metrik die Koordinatentransformation

$$\xi = ct + r + r_g \ln(r - r_g)$$

aus. Welchen Raum-Zeit-Charakter hat der Tangentialvektor an die ξ-Koordinatenlinien? Welchen Bereich der Kruskal-Koordinaten beschreibt die Metrik in den ξ, r, θ, φ-Koordinaten? (Sogenannte Eddington-Koordinaten. Vgl. auch Abschnitt 12.4.)

Die anfangs gestellte Frage ist also so zu beantworten: am Schwarzschild-Radius liegt ein sogenannter *Ereignishorizont* vor, *keine* Singularität. Die in den Schwarzschildkoordinaten auftretende Unbeschränktheit von g_{11} bei $r = r_g$ läßt sich durch eine bessere Koordinatenwahl beseitigen.

2. Vom 4. Quadranten aus ist der 1. Quadrant über Signale auf dem oder im Vorwärtslichtkegel erreichbar, die $r = r_g$ bei $t = -\infty$ passieren. Das kann man durch Zeitumkehr uminterpretieren: Für $t \,\|\, -t$ vertauschen gerade u und υ. Dann sieht es so aus, als ob Teilchen und Lichtsignale von innerhalb durch den Ereignishorizont gehen: hieraus leitet sich dann der Begriff des *weißen Loches* ab. Ein weißes Loch hätte seinen Ursprung aber im Gravitationskollaps im 3. und 4. Quadranten, also im physikalisch nicht zugänglichen Zweig der Raum-Zeit (vergleiche Abb. 10.6).

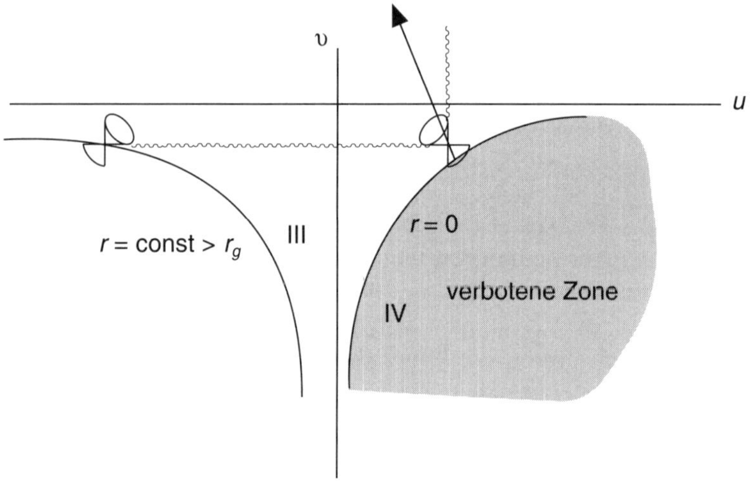

Abb. 10.6

10.5 Die Kerr-Lösung

In diesem Abschnitt betrachten wir eine Lösung der Einsteinschen Vakuumfeldgleichungen (9.12), die das *Gravitationsfeld außerhalb eines mit konstanter Winkelgeschwindigkeit rotierenden Körpers* beschreiben soll. Wir führen räumliche Polarkoordinaten r, θ, φ ein und wählen die Polarachse (z-Achse) als Drehachse. Rotationssymmetrie um die z-Achse heißt dann, daß die Metrik nicht vom Winkel φ abhängen darf. Stationarität der Rotation heißt, daß die Komponenten der Metrik auch nicht von der Zeitkoordinate abhängen. Machen wir eine Zeitspiegelung $t \to -t$, so ändert sich die Richtung der Rotationsgeschwindigkeit $\frac{\mathrm{d}\varphi}{\mathrm{d}t}$. Kehren wir aber gleichzeitig die Drehrichtung um (d.h. $\varphi \to -\varphi$), so sollte sich am Gravitationsfeld, d.h. der Metrik nichts geändert haben. Unter der Transformation $t \to -t, \varphi \to -\varphi$ ändert sich nichts an $\mathrm{d}\varphi \mathrm{d}t$, aber $\mathrm{d}\theta \mathrm{d}t$ und $\mathrm{d}r \mathrm{d}t$ erhalten ein Minuszeichen. Daher müssen $g_{\theta t}$ und g_{rt} verschwinden. Damit haben wir als Ansatz für die Metrik

$$\begin{aligned} g = g_{00}(r,\theta)c^2\mathrm{d}t^2 + 2g_{03}(r,\theta)c\mathrm{d}t\mathrm{d}\varphi + g_{11}(r,\theta)\mathrm{d}r^2 + \\ + 2g_{12}(r,\theta)\mathrm{d}r\mathrm{d}\theta + g_{22}(r,\theta)\mathrm{d}\theta^2 + g_{33}(r,\theta)\mathrm{d}\varphi^2 . \end{aligned} \tag{10.54}$$

In (10.54) können wir ohne Einschränkung der Allgemeinheit $g_{12} = 0$ setzen, da man die Metrik im zweidimensionalen Unterraum $t = const$, $\varphi = const$ durch geeignete Koordinatenwahl diagonalisieren kann. Als Ansatz für die Metrik bleibt

$$g_{00}(r,\theta)c^2\mathrm{d}t^2 + 2g_{03}(r,\theta)c\mathrm{d}t\mathrm{d}\varphi + g_{11}(r,\theta)\mathrm{d}r^2 + g_{22}(r,\theta)\mathrm{d}\theta^2 + g_{33}(r,\theta)\mathrm{d}\varphi^2 . \tag{10.55}$$

Wir haben also 5 freie Funktionen von zwei Variablen θ, r zu bestimmen. Für $r \to \infty$ sollte die Metrik in die Minkowski-Metrik übergehen (Fernfeld eines endlichen, isolierten Körpers).

10.5.1 Die Kerr-Lösung in Boyer-Lindquist Koordinaten

Wir machen uns nicht die Mühe, die Vakuumfeldgleichungen mit dem Ansatz (10.55) zu lösen, sondern schreiben die nach ihrem Entdecker Kerr-Metrik genannte Lösung [Ker63] [BL67] direkt auf:

$$\begin{aligned} g = \left(1 - \frac{2mr}{\rho^2}\right)c^2\mathrm{d}t + 4ma\frac{r\sin^2\theta}{\rho^2}c\mathrm{d}t\mathrm{d}\varphi \\ - \frac{\rho^2}{\triangle}\mathrm{d}r^2 - \rho^2\mathrm{d}\theta^2 - \sin^2\theta\left[r^2 + a^2 + \frac{2mr}{r^2}a^2\sin^2\theta\right]\mathrm{d}\varphi^2 \end{aligned} \tag{10.56}$$

mit

$$\begin{aligned}\rho^2 &:= r^2 + a^2 \cos^2\theta \\ \triangle &:= r^2 - 2mr + a^2\,, \end{aligned} \tag{10.57}$$

m und a sind Integrationskonstanten ($[m] = [a] = \text{cm}$).

Für $a = 0$ folgt $\rho^2 = r^2$ und $\triangle = r^2\left(1 - \frac{2m}{r}\right)$, so daß die Kerr-Metrik in die Schwarzschild-Metrik (10.10) übergeht. Wir geben daher m dieselbe Bedeutung wie in der Schwarzschild-Metrik: $m = \frac{MG}{c^2}$.

Aufgabe 10.5:

Zeige, daß (10.56) für $m = 0$ in den flachen Raum, d.h. die Minkowski-Metrik übergeht.

Die Kerr-Metrik kann in eine kompaktere Form gebracht werden:

$$\begin{aligned} g = {} & \frac{\triangle}{\rho^2}[c\mathrm{d}t - a\sin^2\theta\mathrm{d}\varphi]^2 - \frac{\sin^2\theta}{\rho^2}[(r^2+a^2)\mathrm{d}\varphi - ac\mathrm{d}t]^2 \\ & - \frac{\rho^2}{\triangle}\mathrm{d}r^2 - \rho^2\mathrm{d}\theta^2\,. \end{aligned} \tag{10.58}$$

Auf diese Form kann der Cartanschen Differentialformenkalkül mit Vorteil zur Berechnung des Krümmungstensors angewandt werden.

Um die physikalische Interpretation des Parameters a kennenzulernen – er muß etwas mit der Winkelgeschwindigkeit der Rotation zu tun haben – entwickeln wir (10.56) in $\frac{m}{r}$ und $\frac{a^2}{r^2}$. Wegen

$$\frac{\rho^2}{\triangle^2} = 1 + \frac{2m}{r} - \left(\frac{a}{r}\right)^2 \sin^2\theta + \mathbb{O}\left(\frac{m^2}{r^2}, \frac{ma^2}{r^3}\right)$$

folgt aus (10.56)

$$\begin{aligned} g = {} & \left(1 - \frac{2m}{r}\right)c^2\mathrm{d}t^2 + 4a\frac{m}{r}\sin^2\theta c\mathrm{d}t\mathrm{d}\varphi - \\ & - \left(1 + \frac{2m}{r}\right)\mathrm{d}r^2 - r^2\,(d\theta^2 + \sin^2\theta\mathrm{d}\varphi^2) + \mathbb{O}\left(\frac{m^2}{r^2}, \frac{a^2}{r^2}\right). \end{aligned} \tag{10.59}$$

10.5.2 Gravitationsfeld im Außenraum einer langsam rotierenden Kugel (lineare Näherung)

Um die physikalische Bedeutung von (10.59) zu verstehen, greifen wir auf die Lösung (7.54) der linearen Näherung der Einsteinschen Theorie zurück (vgl. auch Kapitel 11). Für schwache Gravitationsfelder setzten wir damals an

$$g_{\alpha\beta} = \eta_{\alpha\beta} + h_{\alpha\beta}(x^\kappa) \tag{10.60}$$

und erhielten als Lösung der Wellengleichung (7.53)

$$h_{\alpha\beta}(t, \boldsymbol{x}) = -\frac{\kappa}{4\pi} \int\limits_V \mathrm{d}^3x' \frac{\left[T_{\alpha\beta} - \frac{1}{2}\eta_{\alpha\beta}T^\sigma{}_\sigma\right]_{\text{ret}}}{|\boldsymbol{x} - \boldsymbol{x}'|} . \tag{10.61}$$

In Abschnitt 11.1.1 wird sich zeigen, daß Gleichung (10.61) gerade dic Lösung der linearisierten Einsteinschen Feldgleichungen ist – bis auf einen Faktor 2 vor dem Integral, den wir jetzt hinzufügen. Als erste Vereinfachung haben wir, daß $h_{\alpha\beta}$ wegen der konstanten Rotationsgeschwindigkeit nicht von der Zeit abhängen kann; d.h. daß die Retardierung im Integranden von (10.61) vernachlässigt werden kann. Wir wollen die Materie des Körpers so einfach wie möglich beschreiben. Daher wählen wir eine ideale Flüssigkeit mit Druck $p = 0$, also Staubmaterie. Nach (9.1) ist damit der Energie-Impuls-Tensor gegeben durch

$$T_{\alpha\beta} = \frac{1}{c^2}\mu\, u_\alpha u_\beta \, . \tag{10.62}$$

In der Energiedichte $\mu = \rho c^2 + \varepsilon$ der Flüssigkeit (vgl. (4.112)) vernachlässigen wir $\frac{\varepsilon}{c^2}$ gegenüber ρ, schreiben also $T_{\alpha\beta} \cong \rho u_\alpha u_\beta$. Für *langsame* Bewegung genügt es, Terme $\sim \frac{v}{c}$ mitzunehmen. Wegen $u_\mu = \gamma(\dot{\boldsymbol{x}})\,(c, -\dot{\boldsymbol{x}})$ nach (4.9) folgt $u_\mu = (c, -\dot{\boldsymbol{x}}) + \mathcal{O}\left(\left(\frac{v}{c}\right)^2\right)$ also aus (10.62)[9]

$$\begin{aligned} T_{00} &= \rho c^2 + \mathcal{O}\left(\frac{v^2}{c^2}\right), \\ T_{ik} &= \rho c v_i + \mathcal{O}\left(\frac{v^2}{c^2}\right), \end{aligned} \tag{10.63}$$

[9] In $T_{\alpha\beta}$ haben wir die Minkowski-Metrik benutzt ($u_\alpha \cong \eta_{\alpha\beta}u^\beta$), da alle mit der Kopplungskonstante κ multiplizierten Terme schon von 1. Ordnung in $h_{\alpha\beta}$ sind. Ziehen der Indizes mit $g_{\alpha\beta}$ würde Terme 2. Ordnung bringen.

$$T_{ik} = 0 + \mathcal{O}\left(\frac{v^2}{c^2}\right). \tag{10.63}$$

Setzen wir (10.63) in (10.61) ein, so ergibt sich in dieser Näherung, also bis zu Termen der Ordnung $\left|h_{\alpha\beta}\right|, \left(\frac{v}{c}\right)$:

$$\left.\begin{aligned} h_{00} &= h_{11} = h_{22} = h_{33} = -\frac{\kappa c^2}{4\pi}\int_V \mathrm{d}^3x' \frac{\rho(\boldsymbol{x}')}{|\boldsymbol{x}-\boldsymbol{x}'|} \\ h_{ik} &= 0 \\ h_{0i} &= -\frac{\kappa c}{2\pi}\int_V \mathrm{d}^3x' \frac{\rho(\boldsymbol{x}')}{|\boldsymbol{x}-\boldsymbol{x}'|}\,. \end{aligned}\right\} \tag{10.64}$$

Für *starre* Rotation folgt für die Geschwindigkeit eines Materieelementes $\boldsymbol{v} = \boldsymbol{x}\times\boldsymbol{\omega}$, wenn $\boldsymbol{\omega}$ die Winkelgeschwindigkeit ist, also

$$\begin{aligned} h_{0i} &= -\frac{\kappa c}{2\pi}\int_V \mathrm{d}^3x' \frac{\sum_{j,k}\varepsilon_{ijk}x'^j\omega^k}{|\boldsymbol{x}-\boldsymbol{x}'|}\rho(\boldsymbol{x}') \\ &= -\frac{\kappa c}{2\pi}\sum_{j,k}\omega^k\varepsilon_{ijk}\int_V \mathrm{d}^3x' \frac{x'^j}{|\boldsymbol{x}-\boldsymbol{x}'|}\rho(\boldsymbol{x}')\,. \end{aligned} \tag{10.65}$$

Entwickeln wir hier um $\boldsymbol{x}' = 0$, so folgt:

$$\begin{aligned} \frac{1}{|\boldsymbol{x}-\boldsymbol{x}'|} &= \frac{1}{r} + \sum_{j=1}^{3}\left(\frac{\partial}{\partial x'^j}\frac{1}{|\boldsymbol{x}-\boldsymbol{x}'|}\right)_{\boldsymbol{x}'=0} x'^j + \ldots \\ &= \frac{1}{r} + \frac{\boldsymbol{x}\cdot\boldsymbol{x}'}{r^3} + \mathcal{O}\left(\frac{1}{r^3}\right), \end{aligned}$$

wobei $r = |\boldsymbol{x}|$.

Aus (10.65) folgt damit

$$h_{0i} = -\frac{\kappa c}{2\pi}\sum_{j,k}\varepsilon_{ijk}\omega^k\left\{\frac{1}{r}\int_V \mathrm{d}^3x'\rho(\boldsymbol{x}')x'^j + \frac{1}{r^3}\boldsymbol{x}\cdot\int_V \mathrm{d}^3x'\boldsymbol{x}'\rho(\boldsymbol{x}')x'^j\right\}. \tag{10.66}$$

Das erste Integral auf der rechten Seite ist proportional zum *Gesamtimpuls der Kugel*:

$$P_i = \int_V \mathrm{d}^3x'\rho(\boldsymbol{x}')v_i = \sum_{j,k}\varepsilon_{ijk}\omega^k\int_V \mathrm{d}^3x'\boldsymbol{x}'\rho(\boldsymbol{x}')x'^j\,.$$

Diesen können wir ohne Beschränkung der Allgemeinheit gleich Null setzen, wenn die langsam rotierende Kugel sich nicht auch noch translatorisch bewegt.

In (10.66) ist also nur noch das zweite Integral auszurechnen. Der *Tensor der Trägheitsmomente* eines Körpers ist definiert durch

$$I^{jk} := \int \mathrm{d}^3x' \rho(\boldsymbol{x}') \left[\boldsymbol{x}' \cdot \boldsymbol{x}' \delta^{jk} - x'^j x'^k\right]. \tag{10.67}$$

Für einen kugelsymmetrischen Körper gilt

$$\int_V \mathrm{d}^3x' \rho(\boldsymbol{x}') \left|\boldsymbol{x}'\right|^2 = 4\pi \int \mathrm{d}r' r'^4 \rho(r')$$

und

$$\int_V \mathrm{d}^3x' \rho(\boldsymbol{x}') x'^j x'^k = \frac{4\pi}{3} \int \mathrm{d}r' r'^4 \rho(r') \delta^{jk}$$

also

$$I^{jk} = \frac{8\pi}{3} \delta^{jk} \int \mathrm{d}r' r'^4 \rho(r') .$$

Führen wir das Hauptträgheitsmoment I ein durch

$$I^{jk} = I\delta^{jk} ; \quad [I] = g\,\mathrm{cm}^2$$

(bei der Kugel sind alle Hauptträgheitsmomente gleich), so bekommen wir schließlich

$$\int_V \mathrm{d}^3x' x'^k x'^j \rho(\boldsymbol{x}') = \frac{1}{2} I \delta^{jk} \tag{10.68}$$

und mit (10.66)

$$\begin{aligned} h_{0i} &= -\frac{\kappa c}{4\pi} I \frac{1}{r^3} \sum_{j,k} \varepsilon_{ijk} \omega^k x^j \\ &= -\frac{\kappa c}{4\pi} I \frac{1}{r^3} [\boldsymbol{x} \times \boldsymbol{\omega}]_i . \end{aligned}$$

Einführung des Drehimpulses $\boldsymbol{l} := I\boldsymbol{\omega}$ gibt

$$h_{0i} = -\frac{2G}{c^3 r^3} [\boldsymbol{x} \times \boldsymbol{l}]_i . \tag{10.69}$$

In Polarkoordinaten (Drehachse = Polarachse = z-Achse) folgt wegen

$$[\boldsymbol{x} \times \boldsymbol{l}]_i = |\boldsymbol{l}| (\delta_i^1 y - \delta_i^2 x)$$

dann

$$2h_{0i} \mathrm{d}x^0 \mathrm{d}x^i = 4\frac{G}{c^3 r} |\boldsymbol{l}| c\mathrm{d}t\mathrm{d}\varphi \sin^2\theta . \tag{10.70}$$

Damit ergibt sich aus (10.67) und (10.70) die Metrik der langsam rotierenden Kugel in der niedrigsten Näherung zu

$$g = c^2 \mathrm{d}t^2 \left(1 + 2\frac{\varphi_{\text{Newton}}}{c^2}\right) - \left(1 - 2\frac{\varphi_{\text{Newton}}}{c^2}\right)(\mathrm{d}r^2 + r^2 \mathrm{d}\Omega^2)$$
$$+ 4\frac{G|\boldsymbol{l}|}{c^3 r} c\mathrm{d}t\mathrm{d}\varphi \sin^2\theta \,. \tag{10.71}$$

Um (10.71) mit der niedrigsten Näherung der Kerr-Metrik vergleichen zu können, müssen wir in (10.60) isotrope Koordinaten $\bar{r}$ gemäß

$$r = \bar{r}\left(1 + \frac{2m}{\bar{r}}\right)^2 \tag{10.72}$$

einführen. Im Nichtdiagonalterm wirkt sich die Transformation in der betrachteten Näherung nicht aus: r kann durch $\bar{r}$ ersetzt werden (bis auf Terme höherer Ordnung). Der Vergleich ergibt damit

$$a = \frac{|\boldsymbol{l}|}{cM} \tag{10.73}$$

mit [a] = cm; damit stimmt das Fernfeld der Kerr-Metrik mit dem Feld einer langsam rotierenden Kugel überein. Der Parameter a in der Kerr-Metrik ist demnach als Drehimpuls pro Masseneinheit zu interpretieren.

Die gemachte Rechnung zeigt auch, daß die Kerr-Metrik von der in einem rotierenden Bezugssystem betrachteten Schwarzschild-Metrik verschieden ist. Mit der Transformation $\varphi' = \varphi + \lambda t$ folgt für diese

$$g = c^2 \mathrm{d}t^2 \left(1 - \frac{2m}{r} - r^2\lambda^2 \sin^2\theta\right) - \frac{\mathrm{d}r^2}{1 - \frac{2m}{r}} - 2\lambda r^2 \sin^2\theta \mathrm{d}\phi' \mathrm{d}t - r^2 \mathrm{d}\Omega^2 \,.$$

Aus der Überlegung dieses Abschnittes heraus betrachtet man die Kerr-Metrik als das Gravitationsfeld im Außenraum einer rotierenden Masse. Allerdings ist bis jetzt keine physikalisch akzeptable *Innenlösung* gefunden worden, deren Materieverteilung im Außenraum die Kerr-Metrik erzeugt. Wir werden der Kerr-Metrik in Kapitel 12 als Modell eines Schwarzen Loches wiederbegegnen.

10.6 Überprüfung der Allgemeinen Relativitätstheorie im Planetensystem

Wir wollen jetzt Kontakt aufnehmen zu den Messungen im Planetensystem, welche die Einsteinsche Gravitationstheorie testen. Solche Messungen betreffen quantitative Unterschiede zwischen den Vorhersagen der Newtonschen und der Einsteinschen Gravitationstheorie bzw. neue, von der Newtonschen Theorie nicht beschriebene Effekte. Präzisionsmessungen sind schon im Rahmen der Newtonschen Gravitationstheorie wegen der Kleinheit der Kräfte bzw. der Unmöglichkeit der gravitativen Abschirmung sehr schwierig. Hinzu kommt, daß sich die Physik bei der Messung der Masse von *makroskopischen* Körpern noch im Steinzeitalter befindet. Man kann sich also vorstellen, daß die Überprüfung der Einsteinschen Gravitationstheorie keine Kleinigkeit ist. Wir werden sowohl Beobachtungen besprechen, die schon gemacht worden sind, wie auch solche, die in unmittelbarer Zukunft erfolgen sollen.

10.6.1 Die drei klassischen Effekte

Im 1. Teil des Buches haben wir die drei klassischen Effekte im Planetensystem schon besprochen: Gravitationsrotverschiebung (Abschnitt 6.4), Merkurperihelverschiebung (Abschnitte 7.3 und 7.4) und Lichtablenkung an der Sonne (Abschnitt 7.5).

Für die *Gravitationsrotverschiebung* gilt in Strenge

$$\frac{\nu^{(e)}}{\nu^{(a)}} = \frac{\lambda^{(a)}}{\lambda^{(e)}} = \frac{d\tau^{(a)}}{d\tau^{(e)}} = \frac{\sqrt{g_{00}(x^\kappa_{(a)})}}{\sqrt{g_{00}(x^\kappa_{(e)})}}, \tag{10.74}$$

wenn $(x^\kappa_{(a,\,e)})$ die Raum-Zeit-Koordinaten von Absorber und Emitter sind. Für die Schwarzschild-Metrik folgt also als *Rotverschiebung*

$$z := \frac{\lambda^{(a)} - \lambda^{(e)}}{\lambda^{(e)}} = \sqrt{\frac{1 - \dfrac{2m}{r_a}}{1 - \dfrac{2m}{r_e}}} - 1\,; \tag{10.75}$$

in niedrigster Näherung folgt das Resultat (6.12).

Für die *Merkurperiheldrehung* folgt aus (10.19) und (10.23) als Bewegungsgleichung für $\rho = \rho(\varphi)$, wenn $\rho = \dfrac{1}{r}$ die exakte Beziehung:

$$\left(\frac{d\rho}{d\varphi}\right)^2 = \frac{d^2 - 1}{l^2} - \frac{2m}{l^2}\rho - \rho^2 + 2m\rho^3\,. \tag{10.76}$$

Den letzten Term hatten wir mit der Näherung in Abschnitt 7.3 *nicht* erfaßt. Führt man die neue Variable x durch

$$x := \frac{m}{2}\rho - \frac{1}{12}$$

ein, so reduziert sich (10.76) auf die Differentialgleichung für die *Weierstraßfunktion* $\wp$

$$\left(\frac{\mathrm{d}x}{\mathrm{d}\varphi}\right)^2 = 4x^3 - g_2 x - g_3 \tag{10.77}$$

deren Lösung $x = \wp\,(\varphi - \varphi_0)$ ist [RG57]. In der alten Radialkoordinate bekommen wir

$$\boxed{\frac{1}{r} = \frac{2}{m}\left[\wp\,(\varphi - \varphi_0) + \frac{1}{12}\right]} \quad . \tag{10.78}$$

In (10.77) haben wir die Abkürzungen

$$\begin{aligned} g_2 &= \frac{1}{12} + \frac{m^2}{l^2} \\ g^3 &= \frac{1}{216}\left[1 + 18\frac{m^2}{l^2} + 54\frac{m^2(d^2-1)}{l^2}\right] \end{aligned} \tag{10.79}$$

eingeführt. Das Vorzeichen der Diskriminante

$$\begin{aligned} \triangle &:= (g_2)^3 - 27(g_3)^2 \\ &= \frac{m^2}{4l^2}\left[\frac{1}{4}(1+d^2) - \frac{m^2}{l^2}\left(2 + 9d^2 + \frac{27}{4}d^4\right) + \frac{m^4}{l^4}\right] \end{aligned} \tag{10.80}$$

der kubischen Gleichung $4x^3 - g_2 x - g_3 = 0$ bestimmt, wieviele Wurzeln der rechten Seite von 10.77) reell sind. Danach ergeben sich verschiedenen Bahntypen für $\triangle > 0, \triangle < 0,\ \triangle = 0$ [Arz63], Seite 173–206, die wir an Hand des effektiven Potentials in Abschnitt 10.2.2 *qualitativ* besprochen haben.

Die gegenwärtig bis auf ca. 1‰ genaue Übereinstimmung von Theorie und Beobachtung haben wir schon in Abschnitt 7.5 festgehalten. Sie bezieht sich auch auf die *Lichtablenkung*. Statt (7.33) bekommen wir aus der Schwarzschild-Metrik

$$\left(\frac{\mathrm{d}\rho}{\mathrm{d}\varphi}\right)^2 = \frac{d^2}{l^2} - \rho^2 + 2m\rho^3 \ . \tag{10.81}$$

Auch diese Gleichung kann man mit einer geeigneten Substitution in die Form

(10.77) bringen und exakt ausintegrieren. Zu den Meßdaten vgl. Abbildung 10.7 und 10.8.

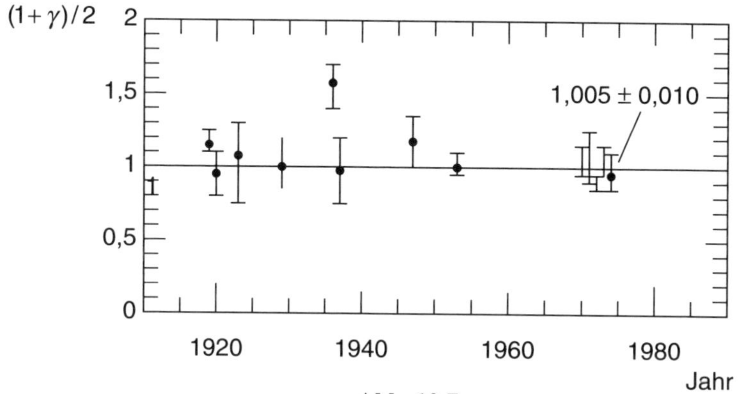

Abb. 10.7

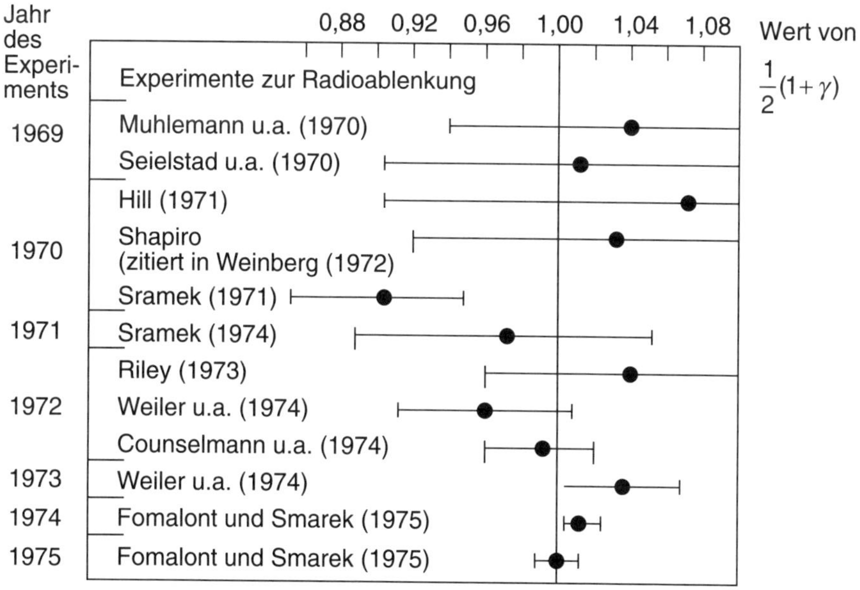

Abb. 10.8 Ergebnisse der Messungen der Ablenkung von Radiowellen, 1969–1975

Bemerkungen: 1. In Abschnitt 7.3 haben wir die Näherung nicht völlig korrekt durchgeführt; das erhaltene Resultat ist aber richtig. Erinnern wir uns: Wir hatten die Metrik einer statischen, kugelsymmetrischen Materieverteilung dargestellt durch (vgl. (7.7))

$$g=\left[1-2\frac{m}{r}-2\beta\left(\frac{m}{r}\right)^2+\ldots\right]c^2\mathrm{d}t^2-$$
$$-\left[1+2\gamma\frac{m}{r}+\delta\left(\frac{m}{r}\right)^2+\ldots\right](\mathrm{d}x^2+\mathrm{d}y^2+\mathrm{d}z^2)\,. \tag{10.82}$$

Damals hatten wir $\delta=0$ gesetzt. Wenn wir aber alle Terme bis zu den Gliedern $\sim\left(\frac{m}{r}\right)^2$ berücksichtigen, so muß der Term $\sim\delta$ mitgenommen werden. Dann ändert sich in (7.19) die Größe C; es gilt

$$C=1-4m^2\frac{d^2}{l^2}\left[1+\gamma-\frac{\beta}{2}+\frac{\delta}{4}\left(1-\frac{1}{d^2}\right)\right]. \tag{10.83}$$

Wir haben aber in Abschnitt 7.3 festgestellt, daß

$$\frac{d^2-1}{d^2}\cong\frac{2E_\mathrm{N}}{c^2}=2\frac{\tilde{E}_\mathrm{N}}{mc^2}$$

gilt, worin E_N die Newtonsche Gesamtenergie pro Masseneinheit ist. Da nun aber $\tilde{E}_\mathrm{N}\ll mc^2$ für die langsame Planetenbewegung, so kann der neu hinzugekommene Term als von höherer Ordnung weggelassen werden.

2. Die Koeffizienten β, γ, δ, ... in (10.82) sind an die bestimmte Koordinatenwahl gebunden (*isotrope* Koordinaten), die für die Form der Komponenten der Metrik gewählt wurde. In Schwarzschild-Koordinaten wäre eine Entwicklung

$$g=\left[1-2\frac{m}{r}-2\beta\left(\frac{m}{r}\right)^2+\ldots\right]c^2\mathrm{d}t^2$$
$$-\left[1+2\mu\frac{m}{r}+\nu\left(\frac{m}{r}\right)^2+\ldots\right]\mathrm{d}r^2$$
$$-\left[1+2\tilde{\gamma}\frac{m}{r}+\tilde{\delta}\left(\frac{m}{r}\right)^2+\ldots\right]r^2\mathrm{d}\Omega^2$$

zu betrachten. Die Berechnung der Merkurperihelverschiebung analog zu der in Abschnitt 7.3 ausgeführten gibt dann[10]:

$$\triangle\varphi = \frac{4\pi G M_{\odot}}{c^2 p_{\text{Merkur}}}\left(1 + \frac{\tilde{\gamma}}{2} + \frac{\mu}{2} - \frac{\beta}{2}\right). \tag{10.84}$$

Wegen $\beta = \tilde{\gamma} = 0, \mu = 1$ in *Schwarzschild*-Koordinaten und $\beta = 1, \tilde{\gamma} = \mu = 1$ in *isotropen* Koordinaten gibt (10.84) in beiden Koordinatensystemen denselben Wert. Das muß auch so sein, da ein meßbarer Effekt nicht vom Koordinatensystem abhängen darf. Gemessen wird ein Winkel, der *nicht* von Koordinatentransformationen im t-r-Raum abhängt, sondern wegen der Kugelsymmetrie eine *geometrische* Bedeutung hat.

10.6.2 Radar-Laufzeitmessungen

Statt der Ablenkung des Lichtes an der Sonne kann man einen weiteren Effekt zur Überprüfung der Theorie heranziehen: *die Verzögerung der Laufzeit eines elektromagnetischen Signals durch das Schwerefeld der Sonne*. Um den Effekt zu berechnen, gehen wir von der Entwicklung der zentralsymmetrischen, statischen Metrik (10.82) aus, behalten aber nur die *linearen* Terme

$$g = \left(1 - \frac{2m}{r}\right)c^2 \mathrm{d}t^2 - \left(1 + \gamma\frac{2m}{r}\right)(\mathrm{d}x^2 + \mathrm{d}y^2 + \mathrm{d}z^2) \tag{10.85}$$

mit $r = \sqrt{x^2 + x^2 + z^2}$.

Der Radarstrahl laufe in der Koordinatenfläche $z = 0$. Für die Laufzeit des Signales folgt dann wegen $\mathrm{d}l^2 = 0$:

$$c\,\mathrm{d}t = \pm\left[1 + \frac{m}{r}(1+\gamma)\right]\left(1 + \left(\frac{\mathrm{d}y}{\mathrm{d}x}\right)^2\right)^{\frac{1}{2}}\mathrm{d}x\,. \tag{10.86}$$

In niedrigster Näherung (0-te Näherung) ist die Bahn des Signales eine *Gerade*, z.B. $y = y_0$ (geeignete Koordinatenwahl). In 1. Näherung ist die Bahn gegeben durch

$$y = y_0 + \frac{m}{r} f(x, y)\,.$$

Daraus ergibt sich $\left(\frac{\mathrm{d}y}{\mathrm{d}x}\right)^2$ von der Größenordnung $\left(\frac{m}{r}\right)^2$. D.h. wir machen in

[10] Vergleiche [Sch67].

(10.86) nur einen Fehler $\sim \left(\frac{m}{r}\right)^2$, wenn wir die Bahn als geradlinig voraussetzen.

Zur Zeit $t = t_1$ befinde sich die Erde mit dem Sender am Ort $(x_{\mathrm{e}}^{(1)}, y_{\mathrm{e}}^{(1)})$, der Planet, an dem das Signal reflektiert werden soll am Ort $(x_{\mathrm{p}}, y_{\mathrm{p}})$. Dann ist die Signalbahn gegeben durch:

$$y = q^1(x - x_{\mathrm{e}}^{(1)}) + y_{\mathrm{e}}^{(1)}$$

mit

$$q^1 = \frac{y_{\mathrm{p}} - y_{\mathrm{e}}^{(1)}}{x_{\mathrm{p}} - x_{\mathrm{e}}^{(1)}}. \tag{10.87}$$

Setzt man (10.87) in (10.86) und integriert von t_1 bis t, so folgt für den Hinweg des Signals

$$c(t - t_1) = \int_{x_{\mathrm{e}}^{(1)}}^{x_{\mathrm{p}}} \sqrt{1 + (q^1)^2}\,\mathrm{d}x \left[1 + (1 + \gamma)\frac{m}{r}\right]$$

und entsprechend für den Rückweg (Ankunft bei $x_{\mathrm{e}}^{(2)}, y_{\mathrm{e}}^{(2)}$):

$$c(t_2 - t) = \int_{x_{\mathrm{p}}}^{x_{\mathrm{e}}^{(2)}} \sqrt{1 + (q^2)^2}\,\mathrm{d}x \left[1 + (1 + \gamma)\frac{m}{r}\right].$$

Die Gesamtlaufzeit ist damit nach vollzogener Integration gegeben durch:

$$c(t_2 - t_1) = \sum_{i=1}^{2} \sqrt{1 + (q^i)^2}\,(x_{\mathrm{p}} - x_{\mathrm{e}}^{(i)}) + m(1 + \gamma)\sum_{i=1}^{2} \ln \left|N^{(i)}\right|$$

mit

$$\begin{aligned} N^{(i)} &:= \frac{\sqrt{1 + (q^i)^2}\, r_{\mathrm{p}} + x_{\mathrm{p}} + q^i y_{\mathrm{p}}}{\sqrt{1 + (q^i)^2}\, r_{\mathrm{e}}^{(i)} + 1 + (q^{(i)})^2) x_{\mathrm{e}}^{(i)} - q^i \sigma^i}, \\ \sigma^i &:= \frac{y_{\mathrm{p}} x_{\mathrm{e}}^{(i)} - x_{\mathrm{p}} y_{\mathrm{e}}^{(i)}}{x_{\mathrm{p}} - x_{\mathrm{e}}^{(i)}}, \\ r_{\mathrm{p}} &:= (x_{\mathrm{p}}^2 + y_{\mathrm{p}}^2)^{\frac{1}{2}}, \quad r_{\mathrm{e}}^{(i)} := [(x_{\mathrm{e}}^{(i)})^2 + (y_{\mathrm{e}}^{(i)})^2]^{\frac{1}{2}}. \end{aligned} \tag{10.88}$$

Als einfachstes Modell für die Planetenbewegung nehmen wir *Kreisbahnen* an:

$$\left.\begin{aligned} x^{(i)} &= r_{\mathrm{e}} \cos\varphi_{\mathrm{e}}^{(i)}; \quad x_{\mathrm{p}} = r_{\mathrm{p}} \cos\varphi_{\mathrm{p}} \\ y^{(i)} &= r_{\mathrm{e}} \sin\varphi_{\mathrm{e}}^{(i)}; \quad y_{\mathrm{p}} = r_{\mathrm{p}} \sin\varphi_{\mathrm{p}} \end{aligned}\right\}. \tag{10.89}$$

Setzt man dies in (10.88) ein, so folgt nach einiger Umrechnung

$$c(t_2 - t_1) = \sum_{i=1}^{2} R_{\text{ep}}^{(i)} + m(1+\gamma)\sum_{i=1}^{2} \ln\left|N^{(i)}\right|$$

mit

$$N^{(i)} := \frac{r_\text{e}}{r_\text{p}} \cdot \frac{R_{\text{ep}}^{(i)} + r_\text{e} + r_\text{p}\cos(\varphi_\text{p} - \varphi_\text{e}^{(i)})}{R_{\text{ep}}^{(i)} - r_\text{p} + r_\text{e}\cos(\varphi_\text{p} - \varphi_\text{e}^{(i)})},$$

$$R_{\text{ep}}^{(i)} := [(r_\text{p})^2 + (r_\text{e})^2 - 2r_\text{e}r_\text{p}\cos(\varphi_\text{p} - \varphi_\text{e}^{(i)})]^{\frac{1}{2}} . \qquad (10.90)$$

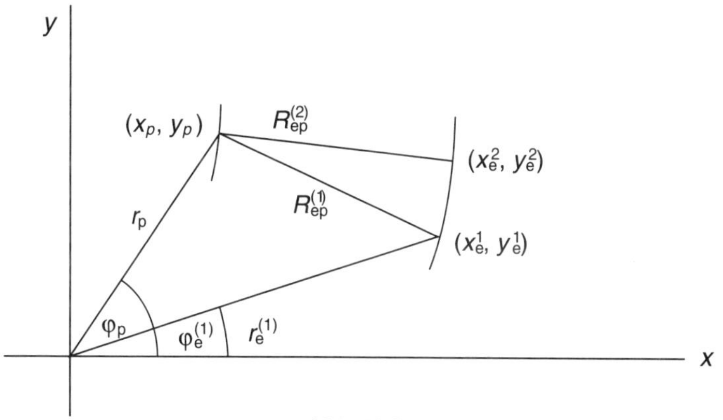

Abb.10.9

Eine größenordungsmäßige Abschätzung dieses unübersichtlichen Ausdrucks erhält man, wenn die Bewegung der Planeten während der Meßzeit (Laufzeit des Radarsignals ca. 30 min) vernachlässigt wird. Also ist $R_{\text{ep}}^{(1)} = R_{\text{ep}}^{(2)} = R_{\text{ep}}$, $N^{(1)} = N^{(2)}$ und die Laufzeit des Signals:

$$c(t_1 - t_2) = 2R_{\text{ep}} + 2m(1+\gamma)\ln\left|\frac{r_\text{e}}{r_\text{p}}\frac{R_{\text{ep}} + r_\text{e} - r_\text{p}\cos(\varphi_\text{p} - \varphi_\text{e})}{R_{\text{ep}} - r_\text{p} + r_\text{e}\cos(\varphi_\text{p} - \varphi_\text{e})}\right| . \qquad (19.91)$$

Betrachten wir nun die modellierten Bahnen (vgl. Abbildung 10.10). Wenn Erde, Planet und Sonne in einer Sichtlinie sind (ungefähr), so heißt diese Stellung *untere* bzw. obere Konjunktur, je nachdem, ob der beobachtete Planet vor oder hinter der Sonne steht. Seine größte Winkelabweichung von der Sonne nennt man „in Elongation".

Die *synodische* Umlaufzeit der inneren Planeten, d.h. die Zeit in der $\varphi_\text{p} - \varphi_\text{e}$ den Winkel 2π durchläuft, beträgt für den Merkur (die Venus) $\sim$ 4 Monate ($\sim$ 1 Jahr und 7 Monate); die *siderische* Umlaufzeit (φ_p durchläuft 2π) dage-

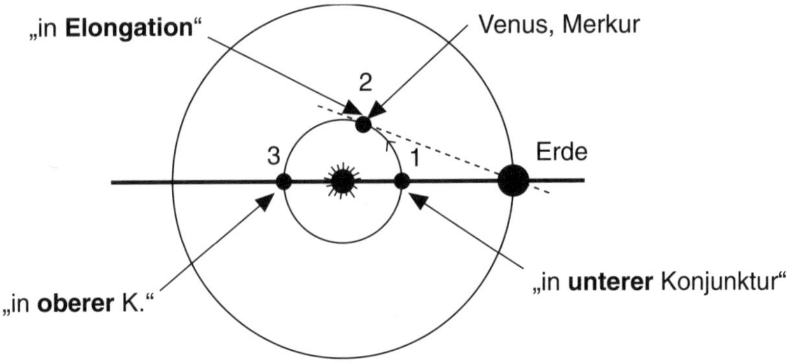

Abb.10.10

gen ~ 88 Tage (~ 225 Tage). Aus (10.91) erhalten wir zur Zeit der *unteren Konjunktion* $(\varphi_p - \varphi_e = 0)$:

$$c(t_2 - t_1)^{\text{u.K.}} = 2R_{ep} + 2m(1+\gamma)\ln\frac{r_e}{r_p} \quad . \tag{12.92}$$

und zur Zeit der *oberen Konjunktion* $(\varphi_p - \varphi_e = \pi - \delta, \delta \text{ klein})$:

$$c(t_2 - t_1)^{\text{o.K.}} = 2R_{ep} + 2m(1+\gamma)\ln\frac{4(r_e + r_p)}{r_p\delta^2} \quad , \tag{19.93}$$

d.h. hier erhält man für $\delta \to 0$ eine logarithmische Singularität. Schätzt man δ durch den Winkelradius der Sonnc ab (16' 2"), so folgt für den *Merkur*:

$$(t_2 - t_1)^{\text{o.K.}} \approx 190\mu\text{s} + 2\frac{R_{ep}}{c}$$

$$(t_2 - t_1)^{\text{u.K.}} \approx 12\mu\text{s} + 2\frac{R_{ep}}{c} \; .$$

Qualitativ ergibt sich folgendes Bild (Abbildung 10.11)[11]. Die meisten Bücher hören mit Formeln wie (10.91) bzw. (10.92, 10.93) auf. In diesen Gleichungen stehen aber *keine Meßgrößen*. Als *erstes* müssen wir die Koordinatenzeit t durch die Eigenzeit einer Uhr auf der Erde ersetzen. Diese ist in erster Näherung:

$$d\tau \cong \left(1 - \frac{3m}{2r_e}\right) dt \; . \tag{10.94}$$

[11] Aufgetragen ist die *Differenz* der Laufzeit $t_2 - t_1$ im Gravitationsfeld und der Laufzeit in der Newtonschen Theorie $2\frac{R_{ep}}{c}$.

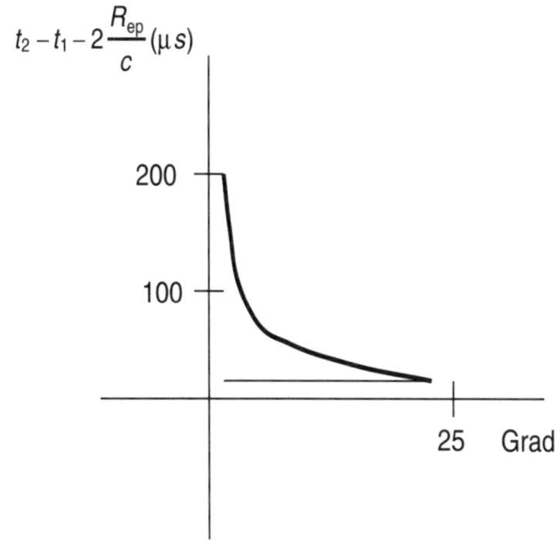

Abb. 10.11

Aufgabe 10.6:

Zeige, daß die Eigenzeit für die Bewegung auf einer Kreisbahn im Gravitationsfeld (10.85) durch (10.94) gegeben wird.

Als *zweites* drücken wir den Winkel $\varphi_p - \varphi_e$ durch Meßgrößen aus:

$$\varphi_p - \varphi_e = \frac{2\pi}{T_p}\tau_e \,. \tag{10.95}$$

Hierin ist T_p die *synodische* Periode des Planeten Merkur $\left(\frac{1}{T_{sid}} - \frac{1}{T_{\oplus}} = \frac{1}{T_{syn}}\right)$.

Schließlich können auch r_p, r_e und die Sonnenmasse $m = \frac{GM_{\odot}}{c^2}$ nicht direkt gemessen werden. Man definiert den Abstand Erde-Sonne r_e als eine A.E. (Astronomische Einheit) durch die Festsetzung (Keplersches Gesetz):

$$\sqrt{GM_{\odot}} = 0{,}01720209895\,(\mathrm{AE})^{\frac{3}{2}} \text{ pro Tag}\,. \tag{10.96}$$

Den Abstand Planet-Sonne r_e kann man entweder über das Keplersche Gesetz mit Meßgrößen verknüpfen oder durch Radarlaufzeitmessungen an der unteren Konjunktur bzw. der Elongation ausdrücken.

Aufgabe 10.7:

Zeige, daß gilt

$$r_{\mathrm{p}} \cong \left(\frac{mcT_{\mathrm{s}}^2}{4\pi^2}\right)^{\frac{1}{3}} - \frac{1}{3}m\gamma \tag{10.97}$$

wenn T_{s} die siderische Periode des Merkur ist. (Benutze die Geodätengleichung zu Metrik (10.85).

Als Effekt berechnen wir die Differenz zwischen der *Eigen*laufzeit des Signals im Gravitationsfeld der Sonne und der Laufzeit in der Newtonschen Theorie. Einen Überblick über einige Messungen des Effektes, die die *sehr gute* Übereinstimmung mit den Vorhersagen der allgemeinen Relativitätstheorie erkennen lassen, zeigt Abbildung 10.12. Die wesentlichen Störeinflüsse auf diese Messungen kommen erstens vom interplanetarischen Plasma, das eine Laufzeitverzögerung $\Delta t \sim \nu^{-2}$ verursacht, wenn ν die Frequenz des Radarsignals ist. Zweitens kommen Unsicherheiten von der *Topographie* des Planeten, an dem die Reflektion des Signals stattfindet (Größe, Oberflächenstruktur). Man mißt daher bei verschiedenen Frequenzen und modelliert die Planetenoberfläche möglichst genau.

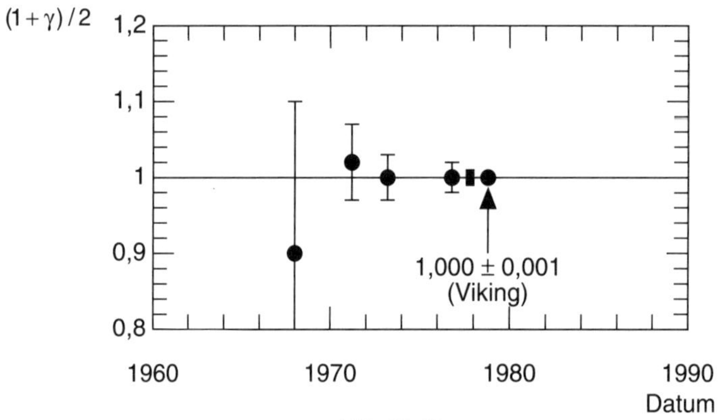

Abb 10.12

10.6.3 Lense-Thirring-Effekt

Der Lense-Thirring-Effekt ist eine Folge der Rotation eines zentralsymmetrischen, gravitierenden Objektes. Schreiben wir die nach $\frac{m}{r}$ bzw. $\frac{|l|}{\boldsymbol{r}}$ entwikkelte Metrik (in Verallgemeinerung von (10.82)) auf:

$$g = \left(1 - \frac{2m}{r} + 2\beta\left(\frac{m}{r}\right)^2\right)c^2\mathrm{d}t^2 - \left(1 + 2\gamma\frac{m}{r} + \delta\left(\frac{m}{r}\right)^2\right)[\mathrm{d}r^2 + r^2\mathrm{d}\Omega^2] + \\ + \varepsilon\frac{G|\boldsymbol{l}|}{r}c\mathrm{d}t\mathrm{d}\varphi\sin^2\theta + \mathbb{O}\left(\left(\frac{m}{r}\right)^3, \frac{|\boldsymbol{l}|^2}{r^2}\right), \tag{10.98}$$

so wird das *Nichtdiagonalglied* in den Komponenten der Metrik durch diesen Effekt erfaßt. Wir machen wieder zwei Näherungsannahmen:

1. Das Gravitationsfeld soll schwach sein, d.h.

   $g_{\alpha\beta} = \eta_{\alpha\beta} + h_{\alpha\beta}(x^\kappa) + \mathbb{O}(h^2);$

2. Die Geschwindigkeit der rotierenden Materie soll klein sein, d.h. es werden nur Terme $\sim\frac{v}{c}$ berücksichtigt.

Die Bewegungsgleichung eines Testteilchens im Feld der rotierenden Masse reduziert sich dann nach (5.15) auf

$$\frac{\mathrm{d}^2x^k}{\mathrm{d}t^2} = -c^2\Gamma_{0\,0}^{\;k} - c\left(2\sum_{j=1}^{3}\Gamma_{0\,j}^{\;k}\frac{\mathrm{d}x^j}{\mathrm{d}t} - \Gamma_{0\,0}^{\;0}\frac{\mathrm{d}x^k}{\mathrm{d}t}\right) + \mathbb{O}\left(\frac{v^2}{c^2}\right). \tag{10.99}$$

In der Näherung des schwachen Feldes und kleiner Geschwindigkeiten $\left(\frac{v^2}{c^2} \ll 1\right)$ reduzieren sich die Komponenten der Konnektion auf

$$\Gamma_{\alpha\,\beta}^{\;\gamma} = \frac{1}{2}\eta^{\gamma\sigma}\left(\frac{\partial h_{\sigma\alpha}}{\partial x^\beta} + \frac{\partial h_{\sigma\beta}}{\partial x^\alpha} - \frac{\partial h_{\alpha\beta}}{\partial x^\sigma}\right) + \mathbb{O}(h^2), \tag{10.100}$$

wobei wir h und ∂h als von denselben Größenordnungen angenommen haben. Aus dem Ausdruck (5.16) folgt dann:

$$\left.\begin{aligned} \Gamma_{0\,0}^{\;0} &= 0 + \mathbb{O}(h^2) \\ \Gamma_{0\,0}^{\;k} &= \frac{1}{2}\frac{\partial h_{00}}{\partial x^k} + \mathbb{O}(h^2) \\ \Gamma_{0\,0}^{\;k} &= \frac{1}{2}\left(\frac{\partial h_{0j}}{\partial x^k} - \frac{\partial h_{0k}}{\partial x^j}\right) + \mathbb{O}(h^2). \end{aligned}\right\} \tag{10.101}$$

(10.101) in (10.99) gesetzt, ergibt die Bewegungsgleichung

$$\boxed{\frac{\mathrm{d}^2\boldsymbol{x}}{\mathrm{d}t^2} = -\frac{c^2}{2}\nabla h_{00} + \boldsymbol{\Omega}\times\dot{\boldsymbol{x}}} \tag{10.102}$$

mit

$$\boxed{\boldsymbol{\Omega} := \frac{c}{2}\nabla\times\boldsymbol{h}} \tag{10.103}$$

und

$$\boxed{(h)_i = h_{0i}} \; . \tag{10.104}$$

Die rechte Seite von (10.102) hat Ähnlichkeit mit der Lorentzkraft, in der $\boldsymbol{\Omega}$ das Magnetfeld und $\frac{c}{2}\boldsymbol{h}$ das Vektorpotential wäre. Man nennt $\boldsymbol{\Omega}$ daher auch *„gravimagnetisches Feld“*. Für eine langsam rotierende Vollkugel haben wir aus (10.69) $h_{0i} = -\frac{2G}{c^3 r^3}[\boldsymbol{x}\times\boldsymbol{l}]_i$, also

$$\nabla\times\boldsymbol{h} = \frac{4G}{c^3 r^3}\boldsymbol{l} \, . \tag{10.105}$$

$\boldsymbol{l}$ ist der Drehimpulsvektor der Vollkugel vom Radius R_0 und der Winkelgeschwindigkeit ω: (Drehachse ist die z-Achse)

$$\boldsymbol{l} = \frac{2}{5}M\omega R_0^2\boldsymbol{e}_z \, . \tag{10.106}$$

Für ebene Bahnen im Feld der rotierenden Kugel ergibt die weitere Diskussion durch Lense und Thirring [Thi18] [LT18] zwei charakteristische Effekte:

1. *Eine zeitliche Änderung der Länge des aufsteigenden Knotens der Bahn des Testteilchens* (Satellit auf Bahn um die Erde) von der Größe:

$$\boxed{\frac{\mathrm{d}\Omega_{\text{LT, Knoten}}}{\mathrm{d}t} = \frac{2G|\boldsymbol{l}|}{c^2 a^3 (1-e^2)^{\frac{3}{2}}}} \; , \tag{10.107}$$

wenn a die große Halbachse und e die Exzentrizität der (Newtonschen) Bahn ist.

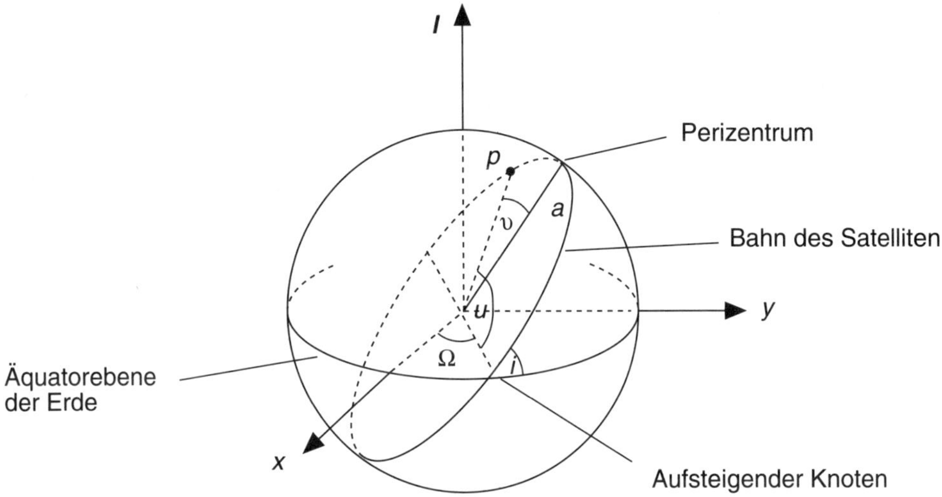

Abb.10.13

2. Eine *Änderung der Länge des Perizentrums der Bahn* von der Größe:

$$\boxed{\frac{\mathrm{d}\Omega_{\mathrm{LT,\,Periz.}}}{\mathrm{d}t} = \frac{\mathrm{d}\Omega_{\mathrm{LT,\,Knoten}}}{\mathrm{d}t}(1-3\cos i)} \quad . \tag{10.108}$$

Dieser 2. Effekt unterscheidet sich vom ersten nur durch die Abhängigkeit vom Neigungswinkel i der Bahn zur Äquatorebene der Erde.

Um (10.107, 10.108) aus (10.102) abzuleiten, muß man von den kartesischen Koordinaten zu den Winkel Ω, u, ,i von Abbildung 10.13 übergehen[12]:

$$\left.\begin{aligned} x &= r(\cos u \cos\Omega - \sin u \sin\Omega \cos i) \\ y &= r(\cos u \sin\Omega + \sin u \cos\Omega \cos i) \\ z &= r \sin u \sin i \end{aligned}\right\} \tag{10.109}$$

mit $r = p(1+e\cos u)^{-1}$ und dann die zeitliche Änderung der Bahnelemente (über einen Umlauf integriert) $\frac{\mathrm{d}\Omega}{\mathrm{d}t}, \frac{\mathrm{d}i}{\mathrm{d}t}$, etc. ausrechnen (vgl. die Arbeit von Lense und Thirring [LT18]). (10.109) ist auf das *geozentrische* Bezugssystem

[12] Auf der rechten Seite erkennt man die erste Zeile der durch die Winkel u, Ω, i dargestellten Drehmatrix:

$$\begin{pmatrix} \cos u & \sin u & 0 \\ -\sin u & \cos u & 0 \\ 0 & 0 & 1 \end{pmatrix} \begin{pmatrix} 1 & 0 & 0 \\ 0 & \cos i & \sin i \\ 0 & -\sin i & \cos i \end{pmatrix} \begin{pmatrix} \cos\Omega & \sin\Omega & 0 \\ -\sin\Omega & \cos\Omega & 0 \\ 0 & 0 & 1 \end{pmatrix}.$$

bezogen, wenn das Gravitationsfeld der rotierenden Erde durch die Bewegung eines Erdsatelliten ausgemessen werden soll.

Für einen Satelliten wie LAGEOS I (laser geodynamics satellite), der eine fast kreisförmige Bahn hat ($e \cong 0{,}004$, $a \cong 12270$ km, $i = 109{,}94°$, Periode 3,758 h), ist die *Verschiebung des Knotens* am besten meßbar, da nicht die Perizentrumslänge, sondern $e \cdot \delta\Omega_{\mathrm{LT, Periz.}}$ gemessen wird. Der Effekt (10.107) ist von der Größenordnung $\delta\Omega_{\mathrm{LT, Periz.}} \cong 31$ marcsek pro Jahr für LAGEOS I. Die mit einer Genauigkeit von (1–2) marcsek pro Jahr beobachtete gesamte Verschiebung des Knotens beträgt $\cong 126°$ pro Jahr. Den Lense-Thirring-Effekt hat man bisher deswegen nicht messen können, weil die Erde keine Kugel ist, sondern durch ihr Quadrupolmoment (und höhere Momente) einen nichtrelativistischen Effekt gleicher Art verursacht, der nur bis auf ca. 450 marcsek pro Jahr bekannt ist:

$$\frac{\mathrm{d}\Omega_{\mathrm{Quadrupol}}}{\mathrm{d}t} = -\frac{3}{2}\frac{2\pi}{P}\left(\frac{R_\oplus}{a}\right)^2 \frac{\cos i}{(1-e^2)^2} J_2 \,. \tag{10.110}$$

Hierin ist $R_\oplus$ der mittlere äquatoriale Radius der Erde, J_{2n} sind die geraden zonalen harmonischen Koeffizienten in der Multipolentwicklung, a die große Halbachse der Bahn, P die Bahnperiode (vgl. [PE76], [Ciu86a], [Ciu86b]).

10.6.4 Die Präzessionsbewegung einer Kreiselachse im Gravitationsfeld

Wenn ein Kreisel auf einer Bahn um die Erde läuft, so erfährt sein Drehimpuls $\boldsymbol{S}$ eine Präzession von der Größe [BO71], [Sof89]

$$\boxed{\frac{\mathrm{d}\boldsymbol{S}}{\mathrm{d}t} = \boldsymbol{\Omega} \times \boldsymbol{S}} \;. \tag{10.111}$$

Die Winkelgeschwindigkeit der Präzession $\boldsymbol{\Omega}$ setzt sich aus mehreren Beiträgen zusammen:

$$\boldsymbol{\Omega} = \boldsymbol{\Omega}_{\mathrm{Thomas}} + \boldsymbol{\Omega}_{\mathrm{geod.},\odot} + \boldsymbol{\Omega}_{ss,\oplus} + \boldsymbol{\Omega}_{\mathrm{Quadr.}} + \boldsymbol{\Omega}_{\mathrm{geod.},\oplus} + \boldsymbol{\Omega}_{ss,\odot} \,. \tag{10.112}$$

Der 1. Term in (10.112) ist ein speziell-relativistischer Term, die sogenannte *Thomas*-Präzession

$$\boldsymbol{\Omega}_{\mathrm{Thomas}} = \frac{1}{2c^2}\dot{\boldsymbol{x}} \times \ddot{\boldsymbol{x}} \,. \tag{10.113}$$

Sie resultiert aus der Zusammensetzung von speziellen Lorentztransformationen in verschiedenen Geschwindigkeitsrichtungen und verschwindet, wenn der Kreiselschwerpunkt frei fällt ($\ddot{\boldsymbol{x}} = 0$). Der 2. und 5. Term, die sogenannte *geodätische* Präzession, ist jeweils eine Folge der *Parallelverschiebung des*

Kreiseldrehimpulses längs der Bahn. Wegen der Krümmung wird $\boldsymbol{S}$ nach einem vollen Umlauf um einen Winkel verschoben sein (vgl. Abschnitt 8.3.1). Es gilt [Str81]

$$\boldsymbol{\Omega}_{\text{geod.}} \cong \frac{3}{2c^2}\dot{\boldsymbol{x}} \times \nabla \varphi_{\text{Newton}} = \frac{3GM}{c^2 r^3}\boldsymbol{x} \times \dot{\boldsymbol{x}}\,. \tag{10.114}$$

$\boldsymbol{\Omega}_{\text{geod.}\oplus}$ und $\boldsymbol{\Omega}_{\text{geod.}\odot}$ sind die vom Gravitationsfeld der Erde bzw. der Sonne stammenden Beiträge. Die Abschätzung nach (10.114)

$$\begin{aligned}\frac{|\boldsymbol{\Omega}_{\text{geod.}\oplus}|}{|\boldsymbol{\Omega}_{\text{geod.}\odot}|} &\cong \frac{M_\oplus}{M_\odot}\left(\frac{R_\odot}{R_\oplus}\right)^2 \frac{V_{\text{Sat-Erde}}}{V_{\text{Sat-Sonne}}} \\ &\cong 3 \cdot 10^{-6} \cdot 10^4 \cdot \frac{1}{3} \cong 10^{-2}\end{aligned}$$

zeigt, daß der Anteil des Erdfeldes am Effekt um 10^{-2} kleiner ist als der Anteil des Gravitationsfeldes der Sonne. V bedeutet die entsprechende Relativgeschwindigkeit. Für diesen ist $|\boldsymbol{\Omega}_{\text{geod.}\odot}| \cong 17$ marcsek pro Jahr für die Verschiebung des Knotens und ~ 8 marcsek pro Jahr für die Bahnneigung (Präzession der Bahnebene), wenn die Bahndaten von LAGEOS I zugrunde gelegt werden. Man könnte die geodätische Präzession in Analogie zur Atomphysik auch als auf der *Spin-Bahn*-Wechselwirkung beruhend auffassen. Der 3. Term und der 6. Term in (10.112) ist derjenige, der uns hier besonders interessiert und den man als Folge einer *Spin-Spin*-Wechselwirkung sehen kann, wobei die angesprochenen Drehimpulse einmal der des Kreisels ($\boldsymbol{S}$) und zum anderen der Drehimpuls $\boldsymbol{l}$ des gravitierenden Körpers sind. Man erhält:

$$\boldsymbol{\Omega}_{ss} = \frac{G}{2c^2 a^3 (1-e^2)^{\frac{3}{2}}}[\boldsymbol{l} - 3\hat{\boldsymbol{n}}(\boldsymbol{l} \cdot \hat{\boldsymbol{n}})]\,. \tag{10.115}$$

Hierin ist $\hat{\boldsymbol{n}}$ ein Einheitsvektor senkrecht zur Bahnebene des Kreisels (Vgl. Abb.10.14). Der Betrag dieses Effektes ist

$$\begin{aligned}|\boldsymbol{\Omega}_{ss} \times \boldsymbol{S}| &\sim |\boldsymbol{l}|\,|\boldsymbol{S}|\,\{\sin(\boldsymbol{l}, \boldsymbol{s}) - 3\sin(\hat{\boldsymbol{n}}, \boldsymbol{S})\cos(\boldsymbol{l}, \hat{\boldsymbol{n}})\} \\ &= |\boldsymbol{l}|\,|\boldsymbol{S}|\,\{\sin\varphi(1 - 3\cos^2 i) - 3\cos\varphi \sin i \cos i\}\,.\end{aligned}$$

Für eine *polare* Bahn $\left(i = \frac{\pi}{2}\right)$ folgt damit

$$\left|\frac{\mathrm{d}\boldsymbol{S}}{\mathrm{d}t}\right|_{\text{polar}} = \frac{G|\boldsymbol{l}|\,|\boldsymbol{S}|}{2c^2 a^3 (1-e^2)^{\frac{3}{2}}}\sin\varphi\,. \tag{10.116}$$

Für eine *äquatoriale* Bahn ($i = 0$) dagegen

$$\left|\frac{\mathrm{d}\boldsymbol{S}}{\mathrm{d}t}\right|_{\text{äquat.}} = 2\,|\boldsymbol{\Omega}_{ss} \times \boldsymbol{S}|_{\text{polar.}} \tag{10.117}$$

Vergleicht man (10.117) mit (10.107), so ergibt sich dieselbe Größenordnung der Präzessionsgeschwindigkeit wie beim Lense-Thirring-Effekt. Daher nennen viele Bücher[13] diesen weiteren Effekt ebenfalls „Lense-Thirring-Effekt“. Die Größenordnung des Effektes für eine Bahn wie die von LAGEOS I ist $\cong 1$ marcsek pro Jahr[14]. Der Beitrag des Sonnenfeldes zur Spin-Spin-Wechselwirkung ist zu vernachlässigen

$$\left|\frac{\boldsymbol{\Omega}_{ss,\odot}}{\boldsymbol{\Omega}_{ss,\oplus}}\right| = \left|\frac{\boldsymbol{l}_\odot}{\boldsymbol{l}_\oplus}\right| \left|\frac{a_\oplus}{a_\odot}\right|^3 \cong \frac{1}{3} \cdot 10^8 \cdot 10^{-12} \sim 10^{-4} \,.$$

Der 4. Term in (10.112)) steht summarisch für die weiteren *nicht-relativistischen* Effekte von höheren Multipolmomenten der Erde, von 3-Körperkräften (Mond, Sonne, Planeten), Atmosphärenreibung, Strahlungsdruck etc. Man hofft, bis Ende der 90er Jahre meßtechnisch soweit zu sein, daß man ein Satellitenexperiment für die Präzession der Kreiselachse starten kann (Gravity probc B).[15]

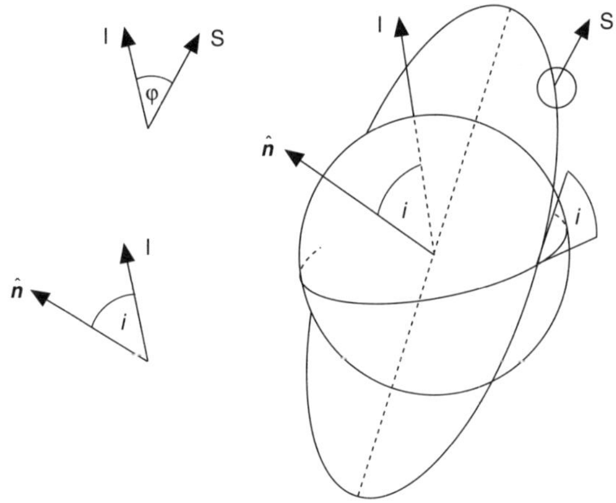

Abb. 10.14

Bemerkung: Die geodätische Präzession der Länge des Knotens der *Mondbahn*, die nach (10.114}) $\cong 2 \cdot 10^{-2}$ arcsek pro Jahr sein sollte, ist inzwischen mit Hilfe der genauen Entfernungsmessung zwischen Erde und Mond (über die auf dem Mond 1969 abgesetzten Reflektoren, „lunar laser ranging“) verifiziert worden [Sha88].

---

[13] Vgl. z.B. [Str81]; Seite 319. („Lense-Thirring-Präzession“)

[14] Eine ausführliche Darstellung der seit ca. 25 Jahren in Vorbereitung befindliche Messung findet man bei [Eve87].

[15] Vgl. [Wil90].

11 Lineare Näherung, Gravitationswellen

In diesem Kapitel untersuchen wir die Struktur der Einsteinschen Feldgleichungen für *schwache* Gravitationsfelder. Wir betrachten also kleine Abweichungen der Raum-Zeit von der Minkowski-Metrik

$$g_{\alpha\beta} = \eta_{\alpha\beta} + h_{\alpha\beta}(x^\kappa) + \mathcal{O}(h^2) \tag{11.1}$$

wie in (6.8) bzw. (7.5) und (10.60). Die Koordinatenkarte $\{x^\alpha\}$ ist dabei so gewählt, daß

$$\eta_{\alpha\beta} = \delta^0_\alpha\delta^0_\beta - \delta^1_\alpha\delta^1_\beta - \delta^2_\alpha\delta^2_\beta - \delta^3_\alpha\delta^3_\beta\,.$$

In Abschnitt (8.4.3) haben wir solche Koordinaten (lokale) *Inertialkoordinaten* genannt. In diesen Koordinaten gibt die Forderung $\left|h_{\alpha\beta}\right| \ll 1$ einen Sinn. In Abschnitt 7.6 haben wir auch schon *infinitesimale* Koordinatentransformationen als *Eichtransformationen* interpretiert und benutzt; für $x^\alpha \mapsto x^\alpha + \xi^\alpha(x^\kappa)$ mit $\mathcal{O}(\partial_\beta\xi^\alpha) = \mathcal{O}(h_{\kappa\lambda})$ folgt nach (7.50)

$$h_{\alpha\beta} \to \bar{h}_{\alpha\beta} = h_{\alpha\beta} + \xi_{\alpha,\beta} + \xi_{\beta,\alpha} + \mathcal{O}(h^2) \tag{11.2}$$

mit $\xi_{\alpha,\beta} := \eta_{\alpha\sigma}\xi^\sigma{}_{,\beta}$.

Alle Indexbewegungen in Termen $\sim h$ oder $\sim \xi$ erfolgen mit $\eta^{\alpha\beta}$. Es wird sich zeigen, daß wir in niedrigster Näherung *Wellenlösungen* der Einsteinschen Feldgleichungen bekommen, die Gravitationswellen entsprechen. Sie sind transversal wie die elektromagnetischen Wellen, aber tensoriell. Wir geben dann eine Ableitung der berühmten Einsteinschen *Quadrupolformel* für die Energieabstrahlung durch Gravitationswellen und diskutieren die Möglichkeit der Abstrahlung von Gravitationswellen durch ein Doppelsternsystem. Der Nachweis solcher Gravitationswellen erfolgt durch die Messung von periodischen Änderungen der *Relativbeschleunigung* von Massen. Damit er möglich wird, müssen diese Testmassen in ein System von weiteren Massen eingebettet werden, die durch die einfallende Gravitationswelle nicht merklich beschleunigt werden (vgl. Abschnitt11.4.3).

11.1 Feldgleichungen in der linearen Näherung

Die Linearisierung der Einsteinschen Theorie erlaubt sowohl den Anschluß an die vorrelativistische Physik des Schwerefeldes als auch an andere speziell-relativistische Feldtheorien. (Das Quantisierungsprogramm zum Beispiel funktioniert ohne Schwierigkeiten nur hier.)

11.1.1 Einsteinsche Feldgleichungen

Um den Einstein-Tensor in der linearen Näherung auszurechnen, benutzen wir die Gleichung (10.100) für die Komponenten der Riemannschen Konnektion. Da sie von der Größenordnung ∂h sind, können wir die Terme $\sim\Gamma^2$ im Krümmungstensor in der linearen Näherung vernachlässigen. Für den *Ricci-Tensor* ergibt sich daher aus Gleichung (8.55)[1]:

$$R_{\alpha\beta} = -\frac{1}{2}\Box h_{\alpha\beta} + \frac{1}{2}h^{\sigma}{}_{\beta,\alpha,\sigma} + \frac{1}{2}h^{\sigma}{}_{\alpha,\beta,\sigma} - \frac{1}{2}\eta^{\kappa\lambda}h_{\kappa\lambda,\alpha,\beta} + \mathcal{O}(h^2)\,. \tag{11.3}$$

Wir führen nun nach (7.49) die Größe

$$\psi^{\alpha\beta} := h^{\alpha\beta} - h\eta^{\alpha\beta} \tag{11.4}$$

ein und die Abkürzung:

$$h := \frac{1}{2}\eta_{\kappa\lambda}h^{\kappa\lambda}\,. \tag{11.5}$$

Mit (11.4) schreibt sich der Ricci-Tensor als

$$R_{\alpha\beta} = -\frac{1}{2}\Box h_{\alpha\beta} + \frac{1}{2}\psi^{\sigma}{}_{\beta,\alpha,\sigma} + \frac{1}{2}\psi^{\sigma}{}_{\alpha,\beta,\sigma} + \mathcal{O}(h^2)\,. \tag{11.6}$$

Daraus ergibt sich der *Ricci-Skalar* zu

$$R = -\frac{1}{2}\Box h + \psi^{\sigma\rho}{}_{,\sigma,\rho} + \mathcal{O}(h^2)\,, \tag{11.7}$$

so daß der *Einstein-Tensor* schließlich die Gestalt hat

$$G_{\alpha\beta} = -\frac{1}{2}\Box\psi_{\alpha\beta} + \frac{1}{2}(\psi^{\sigma}{}_{\beta,\sigma})_{,\alpha} + \frac{1}{2}(\psi^{\sigma}{}_{\alpha,\sigma})_{,\beta} - \frac{1}{2}(\psi^{\kappa\lambda}{}_{,\kappa})_{,\lambda}\eta_{\alpha\beta}\,. \tag{11.8}$$

[1] In (11.3) ist $\Box := \eta^{\kappa\lambda}\dfrac{\partial^2}{\partial x^\kappa \partial x^\lambda}$ der *speziell-relativistische* Wellenoperator.

In Abschnitt 7.6 haben wir die *Eichbedingung* (7.52) gefordert[2]

$$\boxed{\psi^{\kappa\lambda}{}_{,\kappa} = 0} \quad , \tag{11.9}$$

mit der nun der Einstein-Tensor aus (11.8) übergeht in:

$$\boxed{G_{\alpha\beta} = -\frac{1}{2}\Box\psi_{\alpha\beta}} \tag{11.10}$$

und die Einsteinsche Feldgleichung damit in

$$\boxed{\Box\psi_{\alpha\beta} = -2\kappa T_{\alpha\beta}} \quad . \tag{11.11}$$

Bis auf den Faktor 2 auf der rechten Seite ist das gerade Gleichung (7.51). Auch deren Lösung ist uns schon bekannt (Gleichung 7.54)):

$$\psi_{\alpha\beta}(t,\boldsymbol{x}) = -\frac{\kappa}{2\pi}\int_{V_3} \mathrm{d}^3x' \frac{T_{\alpha\beta}(t',\boldsymbol{x}')}{|\boldsymbol{x}-\boldsymbol{x}'|}\Bigg|_{t'=t-\frac{|\boldsymbol{x}-\boldsymbol{x}'|}{c}} . \tag{11.12}$$

Zur Überprüfung, ob die Lösung (11.12) die Eichbedingung (11.9) erfüllt, berechnen wir

$$\begin{aligned}
\psi^{\alpha\beta}{}_{,\beta} &= -\frac{\kappa}{2\pi}\partial_\beta \int_{t_0}^{t_1} \mathrm{d}t' \int_{V_3} \mathrm{d}^3x' \frac{\delta\left(t'-t+\frac{|\boldsymbol{x}-\boldsymbol{x}'|}{c}\right)}{|\boldsymbol{x}-\boldsymbol{x}'|} T^{\alpha\beta}(\boldsymbol{x}',t) \\
&= -\frac{\kappa}{2\pi}\int_{t_0}^{t_1} \mathrm{d}t' \int_{V_3} \mathrm{d}^3x' \frac{\partial}{\partial x^\beta}\left[\frac{\delta\left(t'-t+\frac{|\boldsymbol{x}-\boldsymbol{x}'|}{c}\right)}{|\boldsymbol{x}-\boldsymbol{x}'|}\right] T^{\alpha\beta}(\boldsymbol{x}',t) \\
&= +\frac{\kappa}{2\pi}\int_{t_0}^{t_1} \mathrm{d}t' \int_{V_3} \mathrm{d}^3x' \frac{\partial}{\partial x'^\beta}\left[\frac{\delta\left(t'-t+\frac{|\boldsymbol{x}-\boldsymbol{x}'|}{c}\right)}{|\boldsymbol{x}-\boldsymbol{x}'|}\right] T^{\alpha\beta}(\boldsymbol{x}',t)
\end{aligned}$$

[2] (11.9) heißt auch *Hilbert-Eichung* oder *Einstein-Hilbert-Eichung*.

$$
= \frac{\kappa}{2\pi} \int_{t_0}^{t_1} \mathrm{d}t' \int_{V_3} \mathrm{d}^3x' \frac{\partial}{\partial x'^\beta} \left[\frac{\delta\left(t' - t + \frac{|\boldsymbol{x} - \boldsymbol{x}'|}{c}\right)}{|\boldsymbol{x} - \boldsymbol{x}'|} T^{\alpha\beta}(\boldsymbol{x}', t') \right]
$$

$$
- \frac{\kappa}{2\pi} \int_{t_0}^{t_1} \mathrm{d}t' \int_{V_3} \mathrm{d}^3x' \frac{\delta\left(t' - t + \frac{|\boldsymbol{x} - \boldsymbol{x}'|}{c}\right)}{|\boldsymbol{x} - \boldsymbol{x}'|} \frac{\partial T^{\alpha\beta}(\boldsymbol{x}', t')}{\partial x'^\beta} .
$$

Das letzte Integral verschwindet, da in dieser Näherung gilt:

$$
0 = T^{\alpha\beta}{}_{;\beta} = T^{\alpha\beta}{}_{,\beta} + \mathcal{O}(h^2) , \tag{11.13}
$$

da $\kappa T^{\alpha\beta}$ die Ordnung h haben muß (vgl. beide Seiten der Feldgleichung (11.11)).

Das erste Integral spalten wir in Raum- und Zeitanteil auf und integrieren je einmal:

$$
\frac{2\pi}{\kappa} \psi^{\alpha\beta}{}_{,\beta} = \int_{t_0}^{t_1} \mathrm{d}t' \int_{V_3} \mathrm{d}^3x' \frac{\partial}{c\partial t'} \left[\frac{\delta\left(t' - t + \frac{|\boldsymbol{x} - \boldsymbol{x}'|}{c}\right)}{|\boldsymbol{x} - \boldsymbol{x}'|} T^{\alpha 0} \right]
$$

$$
+ \int_{t_0}^{t_1} \mathrm{d}t' \int_{V_3} \mathrm{d}^3x' \frac{\partial}{\partial x'^j} \left[\frac{\delta\left(t' - t + \frac{|\boldsymbol{x} - \boldsymbol{x}'|}{c}\right)}{|\boldsymbol{x} - \boldsymbol{x}'|} T^{\alpha j} \right]
$$

$$
= \frac{1}{c} \int_{V_3} \mathrm{d}^3x' \left[\frac{\delta\left(t' - t + \frac{|\boldsymbol{x} - \boldsymbol{x}'|}{c}\right)}{|\boldsymbol{x} - \boldsymbol{x}'|} T^{\alpha 0}(\boldsymbol{x}', t') \right]_{t_0}^{t_1}
$$

$$
+ \int_{t_0}^{t_1} \mathrm{d}t' \int_{\partial V_3} \mathrm{d}^2x' n_j \frac{T^{\alpha j}\left(t' - \frac{|\boldsymbol{x} - \boldsymbol{x}'|}{c}, \boldsymbol{x}'\right)}{|\boldsymbol{x} - \boldsymbol{x}'|}
$$

Bei geeignetem Randabfall[3] von $T^{\alpha j}$ verschwindet das 2. Integral (z.B. kompakte Materieverteilung innerhalb von V_3). Wenn wir die Zeitpunkte t_0 und t_1 so wählen, daß dort $T^{\alpha 0}(\boldsymbol{x}', t_0) = T^{\alpha 0}(\boldsymbol{x}', t_1) = 0$ gesetzt werden kann, d.h. die Zeitveränderlichkeit *keine* Rolle spielt, so verschwindet auch das erste Integral.

Aufgabe 11.1:

Zeige, daß die Hilbert-Eichung aus der *De-Donder-Eichbedingung*

$$\frac{\partial}{\partial x^\beta}(\sqrt{-g}\,g^{\alpha\beta}) = 0 \tag{11.14}$$

in der linearen Näherung folgt. Kann eine Eichbedingung (infinitesimale Koordinatentransformation) durch eine *Tensor*gleichung formuliert werden?

Aufgabe 11.2:

Rechne nach, daß der Ausdruck (11.8) für den Einstein-Tensor eichinvariant unter $x^\alpha \longrightarrow x^\alpha + \xi^\alpha(x^\kappa)$ ist (bis auf Terme der Ordnung h^2).

11.1.2 Newtonsche Näherung

Um zur Poisson-Gleichung der Newtonschen Theorie zu kommen, führen wir eine weiter Näherung innerhalb der linearen Näherung durch. Wir nehmen an, daß

1. die das Gravitationsfeld erzeugenden Quellen langsam sind, also $\left|\dfrac{\partial x^j}{\mathrm{d}t}\right| \ll c$.
   (Im Gegensatz zu Abschnitt 10.5.2 vernachlässigen wir jetzt auch die Terme der Ordnung $\dfrac{v}{c}$.)
2. Die *innere Energie* der Materie gegenüber ihrer Ruhenergie vernachlässigt werden kann und ebenso die Spannungsenergie. Das bedeutet, daß gilt

$$\frac{p}{c^2} \ll \rho\,, \quad \frac{\varepsilon}{c^2} \ll \rho\,, \tag{11.15}$$

wenn ε die innere Energie und p der Druck sind.

---

[3] Damit das Integral existiert, muß wieder ein geeigneter *räumlicher* Abfall des Integranden für $|\boldsymbol{x} - \boldsymbol{x}'| \longrightarrow \infty$ vorliegen.

Für den Energie-Impuls-Tensor der Materie folgt mit diesen Annahmen:

$$\left|T^0{}_0\right| \gg \left|T^0{}_j\right|, \quad \left|T^0{}_0\right| \gg \left|T^0{}_k\right|. \tag{11.16}$$

Wir können damit die Lösung von (11.11) aus dem Resultat (10.64) des Abschnittes 10.5.2 übernehmen, wenn wir dort noch $h_{0i} = 0$ setzen. Damit bekommen wir:

$$\begin{aligned} h_{00} = h_{11} = h_{22} = h_{33} &= -\frac{\kappa c^2}{4\pi} \int_V \mathrm{d}^3 x' \frac{\rho(x'^\kappa)}{|\boldsymbol{x} - \boldsymbol{x}'|} \\ &= +\frac{\kappa c^2}{4\pi} \frac{\varphi_{\mathrm{Newton}}}{\mathrm{G}}. \end{aligned} \tag{11.17}$$

Unter der Annahme eines *zeitunabhängigen* Feldes reduziert sich die Einsteinsche Feldgleichung auf:

$$-\triangle(h_{\alpha\beta} + h_{00}\eta_{\alpha\beta} = -2\kappa T_{00}\delta^0_\alpha\delta^0_\beta$$

bzw. auf die einzig übrigbleibende Gleichung

$$\triangle h_{00} = \kappa c^2 \rho\,. \tag{11.18}$$

Vergleich mit $\triangle\varphi_{\mathrm{Newton}} = 4\pi G\rho$ gibt

$$h_{00} = \frac{\kappa c^2}{4\pi G}\varphi_{\mathrm{Newton}}\,. \tag{11.19}$$

Wählen wir wie in Abschnitt 6.4 (Gleichung (6.13)) die Konvention $h_{00} := \frac{2\varphi_{\mathrm{Newton}}}{c^2}$ so erfolgt erneut das Resultat[4] (7.47), d.h. $\kappa = \frac{8\pi G}{c^4}$.

Bemerkung: Zur Frage, ob und in welchem Sinne die Newtonsche Gravitationstheorie als Grenztheorie der Einsteinschen aufgefaßt werden kann, vgl. [Ehl 80].

11.2 Wellenlösungen der linearisierten Feldgleichungen

11.2.1 Ebene Wellen

Im quellenfreien Raum gehen die linearisierten Feldgleichungen (11.11) in die homogene Wellengleichung über

$$\Box\psi_{\alpha\beta} = 0\,, \tag{11.20}$$

[4] Gleichung (11.11) unterscheidet sich von (7.51) durch einen Faktor 2. Dieser wird gerade kompensiert durch die damalige Benutzung der (nicht korrekten) Gleichung (7.47) zur Festlegung von κ (vgl. auch (11.6)), in der der Faktor 1/2 auftritt.

wobei wir die Hilbert-Eichung (11.9) benutzt haben. Wir wissen, daß (11.20) *ebene* Wellen als Lösungen hat, also z.B.

$$\psi_{\alpha\beta} = e_{\alpha\beta} \cos(k_\sigma x^\sigma) \tag{11.21}$$

mit der konstanten (Amplituden-) Matrix $e_{\alpha\beta}$ und dem *Wellenvektor* k^α. Damit (11.21) eine Lösung von (11.20) ist und die Eichbedingung (11.9) befriedigt, muß gelten

$$\eta_{\alpha\beta} k^\alpha k^\beta = 0\,, \tag{11.22}$$

$$e_{\alpha\beta} k^\beta = 0\,. \tag{11.23}$$

Der Wellenvektor ist also lichtartig, wie wir das erwarten. ((11.22) ist nichts anderes als die Dispersionsrelation $\omega^2 = c^2 \left|\boldsymbol{k}\right|^2$.) Diese Wellenlösungen (Gravitationswellen) der linearisierten Feldgleichungen breiten sich also mit der Vakuumlichtgeschwindigkeit c aus. Durch die vier Bedingungen (11.23) sind die 10 Komponenten von $e_{\alpha\beta}$ auf sechs unabhängige eingeschränkt. Durch die noch bestehende Eichfreiheit $x^\mu \mapsto x^\mu + \xi^\mu$ mit $\Box \xi^\mu = 0$ werden wir vier weitere Komponenten von $e_{\alpha\beta}$ zu Null machen können, so daß noch *zwei* unabhängige Komponenten von $e_{\alpha\beta}$ übrig bleiben. Aus (11.2) und (11.4) erhalten wir

$$\psi_{\alpha\beta} \to \psi_{\alpha\beta} + \xi_{\alpha,\beta} + \xi_{\beta,\alpha} - \xi^\sigma{}_{,\sigma} \eta_{\alpha\beta} \tag{11.24}$$

und mit dem Ansatz $\xi_\alpha = \lambda_\alpha \sin(k_\sigma x^\sigma)$

$$e_{\alpha\beta} \to e_{\alpha\beta} + \lambda_\alpha k_\beta + \lambda_\beta k_\alpha - (\lambda^\sigma k_\sigma) \eta_{\alpha\beta}\,. \tag{11.25}$$

Wählen wir als Ausbreitungsrichtung der ebenen Welle die z-Achse, so erfüllt

$$k^\alpha = \frac{\omega}{c} (\delta^0_\alpha + \delta^3_\alpha)$$

die Gleichung (11.22) und durch geeignete Wahl von λ_α erhält man zwei Lösungen mit verschiedener *Polarisation*:

$$\psi^{\alpha\beta}_{(1)} = 2a_{(1)} \delta_1^{(\alpha} \delta_2^{\beta)} \cos \frac{\omega}{c} (x^0 + x^3)\,,$$

$$\psi^{\alpha\beta}_{(2)} = a_{(2)} [\delta_1^\alpha \delta_1^\beta - \delta_2^\alpha \delta_2^\beta] \cos \frac{\omega}{c} (x^0 + x^3)\,. \tag{11.26}$$

Diese spezielle Eichung heißt auch *TT*-Eichung (transverse, traceless), da für sie $e_{\alpha\beta} u^\beta = e^\sigma{}_\sigma = 0$ gilt für einen Beobachter U.

Anmerkung: Da jetzt alle Koordinatentransformationen ausgenutzt sind, können $\psi^{\alpha\beta}_{(1)}$ und $\psi^{\alpha\beta}_{(2)}$ keine „Koordinatenwellen" sein. Ein Versuch, dies über die Berechnung der Krümmungsinvarianten nachzuprüfen, gelingt allerdings nicht: wegen $k_\sigma R^\sigma{}_{\alpha\beta\gamma\delta} = 0$ verschwinden diese (vergleiche auch (11.36)).

Aufgabe 11.3:

Bestimme λ_α so, daß (11.26) gilt. Berechne $h_{\alpha\beta}$. Zeige, daß k^α eine Nullgeodäte tangiert (in der linearen Näherung).

In (11.26) sind $a_{(1)}$ und $a_{(2)}$ die konstanten Amplituden der Wellen. Die Polarisationsrichtungen stehen senkrecht auf dem Ausbreitungsvektor k^α, d.h. bei den Gravitationswellen der linearen Näherung handelt es sich um *transversale Schwingungen.*

Um den Energietransport durch eine solche ebene Gravitationswelle zu berechnen, führen wir den *kanonischen Energie-Impuls-Tensor zum Feld* $\psi^{\alpha\beta}$ ein durch:

$$t_\alpha{}^\beta := \psi^{\kappa\lambda}{}_{,\alpha} \frac{\partial L}{\partial \psi^{\kappa\lambda}{}_{,\beta}} - L\delta^\beta_\alpha \tag{11.27}$$

mit der Langrangedichte L, aus der die Feldgleichung (11.20), das heißt die Wellengleichung folgt. Eine naheliegende Lagrangefunktion ist

$$L = \frac{1}{8\kappa} \psi^{\alpha\beta}{}_{,\sigma} \psi_{\alpha\beta,}{}^\sigma , \tag{11.28}$$

wobei der Faktor $\frac{1}{\kappa}$ aus Dimensionsgründen hinzugefügt ist. Die Euler-Lagrange-Gleichung zu (11.28), d.h.

$$\frac{\partial L}{\delta\psi^{\alpha\beta}} - \frac{\partial}{\partial x^\gamma}\left(\frac{\partial L}{\delta\psi^{\alpha\beta}{}_{,\gamma}}\right) = 0$$

ist gerade die Wellengleichung (11.20). Aus (11.27) folgt mit (11.28):

$$t_{\alpha\beta} = \frac{1}{8\kappa}[2\psi^{\kappa\lambda}{}_{,\alpha}\psi_{\kappa\lambda,\beta} - \eta_{\alpha\beta}\psi^{\kappa\lambda}{}_{,\alpha}\psi_{\kappa\lambda,}{}^\sigma] . \tag{11.29}$$

Einsetzen des Ansatzes (11.21) gibt[5]

---

[5] Nimmt man den aus (11.28) folgenden Hilbertschen Energie-Impuls-Tensor $2\frac{\delta L}{\delta\eta^{\alpha\beta}}$, so erhält man (bis auf ein Vorzeichen) wieder (11.30).

$$t_{\alpha\beta} = \frac{1}{4\kappa} k_\alpha k_\beta e^{\kappa\lambda} e_{\kappa\lambda} \sin^2(k_\sigma x^\sigma) \,. \tag{11.30}$$

Sei u^α ein *zeitartiger* Vektor, der die Weltlinie eines Beobachters tangiert. Dann ist

$$t_{\alpha\beta} u^\alpha u^\beta = \frac{1}{4\kappa} (k_\alpha u^\alpha)^2 e^{\kappa\lambda} e_{\kappa\lambda} \sin^2(k_\sigma x^\sigma) \tag{11.31}$$

die *Energiedichte* der ebenen Welle im Ruhsystem des Beobachters, während

$$S_\alpha := t_{\alpha\beta} u^\beta = \frac{1}{4\kappa} k_\alpha (k_\beta u^\beta) e^{\kappa\lambda} e_{\kappa\lambda} \sin^2(k_\sigma x^\sigma) \tag{11.32}$$

den *Poyntingvektor*, also die Energieflußdichte im Ruhsystem des Beobachters darstellt. Für die beiden Lösungen mit verschiedener Polarisierung (11.26) folgt

$$e^{\kappa\lambda} e_{\kappa\lambda} = 2 a_{(i)}^2 \,. \tag{11.33}$$

Die Integration über eine Schwingungsperiode gibt dann

$$\overline{S}_\alpha = \frac{1}{T} \int_0^T \mathrm{d}t \, S_\alpha = \frac{\omega^2}{32\pi G} (\delta_\alpha^0 + \delta_\alpha^3)(u^0 + u^3) a_{(i)}^2 . \tag{11.34}$$

Bemerkungen: 1. Der Energie-Impuls-Tensor des linearisierten Gravitationsfeldes (11.29) ist ein Tensor nur gegenüber *linearen* Koordinatentransformationen $x^\mu \to x^{\mu'} = C^\mu{}_\rho x^\rho + a_\mu$. Bei Einschränkung auf die Poincaré-Gruppe (d.h. $C^\mu{}_\rho = L^\mu{}_\rho$ mit der Matrix der Lorentztransformationen (3.4)) bleibt man sogar innerhalb des lokal-inertialen Koordinatensystems. Die lokale Energie-Impulsdichte des linearisierten Gravitationsfeldes ist demnach keine Observable im strengen Sinne.

2. Die Feldquantisierung dieser *linearen Näherung* der Einsteinschen Gravitationstheorie führt auf ruhmasselose Quanten mit Spin 2, die *Gravitonen* genannt werden. Da die Quantisierung der vollen Einsteinschen Theorie noch nicht geglückt ist, bleibt offen, welche physikalische Bedeutung einem hypothetischen Elementarteilchen „Graviton“ zukommt.

Aufgabe 11.4:

1. Folgt die Lagrangedichte (11.28) aus der Lagrangedichte der Einsteinschen Theorie $\sqrt{-g}R$ in linearer Näherung?
2. Wie verhält sich L aus (11.28) unter beliebigen Eichtransformationen $x^\alpha \to x^\alpha + \xi^\alpha(x^\kappa)$?
3. Zeige, daß die Komponenten des Energie-Impuls-Tensors $t_{\alpha\beta}$ des linearisierten Gravitationsfeldes nur bei *linearen* Koordinatentransformationen invariant bleiben.

Aufgabe 11.5:

Zeige, daß der 2. Polarisationstyp der ebenen Wellen in (11.26) durch eine Drehung um 45° in der x-y-Ebene aus dem 1. Polarisationstyp hervorgeht.

11.2.2 Kraftwirkung der ebenen Gravitationswelle auf Testteilchen

Wir stellen uns frei fallende Testteilchen im Gravitationsfeld der ebenen Welle vor und berechnen ihre *Relativbeschleunigung*. Sie wird durch die Gleichung der geodätischen Abweichung (8.85) gegeben, also durch

$$\frac{\mathrm{D}^2 N^\alpha}{\mathrm{d}\tau^2} = R^\alpha{}_{\sigma\kappa\lambda} u^\sigma N^\kappa u^\lambda \,.$$

Hierin ist U der Tangentenvektor an die Weltlinie eines frei fallenden Teilchens, N der Verbindungsvektor zum Nachbarteilchen ($g(u, N) = 0$). Die Komponenten des Krümmungstensors sind in der linearen Näherung gegeben durch

$$2R^\alpha{}_{\sigma\kappa\lambda} = h^\alpha{}_{\lambda,\sigma,\kappa} - h_{\lambda\sigma,}{}^\alpha{}_{,\kappa} - h^\alpha{}_{\kappa,\sigma\lambda} + h_{\sigma\kappa,}{}^\alpha{}_{,\lambda} + \mathcal{O}(h^2) \tag{11.35}$$

bzw. durch $\psi^{\alpha\beta}$ von (11.4) ausgedrückt

$$\begin{aligned} 2R^\alpha{}_{\sigma\kappa\lambda} = {} & \psi^\alpha{}_{\lambda,\sigma,\kappa} - \psi_{\lambda\sigma,}{}^\alpha{}_{,\kappa} - \psi^\alpha{}_{\kappa,\sigma,\lambda} + \psi_{\sigma\kappa,}{}^\alpha{}_{,\lambda} \\ & - \psi_{,\sigma,\kappa}\delta^\alpha_\lambda + \psi_,{}^\alpha{}_{,\kappa}\eta_{\lambda\sigma} + \psi_{,\sigma,\lambda}\delta^\alpha_\kappa - \psi_,{}^\alpha{}_{,\kappa}\eta_{\sigma\kappa} \end{aligned} \tag{11.36}$$

mit $\psi := \frac{1}{2}\psi^\sigma{}_\sigma$.

Setzt man die ebene Welle (11.21) ein und berücksichtigt, daß für beide Polarisationstypen (11.26) $e_{\mu\nu}\eta^{\mu\nu} = 0$ gilt, so folgt mit (11.36) aus (8.85) für den *ersten* Polarisationstyp:

$$2\frac{\mathrm{D}^2 N^\alpha}{\mathrm{d}\tau^2} = a_{(1)}\frac{\omega^2}{c^2}\left\{-\frac{1}{2}(\delta^\alpha_1 u^2 + \delta^\alpha_2 u^1)(u^0 + u^3)(N^0 + N^3)\right.$$

$$+u^1u^2(\delta_0^\alpha-\delta_3^\alpha)(N^0+N^3)-\frac{1}{2}(\delta_1^\alpha N^2-\delta_2^\alpha N^1)(u^0+u^3)^2$$

$$\left.+\frac{1}{2}(N^1u^2+N^2u^1)(u^0+u^3)(\delta_0^\alpha-\delta_3^\alpha)\right\}. \tag{11.37}$$

Im Ruhsystem der fallenden Testmasse gilt $u^\alpha \overset{*}{=} \delta_o^\alpha$, so daß sich (11.37) reduziert auf

$$\frac{\mathrm{D}^2N^\alpha}{\mathrm{d}\tau^2}=-\frac{1}{4}(\delta_1^\alpha N^2+\delta_2^\alpha N^1)\frac{\omega^2}{c^2}a_{(1)}$$

oder

$$\left.\begin{aligned}\frac{\mathrm{D}^2N^1}{\mathrm{d}\tau^2}&=-\frac{1}{4}\frac{\omega^2}{c^2}a_{(1)}N^2\\ \frac{\mathrm{D}^2N^2}{\mathrm{d}\tau^2}&=-\frac{1}{4}\frac{\omega^2}{c^2}a_{(1)}N^1\end{aligned}\right\}. \tag{11.38}$$

Das entspricht einer harmonischen Oszillation mit gleicher Amplitude für N^1 und N^2, das heißt *einer periodischen Änderung der Relativbeschleunigung von Teilchen* in der x^1-x^2-Ebene senkrecht zur Ausbreitungsrichtung.

In einem realistischen Gravitationswellendetektor sind die Testteilchen nicht frei fallend, sondern üben Kräfte aufeinander aus. Man versucht, ein schwingungsfähiges System zu verwenden, das durch die Gravitationswelle in Resonanz gebracht wird. Sei F die Differenz der an den Testteilchen angreifenden *nicht*gravischen Kräfte. Dann ist (8.84) zu ersetzen durch:

$$\nabla_U^2 N = R(U,N)U+\frac{1}{m}F \tag{11.39}$$

wenn m die Masse der Testteilchen ist. In lokal geodätischen Koordinaten und im Ruhsystem der einen Masse folgt dann aus (11.39)

$$\frac{\mathrm{d}^2N^\alpha}{\mathrm{d}t^2}-R^\alpha_{0\beta 0}N^\beta \overset{*}{=} \frac{1}{m}F^\alpha \tag{11.40}$$

und, wenn sich F aus einer Rückstellkraft und einer Dämpfungskraft zusammensetzt

$$m\frac{\mathrm{d}^2N^\alpha}{\mathrm{d}t^2}+\mathrm{d}^\alpha{}_\beta\frac{\mathrm{d}N^\beta}{\mathrm{d}t}+K^\alpha{}_\beta N^\beta=R^\alpha{}_{0\beta 0}N^\beta\,. \tag{11.41}$$

11.3 Die Quadrupolformel

Nachdem wir in (11.41) die Wirkung von Gravitationswellen auf Testmaterie untersucht haben, fragen wir jetzt nach der Abhängigkeit der Gravitations-Strahlung von der materiellen Quelle.

11.3.1 Emission von Gravitationswellen (niedrigste Näherung)

Wir gehen von der Lösung (11.12) der Einsteinschen Feldgleichungen in linearer Näherung aus:

$$\psi_{\alpha\beta}(t,\boldsymbol{x}) = -\frac{\kappa}{2\pi}\int d^3x' \frac{T_{\alpha\beta}\left(t-\frac{|\boldsymbol{x}-\boldsymbol{x}'|}{c},\boldsymbol{x}'\right)}{|\boldsymbol{x}-\boldsymbol{x}'|}$$

und machen eine Multipolentwicklung, das heißt betrachten Aufpunkte fern von der Quellverteilung, so daß nach $\frac{|\boldsymbol{x}'|}{\boldsymbol{x}} \ll 1$ entwickelt werden kann. In niedrigster Näherung folgt ein formaler Monopolbeitrag:

$$\psi_{\alpha\beta}(t,\boldsymbol{x}) = -\frac{4G}{c^4\,|\boldsymbol{x}|}\int d^3x'\, T_{\alpha\beta}\left(t-\frac{|\boldsymbol{x}-\boldsymbol{x}'|}{c},\boldsymbol{x}'\right). \tag{11.42}$$

Mit Hilfe der Divergenzbeziehung für den Energie-Impuls-Tensor der Materie in linearer Näherung (11.13) läßt sich (11.42) so umschreiben, daß man sieht, daß der wesentliche Beitrag vom 2. Moment der Materieverteilung herrührt, also vom Quadrupolmoment. Es gilt nämlich in linearer Näherung:

$$2T^{ij} = (x^i x^j T^{\alpha\beta})_{,\alpha,\beta}\,; \tag{11.43}$$

wenn $\alpha,\beta = 0, 1, 2, 3$; $i, j = 1, 2, 3$.

Damit folgt[6]:

$$\begin{aligned}2\int_V T^{ij}\mathrm{d}^3x' &= \int_V \mathrm{d}^3x'\left\{\frac{\partial^2}{(\partial x'^0)^2}(x'^i\, x'^j T^{00}) + \right.\\ &\quad \left. + \frac{\partial^2}{(\partial x'^k)}\left[2\frac{\partial}{(\partial x'^0)}(x'^i\, x'^j T^{k0}) + \frac{\partial}{(\partial x'^l)}(x'^i\, x'^j T^{kl})\right]\right\}\\ &= \frac{\partial^2}{(\partial x^0)^2}\int_V \mathrm{d}^3x'\, x'^i\, x'^j T^{00} + \int_{\partial V}\mathrm{d}^3x'\,\hat{n}_k[\ldots]^k\,.\end{aligned}$$

Auf dem Rand von V, den wir etwas außerhalb des Quellvolumens legen können, verschwindet $T^{\alpha\beta}$, d.h.

$$\int_V \mathrm{d}^3x' T^{ij} = \frac{1}{2c^2}\frac{\partial^2}{\partial t^2}\int_V \mathrm{d}^3x'\, x'^i\, x'^j T^{00}\,. \tag{11.44}$$

---

[6] Wir weichen hier von der Konvention ab, den Strich an den Index zu setzen, um anzudeuten, daß es sich um verschiedene Punkte $\boldsymbol{x}$ und $\boldsymbol{x}'$ handelt.

In der Newtonschen Näherung, also für langsame nichtrelativistische Materie, folgt $T^{00} \cong c^2\rho$, wenn ρ die Ruhmassendichte ist. Damit erhalten wir aus (11.42) für die *räumlichen* Koordinaten von $\psi_{\alpha\beta}$

$$\psi^{ij}(t,\boldsymbol{x}) = -\frac{2G}{c^4|\boldsymbol{x}|}\frac{\partial^2}{\partial t^2}\int \mathrm{d}^3x'\, x'^i\, x'^j \rho\,. \tag{11.45}$$

Führen wir noch das sogenannte *reduzierte Quadrupolmoment* Q^{ij} ein durch

$$Q^{ij} := \int_V \mathrm{d}^3x'\,(3x'^i\, x'^j - \delta^{ij}|\boldsymbol{x}'|^2)\rho\,, \tag{11.46}$$

so folgt schließlich:

$$\psi^{ij}(t,\boldsymbol{x}) = -\frac{2G\ddot{Q}^{ij}}{3c^4|\boldsymbol{x}|} - \frac{2G}{3c^4}\delta^{ij}\frac{1}{|\boldsymbol{x}|}\frac{\partial^2}{\partial t^2}\int_V \mathrm{d}^3x'\,|\boldsymbol{x}'|^2\rho\,. \tag{11.47}$$

11.3.2 Herausprojektion der Polarisationstypen der Gravitationswellen

Um nun die beiden Polarisationstypen der Gravitationswellen, die wir in Abschnitt 11.2.1 gefunden haben, der Lösung (11.47) aufzuprägen, führen wir den Projektionstensor P^i_j ein durch:

$$P^i_j := \delta^i_j - \hat{n}^i\hat{n}^j\,. \tag{11.48}$$

Hierin ist $\hat{n}^i$ der räumliche Anteil des Einheitsvektors in Ausbreitungsrichtung der Welle. Für $\hat{n}^i \stackrel{*}{=} (0,0,1)$ folgt also

$$P^i_j \stackrel{*}{=} \delta^i_1\delta^1_j + \delta^i_2\delta^2_j\,. \tag{11.49}$$

Daß P^i_j ein Projektionstensor aus einem 3-dimensionalen in einen 2-dimensionalen Raum senkrecht zu $\hat{n}^i$ ist, sieht man an den Beziehungen

$$\sum_{j=1}^{3} P^i_j\hat{n}^j = 0\,,\quad \sum_{j=1}^{3} P^i_j P^j_k = P^i_k\,,\quad \sum_{i=1}^{3} P^i{}_i = 2\,. \tag{11.50}$$

Man rechnet nun nach, daß

$$\hat{\psi}_{ij} := \sum_{l,m}^{3}\left(P^l_i P^m_j - \frac{1}{2}P_{ij}P^{lm}\right)\psi_{lm}$$

im speziellen Koordinatensystem, in dem $\hat{n}^i \stackrel{*}{=} \delta^i_3$ gilt, gerade die von Null verschiedenen Komponenten hat:

$$\left.\begin{aligned}\hat{\psi}_{12} &\stackrel{*}{=} \psi_{12}\\ \hat{\psi}_{11} &\stackrel{*}{=} -\hat{\psi}_{22} = \frac{1}{2}(\psi_{11}-\psi_{22})\end{aligned}\right\}, \tag{11.51}$$

also genau den beiden Polarisationstypen der ebenen Gravitationswelle (11.26) entspricht. Wegen

$$\sum_{l,m}^{3}\left(P_i^l P_j^m - \frac{1}{2}P_{ij}P^{lm}\right)\delta_{lm} = P_{ij} - \frac{1}{2}\cdot 2P_{ij} = 0$$

folgt damit aus (11.47)

$$\boxed{\hat{\psi}^{ij} = -\frac{2G}{3c^4}\frac{1}{|\boldsymbol{x}|}\sum_{l,m}^{3}\left(P_i^l P_j^m - \frac{1}{2}P_{ij}P^{lm}\right)\ddot{Q}_{lm}} \,. \tag{11.52}$$

Das Gravitationsstrahlungsfeld ist in niedrigster Näherung mit der zweiten Zeitableitung des reduzierten Quadrupolmomentes der Quelle verknüpft. Da der Projektor P_i^j nicht vom Aufpunkt $\boldsymbol{x}$ abhängt, ist (11.52) ebenfalls eine Lösung der linearisierten Feldgleichungen.

Bemerkung: Daß das Quadrupolmoment als niedrigstes Multipolmoment auftritt, ist physikalisch verständlich. Eine *Monopol*strahlung kann es bei einem *transversalen* Wellenfeld nicht geben (wie in der Elektrodynamik auch nicht). Ein Massendipolmoment tritt wegen der durchgängig positiven Massen nicht auf.

11.3.3 Pro Zeiteinheit abgestrahlte Energie

Wir berechnen nun die Energieflußdichte $\frac{\partial\varepsilon}{\partial x^0}$ relativ zu einem Beobachter U in Richtung von N, d.h. $g(N, S)$ wenn $S = S^\alpha \frac{\partial}{\partial x^\alpha}$ den Poyntingvektor darstellt. Also

$$\frac{\partial\varepsilon}{\partial x^0} = g(N, S) = S_\alpha N^\alpha = t_{\alpha\beta}u^\beta N^\alpha \,, \tag{11.53}$$

wenn $t_{\alpha\beta}$ der kanonische Energie-Impuls-Tensor des Gravitationsfeldes (lineare Näherung!) ist. Im Ruhsystem des Beobachters mit

$$u^\alpha \overset{*}{=} \delta_0^\alpha \,, \quad N^\alpha \overset{*}{=} (0, \hat{n}_k) \,, \quad \text{folgt} \quad \frac{\partial\varepsilon}{\partial x^0} = \sum_k t_0{}^k \hat{n}_k \,.$$

Berechnen wir $t_0{}^k$ aus (11.29), so ergibt sich[7]:

[7] In (11.54) ist $\dot{\psi}^{\kappa\lambda} := \frac{\partial\psi_{\kappa\lambda}}{\partial t}$

$$\frac{\partial \varepsilon}{\partial x^0} = \frac{c^4}{64\pi G} \sum_k [2\psi^{\kappa\lambda}{}_{,0}\psi_{\kappa\lambda,k} - \eta_{0k}\psi^{\kappa\lambda}{}_{,\sigma}\psi_{\kappa\lambda,}{}^{\sigma}]\hat{\eta}^k$$
$$= \frac{c^3}{32\pi G}\dot{\psi}^{\kappa\lambda} \sum_k \psi_{\kappa\lambda,k}\hat{\eta}^k \,. \tag{11.54}$$

Nun soll $\psi^{\kappa\lambda}$ eine ebene Wellenlösung sein (Fernfeld!), also von der Phase $\sum_j k_j x^j + \frac{\omega}{c} x^0$ abhängen. Dies führt mit

$$\psi_{\alpha\beta,k} = k_k \psi_{\alpha\beta}$$

und

$$\psi_{\alpha\beta,0} = \frac{\omega}{c}\psi_{\alpha\beta}$$

wegen $\hat{n}_j = \frac{k_j}{|\boldsymbol{k}|} = \frac{c}{\omega} k_j$ auf

$$\boxed{\psi_{\alpha\beta,k} = \frac{1}{c}\hat{n}_k \dot{\psi}_{\alpha\beta}} \,, \tag{11.55}$$

so daß wir aus (11.54) bekommen

$$\frac{\partial \varepsilon}{\partial t} = \frac{c^3}{32\pi G}\dot{\psi}^{\kappa\lambda}\dot{\psi}_{\kappa\lambda} \,. \tag{11.56}$$

Aus der Hilbert-Eichung (11.9) folgt

$$\psi^{00}{}_{,0} + \sum_k \psi^{0k}{}_{,k} = 0$$
$$\psi^{0j}{}_{,0} + \sum_l \psi^{jl}{}_{,l} = 0$$

und mit (11.55)

$$\left.\begin{aligned} \dot{\psi}^{00} &= \sum_{lm} \dot{\psi}^{lm}\hat{n}_l\hat{n}_m \\ \dot{\psi}^{0k} &= -\sum_l \dot{\psi}^{kl}\hat{n}_l \end{aligned}\right\} . \tag{11.57}$$

Damit lautet (11.56), wenn wir die Summationskonvention nun auch auf rein räumliche Indizes ausdehnen

$$\frac{\partial \varepsilon}{\partial t} = \frac{c^3}{32\pi G}[(\dot{\psi}^{lm}\hat{n}_l\hat{n}_m)^2 - 2(\dot{\psi}^{kl}\hat{n}_l)(\dot{\psi}_{kj}\hat{n}^j) + (\dot{\psi}^{kj}\dot{\psi}_{kj})] \,. \tag{11.58}$$

In (11.58) ersetzen wir nun ψ^{lm} durch $\hat{\psi}^{lm}$ mit den korrekten Polarisationsfreiheitsgraden. Dabei verschwinden die beiden ersten Terme und es bleibt

$$\frac{\partial \varepsilon}{\partial t} = \frac{c^3}{32\pi G}\dot{\hat{\psi}}^{kj}\dot{\hat{\psi}}_{kj} \,. \tag{11.59}$$

Nun verwenden wir den Ausdruck (11.52) für $\hat{\psi}^{kj}$ und berücksichtigen, daß auch $P_i^l P_j^m - \frac{1}{2} P_{ij} P^{lm}$ als Projektionstensor idempotent ist. Die Änderung der Energiedichte ergibt sich dann zu

$$\begin{aligned}\frac{\partial \varepsilon}{\partial t} &= \frac{G}{72\pi c^5} \frac{1}{|\boldsymbol{x}|^2} \left(P_i^l P_j^m - \frac{1}{2} P_{ij} P^{lm} \right) \dddot{Q}^{ij} \dddot{Q}_{lm} \\ &= \frac{G}{72\pi c^5} \frac{1}{|\boldsymbol{x}|^2} \left[\dddot{Q}^{ij} \dddot{Q}_{ij} - 2\dddot{Q}_{ij} \hat{n}^j \dddot{Q}^i{}_k \hat{n}^k + \frac{1}{2} (2\dddot{Q}_{ij} \hat{n}^i \hat{n}^j)^2 \right].\end{aligned}$$

Integration über eine Kugelfläche vom Radius $|\boldsymbol{x}|$ führt auf die zeitliche Änderung der Energie:

$$\frac{\mathrm{d}E}{\mathrm{d}t} = |\boldsymbol{x}|^2 \int_0^{2\pi} \int_0^{\pi} \sin\theta \,\mathrm{d}\theta \,\mathrm{d}\varphi \frac{\partial \varepsilon}{\partial t} . \tag{11.60}$$

Unter Benutzung von

$$\begin{aligned}\iint \sin\theta \,\mathrm{d}\theta \,\mathrm{d}\varphi &= 4\pi \\ \iint \sin\theta \,\mathrm{d}\theta \,\mathrm{d}\varphi \,\hat{n}^i \hat{n}^j &= \frac{4\pi}{3} \delta^{ij} \\ \iint \sin\theta \,\mathrm{d}\theta \,\mathrm{d}\varphi \,\hat{n}^i \hat{n}^j \hat{n}^k \hat{n}^l &= \frac{4\pi}{15} (\delta^{ij}\delta^{kl} + \delta^{ik}\delta^{jl} + \delta^{il}\delta^{jk})\end{aligned} \tag{11.61}$$

folgt schließlich die sogenannte *Quadrupolformel* für die pro Zeiteinheit abgegebene Energie

$$\frac{\mathrm{d}E}{\mathrm{d}t} = \frac{G}{18c^5} \left(1 - \frac{2}{3} + \frac{1}{15} \right) \dddot{Q}^{ij} \dddot{Q}_{ij}$$

oder

$$\boxed{\frac{\mathrm{d}E}{\mathrm{d}t} = \frac{G}{45c^5} \dddot{Q}^{ij} \dddot{Q}_{ij}} \; . \tag{11.62}$$

Sie wurde zuerst von Albert Einstein im Rahmen der linearen Näherung hergeleitet[8] [Ein16].

[8] Einstein machte einen trivialen Rechenfehler und erhielt den doppelten Wert.

Bemerkung: Obgleich der kanonische Energie-Impuls-Tensor des linearisierten Gravitationsfeldes *nicht* eichinvariant ist, also keine Observable sein kann, hat das Integral $\int_V d^3x' \frac{\partial \varepsilon(\boldsymbol{x}')}{\partial t}$ eine meßbare Bedeutung. Bei einer Eichtransformation $x^\alpha \mapsto x^\alpha + \xi^\alpha(\boldsymbol{x})$ ändert sich $t_\alpha{}^\beta$ in (11.29) um eine Divergenz und um Terme proportional zur Ableitung der Spur von $\psi^{\alpha\beta}$. Erstere Zusätze verschwinden als Randterme, letztere, weil $\psi^\sigma{}_\sigma = 0$ gilt.

11.4 Empirische Daten und Quadrupolformel

Der Zusammenhang zwischen den Quellen und dem Fernfeld der Gravitationswellen kann bisher nur mittels einer iterativen Störungsrechnung beschrieben werden, die von der linearen Näherung ausgeht. Überraschenderweise gibt schon die niedrigste (relativistische) Näherung eine quantitative Erklärung von Beobachtungsdaten an einem Doppelsternsystem.

11.4.1 Abstrahlung von Gravitationswellen durch ein Doppelsternsystem

Als einfachstes Anwendungsbeispiel nehmen wir zwei um ihren gemeinsamen Schwerpunkt umlaufende Sterne. Wir nehmen die Sterne als punktförmig an und setzen voraus, daß ihre Bahnen – die üblichen Keplerbahnen – durch die Abstrahlung von Gravitationswellen nicht gestört werden. Zur Vereinfachung der Rechnung wählen wir sogar *Kreisbahnen*. Die Massen der Sterne seien m_1 und m_2, ihre Koordinaten x_1^i und x_2^i $(i = 1, 2, 3)$. Der Ursprung des Koordinatensystems liege im Schwerpunkt. Es gilt dann

$$x_l^i = \frac{\mu}{m_1} z^i \,, \qquad x_2^i = -\frac{\mu}{m_2} z^i \,, \tag{11.63}$$

wenn $\mu := \frac{m_1 m_2}{m_1 + m_2}$ die reduzierte Masse und $z^i := x_1^i - x_2^i$ die Relativkoordinaten sind. Für das reduzierte Quadrupolmoment folgt dann:

$$\begin{aligned} Q^{ij} &= \sum_{\alpha=1}^{2} m_\alpha [3x_\alpha^i x_\alpha^j - \delta^{ij} |\boldsymbol{x}_\alpha|^2] \\ &= \mu [3z^i z^j - \delta^{ij} |z|^2] \,. \end{aligned} \tag{11.64}$$

Mit der Kreisbahn

$$z^1 = R\sin(\omega t) \,, \qquad z^2 = R\cos(\omega t) \,, \qquad z^3 = 0 \tag{11.65}$$

läßt sich der Ausdruck $\dddot{Q}^{ij}\dddot{Q}_{ij}$ leicht berechnen:

$$\dddot{Q}^{ij}\dddot{Q}_{ij} = 18\mu^2[(\dddot{z})^2 z^2 + 6(\dddot{z}\,\dot{z})(\ddot{z}\,z) + (\dddot{z}\,z)^2 + 9\ddot{z}^2\dot{z}^2 + 6(\dddot{z}\,\ddot{z})(\dot{z}\,z) + 9(\ddot{z}\,\dot{z})^2]$$

mit $z^2 = z^i z_i, \dddot{z}\,\ddot{z} = \dddot{z}^i\,\ddot{z}_i$ etc.

Wegen $z\,\dot{z} = \dot{z}\,\ddot{z} = z\,\dddot{z} = \dddot{z}\,\ddot{z} = 0$ reduziert sich dies auf

$$\dddot{Q}^{ij}\dddot{Q} = 18\mu^2[(\dddot{z})^2 z^2 + 6(\dddot{z}\,\dot{z})(\dot{z})^2 + 9\ddot{z}^2\dot{z}^2] .$$

Daraus folgt schließlich für die abgestrahlte Energie pro Zeiteinheit

$$-\frac{\mathrm{d}E}{\mathrm{d}t} = \frac{G}{45c^5}\cdot 18\cdot 16\cdot \mu^2\omega^2 R^4 = \frac{32G}{5c^2}\mu^2\omega^6 R^4 .$$

Nach dem 3. Keplerschen Gesetz ist die Umlaufzeit

$$T = \frac{2\pi R^{\frac{3}{2}}}{[G(m_1+m_2)]^{\frac{1}{2}}} \tag{11.66}$$

oder

$$\omega^2 R^3 = (m_1 + m_2)G . \tag{11.67}$$

Damit ergibt sich

$$\boxed{-\frac{\mathrm{d}E}{\mathrm{d}t} = \frac{32G^4}{5c^5}\frac{m_1^2 m_2^2(m_1+m_2)}{R^5}} . \tag{11.68}$$

Die von Ellipsenbahnen mit der großen Halbachse $a = -G\dfrac{m_1+m_2}{2E_0}$ und der Exzentrizität $e^2 = 1 + \dfrac{2E_0 L^2(m_1+m_2)}{G^2(m_1 m_2)^3}$ ausgehende Rechnung (E_0: Energie, L: Bahndrehimpuls der Keplerbahn) gibt nach Mittelung über einen Umlauf[9]

$$-\left\langle\frac{\mathrm{d}E}{\mathrm{d}t}\right\rangle = \frac{32G}{5c^5}\frac{m_1^2 m_2^2(m_1+m_2)}{a^5(1-e^2)^{\frac{7}{2}}}\left(1+\frac{73}{24}e^2+\frac{37}{96}e^4\right). \tag{11.69}$$

Aus (11.66) (mit R durch a ersetzt) folgt:

$$\frac{\dot{T}}{T} = \frac{3}{2}\frac{\dot{a}}{a} = \frac{3}{2}\frac{\dot{E}_0}{|E_0|} .$$

[9] Diese Rechnung ist z.B. bei N. Straumann [Str81] in Kapitel IV, § 5 durchgeführt. Zuerst gemacht wurde sie wohl von Peters und Mathews [PM63].

Ersetzt man $\dot{E}_0$ durch $\left\langle \frac{\mathrm{d}E}{\mathrm{d}t} \right\rangle$ von (11.69) und E_0 durch die große Halbachse a, so folgt

$$\boxed{\frac{\dot{T}}{T} = -\frac{96G^2}{5c^5} \frac{m_1 m_2}{[G(m_1+m_2)]^{\frac{1}{3}}} \left(\frac{T}{2\pi}\right)^{-\frac{8}{3}} f(e)} \tag{11.70}$$

mit $f(e) := (1-e^2)^{-\frac{7}{2}} \left(1 + \frac{73}{24}e^2 + \frac{37}{96}e^4\right)$. (11.70) gibt die relative Änderung der Umlaufszeit des Doppelsternsystems an, die durch die Abstrahlung von Gravitationswellen entsteht. T verringert sich.

11.4.2 Vergleich mit den Beobachtungsdaten des Binärpulsars PSR 1913 + 16

Seit 1974 beobachtet man ein Doppelsternsystem, dessen einer Teilstern ein *Pulsar* ist. Das ist ein Stern, der Pulse von Radiowellen aussendet. Das System trägt die Bezeichnung PSR 1913 + 16; die Dauer der Radiopulse beträgt $\cong 59{,}03 \cdot 10^{-3}$ s. Das Pulsprofil (in verschiedener Zeitauflösung) ist in Abbildung 11.1[10] dargestellt. Man stellt sich den Pulsar als einen rotierenden *Neutronenstern* vor, d.h. einen Stern von der Größenordnung der Sonnenmasse, aber mit einem Radius von ~ (10–20) km. Seine Dichte ist also die von Kernmaterie, das heißt $\sim 10^{15} \frac{\mathrm{g}}{\mathrm{cm}^3}$ (vgl. Abschnitt 12.3.3). Der Mechanismus der Radiopulsaussendung soll vergleichbar zu dem eines Leuchtturms sein: der Neutronenstern rotiert und sendet ein Radiowellenbündel aus, das unsere Sichtlinie bei jeder Rotation einmal überdeckt[11]. Der Neutronenstern hat ein Magnetfeld von $B \cong 2 \cdot 10^{10}$ Gauß, dessen Nord-Süd-Achse nicht mit der Rotationsachse des Stern übereinstimmt (vgl. Abb. 11.2). Dieses starke Magnetfeld saugt Elektronen und Ionen von der Oberfläche des Sterns und beschleunigt sie. Da das Magnetfeld an den Magnetpolen am stärksten ist, wird die Strahlung in Richtung der Pole gebündelt.

Wie kommt man darauf, daß ein *Doppelsternsystem* vorliegt? Man sieht den Begleiter nämlich nicht, weder im Radiowellen- noch im optischen Bereich. Nun, die Messung der Radiopulse zeigt, daß sich ihre Zeitdauer ändert: sie nimmt ab und wieder zu (vgl. Abb. 11.3). Wenn es sich um ein Doppel-

---

[10] Vgl. [TW89]. Das Profil entsteht durch Integration über viele Einzelprofile.

[11] Die Rotationsfrequenz des Neutronensterns wäre demnach $\frac{1}{59{,}03} \cdot 10^3\ \mathrm{s}^{-1} \cong 16{,}9$ Hz.

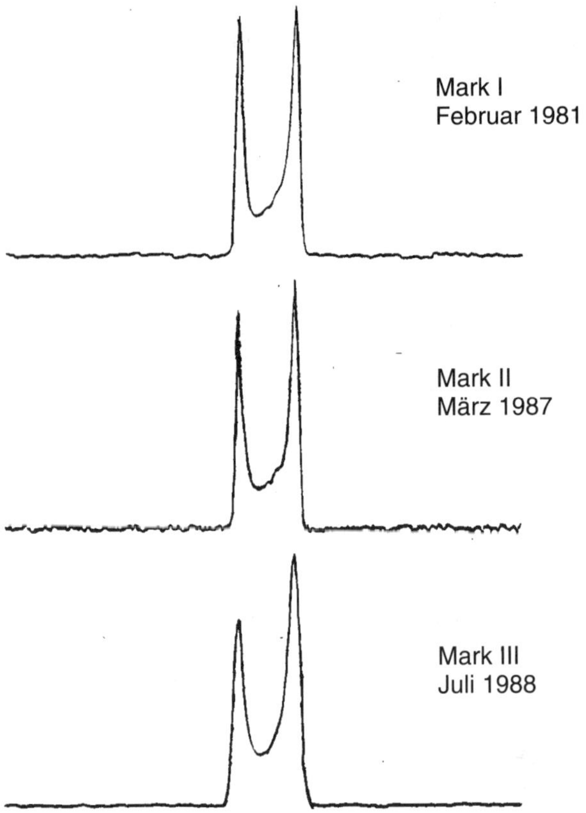

Abb. 11.1 Pulsarprofile des Pulsars PSR 1913 + 16 bei 1408 MHz und verschiedener Zeitauflösung (aus[TW89])

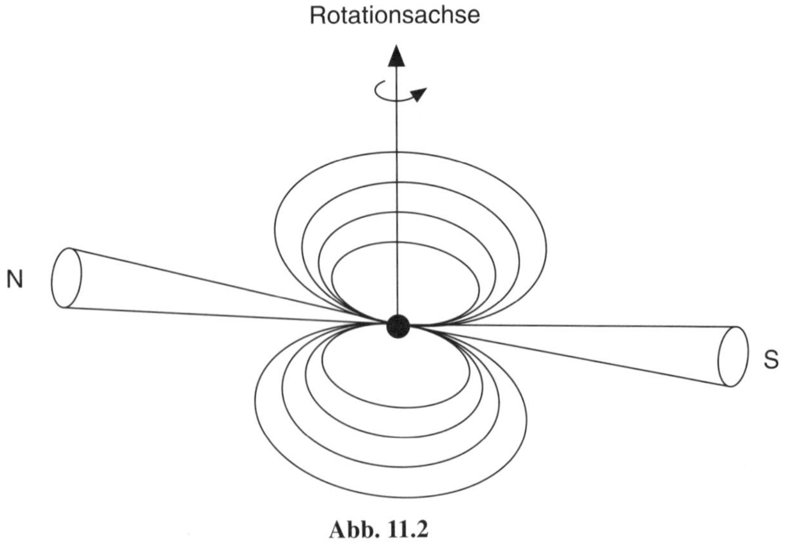

Abb. 11.2

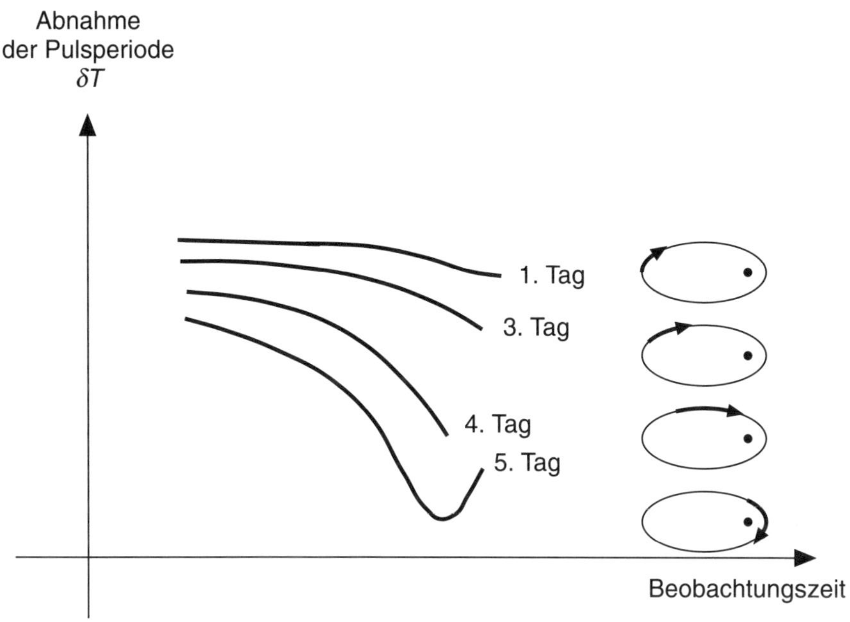

Abb. 11.3

sternsystem handelt, dessen Bahnebene nicht gerade senkrecht zur Sichtrichtung liegt, so kommt der Pulsar manchmal auf uns zu, manchmal läuft er von uns weg. Am *Periastron*, d.h. dem Punkt, der dem Bahnzentrum am nächsten ist, hat er die größte Geschwindigkeit, am *Apastron* die kleinste. Manchmal besitzt er auch nur eine transversale Geschwindigkeit. Am Periastron ist der Übergang von Beschleunigung zu Abbremsung am größten. Aus der regelmäßigen Wiederholung der Abnahme der Pulsperiode und Wiederzunahme schließt man auf eine *Bahnperiode des Pulsars von* $T_\mathrm{p} = 7{,}75$ *Stunden*. Seine Maximalgeschwindigkeit ist $\cong 400 \frac{\mathrm{km}}{\mathrm{s}}$ (Radialgeschwindigkeit in Sichtrichtung aus Dopplermessungen) oder $\frac{\upsilon_{\max}}{c} \cong 1{,}3 \cdot 10^{-3}$; also handelt es sich um ein *relativistisches* System. Die Geometrie des Doppelsternsystems wird (bis auf Drehungen um die Richtung der Sichtlinie) durch 7 Kepler-Parameter beschrieben (vgl. Abb. 11.4): Die Projektion der großen Halbachse auf die Sichtlinie $x := \frac{a \sin i}{c}$[s], die Exzentrizität e, eine Referenzzeit für den Periastrondurchgang T_0, die Pulsarbahnperiode T_p, die Länge des Periastrons φ_0 zum Zeitpunkt T_0 und die Masse m_p des Pulsars sowie die Masse m_c des

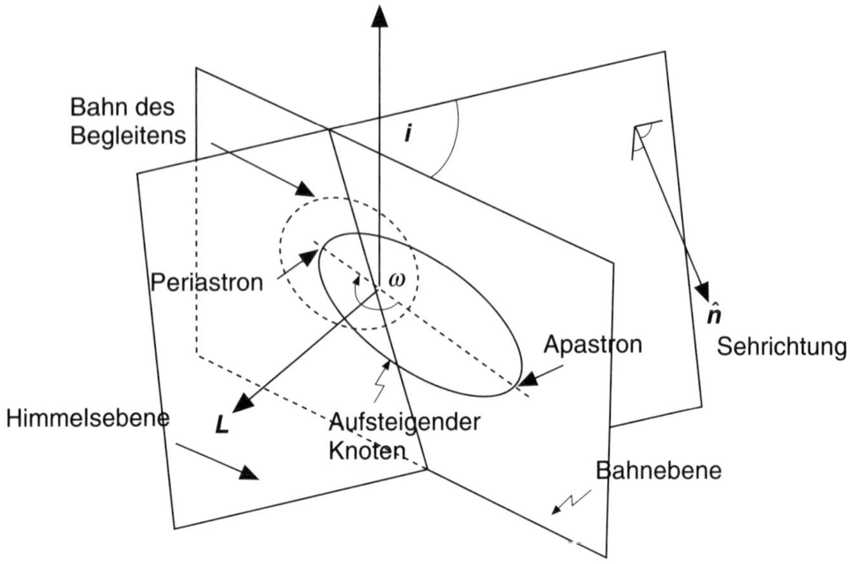

Abb. 11.4

Begleiters. Es stellt sich heraus, daß $a \simeq 9 \cdot 10^5$ km und $e \simeq 0{,}617$. Das Modell, das für das Doppelsternsystem benötigt wird, muß aber über das der Keplerbewegung hinausgehen: Das allgemein-*relativistische* 2-Körperproblem muß näherungsweise gelöst werden. Der Grund dafür ist, daß man in der langen Beobachtungszeit (14 Jahre mit über 1000 Umläufen pro Jahr) eine Änderung $\dot{T}_\mathrm{p}$ der Bahnperiode gemessen hat. *Post-Newtonsche Parameter* sind etwa: die bei Abstrahlung von Gravitationswellen durch (11.70) vorhergesagte Änderung der Bahnperiode

$$\dot{T}_\mathrm{p} = -\frac{96}{5c^5}\left(\frac{2\pi}{T_\mathrm{p}}\right)^{\frac{8}{3}} T_\mathrm{p} \frac{(Gm_\mathrm{p})(Gm_\mathrm{c})}{[G(m_\mathrm{p}+m_\mathrm{c})]^{\frac{1}{3}}} \tag{11.71}$$

und die Verschiebung des Periastrons

$$\varphi = \varphi_0 + \dot{\varphi}(t_\mathrm{p} - T_0)\,. \tag{11.72}$$

Aus der Formel für die Merkurperihelverschiebung (7.29) entnehmen wir für die Allgemeine Relativitätstheorie

$$\dot{\varphi} = \frac{\triangle\varphi}{T_\mathrm{p}} = \frac{2\pi}{T_\mathrm{p}} \frac{3GM}{c^2 a_R (1-e^2)}\,, \tag{11.73}$$

wenn $M = m_p + m_c$, a_R und e die große Halbachse und Exzentrizität der Bahn der Relativbewegung sind. In (11.72) ist t_p die *Ankunftszeit des Radiopulses im Schwerpunktsystem unseres Planetensystems*. t_p muß in Verbindung gebracht werden mit der Eigenzeit τ_p des Pulsars. Dies geschieht mit Hilfe der Beziehung [DD85]:

$$t_\mathrm{p} - T_0 = \tau_\mathrm{p} + \triangle_\mathrm{R} + \triangle_\mathrm{E} + \triangle_\mathrm{s} + \triangle_\mathrm{A}\,. \tag{11.74}$$

Hierin ist $\triangle_\mathrm{R}$ eine Korrektur für die Ausbreitungszeit vom Pulsar bis zum Beobachter (*Retardierung*; Newtonsch: $\dfrac{(\boldsymbol{x}\cdot\hat{\boldsymbol{n}})}{c}$); $\triangle_\mathrm{E}$ die *Einsteinsche Zeitverzögerung* (eine Kombination von Gravitationsrotverschiebung auf Grund des Begleitsterns und der Zeitdilatation wegen der großen Geschwindigkeit des Pulsars); $\triangle_\mathrm{s}$ ist die *Shapirosche Laufzeitverzögerung* (vgl. Abschnitt 10.6.2) und $\triangle_\mathrm{A}$ eine Zeitverzögerung in Zusammenhang mit einem aus der Pulsarrotation folgenden Aberrationseffekt. Z.B. berechnet sich $\triangle_\mathrm{E}$ aus [BT76]

$$\triangle_\mathrm{E} = \bar{\gamma}\sin E \tag{11.75}$$

mit der *Exzentrischen Anomalie E* definiert durch (in post-Newtonscher Näherung)

$$E - e\sin E = \frac{2\pi}{T_\mathrm{p}}\left\{(T - T_0) - \frac{1}{2}\frac{\dot{T}_\mathrm{p}}{T_\mathrm{p}}(T - T_0)^2 + \ldots\right\} \tag{11.76}$$

und

$$\bar{\gamma} = \frac{eT_\mathrm{p}Gm_c(m_\mathrm{p} + 2m_\mathrm{c})}{2\pi c^2 a_R(m_\mathrm{p} + m_\mathrm{c})}\,. \tag{11.77}$$

Dabei ist $\dfrac{2\pi}{T_\mathrm{p}}(T - T_0) = \bar{u}$ die sogenannte mittlere Anomalie, die wir in Abschnitt 7.4 erwähnt haben

Die momentane Pulsarphase (d.h. die Aussendezeit des N-ten Pulses) wird durch

$$\Phi(\tau_\mathrm{p}) = \nu_\mathrm{p}\tau_\mathrm{p} + \frac{1}{2}\dot{\nu}_\mathrm{p}\tau_\mathrm{p}^2 + \ldots \tag{11.78}$$

modelliert, wobei ν_p die Rotationsfrequenz des Pulsares ist, und die nächsten Terme die Dämpfung durch allerlei Reibungmechanismen beschreiben. Für PSR 1913 + 16 ist $\dot{\nu}_\mathrm{p} \cong -2{,}5\cdot 10^{-15}\ \mathrm{s}^{-2}$ und alle höheren Terme können innerhalb der bisherigen Beobachtungszeit nicht gemessen werden. Wenn die Relativbewegung des Schwerpunktes des ca. 10^4 Lichtjahre von uns entfernten Bipulsarsystems gegenüber dem Sonnensytem für die Pulsarphase vernachlässigt werden kann, ist in niedrigster Näherung $\tau_\mathrm{p} \cong t_\mathrm{p} - T_0$. die relativistischen Korrekturen werden durch (11.74) gegeben. Daß (11.78) eine gute Modellie-

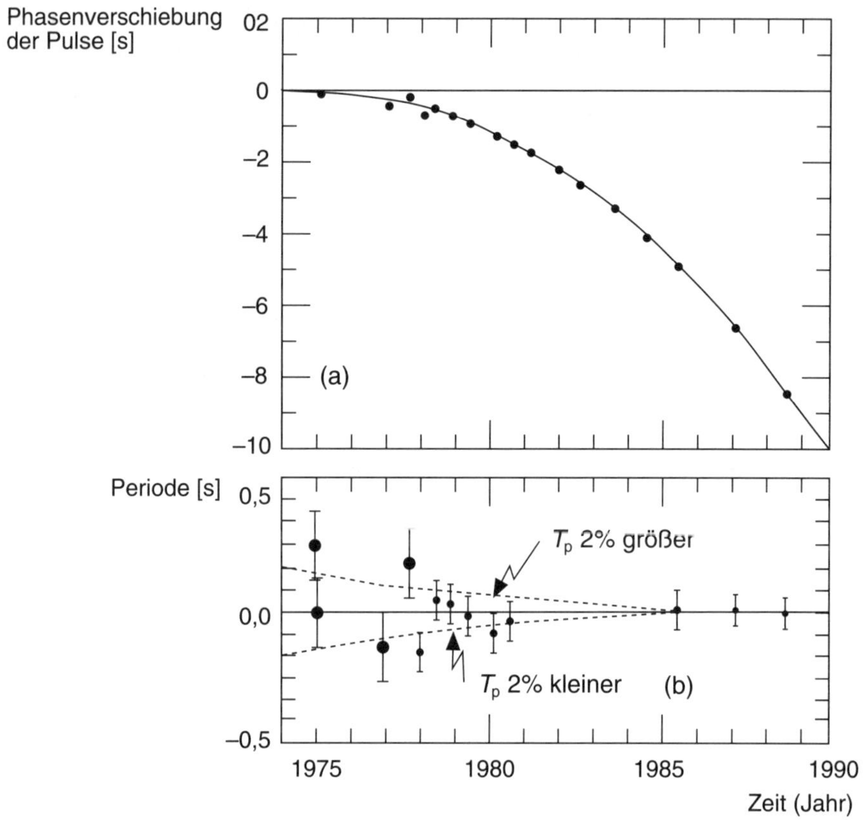

Abb. 11.5 (a) Kumulative Verschiebung der Zeiten des Periastron-Durchgangs relativ zu einem nicht dispersiven Modell. (b) Differenzen zwischen den gemessenen Periastron-Durchgangszeiten und denen die nach dem theoretischen Model von Damour und Deruelle berechnet wurden.

rung ist, zeigt das Meßergebnis von Abb. 11.5 (nach Taylor und Weisberg [TW89]). Die Beobachtungsergebnisse von Taylor und Mitarbeitern geben folgendes Resultat für die Massen des Doppelsternsystems

$$m_p = (1{,}442 \pm 0{,}003) M_\odot$$
$$m_c = (1{,}386 \pm 0{,}003) M_\odot \,.$$

Trägt man m_c als Funktion von m_p auf aus den verschiedenen Parametern der post-Newtonschen Näherung, so ergibt sich ein geringer Spielraum für die Massenwerte (vgl. Abb. 11.6). Die beobachtete relative Änderung der Bahnperiode [TW89]

$$\left.\frac{\dot{T}_p}{T_p}\right|_{\text{Beob}} = (-2{,}427 \pm 0{,}026) \cdot 10^{-12}$$

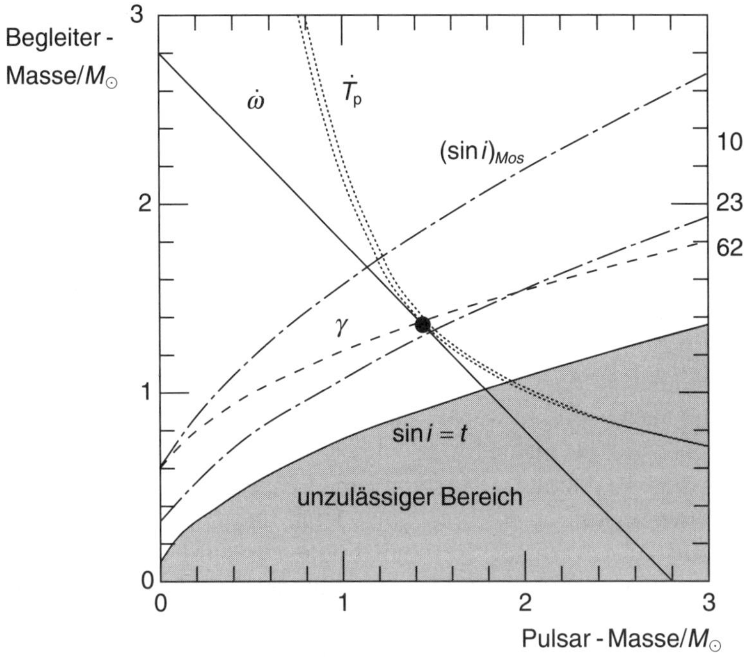

Abb. 11.6 Einschränkungen an die Masse des Pulsars und seines Begleiters aus den post-Keplerschen Parametern $\dot{T}_p$, $\dot{\omega}$ und γ

ist in ausgezeichneter Übereinstimmung mit dem mit Hilfe der Einsteinschen Theorie berechneten Wert (Quadrupolformel (11.71)):

$$\left.\frac{\dot{T}_p}{T_p}\right|_{\text{Theo}} = (-2{,}40216 \pm 0{,}00021) \cdot 10^{-12} .$$

Daher neigen viele Astrophysiker dazu, dieses Resultat als ersten indirekten Nachweis für die Gravitationsstrahlung anzusehen. Andere Dämpfungseffekte wie z.B. ein Massenaustausch zwischen Pulsar und Begleiter werden als unwahrscheinlich ausgeschlossen.

Angesichts der mathematisch nicht gerade konsistenten Ableitung der Quadrupolformel in Abschnitt 11.3 – die Bahn der Quellen kann in der Einsteinschen Theorie *nicht* frei vorgegeben werden wie etwa in der Maxwellschen Theorie, da die Bewegungsgleichungen aus den Feldgleichungen folgen – und einer fehlenden Kontrolle des Näherungsverfahrens (wird der nächste Term wirklich kleiner?[12]) sollte man dennoch eine gewisse Reserve walten lassen (vgl. [ERGH76]).

[12] Vgl. [DS88], die finden, daß die Oktupolstrahlungsdämpfung von der Größenordnung $2 \cdot 10^{-16}$ in $\frac{\dot{T}_p}{T_p}$ ist.

11.4.3 Direkter Nachweis von Gravitationswellen?

Versuche zum *direkten* Nachweis von Gravitationswellen sind schon seit Ende der sechziger Jahre unternommen worden. Sie gehen von der durch Gleichung (11.41) aus Abschnitt 11.2 beschriebenen (periodischen) Änderung der Relativbeschleunigung von Massen aus, über die eine Gravitationswelle hinwegstreicht.

Die ersten von J. Weber gebauten Detektoren waren Resonanzdetektoren [Web70]. Sie bestanden aus Metallzylindern (oder anders geformten Klötzen) mit einer Masse von mehreren Tonnen (z.B. aus Aluminium), die auf Temperaturen unter 4 K gekühlt wurden. Die einfallende Gravitationswelle regt eine Schwingungsmode des Körpers an, die in ein elektrisches Signal verwandelt, verstärkt und dann nachgewiesen werden kann. Wenn die Enden des Zylinders frei schwingen, so hat die resonante Mode einen Knoten in der Mitte des Zylinders. Ihre Wellenlänge ist damit $\lambda = 2L$, wenn L die Länge des Zylinders ist. Mit einer Schallgeschwindigkeit $\upsilon_s \simeq 5\ \mathrm{kms}^{-1}$ im Metall und $L = 2m$ ergibt sich aus $\nu \cdot \lambda = \upsilon_s$ eine zu erwartende Resonanzfrequenz von 1 kHz. Relative Längenänderungen von $\sim 10^{-18}$ sind für Pulsdauern von einigen Millisekunden an solchen Detektoren schon gemessen worden.

Allerdings reicht das noch nicht aus, um die erwartete Amplitude (für diese relative Längenänderung) von $\leq 10^{-20}$ zu messen, die von möglichen astronomischen Quellen der Gravitationsstrahlung stammt. Als solche betrachtet man etwa Supernova-Explosionen, bei denen Materie zu einem Neutronenstern kollabiert (vgl. Abschnitt 12.3.2). Man erwartet hierbei Gravitationswellen der Frequenz

$$\nu \simeq 1{,}3 \cdot 10^4 \frac{M_\odot}{M}\,\mathrm{Hz}$$

und Deformationsamplituden von

$$h \simeq 10^{-20} \left(\frac{\Delta E}{10^{-2} M_\odot c^2} \right)^{\frac{1}{2}} \left(\frac{1\ \mathrm{kHz}}{\nu} \right) \left(\frac{10\ \mathrm{Mpc}}{r} \right)$$

worin ΔE die abgestrahlte Energie, ν die Frequenz der Welle und r der Abstand zur Quelle (in Megaparsek gemessen) sind [DB79]. Auch verschmelzende Doppelsterne kommen als Quelle von Gravitationsstrahlung in Frage. Ein System aus zwei Neutronensternen von je 1,4 $M_\odot$, das seine Umlauffrequenz von 100 Hz auf 200 Hz verdoppelt, gibt eine Energie $\Delta E \simeq 5 \cdot 10^{-3} M_\odot c^2$ ab. Diese Abstrahlung verteilt sich dann aber über viele Umläufe des Doppelsternsystems. Man erwartet eine maximale Frequenz von 1 kHz. Von verschmelzenden Doppelsternen in einer Entfernung bis zu 200 Mpc könnten ca. 3 Ereignisse pro Jahr gemessen werden. Schließlich könnten schnell rotierende Pulsare ein kontinuierliches Gravitationswellensignal erzeugen.

Eine andere Detektorart, von der man annimmt, daß mit ihr die benötigte Empfindlichkeit in absehbarer Zeit erreicht werden kann, besteht aus einem Michelson-Interferometer. Die von der Gravitationswelle deformierten Arme des Interferometers werden durch frei aufgehängte Spiegel gebildet, zwischen denen das Licht läuft. Wenn die Arme von der Gravitationswelle *verschieden* deformiert werden, so ergibt sich eine meßbare Phasendifferenz. Durch vielfaches Hin- und Herlaufen des Lichtes zwischen den Spiegeln läßt sich die Armlänge vergrößern. Ein Prototyp von 3 m Armlänge hat z.B. am Max-Planck-Institut für Quantenoptik in Garching seit 1974 gearbeitet.

Damit Amplitude, Polarisation und Einfallsrichtung der Gravitationswelle gemessen werden können, müssen mindestens drei Detektoren an möglichst weit entfernten Orten in *Koinzidenz* arbeiten. Gegenwärtig ist in den USA das sogenannte LIGO-System mit zwei Interferometern (in den Staaten Washington bzw. Louisiana) im Bau. Eine französisch-italienische Kooperation (VIRGO) errichtet einen Detektor ähnlichen Typs (Interferometer) in Pisa. Auch ein deutsch-britisches Projekt (GEO) hat mit dem Bau eines solchen Gravitationswellendetektors begonnen.

12 Sternaufbau, Gravitationskollaps, schwarze Löcher

In diesem Kapitel wollen wir uns mit dem Gravitationsfeld *im Inneren* der Materie, insbesondere von Sternen, befassen. Insbesondere interessiert uns, welche *Gleichgewichtszustände* vorhanden sind, in denen nichtgravische Kräfte der Gravitationskraft die Waage halten. Bei kalter Materie ($T = 0$) sind es zwei, die den Sternen vom Typ der weißen Zwerge und den Neutronensternen entsprechen. Wir werden sehen, daß bei zu großen Massen die Gravitationskraft immer das Übergewicht bekommt und der Stern kollabiert. Dabei entsteht ein exotischer Endzustand: das sogenannte *schwarze Loch*. Wir lernen einige Eigenschaften des schwarzen Loches kennen und eine merkwürdige Analogie zur Thermodynamik.

12.1 Das statische Gravitationsfeld im Innern eines kugelsymmetrischen Körpers

Wir schreiben die Feldgleichungen für eine zeitunabhängige, radialsymmetrische Materieverteilung auf und lösen sie für den einfachen Fall einer konstanten Energiedichte (innere Schwarzschild-Lösung). In der Nähe des Symmetriezentrums geht diese exakte Lösung der Einsteinschen Feldgleichungen in die entsprechende Newtonsche über.

12.1.1 Die Feldgleichungen und die LOV-Gleichung

Wir betrachten eine Materieverteilung, die durch eine *ideale Flüssigkeit* beschrieben wird. Sie soll im hydrodynamischen Gleichgewicht sein, das heißt das zugehörige Gravitationsfeld soll *statisch* sein. Wir gehen vom Energie-Impuls-Tensor (9.1) des idealen Gases aus und von den aus $T^{\alpha\beta}{}_{;\beta} = 0$ folgenden Beziehungen (9,18, 9.19):

$$\dot{\mu} + (\mu + p)u^{\beta}{}_{;\beta} = 0 \tag{12.1}$$

$$(\mu + p)\dot{u}^{\alpha} = c^2 p^{\alpha\beta} p_{,\beta} \tag{12.2}$$

mit $\dot{\mu} := \mu_{,\sigma} u^\sigma$, $\dot{u}^\alpha := u^\alpha{}_{;\beta} u^\beta$. Weiterhin brnutzen wir den Projektionsoperator P_U senkrecht zur 4-Geschwindigkeit U mit $g(U,U) = c^2$:

$$P_U(X,Y) := \frac{1}{c^2}[g(X,Y)g(U,U) - g(X,U)g(Y,U)] \quad \forall\, X, Y \in T_p\,, \tag{12.3}$$

dessen Komponenten in einer lokalen Karte durch

$$p^{\alpha\beta} := g^{\alpha\beta} - \frac{1}{c^2} u^\alpha u^\beta \tag{12.4}$$

gegeben sind und für den gilt (vergleiche Abschnitt 5.3 bzw. 11.3 für einen anderen Projektionstensor):

$$p^\alpha_\sigma p^\sigma_\beta = p^\alpha_\beta,\ p^\sigma_\sigma = 3\,, \quad p^\alpha_\beta u^\beta = 0\,.$$

Mit dem Ansatz (10.2) für eine statische, zentralsymmetrische Lorentz-Metrik:

$$\mathrm{d}l^2 = \mathrm{e}^{2\alpha(r)} c^2 \mathrm{d}t^2 - \mathrm{e}^{2\beta(r)} \mathrm{d}r^2 - r^2 \mathrm{d}\Omega^2 \tag{12.5}$$

und lokalen Koordinaten, in denen $u^\alpha \sim \delta^\alpha_0$ gilt, folgt

$$u^\alpha \overset{*}{=} c\mathrm{e}^{-\alpha} \delta^\alpha_0\,, \quad u_\alpha \overset{*}{=} c\mathrm{e}^{\alpha} \delta^0_\alpha\,. \tag{12.6}$$

Nach (9.31) bekommen wir

$$u^\beta{}_{;\beta} = \frac{1}{\sqrt{-g}}(\sqrt{-g}\,u^\beta)_{,\beta} \overset{*}{=} \frac{1}{\sqrt{-g}}(\sqrt{-g}\,c\mathrm{e}^{-\alpha(r)})_{,0} = 0\,,$$

da die Metrik (10.2) zeitunabhängig ist. Also reduziert sich (9.18) auf

$$\frac{\partial \mu}{\partial t} \overset{*}{=} 0\,. \tag{12.7}$$

Wegen $\dot{u}^\alpha = c^2 \mathrm{e}^{-2\alpha} \delta^\alpha_{0;0} = c^2 \mathrm{e}^{-2\alpha} \Gamma_0{}^\alpha_0$ und (10.4) erhalten wir

$$\dot{u}^\alpha \overset{*}{=} \delta^\alpha_1 \frac{\partial \alpha}{\partial r} \mathrm{e}^{-2\beta} c^2\,. \tag{12.8}$$

Der Projektionstensor schließlich ist in dieser lokalen Karte

$$p^{\alpha\beta} \overset{*}{=} -\left[\mathrm{e}^{-2\beta} \delta^\alpha_1 \delta^\beta_1 + \frac{1}{r^2}\left(\delta^\alpha_2 \delta^\beta_2 + \frac{1}{\sin^2\theta} \delta^\alpha_3 \delta^\beta_3\right)\right], \tag{12.9}$$

so daß Gleichung (9.19) übergeht in

$$(\mu + p)\delta^\alpha_1 \alpha' \mathrm{e}^{-2\beta} = -\left[\mathrm{e}^{-2\beta} \delta^\alpha_1 p_{,1} + \frac{1}{r^2}\left(\delta^\alpha_2 p_{,2} + \frac{1}{\sin^2\theta} \delta^\alpha_3 \delta^\beta_3\right)\right],$$

also in

$$\left.\begin{aligned}&\frac{\partial p}{\partial r}=-(\mu+p)\frac{\alpha'}{r}\\&\frac{\partial p}{\partial \theta}=0\,,\quad \frac{\partial p}{\partial \varphi}=0\end{aligned}\right\}. \tag{12.10}$$

Der *Einstein-Tensor* berechnet sich mit Hilfe des Ausdrucks für den Ricci-Tensor (10.5) zu

$$\left.\begin{aligned}&G^0_0=-\frac{1}{r^2}+\mathrm{e}^{-2\beta}\left(\frac{1}{r^2}-2\frac{\beta'}{r}\right)\\&G^1_1=-\frac{1}{r^2}+\mathrm{e}^{-2\beta}\left(\frac{1}{r^2}+2\frac{\alpha'}{r}\right)\\&G^2_2=-\mathrm{e}^{-2\beta}\left(\alpha''+\alpha'^2-\alpha'\beta'+\frac{\alpha'-\beta'}{r}\right)\\&G^3_3=G^2_2\\&G^2_2=0\quad \text{sonst}\end{aligned}\right\} \tag{12.11}$$

mit $\alpha' := \dfrac{\mathrm{d}\alpha(r)}{\mathrm{d}r}$.

Die Integration der Einsteinschen Feldgleichungen beginnen wir mit der 1. Gleichung des Systems (12.11)[1]. Sie schreibt sich als

$$\frac{1}{r^2}\frac{\mathrm{d}}{\mathrm{d}r}[r(\mathrm{e}^{-2\beta}-1)]=-\kappa T^0_0=-\kappa\mu$$

und kann daher sofort integriert werden:

$$\mathrm{e}^{-2\beta}=1-\frac{2G}{c^2 r}M^*(r)+\frac{a_0}{r}. \tag{12.12}$$

Hierin ist a_0 eine Integrationskonstante und

$$\boxed{M^*(r)=\frac{4\pi}{c^2}\int^r \mathrm{d}r'\, r'^2\mu(r')} \tag{12.13}$$

die dem *Gesamtenergiegehalt der Materie entspechende Masse* in einem um den Ursprung zentrierten Volumenelement. Da das Gravitationsfeld im Zen-

[1] Da $G^{\alpha\beta}$ nicht von der Koordinate t abhängt, kann auch $T^{\alpha\beta}$ nicht zeitabhängig sein. Das bedeutet wegen (12.10), daß $p = p(r)$.

trum des Sterns beschränkt sein soll, wählen wir $a_0 = 0$. Setzt man (12.12) in die der zweiten Gleichung des Systems (12.11) entsprechende Feldgleichung ein, so folgt

$$\frac{\mathrm{d}\alpha}{\mathrm{d}r} = \frac{\frac{G}{c^2}\left[\frac{4\pi p}{c^2} r^3 + M^*(r)\right]}{r^2\left(1 - \frac{2GM^*(r)}{c^2 r}\right)} . \qquad (12.14)$$

Führt man diesen Ausdruck für $\frac{\mathrm{d}\alpha}{\mathrm{d}r}$ in die erste Gleichung von (12.10) ein, so erhält man die sogenannte *LOV-Gleichung* (Landau-Oppenheimer-Volkoff)[2] [OV93]:

$$\boxed{\frac{\mathrm{d}p(r)}{\mathrm{d}r} = -\frac{G}{c^2} \frac{(\mu + p)\left(M^*(r) + 4\pi r^3 \frac{p}{c^2}\right)}{r^2\left(1 - \frac{2GM^*(r)}{c^2 r}\right)}} . \qquad (12.15)$$

Das ist die allgemein-relativistische Verallgemeinerung der *Bedingung für ein hydrostatisches Gleichgewicht* in der *Newtonschen Theorie*:

$$\boxed{\frac{\mathrm{d}p(r)}{\mathrm{d}r} = -G\rho \frac{M(r)}{r^2}} , \qquad (12.16)$$

die aus (12.15) mit $\frac{\varepsilon}{c^2} \ll \rho$, $\frac{p}{c^2} \ll \rho$, $\frac{GM^*(r)}{c^2 r} \ll 1$ folgt[3].

Aufgabe 12.1:

1. Leite (12.16) her.
2. Kann p noch von der Zeit abhängen?

---

[2] *Lev Dawidowich Landau* (1908–1968), russischer theoretischer Physiker. Professor an der Universität in Charkow, dann in Moskau, Nobelpreis 1962.

[3] $M(r)$ entspricht der Definition (12.13), wenn μ durch ρ ersetzt wird.

Zusammen mit (12.13) bzw. der äquivalenten Beziehung

$$\frac{\mathrm{d}M^*(r)}{\mathrm{d}r} = \frac{4\pi}{c^2} r^2 \mu(r) \qquad 12.17)$$

und einer Zustandsgleichung

$$p = p(\mu) \qquad (12.18)$$

bildet die LOV-Gleichung ein System von Gleichungen, die das Gravitationspotential (die Metrik) und die Materievariablen $\mu(r)$, $p(r)$ im Innern des Sterns bestimmen. Als *Randbedingungen* wird man $M^*(0) = 0$ und $p(R) = 0$ wählen, wenn R der (Koordinaten-)Radius des Sterns ist. Wir werden die LOV-Gleichung in Abschnitt 12.3.1} diskutieren.

12.1.2 Die innere Schwarzschild-Lösung

Um eine einfache Lösung des Systems (12.15), (12.17), (12.18) zu finden, ersetzen wir die Zustandsgleichung durch die Bedingung $\mu = \mu_0 = const$ für $0 \le r \le R$. Aus (12.17) folgt dann $M^*(r) = \frac{4\pi}{3c^2}\mu_0 r^3$ und (12.15) läßt sich nach Einführung der neuen unabhängigen Variablen χ durch

$$r = l \sin\chi \qquad (12.19)$$

mit $\frac{1}{l^2} = \frac{8\pi}{3}\frac{G}{c^4}\mu_0$ in die Form bringen:

$$\mathrm{d}\left[\ln\frac{\mu_0 + 3p}{\mu_0 + p}\right] = \mathrm{d}\,[\ln\cos\chi] \qquad (12.20)$$

und ausintegrieren. Die Integrationskonstante legen wir durch $p(R) = 0$ fest mit $R := l\sin\chi_{\max}$. Man erhält

$$p = \mu_0 \frac{\cos\chi - \cos\chi_{\max}}{3\cos\chi_{\max} - \cos\chi} \qquad (12.21)$$

für $0 \le \chi \le \chi_{\max}$ mit $\cos\chi_{\max} > \frac{1}{3}\cos\chi$, wenn $p \ge 0$ im Sterninnern gelten soll. In der alten Radialkoordinate r schreibt sich (12.21) als

$$\boxed{p(r) = \mu_0 \frac{\sqrt{l^2 - r^2} - \sqrt{l^2 - R^2}}{3\sqrt{l^2 - R^2} - \sqrt{l^2 - r^2}}} \qquad (12.22)$$

für $0 \le r \le R$.

Aufgabe 12. 2:

Zeige, daß die Gesamtmasse des Sterns in der inneren Schwarzschildlösung bei jeder vorgegebenen Energiedichte μ_0 nach oben beschränkt ist.

Die Komponenten der Metrik bestimmen sich aus (12.12) und (12.14) zu:

$$\mathrm{e}^{2\beta} = \left(1 - \frac{r^2}{l^2}\right)^{-1}$$

$$\mathrm{e}^{2\alpha} = \frac{1}{4}\left(3\sqrt{1-\left(\frac{R}{l}\right)^2} - \sqrt{1-\left(\frac{r}{l}\right)^2}\right)^2 . \tag{12.23}$$

Auch diese Lösung ist von *K. Schwarzschild* zuerst gefunden worden [Sch16b].

Der stetige Anschluß an die äußere Schwarzschild-Metrik ergibt für die metrischen Koeffizienten die Bedingung:

$$1 - \frac{R^2}{l^2} = 1 - \frac{2m}{R}, \tag{12.24}$$

also $M = \frac{4\pi}{3} R^3 \frac{\mu_0}{c^2}$ wegen $m = \frac{GM}{c^2}$. Die Masse in der Schwarzschild-Metrik berechnet sich also aus der Gesamtenergiedichte μ_0 der Materie, *nicht* der Ruhmassendichte. Der Anschluß im Druck ist schon in der Bestimmung der inneren Schwarzschildlösung vorweggenommen worden. In der Energiedichte ergibt sich ein *Sprung* bei $r = R$. Wegen der unphysikalischen Annahme $\mu = \mu_0$ kann die innere Schwarzschildlösung keine realistische Beschreibung eines Sterns liefern.

Anmerkung: Entwicklung nach $\left(\frac{r}{l}\right)^2 \ll 1, \left(\frac{R}{l}\right)^2 \ll 1$ gibt aus (12.23) bzw. (12.22) das Newtonsche Potential $\varphi_\mathrm{N} = \frac{2\pi}{3} G\rho_0 r^2$ einer Vollkugel konstanter Massendichte (bis auf eine Konstante), sowie den Gleichgewichtsdruck $p_\mathrm{N} = \frac{2\pi}{3c^2} G\rho_0^2 \,(R^2 - r^2)$.

Aufgabe 12.3:

1. Gilt für die innere Schwarzschildlösung, daß der Schwarzschildradius im Innern des Sterns liegt ($r_g < R$)?

2. Leite die Kontinuitätsgleichung und die Euler-Gleichung der Hydrodynamik aus (9.18, 9.19) in der Newtonschen Näherung ab.
3. Zeige, daß die Raumschnitte $t = const$ der inneren Schwarzschildlösung Räume konstanter Krümmung sind.
4. Schreibe die innere Schwarzschild-Metrik in lichtartigen Koordinaten u, v (statt t und r) wie bei der Kruskalschen Form der äußeren Schwarzschild-Metrik von Abschnitt 10.4.
5. Bestimme die entsprechende Lösung für die Einsteinschen Feldgleichungen mit kosmologischer Konstante $\Lambda \neq 0$.

12.2 Das zeitabhängige Gravitationsfeld im Innern von Materiestaub

Wir verlassen nun Materie im hydrostatischen Gleichgewicht und wollen eine *zentralsymmetrische* Materieverteilung studieren, bei der die Materieteilchen sich bewegen können. Für $p \neq 0$ ist die Einsteinsche Feldgleichung dann schwierig zu integrieren. Deshalb beschränken wir uns auf Materiestaub $p = 0$. Aus (9.19) folgt dann, daß $\dot{u}^\alpha = 0$ gilt. Jedes Materieteilchen bewegt sich *geodätisch*, das heißt *fällt frei im Gravitationsfeld aller anderen Teilchen.* Diese Annahme haben wir in Abschnitt 10.3 gemacht, wo wir das Erlöschen eines leuchtenden Sterns untersuchten, dessen Oberfläche dem Schwarzschildradius nahe kommt.

12.2.1 Form der Metrik und Einsteinsche Feldgleichungen

Wir gehen aus von der allgemeinsten Form für eine zentralsymmetrische, zeitabhängige Metrik

$$\mathrm{d}l^2 = \mathrm{e}^{2\alpha(r,t)}c^2\mathrm{d}t^2 - \mathrm{e}^{2\beta(r,t)}\mathrm{d}r^2 - z^2(r,t)\mathrm{d}\Omega^2 \,. \qquad (12.25)$$

Die Bedeutung der z-Koordinate folgt, wenn wir die Linien $t = const$, $r = const$, $\varphi = const$ betrachten und die *Eigenlänge* längs dieser Linien ausrechnen:

$$\int \mathrm{d}l\Big|_{r,t,\varphi=const} = \int_{-\pi}^{+\pi} \sqrt{z(r,t)^2}\Big|_{r,t=const}\,\mathrm{d}\theta = \pm z(r,t)\cdot 2\pi \,.$$

Das entspricht dem *Umfang* einer Kugelfläche $t = const$, $r = const$. z ist damit mit der Radialkoordinate r in der Schwarzschild-Metrik zu vergleichen, während in (12.25) r eine *Eulersche*, also mit der Materie mitbewegte, *Koordinate* ist. Damit die Bewegung geodätisch verläuft, muß mit $u^\alpha \stackrel{*}{=} \sqrt{g_{00}}\,\delta^\alpha_0$ gelten

$$0 = (\sqrt{g_{00}}\delta_0^\alpha)_{;0} = \sqrt{g_{00}}_{;0}\delta_0^\alpha + \sqrt{g_{00}}\Gamma_0{}^\alpha_0 = 0\,.$$

Für $\alpha = 1, 2, 3$ folgt daraus

$$\begin{aligned} 0 = \Gamma_0{}^j_0 &= \frac{1}{2} g^{j\sigma}(2g_{\sigma 0,0} - g_{00,\alpha}) \\ &= g^{j0} g_{00,0} + \frac{1}{2} g^{jk}(2g_{k0,0} - g_{00,k})\,. \end{aligned}$$

Aus dem Ansatz (12.25) folgt $g_{0k} = g^{k0} = 0$, so daß die Geodätengleichung $g_{00,k} = 0$ bringt oder $g_{00} = g_{00}(x^0)$. Durch eine Koordinatentransformation $t \to \bar{t} = \int^t \mathrm{d}t' \sqrt{g_{00}(t')}$ folgt aus (12.25)

$$\boxed{\mathrm{d}l^2 = c^2 \mathrm{d}\bar{t}^2 - \mathrm{e}^{2\beta(r,\bar{t})}\mathrm{d}r^2 - z^2(r,\bar{t})\mathrm{d}\Omega^2}\,. \tag{12.26}$$

Im folgenden lassen wir den Querstrich über t wieder weg. Aus (12.26) lassen sich die folgenden Ausdrücke für die Komponenten des Einstein-Tensors berechnen (Übungsaufgabe!):

$$\left.\begin{aligned} z^2 G_0^0 &= -(1 + \dot{z}^2 + 2z\dot{z}\dot{\beta}) + (\mathrm{e}^{-\beta}z')^2 + 2z\mathrm{e}^{-\beta}(\mathrm{e}^{-\beta}z')' \\ z^2 G_1^1 &= -(1 + \dot{z}^2 + 2z\ddot{z}) + (\mathrm{e}^{-\beta}z')^2 \\ z^2 G_1^0 &= -z\mathrm{e}^{-\beta} G_0^1 = 2\mathrm{e}^{-\beta}(\mathrm{e}^{-\beta}z')^{\bullet} \\ z^2 G_2^2 &= zG_3^3 = -z(\ddot{\beta} + \dot{\beta}^2) - \ddot{z} - \dot{\beta}\dot{z} + \mathrm{e}^{-\beta}(\mathrm{e}^{-\beta}z')' \\ G_\beta^\alpha &= 0 \quad \text{sonst} \end{aligned}\right\} \tag{12.27}$$

mit $z' := \dfrac{\partial z}{\partial r},\ \dot{z} := \dfrac{1}{c}\dfrac{\partial z}{\partial t}$.

Die Feldgleichungen reduzieren sich auf

$$G_\beta^\alpha = -\kappa\mu\delta_0^\alpha\delta_\beta^0\,. \tag{12.28}$$

Bilden wir den Ausdruck

$$G_0^0 - G_1^1 - 2G_2^2 = -\kappa\mu\,,$$

so folgt aus (12.27)

$$\ddot{\beta} + \dot{\beta}^2 + 2\frac{\ddot{z}}{z} = -\frac{1}{2}\kappa\mu\,. \tag{12.29}$$

Damit ist die Energiedichte der Materie bestimmt, wenn die Funktionen $z(r, t)$ und $\beta(r, t)$ bekannt sind. Während wir einen Teil der Bewegungsgleichungen in Form der Geodätengleichung schon ausgenutzt haben, folgt aus (9.18) für $p = 0$ noch

$$(\mu\sqrt{-g}u^{\alpha})_{,\alpha} = 0 = (\mu e^{\beta} z^2)_{,0}$$

oder

$$\mu = \frac{A(r)e^{-\beta}}{z^2} \tag{12.30}$$

mit der beliebigen Funktion $A(r)$.

12.2.2 Lösung der Feldgleichungen und Interpretation

Zur Integration der Feldgleichungen gehen wir von der Gleichung für G_1^0 in (12.27) aus. Wegen (12.28) erhalten wir:

$$\boxed{e^{-\beta} z' = e^{a(r)}} \tag{12.31}$$

und aus $G_1^1 = 0$ ergibt sich:

$$\dot{z}^2 + 2z\ddot{z} = e^{2a(r)} - 1 =: f(r)\,. \tag{12.32}$$

Diese Gleichung kann integriert werden, wenn $\dot{z} \neq 0$. Es folgt:

$$\boxed{\dot{z}^2 - g(r)z^{-1} = f(r)} \tag{12.33}$$

wegen der daraus folgenden Beziehung

$$2z\ddot{z} = -g(r)z^{-1}\,. \tag{12.34}$$

Schreibt man (12.29) mit (12.31) und (12.34) in der Form

$$\frac{1}{2}\kappa\mu = \frac{\ddot{z}'}{z'} + 2\frac{\ddot{z}}{z} = \frac{(\ddot{z}z^2)'}{z^2 z'} = \frac{1}{2}\frac{g'(r)}{z^2 z'}\,, \tag{12.35}$$

so stimmt dies mit (12.30) überein, wenn $\kappa A(r)e^{a(r)} = g'(r)$ gesetzt wird. Bisher haben wir drei der vier Feldgleichungen (12.27) und die Bewegungsgleichungen $T^{\alpha\beta}{}_{;\beta} = 0$ gelöst; zwei freie Funktionen von r sind noch nicht festgelegt. Wählen wir als *Anfangsbedingungen*

$$\dot{z}(r,0) = 0 \quad \text{und} \quad \mu(r,0) = \mu_0(r)\,, \tag{12.36}$$

so folgt aus (12.33)

$$f(r)\, z(r,0) + g(r) = 0\,. \tag{12.37}$$

Mittels einer Koordinatentransformation $r \to \bar{r}$ und $r = \psi(\bar{r})$, die den Ansatz für die Metrik erhält[4], kann man erreichen, daß gilt:

[4] $\beta \to \bar{\beta} = \beta + \ln \dfrac{d\psi(\bar{r})}{dr}$

$$z(r,0) = r\,, \qquad z'(r,0) = 1\,,$$

so daß aus (12.35) bzw. (12.37) folgt

$$\kappa\mu_0 = \frac{g'(r)}{r^2}\,, \qquad f(r) = -\frac{g(r)}{r}\,,$$

bzw.

$$f(r) = -\frac{2GM_0^*(r)}{c^2 r} + \frac{g_0}{r} \tag{12.38}$$

mit $M_0^*(r)$ aus (12.13) für $\mu_0(r)$, da $g(r) = -\kappa\int^r \mathrm{d}r' r'^2 \mu_0(r') + g_0$. Die Energiedichte im Körper $\mu_0(r)$ zum Anfangszeitpunkt legt also $f(r)$ und $g(r)$ bis auf eine Konstante fest. Die Komponenten der Metrik

$$\mathrm{d}l^2 = c^2\mathrm{d}t^2 - \frac{[z'(r,t)]^2}{1+f(r)}\mathrm{d}r^2 - [z(r,t)]^2\mathrm{d}\Omega^2 \tag{12.39}$$

lassen sich implizit durch elementare Funktionen ausdrücken [Tol34]. Je nach dem Vorzeichen von $f(r)$ ergibt eine weitere Integration von (12.33)

i) $f(r) > 0$

$$\pm c[t - t_0(r)]f^{\frac{1}{2}} = [z^2 - rz]^{\frac{1}{2}} + r\,\mathrm{arcosh}\left(\frac{z}{r}\right)^{\frac{1}{2}}. \tag{12.40}$$

ii) $f(r) < 0$

$$\pm c[t - t_0(r)]f^{\frac{1}{2}} = -[-z^2 + rz]^{\frac{1}{2}} + r\,\arcsin\left(\frac{z}{r}\right)^{\frac{1}{2}}. \tag{12.41}$$

iii) $f(r) = 0$[5]

$$z(r,t) = g^{\frac{1}{3}}\left[\pm\frac{3}{2}c(t - t_0(r))\right]^{\frac{2}{3}}. \tag{12.45}$$

[5] In diesem Fall kann man die Anfangsbedingung $\dot{z}(r,0) = 0$ nur für $\frac{t_0(r)}{r} \to \infty$ erfüllt werden, da aus $z(r,0) = r$ folgt, daß gilt:

$$\pm c t_0(r) = -\frac{2}{3}r^{\frac{3}{2}}\frac{1}{\sqrt{2m_0^*(r)}} \qquad \text{mit} \qquad m_0^*(r) := \frac{GM_0^*(r)}{c^2}$$

und damit aus (12.45)

$$z(r,t) = \left[\pm\frac{3}{2}ct\sqrt{2m_0^*(r)} + r^{\frac{3}{2}}\right]^{\frac{2}{3}} \tag{12.43}$$

und

$$\dot{z}(r,0) = c\left(\frac{2m_0^*(r)}{r}\right)^{\frac{1}{2}} = \pm\frac{2}{3}\frac{r}{t_0(r)}. \tag{12.44}$$

Entwickelt man (12.40) und (12.41) um $z = 0$ durch die Annahme $\frac{z}{r} \ll 1$, so folgt in beiden Fällen

$$\pm(t - t_0(r)) = \frac{1}{\sqrt{2GM_0^*(r)}} \cdot \frac{2}{3} z^{\frac{3}{2}} \left[1 + \mathcal{O}\left(\frac{z}{r}\right)\right]. \tag{12.46}$$

In einer Umgebung von $z = 0$ stimmen also alle 3 Lösungen überein. Die beiden Vorzeichen in der Lösung beschreiben Kontraktion bzw. Expansion der Materie. Wählen wir die Kontraktion, also daß die Materie sich nach innen bewegt, so lautet die Metrik mit (12.43)

$$dl^2 = c^2 dt^2 - \frac{\left[\sqrt{r} - ct \frac{d}{dr} \sqrt{2m_0^*(r)}\right]^2 dr^2}{\left[r^{\frac{3}{2}} - \frac{3}{2} ct \sqrt{2m_0^*(r)}\right]^{\frac{2}{3}} \left(1 - \frac{2m_0^*(r)}{r}\right)} - \left[r^{\frac{3}{2}} - \frac{3}{2} ct \sqrt{2m_0^*(r)}\right]^{\frac{4}{3}} d\Omega^2 . \tag{12.47}$$

Um (12.47) zu erreichen, haben wir in (12.38) $g_0 = 0$ gesetzt. Wir sehen nun, daß zur Zeit $t = 0$ der Raumschnitt:

$$dl^2\big|_{t=0} = -\left[\frac{dr^2}{1 - \frac{2m_0^*(r)}{r}} + r^2 d\Omega^2\right] \tag{12.48}$$

gerade mit den Raumschnitten der statischen äußeren Schwarzschild-Metrik (10.10) zusammenfällt. Das heißt wir können beide Metriken zur Zeit $t = 0$ momentan stetig aneinander anschließen. (Für $f = 0$ gilt (12.47) exakt, für $f \lesseqgtr 0$ in einem kleinen Bereich um $z = 0$.) Dann verhalten sich die Teilchen auf dem Rand wie frei fallende Teilchen sowohl für die hier abgeleitete zeitabhängige Innenlösung, wie auch für die statische Außenlösung (Schwarzschild-Metrik). Das wird auch durch (12.46) bestätigt; diese Gleichung ist dieselbe wie für die Eigenzeit eines radial frei fallenden Teilchens in der äußeren Schwarzschild-Metrik (vgl. Abschnitt 10.2.1, Gleichung (10.30)), wenn z mit r identifiziert wird.

Die Energiedichte der Materie μ hat nach (12.35) mit (12.43) die Form

$$\mu = \frac{r^2 \mu_0(r)}{\left[r^{3/2} - \frac{3}{2} ct \sqrt{2m_0^*(r)}\right]\left[r^{1/2} - ct \frac{d}{dr} \sqrt{2m_0^*(r)}\right]} . \tag{12.49}$$

Bei $t = t_0(r)$, d.h. $z = 0$ wird die Energiedichte unendlich groß: der kugelsymmetrische Körper ist in einen Punkt kollabiert.

Für ein realistisches Sternmodell sind die gemachten Vereinfachungen zu grob. Es muß $p \neq 0$ vorausgesetzt werden, was dann in der Regel eine *numerische* Integration von Feld- und Bewegungsgleichungen nachsich zieht. Das gewonnene Resultat, daß kein Endzustand mit endlicher Dichte und endlichem Radius auftritt, bleibt jedoch erhalten, wenn nicht ganz bestimmte Bereiche der Gesamtmasse des Körpers eingehalten werden (vgl. den nächsten Abschnitt 12.3).

Aufgabe 12.4:

Was ändert sich, wenn für den Körper ein konstanter Druck $p = p_0$ angenommen wird?

Anmerkungen:

1. Die am Ende von Abschnitt 10.1 auf Seite 286 erreichte Form der äußeren Schwarzschild-Metrik folgt aus den Rechnungen dieses Abschnitts, wenn $f(r) = 0, g(r) = r_g$ und $t_0(r) = r$ gesetzt wird ((12.37) gilt für diese *Vakuumlösung* nicht). Setzt man wegen $\mu = 0$ in diesem Falle $m_0^* = 0$ in (12.47), so kommt man nur zum Minkowski-Raum.

2. Der Ansatz $e^\beta = S(t), z(r,t) = r \cdot S(t)$ führt auf das Linienelement (14.14) des Standardmodells der Kosmologie aus Abschnitt 14.1.2. Der aus den Galaxien gebildete „Materiestaub“ expandiert, ja explodiert geradezu vom Anfangs-zeitpunkt t_0 aus (Urknall). Anstelle der hier benutzten Anfangsbedingung (12.36) bekommt man unbeschränktes Anwachsen von $\dot{S}(t)$ für $t \to t_0$.

12.3 Zentralsymmetrischer Gravitationskollaps

Unter dem *zentralsymmetrischen Gravitationskollaps* verstehen wir die *radiale Kontraktion eines kugelsymmetrischen Systems von Massen* unter der Wirkung ihrer gegenseitigen Gravitationsanziehung. Als Objekte wollen wir uns *einzelne Sterne* vorstellen, obgleich im Prinzip auch Sternhaufen, Galaxien, ja sogar das Weltall als Ganzes (also das System der Galaxien) betrachtet werden könnten. Der Kollaps kann *stabilisiert* sein. Das bedeutet, daß ein stabiles Gleichgewicht zwischen Gravitationskraft und innerem Druck eintritt. Er kann *dynamisch* sein, das heißt Phasen des Ungleichgewichts und des Gleichgewichts lösen einander ab wie etwa bei Pulsationen oder explosionsartigen Expansions- bzw. Kontraktionsvorgängen. Schließlich kann der Kollaps auch *katastrophischer* Natur sein: die Gravitationswechselwirkung überwindet jeglichen inneren Druck und komprimiert die Materie ohne Halt.

Welcher dieser drei Fälle eintritt, hängt von den *Gleichgewichtsbedingungen* und der *Zustandsgleichung der Materie* im Sterninnern ab.

12.3.1 Gleichgewichtsbedingungen

Die Gleichgewichtsbedingungen setzen sich zusammen aus Bedingungen für das *hydrodynamische* und *thermische* Gleichgewicht. Letzteres bezieht sich auf den Wärmetransport im Sterninnern durch Konvektion bzw. Strahlung und auf die Wärmeproduktion (Kernprozesse). Es ist besonders wichtig für *heiße* stellare Materie wie sie etwa in den sogenannten *Hauptreihensternen* (Beispiel: die Sonne) vorliegt. Bei ihnen ist die zentrale Temperatur so hoch, daß *Kernprozesse* stattfinden können, die den Wasserstoff, der den weitaus größten Teil des Sterngases ausmacht, in Helium umwandeln. Der Gasdruck hält der Gravitationskraft die Waage, das heißt es liegt der Fall des stabilisierten Kollapses vor. Wenn der Wasserstoff im zentralen Kern des Sterns erschöpft ist, so sinkt die Temperatur und *dynamischer Kollaps* setzt ein: Beim Zusammenziehen des Sterns steigt die Temperatur nämlich wieder, bis thermonukleare Reaktionen beginnen können, die Helium in Kohlenstoff umwandeln. Wenn das Helium erschöpft ist, tritt wieder eine Kontraktion des Sterns ein usw.

Was uns hier interessiert, ist die Frage nach dem *Endzustand* dieses Prozesses, also nach den *Verhältnissen bei kalter, kondensierter Materie*, bei der $kT \ll$ Fermienergie der Bestandteile ist, so daß $T = 0$ eine gute Näherung darstellt. Dann bleiben nur die hydrodynamischen Gleichgewichtsbedingungen übrig, die wir im Abschnitt 12.1 für zentralsymmetrische Materieverteilung kennengelernt haben (Gleichungen (12.15) und (12.17), Seite 355f).

Im Rahmen der *Newtonschen Gravitationstheorie*, die sich bis zu Materiedichten von $10^8 - 10^{10}\,\dfrac{\mathrm{g}}{\mathrm{cm}^3}$ als ausreichend herausstellt, sind die *hydrodynamischen Gleichgewichtsbedingungen*:

$$\left.\begin{aligned} \frac{\mathrm{d}p}{\mathrm{d}r} &= -G\rho\frac{M(r)}{r^2} \\ \frac{\mathrm{d}M(\mathrm{r})}{\mathrm{d}r} &= 4\pi r^2\rho(r) \end{aligned}\right\} \tag{12.50}$$

mit der Ruhdichte der Materie $\rho(r)$, der Masse $M(r)$ in einer Kugel vom Radius r und der Newtonschen Gravitationskonstanten G.

Zu ihnen muß noch eine Zustandsgleichung $p = p(\rho, S)$ (S Entropie) hinzutreten. Viele Sterntypen können durch einen sogenannten *Polytropenansatz*

$p \sim \rho^a$ gut beschrieben werden. Dabei ist der sogenannte *Adiabatenindex a* definiert durch

$$a = \frac{\rho}{p}\frac{\mathrm{d}p}{\mathrm{d}\rho} = \frac{\mathrm{d}(\log p)}{\mathrm{d}(\log \rho)}\bigg|_{S=const} . \tag{12.51}$$

Im Rahmen der *Einsteinschen Gravitationstheorie* tritt an die Stelle von (12.50) das System der *Landau-Oppenheimer-Volkoff Gleichungen* von Abschnitt (12.1), nämlich

$$\left.\begin{aligned} \frac{\mathrm{d}p}{\mathrm{d}r} &= -\frac{G}{c^2}\frac{(\mu+p)\cdot(M^*(r)+4\pi r^3\frac{p}{c^2})}{r^2\left(1-\frac{2G}{c^2}\frac{M^*(r)}{r}\right)} \\ \frac{\mathrm{d}M^*(r)}{\mathrm{d}r} &= \frac{4\pi}{c^2}r^2\mu(r) \end{aligned}\right\} . \tag{12.52}$$

Den wesentlichen Unterschieden zwischen (12.50) und (12.52) sind wir schon in Abschnitt 12.1 begegnet:

i) Der Druck p erscheint auf der rechten Seite *im Ausdruck für die Gravitationskraft* und zwar gleich zweimal. Das hängt mit der Massenäquivalenz des Drucks als einer Spannungsenergie zusammen und bewirkt, daß die Gravitationsanziehung um so größer wird, je höher der Druck im Sterninnern ansteigt. Erhöht man die Masse der Gleichgewichtskonfiguration, so wird bei noch so „steifer" Materie (Zustandsgleichung!) schließlich die Gravitationskraft die Überhand gewinnen.

ii) Die Abänderung der Geometrie, also die Krümmung der Raum-Zeit, kommt im Faktor $\left(1-\frac{2G}{c^2}\frac{M^*(r)}{r}\right)^{-1}$ zum Ausdruck, durch den das Newtonsche Gravitationsgesetz abgeändert wird. Jeder Teil des Sternes muß der Bedingung $\frac{2G}{c^2}\frac{M^*(r)}{r} < 1$ genügen.

Aufgabe 12.5:

Leite aus den Newtonschen hydrodynamischen Gleichgewichtsbedingungen (12.50) die sog. *Lane-Emden Gleichung* her:

$$ry'' + 2y' + \beta y^\nu = 0 . \tag{12.53}$$

(Hinweis: y ist eine Potenz von ρ!)

12.3.2 Zustandsgleichung der Materie und Grenzmassen

Die astronomische Erfahrung zeigt, daß bestimmte Sterntypen wie etwa *weiße Zwerge* oder *Neutronensterne* charakteristische Zusammenhänge zwischen ihrer Masse und ihrem Radius aufweisen. Stabiles Gleichgewicht kann *nicht* für beliebige Masse bei beliebigen Radius erreicht werden. Das folgt aus der *Zustandsgleichung der Materie*,die man wiederum durch den Adiabatenindex a (vgl. (12.51) bzw. für eine relativistische Theorie $a := \frac{\mu + p}{p} \frac{\mathrm{d}p}{\mathrm{d}\mu}\Big|_{S=const}$) charakterisieren kann. Wir müssen danach fragen, welche physikalischen Vorgänge bei kalter Materie (also am absoluten Nullpunkt $T = 0$, konstante Entropie) den inneren Druck erzeugen, der der Gravitationskraft standhalten soll. Abbildung 12.1 zeigt (qualitativ) a als Funktion der Sterndichte im Zentrum μ_c. Wir lassen Massen von der Größenordnung der Planetenmassen in der Betrachtung beiseite. Bei ihnen, das heißt bis zu Dichten von $10^4 \frac{\mathrm{g}}{\mathrm{cm}^3}$, können sich die *Coulombkraft* zwischen den Atombestandteilen und die Gravitationskraft ausbalancieren. Bei größeren Massen ($M > 10^{-2} M_\odot$) und Dichten $\geq 10^4 \frac{\mathrm{g}}{\mathrm{cm}^3}$ überwiegt die Gravitationsanziehung: die Atome werden zerquetscht in ein Gitter von Atomkernen und ein freies Elektronengas. Das Paulische Ausschließungsprinzip verursacht eine Impulsverteilung der Elektronen, die einem Druck entspricht, der der Gravitationskraft standhalten kann. Wir wollen die *Zustandsgleichung des freien Elektronengases* qualitativ ableiten.

Sei u die Anzahldichte der Elektronen der Masse m_e. Wegen des Pauliprinzips kann jedes Elektron dann das Volumen u^{-1} einnehmen. Aus der Heisenbergschen Unschärferelation folgt damit für den Impuls des Elektrons die Größenordnung $\hbar u^{\frac{1}{3}}$ und somit für die Geschwindigkeit:

$$
v_{\text{Elektron}} \sim \begin{cases} \hbar u^{\frac{1}{3}} m_e^{-1} & \text{für} \quad \hbar u^{\frac{1}{3}} \ll m_e c \\ c & \text{für} \quad \hbar u^{\frac{1}{3}} = m_e c \end{cases}
$$

(nichtrelativistische bzw. relativistische Elektronen)

Der Druck p des freien Elektronengases ist von der Größenordnung „Impuls × Geschwindigkeit × Anzahldichte“ also

$$
p_{\text{Elektron}} \sim \begin{cases} \hbar h^2 u^{\frac{5}{3}} m_e^{-1} & \text{(nichtrelativistisch)} \\ \hbar c u^{\frac{4}{3}} & \text{(relativistisch)} \end{cases} \quad .
$$

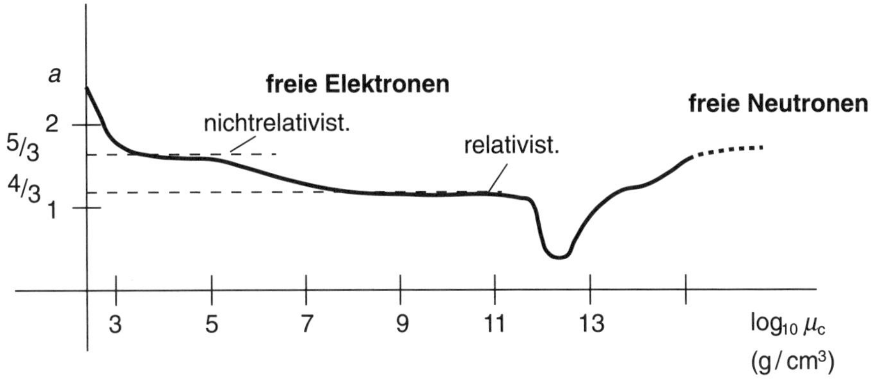

Abb. 12.1

Damit haben wir die bekannten Zustandsgleichungen $p \sim u^{\frac{5}{3}}$ bzw. $p \sim u^{\frac{4}{3}}$ erhalten. Der *Adiabatenindex* ist also $\frac{5}{3}$ für das nichtrelativistische Elektronengas bzw. $\frac{4}{3}$ für das ultrarelativistische Elektronengas (vgl. Abbildung 12.1). Fügt man die numerischen Vorfaktoren ein, so gilt:

$$p = \begin{cases} \frac{1}{5}(3\pi^2)^{\frac{2}{3}} \frac{\hbar^2}{m_e} u^{\frac{5}{3}} \\ \frac{1}{4}(3\pi^2)^{\frac{1}{3}} \hbar c u^{\frac{4}{3}} \,. \end{cases} \tag{12.54}$$

Aus der *Druckbilanz* im Stern leiten wir einen Zusammenhang zwischen dem Gleichgewichtsradius R_* eines Sterns und seiner Gesamtmasse M her (qualitativ; im Rahmen der Newtonschen Gravitationstheorie):

$$p_{\text{Elektronengas}} + p_{\text{Gravitation}} = 0 \,. \tag{12.55}$$

$p_{\text{Elektronengas}}$ wird durch Integration von (12.50) bei konstanter Ruhmassendichte $\rho = \rho_0$ gewonnen:

$$\begin{aligned} p(R) &= \int \mathrm{d}r \frac{\mathrm{d}p}{\mathrm{d}r} = -\int_0^R G\rho_0 \frac{M(r)}{r^2} \mathrm{d}r = -\frac{4\pi}{3} G\rho_0^2 \int_0^R \mathrm{d}r\, r \\ &= -\frac{2\pi}{3} G\rho_0^2 R^2 = -\frac{3G}{8\pi} \frac{M^2}{R^4} \,. \end{aligned} \tag{12.56}$$

Damit lautet (12.55)

$$\frac{1}{5}(3\pi^2)^{\frac{2}{3}}\frac{\hbar^2}{m_e}u^{\frac{5}{3}}-\frac{3}{8\pi}G\frac{M^2}{R_*^4}=0\,. \tag{12.57}$$

Die Anzahldichte u der Elektronen wird proportional zu R_*^{-3} sein. Der Stern besteht aus $N=\dfrac{M}{Am_{\mathrm{H}}}$ Atomen, wenn A das Atomgewicht und m_{H} die Masse des Wasserstoffatoms ist. Mit Z Elektronen pro Atom folgt $Z\cdot N=\dfrac{Z\cdot M}{Am_{\mathrm{H}}}=u\cdot\dfrac{4\pi}{3}R_*^3$. Damit erhalten wir aus (12.57) den Zusammenhang

$$\boxed{R_*=\alpha_0 M^{-\frac{1}{3}}} \tag{12.58}$$

mit $\alpha_0=\dfrac{(9\pi)^{\frac{2}{3}}}{2^{\frac{1}{3}}}\dfrac{\hbar^2}{Gm_e}\left(\dfrac{Z}{Am_{\mathrm{H}}}\right)^{\frac{5}{3}}$.

Bei Sternen, deren Gasdruck durch das Elektronengas bestimmt wird, geht die Masse nicht mehr mit R_*^3, sondern mit R_*^{-3}. Das bedeutet, daß bei wachsender Masse der Stern *kleiner* wird; er zieht sich zusammen.

Zur Berechnung des Gleichgewichtsradius R_* schreiben wir die Gesamtenergie E ($\cong$ Gravitationsenergie + Fermienergie der Elektronen) als Funktion von R_* auf und suchen ihr Minimum als einen stabilen Zustand. Bei $T=0$ sind die Energiezustände der Elektronen im Stern bis zur Fermigrenze besetzt. Die Summation der kinetischen Energien aller Elektronen vom Impuls 0 bis zum Fermiimpuls p_{F} gibt genähert den Ausdruck[6]:

$$m_e c^2 Z\left(1+\frac{9}{16}\frac{p_{\mathrm{F}}^2}{m_e^2c^2}\right)^{\frac{1}{2}}.$$

Mit der potentiellen (Gravitations-) Energie für eine Kugel konstanter Dichte $\rho_0: U_{\mathrm{grav}}=-\dfrac{3}{5}G\dfrac{M^2}{R_*}$ ist also

$$\begin{aligned}E&=-\frac{3}{5}G\frac{M^2}{R_*}+\frac{MZ}{Am_{\mathrm{H}}}m_ec^2\left(1+\frac{9}{16}\frac{p_{\mathrm{F}}^2}{m_e^2c^2}\right)^{\frac{1}{2}}\\&=-\frac{a}{R_*}+b\left(1+\frac{d}{R_*^2}\right)^{\frac{1}{2}}.\end{aligned} \tag{12.59}$$

[6] Vgl.[LL70]

Mit $p_\mathrm{F} = \hbar u^{\frac{1}{3}}$ und $u = \dfrac{3}{4\pi}\dfrac{MZ}{Am_\mathrm{H}} R_*^{-3}$ folgt

$$\left.\begin{aligned} a &= \frac{3GM^2}{5} \quad , b = \frac{Mc^2}{A}\frac{m_e}{m_\mathrm{H}} Z \\ d &= \frac{9}{16}\frac{\hbar^2}{m_e^2 c^2}\left(\frac{3MZ}{4\pi A m_\mathrm{H}}\right)^{\frac{2}{3}} . \end{aligned}\right\} \tag{12.60}$$

$\dfrac{\mathrm{d}E}{\mathrm{d}R_*} = 0$ führt auf $R_* = \dfrac{bd}{a}\left(1 - \dfrac{a^2}{b^2 d}\right)^{\frac{1}{2}}$. Die Forderung $R_* \geq 0$ kann nur erfüllt werden, wenn $\dfrac{bd}{a} > 0$ und $1 - \dfrac{a^2}{b^2 d} \geq 0$ gilt. Aus (12.60) folgt, daß die erste Ungleichung immer gilt und aus der zweiten die Ungleichung entsteht:

$$\boxed{M \leq \frac{5}{8}\sqrt{\frac{15}{8\pi}}\left(\frac{\hbar\, c}{G\, m_\mathrm{H}^2}\right)^{\frac{3}{2}}\left(\frac{Z}{A}\right)^2 m_\mathrm{H}} \quad . \tag{12.61}$$

Hierin ist $\dfrac{Z}{A} \simeq \dfrac{1}{2}$ (außer für den Wasserstoff) und $\dfrac{G\, m_\mathrm{H}^2}{\hbar\, c}$ die Feinstrukturkonstante der gravitativen Wechselwirkung. Wir interpretieren (12.61) so, daß eine *Grenzmasse* existiert, die nur durch Naturkonstanten und $\dfrac{Z}{A}$ bestimmt wird, oberhalb derer kein stabiler Gleichgewichtszustand mehr möglich ist. Sie heißt *Chandrasekhar-Grenzmasse*, und eine genauere Rechnung gibt für sie $1{,}44\, M_\odot$ wenn $\dfrac{Z}{A} = \dfrac{1}{2}$ [Cha35]. Die zugehörigen Sternradien sind von der Größenordnung $(10^{-2} - 10^{-3}) R_\odot$[7].

Aufgabe 12.6:

Welcher Zustandsgleichung $p = p(\mu)$ entspricht bei konstantem a

$$a := \frac{\mu + p}{p}\left.\frac{\mathrm{d}p}{\mathrm{d}\mu}\right|_{S=const} \qquad ?$$

---

[7] Der Gedankengang dieses Abschnitts folgt [Deh72]. Er kann nur eine grobe Abschätzung bringen und ist wegen der Verwendung des *Newtonschen* Energiebegriffes nicht ganz überzeugend.

Wenn die Masse eines Sternes größer ist als die Chandrasekhar-Grenzmasse, so kontrahiert er, das heißt die Massendichte wächst. Die Kerne werden dann allmählich durch *inversen β-Zerfall* verändert: Ein Elektron wird vom Kern eingefangen und wandelt ein Proton in ein Neutron um

$$p + e^- \rightarrow n + \nu .$$

Die entstehenden neutronenreichen Kerne sind instabil und zerfallen. Bei Dichten von $(2-3)\cdot 10^{14}\,\frac{\mathrm{g}}{\mathrm{cm}^3}$ liegt ein nichtrelativistisches *Neutronengas* vor (mit einem Beigemisch von Elektronen und Protonen). Der Druck des Neutronengases macht jetzt die Sternmaterie inkompressibel. In den oben gemachten Rechnungen müssen wir die Elektronenmasse durch die Neutronenmasse m_n ersetzen. Aus (12.58) folgt somit

$$R_{*},\mathrm{n} \sim \frac{1}{m_\mathrm{n}} M^{-\frac{1}{3}} ,$$

das heißt der Gleichgewichtsradius eines solchen Stern ist von der Größenordnung $\sim (10-10^2)$ km. (In der Abschätzung für die Gleichgewichtsmasse (12.61) kommt m_e nicht vor.) Man kann wieder eine *Grenzmasse* ausrechnen, die sog. *LOV-Masse* oberhalb derer kein stabiles Gleichgewicht möglich ist. Ihr Wert ist nicht so gut bestimmbar wie der der Chandrasekhar-Grenzmasse, da die Zustandsgleichung bei Kerndichten nicht so genau bekannt ist. Anstelle von (12.61) tritt nun [BT79]}:

$$M_\mathrm{LOV} < \left(\frac{\rho_0}{\rho_\mathrm{Nukl}}\right)^{-\frac{1}{2}} \cdot 5 M_\odot . \qquad (12.62)$$

Hierin bedeutet $\rho_\mathrm{Nukl} = 2\cdot 10^{14}\,\frac{\mathrm{g}}{\mathrm{cm}^3}$ die Dichte im Innern der gewöhnlichen Atomkerne, während $\rho_0 \sim (0{,}5-5)\rho_\mathrm{Nukl}$ die Dichte ist, bei der man eine gegenwärtige Unkenntnis der Zustandsgleichung von Kernmaterie einräumen muß. Gängige Abschätzungen der rechten Seite von (12.62) liegen zwischen $1{,}3\,M_\odot$ und $2{,}5\,M_\odot$ [AB77]. Ob sich ein Neutronenstern bilden kann oder nicht, hängt von der Größe des He-Kerns während der Sternentwicklung ab, der wiederum etwas über die Möglichkeit einer Massenabschüttung (Supernovaexplosion) aussagt. Für eine typische Ausgangsmasse der Sternentwicklung von $> 40\,M_\odot$ würde für einen Heliumkern von (2,9–17,5) $M_\odot$ ein Neutronenstern als Endzustand erwartet werden; für einen He-Kern mit einer Masse $> 17{,}5\,M_\odot$ dagegen eine schwarzes Loch.

Bemerkung: Bis zu Dichten $\leq 10^{15}\,\dfrac{g}{cm^3}$ spielt die Allgemeine Relativitätstheorie *keine* Rolle.

12.3.3 Endzustände kalter Sternmaterie

Die Diskussion der Zustandsgleichung kalter stellarer Materie fassen wir in den Abbildungen 12.2 und 12.3 zusammen, in denen die Masse der Gleichgewichtskonfiguration gegenüber der Energiedichte im Sternzentrum bzw. gegenüber dem Radius R_* aufgetragen ist. Abbildung 12.2 ist so zu verstehen, daß zu einer gegebenen zentralen Energiedichte unter den gemachten Voraussetzungen ($T = 0$, $S = 0$, Zustandsgleichungen) genau eine Grenzmasse existiert, unterhalb der Gleichgewicht bestehen kann. Untersucht man das Verhalten von radialen Pulsationen als kleiner Störung des Gleichgewichts, so zeigt sich, daß die Extrema der Kurve $M = M(\mu_c)$ Bereiche stabilen und labilen Gleichgewichts (schraffiert) voneinander trennen. Besonders deutlich wird dies an der Funktion $M = M(R_*)$ in Abbildung 12.3 nach [HTWW65]. Im *Stabilitätsbereich* entspricht einer Vergrößerung der Masse eine *Verringerung* des Radius. Den beiden Stabilitätsbereichen entsprechen die Sterntypen der *weißen Zwerge* (Sterne von Sonnenmasse aber Planetenradius mit Dichten von $(10^6 - 10^7)\dfrac{g}{cm^3}$) und der *Neutronensterne* (Sterne von Sonnenmasse mit Radien von einigen 10 km und Dichten von $\cong 10^{15}\,\dfrac{g}{cm^3}$). Rotierende Neutronensterne haben wir in Abschnitt 11.4.2 als Modelle zur Beschreibung der *Pulsare* verwendet.

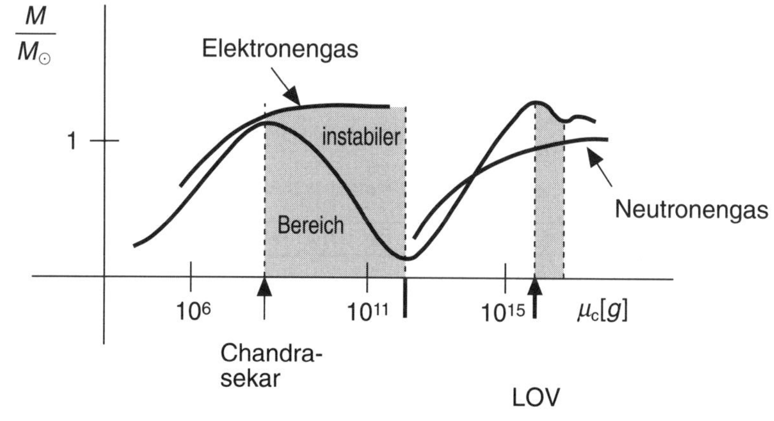

Abb. 12.2

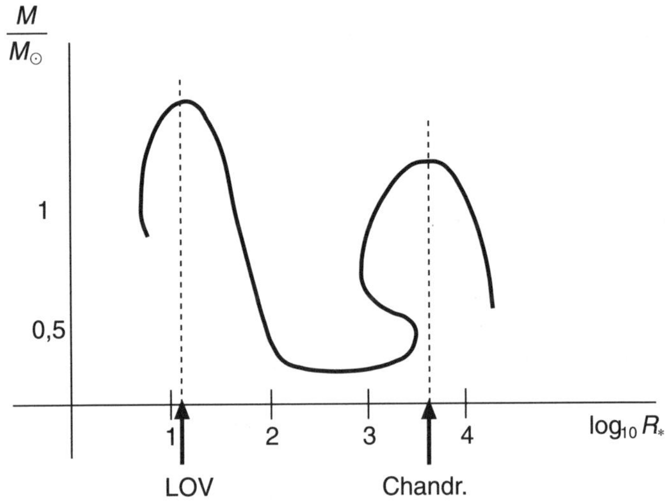

Abb. 12.3

Wenn die Masse eines Sterns größer ist als die LOV-Grenzmasse, also wenn der Stern im Laufe seiner Entwicklung (Hauptreihe, roter Riese, Supernova) nicht genügend viel Masse abgibt, so bleibt nur eine Möglichkeit übrig: Der Stern kontrahiert immer weiter, bis sein Radius R_* gleich dem Schwarzschildradius $r_g = \frac{2GM}{c^2}$ geworden ist (vgl. Kapitel 12.4). Ist $R_* < r_g$, so bleibt ein sogenanntes *schwarzes Loch* übrig, also ein in allen Wellenlängen unsichtbares Objekt mit einem äußeren *statischen* (bzw. im Falle der Rotation stationä ren) Graviationsfeld. Die Dichte des Sterns am Schwarzschildradius ist $(M = \frac{4\pi}{3}\rho_{r_g} r_g^3)$

$$\rho_{r_g} = \frac{3}{32\pi}\frac{1}{c^2G^3}\frac{1}{M^2} \approx 2 \cdot 10^{16}\left(\frac{M_\odot}{M}\right)^2 . \tag{12.63}$$

Für eine Masse von der Größenordnung einer *Galaxie*, das heißt $M \sim 0{,}5 \cdot 10^{10}$ $M_\odot$ wird $\rho_{r_g} \approx 10^{-3}\,\frac{\text{g}}{\text{cm}^3}$. Man liest daher manchmal in der Literatur, daß die Komprimierung einer Galaxie auf die Lineardimension des Schwarzschildradius keine außergewöhnliche Situation sei. Das ist aber nicht richtig; gegenüber der gewöhnlichen Materiedichte der Galaxien von $\sim 5 \cdot 10^{-27}\,\frac{\text{g}}{\text{cm}^3}$ erfolgt eine Verdichtung um den Faktor 10^{24}! Für Galaxien ist das genauso ungewöhnlich und katastrophal wie die Verdichtung „gewöhnlicher“ Materie um den Faktor 10^{20}.

Bemerkung: Für *rotierende* Sterne lautet die hydrodynamische Gleichgewichtsbedingung der Newtonschen Gravitationstheorie statt (12.16)

$$\nabla p = -\rho \nabla \Phi_{\text{Newton}} + \rho \Omega^2 \boldsymbol{x} \tag{12.64}$$

mit der Winkelgeschwindigkeit Ω und dem Vektor $\boldsymbol{x}$ senkrecht zur Drehachse. Für *starre* Rotation können wir das Zentrifugalpotential einführen (vgl. Abschnitt 5.1). Da Zentrifugalkraft und Gravitationskraft entgegengerichtet sind, erwartet man Gleichgewicht für beliebige Masse und Drehimpuls. Man hat jedoch die Stabilitätsbedingung zu erfüllen, daß die Zentrifugalkraft den Stern nicht auseinanderreißt. Setzt man Zentrifugal- und Gravitationskraft am Sternäquator R einander gleich, so folgt

$$GM = R^3 \Omega^2 .$$

Mit dem Drehimpuls $MR^2\Omega =: L$ ergibt sich für einen *homogenen* Stern $(\rho = \rho_0)$

$$L^2 = \left(\frac{4\pi}{3}\rho_0\right)^{-\frac{1}{3}} G \cdot M^{\frac{10}{3}} , \tag{12.65}$$

das heißt für fest vorgegebene Dichte lassen sich M und L *nicht* unabhängig wählen. Für *differentielle* Rotation $\boldsymbol{\Omega} = \boldsymbol{\Omega}(\boldsymbol{x})$ läßt sich anscheinend eine beliebig große scheibenförmige rotierende Masse im (labilen) Gleichgewicht halten [Ost66], [OP73].

Eine kollabierende *rotierende* Masse wird in einer Zeit, die größenordnungmäßig durch

$$\tau_1 \approx \frac{(\text{Effektiver Radius des Körpers})^{\frac{3}{2}}}{(\text{Masse})^{\frac{1}{2}}}$$

(vgl. Abschnitt 10.2.1, Gleichung (10.30)) gegeben ist, in eine Scheibe übergehen und dann entweder in der charakteristischen Zeit

$$\tau_2 \approx \frac{(\text{Radius des Scheibe})^{\frac{3}{2}}}{(\text{Restliche Masse})^{\frac{1}{2}}}$$

ein schwarzes Loch bilden oder auseinanderbrechen. Rotation kann also die Bildung eines scharzen Loches verzögern oder eventuell auch die Grenzmasse erhöhen, aber kaum wesentlich [EP75].

12.4 Schwarze Löcher

Anschaulich sind schwarze Löcher Objekte mit einem so starken Gravitationsfeld, daß sogar Licht nicht von der Oberfläche entweichen kann, sondern auf den Körper refokussiert wird. Mit Hilfe der Korpuskelvorstellung des Lichtes ist diese Möglichkeit schon im 18. Jahrhundert diskutiert worden[8] und dann erst wieder im Rahmen der Allgemeinen Relativitätstheorie (Lichtablenkung) neu entdeckt worden. Wir führen zuerst die allgemeinen Begriffe ein und betrachten dann die Kerr-Metrik als ein Modell.

12.4.1 Ereignishorizont und statische Grenze

Definitionen und Beispiel

In der Einsteinschen Gravitationstheorie haben wir folgende

Definition: Ein *schwarzes Loch* ist eine asymptotisch-flache Lösung der Vakuumfeldgleichungen mit einem regulären Ereignishorizont, der alle eventuellen Singularitäten umschließt.

„Asymptotisch-flach" heißt hier, daß die Krümmung (bzw. jede Krümmungsinvariante) im räumlich- und zeitlich-Unendlichen verschwindet. Die Schwarzschild-Lösung ist ein Beispiel: für $r \to \infty$ (in Schwarzschild-Koordinaten) erhalten wir den Minkowski-Raum.

Was aber ist ein Ereignishorizont?

Definition: Der *Ereignishorizont* ist der Rand der *kausalen* Vergangenheit der zukünftigen lichtartigen Ereignisse im Unendlichen (future null infinity = Zukunfts-Null-Unendlich).

Die zukünftigen lichtartigen Ereignisse im Unendlichen sind gerade diejenigen, die auf zukunftsgerichteten Nullgeodäten von Ereignissen der Raum-Zeit aus erreichbar sind[9]. Der Rand wird gerade von den Ereignissen gebildet, von denen aus man nicht mehr auf Nullgeodäten ins Unendliche kommt.

Der Ereignishorizont ist eine *lichtartige* Fläche, die also lichtartige und raumartige Tangentenvektoren haben kann, da Lichtsignale die letzten Signale

---

[8] Vgl. [Mic84], [Lap99] und auch den physikhistorischen Artikel von J. Eisenstaedt [Eis91].

[9] Im Minkowskiraum wird Zukunfts-Null-Unendlich durch $t + r \to \infty$ bei endlichem $t - r$ erreicht.

sind, die in das Unendliche gelangen können. Der Begriff des Ereignishorizontes ist *nicht* lokal: er hängt von Ereignissen in der fernen Zukunft ab. Er ist wohldefiniert nur in einer asymptotisch-flachen Raum-Zeit.

Wie kann man den Ereignishorizont finden, wenn man analytische oder numerische Kollapsrechnungen macht? Dazu muß man den Begriff der „*trapped surface*" einführen [Pen68]. Das ist eine geschlossene 2-dimensionale Fläche mit der Eigenschaft, daß alle Nullgeodäten, die senkrecht auf ihr stehen, *fokussieren*. Diese Nullgeodäten beschreiben einlaufende und auslaufende Lichtsignale.

Definition: Ein *scheinbarer Horizont* ist der äußere Rand der geschlossenen „trapped surfaces" in der Raum-Zeit[10].

Der scheinbare Horizont kann berechnet werden und wird von den Astrophysikern dazu benutzt, um den Ereignishorizont ungefähr zu lokalisieren. Man kann nämlich folgendes beweisen:

1. Wenn ein scheinbarer Horizont existiert, so existiert auch ein Ereignishorizont.
2. Der Ereignishorizont liegt *außerhalb* des scheinbaren Horizonts.
3. In einer stationären Raum-Zeit fallen scheinbarer und Ereignishorizont zusammen. (also etwa in der Schwarzschild- und der Kerr-Metrik).
4. Eine der beiden Kongruenzen von Nullgeodäten senkrecht auf dem scheinbaren Horizont ist weder fokussierend noch defokussierend.

Betrachten wir als Beispiel die äußere Schwarzschild-Lösung in Eddington-Koordinaten (vgl. Aufgabe 10.4 auf Seite 301 in Abschnitt 10.4):

$$\mathrm{d}l^2 = \left(1 - \frac{2m}{r}\right)\mathrm{d}\upsilon^2 - 2\mathrm{d}\upsilon\mathrm{d}r - r^2\mathrm{d}\Omega^2 \,. \tag{12.66}$$

$\upsilon = const$ beschreibt die *einlaufenden* Nullflächen; υ wächst in Richtung auf die Zukunft. $\upsilon = const, r = const$ ist eine 2-dimensionale, raumartige Fläche mit dem Flächeninhalt $4\pi r$ und der Topologie der Kugel (S^2). Nullgeodäten der Metrik sind durch $\mathrm{d}l^2 = 0$ bestimmt. Als Lösungen bekommen wir die *einlaufenden* Nullflächen $\upsilon = const$ und die *auslaufenden* Nullflächen, die aus

$$\frac{\mathrm{d}r}{\mathrm{d}\upsilon} = \frac{1}{2}\left(1 - \frac{2m}{r}\right) \tag{12.67}$$

[10] Äußerer Rand bedeutet hier: in Richtung der auslaufenden Signale.

folgen. Diese auslaufenden Nullflächen *kontrahieren* $\left(\frac{\mathrm{d}r}{\mathrm{d}v}<0\right)$ für $r<2m$ und *expandieren* $\left(\frac{\mathrm{d}r}{\mathrm{d}v}>0\right)$ für $r>2m$. Jede Fläche $r=r_0$, $v=v_0$ mit $\theta\in[0,\pi]$ und $\varphi\in[0,2\pi)$, und $r_0<2m$ und $v_0<v_c$ ist eine *trapped surface*. Hierbei ist v_c der Wert von v, für den die Singularität bei $r=0$ erreicht wird (vgl. Abbildung 12.5). Die beiden Nullflächen, welche diese Fläche schneiden, sind gerade die ein- bzw. auslaufenden Nullflächen. Beide kontrahieren für den angegebenen Parameterbereich. Die Hyperfläche $r=2m$ ist der geometrische Ort des scheinbaren Horizonts: eine der Nullflächen hat verschwindende Kontraktion $\frac{\mathrm{d}r}{\mathrm{d}v}=0$ (auslaufender scheinbarer Horizont). Wegen der Eigenschaft 2 ist $r=2m$ auch der Ereignishorizont der Schwarzschild-Metrik.

Im Prinzip könnte man den Ereignishorizont bei numerischen Rechnungen dadurch finden, daß man die lichtartigen Geodäten für wachsende Zeit verfolgt. Auslaufende Lichtstrahlen, die gerade *außerhalb* des Ereignishorizontes beginnen, werden von ihm weglaufen. Wenn sie noch gerade *innerhalb* des Ereignishorizontes abgehen, so werden sie sich von ihm weg auf die Singularität hin wenden. Leider machen kleine Fehler bei der numerischen Integration dieses Verfahren aber instabil. Daher integriert man *rückwärts* in der Zeit: dann laufen alle Nullgeodäten auf den Horizont zu, als ob sie von ihm angezogen würden [SA95].

Vom Ereignishorizont begrifflich zu unterscheiden ist die sog. *statische Grenze*:

Definition: Die *statische Grenze* ist der Rand des Raum-Zeit-Gebietes, in dem ein Beobachter in Ruhe sein kann.

Etwas technischer ausgedrückt, heißt das: an der statischen Grenze hört die 4-Geschwindigkeit eines Beobachters auf, zeitartig zu sein.

Nehmen wir wieder die Schwarzschild-Metrik als Beispiel! Sei $U=u^\alpha\partial_\alpha$ und $u^\alpha \overset{*}{=} \delta^\alpha_0$. Dann folgt aus $g_{\alpha\beta}u^\alpha u^\beta=0$, daß $g_{00}=0$ oder $r=r_g=2m$. Das ist eine lichtartige Fläche mit $u^\alpha\big|_{r=r_g}$ Tangentenvektor an den Lichtkegel und alle anderen Richtungen in der Fläche sind wegen $\mathrm{d}l^2\big|_{r=r_g}=-r^2\mathrm{d}\Omega^2$ raumartig. In der Schwarzschild-Metrik fallen Ereignishorizont und statische Grenze zusammen, in der Kerr-Metrik *nicht* (vgl. Abschnitt 12.4.2).

Bemerkungen: 1. Die statische Grenze ist diejenige Fläche, bei der eine *unendlich* große Rotverschiebung relativ zu einem Beobachter im räumlich-Unendlichen eintritt: $\frac{\upsilon_\infty}{\upsilon_0} = 1 - \frac{2m}{r}$ (vgl. Abschnitt 10.3; Formel nach Gleichung (10.46)).

2. Wir werden dem Begriff des Ereignishorizontes beim Standardmodell des Kosmos in Abschnitt 14.3.1 wiederbegegnen.

Graphische Darstellung des Gravitationskollapses an Hand der Schwarzschild-Metrik in Eddington-Koordinaten

Um die Bilder in den mehr oder weniger populären Darstellungen des Gravitationskollapses verstehen zu können, wenden wir uns noch einmal der äußeren Schwarzschild-Metrik in Eddington-Koordinaten (12.66) zu. Zur

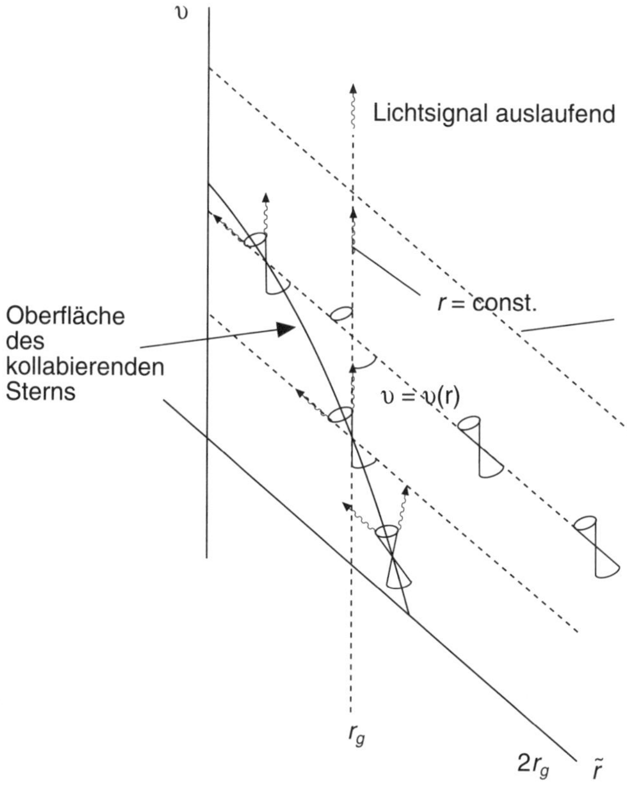

Abb.12.4

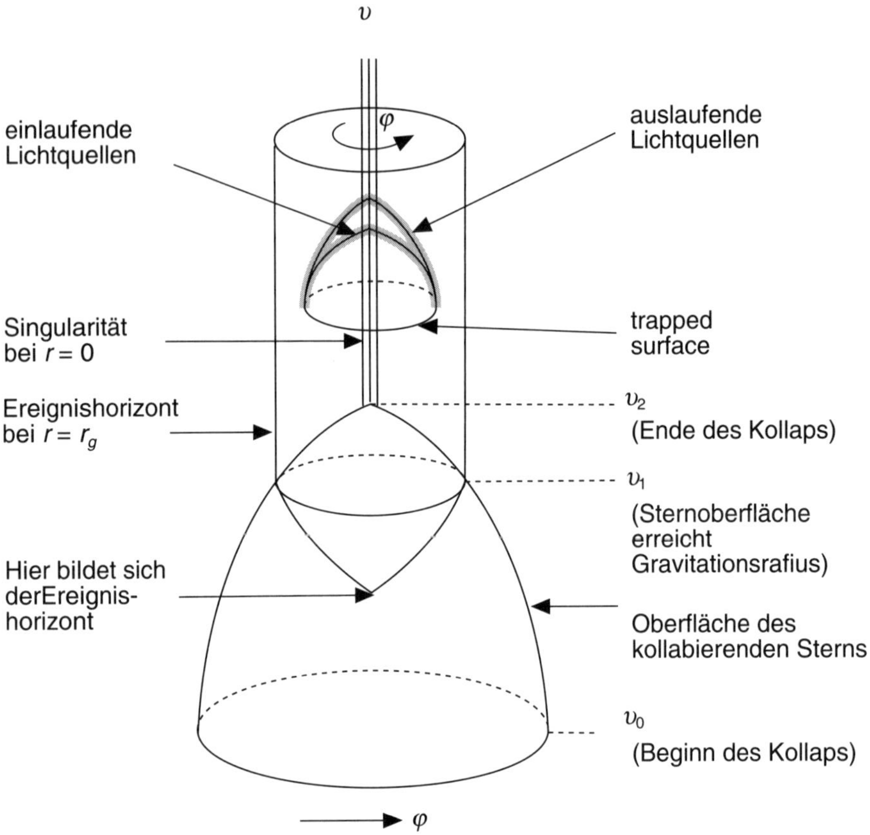

Abb.12.5

zeichnerischen Darstellung der Nullkegel wählen wir ein *schiefwinkliges* Achsenkreuz, in dem die Linien υ = const die Richtung der Winkelhalbierenden im 2. und 4. Quadranten haben (die Winkelkoordinaten θ, φ sind unterdrückt), vergleiche Abbildung 12.4. Die Wahl der Achsen ist daraus erklärt, daß $\upsilon = ct + \tilde{r}$ mit $\tilde{r} = r + r_g \ln\left|\frac{r}{r_g} - 1\right|$ als Drehung der t-Achse des $(\tilde{r}, t)$-Achsenkreuzes um $\frac{\pi}{4}$ angesehen werden kann. Abbildung 12.4 beschreibt dieselbe Situation wie Abbildung 10.5 im Abschnitt 10.4 nur in anderen Koordinaten. Man sieht, daß nach dem Passieren des Ereignishorizontes $r = r_g$ sämtliche Lichtsignale mit der kollabierenden Sternoberfläche in die Singularität bei $r = 0$ hineinfallen. In Abbildung 12.5 ist schematisch eingezeichnet, wie im Innern der Materie ein Ereignishorizont entsteht, der sich nach außen bewegt, bis er bei $r = r_g = 2m$ mit der Sternoberfläche zusammenfällt ($\upsilon = \upsilon_1$). Danach ist der kollabierte Stern ein *schwarzes Loch*. Innerhalb des Ereignishorizontes existieren *„trapped surfaces"*. Diese Flächen spielen eine Rolle in den Singularitätssätzen von Penrose und Hawking ([HE73], Kapitel 8). Sie besagen, daß die Bildung von Singularitäten unvermeidlich ist, wenn „trapped surfaces" beim Kollaps gebildet werden und die Energie des Systems positiv ist. Allerdings wird die physikalische Natur dieser Singularitäten (in der Krümmung?, in der Materiedichte? etc.) *nicht* durch diese Sätze bestimmt.

12.4.2 Die Kerr-Metrik als Modell eines schwarzen Loches

Wir haben in Abschnitt 10.5.1 gesehen, daß die Kerr-Metrik (in Boyer-Lindquist-Koordinaten t, r, θ, φ)

$$\begin{aligned} \mathrm{d}l^2 = \; & (1-2mr\rho^{-2})c^2\mathrm{d}t^2 - \rho^2\triangle^{-1}\mathrm{d}r^2 - \rho^2\mathrm{d}\theta^2 + 4mar\rho^{-2}\sin^2\theta c\,\mathrm{d}t\mathrm{d}\varphi \\ & -\sin^2\theta[r^2+a^2+2mr\rho^{-2}a^2\sin^2\theta]\mathrm{d}\varphi^2 \end{aligned} \qquad (10.57)$$

mit

$$\begin{aligned} \rho^2 \; & := r^2 + a^2\cos^2\theta \\ \triangle \; & := r^2 - 2mr + a^2 \end{aligned} \qquad (10.58)$$

das Außenfeld eines gravitierenden Körpers mit Masse m und Drehimpuls $J = am$ beschreibt. $\left(m = \frac{GM}{c^2},\; J = \frac{G}{c^3}[l] \text{ mit } [l] = \mathrm{gcm}^2\, s^{-1}\right)$

Aufgabe 12.7:

Führe die Koordinatentransformation $t, \varphi \to \upsilon, \Phi$ mit

$$\mathrm{d}\upsilon = c\mathrm{d}t + (r^2+a^2)\triangle^{-1}\mathrm{d}r$$
$$\mathrm{d}\Phi = \mathrm{d}\varphi + \triangle^{-1}\mathrm{d}r$$

durch, um die Koordinatensingularitäten in (10.56) zu entfernen.

Ereignishorizont und statische Grenze

In Analogie zum Fall der äußeren Schwarzschild-Metrik bestimmen wir zuerst die Nullstellen von $g_{00} = 0$, d.h.

$$\boxed{r_{\pm}^{S} = m \pm (m^2 - a^2\cos^2\theta)^{\frac{1}{2}}} \qquad (12.65)$$

und von $(g_{11})^{-1} = 0$, d.h.

$$\boxed{r_\pm^{\mathrm{H}} = m \pm (m^2 - a^2)^{\frac{1}{2}}} \quad . \tag{12.66}$$

Damit sie reell sind, muß $a^2 \leq m^2$ gelten. Für $a \neq 0$ folgt

$$\boxed{r_-^{\mathrm{S}} \leq r_-^{\mathrm{H}} < r_+^{\mathrm{H}} \leq r_+^{\mathrm{S}}} \tag{12.67}$$

Die Gleichheitszeichen werden für $\theta = 0, \pi$ erreicht, also auf der Drehachse. Für $a = 0$ erhält man $r_+^{\mathrm{S}} = r_+^{\mathrm{H}} = 2m$, $r_-^{\mathrm{S}} = r_-^{\mathrm{H}} = 0$. Welche von den Nullstellen entspricht einem Ereignishorizont – wenn überhaupt? Nun, für $r = r_\pm^{\mathrm{S}}, t = const$ folgt wegen

$$g^{\alpha\beta} r_{,\alpha} r_{,\beta}\Big|_{r=r_\pm^{\mathrm{S}}} = g^{11}\Big|_{r=r_\pm^{\mathrm{S}}} = -\frac{a^2 \sin^2\theta}{2mr_\pm^{\mathrm{S}}} < 0$$

für $a \neq 0, \theta \neq 0, \pi$, daß diese Fläche *zeitartig* ist (raumartige Normale), also kein Ereignishorizont sein kann.

Wir zeigen nun, daß $r = r_\pm^{\mathrm{S}}$ die *statische Grenze* beschreibt. Dazu betrachten wir einen *Beobachter mit der konstanten Winkelgeschwindigkeit*[11] $\Omega := \dfrac{\mathrm{d}\varphi}{c\mathrm{d}t}$ in der Ebene $r = const$, $\theta = const$. Seine 4-Geschwindigkeit muß *zeitartig* sein, d.h. es muß gelten:

$$g_{00} + 2g_{03}\frac{\mathrm{d}\varphi}{c\mathrm{d}t} + g_{33}\left(\frac{\mathrm{d}\varphi}{c\mathrm{d}t}\right)^2 > 0 \, .$$

Diese Ungleichung schränkt Ω ein auf

$$\Omega_{\min} < \Omega < \Omega_{\max}$$

mit

$$\boxed{\Omega_{\substack{\max\\ \min}}(r, \theta) = \frac{2mar\sin^2\theta \pm (r^2 + a^2\cos^2)\sqrt{\triangle}}{\sin\theta\,[(r^2 + a^2)^2 - \triangle a^2 \sin^2\theta]}} \quad . \tag{12.68}$$

Aus (12.68) rechnet man aus, daß gilt

$$\Omega_{\min}(r_\pm^{\mathrm{S}}) = 0 \tag{12.69}$$

[11] relativ zu einem unendlich fernen Beobachter (asymptotisch-flache Metrik!)

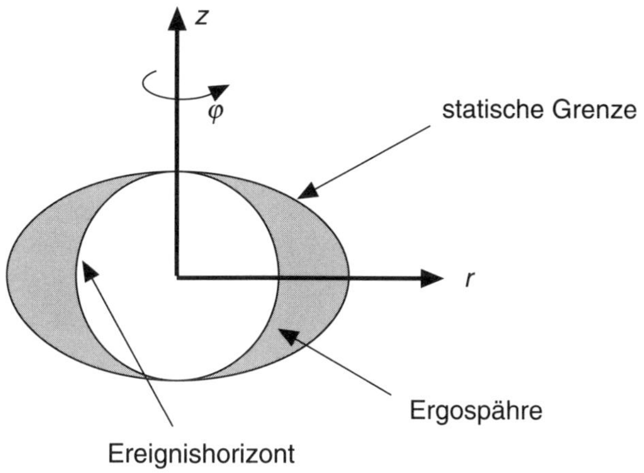

Abb. 12.6

und

$$\Omega_{\mathrm{H}} := \Omega_{\min}(r_{\pm}^{\mathrm{H}}) = \Omega_{\max}(r_{\pm}^{\mathrm{H}}) = \frac{a}{2mr_{\pm}^{\mathrm{H}}}\,. \tag{12.70}$$

Das bedeutet: in den Bereichen $r_-^{\mathrm{S}} \le r_-^{\mathrm{H}}$ und $r_+^{\mathrm{H}} \le r_+^{\mathrm{S}}$ gibt es *keine* Beobachter, die gegenüber dem unendlich fernen Beobachter ruhen können. $r = r_{\pm}^{\mathrm{S}}$ ist die *statische Grenze*. Bei $r = r_{\pm}^{\mathrm{H}}$ muß ein Beobachter mit der festen Winkelgeschwindigkeit $\Omega_{\min} = \Omega_{\max}$ rotieren. Bei $r = r_{\pm}^{\mathrm{H}}$ wird $u^\alpha \overset{*}{=} \delta_0^\alpha + \Omega\delta_3^\alpha$, das heißt der Tangentenvektor des gleichmäßig rotierenden Beobachters, *lichtartig*. Man kann zeigen, daß $r = r_{\pm}^{\mathrm{H}}, t = const$ ein *Ereignishorizont* ist[12]. Abbildung 12.6 zeigt den äußeren Horizont r_+^{H} und die äußere statische Grenze r_+^{S}; die Flächen r_-^{S} und r_-^{H} innerhalb des Ereignishorizontes sind weggelassen, da im Prinzip unbeobachtbar. Das Gebiet zwischen Ereignishorizont und statischer Grenze, in dem es keinen ruhenden Beobachter gibt, heißt *Ergosphäre*. Außer der Winkelgeschwindigkeit (12.70) des (Kerr-) schwarzen Loches

$$\Omega_{\mathrm{H}} = \frac{a}{2m\,[m + \sqrt{m^2 - a^2}\,]} \tag{12.71}$$

definiert man noch die sogenannte *Oberflächenschwerkraft* K_{H} *des schwarzen Loches* durch

$$\boxed{K_{\mathrm{H}}(r_+^{\mathrm{H}}) := g(\nabla_U U, N)\big|_{r_{\pm}^{\mathrm{H}}}}\;, \tag{12.72}$$

[12] Vgl. die maximale analytische Fortsetzung der Kerr-Metrik in [HE73].

bzw. in lokalen Koordinaten

$$K_{\mathrm{H}}(r_+^{\mathrm{H}}) = u^{\alpha}{}_{;\beta} u^{\beta} N_{\alpha}\Big|_{r_+^{\mathrm{H}}} .$$

Hierbei ist N_α ein weiterer *lichtartiger* Vektor (neben $u^{\alpha}\big|_{r=r_+^{\mathrm{H}}}$), der auf $N^{\alpha}\mu_{\alpha}\big|_{r=r_+^{\mathrm{H}}} = 1$ normiert ist. Die Auswertung ergibt[13]:

$$K_H = \frac{\sqrt{m^2 - a^2}}{2m[m + \sqrt{m^2 - a^2}]} . \tag{12.73}$$

Aufgabe 12.8:

1. Berechne die Oberfläche A des Ereignishorizontes $r = r_+^{\mathrm{H}}$ der Kerr-Metrik. Das Resultat ist

$$A = 8\pi\, m r^{\mathrm{H}} = 8\pi m(m + \sqrt{m^2 - a^2}) . \tag{12.74}$$

2. Berechne K_{H}.

Ergosphäre, Irreduzible Masse des schwarzen Loches.

R.Penrose [PF71] hat einen Prozeß entdeckt, durch den ein Teil der Rotationsenergie eines schwarzen Loches gewonnen werden kann. Dazu betrachten wir ein Testteilchen der Masse m_0 und mit dem 4-Impuls $p^{\alpha} = m_0 u^{\alpha}$. Wir definieren seine Energie E mit Hilfe des Generators der Zeittranslation (d.h. einer Symmetrieoperation der Metrik) $\frac{\partial}{\partial t} = \delta_0^{\alpha} \frac{\partial}{\partial x^{\alpha}}$ durch den Killing-Vektor $\xi^{\alpha} \stackrel{*}{=} \delta_0^{\alpha}$ (vgl. Kapitel 13)

$$E := p^{\alpha}\xi_{\alpha} \stackrel{*}{=} p^{\alpha} g_{\alpha 0} . \tag{12.75}$$

Berechnen wir die Ableitung von E in Richtung der Bahn des Testteilchens, so ergibt sich

$$\dot{E} := E_{,\alpha} u^{\alpha} = \frac{1}{m_0} E_{,\alpha} p^{\alpha}$$

und mit (12.75)

---

[13] Für $a = 0$ folgt $K_{\mathrm{H}} = \frac{1}{4m.}$ Das entspricht gerade der Newtonschen Gravitationskraft $\frac{m}{r^2}$ bei $r = r_{\mathrm{H}} = 2m$. Zur Berechnung von K_{H} vgl. [Wal84]. Die Krümmung am Horizont ist nach (10.1) von der Größenordnung m^{-2}.

$$\dot{E} = \frac{1}{m_0}[p^\beta{}_{;\alpha} p^\alpha \xi_\beta + p^\beta \xi_{\beta;\alpha} p^\alpha]$$
$$= \frac{1}{m_0}[p^\beta{}_{;\alpha} p^\alpha \xi_\beta + p^\alpha p^\beta \xi_{(\beta;\alpha)}] . \tag{12.76}$$

Wenn das Testteilchen frei fällt, so ist $p^\beta{}_{;\alpha} p^\alpha = 0$; andererseits genügt der Generator einer Symmetrietransformation der sogenannten Killing-Gleichung (vgl. (13.5))[14]

$$\xi_{(\alpha;\beta)} = 0 . \tag{12.77}$$

Damit ist die *Energie* des Testteilchens längs der geodätischen Bahn eine *Erhaltungsgröße*.

Nun lassen wir das Testteilchen in die Ergosphäre einlaufen mit der Energie $E_0 = p_0^\alpha \xi_\alpha$ und zerlegen es dort in zwei Bruchstücke mit

$$p_0^\alpha = p_1^\alpha + p_2^\alpha, \qquad E_0 = E_1 + E_2 .$$

Innerhalb der Ergosphäre ist ξ^α aber raumartig. (An der statischen Grenze wird $g_{\alpha\beta}\xi^\alpha\xi^\beta = 0$.) Das heißt aber, daß die Energie (12.75) in der Ergosphäre *negativ* sein kann.

Wenn man den Zerfall eines Teilchens in der Ergosphäre so arrangieren kann, daß $E_1 < 0$ und das entsprechende Teilchen durch den Horizont hindurchfällt, während das zweite Teilchen aus der Ergosphäre wieder herauskommt, so folgt

$$E_2 = E_0 + |E_1| > E_0 .$$

Man kann außerdem zeigen, daß Teilchen, die mit negativer Energie durch den Horizont $R = r_H$ hindurchfallen, einen Bahndrehimpuls besitzen, der dem des (Kerr-)schwarzen-Loches entgegengesetzt ist. Durch den Penrose-Prozeß wird also der Drehimpuls $J = am$ des schwarzen Loches verkleinert. Die extrahierte Energie kommt demnach aus der Rotationsenergie. Dieses Ergebnis wollen wir auf einem zweiten Wege gewinnen.

Dazu führen wir mit Christodoulou [Chr70], [CR71] die sogenannte *irreduzible Masse* m_{irr} des schwarzen Loches ein:

$$m_{irr}^2 := \frac{m}{2} r_H = \frac{m}{2}(m + \sqrt{m^2 - a^2}) . \tag{12.78}$$

---

[14] Man rechnet nach (Übungsaufgabe!), daß $\xi_{(\alpha;\beta)} = 0$ äquivalent ist mit der Beziehung

$$g_{\alpha\beta,\sigma}\xi^\sigma + g_{\sigma\beta}\xi^\sigma{}_{,\alpha} + g_{\alpha\sigma}\xi^\sigma{}_{,\beta} = 0 .$$

Mit $\xi^\sigma \stackrel{*}{=} \delta^\sigma_0$ folgt also $g_{\alpha\beta,0} \stackrel{*}{=} 0$, was für die Kerr-Metrik erfüllt ist.

$m_{\rm irr}$ kann durch einen Penrose-Prozeß *nicht* verkleinert werden. Um dies einzusehen, gehen wir von einer Ungleichung aus, die zwischen der erhaltenen Energie E und dem Bahndrehimpuls J_z eines Teilchens besteht, das sich in der Kerr-Raum-Zeit befindet:

$$2mr_{\rm H}E - aJ_z \geq 0\,. \tag{12.79}$$

Diese Ungleichung findet man z.B. bei Chandrasekhar [Cha83]. Sie ergibt sich aus der Untersuchung der *Geodäten* der Kerr-Metrik und erfordert eine längere Herleitung.

Seien nun $E \triangleq \delta m$ und $J_z \triangleq \delta(am)$ die Zuwächse an Energie und Bahndrehimpuls des schwarzen Loches durch ein Teilchen mit negativer Energie $-E$ und Bahndrehimpuls $-J_z$, das am Horizont angekommen ist. Dann gilt nach (12.79)

$$2mr_{\rm H}\delta m - a\delta(am) \geq 0$$

oder[15]

$$r_{\rm H}^2\delta m \geq ma\delta a\,. \tag{12.80}$$

Aus der Definition (12.78) der irreduziblen Masse folgt

$$\delta(m_{\rm irr}^2) = \frac{1}{2\sqrt{m^2-a^2}}[r_{\rm H}^2\delta m - ma\delta a] \geq 0\,,$$

das heißt die irreduzible Masse kann *nicht* abnehmen. Das bedeutet, daß jede Abnahme der Energie mc^2 des schwarzen Loches aus dem Drehimpuls $J = ma$ kommen muß. Die niedrigste übrigbleibende Energie des schwarzen Loches bei Einfang von Teilchen mit negativer Energie und entgegengerichtetem Bahndrehimpuls wird für $a = J = 0$ erreicht, d.h. $m_{\rm irr} = m$.[16] Man sieht dies auch an der Identität (nachrechnen!)

$$m^2 = m_{\rm irr}^2 + \frac{m^2a^2}{4m_{\rm irr}^2}\,. \tag{12.81}$$

Vergleichen wir den Ausdruck (12.78) für die irreduzible Masse mit der Oberfläche A des Ereignishorizonts der Kerr-Metrik (12.74), so folgt

$$\boxed{m_{\rm irr}^2 = (16\pi)^{-1}A}\,. \tag{12.82}$$

---

[15] Wegen $\delta(am) = m\delta a + a\delta m$ folgt zuerst $(2r_{\rm H}m - a^2)\delta m \geq am\delta a$.

[16] $m_{\rm irr} = m_{\rm irr}(a)$ hat ein *Maximum* bei $a = m$

$$\left(\frac{\partial^2 m_{\rm irr}(a)}{\partial a^2}\right)\Big|_{a=m} = -\frac{1}{2}\,.$$

Für einen Penrose-Energieextraktionsprozeß gilt demnach $\delta A \geq 0$ [PF71].

Dieses Resultat wurde von Steven Hawking verallgemeinert. Er bewies folgendes Resultat [Haw71], [Haw72]:

> Wenn die Energiedichte der Materie positiv ist und die Hypothese der sogenannten kosmischen Zensur gilt, so muß sich die Horizontfläche eines schwarzen Loches während eines jeden nichtstationären Prozesses *vergrößern*.

Unter der *Hypothese der kosmischen Zensur* versteht man folgende Annahme: Im Laufe des Gravitationskollapses von Materie bildet sich immer ein Ereignishorizont, *der alle Singularitäten umschließt* und damit die Raum-Zeit außerhalb des Horizonts *vorhersagbar* macht im Sinne eines (Cauchyschen) Anfangswertproblems.

Unter der Positivität der Materie ist folgendes zu verstehen: Jede Art von Materie, die durch das schwarze Loch angesammelt wird, sollte eine *nicht negative* Energiedichte haben, wenn sie den Horizont durchfällt. Im technischen Sinne heißt das, daß $T^{\alpha\beta}u_\alpha u_\beta\big|_{r=r_H} \geq 0$ gelten soll mit der 4-Geschwindigkeit $u^\alpha \stackrel{*}{=} \delta^\alpha_0 + \Omega\delta^0_3$ eines gleichmäßig rotierenden Beobachters, die bei $r = r_H$ *lichtartig* wird.

12.4.3 Ein Eindeutigkeitssatz für schwarze Löcher

Wie charakteristisch ist das Modell der Kerr-Metrik für die Eigenschaften eines schwarzen Loches? Nun, es gibt sehr wenige exakte Lösungen der Einsteinschen Vakuumfeldgleichungen bzw. der Einsteinschen Feldgleichungen mit dem Materietensor des elektromagnetischen Feldes (vgl. (4.105)), auf die man die Definition des schwarzen Loches von Abschnitt 12.4.1 ausdehnt. Es gilt nämlich folgender Satz[17]

> *Eindeutigkeitssatz* (Israel-Carter-Robinson-Mazur):
> Die einzige Lösungsschar der Einsteinschen Feldgleichungen mit elektromagnetischem Feld als Quelle, die ein isoliertes, stationäres schwarzes Loch mit nicht degeneriertem Ereignishorizont beschreibt, ist die *Kerr-Newmann-Lösung* mit $m^2 - a^2 - Q^2 - P^2 > 0$.

[17] Vgl.[Maz87]. Ein schwarzes Loch kann zusätzlich auch noch Yang-Mills-Ladungen, die zu inneren, nichtabelschen Eichsymmetrien gehören, tragen. Für ein ungeladenes schwarzes Loch mit Yang-Mills-Ladungen gilt der Eindeutigkeitssatz *nicht* mehr. Vgl. [KM90b].

Die Kerr-Newmann-Lösung ist die „geladene" Kerr-Lösung, d.h. Q ist die *elektrische* Ladung und P eine mögliche *magnetische* Ladung. Der Unterschied zur Kerr-Metrik besteht nur darin, daß in der Kerr-Metrik (10.58) *überall* $2mr$ durch $2mr-(Q^2+P^2)$ ersetzt werden muß; also z.B. gilt nun:

$$\triangle := r^2 - 2mr + a^2 + Q^2 + P^2 \,. \tag{12.83}$$

Für $a = Q = P = 0$ folgt die äußere Schwarzschild-Lösung, für $a = P = 0$ die sogenannte *Reissner-Nordstrøm-Lösung* für einen geladenen, gravitierenden Massenpunkt. $P = Q = 0$ ist die Kerr-Lösung und $P = 0$ die ursprüngliche Kerr-Newmann-Lösung. In diesem Fall ist die *2-Form des elektromagnetischen Feldes* (vgl. Abschnitt 4.6.1) gegeben durch

$$\begin{aligned} F &= Q\rho^{-4}(r^2 - a^2\cos^2\theta)\,\mathrm{d}r \wedge [c\mathrm{d}t - a\sin^2\theta\mathrm{d}\varphi] \\ &\quad + 2Q\rho^{-4}ar\cos^2\theta\sin\theta\mathrm{d}\theta \wedge (r^2 + a^2)\mathrm{d}\varphi - ac\mathrm{d}t] \,. \end{aligned} \tag{12.84}$$

Für $a = 0$ folgt hieraus

$$F = \frac{Q}{r^2}\mathrm{d}r \wedge c\mathrm{d}t \,, \tag{12.85}$$

also liegt das *radiale* elektrische Feld $F_{01} \triangleq E_r = \dfrac{Q}{r^2}$ einer *Punktladung* vor (Coulombfeld).

Zum Beweis des genannten Satzes braucht man die Hypothese der kosmischen Zensur; für $m^2 - a^2 - P^2 - Q^2 < 0$ bekommt man ebenfalls exakte Lösungen, die aber sogenannte *nackte* Singularitäten haben, das heißt solche, die nicht durch einen Horizont daran gehindert werden, mit den anderen Ereignissen der Raum-Zeit in Kontakt zu treten. *Isoliert* bedeutet wieder: asymptotisch-flache Lösung. Die Situation eines schwarzen Loches in einem kosmologischen Hintergrund ist also in Strenge nicht definiert. Allerdings kann man den scheinbaren Horizont auch dort einführen.

Stationäre Lösungen[18] mit mehreren rotierenden schwarzen Löchern, die eventuell durch eine abstoßende Spin-Spin-Wechselwirkung im Gleichgewicht sind, hat man noch *nicht* gefunden. Alle solche Lösungen zeigen bisher nackte Singularitäten. Man kennt statische Lösungen mit beliebig vielen *geladenen* schwarzen Löchern, die sogenannten Majumdar-Papapetrou-Lösungen ($m = Q$, $a = 0$) [HH72]. Hier erreicht man Gleichgewicht zwischen Gravitationsanziehung und Coulombabstoßung. Das läßt sich auch auf den Fall nichtverschwindender kosmologischer Konstante ausdehnen [KT93]. Es gibt auch eine unendlich-dimensionale Familie von stationären, axialsymmetrischen exakten Lösungen, in denen Ringe von um das schwarze Loch kreisender Materie auftreten.

---

[18] Für eine koordinatenunabhängige Definition von stationär, siehe Abschnitt 13.

Nach dem Eindeutigkeitssatz gibt es *keine einzelnen* schwarzen Löcher mit *höheren* Momenten. Man stellt sich vor, daß diese während des Gravitationskollapses in Form von Gravitationsstrahlung abgestrahlt werden (sogenanntes „no hair"-Theorem).

Aufgabe 12.9:

Leite die Reissner-Nordstrøm-Lösung der Einstein-Maxwell-Gleichungen durch Integration der Feldgleichungen (Einsteinsche- und Maxwellgleichungen) her. *Hinweis:* Überlege, welche Komponenten des elektromagnetischen Feldstärketensors für ein statisches, zentralsymmetrisches Feld von Null verschieden sein können. Benutze die Vakuum-Maxwellgleichungen.

12.4.4 Thermodynamik des schwarzen Loches

Wir kommen zurück auf das Resultat am Ende von Abschnitt 12.4.2, das heißt daß sich die Horizontfläche eines schwarzen Loches bei nichtstationären Prozessen nur vergrößern kann. Gibt es einen Zusammenhang mit einer thermodynamischen Größe, die sich bei irreversiblen Zustandsänderungen nur vergrößern kann: der Entropie?

Entropie und Horizontfläche

Wenn ein (Kerr-)schwarzes Loch wirklich den Endzustand eines Körpers nach dem Gravitationskollaps beschreibt, dann kann eine enorme Anzahl von Zuständen der kollabierenden Materie als Mikrozustände in einem schwarzen Loch realisiert sein. Der Vergleich mit der irreversiblen Abnahme der Information in einem Gas liegt nahe. Im Gas wird die makroskopische Information durch die molekularen Stöße vernichtet. Sie wird unzugänglich, weil sie unter die mikroskopischen Freiheitsgrade in einer Weise aufgeteilt wurde, die nicht zurückgenommen werden kann. Die makroskopische Information des schwarzen Loches wird durch die Gravitationsanziehung zerstört (und teilweise als Gravitationsstrahlung abgegeben). Sie wird unzugänglich, weil die Mikrozustände der Materie vom Ereignishorizont umschlossen sind. In beiden Fällen verändert sich das System von einem Anfangszustand zu einem durch wenige Parameter (Dichte, Druck des Gases bzw. Masse, Spin, Ladung des schwarzen Loches) beschriebenen Endzustand, der kein „Gedächtnis" für den Anfangszustand hat. Die Größe des Ereignishorizontes könnte ein Maß für den Verlust an Information sein. Wir setzen für die Entropie S eines schwarzen Loches an:

$$S = f(A) \tag{12.86}$$

mit der monoton wachsenden Funktion f und der Horizontfläche A. Verschiedene Argumente[19] führen auf eine *lineare* Funktion, d.h. ~A.

Wir führen eine formale Rechnung aus, die mit dem Ausdruck für die Horizontfläche des Kerr-schwarzen Loches beginnt (12.74):

$$A = 8\pi m(m + \sqrt{m^2 - a^2}) = 8\pi(m^2 + \sqrt{m^4 - J^2})\,.$$

Wir berechnen die Änderung δA der Fläche des Ereignishorizonts wenn sich Masse δm und Drehimpuls δJ des schwarzen Loches ändern:

$$\frac{1}{8\pi}\delta A = 2m\delta m + \frac{2m^3\delta m - J\delta J}{\sqrt{m^4 - J^2}}$$

oder, nach δm aufgelöst,

$$\delta m = \frac{\sqrt{m^4 - J^2}}{2m\,[m^2 + \sqrt{m^4 - J^2}\,]}\frac{\delta A}{8\pi} + \frac{J\delta J}{2m\,[m^2 + \sqrt{m^4 - J^2}\,]}\,. \tag{12.87}$$

Der Vergleich mit den Formeln (12.71 und 12.72) für die Winkelgeschwindigkeit Ω_H und die Oberflächenschwerkraft K_H des schwarzen Loches führt auf

$$\boxed{\delta m = K_H \frac{\delta A}{8\pi} + \Omega_H \delta J}\,. \tag{12.88}$$

Es ist verführerisch, diese Beziehung mit dem 1. Hauptsatz der Thermodynamik für die Änderung δU der inneren Energie eines starr rotierenden Körpers ($\delta W = \Omega\delta J$) zu vergleichen:

$$\delta U = T\delta S + \Omega \partial J\,.$$

Der Vergleich würde eine Entropie $S \sim A$ und eine Temperatur $T_H \sim K_H$ des schwarzen Loches bringen! Für ein schwarzes Loch ohne Rotation wäre $T_H \sim \frac{1}{m}$, d.h. mit *wachsender* Masse des schwarzen Loches würde seine Tem-

[19] Z.B. ein quantenmechanisches: Ein schwarzes Loch vom Radius $2m$ kann nicht kleiner sein als die de Broglie-Wellenlänge λ eines Teilchens, das von ihm absorbiert wird, also $\lambda \cong 2m$. Die Energie des Teilchens ist dann von der Größenordnung $\frac{hc}{m}$. Die Anzahl N der Teilchen zur Bildung eines schwarzen Loches der Energie mc^2 würde sein $N \cdot \frac{hc}{m} = mc^2$ oder $N = \frac{c}{\hbar}m^2$. Schätzt man die Entropie durch $S \sim \log N \sim N \sim m^2$ ab, so folgt $S \sim A$ ((Schwarzschild-)schwarzes Loch). Eine genauere Diskussion findet man bei [Haw76] und [Bek73].

peratur *abnehmen*. Da Materie nur durch den Horizont absorbiert, jedoch nicht abgegeben werden kann, würde ein schwarzes Loch immer kälter werden.

Die Hauptsätze der Schwarz-Loch-Thermodynamik

Die gerade gemachte Rechnung ist in folgender Form von Bardeen, Carter und Hawking [BCH73] für ein System „schwarzes Loch plus Materie" (in seiner Umgebung) bewiesen worden (1. Hauptsatz):

$$\delta m = \frac{K_{\mathrm{H}}}{8\pi}\delta A + \Omega_{\mathrm{H}}\delta J_{\mathrm{H}} + \int \Omega\delta(\mathrm{d}J) + \int \bar{\mu}\,\delta(\mathrm{d}N) + \int \bar{\theta}\,\delta(\mathrm{d}S)\,. \tag{12.89}$$

Hier verbindet das Inkrement δ zwei benachbarte axialsymmetrische Lösungen mit idealer Flüssigkeit als Quelle der Gravitation, die um ein zentrales schwarzes Loch zirkuliert. Dabei sind:

Ω := die Winkelgeschwindigkeit der Flüssigkeit

$\bar{\mu}$:= $\sqrt{u^{\alpha}u_{\alpha}}\,\mu$ das „rotverschobene" chemische Potential[20] der Flüssigkeit

$\bar{\theta}$:= $\sqrt{u^{\alpha}u_{\alpha}}\,T$ die „rotverschobene" Temperatur der Flüssigkeit.

$\delta(\mathrm{d}J)$ ist die Änderung im Drehimpuls, wenn die Flüssigkeit ein raumartiges Oberflächenelement durchquert; entsprechend $\delta(\mathrm{d}N)$ die Änderung in der Teilchenzahl und $\delta(\mathrm{d}S)$ die Änderung in der Entropie. Falls außerhalb des schwarzen Loches keine Materie vorhanden ist, so erhalten wir (12.88) zurück.

Die Masse m und der Drehimpuls des schwarzen Loches werden durch folgende Formeln definiert (vgl. Kapitel 13, Abschnitt 13.4.2)

$$-4\pi m := \int_{\partial S_\infty} \xi^{\alpha;\beta}\mathrm{d}\Sigma_{\alpha\beta}\,. \tag{12.90}$$

Hierin ist ∂S_∞ eine *raumartige*, zweidimensionale Fläche mit dem Oberflächenelement $\mathrm{d}\Sigma_{\alpha\beta}$ im Unendlichen und $\xi^{\alpha} \stackrel{*}{=} \delta^{\alpha}_{0}$ der Generator der Zeittranslation. Weiter gilt für den Drehimpuls

$$-8\pi J := \int_{\partial B} \tilde{\xi}^{\alpha;\beta}\mathrm{d}\Sigma_{\alpha\beta} \tag{12.91}$$

---

20 $\sqrt{u^{\alpha}u_{\alpha}}\,\mu$ mit der Tangente $u^{\alpha} \stackrel{*}{=} \delta^{\alpha}_{\underline{0}} + \Omega\delta^{\alpha}_{3}$ an die Strömungslinien der Flüssigkeit ist der Rotverschiebungsfaktor (vgl. Anmerkung zur statischen Grenze). In diesem Abschnitt bedeutet μ das chemische Potential.

mit der lichtartigen zweidimensionalen Fläche ∂B im Ereignishorizont und dem *Erzeuger der Drehsymmetrie* $\underset{\sim}{\xi} \stackrel{*}{=} \delta_3^\alpha$ ($\varphi \to \varphi + \varphi_0$). Wir werden (12.90 und 12.91) in Abschnitt 13.4.2 begründen.

Wenn wir die Analogie zwischen der Temperatur T_H des schwarzen Loches und seiner Oberflächenschwerkraft ernstnehmen, so können wir auch einen *0-ten Hauptsatz* formulieren:

> Die Oberflächenschwerkraft T_H ist konstant auf dem ganzen Ereignishorizont des schwarzen Loches.

Mit der Definition (12.72) haben Bardeen et al. gezeigt, daß $K_{H;\gamma} m^\gamma = 0$ wenn $m^\gamma, \overline{m}^\gamma$ komplex-konjugierte lichtartige Tangentenvektoren an den Ereignishorizont sind (vgl. [Wal84], S. 333-334). Als 3. Hauptsatz der Schwarz-Loch-Thermodynamik formuliert man:

> Es ist unmöglich, die Oberflächenschwerkraft K_H eines schwarzen Loches durch irgendeinen Prozeß, der aus einer endlichen Anzahl von Schritten besteht, zu Null zu machen.

Das ist eine *Hypothese*, die eng mit der Hypothese der kosmischen Zensur verbunden ist. Für ein (Kerr-)schwarzes Loch bedeutet $K_H = 0$, daß $m = a$ gilt. In diesem Fall, dem sogenannten *extremen* (Kerr-)schwarzen Loch existiert der Ereignishorizont nach wie vor ($r_H = m$). Aber, wenn man in n Schritten (etwa durch Hineinwerfen von Teilchen mit Drehimpuls parallel zum Drehimpuls des schwarzen Loches) $m = a$ erreichen könnte, so könnte man im $(n + 1)$ten Schritt $a > m$ erreichen, also eine Lösung mit nackter Singularität [Lak79]. Diese Formulierung des 3. Hauptsatzes entspricht der Version in der Thermodynamik, daß der absolute Nullpunkt nicht in endlich vielen Schritten erreicht werden kann. $T \to 0$ entspricht ja $K_H \to 0$. Aus (12.73) und (12.74) entnehmen wir, daß S in diesem Limes *nicht* verschwindet.

Aufgabe 12.10:

Welcher Prozentsatz der Masse kann bei der Verschmelzung zweier schwarzer Löcher (mit Drehimpuls $a = 0$ und Ladung $Q = 0$) von gleicher Masse höchstens als Strahlungsenergie abgegeben werden?

Thermische Strahlung von einem schwarzen Loch

Wenn ein schwarzes Loch eine Temperatur besitzt, so muß es thermische Strahlung abgeben. Wie kann das geschehen? Hawking zeigte [Haw74], [Haw75], daß bei Berücksichtigung von *Quanten*prozessen ein schwarzes Loch ein schwarzer Strahler ist. Das Spektrum der ausgesandten Teilchen mit Masse m, Drehimpuls $j\hbar$, in der Mode mit Frequenz ω ist gegeben durch

$$\langle N\rangle = \left\{\Gamma \exp\left[\frac{1}{kT_{\mathrm{H}}}(\hbar\omega - \hbar c\Omega_{\mathrm{H}} j)\right] \mp 1\right\}^{-1} . \tag{12.92}$$

(Das obere Vorzeichen für Bosonen, das untere für Fermionen.) j ist die magnetische Drehimpulsquantenzahl. Die Temperatur T_{H} in (12.92) ist gegeben durch

$$\boxed{T_{\mathrm{H}} = \frac{K_{\mathrm{H}}\hbar c}{2\pi k}} \tag{12.93}$$

mit der Oberflächenschwerkraft K_{H} von (12.72) und der Boltzmannkonstante k. Für ein (Schwarzschild-)schwarzes Loch folgt

$$T_{\mathrm{H}} \sim 1{,}6 \cdot 10^{-7}\left(\frac{M_\odot}{M}\right) K . \tag{12.94}$$

Daraus folgt, daß schwarze Löcher, die durch einen Sternkollaps gebildet werden, extrem kalt sind. Dagegen wäre ein schwarzes Loch von der Masse eines Asteroiden ($\sim 10^{14}$g) sehr heiß: $\sim 10^{12}$K und würde seine Energie schnell verlieren (vgl. Abb. 12.7). Die Beziehung (12.92) kann mit Hilfe der Quantenfeldtheorie in einem gekrümmten Raum ausgerechnet werden; die Rückwirkung der Strahlung auf das Gravitationsfeld wird dabei vernachlässigt. Sehr vereinfacht könnte man sagen, daß die Energiedichte des (klassischen) Gravitationsfeldes in der Nähe des Horizonts $r = 2m$ so groß ist, daß Paarerzeugung stattfinden kann. Eines der erzeugten Teilchen fällt durch den Horizont, das andere geht ins Unendliche. Es ist aber keinesfalls klar, ob das starke Gravitationsfeld gerade außerhalb des Ereignishorizontes die Quelle der sogenannten Hawking-Strahlung ist oder nicht doch das dynamische (zeitabhängige), unbeobachtbare Gravitationsfeld *innerhalb* des Horizontes. Das abgestrahlte Teilchen würde dann wegen des Tunneleffektes durch den Horizont kommen können.

Als Abschätzung für die Leuchtkraft eines (Schwarzschild-)schwarzen Loches nehmen wir $L \sim$ (Energiedichte der Strahlung $\times$ Horizontfläche) oder $L \sim T^4 \times m^2 \sim m^{-2}$. Rechnungen, bei denen als emitierte Teilchen Gravitonen, Neutrinos und Photonen genommen wurden, geben [Pag76]

$$L = 3{,}4 \cdot 10^{46}\left(\frac{M}{g}\right)^{-2} \frac{\mathrm{erg}}{\mathrm{s}} .$$

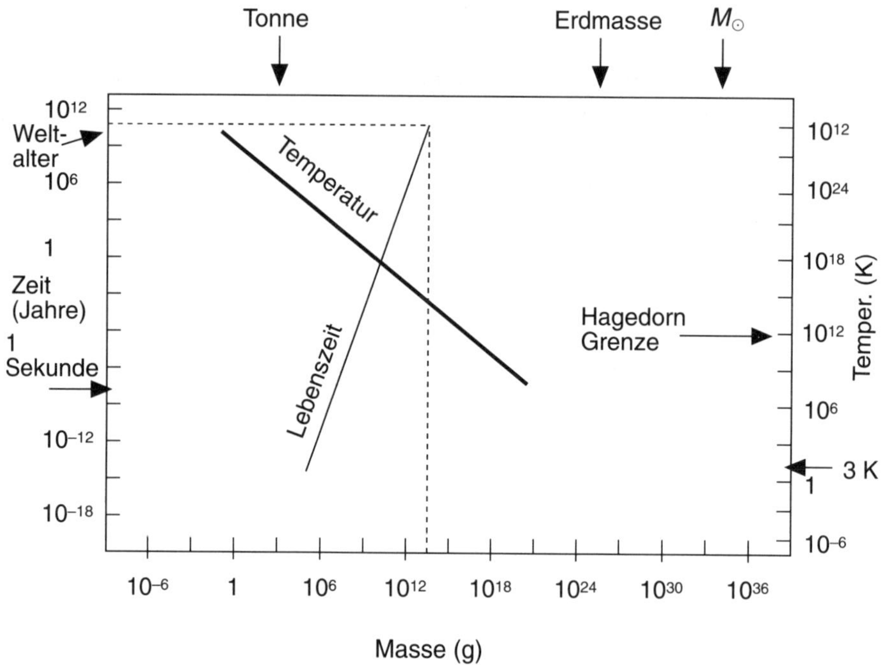

Abb. 12.7 Temperatur und Lebensdauer eines schwarzen Loches

Damit wird die Lebensdauer des schwarzen Loches

$$\tau \sim c^2 \int_0^M \frac{\mathrm{d}M}{L(M)} \cong 10^{-26} \left(\frac{M}{\mathrm{g}}\right)^3 \mathrm{s}\,.$$

(M / g soll bedeuten, daß die Masse in Gramm eingesetzt werden muß.) Für eine Sonnenmasse $M_\odot \cong 10^{33}\mathrm{g}$ gibt das $\tau \sim 10^{73}$ Jahre (das jetzige Weltalter wird auf $2 \cdot 10^{10}$ Jahre geschätzt!). Für eine Asteroidenmasse würde die Lebensdauer mit dem Weltalter vergleichbar sein.

Wenn wir akzeptieren, daß ein schwarzes Loch ein thermisches Spektrum der Temperatur $T = T_{\mathrm{H}}$ abgibt, dann verliert es Entropie. Der 2. Hauptsatz der Thermodynamik in der Formulierung $\delta S_{\text{Schwarzes Loch}} \geq 0$ kann dann nicht mehr stimmen, sondern muß durch

$$\delta S_{\text{Schwarzes Loch}} + \delta S_{\text{Umgebung}} \geq 0$$

ersetzt werden.

Anmerkung: Es soll nicht verschwiegen werden, daß die Vorstellung eines durch Strahlung zerfallenden schwarzen Loches nicht frei von Widersprüchen ist. Da die Quantenmechanik in's Spiel kommt, muß ein schwarzes Loch, dessen Masse völlig in thermische Strahlung verwandelt wird, in einem *gemischten* Zustand enden. Vor der Abstrahlung war es aber vermutlich in einem *reinen* Zustand. Die Schrödinger-Gleichung erlaubt einen solchen Übergang nicht. Es gibt verschiedene Vorschläge, diese Diskrepanz zu überwinden, so etwa den, daß das schwarze Loch nicht völlig zerstrahlt, sondern ein „Rest-Loch" übrig bleibt, das die Information des Ausgangszustandes beherbergt.

12.4.5 Wie findet man schwarze Löcher?

Nach ihren Enstehungsmechanismen können wir die schwarzen Löcher grob wie folgt einteilen:

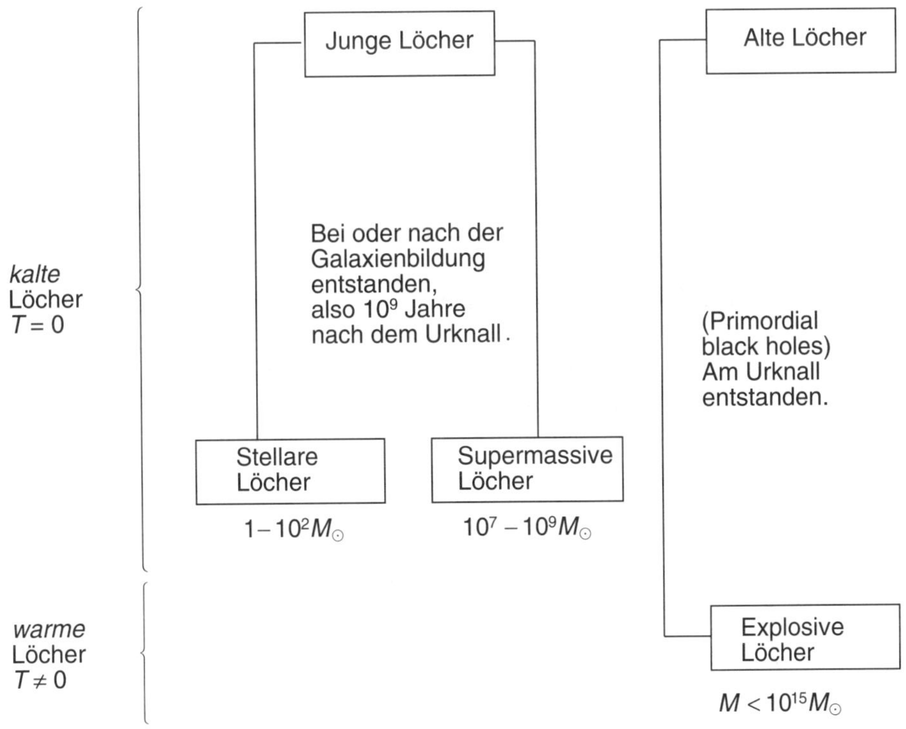

Betrachten wir im folgenden nur die kalten Löcher, d.h. solche ohne nennenswerte thermische Strahlung. Da ein solches schwarzes Loch kein Signal aussenden kann, läßt es sich allein durch die von ihm auf andere Massen ausgeübte Schwerkraftanziehung nachweisen.

Ein *einzelnes* schwarzes Loch könnte etwa interstellares Gas ansaugen, das dabei beschleunigt wird und Temperaturstrahlung abgibt. Wegen der geringen Dichte des interstellaren Gases von ca. $10^{-18}\,\frac{\text{g}}{\text{cm}^3}$ liegt das Temperaturmaximum bei $\sim 10^3$K, die Strahlung also im optischen Bereich. Sie unterscheidet sich nicht von der eines weißen Zwerges. Wenn mehr und dichtere Materie in der Umgebung eines schwarzen Loches mit Drehimpuls $a \neq 0$ existierte, dann würde sie sich als eine flache Scheibe mitrotierender Teilchen ansammeln können, deren innere Teile in das schwarze Loch hineinspiralen. Durch Reibung und Turbulenz würde sich die Materie in der Scheibe, die man *Akkretionsscheibe* nennt, bis auf 10^7–10^8 K aufheizen, so daß die Temperaturstrahlung der beschleunigten Materie im Bereich der *Röntgenstrahlung* liegen könnte.

Systeme, in denen eine solche Situation vorliegen kann, sind z.B. *Doppelsternsysteme*, das *Milchstraßenzentrum* oder andere *aktive galaktische Kerne*. Bei Doppelsternsystemen existiert eine Stabilitätsgrenze um die Sterne herum, die sogenannte *Roche*fläche. Dehnt sich ein Stern darüber hinaus aus, etwa im Laufe seines thermonuklearen Brennens, so muß er Masse an seinen Begleiter abgeben. Daraus kann sich eine Akkretionsscheibe bilden, die dann als Röntgenquelle beobachtet werden kann. Daß dieses Szenario nicht völlig aus der Luft gegriffen ist, zeigt das folgende beobachtete System in ca. 2,5 kpc Entfernung. Die Röntgenquelle heißt Cygnus X_1, der zweite Stern ist der blaue Superriese HDE 226 868. Da das Röntgensignal innerhalb von 10^{-3} s fluktuiert und nicht periodisch ist, schließt man auf eine kompakte Quelle. Aus der Beobachtung der Bahnperiode (5,6 Tage) des Superriesen (periodische Dopplerverschiebung des Sternspektrums) kann man eine Abschätzung für die Masse des Hauptsterns zu $\approx 30 M_\odot$ und des nicht im Optischen sichtbaren Begleitsterns zu $\approx 9 M_\odot$ geben. Diese Masse liegt über der LOV Grenzmasse. Beim Doppelsternsystem Cygnus X_1 liegt daher eine gewisse Wahrscheinlichkeit dafür vor, daß der unsichtbare Stern ein schwarzes Loch ist. Kandidaten für die Suche nach schwarzen Löchern sind also „Röntgendoppelsterne", insbesondere Neutronensterne, die um ein schwarzes Loch herumlaufen. Es gibt eine ganze Reihe von solchen „Kandidaten" für ein schwarzes Loch [Cow92].

Information aus dem Zentrum der Milchstraße (galaktischer Kern von ca. 10 Lichtjahren Durchmesser) kommt nur in Form von Radiowellen bzw. Infrarotstrahlung zu uns, da die Konzentration von Staubmassen den Einblick im sichtbaren Bereich verhindert. Man hat nun ein Modell für diesen galaktischen Kern gemacht, in dem ein schwarzes Loch im Zentrum von stark leuchtenden Gas- und Staubwolken umgeben ist. Ein Teil dieser Materie wird zum schwarzen Loch hingezogen und bildet, bevor er den Horizont durchfällt, eine heiße rotierende Akkretionsscheibe. Die intensive UV-Strahlung aus dieser Scheibe ionisiert das Gas in den umliegenden Wolken, die dann Infrarot*linien* und eine kontinuierliche Radiostrahlung aussenden. Anscheinend machen aber neuere Beobachtungen ein massives schwarzes Loch im Milchstraßenzentrum unwahrscheinlich [Gol94], [BB93]). Dagegen soll im Zentrum der nahen aktiven Galaxie M106 in einer Entfernung von $(21 \pm 3) \cdot 10^6$ Lj ein schwarzes Loch von ca. $36 \cdot 10^6 M_\odot$ existieren. Als weiteres Beispiel wird die aktive Galaxie MCG-6-30-15 angegeben [TNF95].

Ähnliche Vorstellungen macht man sich von der Struktur aktiver galaktischer Kerne (z.B. mit Jets) anderswo (z.B. Centaurus A = NGC 5128), von Quasaren und auch von kollabierenden Kugelsternhaufen: in allen soll ein schwarzes Loch wesentlich für das Verständnis der Struktur dieser Objekte sein.

13 Symmetrien und Erhaltungssätze

Wir wollen jetzt den Begriff der Symmetrietransformation im Raum-Zeit-Kontinuum präzise fassen. Unter Symmetrietransformation verstehen wir üblicherweise eine Transformation, welche die Observablen eines Systems unverändert läßt. In der (pseudo-) Riemannschen Geometrie lassen sich alle Observablen auf die Raum-Zeit-*Metrik* $g(X,Y)$ zurückführen. Wir werden also die Metrik zur Definition der Symmetrie heranziehen. Wir wissen, daß im Minkowski-Raum die Erhaltungssätze für Energie, Impuls und Drehimpuls mit den Zeit- und Raumtranslationen sowie der Drehgruppe verknüpft sind. Da das Gravitationsfeld von Massen in der Regel keine Symmetrie aufweist, ergibt sich ein Problem mit der Formulierung der für die Physik so wichtigen Erhaltungssätze für Energie, Impuls und Drehimpuls. Nur für ganz spezielle gravitierende Systeme kann die Geltung dieser Erhaltungssätze bewiesen werden.

13.1 Symmetrien des metrischen Feldes (Lokale Isometrien)

13.1.1 Killing-Gleichungen

Sei $\{x^\alpha\}$ eine lokale Karte um $p \in M$ der Lorentzmannigfaltigkeit M mit (pseudo-) Riemannscher Metrik g. Die Komponenten von g im Punkt p in dieser lokalen Karte sind $g_{\alpha\beta}(x_0^\kappa)$ wenn p den Koordinaten x_0^α entspricht. Beim Übergang zu einer anderen lokalen Karte durch $x^\alpha \mapsto x^{\alpha'} = x^{\alpha'}(x^\beta)$ bekommen wir die neuen Komponenten $g_{\alpha'\beta'}(x_0^{\kappa'})$. Wir haben zwei Möglichkeiten der Interpretation:

i) Die *aktive*; dann entspricht $x_0^{\kappa'}$ einem anderen Punkt $p' \in M$ oder

ii) die *passive*; dann sind $x_0^{\kappa'}$ die neuen Koordinaten desselben Punktes $p \in M$.

Wir wollen die neuen Komponenten des Tensorfeldes g mit den alten Komponenten am gleichen Punkt $p \in M$ vergleichen.

Definition: (lokale Isometrie) Die Transformation

$$x^{\alpha} \mapsto x^{\alpha'} = x^{\alpha'}(x^{\beta})$$

der Ereignisse mit Koordinaten aus einer lokalen Karte um $p \in M$ der Riemannschen Mannigfaltigkeit heißt eine *Symmetrietransformation* oder *lokale Isometrie*, wenn für die Komponenten der Metrik gilt[1]:

$$g_{\alpha'\beta'}(q) = g_{\alpha\beta}(q) \qquad \forall q \in U(p) \subset M\,. \tag{13.1}$$

Wir kommen zu einer notwendigen Bedingung für das Vorliegen einer solchen Symmetrietransformation über folgende Rechnung. Sei

$$x^{\alpha'} = x^{\alpha} + \varepsilon\xi^{\alpha}(x^{\kappa})$$

eine infinitesimale Transformation mit dem Operator (der Erzeugenden) $X := \xi^{\alpha}\dfrac{\partial}{\partial x^{\alpha}}$. Wir berechnen $g_{\alpha'\beta'}(x^{\kappa'})$ auf zwei Arten. Zuerst über die Taylorentwicklung

$$g_{\alpha'\beta'}(x^{\kappa'}) = g_{\alpha'\beta'}(x^{\kappa} + \varepsilon\xi^{\kappa}) + \varepsilon g_{\alpha'\beta',\sigma}\xi^{\sigma} + \mathbb{O}(\varepsilon)^2\,. \tag{13.2}$$

Dann über das Transformationsgesetz für g

$$\begin{aligned} g_{\alpha'\beta'}(x^{\sigma'}) &= g_{\kappa\lambda}(x^{\sigma})\frac{\partial x^{\kappa}}{\partial x^{\alpha'}}\frac{\partial x^{\lambda}}{\partial x^{\beta'}} \\ &= g_{\kappa\lambda}(x^{\sigma})\,(\delta^{\kappa}_{\alpha} - \varepsilon\xi^{\kappa}{}_{,\alpha})\,(\delta^{\lambda}_{\beta} - \varepsilon\xi^{\lambda}{}_{,\beta}) + \mathbb{O}(\varepsilon^2) \\ &= g_{\kappa\lambda}(x^{\sigma}) - \varepsilon(g_{\alpha\lambda}\xi^{\lambda}{}_{,\beta} + g_{\kappa\beta}\xi^{\kappa}{}_{,\alpha}) + \mathbb{O}(\varepsilon^2)\,. \end{aligned} \tag{13.3}$$

Der Vergleich von (13.2) mit (13.3) gibt

$$\begin{aligned} 0 &\overset{!}{=} g_{\alpha'\beta'}(x^{\kappa}) - g_{\alpha\beta}(x^{\kappa}) \\ &= -\varepsilon(g_{\alpha'\beta',\sigma}\xi^{\sigma} + g_{\alpha\lambda}\xi^{\lambda}{}_{,\beta} + g_{\kappa\beta}\xi^{\kappa}{}_{,\alpha}) + \mathbb{O}(\varepsilon^2) \\ &= -\varepsilon(g_{\alpha\beta,\sigma}\xi^{\sigma} + g_{\alpha\lambda}\xi^{\lambda}{}_{,\beta} + g_{\kappa\beta}\xi^{\kappa}{}_{,\alpha}) + \mathbb{O}(\varepsilon^2) \end{aligned}$$

wegen $\varepsilon g_{\alpha'\beta',\sigma} = \varepsilon g_{\alpha\beta,\sigma} + \mathbb{O}(\varepsilon^2)$

Eine notwendige Bedingung für das Vorliegen einer (lokalen) Isometrie ist demnach

$$\boxed{g_{\alpha\beta,\sigma}\xi^{\sigma} + 2g_{\lambda(\alpha}\xi^{\lambda}{}_{,\beta)} = 0}\,. \tag{13.4}$$

[1] Eine *koordinatenfreie* Definition werden wir in Abschnitt 13.3 kennenlernen.

Diese partiellen Differentialgleichungen 1. Ordnung für die Komponenten der Erzeugenden X heißen auch *Killing-Gleichungen*. Drückt man die partielle Ableitung $g_{\alpha\beta,\sigma}$ durch die Christoffelsymbole aus, d.h. durch

$$g_{\alpha\beta,\sigma} = g_{\alpha\kappa} \cdot \begin{Bmatrix} & \kappa \\ \beta & \sigma \end{Bmatrix} + g_{\beta\kappa} \cdot \begin{Bmatrix} & \kappa \\ \alpha & \sigma \end{Bmatrix} = g_{\alpha\kappa} \Gamma_{\beta\,\sigma}{}^{\kappa} + g_{\beta\kappa} \Gamma_{\alpha\,\sigma}{}^{\kappa} ,$$

so ergibt sich die äquivalente Beziehung:

$$\boxed{\xi_{(\alpha;\beta)} = 0} \quad . \tag{13.5}$$

Die koordinatenfreie Form dieser Tensorgleichung werden wir in Abschnitt 13.3 angeben

Beispiele: 1. *Minkowski-Raum*
Hier ist $g_{\alpha\beta} \stackrel{*}{=} \eta_{\alpha\beta}$, $g_{\alpha\beta,\sigma} \stackrel{*}{=} 0$ in Inertialkoordinaten. (13.4) lautet:

$$\eta_{\lambda\alpha} \xi^{\lambda}{}_{,\beta} + \eta_{\lambda\beta} \xi^{\lambda}{}_{,\alpha} = 0 . \tag{13.6}$$

Die allgemeine Lösung dieser Gleichungen ist

$$\boxed{\xi^{\alpha} = \omega^{\alpha}{}_{\beta} x^{\beta} + a^{\alpha}} \tag{13.7}$$

mit der konstanten (4 × 4)-Matrix $\omega^{\alpha}{}_{\beta}$ und den Konstanten a^{α} wobei

$$\eta_{\alpha\sigma} \omega^{\sigma}{}_{\beta} + \eta_{\beta\sigma} \omega^{\sigma}{}_{\alpha} = 2\omega_{(\alpha\beta)} = 0.$$

$\omega_{\alpha\beta}$ ist also schiefsymmetrisch. $a^{\mu} = 0$ führt auf die 6-parametrige Gruppe der infinitesimalen Lorentz-Transformationen (spezielle Lorentztransformationen und Raumdrehungen); $\omega^{\alpha}{}_{\beta} = 0$ auf Raum- und Zeittranslationen.

2. *Schwarzschildsche äußere Vakuumlösung*
(aus Abschnitt 10.1) Mit

$$g_{00} = \left(1 - \frac{2m}{r}\right) = (g_{11})^{-1} , \quad g_{22} = -r^2 , \quad g_{33} = -r^2 \sin^2 \theta$$

ergibt sich aus (13.4) das System

$$\left.\begin{aligned}
\xi^1 \frac{m}{r^2} + \left(1 - \frac{2m}{r}\right) \xi^0{}_{,0} &= 0 \\
\left(1 - \frac{2m}{r}\right) \xi^0{}_{,1} - \left(1 - \frac{2m}{r}\right)^{-1} \xi^1{}_{,0} &= 0 \\
\left(1 - \frac{2m}{r}\right) \xi^0{}_{,2} - r^2 \xi^2{}_{,0} &= 0 \\
\left(1 - \frac{2m}{r}\right) \xi^0{}_{,3} - r^2 \sin^2\theta \xi^3{}_{,0} &= 0 \\
\xi^1 + r\xi^2{}_{,2} &= 0 \\
\xi^1 \sin\theta + \xi^2 r \cos\theta + \xi^3{}_{,3}\, r \sin\theta &= 0 \\
\frac{m}{r^2} \xi^1 - \left(1 - \frac{2m}{r}\right) \xi^1{}_{,1} &= 0 \\
\left(1 - \frac{2m}{r}\right)^{-1} \xi^1{}_{,2} + r^2 \xi^2{}_{,1} &= 0 \\
\left(1 - \frac{2m}{r}\right)^{-1} \xi^1{}_{,3} + r^2 \sin^2\theta\, \xi^3{}_{,1} &= 0 \\
\xi^2{}_{,3} + \sin^2\theta\, \xi^3{}_{,2} &= 0
\end{aligned}\right\} \qquad (13.8)$$

Man kann zeigen, daß dieses System *vier* verschiedene Lösungen hat, nämlich

$$\left.\begin{aligned}
&\xi^\alpha_{(1)} = \delta^\alpha_0, \quad \xi^\alpha_{(2)} = \delta^\alpha_3 \\
&\xi^\alpha_{(3)} = -\sin\varphi \delta^\alpha_2 - \cos\varphi \cot\theta \delta^\alpha_3 \\
&\xi^\alpha_{(4)} = \cos\varphi \delta^\alpha_2 - \sin\varphi \cot\theta \delta^\alpha_3 \,.
\end{aligned}\right\} \qquad (13.10)$$

Die zu (13.19) gehörenden Erzeugenden sind

$$\left.\begin{aligned}
&X_{(1)} = \frac{\partial}{\partial t}, \quad X_{(2)} = \frac{\partial}{\partial\varphi} \\
&X_{(3)} = -\sin\varphi \frac{\partial}{\partial\theta} - \cos\varphi \cot\theta \frac{\partial}{\partial\varphi} \\
&X_{(4)} = \cos\varphi \frac{\partial}{\partial\theta} - \sin\varphi \cot\theta \frac{\partial}{\partial\varphi} \,.
\end{aligned}\right\} \qquad (13.10)$$

$X_{(2)}, X_{(3)}, X_{(4)}$ bilden eine Darstellung der Lie-Algebra der Drehgruppe $O(3)$[2]

$$[X_{(2)}, X_{(3)}] = -X_{(4)} \tag{13.11}$$

etc. $X_{(1)}$ entspricht der Zeittranslation.

Aufgabe 13.1:

Beweise, daß die Killing-Gleichungen (13.8) für die äußere Schwarzschild-Metrik genau die vier Killing-Vektoren (13.9) als Lösungen hat.
Anleitung: Aus der 1., 2. und 7. Gleichung des Systems zeigt man zuerst, daß $\xi^1 = 0$ und ξ^0 unabhängig von t ist. Dann zeigt man aus der 2., 4., 5., 8. und 9. Gleichung, daß $\xi^0 = \xi^0(\theta, \varphi)$, $\xi^2 = \xi^2)(t, \varphi)$, $\xi^3 = \xi^3(t, \varphi, \theta)$. Dann benutzt man (6) und integriert die übriggebliebenen Gleichungen.

13.1.2 Integrabilitätsbedingungen

Betrachtet man die Killing-Gleichungen als algebraische Gleichungen in den $n(n+1)$ Unbekannten $\xi_\alpha$und $\xi_{\alpha;\beta}$ (n: Dimension des Riemannschen Raumes), so bedeuten (13.4) $\binom{n+1}{2}$ Einschränkungen. Es gibt also *maximal* $\binom{n+1}{2}$ unabhängige Lösungen. Das erste Beispiel im vorigen Abschnitt (Minkowski-Raum) erreicht für $n = 4$ gerade dieses Maximum (10 Killing-Vektoren): die Poincaré-Gruppe ist die maximale Isometriegruppe des Minkowski-Raums. Als Differentialgleichungen haben (13.5) aber *Integrabilitätsbedingungen.* Differenziert man (13.5) und addiert bzw. subtrahiert die aus

$$\xi_{\alpha;\beta;\gamma} + \xi_{\beta;\alpha;\gamma} = 0$$

durch zyklische Vertauschung gewonnenen Gleichungen, so erhält man mit Ausnutzung der Symmetrien des Krümmungstensors und mit

$$2\xi_{\alpha;[\beta;\gamma]} = \xi_\sigma R^\sigma{}_{\alpha\beta\gamma}$$

---

[2] Wenn $[A, B] = AB - BA$ der Kommutator ist, so bilden die Operatoren X_p eine Lie-Algebra, wenn gilt:
i) $[X_p, X_q] = c_{pq}{}^r X_r$ mit Konstanten $c_{pq}{}^r$ (sogenannte Strukturkonstanten) und
ii) $[[X_p, X_q], X_r] + [[X_r, X_p], X_q] + [[X_q, X_r], X_p] = 0$ (Jacobi-Identität).

(vgl. Gleichung (8.26) für $L_{[\alpha\beta]}{}^{\gamma} = 0$) die Beziehung:

$$\boxed{\xi_{\alpha;\beta;\gamma} = -\xi_\sigma R^\sigma{}_{\gamma\alpha\beta}} \,. \tag{13.12}$$

An (13.12) sieht man, daß alle höheren Ableitungen von ξ_α aus ξ_α und $\xi_{\alpha;\beta}$ berechnet werden können. Die Integrabilitätsbedingungen von (13.12) lassen sich mit Hilfe der Bianchi-Identitäten (8.60) in die Form bringen

$$\boxed{\xi^\sigma R_{\alpha\beta\gamma\delta;\sigma} - \xi_{\kappa;\lambda}(\delta^\lambda_\delta R^\kappa{}_{\gamma\alpha\beta} - \delta^\lambda_\gamma R^\kappa{}_{\delta\alpha\beta} - \delta^\kappa_\alpha R^\lambda{}_{\beta\gamma\delta} + \delta^\lambda_\beta R^\kappa{}_{\alpha\gamma\delta}) = 0} \,. \tag{13.13}$$

Weitere Integrabilitätsbedingungen gibt es *nicht*, da sich alle weiteren aus (13.13) durch kovariante Differentiation ableitbaren Beziehungen mit (13.12) wieder nur auf Bedingungen an ξ_α und $\xi_{\alpha;\beta}$ zurückspielen lassen.

Man sieht am System (13.13), das als algebraisches System für die ξ_α und $\xi_{\alpha;\beta}$ gerade $\frac{1}{2}n^2(n^2-1)$ Gleichungen hat, daß ein beliebiger Riemannscher Raum auf ein *überbestimmtes* System führt, d.h. in der Regel *keine* Isometrien zuläßt. $\left(\binom{n}{2} - \frac{1}{12}n^2(n^2-1) < 0 \text{ für } n > 3\right)$. Falls die Killing-Gleichungen (13.4) die *Maximalzahl* von Lösungen haben, so muß (13.13) *identisch* befriedigt sein. Das bedeutet, daß die Koeffizienten von ξ^σ und $\xi_{[\kappa;\lambda]}$ schon für sich verschwinden müssen.

Aufgabe 13.2:

Leite die Gleichungen (13.12) und (13.13) her.

Aufgabe 13.3:

Zeige, daß die Räume konstanter Krümmung die maximale Anzahl von Isometrien zulassen (verwende (13.13)).

13.2 Stationäre und statische Riemannsche Räume

Wir kommen nun zu der angekündigten koordinatenunabhängigen Definition der Stationarität und zum Begriff „statisch". Bisher hatten wir eine stationäre Metrik dadurch definiert, daß ihre Komponenten nicht von der Zeitkoordinate abhängen sollten; für die statische Metrik kam hinzu, daß $g_{0k} \stackrel{*}{=} 0$ $(k = 1, 2, 3)$ gelten mußte (Zeitspiegelung). Wir geben zuerst folgende

Definition: Ein Riemannscher Raum heißt (lokal-) stationär, wenn er einen zeitartigen Killing-Vektor zuläßt.

Ein zeitartiger Killing-Vektor kann in einem Ereignis p in die Form $\xi^\alpha \stackrel{*}{=} \delta_0^\alpha$ gebracht werden und in einer Umgebung von p können wir $\xi^\alpha{}_{,\beta} = + \mathcal{O}(\varepsilon)^2$ erreichen. D.h. aber nach (13.4), daß $g_{\alpha\beta,0} \stackrel{*}{=} 0$ gilt. Die Definition ist in der (offenen) Umgebung eines Ereignisses $p \in M$ gültig. Nach der Definition ist die Kerr-Metrik (10.56) für $r > r_+^s$ oder für $r < r_-^s$ stationär, da

$$g_{\alpha\beta}\xi^\alpha\xi^\beta \stackrel{*}{=} g_{00} = r^2 - 2mr + a^2\cos\theta = (r - r_+^s)(r - r_-^s) > 0$$

in diesen Bereichen. Hieraus folgt, daß die Schwarzschildsche Vakuumlösung (10.10) für $r > r_g = 2m$ stationär ist. Sie ist aber dort sogar *statisch.*

Definition: Ein Riemannscher Raum heißt (lokal-) *statisch* in der Umgebung eines Ereignisses, wenn er dort einen *zeitartigen, hyperflächenorthogonalen* Killing-Vektor zuläßt.

Um diese Definition verstehen zu können, müssen wir erst den Begriff *„hyperflächenorthogonal"* (bzw. „normal") besprechen. Dazu leiten wir eine notwendige Bedingung dafür ab, daß eine Kurvenkongruenz $x^\alpha = x^\alpha(u)$ die Orthogonaltrajektorien einer Schar von Hyperflächen $\varphi(x^\kappa) = const$ bildet. Das bedeutet, daß der Tangentenvektor $\xi^\alpha = \dfrac{\mathrm{d}x^\alpha}{\mathrm{d}u}$ im Ereignis $p \in M$ senkrecht auf der durch p gehenden Hyperfläche steht, also parallel zur Normalen $n_\alpha := \varphi_{,\alpha}$ der Hyperfläche ist:

$$g_{\alpha\sigma}\xi^\sigma = \lambda\varphi_{,\alpha} \,. \tag{13.14}$$

Bilden wir die kovariante Ableitung auf beiden Seiten und antisymmetrisieren, so folgt

$$\xi_{[\alpha;\beta]} = \lambda_{,[\beta}\varphi_{,\alpha]} + \lambda\underbrace{\varphi_{,[\alpha;\beta]}}_{=0} \,. \tag{13.15}$$

Der sogenannte *Wirbelvektor* ω^α der Kongruenz $x^\alpha(u)$ ist definiert durch

$$\omega^\alpha := \frac{1}{2}\varepsilon^{\alpha\beta\gamma\delta}\xi_\beta\xi_{[\gamma;\delta]} \,. \tag{13.16}$$

Mit (13.14) und (13.15) ergibt sich als Bedingung für die Hyperflächenorthogonalität

$$\omega^\alpha = \frac{1}{2}\varepsilon^{\alpha\beta\gamma\delta}\lambda\varphi_{,\beta}\varphi_{,[\gamma}\lambda_{,\delta]} = 0 \,. \tag{13.17}$$

Dies ist eine *notwendige* und *hinreichende* Bedingung dafür, daß die

Riemannsche Metrik *keine* Raum-Zeit-Nichtdiagonalterme besitzt, das heißt daß $g_{0k} \stackrel{*}{=} 0$ $(k = 1, 2, 3)$.

i) Wenn $g_{0k} \stackrel{*}{=} 0 \to \omega^\alpha = 0$.
Da ξ^α zeitartig ist, können wir annehmen, daß $\xi^\alpha \stackrel{*}{=} \delta_0^\alpha$, also $\xi_\alpha = g_{\alpha 0}$. Wegen

$$\xi_{[\alpha;\beta]} = \xi_{[\alpha,\beta]}$$

folgt somit aus (13.16)

$$\omega^\alpha = \frac{1}{2}\varepsilon^{\alpha\beta\gamma\delta} g_{\beta 0} g_{0[\gamma,\delta]} = \frac{1}{2}\varepsilon^{\alpha\beta\gamma\delta} g_{\beta 0} g_{0\gamma,\delta} \,.$$

Wegen $g_{0k} \stackrel{*}{=} 0$ folgt also

$$\omega^\alpha = \frac{1}{2}\varepsilon^{\alpha 00\delta} g_{00} g_{00,\delta} = 0 \,.$$

□

ii) Wenn $\omega^\alpha = 0 \to g_{0k} \stackrel{*}{=} 0$.
Aus $\varepsilon^{\alpha\beta\gamma\delta} g_{\beta 0} g_{0\gamma,\delta} = 0$ folgt

$$\begin{aligned} 0 &= (\varepsilon^{\alpha 0\gamma\delta} g_{00} + \varepsilon^{\alpha k\gamma\delta} g_{k0}) g_{0\gamma,\delta} \\ &= \varepsilon^{\alpha 0kj} g_{00} g_{0k,j} + \varepsilon^{\alpha k0j} g_{k0} g_{00,j} + \varepsilon^{\alpha kj0} g_{k0} g_{0j,0} + \varepsilon^{\alpha kij} g_{k0} g_{0i,j} \,. \end{aligned}$$

Da ξ^α ein zeitartiger Killing-Vektor ist, gilt: $g_{0j,0} \stackrel{*}{=} 0$. Also bekommen wir für $\alpha = l\,(=1, 2, 3)$

$$\begin{aligned} 0 &= \varepsilon^{lokj}(g_{00} g_{0k,j} - g_{0k} g_{00,j}) \\ &= (g_{00})^2 \varepsilon^{lokj} \left[\left(\frac{g_{ok}}{g_{00}} \right)_{,j} - \left(\frac{g_{oj}}{g_{00}} \right)_{,k} \right] \end{aligned}$$

mit der allgemeinen Lösung

$$g_{0k} = a_{,k} g_{00}$$

mit einer Funktion $a = a(x^1, x^2, x^3)$. Setzt man dies in die Forderung für $\alpha = 0$ ein, so ist sie identisch erfüllt. Die Riemannsche Metrik lautet also

$$\begin{aligned} \mathrm{d}l^2 &= g_{00}(\mathrm{d}x^0)^2 + 2a_{,k} g_{00} \mathrm{d}x^k \mathrm{d}x^0 + g_{jk} \mathrm{d}x^i \mathrm{d}x^k \\ &= g_{00}(\mathrm{d}x^0 + a_{,k}\mathrm{d}x^k)^2 + (g_{ik} - a_{,i} a_{,k} g_{00}) \mathrm{d}x^i \mathrm{d}x^k \\ &= g_{00}(\mathrm{d}\bar{x}^0)^2 + \tilde{g}_{ik} \mathrm{d}x^i \mathrm{d}x^k \end{aligned}$$

mit $\bar{x}^0 := x^0 + a(x^i)$. Eine solche Koordinatentransformation ist zulässig, da bei ihr

$$\xi^{\alpha'} = \xi^{\kappa} \frac{\partial x^{\alpha'}}{\partial x^{\kappa}} \stackrel{*}{=} \delta_0^{\kappa} \frac{\partial x^{\alpha'}}{\partial x^{\kappa}} = \frac{\partial x^{\alpha'}}{\partial x^0}$$

und damit

$$\begin{cases} \xi^{0'} = \dfrac{\partial x^{0'}}{\partial x^0} \triangleq \dfrac{\partial \bar{x}^0}{\partial x^0} = 1 \\ \xi^{k'} = 0 \end{cases}$$

folgt. In den neuen Koordinaten $x^{0'} = \bar{x}^0$, $x^{k'} = x^k$ ist $g_{0'k'} \stackrel{*}{=} 0$.

□

Aufgabe 13.4:

Berechne ω^α für die Kerr-Metrik und den Killing-Vektor $\dfrac{\partial}{\delta x^0}$

13.3 Die Lie-Ableitung

Wir führen nun eine weitere tensorielle Ableitung ein neben der in Abschnitt 8.2.2 behandelten kovarianten Differentiation ∇. Im Gegensatz zu dieser wird der Begriff der Konnexion hierbei *nicht* benötigt. Mit Hilfe dieser neuen Ableitung formulieren wir die Definition der (lokalen) Isometrie neu und ohne Benutzung lokaler Koordinaten.

13.3.1 Definition der Lie-Ableitung

Definition: Die Lie-Ableitung[3] eines Tangentialvektors X nach einem Tangentialvektor Y ist eine Abbildung von $T_pM \times T_pM \to T_pM$ und berechnet sich aus:

$$L_X Y := [X, Y] \, .$$

In lokalen Koordinaten mit $X = X^\sigma \partial_\sigma$, $Y = Y^\sigma \partial_\sigma$ folgt

[3] *Sophus Lie* (1842–1899), norwegischer Mathematiker, Professor in Leipzig und Kristiania, entwickelte die Theorie der kontinuierlichen Transformationsgruppen.

$$
\begin{aligned}
L_X Y &= X^\sigma \partial_\sigma Y^\kappa \partial_\kappa - Y^\kappa \partial_\kappa x^\sigma \partial_\sigma \\
&= X^\sigma Y^\kappa{}_{,\sigma} \partial_\kappa - Y^\sigma X^\kappa{}_{,\sigma} \partial_\kappa
\end{aligned}
$$

oder

$$
(L_X Y)^\kappa = X^\sigma Y^\kappa{}_{,\sigma} - Y^\sigma X^\kappa{}_{,\sigma} \,. \tag{13.18}
$$

Definition: Die Lie-Ableitung einer Funktion f ist definiert durch:

$$
L_X f = X\, f \,.
$$

Aus diesen beiden Definitionen folgt die Lie-Ableitung für eine Linearform ω zu

$$
(L_X \omega)_\alpha = \omega_{\alpha,\kappa} X^\kappa + \omega_\kappa X^\kappa{}_{,\alpha} \,. \tag{13.19}
$$

Aufgabe 13.5

Beweise (13.19) und zeige, daß die koordinatenfreie Formulierung dieser Gleichung ist

$$
(L_X \omega)\,(Y) = X\omega(Y) - \omega(L_X Y) \,. \tag{13.20}
$$

Die Verallgemeinerung von (13.20) für ein beliebiges Tensorfeld (vgl. Abschnitt 3.2.3) $T(\omega, \ldots, Y, \ldots)$ ist

$$
\begin{aligned}
L_X T(\omega, \ldots, Y, \ldots) = {} & XT(\omega, \ldots, Y \ldots) \\
& -T(L_X \omega, \ldots, Y \ldots) \\
& -\ldots\ldots\ldots \\
& -T(\omega, \ldots, L_X Y \ldots) \\
& -\ldots\ldots\ldots
\end{aligned} \tag{13.21}
$$

Wenden wir (13.21) auf die Metrik an, so folgt

$$
\begin{aligned}
L_X g(Y, Z) &= X\, g(Y, Z) - g(L_X Y, Z) - g(Y, L_X Z) \\
&= Y^\alpha Z^\beta (g_{\alpha\beta,\sigma} X^\sigma + g_{\sigma\beta} X^\sigma{}_{,\alpha} + g_{\alpha\sigma} X^\sigma{}_{,\beta}) \,.
\end{aligned} \tag{13.22}
$$

Vergleichen wir (13.22) mit (13.4), so folgt:

> Das Vektorfeld X ist die Erzeugende einer (lokalen) Isometrie, wenn die Lie-Ableitung der Metrik nach X verschwindet.

Aufgabe 13.6:

Zeige, daß die Vektorfelder $L_X Y$ eine Lie-Algebra bilden.

Aufgabe 13.7

Zeige, daß $L_X F_{\alpha\beta} = 0$ für $X = \{X_{(i)}, X_{(0)} = \frac{\partial}{\partial t}$ $i = 1, 2, 3$, X_i Erzeugende der Drehgruppe$\}$ auf $F_{01} \neq 0$, $F_{23} \neq 0$, $F_{\alpha\beta} = 0$ *sonst* führt. (In Polarkoordinaten $x^1 = r$, $x^2 = \theta$, $x^3 = \varphi$.)

13. Erhaltungssätze und Symmetrie

In der allgemeinen Relativitätstheorie gibt es im allgemeinen keine tensoriellen, integralen Erhaltungssätze. Das hängt damit zusammen, daß ein beliebiger Raum bzw. eine beliebige Raum-Zeit-Metrik im allgemeinen *keine* Symmetrien (lokale Isometrien) besitzt.

13.4.1 Integrale Erhaltungssätze und Materieverteilun

Nehmen wir an, die Raum-Zeit-Metrik g erlaube den Symmetrieoperator $X = \xi^\sigma \partial_\sigma$. Wegen

$$
\begin{aligned}
(G^{\alpha\beta}\xi_\beta)_{;\alpha} &= G^{\alpha\beta}{}_{;\alpha}\xi_\beta + G^{\alpha\beta}\xi_{\beta;\alpha} \\
&= G^{\alpha\beta}{}_{;\alpha}\xi_\beta + G^{\alpha\beta}\xi_{(\beta;\alpha)}
\end{aligned}
$$

folgt mittels der kontrahierten Bianchi-Identität (8.65) und der Killing-Gleichung (13.4)

$$(G^{\alpha\beta}\xi_\beta)_{;\alpha} = 0\,,$$

oder (vgl. Abschnitt 9.2.1)

$$\frac{1}{\sqrt{-g}}(\sqrt{-g}G^{\alpha\beta}\xi_\beta)_{,\alpha} = 0\,. \tag{13.23}$$

Durch Integration über eine raumartige Hyperfläche σ (vgl. Abbildung 13.1) definieren wir die zu den p Killing-Vektoren $\xi^{(i)}$ gehörenden *Erhaltungsgrößen*

$$Q^{(i)} := \int_\sigma d^3x\sqrt{-g}\,n_\alpha G^{\alpha\beta}\xi^{(i)}_\beta\,. \tag{13.24}$$

Wegen

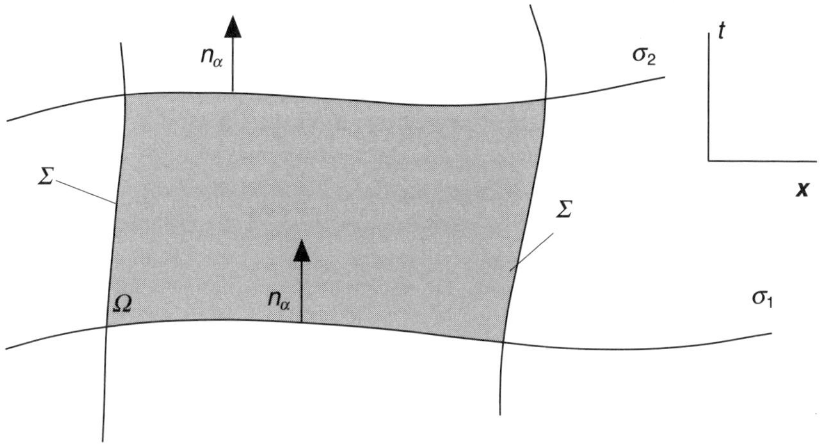

Abb. 13.1

$$
\begin{aligned}
0 &= \int_\Omega \mathrm{d}^4 x \sqrt{-g}(G^{\alpha\beta}\xi_\beta)_{;\alpha} \\
&= \int_{\partial\Omega} \mathrm{d}^3 x \sqrt{-g} n_\alpha G^{\alpha\beta}\xi_\beta \\
&= \int_{\sigma_1} \mathrm{d}^3 x \sqrt{-g}(\ldots) - \int_{\sigma_2} \mathrm{d}^3 x \sqrt{-g}(\ldots) + \int_\Sigma \mathrm{d}^3 x \sqrt{-g}(\ldots)
\end{aligned}
$$

folgt bei geeignetem Randabfall des Integranden im räumlich Unendlichen, das heißt bei Verschwinden des Integrals über die Mantelfläche Σ:

$$
\lim_{r\to\infty} \int_\Sigma \mathrm{d}^3 x \sqrt{-g} n_\alpha G^{\alpha\beta}\xi_\beta = 0 \,,
$$

was etwa durch die Bedingungen

$$
\left.
\begin{aligned}
& g_{\alpha\beta} = \eta_{\alpha\beta} + \mathcal{O}\left(\frac{1}{r}\right); \quad g_{\alpha\beta,\gamma} = \mathcal{O}\left(\frac{1}{r^2}\right) \\
& \xi^\alpha_{(\beta)} = \delta^\alpha_\beta + \mathcal{O}\left(\frac{1}{r^2}\right)
\end{aligned}
\right\}
\tag{13.25}
$$

gewährleistet wird, daß (13.24) von der speziell gewählten Hyperfläche *unabhängig* und *endlich* ist. Unter der Benutzung der Einsteinschen Feldgleichungen (9.10) folgt weiter

$$
\boxed{Q^{(i)} = -\kappa \int_\sigma \mathrm{d}^3 x \sqrt{-g} T^{\alpha\beta} \xi^{(i)}_\beta n_\alpha} \,. \tag{13.26}
$$

Beispiel: Setzen wir $g_{\alpha\beta} = \eta_{\alpha\beta}$ und nehmen die infinitesimalen Poincaré-Transformation (13.7), so folgt aus (13.26)

$$Q[a^\alpha, \omega^{\alpha\beta}] = -\kappa \left[a_\beta \int_V d^3x T^{\alpha\beta} n_\alpha + \omega_{\beta\kappa} \int_V d^3x T^{\alpha\beta} x^\kappa n_\alpha \right],$$

wenn wir das dreidimensionale Volumen nun mit V

$t = const$ als Integrationsraum, so

folgt mit $n_\alpha \stackrel{*}{=} \partial^0_\alpha$

$$Q[a^\alpha, \omega^{\alpha\beta}] \stackrel{*}{=} -\kappa \left[a_\beta \int_V d^3x T^{\beta 0} + \omega_{\beta\kappa} \int_V d^3x T^{0[\beta} x^{\kappa]} \right].$$

Den Raum-Zeit-Translationen entsprechen gerade Gesamtenergie und Gesamtimpuls

$$Q^\beta \stackrel{*}{=} -\kappa \int_V d^3x T^{\beta 0}, \tag{13.27}$$

den Lorentztransformationen der Drehimpuls bzw. Schwerpunktsatz

$$Q^{\alpha\beta} \stackrel{*}{=} -\kappa \int_V d^3x T^{0[\alpha} x^{\beta]} . \tag{13.28}$$

Daß integrale Erhaltungsätze für *isolierte*, gravitierende Systeme definiert werden können, liegt daran, daß Bedingungen wie (13.25) *asymptotisch* (also für $r \to \infty$) die Isometrien der flachen Minkowski-Raum-Zeit ins Spiel bringen.

Bemerkungen:

1. Für das Verschwinden des Mantelintegrals genügt die Annahme, daß $T^{\alpha\beta} = 0$ außerhalb eines Kompaktums, wie man an (13.26) sieht.

2. In der Frage, ob es eine lokale Energie- , Impuls- bzw. Drehimpulsdichte des *Gravitationsfeldes* gibt, helfen die erhaltenen Größen $Q^{(i)}$ nicht weiter. Es ist bisher nicht gelungen, eine *tensorielle* Größe zu konstruieren, die solche lokalen Dichten beschreibt.

13.4.2 Die Komar-Integrale

Im Falle des Vakuums, das heißt von $T^{\alpha\beta} = 0$, sind die Erhaltungsgrößen (13.26) trivialerweise gleich Null. Aber auch hier kann man mit Hilfe von Isometrien erhaltene Größen angeben [Kom58].

Ausgangspunkt ist die Ricci-Identität (vgl. Abschnitt 8.3,, Gleichung (8.26))

$$2\xi^{\alpha}{}_{;[\beta;\gamma]} = +\xi^{\sigma} R_{\sigma}{}^{\alpha}{}_{\beta\gamma} \,.$$

Kontraktion über α und γ führt auf

$$\xi^{\alpha}{}_{;\beta;\alpha} - \xi^{\alpha}{}_{;\alpha;\beta} = -\xi^{\sigma} R_{\sigma\beta} \,. \tag{13.29}$$

Integriert man nun die für eine Vakuumlösung bestehende Gleichung $(\xi^{\sigma} R_{\sigma}{}^{\beta})_{;\beta} = 0$ über ein Raum-Zeit-Volumen Ω wie im vorigen Abschnitt, so folgt

$$\int_{\partial\Omega} \mathrm{d}^3 x \sqrt{-g}\, n_{\beta} [\xi^{\alpha}{}_{;}{}^{\beta}{}_{;\alpha;} - \xi^{\alpha}{}_{;\alpha;}{}^{\beta}] = 0 \,. \tag{13.30}$$

Zerlegt man $\xi_{\alpha;\beta}$ in den symmetrischen und antisymmetrischen Anteil und nutzt die Killing-Gleichung für ξ_{α} aus, so ergibt sich aus (13.30)

$$\int_{\partial\Omega} \mathrm{d}^3 x \sqrt{-g}\, n_{\beta} \xi^{[\alpha;\beta]}{}_{;\alpha} = 0 \,.$$

Wir teilen $\partial\Omega$ wieder in σ_1, σ_2 und die Mantelfläche Σ auf und wenden den *Stokesschen* Satz auf die Integrale über die raumartigen Hyperflächen σ_1, σ_2 an. Mit der Abkürzung

$$K_{\xi}(\partial\sigma) := \int_{\partial\sigma} \mathrm{d}^2 x \sqrt{-g}\, n_{\alpha\beta} \xi^{[\alpha;\beta]} \tag{13.31}$$

folgt dann

$$K_{\xi}(\partial\sigma_2) - K_{\xi}(\partial\sigma_1) + \int_{\Sigma} \mathrm{d}^3 x \sqrt{-g}\, n_{\beta} \xi^{[\alpha;\beta]}{}_{;\alpha} = 0 \,. \tag{13.32}$$

In (13.31) ist $n_{\alpha\beta}$ der *Normalen-Bivektor*, also der aus den beiden Normalen n_{α} und N_{α} auf $\partial\sigma$ in Ω gebildete einfache Bivektor $n_{[\alpha} N_{\beta]}$. Der Rand von σ ist eine geschlossene Fläche. *Wenn* das Integral über den zeitartigen Mantel Σ verschwindet, so ist das sog. *Komar-Integral* (13.31) eine Erhaltungsgröße.

In der Definition der Masse eines schwarzen Loches (12.90) und seines Drehimpulses (12.91) erkennen wir das Komar-Integral wieder, wenn die Zeittranslationssymmetrie bzw. die Drehsymmetrie um die z-Achse ausgenutzt werden.

Anwendungsbeispiel: Wir wollen das Komar-Integral (13.31) für die Schwarzschild-Metrik (10.10) und den zeitartigen, hyperflächenorthogonalen Killing-Vektor $\xi^{\alpha} \stackrel{*}{=} \delta^{\alpha}_{0}$ berechnen. Als normalen Bivektor wählen wir

$$n_{[\alpha} N_{\beta]} = g_{0[\alpha} g_{\beta]1} = g_{00} g_{11} \delta^{0}_{[\alpha} \delta^{1}_{\beta]}$$

(Normalen auf $t = const$ und $r = const$). Wegen

$$\xi^{\alpha}{}_{;}{}^{\beta} = g^{\beta\rho}\xi^{\alpha}{}_{;\rho} = g^{\beta\rho}(\xi^{\alpha}{}_{,\rho} + \Gamma_{\sigma}{}^{\alpha}{}_{\rho}\,\xi^{\sigma})$$

folgt

$$\begin{aligned}
\xi^{[\alpha;\beta]} n_{[\alpha} N_{\beta]} &= g_{0\alpha} g_{1\beta} g^{\rho[\beta} \Gamma_{\rho}{}^{\alpha]}{}_{0} \\
&= \frac{1}{2} g_{00} g_{11} (g^{11}\Gamma_{1}{}^{0}{}_{0} - g^{00}\Gamma_{0}{}^{1}{}_{0}) \\
&= \frac{1}{2} (g_{00}\Gamma_{1}{}^{0}{}_{0} - g_{11}\Gamma_{0}{}^{1}{}_{0}) \\
&\overset{(10.4)}{=} \frac{1}{2} \cdot 2 \cdot \mathrm{e}^{2\alpha}\alpha' = \frac{m}{r^2}\,.
\end{aligned}$$

Wegen $\sqrt{-g} = r^2 \sin\theta$ folgt also durch Integration über die Kugelfläche $\partial\sigma$

$$K_{\delta^0_\alpha}(r = const) = \int \mathrm{d}\theta \mathrm{d}\varphi \sin\theta\, r^2 \frac{m}{r^2} = 4\pi m\,.$$

Die Gesamtenergie des Gravitationsfeldes des gravitierenden Körpers entspricht also der Schwarzschild-Masse. Das entspricht der Interpretation der Masse in der inneren Schwarzschild-Metrik in Abschnitt 12.12

14 Kosmologie

Bisher haben wir versucht, gravitierende Einzelsysteme wie Sterne oder das Planetensystem zu erfassen. Die Beobachtungen am Himmel zeigen nun, daß gebundene Sternsysteme wie Kugelsternhaufen oder offene Haufen, ja ganze „Milchstraßen" (Galaxien) existieren. Darüber hinaus gibt es noch größere Strukturen wie Ansammlungen von Galaxien (Galaxien-Haufen) und Agglomerationen von solchen Haufen (Superhaufen). Im folgenden machen wir uns ein sehr einfaches Bild von der leuchtenden Materie auf der größten bisher erfaßten Längenskala. *Im Mittel* kann die *lokal* recht ungleichförmig und richtungsabhängig verteilte Materie dann als *gleichförmig* (homogen) und *richtungsunabhängig* angesehen werden. Wir nennen die Zusammenfassung der gravitierenden Materie, also das größte gegenwärtig beobachtbare gravitierende System, dann den *Kosmos* oder das *Universum*.

Wir stellen in diesem Kapitel die sogenannten Friedmanschen Lösungen der Einsteinschen Feldgleichungen als Modelle für den Kosmos vor und besprechen einige ihrer Eigenschaften. Mit einer zusätzlichen Annahme über die Thermodynamik des Kosmos kommt man zum sogenannten *Standardmodell der Kosmologie*: die Materie dehnt sich von einem dichten, heißen Anfangszustand an aus, der Urknall genannt wird. Für eine ausführlichere Darstellung des Gebietes der Kosmologie verweise ich den Leser und die Leserin auf meine „Einführung in die Kosmologie" [Goe94].

14.1 Modellvorstellungen und Robertson-Walker-Metrik

Nach einer groben Durchsicht der für das kosmologische Modell entscheidenden Beobachtungen können wir die Form der hochsymmetrischen Geometrie mit vier Hypothesen festlegen. Der Anschauungsraum (Raumschnitt zu festgehaltener Zeit) erweist sich als ein Raum konstanter Krümmung.

14.1.1 Beobachtungen mit Bedeutung für das kosmologische Modell

Sämtliche direkte Information über die großräumige Materieverteilung (Sterne, Sternhaufen, Gaswolken, Galaxien, quasistellare Radioquellen oder Quasare etc.) kommt zu uns in Form von elektromagnetischer Strahlung bzw. von Teilchen der Ruhmasse Null. Die Herkunft der aus massiven Teilchen bestehenden sogenannten *kosmischen Strahlung* ist noch ungeklärt[1]. Die aus der Einsteinschen Gravitationstheorie folgenden Gravitations-Wellen sind noch nicht nachgewiesen worden. Als Funktion der Himmelskoordinaten betrachtet, besteht die empfangene Strahlung (in den verschiedenen Frequenzbereichen) aus einem gleichmäßigen *nichtlokalisierbaren* Hintergrund (Mikrowellen-, Röntgenstrahlung) und einem Anteil, der von *diskreten* Quellen aus ganz bestimmten Himmelsrichtungen kommt. Als Funktion der Frequenz betrachtet, ergibt sich die Einteilung in Strahlung mit *kontinuierlichem* Spektrum (etwa einem thermischen) und solche mit *diskretem* Spektrum (Emissions- und Absorptionslinien).

Die Entscheidung darüber, welcher Anteil dieser Information von kosmologischer Bedeutung ist, hängt vom kosmologischen Modell ab, das heißt von der theoretischen Beschreibung des Systems. Man muß wissen, ob ein strahlendes Objekt weit weg ist oder nicht. Da nur Winkel an der Himmelskugel gemessen werden, also die Entfernungen nicht direkt bestimmt werden können, müssen Theorien herangezogen werden, die den Anschluß an die Laborphysik ermöglichen. Die Hauptstützen für das homogen-isotrope kosmologische Modell sind der Hubble-Fluß, der 2,7 K Mikrowellenhintergrund und die großräumige Elementverteilung.

Hubble-Fluß

Der sogenannte Hubble-Fluß[2] beschreibt das gemeinsame Auseinander- und von-uns-wegstreben der Galaxien. Seit 1842 kennt man den *Dopplereffekt*, mit dessen Hilfe die Relativgeschwindigkeiten der Sterne zu uns aus ihren Spektren gemessen werden kann (vergleiche Abschnitt 2.6.2). Huggins wandte ihn 1886 auf den Stern Sirius an und Slipher 1913 auf den Andromedanebel (eine Spiralgalaxie). Letztere Messung ergab eine Geschwindigkeit von $\simeq 300\,\mathrm{km/s}$ auf uns zu, d.h. eine Blauverschiebung des Spektrums. Inzwischen sind mehr als $3 \cdot 10^4$ Rotverschiebungen von Galaxien gemessen worden und Projekte zur Messung von 10^6 Rotverschiebungen begonnen. Alle bis auf

[1] Eine vermutete Quelle sind etwa Überreste von Supernova-Explosionen.

[2] *Edwin Powell Hubble* (1889–1953), amerikanischer Astronom und Astrophysiker, Professor an der Yale Universität, in Oxford und an der Mount Wilson Sternwarte.

einige wenige in der unmittelbaren Nachbarschaft unserer Milchstraße weisen jedoch eine *Rotverschiebung* der Wellenlänge auf, d.h. die Galaxien bewegen sich von uns weg. Theoretische Überlegungen führten auf eine *lineare* Abhängigkeit zwischen Fluchtgeschwindigkeit υ der Galaxie und ihrer Entfernung D von uns: $\upsilon \sim D$. Aber erst nachdem es dem Astronomen Hubble gelungen war, die Entfernungen von Galaxien mit Hilfe von veränderlichen Sternen (Cepheiden) zu messen, erkannte man die kosmologische Bedeutung des sogenannten Hubbleschen Gesetzes (zur Geschichte der Hubbleschen Entdeckung vergleiche [Smi82] und [Hub29]):

$$\boxed{\upsilon = H_0 \cdot D} \,. \tag{14.1}$$

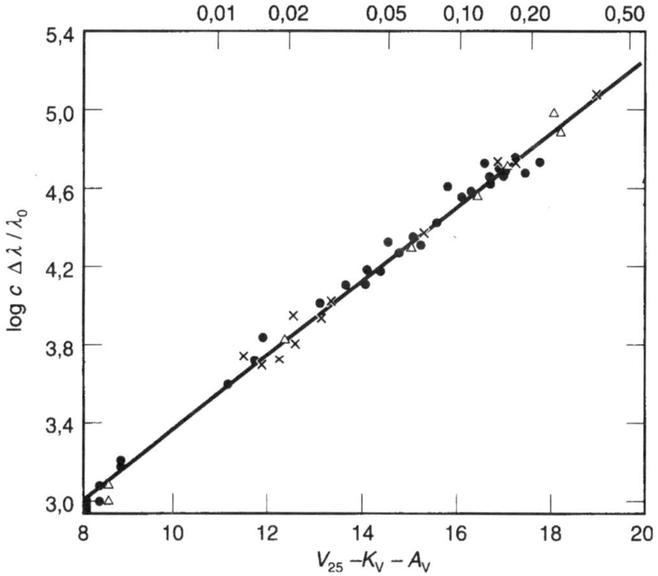

Abb. 14.1 Hubble-Diagramm nach Sandage (Observatory **88**, 91 (1968). Das schwarze Viereck links unten bezeichnet den Bereich von Hubbles ursprünglicher Messung (x: Radiogalaxien).

Hierin ist H_0 mit $[H_0] = \mathrm{s}^{-1}$ die sogenannte Hubblesche Konstante (vergleiche die Hubble-Funktion von Abschnitt 14.2.1). Bis heute ist diese Konstante wegen Schwierigkeiten mit der Entfernungsmessung nur bis auf einen Faktor 2 genau bekannt: $H_0 = 100\,h\mathrm{kms}^{-1}\,(\mathrm{Mpc})^{-1}$ mit

$$0{,}4 \leq h \leq 1\,. \tag{14.2}$$

Seit Hubbles Messungen ist man um 2-3 Größenordnungen in der Entfernungsmessung weitergekommen (von 10^{-3} bis zu $\simeq 0{,}5$ in der Rotverschiebung z).

In Abb. 14.1 und 14.2 ist die Rotverschiebung z, für die (nach (2.17) von Kapitel 2.6.2) in niedrigster Näherung gilt:

$$z = \frac{\lambda' - \lambda}{\lambda} \simeq \frac{v}{c} + \mathcal{O}\left(\frac{v^2}{c^2}\right), \tag{14.3}$$

gegenüber der *Helligkeit* der Objekte (Größenklasse) statt gegenüber dem Abstand aufgetragen. Den Zusammenhang zwischen diesen Größen werden wir in Abschnitt 14.5.1 kennenlernen. In (14.3) ist λ' die beobachtete Wellenlänge des strahlenden Objektes, λ die Wellenlänge eines gegenüber dem Beobachter ruhenden Objektes. Das Hubble-Gesetz läßt sich auch als $cz = H_0 D$ schreiben.

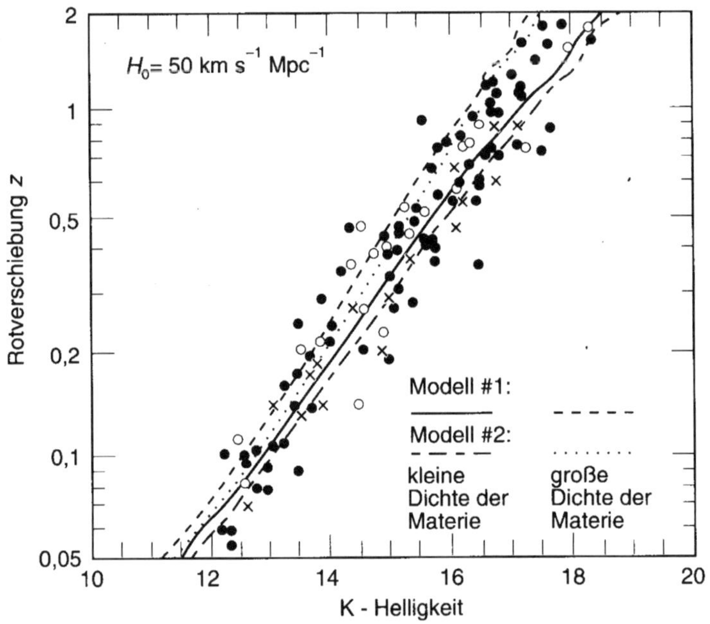

Abb. 14.2 Hubble-Diagramm im infraroten Spektralbereich (Aus dem Artikel von Spinrad und Djorgovski in Observational Cosmologie, Hrsg. A. Hewitt et al., Dordrecht 1987).

Für die Kosmologie ist eine zentrale Frage, wie die Entfernung der strahlenden Objekte am Himmel zu uns gemessen werden kann. Die Methoden der Entfernungsmessung zu den unserem Planetensystem am nächsten liegenden Sternen (d.h. dem Doppelsternsystem α-Centauri in 4,4 Lj (Lichtjahre) Entfernung oder Proxima Centauri und Barnards Stern) bis zu den fernsten Galaxien und quasistellaren Quellen (sogenannte Quasare) in ein paar hundert Megaparsek [Mpc] Entfernung[3] unterscheiden sich drastisch. Wir gehen hier nicht auf die Methoden der Entfernungsmessung ein (vergleiche die Einführung in die Kosmologie [Goe94]), sondern begnügen uns mit dem Hinweis, daß es verschiedene direkte und indirekte Verfahren gibt, die sich genügend stark überlappen, um einen kontinuierlichen Anschluß an die Entfernungsmessung auf der Erde herzustellen und die Konsistenz der Methoden zu überprüfen. Im ersten Schritt werden die Cepheiden- und RR-Lyrae-Sterne in der Milchstraße kalibriert; hieraus ergibt sich die primäre Quelle der Unsicherheit in der extragalaktischen Entfernungsskala. Für die größten Entfernungen wird die Hubblesche Beziehung (14.1) selbst benutzt. Die Entfernungsmessung für die Entfernungen von kosmologischer Bedeutung hängt stark vom kosmologischen Modell, das heißt von der Hubble-Konstante H_0 ab. Man gibt daher Entfernungen unter Einschluß des unbekannten Faktors h aus (14.2) an, etwa „50 h^{-1} Mpc“ etc.

Bis zu Entfernungen von ca (100–200) h^{-1} Mpc stellt man immer noch Strukturen fest: die Superhaufen von Galaxien verbinden sich zu einem Gewebe mit großen Lücken zwischen den „Fäden“, den sogenannten voids. Erst jenseits dieser Längenskala wird es sinnvoll zu sagen, daß die leuchtende Materie im Mittel homogen und isotrop verteilt ist. Das kosmologische Modell bezieht sich also auf eine Mittelung über Entfernungen von (100–200) h^{-1} Mpc.

Kosmologischer Mikrowellenhintergrund (KMH)

Ausgehend von einem Modell des Kosmos, das in seinen Frühstadien sehr heiße Temperaturen forderte, folgerten (in der Weiterführung von Ideen von Gamov) Alpher und Herman 1948, daß als Überbleibsel dieser Zeit eine Strahlung der Temperatur ~ 5 K, also im Mikrowellenbereich vorhanden sein müsse. Gemessen wurde der kosmische Mikrowellenhintergrund durch Penzias und Wilson im Jahr 1964 bei 7 cm Wellenlänge zum ersten Male und sollte einer Temperatur von ca. 3 K entsprechen. Inzwischen gibt es viele Messungen bei verschiedenen Frequenzen (vgl. Abb. 14.3). Diese Messungen können durch eine Planck-Verteilung der Temperatur (2,726 ± 0,010) K beschrieben werden (Abb. 14.4) [MC94]. Dieses Spektrum eines schwarzen Strahlers soll durch thermische Ausgleichsprozesse (im ersten Jahr nach dem Urknall, am Ende der sogenannten Photonenära) zustandegekommen sein und kann bis jetzt *nicht* in überzeugender Weise durch die integrierte Strahlung von lokalen

[3] 1 pc (parsec) $\simeq 3{,}26$ Lj $\simeq 3{,}086 \cdot 10^{18}$ cm; 1 Mpc = 10^6 pc. 1 Parsec ist die Basis, von der aus eine Parallaxe von 1 Bogensekunde gemessen wird. Die Astronomen geben Entfernungen auch durch die über die Rotverschiebung der Spektrallinien gemessene Fluchtgeschwindigkeit an, also z.B. mit 5000 km s^{-1}, was nach (14.1) 50 h^{-1} Mpc entspricht.

Quellen erklärt werden. In der Abbildung sind auch indirekte Messungen über die Anregung von Rotationsniveaus der interstellaren CN-Moleküle durch Mikrowelleneinstrahlung bei 2,64 mm enthalten (Cyanogen). Die Energiedichte der Planck-Verteilung im Intervall der Frequenz ν und $\nu + \mathrm{d}\nu$ ist

$$\mu \mathrm{d}\nu = \frac{8\pi h}{c^3}\nu^3 \mathrm{d}\nu \left[\exp\left(\frac{h\nu}{k_\mathrm{B}T}\right) - 1\right]^{-1} . \tag{14.4}$$

Integration über alle Frequenzen liefert das Stefan-Boltzmannsche Gesetz:

$$\mu = a_0 T^4 \tag{14.5}$$

mit der Konstanten $a_0 = \frac{\pi^2}{15} \cdot \frac{k_\mathrm{B}^4}{h^3 c^3}$; k_B ist die Boltzmann-Konstante, h die Plancksche Konstante

Die früheren, unempfindlicheren Messungen schienen darauf hinzuweisen, daß diese Mikrowellenstrahlung mit hoher Genauigkeit *isotrop* ist, d.h. keine Antennenrichtung ausgezeichnet ist. Es war aber zu erwarten, daß eine Bewegung der Erde bzw. der Milchstraße und des lokalen Galaxienhaufens gegenüber dem Ruhsystem der mittleren Materieverteilung im Kosmos sich als *Bewegung relativ zum KMH* zeigt [Pee71]. In der Tat fanden Smoot und Mitarbeiter 1977 eine Abhängigkeit der Temperatur des KMH vom Winkel Θ zwischen der Meßrichtung und einer fest vorgegebenen Richtung, die durch eine Verteilung

$$T(\Theta) = T_0 + T_1 \cos\Theta \tag{14.6}$$

beschrieben werden konnte [Smo77]. Hierin sind T_0 die mittlere Temperatur der schwarzen Strahlung (2,726 K) und T_1 ein freier Parameter. Die Bewegung relativ zum Bezugssystem, in dem die Strahlung isotrop ist, mit der Geschwindigkeit υ führt auf einen Dopplereffekt für die Frequenz (vergleiche Gleichung (2.12))

$$\nu' = \nu \frac{1 + \frac{\upsilon}{c}\cos\Theta}{\sqrt{1 - (\upsilon/c)^2}} . \tag{14.7}$$

Wenn im bewegten System ebenfalls eine schwarze Strahlung auftreten soll, so können wir dies dadurch erreichen, daß wir den Faktor auf der rechten Seite von (14.7) im Ausdruck $h\nu'/k_\mathrm{B}T$ von (14.4) der Temperatur zuordnen und eine Temperatur im bewegten System

$$T' = \sqrt{1 - (\upsilon/c^2}\left(1 + \frac{\upsilon}{c}\cos\Theta\right)^{-1} T \tag{14.8}$$

$$= T\left(1 - \frac{\upsilon}{c}\cos\Theta\right) + \mathcal{O}\left(\frac{\upsilon^2}{c^2}\right)$$

definieren. Aus den Daten lasen Smoot et al. eine Geschwindigkeit von $\upsilon = \frac{T_1}{T_0} \cdot c = (390 \pm 60) = \text{km/s}$ der Erde in Richtung des Sternbildes Löwe ab. Man nennt diese Anisotropie die *Dipolanisotropie*; ihr genauer Wert wird heute mit

$$T_1 = (3{,}34 \pm 0{,}016)\, 10^{-3}\ \text{K}$$

angegeben [WSS94]. Zieht man diesen Dipolanteil ab, so erweist sich der KMH als isotrop – mindestens bis zu einer Größenordnung von $\triangle T / T_0 \sim 10^{-4}$.

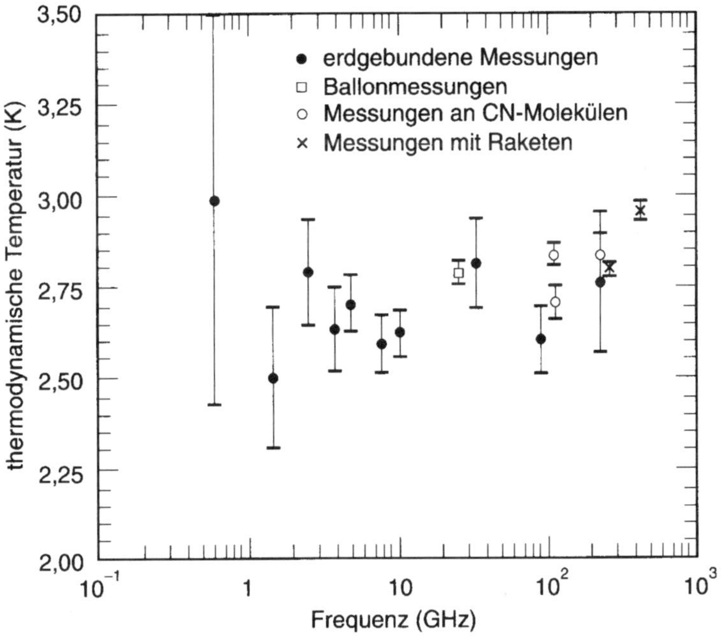

Abb. 14.3 Temperatur für verschiedene Messungen des KMH (Nach J. Silk, Ann. N.Y. Acad. Sci **571** (1989), S. 46)

Inzwischen sind die Auswertungen der von dem COBE-Satelliten (cosmic background explorer) gemessenen Daten veröffentlicht ([Gos92], [Efs92], [Smo92] und drei sich anschließende Arbeiten). Diese wurden mit einem Instrument (differential microwave radiometer) bei 3 verschiedenen Frequenzen (31,5 GHz, 53 GHz, 90 GHz) gewonnen, dessen Antennen die Temperaturdifferenz zwischen Bereichen der Ausdehnung 7° am Himmel maßen, die 60° auseinanderliegen. Die Mittelung der Messungen führt zur Angabe einer Auf-

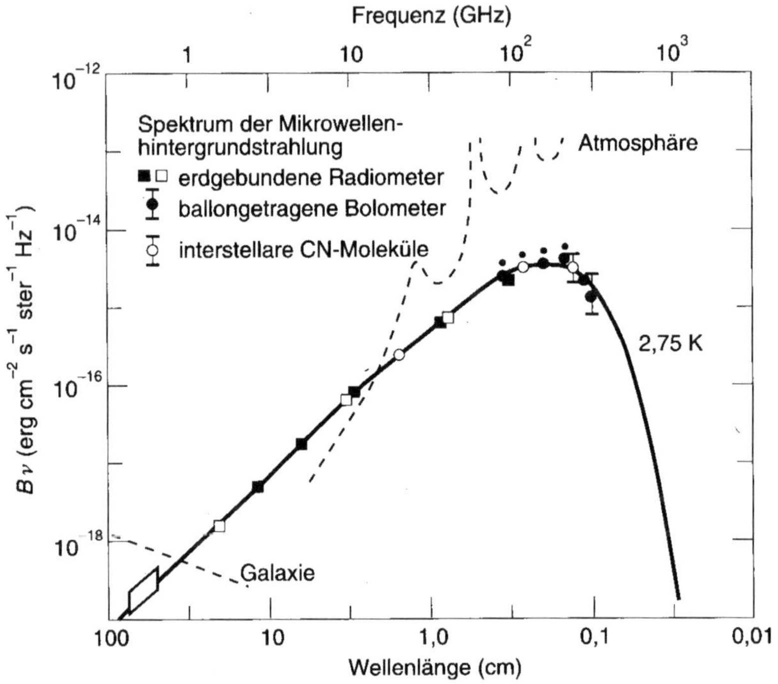

Abb. 14.4 Beschreibung des KMH durch eine Planck-Verteilung (Nach D.T. Wilkinson, Science **232** (1986), S. 1512)

lösung von Gebieten der Ausdehnung 10°. Das angegebene Resultat ist eine *Anisotropie der Temperatur der kosmischen Hintergrundstrahlung von* $\Delta T / T_0 = 6 \cdot 10^{-6}$. Der Dipolanteil $\sim 10^{-3}$ und der nächste Term in (14.8) $\sim (\upsilon / c)^2$ von der Größe $\dfrac{\Delta T}{T_0} \simeq 5 \cdot 10^{-7}$ (kinematischer Quadrupol) sind bereits abgezogen (das gemessene Gesamtsignal ist $\Delta T / T_0 \approx 11 \cdot 10^{-6}$). Wie interpretiert man diese Messung? Man nimmt an, daß die Photonen, aus denen die kosmische Hintergrundstrahlung besteht, zu einer Zeit abgestrahlt wurden, in der sich Elektronen und Wasserstoffkerne zu Wasserstoffatomen rekombinierten, also die Photonenenergie infolge der adiabatischen Expansion des Kosmos (vergleiche Abschnitt 14.2) kleiner war als die zur Ionisation des Wasserstoffs nötigen 13,6 eV. Ab dieser Zeit sind Strahlung und Materie thermodynamisch voneinander abgekoppelt, d.h. nicht mehr im thermodynamischen Gleichgewicht. Vor dieser Zeit war der Kosmos optisch undurchsichtig. Wenn zu einer früheren Zeit *Dichte*schwankungen im Universum auftreten, so führen sie zu *Temperatur*schwankungen im Photonengas: Photonen aus dichteren Gebieten müssen ein stärkeres Gravitationspotential überwinden und verlieren mehr Energie. Das heißt die Anisotropiemessungen am KMH erlauben Rückschlüsse auf die Materiedichteschwankungen zur Zeit der Rekombination. Diese müssen verträglich sein mit den Inhomogenitätsskalen der strahlenden Materie, wie sie sich nach den ungefähr $1{,}5 \cdot 10^{10}$ Jahren der kosmischen Entwicklung seit damals für uns heute darbieten. Man bekommt also Bedingungen für die Theorien der Strukturbildung.

Elementverteilung

Eine weitere Beobachtung von möglicherweise entscheidender kosmologischer Bedeutung ist die *Häufigkeitsverteilung der Elemente*. Man kennt theoretisch drei Möglichkeiten der Synthese der Elemente aus dem ursprünglich vorhandene Wasserstoff bzw. den Elementarteilchen (Protonen, Neutronen, Elektronen, Photonen, Neutrinos etc.): die *stellare* Nukleosynthese; die *primordiale* Nukleosynthese; die Erzeugung duch Spallationsprozesse im intergalaktischen Medium. Die stellare Nukleosynthese erfolgt im heißen Sterninneren durch *Kernfusion*. Die *primordiale* Nukleosynthese ist die Erzeugung der leichten Elemente bei Temperaturen im Urfeuerball von $\simeq 10^9$ K, d.h. von D, ^{3}He, ^{4}He und ^{7}Li. *Spallation* ist die Produktion von leichten Elementen wie ^{6}Li, ^{9}Be, ^{10}B, ^{11}B, die weder durch die stellare noch durch die primordiale Nukleosynthese erzeugt werden können, durch Beschuß von ^{12}C im interstellaren Medium mit Protonen aus der kosmischen Strahlung.

Die *direkte* Beobachtung der Häufigkeit der Elemente ist schwierig und stark theorieabhängig. Denn abgesehen von Messungen im Sonnensystem am Sonnenwind und an Meteoriten muß man die Verteilung der chemischen Elemente aus den Spektren erschließen. Das setzt eine gute Kenntnis der Sternatmosphären, der Sternentwicklung und ihrer Anfangsdaten voraus. *Außerhalb der Milchstraße* hat man nur die Häufigkeit von ^{4}He gemessen, bzw. nach neuesten Arbeiten auch Deuterium [Car94] [Son94]. Obgleich Helium das zweithäufigste Element im sichtbaren Universum ist und ein großes Beobachtungsmaterial vorliegt, ist unklar, wie zuverlässig die aus den Spektren erschlossene Häufigkeitsverteilung ist. ^{4}He ist schwer zu ionisieren; es könnte unbemerktes neutrales ^{4}He geben. Aus den besten Sternentwicklungsrechnungen folgert man, daß höchstens etwa ein Anteil von 5% des beobachteten ^{4}He die Kernfusionsprozesse im Sterninnern überlebt haben kann. Das heißt, der Rest müßte aus der primordialen Nukleosynthese stammen. Damit ergibt sich ein weiterer Hinweis auf die Notwendigkeit eines in seiner Frühzeit sehr heißen und dichten Kosmos.

14.1.2 Das Materiemodell

Wir sehen von der Klumpigkeit der diskreten Materie auf den beobachteten Inhomogenitätsskalen ab und beschreiben sie durch ein *Kontinuumsmodell* ausgeschmierter Materie. Das heißt, wir behandeln die großräumig verteilte Materie wie ein Gas bzw. eine Flüssigkeit, deren Teilchen im Laufe der kosmischen Entwicklung Stromlinien durchlaufen. Diese bilden eine Kurvenkongruenz in der Raum-Zeit $\mathbb{M}$ die wir durch das zeitartige Vektorfeld $u^\alpha(x^0, x^j)$ beschreiben, wenn (x^0, x^j) lokale Koordinaten in der Umgebung eines Punktes $p \in \mathbb{M}$ sind. Insbesondere können wir die Koordinatenlinie $x^j = c_0^j = const$ $(j = 1, 2, 3)$ mit den Stromlinien identifizieren. Damit ist x^0 der Kurvenparameter längs der Stromlinien (vgl. Abb. 14.5). Das heißt wir können die lokale Zeitachse in einem Ereignis $p \in \mathbb{M}$ so wählen, daß sie die Stromlinie durch p tangiert. Dann ist $u^\alpha\big|_p \overset{*}{=} \delta_0^\alpha$, wobei δ_α^β das schon seit Abschnitt 3.1.1 benutzte Kronecker-Symbol ist[4]. Als weitere *vereinfachende* Annahme verlangen wir: Das materielle Substrat (also die kontinuierlich verteilte Materie) des Kosmos wird durch ein *ideales Gas* beschrieben.

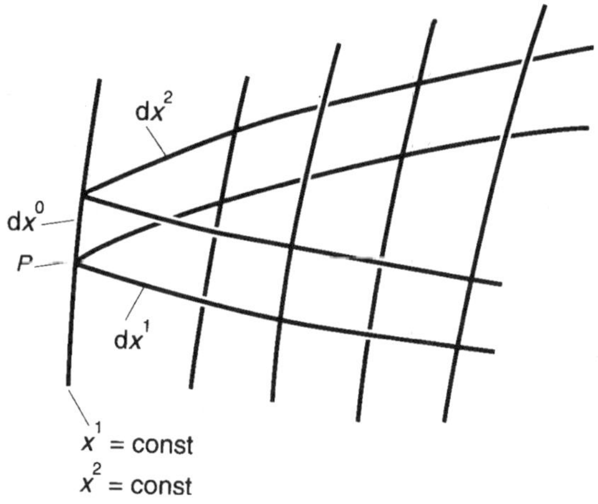

Abb. 14.5 Koordinatisierung der Stromlinien des kosmischen Substrats

Der Energie-Impuls-Tensor der kosmischen Materie soll also der eines idealen Gases (bzw. einer idealen Flüssigkeit) sein (vgl. Kapitel 9, Gleichung 9.1)

$$T^{\alpha\beta} = \frac{1}{c^2}(\mu + p)u^\alpha u^\beta - pg^{\alpha\beta} . \tag{14.9}$$

[4] Also $\delta_\alpha^\beta = 1$ für $\alpha = \beta$, $\delta_\alpha^\beta = 0$ für $\alpha \neq \beta$.

Hierin ist u^α der 4-Vektor der Strömungsgeschwindigkeit, μ die Ruhdichte der Energie und p der Druck der Flüssigkeit, $g^{\alpha\beta}$ der (kontravariante) metrische Tensor, der die Gravitationspotentiale zusammenfaßt. Zu (14.9) tritt noch die Zustandsgleichung des idealen Gases $p = a(T)\mu$. Wir stellen uns weiter vor, daß das materielle Substrat des Kosmos eine *laminare* Strömung bildet, keine turbulente. Es sollen also keine Überschneidungen der Stromfäden vorkommen, keine Bifurkationen etc.

Die Geometrie der Raum-Zeit wird durch die Lorentz-Metrik $g(X, Y)$, d.h. den *Ereignisabstand* $\mathrm{d}l^2 = g_{\alpha\beta}\mathrm{d}x^\alpha \mathrm{d}x^\beta$ beschrieben. Um nun die $g_{\alpha\beta}$, die gleichzeitig die Rolle von *Gravitations-* und *Inertialpotentialen* spielen, festzulegen, nutzen wir zunächst Annahmen über die Stromlinien der Materie aus.

Hypothese 1: Es existiert ein durch $x^0 = const$ gekennzeichnetes *momentanes Ruhsystem der Materie*, d.h. ein *Bezugssystem*, in dem alle Teilchen der kosmischen Materie ruhen (mitbewegtes Koordinatensystem).

Mathematisch bedeutet Hypothese 1, daß die dreidimensionale Hyperflächen $x^0 = const$ auf den Stromlinien $x^j = const$ *senkrecht* stehen. Die Raum-Zeit ist damit in zwei eindimensionale bzw. dreidimensionale orthogonale Räume zerlegt (lokal, d.h. in der Umgebung eines Ereignisses), vergleiche Abb. 14.6. In Abschnitt 13.2 haben wir eine notwendige und *hinreichende* Bedingung für die Hyperflächenorthogonalität von $u^\alpha \stackrel{*}{=} \delta^\alpha_0$ und $x^0 = const$ angegeben, nämlich $g_{0k} \stackrel{*}{=} 0$ $(k = 1, 2, 3)$. Damit reduziert sich das Linienelement auf $(x^0 = ct)$:

$$\mathrm{d}l^2 = g_{00}(x^0, x^k)c^2\mathrm{d}t^2 + g_{ij}(x^0, x^k)\mathrm{d}x^i\mathrm{d}x^j \,. \tag{14.10}$$

Hypothese 2: Die Weltlinien der kosmischen Materieteilchen sind zeitartige *Geodäten*.

Dieser Hypothese liegt die Vorstellung zugrunde, daß die großräumige Materieverteilung allein von der *gravitativen* Wechselwirkung bestimmt ist. Die (ausgeschmierten) Galaxien und Galaxienhaufen bewegen sich frei im Gravitationsfeld der übrigen Materie, d.h. sind *freifallende* Teilchen, die sich auf Geodäten (den „kürzesten" Verbindungskurven zwischen zwei Punkten) bewegen. Wenn die Kurven $c^j = c^j_0$ Geodäten sein sollen, so muß die Geodätengleichung gelten (vgl. Abschn. 8.4.3)

$$\boxed{\frac{\mathrm{d}^2 x^\alpha}{\mathrm{d}l^2} + \Gamma_{\kappa\ \lambda}^{\ \alpha} \frac{\mathrm{d}x^\kappa}{\mathrm{d}l}\frac{\mathrm{d}x^\lambda}{\mathrm{d}l} = 0} \,. \tag{14.11}$$

Am Beginn von Abschnitt 12.2.1 sahen wir, daß aus (14.10) folgt $g_{00,i} = 0$, so daß das Linienelement (14.10) die Form

$$dl^2 = g_{00}(x^0)(dx^0)^2 + g_{ij}(x^0, x^k)dx^i dx^j$$

bekommt bzw. nach Einführung der neuen Zeitkoordinate $\bar{x}^0$ durch die Beziehung $\bar{x}^0 = \int^{x0} du[g_{00}(u)]^{1/2}$:

$$\boxed{dl^2 = (d\bar{x}^0)^2 + g_{ij}(\bar{x}^0, x^k)dx^i dx^j} \quad . \tag{14.12}$$

Damit ist $\bar{x}^0$ die *Eigenzeit* der kosmischen Materie mit den Weltlinien (Strömungslinien) $x^i = c_0^j$. Wir nennen sie die *kosmische Zeit* oder *Epoche* und identifizieren sie mit der astronomischen Zeit des Planetensystems bzw. der Atomuhr-Zeit, solange sich daraus kein Widerspruch mit der Erfahrung ergibt.

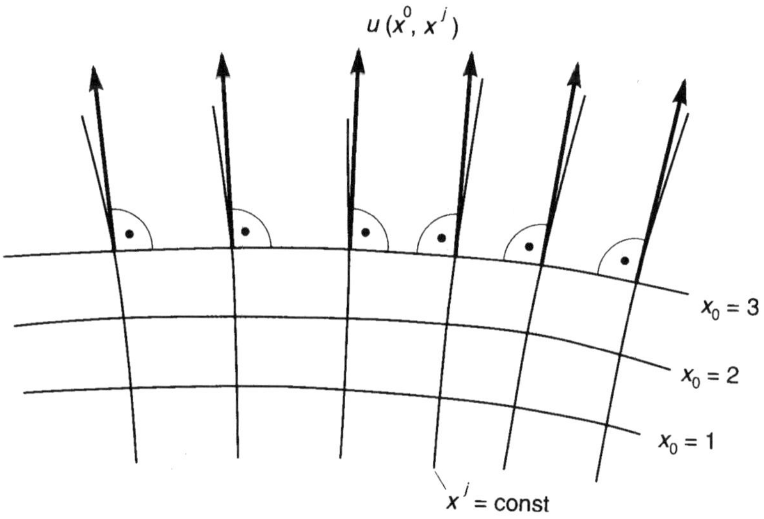

Abb. 14.6 Hyperflächenorthogonalität der Stromlinien der kosmischen Materie

Durch die beiden Hypothesen 1 und 2 ist die Frage, wie denn Gleichzeitigkeit in weit voneinander entfernten Teilen des Kosmos operationell hergestellt werden kann, umgangen. Gleichzeitigkeit im Kosmos ist *per Definition* eingeführt als eine Art neuer *absoluter* Zeit. Man kann sich auch ein kosmologisches Modell vorstellen, in dem jede Strömungslinie ihren eigenen Zeitparameter besitzt und keine Gleichzeitigkeitsfläche für alle kosmischen Massen existiert.

Im Linienelement (14.12) sind noch 6 freie Funktionen von 4 Variablen enthalten. Wir berücksichtigen jetzt die Beobachtungstatsache, daß der Hubble-Fluß, d.h. die Expansionsbewegung der Galaxien relativ zueinander, *gleichmäßig* ist, sowohl was die Richtung am Himmel betrifft als auch die Tiefenverteilung der Galaxien. Das bedeutet, daß das Verhältnis der *Raumschnitte*

$\bar{x}^0 = const$ zu verschiedenen Epochen $\bar{x}^0$ und $\bar{x}^0 + \delta\bar{x}^0$ nur noch eine Funktion der kosmischen Zeit sein kann:

$$\frac{\mathrm{d}l^2\big|_{\bar{x}^0+\delta\bar{x}^0=const}}{\mathrm{d}l^2\big|_{\bar{x}^0=const}} \stackrel{!}{=} 1 + \delta\bar{x}^0 h(\bar{x}^0) + \mathcal{O}\,((\delta\bar{x}^0)^2)\,. \tag{14.13}$$

Die linke Seite ist

$$\frac{g_{ik}(\bar{x}^0 + \delta\bar{x}^0, x^j)\,\mathrm{d}x^i\mathrm{d}x^k}{g_{lm}(\bar{x}^0, x^n)\,\mathrm{d}x^l\mathrm{d}x^m} = \frac{[g_{ik}(\bar{x}^0) + \dfrac{\partial g_{ik}}{\partial\bar{x}^0}\delta\bar{x}^0 + \mathcal{O}\,((\delta\bar{x}^0)^2)]\,\mathrm{d}x^i\mathrm{d}x^k}{g_{lm}\mathrm{d}x^l\mathrm{d}x^m}$$

$$= 1 + \delta\bar{x}^0\,\frac{g_{ik,0}\mathrm{d}x^i\mathrm{d}x^k}{g_{lm}\mathrm{d}x^l\mathrm{d}x^m} + \mathcal{O}\,((\delta\bar{x}^0)^2)\,.$$

Wir bekommen danach aus (14.13) die Beziehung

$$\delta\bar{x}^0\left[h(\bar{x}^0) - \frac{g_{ik,0}\mathrm{d}x^i\mathrm{d}x^k}{g_{lm}\mathrm{d}x^l\mathrm{d}x^m}\right] = 0 + \mathcal{O}\,((\delta\bar{x}^0)^2)$$

oder

$$\left[h(\bar{x}^0)g_{ik} - \frac{\partial g_{ik,}}{\partial\bar{x}^0}\right]\mathrm{d}x^i\mathrm{d}x^k = 0 + \mathcal{O}\,((\delta\bar{x}^0)^2)\,.$$

Da die $\mathrm{d}x^i$ unabhängig von einander gewählt werden können, folgt das Verschwinden der Klammer und daraus durch Integration:

$$\boxed{g_{ik}(\bar{x}^0, x^j) = S^2(\bar{x}^0)\,\gamma_{ik}(x^j)} \tag{14.14}$$

mit der beliebigen Funktion der Zeitkoordinate S. (γ_{ik} ist die Metrik des *drei*dimensionalen Raumes. Davon zu unterscheiden sind die Raumkomponenten g_{ik} der Metrik der *vier*dimensionalen Raum-Zeit.) Hinter diesem Resultat steckt also

Hypothese 3: Der Hubble-Fluß der kosmischen Materie ist homogen und isotrop.

Als letzte Hypothese führen wir das sogenannte *kosmologische Prinzip* (manchmal auch Kopernikanisches Prinzip genannt) ein:

Hypothese 4: In unserer Epoche ist kein Ort im Raumschnitt $\bar{x}^0 = const$ vor einem anderen ausgezeichnet.

Aus den Beobachtungen folgt nur, daß *um unseren Beobachtungsort herum* keine Richtung ausgezeichnet ist und von uns aus gesehen die Materieverteilung auf großen Skalen ($\gtrsim 100h^{-1}$ Mpc) homogen ist. Damit ist Hypothese 4 ein *Weltanschauungspostulat*, über das man sich streiten kann. Man kann die Hypothese 4 auch so formulieren: der Raumschnitt $\bar{x}^0 = const$ ist in jedem Punkt *isotrop*. Daraus ziehen wir weitere Folgerungen.

14.1.3 Die Robertson-Walker-Metrik

Wir nutzen die Homogenität und Isotropie der Verteilung der leuchtenden Materie im Erfahrungsraum aus und suchen eine dreidimensionale Geometrie $\gamma_{\alpha\beta}$, die diese Eigenschaften widerspiegelt. Für *positive* Krümmung ist die Geometrie einer Kugelfläche ein Anhaltspunkt: keine Richtung auf der Kugeloberfläche ist vor einer anderen ausgezeichnet, kein Punkt der Fläche vor einem anderen. Wir nehmen einfach eine Raumdimension mehr und betrachten die sogenannte (Einheits-) Sphäre $\mathbb{S}^3$

$$x^2 + y^2 + z^2 + w^2 = 1 \tag{14.15}$$

und betten sie in einen vierdimensionalen, euklidischen Raum ein mit dem Linienelement

$$\mathrm{d}\sigma_4^2 = \mathrm{d}x^2 + \mathrm{d}y^2 + \mathrm{d}z^2 + \mathrm{d}w^2 \tag{14.16}$$

durch

$$\begin{aligned} x &= \sin\chi \sin\theta \cos\varphi\ , & y &= \sin\chi \sin\theta \sin\varphi \\ z &= \sin\chi \cos\theta\ , & w &= \cos\chi\ . \end{aligned} \tag{14.17}$$

Die auf der Sphäre $\mathbb{S}^3$ dadurch induzierte Metrik ist nach (14.16)

$$\boxed{\gamma_{ik}\,\mathrm{d}x^i\mathrm{d}x^k = \mathrm{d}\chi^2 + \sin^2\chi(\mathrm{d}\theta^2 + \sin^2\theta\mathrm{d}\varphi^2)}\ . \tag{14.18}$$

Einführung einer (Radial-) Koordinate r statt der Winkelkoordinate χ in (14.18) durch

$$\sin\chi = r\left(1 + \frac{r^2}{4}\right)^{-1} \tag{14.19}$$

ergibt die Form des Linienelementes

$$\boxed{\gamma_{ik}\,\mathrm{d}x^i\mathrm{d}x^k = \frac{\mathrm{d}r^2 + r^2\mathrm{d}\Omega^2}{\left(1 + \frac{1}{4}r^2\right)^2}} \tag{14.20}$$

mit dem Oberflächenelement der Einheitskugel $\mathbb{S}^2$

$$\mathrm{d}\Omega^2 := \mathrm{d}\theta^2 + \sin^2\theta \mathrm{d}\varphi^2 \,. \tag{14.21}$$

Außer der 3-Sphäre gibt es noch einen *negativ* gekrümmten dreidimensionalen Raum, der ebenfalls die Eigenschaften der Homogenität und Isotropie besitzt, die sogenannte Hypersphäre $\mathbb{H}^3$

$$w^2 - x^2 - y^2 - z^2 = 1 \,. \tag{14.22}$$

Ihre Einbettung in den $\mathbb{R}^4$ erfolgt entsprechend (14.17) durch

$$\begin{aligned} x &= \sinh\chi \sin\theta \cos\varphi \,, & y &= \sinh\chi \sin\theta \sin\varphi \\ z &= \sinh\chi \cos\theta \,, & w &= \cosh\chi \,. \end{aligned} \tag{14.23}$$

und

$$\gamma_{ik}\mathrm{d}x^i\mathrm{d}x^k = \mathrm{d}w^2 - \mathrm{d}x^2 - \mathrm{d}y^2 - \mathrm{d}z^2 . \tag{14.24}$$

und ergibt

$$\boxed{\gamma_{ik}\mathrm{d}x^i\mathrm{d}x^k = \mathrm{d}\bar{\chi}^2 + \sinh^2\bar{\chi}(\mathrm{d}\theta^2 + \sin^2\theta \mathrm{d}\varphi^2)} \,. \tag{14.25}$$

Mit

$$\sin\bar{\chi} = r\left(1 - \frac{r^2}{4}\right)^{-1} \tag{14.26}$$

kommt man zu

$$\gamma_{ik}\,\mathrm{d}x^i\mathrm{d}x^k = \frac{\mathrm{d}r^2 + r^2\mathrm{d}\Omega^2}{\left(1 - \dfrac{r^2}{4}\right)^2} \,. \tag{14.27}$$

Als dritte Möglichkeit bleibt der triviale Fall des dreidimensionalen (flachen) euklidischen Raumes. Alle drei Fälle lassen sich zusammenfassen in

$$\gamma_{ik}\,\mathrm{d}x^i\mathrm{d}x^k = \frac{\mathrm{d}x^2 + \mathrm{d}y^2 + \mathrm{d}z^2}{\left[1 + \dfrac{k}{4}(x^2 + y^2 + z^2)\right]^2} \tag{14.28}$$

mit $k = \pm 1, 0$. Insgesamt haben wir mit den Hypothesen 1–4 bei Beachtung der Forderung, daß eine Lorentz-Metrik vorliegen soll, also folgendes Linienelement zur Beschreibung des Kosmos erhalten:

$$g_{\alpha\beta}\mathrm{d}x^\alpha\mathrm{d}x^\beta = c^2\mathrm{d}t^2 - S^2(t)\frac{\mathrm{d}x^2 + \mathrm{d}y^2 + \mathrm{d}z^2}{\left[1 + \dfrac{k}{4}(x^2 + y^2 + z^2)\right]^2} \,. \tag{14.29}$$

Darin ist noch eine unbekannte Funktion $S(t)$ enthalten und der Parameter k.

(14.29) heißt *Robertson-Walker-Linienelement* nach den Mathematikern, die sie mit einem ähnlichen Gedankengang hergeleitet haben [Rob29] [Rob33] [Wal36]. Wir haben also eine 3-fach unendliche Schar von kosmologischen Modellen bekommen, je nach dem Aussehen von $S(t)$.

Aufgabe 14.1

Zeige, daß sich das Robertson-Walker-Linienelement durch eine Koordinatentransformation lokal auf die Gestalt

$$\mathrm{d}l^2 = \varphi(x^0, x^i)\eta_{\alpha\beta}\mathrm{d}x^\alpha \mathrm{d}x^\beta$$

bringen läßt mit der Minkowski-Metrik $\eta_{\alpha\beta}$.

14.2 Einfache homogen-isotrope kosmologische Lösungen der Einsteinschen Gravitationstheorie

Nach der Berechnung der Einsteinschen Feldgleichungen für das homogen-isotrope kosmologische Modell geben wir exakte Lösungen in den beiden Fällen druckloser Materie (sogenannter materiedominierter Kosmos) und von Strahlung (sogenannter strahlungsdominierter Kosmos) an. Sie stellen sich als Urknall-Lösungen (unendliche Energiedichte bei $t = 0$) heraus. Danach stellen wir die einfachsten Lösungen mit nichtverschwindender kosmologischer Konstante vor.

14.2.1 Materie- und Strahlungskosmos

Die Feldgleichung der Einsteinschen Gravitationstheorie

$$G^{\alpha\beta} + \Lambda g^{\alpha\beta} = -\kappa T^{\alpha\beta} \tag{14.30}$$

haben wir in den Abschnitten 9.1.1–9.1.3 aufgestellt und begründet. Sie verknüpfen die Energie der Materie mit den Gradienten des Gravitationsfeldes. In (14.30) bedeutet $\kappa = \dfrac{8\pi G}{c^4}$ die Kopplungskonstante, in der G die Newtonsche Gravitationskonstante und c die Vakuumlichtgeschwindigkeit sind. Λ ist die sogenannte *kosmologische Konstante*; sie entspricht einem konstanten Druck einer idealen Flüssigkeit mit der (unphysikalischen) Zustandsgleichung $p = -\mu, [\Lambda] = \mathrm{cm}^{-2}$. $\Lambda > 0$ entspricht einer Abstoßung, $\Lambda < 0$ einer zusätzlichen Anziehung. Als materielle Quelle des Gravitationsfeldes, das durch die Komponenten $g_{\alpha\beta}$ der Metrik dargestellt wird, nehmen wir den Energie-Impuls-Tensor (14.9) einer idealen Flüssigkeit:

$$T^{\alpha\beta} = \frac{1}{c^2}(\mu + p)u^\alpha u^\beta - p g^{\alpha\beta}$$

mit $g_{\alpha\beta}u^\alpha u^\beta = c^2$. Der in Abschnitt 8.4.4 eingeführte *Einstein-Tensor*

$$G^{\alpha\beta} := R^{\alpha\beta} - \frac{1}{2} R g^{\alpha\beta} \tag{14.31}$$

berechnet sich aus dem Riemannschen Krümmungstensor $R^\alpha{}_{\beta\gamma\delta}$, der die Gradienten des Gravitationsfeldes darstellt, durch Verjüngung; es gilt

$$R_{\beta\gamma} := R^\sigma{}_{\beta\gamma\sigma}\,, \qquad R := g^{\beta\gamma} R_{\beta\gamma} = R^\beta{}_\beta\,.$$

Der Krümmungstensor selbst berechnet sich aus der Riemannschen Übertragung, in der die Gravitations- und Trägheitskräfte zusammengefaßt sind (vgl. Tabelle 8.1, S. 263). Setzen wir die Robertson-Walker Metrik (14.29)

$$\mathrm{d}l^2 = g_{\alpha\beta}\mathrm{d}x^\alpha \mathrm{d}x^\beta = c^2\mathrm{d}t^2 - S^2(t)^3 g_{ik}\mathrm{d}x^i\mathrm{d}x^k$$

in den Ausdruck für die Riemannsche Übertragung (das Christoffelsymbol) ein, so ergeben sich als Komponenten der Übertragung ($i, j, k = 1, 2, 3$):

$$\begin{aligned} &\Gamma_{i\,j}{}^{0} = \frac{1}{c} S\dot{S}^3 g_{ij}\,, && \Gamma_{0\,i}{}^{j} = \frac{\dot{S}}{cS}\delta^i_j \\ &\Gamma_{i\,j}{}^{k} = {}^3\Gamma_{i\,j}{}^{k}\,, && \Gamma_{\alpha\,\beta}{}^{\gamma} = 0 \quad \text{sonst}\,, \end{aligned} \tag{14.32}$$

bzw. als Komponenten des Riemannschen Krümmungstensors:

$$\left.\begin{aligned} R^0{}_{i0j} &= \frac{1}{c^2} S\ddot{S}\;{}^3 g_{ik} \\ R^0{}_{ijk} &= 0 \\ R^k{}_{i0j} &= 0 \\ R^k{}_{ijl} &= {}^3 R^k{}_{ijl} + \frac{2}{c^2}\dot{S}^2\;{}^3 g_{i[l}\delta^k_{j]}\,. \end{aligned}\right\} \tag{14.33}$$

Wir haben die Umbenennung $\gamma_{ij} = {}^3 g_{ij}$ vorgenommen. Die Komponenten des Einstein-Tensors folgen damit aus (14.33)

$$\left.\begin{aligned} G_{00} &= -\frac{3}{c^2}\left[\left(\frac{\dot{S}}{S}\right)^2 + \frac{c^2 k}{S^2}\right] \\ G_{ij} &= \frac{1}{c^2}\;{}^3 g_{ij}[2S\ddot{S} + \dot{S}^2 + c^2 k] \\ G_{0i} &= 0\,. \end{aligned}\right\} \tag{14.34}$$

Von den Einsteinschen Feldgleichungen bleiben nur die Zeit-Zeit- bzw. Raum-Raum-Komponenten übrig,wegen $(u^\alpha \stackrel{*}{=} c\delta_0^\alpha)$:

$$T_{00} = \mu\,, \qquad T_i^0 = 0\,, \qquad T_{ij} = pS^2\;{}^3g_{ij} \tag{14.35}$$

die Gleichungen

$$\left(\frac{\dot S}{S}\right)^2 + \frac{c^2k}{S^2} - \frac{c^2\Lambda}{3} = \frac{8\pi G}{c^2}\mu\,,$$

$${}^3g_{ij}\,[2S\ddot S + \dot S^2 + c^2k - S^2\Lambda c^2] = -\frac{8\pi G}{c^2}S^2 p\;{}^3g_{ij}$$

oder

$$\left.\begin{aligned} &\left(\frac{\dot S}{S}\right)^2 + \frac{c^2k}{S^2} - \frac{c^2\Lambda}{3} = \frac{8\pi G}{3c^2}\mu \\ &2\frac{\ddot S}{S} + \left(\frac{\dot S}{S}\right)^2 + \frac{c^2k}{S^2} - c^2\Lambda = -\frac{8\pi G}{c^2}p\,. \end{aligned}\right\} \tag{14.36}$$

Diese Gleichungen sind von A. Friedman[5] zum ersten Male abgeleitet und gelöst worden und zwar für den Fall $p = 0$ und $k = \pm 1$ [Fri22] [Fri24]. Die Lösung für $k = 0$ stammt von H. P. Robertson [Rob29].

Wir ersetzen $\dot S$ und $\ddot S$ in (14.36) durch die sogenannte Hubble- bzw. Dezelerations- oder Bremsfunktion $H(t)$ und $q_0(t)$, die durch $H := \dfrac{\dot S}{cS}$ und $q_0 := -\dfrac{S\ddot S}{\dot S^2}$ definiert sind, und führen zwei weitere dimensionslose Funktionen ein. Als erstes die Dichtefunktion:

$$\boxed{\Omega := \frac{8\pi G}{3c^4H^2}\mu = \frac{\mu}{\mu_c}} \tag{14.37}$$

mit der sogenannten *kritischen Energiedichte*

$$\boxed{\mu_c := \frac{3c^4H^2}{8\pi G}}\;. \tag{14.38}$$

Sie entspricht einer kritischen Ruhmassendichte $\rho_c := \dfrac{\mu_c}{c^2} \simeq 1{,}88h^2 10^{-29}\,\mathrm{gcm}^{-3}$ $\approx 2{,}78h^2 \cdot 10^{11}\ \mathrm{M}_\odot(\mathrm{Mpc})^{-3}$. Dann die *Druckfunktion*

[5] *Alexandrej Friedman* (1888–1925) , russischer Mathematiker und Meteorologe.

$$\boxed{\chi := \frac{8\pi G}{c^4 H^2} p = \frac{p}{p_c}} \tag{14.39}$$

mit dem *kritischen Druck*:

$$\boxed{p_c := \frac{c^4 H^2}{8\pi G}} \quad . \tag{14.40}$$

Es folgt $p_c \simeq 0{,}56 \cdot 10^{-25} h^2$ Pa.

Mittels dieser Größen lassen sich die Einsteinschen Feldgleichungen für den homogen-isotropen Kosmos in die Form bringen

$$\frac{k}{S^2} - \Lambda = H^2(2q_0 - 1 - \chi)\,, \tag{14.41}$$

$$\frac{k}{S^2} - \frac{\Lambda}{3} = H^2(\Omega - 1)\,. \tag{14.42}$$

Was jetzt wie eine algebraische Gleichung für H, q_0, χ, Ω und $\frac{k}{S^2}$ aussieht, ist ein System von 2 Differentialgleichungen für 3 Funktionen $S(t)$, $\mu(t)$, $p(t)$ und 2 Parametern k bzw. Λ. Durch eine *Zustandsgleichung* $p = p(\mu)$ wird die Zahl der Unbekannten auf 2 reduziert. *Für verschwindende kosmologische Konstante* $\Lambda = 0$ *und* $\chi \ll \Omega$, d.h. $p \simeq 0$ sieht man an (14.41) und (14.42), daß $\Omega = 1$, d.h. $\mu = \mu_c$ gerade dem flachen Raumschnitt entspricht. $k > 0$ bedeutet $\Omega = 1$, $k < 0$ dagegen $\Omega > 1$. Die kritische Dichte ρ_c hat ihren Namen von dieser Eigenschaft. In diesem Fall ist auch die Bremsfunktion festgelegt: $q_0 = \frac{1}{2}$.

Bevor wir die Feldgleichungen (14.36) bzw. (14.41), (14.42) explizit lösen, werten wir die aus (14.30) folgenden Bewegungsgleichungen

$$T^{\alpha\beta}{}_{;\beta} = 0 \tag{14.43}$$

für das homogen-isotrope kosmologische Modell aus. Für $\alpha = 0$ ergibt sich die Beziehung

$$\boxed{\dot{\mu} + 3\frac{\dot{S}}{S}(\mu + p) = 0} \quad , \tag{14.44}$$

und für $\alpha = j$

$$p_{;j} = 0\,. \tag{14.45}$$

Letzteres führt auf $p = p(t)$, was wir schon aus (14.36) wissen. Eine andere Version von (14.44) ist

$$(\mu S^3)^{\cdot} = -p(S^3)^{\cdot} \,. \tag{14.46}$$

Das Gesamtvolumen des Raumschnitts ist $V_k \sim S^3$ mit einem zeitunabhängigen Faktor. Dann läßt sich (14.46) interpretieren als

$$\frac{\mathrm{d}}{\mathrm{d}t}\,\text{Gesamtenergie} = -\,p \cdot \frac{\mathrm{d}}{\mathrm{d}t}\,\text{Volumen}\,.$$

Trennt man die Gesamtenergie in Ruhmassenenergie (ρ ist jetzt die Ruhmassendichte) und innere Energie gemäß

$$\mu = \rho c^2 + \varepsilon\,,$$

so ergibt sich

$$c^2(\rho S^3)^{\cdot} + (\varepsilon S^3)^{\cdot} = -p(S^3)^{\cdot} \,. \tag{14.47}$$

Fordert man nun zusätzlich die Erhaltung der Ruhmasse des Kosmos, d.h. die *Erhaltung der Teilchenzahl* (im wesentlichen sind das die Baryonen)

$$\boxed{(\rho S^3)^{\cdot} = 0}\,, \tag{14.48}$$

so folgt aus (14.47):

$$\mathrm{d}U = -p\mathrm{d}V \tag{14.49}$$

mit $U \sim \varepsilon S^3$, $V \sim S^3$. (14.49) erinnert an den ersten Hauptsatz der Thermodynamik für einen *adiabatischen Prozeß* $\mathrm{d}Q = 0$ *ohne Teilchenaustausch* ($\mathrm{d}N = 0$). Das scheint schlüssig, da der Kosmos als größtes System mit einer „Umgebung", die nicht existiert, weder Wärme noch Teilchen austauschen kann. Allerdings ist es gewagt und ohne empirische Stütze, die Hauptsätze der Gleichgewichtsthermodynamik auf ein dynamisches System wie den Kosmos anzuwenden.

Anmerkung: Nur zwei der drei Gleichungen $(14.36)_1$, $(14.36)_2$, (14.44) sind unabhängig. Es wird sich oft als zweckmäßig erweisen, $(14.36)_1$ und (14.44) zu benutzen.

Wir leiten nun zwei Klassen von kosmologischen Modellen her, die sich nach der Art der gravitierenden Materie unterscheiden.

Massendominierter Kosmos

Zuerst setzen wir den Druck der kosmischen Materie $p = 0$. Mit $\Lambda = \chi = 0$ folgt aus (14.41), (14.42)

$$\frac{k}{S^2} = H^2(2q_0 - 1) = H^2(\Omega - 1) \tag{14.50}$$

also $\Omega < 1,\ q_0 < \frac{1}{2}$ für $k < 0$ und $\Omega > 1,\ q_0 > \frac{1}{2}$ für $k > 0$. Wegen (14.46) folgt aus $(14.36)_1$

$$\pm(t - t_0) = \int^{S} \frac{\sqrt{S}\mathrm{d}S}{\sqrt{a - c^2 kS}} \tag{14.51}$$

mit $a := \frac{8\pi G}{3c^2}\mu(t_1)S(t_1)^3$. Im folgenden werden wir Größen zur jetzigen Epoche wie $\mu(t_1)$ kurz $\mu_1$etc. schreiben. Für $k = 0$ folgt aus (14.51)

$$\boxed{S(t) = \pm\left(\frac{9a}{4}\right)^{\frac{1}{3}}(t - t_0)^{\frac{2}{3}}} \quad . \tag{14.52}$$

Bei $t = t_0$ wird $S(t_0) = 0$. Setzen wir $t_0 = 0$, so expandiert die Lösung von $t = 0$ *ohne Grenze*. Hubble-Funktion, Dezelerationsfunktion und Dichteparameter ergeben sich als

$$\boxed{H(t) = \frac{2}{3}\frac{1}{ct}, \quad q_0(t) = \frac{1}{2}, \quad \Omega = 1} \quad . \tag{14.53}$$

Die Energiedichte der Materie μ fällt wie $\mu = \frac{c^2}{6\pi G}t^{-2}$, ist also bei $t = 0$ *unbeschränkt*. Dies entspricht dem Urknall (big bang). Die Lösung wird auch als *Einstein-DeSitter Kosmos* bezeichnet. Für $k = +1$ folgt die Lösung als Parameterdarstellung

$$\boxed{\begin{aligned} S &= \frac{a}{2c^2}(1 - \cos u) \\ \pm ct &= \frac{a}{2c^2}(u - \sin u) \end{aligned}} \quad . \tag{14.54}$$

Das ist eine *Zykloide*. Die Lösung expandiert von $S = 0$ (für $u = 0$) bei $t = 0$ bis zum maximalen Wert $S_{\max} = \frac{a}{c^2}$ bei $t = \frac{\pi a}{2c^2}$ $(u = \pi)$ und kontrahiert dann wieder zum Wert $S = 0$ für $t = \frac{\pi a}{c^2}$. Der Endzustand $S = 0$ heißt in der angelsächsischen Literatur „big crunch“. Nennen wir ihn Endplums. Für $k = -1$ ergibt sich entsprechend:

$$\boxed{\begin{aligned} S &= \frac{a}{2c^2}(\cosh u - 1) \\ \pm ct &= \frac{a}{2c^2}(\sinh u - u) \end{aligned}} \quad . \tag{14.55}$$

Von $t = 0$ ($u = 0$) an expandiert diese Lösung ohne Grenze und zwar wie $S \sim ct$ für $t \to \infty$. Die Reihenentwicklung in der Nähe von $t = 0$ ($u = 0$) der Lösungen für $k = +1$ ergibt:

$$S(t) = \left(\frac{9a}{4}\right)^{\frac{2}{3}} t^{\frac{2}{3}} - \frac{3kc^2}{20}\left(\frac{12}{a}\right)^{\frac{1}{3}} t^{\frac{4}{3}} + \mathcal{O}(kt^2)\,.$$

Das heißt: daß alle drei Familien von Lösungen bei $t = 0$ wie $t^{\frac{2}{3}}$ expandieren und die Energiedichte wie t^{-2} unbeschränkt wird (vergleiche Abb. 14.7).

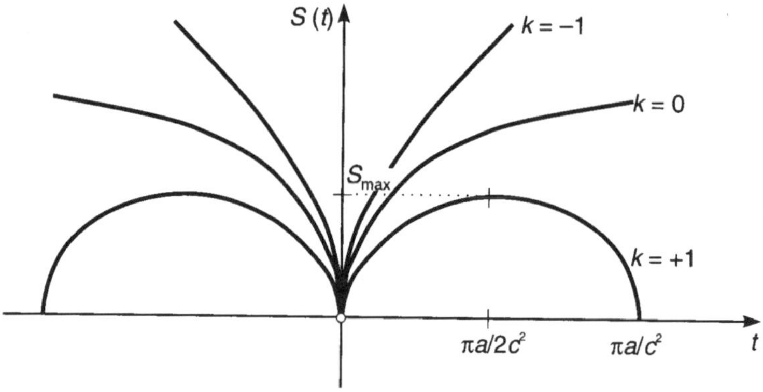

Abb. 14.7 Zeitentwicklung der materiedominierten Friedman-Modelle ($p = 0 = \Lambda$).

Es ist nicht einfach, sich den Urknall vorzustellen. In einer Raum-Zeit-Betrachtung gehen alle Eigenabstände $\mathrm{d}l^2 = -S^2(t)^3 g_{ik}\mathrm{d}x^i\mathrm{d}x^k$ mit $t \to 0$ auch gegen Null. Andererseits würde ein Beobachter *in* den räumlichen Hyperflächen $t = \text{const}$, der *nichts* von der Dynamik des Kosmos weiß und den Eigenabstand $\mathrm{d}l^2 = -{}^3 g_{ik}\mathrm{d}x^i\mathrm{d}x^k$ benutzt, durchaus kein Zusammenschnurren des Kosmos auf einen Punkt feststellen. Man spricht daher von einer *raumartigen* Singularität bei $t = 0$.

Aufgabe 14.2:

Bestimme die homogen-isotrope Lösung der Einsteinschen Feldgleichungen mit flachem Raumschnitt und $p = 0$ für nichtverschwindende kosmologische Konstante.

Strahlungsdominierter Kosmos

Da man glaubt, daß der Kosmos zu einer frühen Zeit nicht nur sehr dicht, sondern auch schon heiß war (vgl. Abschnitt14.4), werden auch Modelle betrachtet, bei denen die Materie ein *Photonengas* ist. Anders ausgedrückt: die in der *Strahlung* vorhandene Energie ist die Quelle des Gravitationsfeldes. Daneben spielt die Materie mit Ruhmasse eine geringe Rolle. Diese Situation wird durch die Zustandsgleichung

$$\boxed{p = \frac{1}{3}\mu} \tag{14.56}$$

beschrieben[6]. Mit (14.56) folgt aus der Bewegungsgleichung (14.44)

$$(\mu S^4)^{\cdot} = 0\,, \tag{14.57}$$

d.h. anstelle von (14.51) führt $(14.36)_1$ zu

$$\pm(t - t_0) = \int \frac{S\mathrm{d}S}{\sqrt{b - c^2kS^2}} \tag{14.58}$$

mit der Konstanten $b = S(t_1)a = \dfrac{8\pi G}{3c^2}\mu_1 S_1^4$.

Für $\boxed{k = 0}$ ergibt sich

$$\boxed{S(t) = \sqrt{2}\,b^{\frac{1}{4}}t^{\frac{1}{2}}}\,, \tag{14.59}$$

wenn wir den Zeitpunkt t_0, an dem $S(t_0) = 0$ wieder als den *Zeitnullpunkt* wäh-

---

[6] Thermodynamisch folgt (14.56) aus dem Stefan-Boltzmann-Gesetz für die Strahlungsdichte $u = a_0T^4$. Der Druck berechnet sich aus der (inneren) Energiedichte u nach $u = T\dfrac{\partial p}{\partial T} - p = T^2\dfrac{\partial}{\partial T}(T^{-1}p)$ zu $p = \dfrac{1}{3}u$. (Oder aus der kinetischen Theorie mit $\overline{v^2} = c^2$.) Die Spur $T^\sigma{}_\sigma$ des Energie-Impuls-Tensors verschwindet und mit ihr der Krümmungsskalar der Raum-Zeit.

len. Da (14.56) äquivalent ist zu

$$\boxed{\chi = \Omega} \tag{14.60}$$

folgt aus (14.41), (14.42) allgemein (für $k = 0, \pm 1$)

$$\boxed{\Omega = q_0} \quad . \tag{14.61}$$

Mit (14.59) bekommt man schließlich für $k = 0$

$$\boxed{H = \frac{1}{2c}\frac{1}{t}, \qquad \Omega = q_0 = 1} \quad . \tag{14.62}$$

Die Energiedichte fällt mit wachsender Epoche wie

$$\boxed{\mu = \frac{3c^2}{32\pi G}\frac{1}{t^2}} \quad , \tag{14.63}$$

also (bis auf den Faktor) wie im materiedominierten Kosmos. Das liegt natürlich daran, daß für *jedes* Potenzgesetz: $S \sim t^{\lambda}$, die Hubble-Funktion $H \sim t^{-1}$ geht. Der Teilchenhorizont liegt bei $r = 2ctS^{-1}$ (vgl. Abschnitt 14.3.1).

Für $\boxed{k = +1}$ erhalten wir aus (14.58)

$$-\frac{k}{c}\sqrt{b - c^2 k S^2} = \pm c\ (t - t_0) \tag{14.64}$$

bzw. die Parameterdarstellung

$$\left.\begin{aligned} S &= \frac{\sqrt{b}}{c}\sin u \\ ct &= \frac{\sqrt{b}}{c}(1 - \cos u)\,. \end{aligned}\right\} \tag{14.65}$$

$0 \le u \le \pi \left(0 \le t \le \dfrac{2\sqrt{b}}{c^2} \right)$, was gerade $S = t^{\frac{1}{2}}(2\sqrt{b} - c^2 t)^{\frac{1}{2}}$ entspricht. Für $\boxed{k = -1}$ folgt

$$\left.\begin{aligned} S &= \frac{\sqrt{b}}{c}\sinh u \\ ct &= \frac{\sqrt{b}}{c}(\cosh u - 1)\,, \end{aligned}\right\} \tag{14.66}$$

was $S(t)=t^{\frac{1}{2}}(2\sqrt{b}+c^2t)^{\frac{1}{2}}$ entspricht. In allen drei Fällen geht also $S(t)\sim t^{\frac{1}{2}}$ für $t\to 0$.

Aufgabe 14.3:

Bestimme die exakte Lösung der Einsteinschen Feldgleichungen für ein homogen-isotropes kosmologisches Modell, das von einer Überlagerung von Staub- ($p_m = 0$) und Strahlungs- ($p_{\text{rad}} = \frac{1}{3}\mu_{\text{rad}}$) Materie erzeugt wird, für den Fall $k = 0$.

14.2.2 Lösungen mit kosmologischer Konstante

Wir kommen nun zu den Lösungen mit nichtverschwindender kosmologischer Konstante $\Lambda \neq 0$. Die einfachsten Modelle sind die *statischen*, also diejenigen, die einen hyperflächenorthogonalen zeitartigen Killing-Vektor zulassen (vgl. Abschn.13.2). Wir werden uns auf sie beschränken.

Das erste kosmologische Modell wurde von Einstein vorgeschlagen [Ein17]. Er wählte einen Raumschnitt positiver konstanter Krümmung ($k = +1$) und setzte $S = S_{\text{E}} = const.$ Aus (14.36) folgt für $\dot{S} = 0 = \ddot{S}$:

$$\frac{k}{S_{\text{E}}^2} = \frac{4\pi G}{c^4}(\mu + p)\,, \tag{14.67}$$

$$\Lambda = \frac{4\pi G}{c^4}(\mu + 3p)\,, \tag{14.68}$$

d.h. für $\mu > 0, p \geq 0$ folgt $k = +1, \Lambda > 0$ ($\mu = p = 0$ führt auf $k = \Lambda = 0$, d.h. auf die *flache* Raum-Zeit.). Während aus (14.67), (14.68) die Zustandsgleichung $\mu = const, p = const$ folgt, hatte Einstein in seiner Arbeit $p = 0$ gesetzt. Man spricht heute vom *Einstein-Kosmos*. In diesem Fall ist $H = q_0 = 0$ und die Variablen Ω bzw. χ sind nicht zu gebrauchen. Der Einstein-Kosmos ist nicht stabil gegenüber kleinen Störungen. Es ist keine Rotverschiebung vorhanden ($z = 0$ nach (14.91), vergleiche Abschnitt 14.3.2).

Aufgabe 14.4:

Zeige, daß der Einstein-Kosmos bei kleinen Störungen $S_0 \to S_0 + \delta S$, $\mu_0 \to \mu_0 + \delta\mu$, die schwarzer Strahlung entsprechen $\left(p = \frac{\mu}{3}\right)$, nicht stabil ist.

Im gleichen Jahr schlug DeSitter[7] eine weitere Lösung vor [DeS17]:

[7] *Willem DeSitter* (1872-1934), holländischer Astronom und Kosmologe, Professor für Theoretische Astronomie an der Universität Leiden und Direktor der Leidener Sternwarte.

$$\mathrm{d}l^2 = c^2\mathrm{d}t^2 - \mathrm{e}^{2\frac{ct}{a}}\left(\mathrm{d}x^2 + \mathrm{d}y^2 + \mathrm{d}z^2\right). \tag{14.69}$$

Die Raumschnitte sind *flach* ($k = 0$); Hubblefunktion und Dezelarationsfunktion sind Konstanten

$$H = H_0 = \frac{1}{a}, \quad q_0 = -1. \tag{14.70}$$

Aus (14.41), (14.42) ergibt sich damit $\Omega = -\frac{1}{3}\chi$ oder

$$\mu = -p \tag{14.71}$$

als Zustandsgleichung. Für $\mu = p = 0$ haben wir also eine Lösung *ohne materielle Quellen*. Im sogenannten inflationären Modell interpretiert man (14.71) um (für $\mu \neq 0 \neq p$), indem man die Vakuumenergie von quantisierten Feldern als dafür verantwortlich macht (vgl. Kapitel 7 der Einführung in die Kosmologie). Weiter folgt aus (14.36)

$$\boxed{\Lambda = \frac{3}{a^2}}\,. \tag{14.72}$$

Auf den ersten Blick sieht (14.69) nicht zeitunabhängig aus. Unter der Zeittranslation $t \to t' = t - T_0$ ergibt sich aus (14.69)

$$\mathrm{d}l^2 \to c^2(\mathrm{d}t')^2 - \mathrm{e}^{\frac{2ct'}{a}}\mathrm{e}^{\frac{2cT_0}{a}}\left(\mathrm{d}x^2 + \mathrm{d}y^2 + \mathrm{d}z^2\right).$$

Umskalierung der Raumkoordinaten in $x_i' := \mathrm{e}^{cT_0/a}x_i$ gibt:

$$\mathrm{d}l^2 \to c^2(\mathrm{d}t')^2 - \mathrm{e}^{\frac{2ct'}{a}}\left(\mathrm{d}x'^2 + \mathrm{d}y'^2 + \mathrm{d}z'^2\right),$$

d.h. Forminvarianz gegenüber Zeittranslationen. Was die Längenmessung im Raumschnitt $t' = const$ betrifft, so sind dort die Eigenlängen um den Faktor $\exp(cT_0/a)$ gegenüber den Eigenlängen im Raumschnitt $t = const$ vergrößert.

Das Koordinatensystem (t, x, y, z) der DeSitter-Metrik (14.69) überdeckt *nicht* die ganze Raum-Zeit-Mannigfaltigkeit. Diese kann als ein einschaliges vierdimensionales Hyperboloid $\mathrm{I\!H}^4$ in den $\mathrm{I\!R}^5$ mit Lorentzsignatur eingebettet werden. Man bekommt

$$-\upsilon^2 + w^2 + x^2 + y^2 + z^2 = \frac{a^2}{c^2}$$

mit

$$\left.\begin{aligned} \upsilon &= \frac{a}{c}\sinh\left(\frac{ct}{a}\right) \\ w &= \frac{a}{c}\cosh\left(\frac{ct}{a}\right)\cos\chi \\ x &= \frac{a}{c}\cosh\left(\frac{ct}{a}\right)\sin\chi\cos\theta \\ y &= \frac{a}{c}\cosh\left(\frac{ct}{a}\right)\sin\chi\sin\theta\cos\varphi \\ z &= \frac{a}{c}\cosh\left(\frac{ct}{a}\right)\sin\chi\sin\theta\sin\varphi \end{aligned}\right\} \tag{14.73}$$

wobei $-\infty < \upsilon, w, x, y, z < +\infty$.

Die durch die Einbettung auf dem Hyperboloid der Metrik $\mathrm{d}l_5^2$ von $\mathbb{R}^5$ induzierte Metrik berechnet sich aus (14.73) wegen:

$$\mathrm{d}l_5^2 = -\mathrm{d}\upsilon^2 + \mathrm{d}w^2 + \mathrm{d}x^2 + \mathrm{d}y^2 + \mathrm{d}z^2 \tag{14.74}$$

zu[8]

$$\mathrm{d}l^2 = -c^2\mathrm{d}t^2 + \left(\frac{a}{c}\right)^2 \cosh^2\frac{ct}{a}(\mathrm{d}\chi^2 + \sin^2\chi\mathrm{d}\Omega^2)\,. \tag{14.75}$$

Diese Form des DeSitter-Raums stammt von Lanczos [Lan22]. Durch die Einführung neuer Koordinaten $\hat{t}, \hat{x}, \hat{y}, \hat{z}$ mit $\left(\alpha = \frac{a}{c}\right)$:

$$\left.\begin{aligned} \hat{t} &= \alpha\log\frac{w+\upsilon}{\alpha} \\ \hat{x} &= \frac{\alpha x}{w+\upsilon}, \quad \hat{y} = \frac{\alpha y}{w+\upsilon}, \quad \hat{z} = \frac{\alpha z}{w+\upsilon} \end{aligned}\right\} \tag{14.76}$$

folgt schließlich die von Lemaître angegebene Form (14.69):

$$\mathrm{d}l^2 = -c^2\mathrm{d}\hat{t}^2 + \exp\left(2\frac{\hat{t}c}{a}\right)(\mathrm{d}\hat{x}^2 + \mathrm{d}\hat{y}^2 + \mathrm{d}\hat{z}^2)\,.$$

Man sieht also, daß (14.69) nur den Bereich $w + \upsilon > 0$ umfaßt (vgl. Abb. 14.8).

[8] Wir haben hier ausnahmsweise die Signatur +2 für die Lorentz-Metrik verwendet.

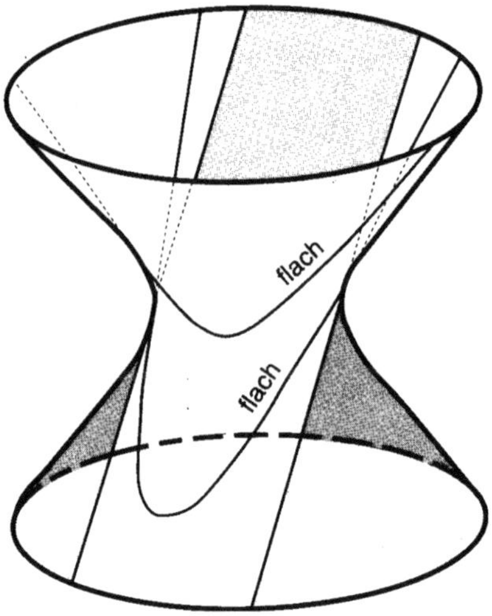

Abb. 14.8 DeSitter-Raum-Zeit eingebettet in $\mathbb{R}^5$

Aus (14.76) bzw. (14.74) folgt, daß die Berandung $v + w = 0$ der betrachteten Koordinatenumgebung gerade *lichtartig* ist.

14.3 Charakteristische Eigenschaften des homogen-isotropen kosmologischen Modells

Wir besprechen einige Kennzeichen des homogen-isotropen kosmologischen Modells wie die Rotverschiebung, die auf die Galaxienflucht hinweist und das endliche Weltalter. Sehr interessant ist auch die Existenz von prinzipiellen Grenzen für den Informationsaustausch mit bestimmten Teilgebieten des Kosmos (Horizonte).

14.3.1 Horizonte

In diesem Abschnitt befassen wir uns mit teilweise *prinzipiellen*, teilweise *zeitweiligen* Schranken für die zu beobachtenden Bereiche des Kosmos, die aus dem Vergleich von Vakuumlichtgeschwindigkeit und Expansionsgeschwindigkeit folgen. Die Begriffsbildungen stammen von Rindler [Rin56].

Aufgabe 14.5

1. Bestimme homogen-isotrope Lösungen mit flachem Raumschnitt ($k = 0$) mit der Zustandsgleichung $p = \sigma\mu$, so daß $S = S_0 t^\lambda$ gilt ($\sigma \geq 0$).
2. Für welche Wertebereiche von σ existieren Ereignis- bzw. Teilchenhorizonte?

Ereignishorizont

Wir betrachten ein Lichtsignal zwischen zwei Stromlinien der kosmischen Materie (vgl. Abb. 14.9). Das Signal gehe zur Zeit t_1 am Ort mit der Koordinate r_1 ab und erreiche zur Zeit $t > t_1$ die Stromlinie, die durch $r < r_1$ festgelegt ist.

Wenn wir die Form des Robertson-Walker-Linienelements (14.29)

$$\mathrm{d}l^2 = c^2\mathrm{d}t^2 - S^2(t)\left[\frac{\mathrm{d}\rho}{1-k\rho^2} + \rho^2\mathrm{d}\Omega^2\right] \tag{14.77}$$

verwenden und ein *radial einwärtslaufendes* Signal betrachten, d.h. $\theta = \theta_0$, $\varphi = \varphi_0$ setzen, so ist die Bahn auf dem Lichtkegel durch $\mathrm{d}l^2 = 0$ bestimmt,also durch[9]

$$\int\limits_{r_1}^{r} \frac{\mathrm{d}\rho}{\sqrt{1-k\rho^2}} = -c\int\limits_{t_1}^{t} \frac{\mathrm{d}t'}{S(t')}. \tag{14.78}$$

Mit der Abkürzung

$$\sigma(r) := \int\limits_{0}^{r} \frac{\mathrm{d}\rho}{\sqrt{1-k\rho^2}} \geq 0$$

für $r \geq 0$ folgt

$$\sigma(r) = \sigma(r_1) - c\int\limits_{t_1}^{t} \frac{\mathrm{d}t'}{S(t')}. \tag{14.79}$$

Definieren wir den *radialen Eigenabstand*, eine Meßgröße, durch

$$(-\mathrm{d}l^2)^{1/2}\Big|_{\substack{t=const\\ \varphi=const\\ \theta=const}} = S(t)\frac{\mathrm{d}\rho}{\sqrt{1-k\rho^2}},$$

---

[9] Das negative Zeichen auf der rechten Seite von (14.78) weist darauf hin, daß das Signal einwärts läuft ($r < r_1$).

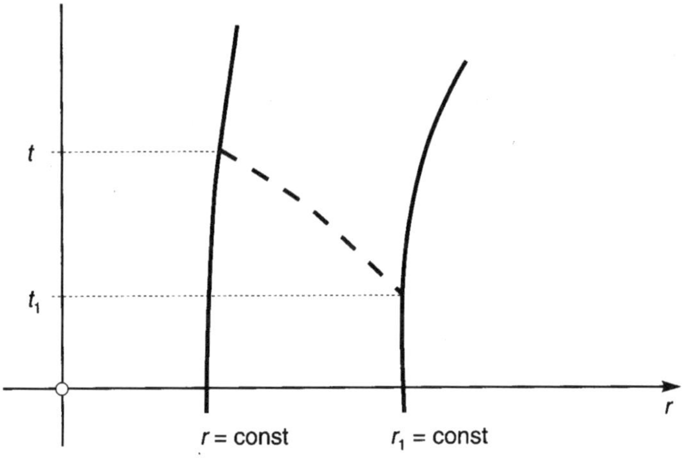

Abb. 14.9 Lichtsignal zwischen (t_1, r_1) und (t, r)

so folgt für den (integrierten) Eigenabstand:

$$\mathrm{d}(t) := S(t)\sigma(r) = S(t)\left[\sigma(r_1) - c\int_{t_1}^{t} \frac{\mathrm{d}t'}{S(t')}\right] \tag{14.80}$$

und daraus für die *Relativgeschwindigkeit* von Quelle und Beobachter

$$\dot{d}(t) = \dot{S}(t)\left[\sigma(r_1) - c\int_{t_1}^{t} \frac{\mathrm{d}t'}{S(t')}\right] - c\,. \tag{14.81}$$

Wir setzen nun den Beobachter in den Punkt $r = 0$, d.h. $\sigma(r) = d(t) = 0$ und fragen, *ob es Lichtsignale gibt, die unendlich lange brauchen, bis sie beim Beobachter ankommen*. Nach (14.80) ist die Bedingung dafür

$$\sigma(r_1) - c\int_{t_1}^{\infty} \frac{\mathrm{d}t'}{S(t')} \stackrel{!}{=} 0\,. \tag{14.82}$$

Wenn $0 < \int_{t_1}^{\infty} \frac{\mathrm{d}t'}{S(t')} = A < \infty$, so können wir immer ein Wertepaar (t_1, r_1) finden, so daß (14.82) befriedigt ist. Die Gleichung

$$\boxed{\sigma(r) = c\int_{t}^{\infty} \frac{\mathrm{d}t'}{S(t')} \stackrel{!}{=} 0} \tag{14.83}$$

gibt damit den geometrischen Ort $r = r(t)$ aller Ereignisse, von denen aus Lichtsignale nicht in endlicher Zeit beim Beobachter ankommen können. Er bildet den sogenannten *Ereignishorizont* des Beobachters. Wegen (14.82) folgt aus (14.81) $\dot{d}(\infty) = -c$, d.h. die Relativgeschwindigkeit von Lichtquelle und Beobachter wird für $t \to \infty$ gleich der Lichtgeschwindigkeit. Die Photonen des Signals kommen nicht schnell genug gegen die durch $S(t)$ bestimmte Expansion der kosmischen Materie an.

Nehmen wir als Beispiel die Funktion $S(t) = \exp\left(\frac{ct}{a}\right)$, $a > 0$ und *flache* Raumschnitte (k = 0). In Abschnitt 14.2.2 sind wir dieser Raumzeit als dem *DeSitter-Kosmos* begegnet. Aus (14.83) folgt in diesem Fall als Gleichung für den Ereignishorizont wegen $\sigma(r) = r$

$$\boxed{r = a\exp\left(-\frac{ct}{a}\right)} \quad . \tag{14.84}$$

Wir stellen die Verhältnisse in einem Raum-Zeit-Diagramm dar (vgl. Abb. 14.10).

Der Ereignishorizont ist der *Rückwärtslichtkegel* des Beobachters bei $r = 0$ zur Zeit $t = \infty$. Das stimmt mit der in Abschnitt 12.4.1 gegebenen Definition

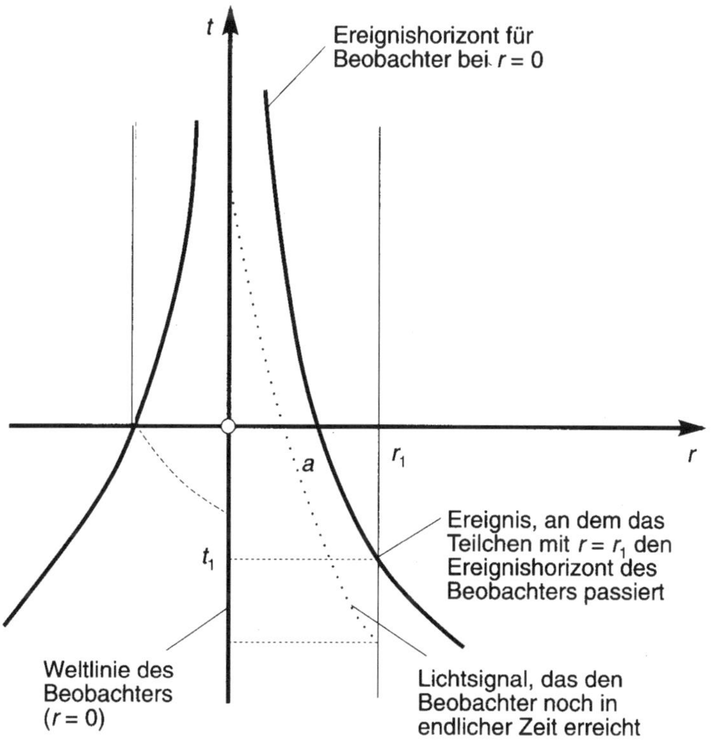

Abb. 14.10 Ereignishorizont im DeSitter-Kosmos

des Ereignishorizontes als des „*Randes der kausalen Vergangenheit der zukünftigen lichtartigen Ereignisse*“ überein.

Teilchenhorizont

Wir verändern nun die Fragestellung des vorigen Abschnitts. Nehmen wir an, es läge ein kosmologisches Modell vor *mit einem Beginn vor endlicher Zeit*. Wir wählen diesen Beginn als Ursprung der kosmischen Zeit. Dann können wir die Frage stellen, *ob Signale, die beim Beginn des Kosmos, d.h. bei* $t_1 = 0$ *am Ort mit der Radialkoordinate* r_1 *ausgesandt wurden, den Beobachter bei* $r = 0$ *zur Jetztzeit t schon erreicht haben können*. Nach (14.80) bekommen wir die Bedingung

$$0 \overset{!}{=} d(t) = S(t)\left[\sigma(r_1) - c\int_0^t \frac{dt'}{S(t')}\right]$$

oder

$$\sigma(r_1) - c\int_0^t \frac{dt'}{S(t')} \overset{!}{=} 0\,. \tag{14.85}$$

Wenn $\int_0^t \frac{dt'}{S(t')} = B < \infty$ gilt, so können wir (14.85) für ein Wertepaar $(0, r_1)$ befriedigen. Die Gleichung

$$\boxed{\sigma(r_1) = c\int_0^t \frac{dt'}{S(t')}} \tag{14.86}$$

ist dann der geometrische Ort $r_1(t)$ der Ereignisse, von denen Signale gerade noch eingetroffen sein können. Signale mit $r > r_1$ können noch nicht beim Beobachter (mit $r = 0$) angekommen sein. Wir nennen diesen geometrischen Ort den *Teilchenhorizont des Beobachters*. Nehmen wir dasselbe Beispiel wie vorher, d.h. $S(t) = \exp\left(\frac{ct}{a}\right)$. Dann folgt für den Teilchenhorizont des Beobachters bei $r = 0$ im DeSitter-Kosmos (vgl. Abb. 14.11):

$$\boxed{r = a\,(1 - e^{-\frac{ct}{a}})}\;. \tag{14.87}$$

Man sieht $\left(\left.\frac{dr}{dt}\right|_{t=0} = c\right)$, daß (14.87) einen Teil des sogenannten *Anfangs-*

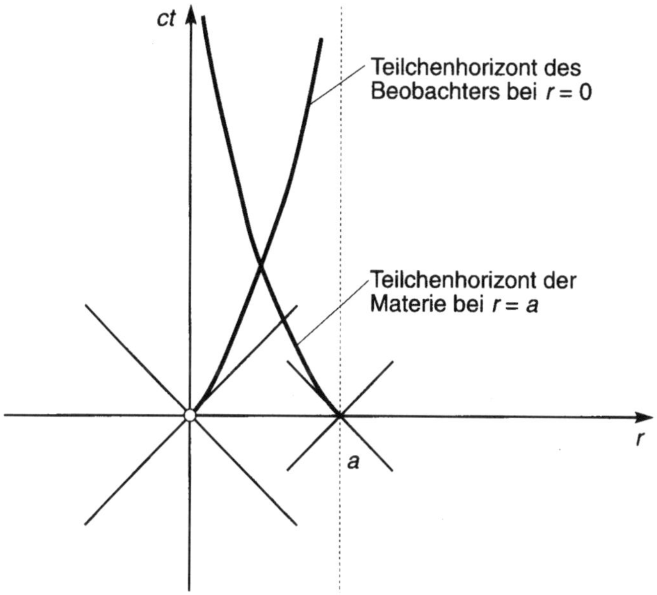

Abb. 4.11 Teilchenhorizont im DeSitter-Kosmos

nullkegel des Beobachters darstellt. Er erreicht das fundamentale Teilchen bei $r = a$ erst zur Zeit $t = +\infty$. Umgekehrt erreicht der die einlaufenden Signale des Teilchens bei $r = a$ beschreibende Lichtkegel $r = a\mathrm{e}^{-\frac{ct}{a}}$ den Beobachter bei $r = 0$ erst für $t = +\infty$. In Abbildung 14.11 kann kosmische Materie mit $r < a$ vom Beobachter gesehen werden, Materie mit $r > a$ nicht. Der Begriff „sehen" ist nicht allzu wörtlich zu nehmen. Tatsächlich beobachten können wir Signale, etwa von Galaxien, erst nach der Epoche der Rekombination von Elektronen und Wasserstoffkernen. Vorher war das Universum für Photonen undurchgänglich.

14.3.2 Rotverschiebung der Spektrallinien

Die Bahnen elektromagnetischer Signale werden in der Näherung der geometrischen Optik durch *Null-Geodäten* beschrieben. Ein Signal auf einer radialen Bahn gehe zur Zeit t bei $r = 0$ ab und erreiche den Ort mit der Koordinate $r > 0$ zur Zeit $t_1 > t$. Dann ist die Bahn nach (14.78) gegeben durch:

$$c\int_t^{t_1} \frac{\mathrm{d}t'}{S(t')} = \sigma(r)\,. \tag{14.88}$$

Ein zweites Signal vom Ursprung zur Zeit $t+\delta t$ kommt bei r zur Zeit $t_1+\delta t_1$ an. Seine Bahn ist

$$c\int_{t+\delta t}^{t_1+\delta t_1}\frac{\mathrm{d}t'}{S(t')}=\sigma(r)\,. \tag{14.89}$$

Differenzbildung von (14.89) und (14.88) und entwickeln für $\delta t \ll t_1, \delta t \ll t$ ergibt:

$$\frac{\delta t}{S(t)}-\frac{\delta t_1}{S(t_1)}=0+\mathcal{O}\left((\delta t)^2,(\delta t_1)^2\right). \tag{14.90}$$

Interpretieren wir δt bzw δt_1 als Zeitintervalle zwischen dem Durchgang von aufeinanderfolgenden Wellenmaxima des Sendesignals bei $r=0$ bzw. bei $r=r_1$ (Empfänger), so folgt wegen $c\delta t=\lambda, c\delta t_1=\lambda_1$ für die relative *Verschiebung der Wellenlänge* z:

$$z:=\frac{\lambda_1-\lambda}{\lambda}=\frac{S(t_1)}{S(t)}-1$$

oder

$$\boxed{1+z=\frac{S(t_1)}{S(t)}}\,. \tag{14.91}$$

Wenn $S(t_1)>S(t)$, so folgt $z>0$, d.h. eine *Rotverschiebung*. (Vorausgesetzt ist dabei, daß die Dispersionsrelation $\lambda\nu=c$ überall im Kosmos gilt.)

14.3.3 Das Weltalter

Wenn wir ein homogen-isotropes kosmologisches Modell betrachten, für das $S(0)=0$ gilt und $\dot{S}(t)\not\equiv 0$, so können wir die Zeit berechnen, die seit dem „Beginn des Universums" bei $t=0$ verstrichen ist:

$$t_1=\int_0^{S(t_1)}\frac{\mathrm{d}S}{\dot{S}(t)}\,. \tag{14.92}$$

Setzen wir $\dot{S}$ aus $(14.36)_1$ ein und berücksichtigen (14.41), (14.42) in der Form

$$\Lambda=3H^2\left(\frac{1}{2}\Omega-q_0+\frac{1}{2}\chi\right)=3(H_1)^2\left(\frac{1}{2}\Omega_1+q_0(t_1)+\frac{\chi_1}{2}\right)$$
$$-k=S^2H^2\left(1+q_0-\frac{3}{2}\Omega-\frac{1}{2}\chi\right)=S_1^2H_1^2\left(1+q_o(t_1)-\frac{3}{2}\Omega_1-\frac{\chi_1}{2}\right), \tag{14.93}$$

so folgt mit der Integrationsvariablen $x := \dfrac{S(t)}{S(t_1)}$ der Ausdruck

$$t_1 = \frac{1}{cH_1} \int_0^1 \mathrm{d}x \left\{ \Omega_1 x^{-\delta} + x^2 \left(\delta \frac{\Omega_1}{2} - q_0(t_1) \right) + q_0(t_1) - \frac{\delta + 2}{2} \Omega_1 + 1 \right\}^{-\frac{1}{2}} \tag{14.94}$$

mit $\delta = 1$ für einen *materiedominierten* Kosmos und $\delta = 2$ für einen *strahlungsdominierten* Kosmos. Wir sehen an (14.94) wieder, daß der Hubble-Parameter cH_1 zur jetzigen Epoche[10] die Skala des Weltalters bestimmt. Sei $T_1 = \dfrac{1}{cH_1}$ die Hubble-Zeit. Dann folgt aus (14.94) für sehr viele kosmologische Modelle, daß $t_1 < T_1$ (vgl. Abb. 14.12). Aus Abbildung 14.12 folgt $t_1 - T_1 < 0$, d.h. $t_1 < T_1$.

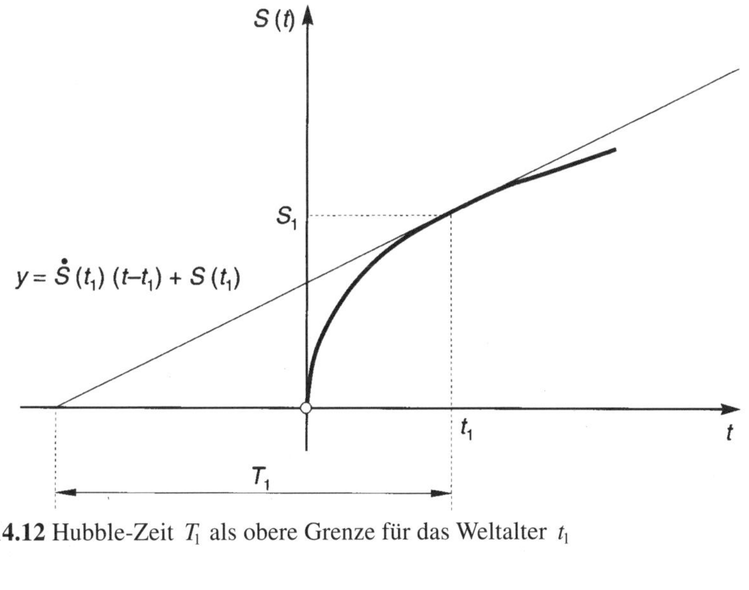

Abb. 14.12 Hubble-Zeit T_1 als obere Grenze für das Weltalter t_1

Das Integral in (14.94) kann als Funktion vorgegebener Werte für den Dichteparameter Ω_1 und den Dezelerationsparameter $q_0(t_1)$ berechnet werden. Für den betrachteten Fall $\Lambda = 0$, $p = 0$ reduziert sich (14.94) für den *materie-*

[10] Den Wert der Hubble-Funktion zur Jetztzeit nennt man Hubble-Parameter. Entsprechendes gilt für den Bremsparameter. Oft wird statt cH_1 die Notation H_0 gewählt.

dominierten Kosmos auf:

$$ct_1 H_1 = \int_0^1 \mathrm{d}x \left\{\Omega_1 x^{-1} + 1 - \Omega_1\right\}^{-\frac{1}{2}}, \tag{14.95}$$

das heißt auf

$$\begin{aligned} ct_1 H_1 = & -(1-\Omega_1)^{-1}[x(\Omega_1 + (1-\Omega_1)x)]^{\frac{1}{2}} \\ & + \Omega_1 (1-\Omega_1)^{-\frac{3}{2}} \tanh^{-1}\left[\left(\frac{(1-\Omega_1)x}{\Omega_1 + (1-\Omega_1)x}\right)\right]^{\frac{1}{2}} \Bigg|_0^1 \end{aligned} \tag{14.96}$$

für $\Omega_1 < 1$. Also

$$ct_1 H_1 = -\frac{1}{1-\Omega_1} + \Omega_1 (1-\Omega_1)^{-\frac{3}{2}} \tanh^{-1} \sqrt{1-\Omega_1}\,. \tag{14.97}$$

Der Fall $\Omega_1 > 1$ ist analog zu behandeln und führt auf[11]

$$\begin{aligned} ct_1 H_1 = & -\frac{1}{\Omega_1 - 1} \sqrt{x\,[\Omega_1 + (1-\Omega_1)x]} \\ & + \Omega_1 (\Omega_1 - 1)^{\frac{3}{2}} \arctan \sqrt{\frac{(1-\Omega_1)x}{\Omega_1 + (1-\Omega_1)x}} \Bigg|_0^1 . \end{aligned} \tag{14.98}$$

Die Entwicklung nach $1-\Omega_1$ bzw. $\Omega_1 - 1$ führt in beiden Fällen auf

$$ct_1 H_1 = \frac{2\Omega_1}{3}\left(1 + \frac{1}{5}(1-\Omega_1) + \mathcal{O}\left((1-\Omega_1)^2\right)\right).$$

Für $\Omega_1 = 1$ folgt aus (14.95)

$$ct_1 H_1 = \frac{2}{3}, \tag{14.99}$$

also ein Wert, den wir schon in (14.53) beim Einstein-DeSitter-Kosmos ($k = 0$) gefunden haben. An (14.97) bzw. (14.99) sehen wir, daß das Weltalter vom Dichteparameter und der Hubble-Konstante abhängt oder, alternativ wegen $\Omega_1 = 2q_0(t_1)$ vom Hubble-Parameter und Bremsparameter.

[11] Leider sind die entsprechenden Formeln (3.94), (3.95), (3.96) und (3.98) in Abschnitt 3.5 der „Einführung in die Kosmologie" [Goe94] fehlerhaft.

14.4 Thermodynamik im Kosmos

Wir gehen aus von der Form (14.44) der Bewegungsgleichung, die wir im Sinne des ersten Hauptsatzes der Thermodynamik interpretierten. Demnach besteht zu jedem festen Zeitpunkt thermodynamisches Gleichgewicht im Kosmos; im Laufe der Zeit erfolgt eine *adiabatische* Veränderung (Expansion, Kontraktion). Für den *strahlungsdominierten* Kosmos $\left(p=\frac{1}{3}\mu\right)$ folgt aus (14.44), daß $\mu \sim S^{-4}$ und mit dem Stefan-Boltzmann Gesetz $\mu \sim T^4$, also $T \sim S^{-1}$. Wir setzen demnach

$$T(t)=T(t_1)\frac{S(t_1)}{S(t)} \tag{14.100}$$

bzw. mit (14.91)

$$\boxed{\frac{T(t)}{T(t_1)}=1+z} \quad . \tag{14.101}$$

Im strahlungsdominierten Kosmos einer frühen heißen Phase herrschte vermutlich thermodynamisches Gleichgewicht zwischen Materie und Strahlung, solange beide wechselwirken konnten und die Zeitskala dieser Wechselwirkung Γ klein war gegenüber der Zeitskala der Expansion $(cH)^{-1}$. Dann ist die Annahme eines quasistatischen Prozesses für die Expansion relativ zu den Ausgleichsprozessen in der Materie gerechtfertigt.

Im betrachteten Fall handelt es sich um die Wechselwirkung von Photonen mit freien Elektronen (Streuung). Die Wechselwirkungsrate des Prozesses ist durch

$$\Gamma_\gamma = n_e s_{\mathrm{Th}} \tag{14.102}$$

gegeben, wobei n_e die Anzahldichte der freien Elektronen ist und s_{Th} der Wirkungsquerschnitt für Thomson-Streuung: $s_{\mathrm{Th}} = 6{,}65 \cdot 10^{-25}\mathrm{cm}^2$. Die Anzahl der freien Elektronen im thermodynamischen Gleichgewicht als Funktion der Temperatur wird durch die sogenannte *Saha-Gleichung* bestimmt. Der Prozeß, der die freien Elektronen „verbraucht", ist

$$\mathrm{p}+\mathrm{e} \rightarrow \mathrm{H}+\gamma\,,$$

d.h. die Bildung von Wasserstoffatomen, die sogenannte *Rekombination* von Protonen und Elektronen.

Man sollte glauben, daß bei einer Temperatur, die um die Ionisationsenergie $B=13{,}6\,\mathrm{eV} \simeq 15{,}78\cdot 10^4\,\mathrm{K}$ des Wasserstoffatoms bzw. etwas niedriger liegt, keine Dissoziation mehr stattfinden kann. Die Photonen würden sich ab dieser Temperatur von der Materie abkoppeln, d.h. Materie und Strahlung wären von da an nicht mehr im thermischen Gleichgewicht. In Wirklichkeit folgt aus der Saha-Gleichung, daß der Anteil der Gleichgewichtsionisation bei der Temperatur $T \sim \eta \left(\frac{T}{m_e} \right)^{3/2} e^{B/T}$ ist [KT90]. Hierin ist $\eta = \frac{n_B}{n_\gamma}$ das Verhältnis von Baryonenzahl n_B und Photonenzahl n_γ. Der Vorfaktor führt auf eine *Rekombinationstemperatur* von $\sim 0{,}31\,\text{eV} \cong 3{,}6 \cdot 10^3$ K. Aus (14.101) berechnet sich die Rotverschiebung für die Rekombinationsepoche zu

$$z_{\text{rek}} = \frac{T(t_{\text{rek}})}{T(t_1)} - 1 .$$

Interpretiert man die kosmische Mikrowellenstrahlung (vgl. Abschn. 14.1.1) als das seither abgekühlte Photonengas, so ergibt sich mit $T(t_1) \simeq 2{,}73$ K, daß

$$z_{\text{rek}} \approx 1330 . \tag{14.103}$$

Für den materiedominierten Kosmos folgt aus (14.44) $\mu \sim S^{-3}$ und aus der Boltzmann-Verteilung $\mu \sim T^{3/2}$, also $T \sim S^{-2}$ oder genauer

$$T(t) = T(t_1) \frac{S(t_1)^2}{S(t)^2} \tag{14.104}$$

bzw.

$$\boxed{T(t) = T(t_1)(1+z)^2} \quad . \tag{14.105}$$

Das heißt, wenn Strahlung und Materie aus dem thermodynamischen Gleichgewicht ausscheiden, so fällt die Temperatur der Materie sehr viel schneller ab als die der Strahlung. Seit der Epoche der Abkopplung hat sich die Materie also auf

$$T(t_1) = \frac{3{,}6 \cdot 10^3 \text{ K}}{(1 + z_{\text{rek}})^2} \simeq 2 \cdot 10^{-3} \text{ K}$$

abgekühlt. Solange keine lokalen Energieproduktionsmechanismen arbeiten (wie Kernfusion etc.) können wir die Materie gegenwärtig als auf der Temperatur des absoluten Nullpunktes befindlich betrachten (kalte kondensierte Materie, vergleiche Abschnitt 12.3.1).

14.5 Kosmologisches Standardmodell und Erfahrung

Wir bringen nun die Lösungen der Einsteinschen Feldgleichungen für das homogen-isotrope kosmologische Modell in Kontakt mit Meßgrößen wie Hubble-Parameter H_0, Beschleunigungs-(Brems-)parameter q_0, Weltalter und Materiedichte.

14.5.1 Helligkeits-Rotverschiebungsbeziehung

Dazu müssen wir zuerst einen *meßbaren Abstand* definieren, den sogenannten *Helligkeitsabstand* D_m. Bei $r = 0, \theta = \theta_0, \varphi = \varphi_0$ strahle eine Punktquelle mit der absoluten Helligkeit L während eines Zeitintervalls δt in einem Wellenlängenintervall $\delta\lambda$ *isotrop* aus. Die abgestrahlte Energie wird von einem Empfänger am Ort r zur Zeit t_1 während eines Intervalls δt_1 in einem Wellenlängenbereich $\delta\lambda_1$ als Energie L_{obs} pro Flächeneinheit, Zeiteinheit und Wellenlängeneinheit gemessen. Damit haben wir die Beziehung

$$L\delta t\delta\lambda = L_{\text{obs}}\delta t_1\delta\lambda_1 F_1 \,. \tag{14.106}$$

Zur Zeit t_1 hat sich die Strahlung auf die Fläche $F_1 = 4\pi d^2(t_1) = 4\pi S^2(t_1) r^2$ verteilt. Dabei ist $d(t_1)$ der invariante *Eigenabstand* der Quelle von der Kugelfläche bei $r_1 = const.$ Wegen (14.91) ergibt sich aus (14.106)

$$L = L_{\text{obs}}(1+z)^2 4\pi S(t_1)^2 r_1^2 \,. \tag{14.107}$$

Den *Helligkeitsabstand* D_m definiert man nun durch

$$L = L_{\text{obs}} 4\pi D_m^2 \,. \tag{14.108}$$

Man tut dabei so, als ob die Ausbreitung der Energie im euklidischen Raum stattfände. Aus (14.107), (14.108) folgt

$$\boxed{D_m = (1+z)S(t_1)r_1} \,. \tag{14.109}$$

Nun erinnern wir uns an die Definition der scheinbaren Helligkeit m, der absoluten Helligkeit M des Objektes und den Zusammenhang mit dem Abstand D (hier dem Helligkeitsabstand D_m) durch die Astronomen:

$$m = M + 5\log_{10}\frac{D_m[\text{pc}]}{10} \,.$$

r_1 berechnen wir mit Hilfe der aus der Geodätengleichung für radiale Lichtsignale folgenden Beziehung

$$\int_r^{r_1} \frac{d\rho}{\sqrt{1-k\rho^2}} = c\int_t^{t_1} \frac{dt'}{S(t')} \,. \tag{14.110}$$

Geben wir der Strahlungsquelle die Koordinate r = 0, so folgt mit der früher gemachten Abkürzung $\sigma(r)$:

$$\sigma(r_1) = \int_0^{r_1} \frac{\mathrm{d}\rho}{\sqrt{1 - \mathrm{k}\rho^2}} = \begin{cases} \arcsin r_1 & k = +1 \\ r_1 & \text{für}\, k = \;\;0\,, \\ \mathrm{Arsinh} r_1 & k = -1 \end{cases}$$

bzw.

$$r_1 = \begin{cases} \sin \sigma(r_1) & k = +1 \\ \sigma(r_1) & \text{für}\, k = \;\;0\,. \\ \sinh \sigma(r_1) & k = -1 \end{cases} \tag{14.111}$$

Beschränken wir uns in der weiteren Rechnung zunächst auf den Fall $k = +1$. Dann gibt uns (14.110)

$$r_1 = \sin\left[c \int_t^{t_1} \frac{\mathrm{d}t'}{S(t')}\right]$$

und (14.109)

$$D_m = (1 + z) S_1 \sin\left[c \int_t^{t_1} \frac{\mathrm{d}t'}{S(t')}\right]. \tag{14.112}$$

Wir berechnen nun das Integral

$$I = c \int_t^{t_1} \frac{\mathrm{d}t'}{S(t')} - c \int_S^{S_1} \frac{\mathrm{d}S'}{S'\dot{S}'} \tag{14.113}$$

für das kosmologische Modell mit $\Lambda = 0 = p$ (*materiedominierter Kosmos ohne kosmologische Konstante*). Es folgt

$$I = \int_S^{S_1} \frac{\mathrm{d}S'}{\sqrt{S'(\alpha - S')}} = \arcsin\left(\frac{2S}{\alpha} - 1\right)\Bigg|_S^{S_1}$$

mit $\alpha := \dfrac{8\pi G \mu_1 S_1^3}{3c^4} = \Omega_1 H_1^2 S_1^3$ oder, wegen

$$\boxed{S_1^2 H_1^2 \Omega_1 = \frac{2q_0(t_1)}{2q_0 - 1}} \tag{14.114}$$

(aus (14.41), (14.42); aus diesen Gleichungen folgt auch, daß im vorliegenden Fall $q_0 > \dfrac{1}{2}$ sein muß)

$$\alpha = \frac{2q_0(t_1)}{2q_0 - 1} S_1 . \tag{14.115}$$

Damit wird das Integral

$$I = \arcsin\left(\frac{2S_1}{\alpha} - 1\right) - \arcsin\left(2\frac{S}{\alpha} - 1\right)$$

und der Helligkeitsabstand D_m wegen

$$\sin[\arcsin x - \arcsin y] = x\sqrt{1-y^2} - y\sqrt{1-x^2}$$

mit

$$x = \frac{2S_1}{\alpha} - 1 , \quad y = \frac{2S}{\alpha} - 1$$

nach längerer Rechnung[12]

$$D_m = S_1(1+z)\frac{\sqrt{2q_0 - 1}}{q_0^2}\frac{1}{1+z}\left\{q_0 z + (q_0 - 1)\left[\sqrt{1+2q_0 z} - 1\right]\right\}$$

oder

$$\boxed{D_m = \frac{1}{H_1 q_0^2}\left\{q_0 z + (q_0 - 1)\left[\sqrt{1+2q_0 z} - 1\right]\right\}} \tag{14.116}$$

wegen $(2q_0 - 1)^{-\frac{1}{2}} = H_1 S_1$

Entwickeln wir (14.116) für kleine z, so folgt:

$$D_m = \frac{z}{H_1}\left\{1 + \frac{1}{2}(1 - q_0)z + \mathcal{O}(z^2)\right\} .$$

Der exakte Ausdruck für die Rotverschiebungs-Helligkeitsbeziehung eines Staubkosmos mit Raumschnitten *positiver* konstanter Krümmung ($p = 0$) *ohne* kosmologische Konstante ist also $\left(q_0 > \frac{1}{2}\right)$[13]:

$$\boxed{\begin{aligned} m = M &- 5 - 5\log_{10} H_1 - 10\log_{10} q_0 \\ &+ 5\log_{10}\left\{q_0 z + (q_0 - 1)\left[\sqrt{1+2q_0 z} - 1\right]\right\} \end{aligned}} . \tag{14.117}$$

[12] Wohl zum ersten Mal gemacht von [Mat58].

[13] In (14.117) $q_0 = q_0(t_1)$, $H_1 \equiv H_0$.

Im Falle $q_0 = \frac{1}{2}$, d.h. $k = 0$, $\Omega = \Omega_1 = 1$ folgt für den Helligkeitsabstand durch direkte Rechnung aus (14.109) und (14.113):

$$D_m = \frac{2}{H_1}[1 + z - \sqrt{1+z}]. \qquad (14.118)$$

Dies folgt auch, wenn wir in (14.116) *formal* $q_0 \to \frac{1}{2}$ gehen lassen. Damit ist (14.116) für alle drei Fälle $k = \pm 1, k = 0$ gültig.

14.5.2 Anknüpfung an die Beobachtungen

Wir haben ein exaktes Resultat (14.117) zur Interpretation der Beobachtungen. Das homogen-isotrope kosmologische Modell hängt von den Parametern H_1 (Hubble-Parameter), Ω_1 (Dichteparameter) und Λ (kosmologische Konstante) ab, mit deren Hilfe dann andere Größen wie das Weltalter t_1, der Bremsparameter $q_0(t_1)$ oder das Vorzeichen der Krümmung k der Raumschnitte festgelegt sind. Insbesondere möchte man natürlich herausfinden, ob eines der besprochenen kosmologischen Modelle (und welches) das Universum gut beschreibt.

Leider ist die Beobachtungssituation weit davon entfernt, einen Test des kosmologischen Modells zu ermöglichen. Unsicherheiten in den physikalischen Eigenschaften der beobachteten Objekte (z.B. die Bildung und zeitliche Entwicklung von Galaxien, Radioquellen und Quasaren) sowie in den Beobachtungsmethoden (Entfernungsmessung) lassen allenfalls *Konsistenzbedingungen* aus dem Kosmos für die lokale Physik (auf der Erde, im Planetensystem) zu.

Die Hubble-Konstante $H_1 \triangleq H_0$

Beim ersten Blick scheint eine Statistik von ca. siebzig in den letzten 25 Jahren angegebenen Werten für die Hubble-Konstante H_1 keinen Fortschritt für die Eingrenzung des Parameters h in $0{,}4 \le h \le 1$ gebracht zu haben. Genaues Hinsehen zeigt jedoch, daß die Verteilung der H_1-Werte in zwei Gruppen zerfällt, die H_1 entweder nahe an die untere bzw. eher in Richtung auf die obere Grenze des angegebenen Intervalls bringen. Bekannte Beobachter aus beiden Gruppen sind etwa Sandage und Tammann ($H_1 \simeq (50 - 55$ kms^{-1} Mpc^{-1}) bzw. Tully und Jacoby ($80 \le H_1 \le 90$). Van den Bergh und Rowan-Robinson befinden sich in ihren Übersichtsartikeln mit 76 ± 9 bzw. $\simeq 70$ etwa in der Mitte. Die Meinungen darüber, was hinter diesem Auseinanderklaffen in der Interpretation der

Beobachtungsdaten steckt, gehen auseinander. Neuere Beobachtungen haben zum erstenmal Cepheiden-Variable in Galaxien des Virgo-Haufens auflösen können und führen auf Werte für den Hubble-Parameter von (87 ± 7) $\mathrm{kms^{-1}}$ $\mathrm{Mpc^{-1}}$ bzw. (80 ± 17) $\mathrm{kms^{-1}}$ $\mathrm{Mpc^{-1}}$ [Pie94] [Pie94]. Mit der Überschlagsformel (14.99) würde daraus folgen, daß das Weltalter nur $(7\text{–}9) \cdot 10^9$a beträgt. Das ist die Hälfte des Alters, das man Sternen in Kugelsternhaufen in anderen Galaxien zumißt. Dieser Widerspruch hat einige Schlagzeilen verursacht, die sogar die Nachrichtenmagazine erreichte. Es gibt eine Methode zur Bestimmung der Hubble-Konstante, die Typ Ia-Supernovae benutzt und notorisch niedrige Werte wie etwa (52 ± 9) $\mathrm{kms^{-1}}$ $\mathrm{Mpc^{-1}}$ liefert [Sah95]. Man sollte die Verbesserung der Beobachtungsmethoden mit Ruhe abwarten. Angesichts der ungeheuerlichen Größe des Kosmos ist jede Aufregung unangebracht.

Bremsparameter q_0

Im Prinzip könnte $q_0(t_1)$ aus der Helligkeits-Rotverschiebungsbeziehung (14.117) bestimmt werden. Man muß Objekte mit identischen Eigenschaften für einen großen Rotverschiebungsbereich beobachten, zum Beispiel die hellsten Galaxien in einem Galaxienhaufen. Leider hat man systematische Beobachtungen solcher Haufen im Optischen bisher nur bis zur Rotverschiebung $z = 0{,}5$ gemacht und dieser Bereich reicht nicht zur Festlegung von $q_0(t_1)$. Radiogalaxien sind gut geeignete Objekte mit dem Vorteil, daß genügend viele Beobachtungen bis zu $z = 3$ zur Verfügung stehen. Allerdings stellt sich hier das Problem der zeitlichen Evolution in voller Stärke ein: Radiogalaxien waren in der Vergangenheit heller als sie jetzt sind. Aus den Beobachtungen kann man $q_0(t_1)$ nur ungefähr auf das Intervall $0 \leq q_0 \leq 1$ beschränken. Man hat gegenwärtig die Hoffnung aufgegeben, den Bremsparameter q_0 aus solchen Beobachtungen in naher Zukunft genauer festlegen zu können.

Materiedichte und Standardmodell

Über die Krümmung des Anschauungsraumes kann gegenwärtig noch nichts ausgesagt werden. Nach (14.92) ist bei verschwindender kosmologischen Konstante Λ der Wert der Dichtefunktion in der jetzigen Epoche ausschlaggebend dafür, ob $k > 0$ ($\Omega > 1$) oder $k < 0$ ($\Omega < 1$) gilt, also ob der Kosmos oszilliert oder für immer weiter expandiert ($\Omega = 1$ würde die euklidische Geometrie des Anschauungsraumes garantieren).

Die Beobachtungswerte für *baryonische* (das heißt, aus stark wechselwirkenden Teilchen wie Protonen und Neutronen bestehende) leuchtende Materie führen auf

$$0{,}004 \leq \Omega_b \leq 0{,}007\,.$$

Nun hat man Grund zur Vermutung, daß auch unsichtbare Materie, die sogenannte *Dunkelmaterie* in Galaxien (und vielleicht dazwischen) vorhanden sein muß, und zwar bis zum Zehnfachen der leuchtenden Materie. Das folgt etwa aus den Bewegungen der Sterne in Spiralgalaxien oder der Galaxien in Galaxienhaufen. Mit den Berechnungen der Urknallerzeugung der leichten, chemischen Elemente verträglich wäre

$$0{,}011 \leq \Omega_\mathrm{b} h^2 \leq 0{,}016\,.$$

Es gibt also ein interessantes, delikates Zusammenspiel zwischen dem Wert des Hubble-Parameters, den Berechnungen der Urknall-Elementsynthese und der beobachtbaren Materiedichte im Kosmos, dessen Fortgang offen ist. Inzwischen werden verschiedene Szenarien für Dunkelmaterie entworfen, von kleinen dunklen Sternen über schwarze Löcher bis zu exotischen Teilchen, die bisher niemals außerhalb der Druckerschwärze wissenschaftlicher Manuskripte beobachtet wurden.

Nachwort

Der aus einem Mißverstäandnis der Relativitätstheorie Albert Einsteins resultierende Satz „Alles ist relativ“ und die berühmteste Formel der Welt „$E = mc^2$“ sind in das allgemeine Bewußtsein eingegangen. Aus populären Darstellungen bekannte Phänomene und Schlagworte wie Längenkontraktion, Zwillingsparadoxon, Gravitations-Rotverschiebung, schwarze Löcher, Urknall, der expandierende Kosmos wollen erklärt sein. Eine solche Erklärung versucht diese einführende Darstellung. Sie eröffnet einen *quantitativen* Zugang zur relativistischen Physik, also zu solchen physikalischen Vorgängen, die bei sehr hohen Geschwindigkeiten bzw. unter dem Einfluß der Schwerkraft ablaufen. Eine Einführung kann dem Leser ein Stück breiten Weges zeigen, muß Abzweigungen vermeiden, läßt Pfade zu den Elfenbeintürmen speziellen Wissens im Dunkeln.

Als Ergänzung der hier getroffenen Auswahl des Stoffes bieten sich im Teil über die spezielle Relativitätstheorie etwa die Abstrahlungseffekte in der Elektrodynamik und die Streuprozesse in der Elementarteilchentheorie an. In der allgemeinen Relativitätstheorie habe ich globale Fragen der Differentialgeometrie ausgelassen, die beim Cauchyschen Anfangswertproblem, den Singularitätensätzen und der asymptotischen Struktur der Raum-Zeit zwangsläufig beantwortet werden müssen. Für den Anfänger und für die praktische Physik spielen diese Probleme aber keine Rolle.

Eine Durcharbeitung dieses Buches vermittelt Leserinnen und Lesern ein solides Grundwissen und versetzt sie in die Lage, sich in die Forschungsliteratur auf gegenwärtig so aktuellen Gebieten wie Gravitationswellenphysik, relativistische Astrophysik, Kosmologie und Quantengravitation einzuarbeiten. Vielleicht erschließt sich ihnen mit dem Erwerb der rechnerischen Fähigkeiten und dem Eindringen in eine neue Begriffswelt auch der von der Verknüpfung von *Beobachterstandpunkt* und *beobachterunabhängiger* Struktur, von *relativ* und *absolut*, von Physik und Geometrie ausgehende anziehende ästhetische Reiz.

Anhang

A Verwendete Notationskonvention

- Symmetrisierung: $A_{(\alpha\beta)} = \frac{1}{2}(A_{\alpha\beta} + A_{\beta\alpha})$,

- Antisymmetrisierung: $A_{[\alpha\beta]} = \frac{1}{2}(A_{\alpha\beta} - A_{\beta\alpha})$,

- Summationskonvention: $\sum_\alpha A^\alpha{}_\alpha = A^\alpha{}_\alpha$,

- Signatur der Metrik: $-2\,(+,-,-,-,)$,

- Lineare Übertragung: $L_{\alpha\beta}{}^\gamma$
  mit kovarianter Ableitung: $A_{\alpha\|\beta} = A_{\alpha,\beta} - L_{\beta\alpha}{}^\sigma A_\sigma$,

- Riemannsche Übertragung: $\Gamma_{\alpha\,\beta}{}^\gamma = \Gamma_{(\alpha\,\beta)}{}^\gamma$
  mit kovarianter Ableitung: $A^\alpha_{\alpha;\beta} = A_{\alpha,\beta} - \Gamma_{\beta\,\alpha}{}^\sigma A_\sigma$,

- Krümmungstensor:

$$K^\alpha{}_{\beta\gamma\delta} = \frac{\partial L_{\delta\beta}{}^\alpha}{\partial x^\gamma} - \frac{\partial L_{\gamma\beta}{}^\alpha}{\partial x^\delta} + L_{\gamma\kappa}{}^\alpha L_{\delta\beta}{}^\kappa - L_{\delta\kappa}{}^\alpha L_{\gamma\beta}{}^\kappa,$$

  bzw.

$$R^\alpha{}_{\beta\gamma\delta} = \frac{\partial \Gamma_{\delta\beta}{}^\alpha}{\partial x^\gamma} - \frac{\partial \Gamma_{\gamma\beta}{}^\alpha}{\partial x^\delta} + \Gamma_{\gamma\kappa}{}^\alpha \Gamma_{\delta\beta}{}^\kappa - \Gamma_{\delta\kappa}{}^\alpha \Gamma_{\gamma\beta}{}^\kappa,$$

- Ricci-Tensor: $R_{\alpha\beta} = R^\alpha{}_{\beta\gamma\alpha}$,

- Einsteinsche Feldgleichungen

$$G_{\alpha\beta} = R_{\alpha\beta} - \frac{1}{2} g_{\alpha\beta} R^\sigma{}_\sigma = -\kappa T_{\alpha\beta},$$

- $\mathcal{O}(\varepsilon)$ „klein von der Ordnung ε“.

B Anleitung zur Lösung der Übungsaufgaben

Aufgabe 1.1: Wir gehen vom Ansatz $t' = A(x, t, \upsilon)$, $x' = B(x, t, \upsilon)$, $y' = C(y, \upsilon)$, $z' = D(z, \upsilon)$ aus, der relativ zueinander in der gemeinsamen x- und x'-Achsenrichtung mit der Geschwindigkeit υ bewegte Bezugssysteme mit parallelen y- und y'-(z- und z'-) Achsen beschreibt. Wir lösen die Aufgabe in 5 Schritten.

1. Zur Zeit $t = t' = 0$ sollen die Ursprünge der Systeme zusammenfallen. Das gibt

$$A(0, 0, \upsilon) = B(0, 0, \upsilon) = C(0, \upsilon) = D(0, \upsilon) = 0\,. \tag{B.1}$$

2. Nach dem Relativitätsprinzip müssen die Bahnen freier Teilchen erhalten bleiben. D.h. aus $\dfrac{\mathrm{d}^2\boldsymbol{x}}{\mathrm{d}t^2} = 0$ muß auch $\dfrac{\mathrm{d}^2\boldsymbol{x}'}{\mathrm{d}t'^2} = 0$ folgen. Für $\boldsymbol{x} = (x, 0, 0)$ führt dies auf die *projektiven* Transformationen

$$x' = \frac{a_1 x + a_2 t + a_3}{b_1 x + b_2 t + b_3}\,, \quad t' = \frac{d_1 x + d_2 t + d_3}{b_1 x + b_2 t + b_3}\,. \tag{B.2}$$

Mit (B.1) folgt $a_3 = d_3 = 0$. Wegen $b_3 \neq 0$ (Eindeutigkeit des Ursprungs) kann $b_3 = 1$ erreicht werden. Für die anderen Raumrichtungen ergibt sich

$$y' = C(\upsilon)y\,, \quad z' = D(\upsilon)z\,.$$

3. Zur *Linearität* der Transformation kommt man über die Forderung, daß Ereignisse (t, x, y, z) mit *beschränkten* Koordinaten nicht im Unendlichen abgebildet werden sollen.

4. Die Isotropie des Raumes nutzen wir dadurch aus, daß wir verlangen, daß die nun erreichten Transformationen

$$x' = a_1(\upsilon)x + a_2(\upsilon)t, \quad t' = d_1(\upsilon)x + d_2(\upsilon)t$$
$$y' = C(\upsilon)y\,, \quad z' = D(\upsilon)z$$

unter den Ersetzungen

$$x' \| -x', \quad y' \| -y', \quad z' \| -z', \quad \upsilon \| -\upsilon$$

sowie

$$x' \| x', \quad y' \| y', \quad z' \| z', \quad \upsilon \| \upsilon$$

unverändert bleiben und daß aus $\frac{\mathrm{d}x}{\mathrm{d}t} = 0 \; \frac{\mathrm{d}x'}{\mathrm{d}t'} = \upsilon$ folgt. Man erhält

$$x' = a_1(\upsilon)[x + \upsilon t], \qquad t' = a_1(\upsilon)\left[t + \upsilon^{-1}\left(1 - \frac{1}{a_1^2}\right)x\right]$$

$$y' = \pm y, \qquad z' = \pm z$$

5. Die Gruppeneigenschaft schließlich liefert

$$a_1(\upsilon) = 1 - \kappa\upsilon^2)^{-1/2}$$

Aufgabe 1.2: Man führt zwei Transformationen $x' = y(\upsilon)[x + \upsilon t], t' = \gamma(\upsilon)$ $x'' = \gamma(\overline{\upsilon})[x' + \overline{\upsilon}t'], t' = \gamma)\overline{\upsilon}\left[t' + \frac{\overline{\upsilon}}{c^2 x'}\right], y'' = y'$, bzw $.\left[1 + \frac{\upsilon}{c^2}x\right], y' = y, z' = z$ aus und sieht, daß zwischen x'' und x (bzw. y'' und y etc.) eine entsprechende Gleichung mit

$$\overline{\overline{\upsilon}} = \frac{\upsilon + \overline{\upsilon}}{1 + \frac{\upsilon\overline{\upsilon}}{c^2}}$$

folgt.

Aufgabe 1.3:

1. Die Substitution $x \| -x, x' \| -x, \upsilon \| -\upsilon$ läßt die Transformation *nicht* unverändert (Isotropie des Raumes).

2. Die Transformation bildet keine Gruppe, da statt des richtigen Terms:

$$c + \left|\frac{\upsilon + \overline{\upsilon}}{1 + \frac{\upsilon\overline{\upsilon}}{c^2}}\right|$$

im Faktor $(\dots)^\sigma$ der Ausdruck

$$\frac{|v|+|\bar{v}|}{1+\dfrac{|v||\bar{v}|}{c^2}}+c$$

auftritt.

3. Die Transformationen von Voigt liefern zwar das richtige Additionstheorem der Geschwindigkeiten, bilden aber keine Gruppe, da bei der Hintereinanderausführung von zwei solchen Transformationen ein globaler Faktor $\left(1+\dfrac{v\bar{v}}{c^2}\right)$ auftritt.

Aufgabe 2.1: Wir zerlegen den Normalenvektor in Anteile parallel und senkrecht zur Relativgeschwindigkeit $\boldsymbol{v}$: $\hat{\boldsymbol{n}}=\hat{\boldsymbol{n}}_\parallel+\hat{\boldsymbol{n}}_\perp$ mit $\hat{\boldsymbol{n}}_\parallel=\dfrac{\hat{\boldsymbol{n}}\cdot\boldsymbol{v}}{|\boldsymbol{v}|}$. In einem Bezugssystem, in dem $\boldsymbol{v}\overset{\star}{=}(v,0,0)$ gilt, folgt $\hat{\boldsymbol{n}}_\parallel\overset{\star}{=}(n_x,0,0), \hat{\boldsymbol{n}}_\perp\overset{\star}{=}(0,n_y,n_z)$. Außerdem ist $v\cos\alpha_x\overset{\star}{=}\boldsymbol{v}\cdot\hat{\boldsymbol{n}}$. Man sieht nun, daß die Formeln (2.13) auf die Form

$$\hat{\boldsymbol{n}}'=\left(1+\frac{\boldsymbol{v}\cdot\hat{\boldsymbol{n}}}{c^2}\right)^{-1}\left[\hat{\boldsymbol{n}}_\parallel+\gamma^{-1}\hat{\boldsymbol{n}}_\perp+\frac{\boldsymbol{v}}{c}\right] \text{ gebracht werden können.}$$

Aufgabe 2.2: Wir betrachten die von der Umfangskurve der leuchtenden Kugel kommenden Lichtstrahlen. Im Ruhsystem $\mathbb{S}'$ der Kugel bilden die die Kugel tangierenden, am Ort $0'$ des Beobachters zusammentreffenden Lichtstrahlen den Kegel $\hat{\boldsymbol{n}}'\cdot\boldsymbol{x}'=\lambda'|\boldsymbol{x}'|$ mit $\hat{\boldsymbol{n}}'^2=1$. Die Ausbreitung der Lichtstrahlen wird durch $\boldsymbol{x}'\cdot\boldsymbol{x}'=(ct')^2$ beschrieben. Ersetzt man nun $|\boldsymbol{x}'|$ durch $-ct'$ und wendet eine spezielle Lorentz-Transformation an, so bekommt man in $\mathbb{S}$ wieder eine Kegelgleichung $\hat{\boldsymbol{n}}\cdot\boldsymbol{x}=\lambda|\boldsymbol{x}|$. Die Umrißlinie der Kugel für den relativ zu ihr bewegten Beobachter in $0=0'$ ist wieder ein Kreiskegel.

Aufgabe 3.1: Wenn die Vektoren $\boldsymbol{a}, \boldsymbol{b}$ genannt werden, so können wir die Zeitachse in Richtung von $\boldsymbol{a}$ legen. Dann gilt $\boldsymbol{a}\overset{\star}{=}(a_0,0,0,0), \boldsymbol{b}=(b_0,b_1,b_2,b_3)$ mit $a_0>0, b_0>0$ (zukunftsgerichtet!) und $\boldsymbol{b}^2>0$ (zeitartig). Wegen $(\boldsymbol{a}+\boldsymbol{b})^2=a_0^2+2a_0b_0+\boldsymbol{b}^2>0, a_0+b_0>0$ folgt die Behauptung.

Aufgabe 3.2: Die Metrik in Rindler-Koordinaten ist gegeben durch $\eta=(1+\alpha x^1)^2(\mathrm{d}x^0)^2-(\mathrm{d}x^1)^2-(\mathrm{d}x^2)^2-(\mathrm{d}x^3)^2$. In niedrigster Näherung reduziert sich die Transformation auf den Übergang zu einem frei fallenden Bezugssystem: $x^{0'}\simeq x^0, x^{1'}\simeq x^1+\dfrac{\alpha}{2}(x^0)^2$. Die Transformation für die Beschleunigung ist

$$\frac{\mathrm{d}^2 x^{1'}}{(\mathrm{d}x^{0'})^2} = \left[\frac{\mathrm{d}x^1}{\mathrm{d}x^0}\sinh\alpha x^0 + (\alpha x^1+1)\cosh\alpha x^0\right]^3$$
$$\cdot\left[(\alpha x^1)\frac{\mathrm{d}^2 x^1}{(\mathrm{d}x^0)^2} - 2\alpha\left(\frac{\mathrm{d}x^1}{\mathrm{d}x^0}\right)^2 + \alpha^2(\alpha x^1+1)\right].$$

Aufgabe 3.3:

$$T^{\alpha_1'\ldots\alpha_r'}{}_{\beta_1'\ldots\beta_s'} = \frac{\partial x^{\alpha_1'}}{\partial x^{\kappa_1}}\cdots\frac{\partial x^{\alpha_r'}}{\partial x^{\kappa_r}}\cdot\frac{\partial x^{\lambda_1}}{\partial x^{\beta_1'}}\cdots\frac{\partial x^{\lambda_s}}{\partial x^{\beta_s'}}T^{\kappa_1\ldots\kappa_r}{}_{\lambda_1\ldots\lambda_s}$$

Aufgabe 3.4: Man erhält die Gleichungen

$$\frac{\partial T^{00}}{\partial t} + \mathrm{div}(c\boldsymbol{g}) = 0$$

und

$$\frac{1}{c^2}\frac{\partial}{\partial t}(c\boldsymbol{g}) + \nabla\boldsymbol{T} = 0\,,$$

in denen $(c\boldsymbol{g})^\kappa := T^{0\kappa}$ die Energiestromdichte und $\boldsymbol{T}$ der Spannungstensor sind. $\frac{1}{c^2}(c\boldsymbol{g})$ entspricht der Impulsdichte.

Aufgabe 4.1: Die Winkelgeschwindigkeit der Bewegung ist $\omega = R^{-1}|\dot{\boldsymbol{x}}| \simeq 4{,}26 \cdot 10^7\mathrm{s}^{-1}$. Damit ergibt sich die Beschleunigung zu $|\ddot{\boldsymbol{x}}| = R\omega^2 \simeq 1{,}27 \cdot 10^{16}\mathrm{ms}^{-2}$.

Aufgabe 4.2: Mit $\dot{x}' = (\dot{x}+\upsilon)\left(1+\frac{\dot{x}\upsilon}{c^2}\right)^{-1}$ berechnet man

$$\sqrt{1-\frac{(\dot{x}')^2}{c^2}} = \sqrt{\left(1-\frac{\dot{x}^2}{c^2}\right)}\sqrt{\left(1-\frac{\upsilon^2}{c^2}\right)}\left(1+\frac{\dot{x}\upsilon}{c^2}\right)^{-1}$$

und daraus (4.14).

Aufgabe 4.3: Lösung mit Hilfe von Aufgabe 3.1 und vollständiger Induktion.

Aufgabe 4.4: Die Weierstraßsche Entwicklung der Determinante lautet (mit Hilfe des total antisymmetrischen Tensors)

$$\det\left(\frac{\partial x^\rho}{\delta x^{\sigma'}}\right)\cdot \varepsilon_{\alpha\beta\gamma\delta} = \varepsilon_{\kappa\lambda\mu\nu}\frac{\partial x^\kappa}{\delta x^{\alpha'}}\frac{\partial x^\lambda}{\delta x^{\beta'}}\frac{\partial x^\mu}{\delta x^{\gamma'}}\frac{\partial x^\nu}{\delta x^{\delta'}},$$

d.h. $\varepsilon_{\alpha\beta\gamma\delta}$ transformiert wie eine skalare Dichte. Da aber für die homogene Lorentz-Transformation $\det\dfrac{\partial x^\rho}{\partial x^{\alpha'}} = 1$ gilt, ergibt sich das gewünschte Resultat. Man sieht außerdem, daß $\varepsilon_{\alpha\beta\gamma\delta}$ in allen Bezugssystemen dieselben Komponenten hat.

Aufgabe 4.5: Aus der Definition von $M^{\alpha\beta\gamma}$ folgt

$$\begin{aligned} M^{\alpha\beta\gamma}{}_{,\gamma} &= -\delta^{[\alpha}_{\gamma}T^{\beta]\gamma} - x^{[\alpha}T^{\beta]}{}_{,\gamma} \\ &= -T^{[\alpha\beta]} - x^{[\alpha}T^{\beta]}{}_{,\gamma}\,. \end{aligned}$$

Mit $T^{\alpha\beta}{}_{,\beta} = 0$ und der Symmetrie von $T^{\alpha\beta}$ ergibt sich das Resultat.

Aufgabe 5.1: Diese Aufgabe ist eine direkte Anwendung der Definition (5.10) von $\Gamma_{\kappa\lambda}{}^{\gamma}$ mit nachfolgender Zerlegung in Raum- bzw. Zeitanteile.

Aufgabe 5.2: Da von allen Ableitungen der metrischen Komponenten nur $g_{00,j} = 2\alpha(1+\alpha x^1)\delta^1_j$ nicht verschwindet, bleiben nur $\Gamma_{01}{}^0 = \alpha(1+\alpha x^1)^{-1}$ und $\Gamma_{00}{}^1 = \alpha(1+\alpha x^1)$ als nichtverschwindende Christoffelsymbole übrig.

Aufgabe 5.3: Die nichtverschwindenden Komponenten des Christoffelsymbols sind S. 170

$$\begin{aligned} \Gamma^1_{22} &= -r\,, & \Gamma^1_{33} &= -r\sin^2\theta\,, \\ \Gamma^1_{12} &= \Gamma_{2}{}^{2}_{1} = \frac{1}{r}\,, & \Gamma_{3}{}^{2}_{3} &= -\sin\theta\cos\theta\,, \\ \Gamma_{1}{}^{3}_{3} &= \Gamma_{3}{}^{3}_{1} = \frac{1}{r}\,, & \Gamma_{2}{}^{3}_{3} &= \Gamma_{3}{}^{3}_{2} = \cot\theta\,. \end{aligned}$$

stephani S. 17

$$\Gamma^1_{ij} = \begin{pmatrix} 0 & \cot\theta & 1/r \\ \cot\theta & 0 & 0 \\ 1/r & 0 & 0 \end{pmatrix}$$

Die Bewegungsgleichung lautet dann

$$\begin{aligned} \ddot r - r\dot\theta^2 - r\sin^2\theta\dot\varphi^2 &= 0\,, \\ \ddot\theta + \frac{2}{r}\dot\theta\dot r - \sin\theta\cos\theta\dot\varphi^2 &= 0\,, \\ \ddot\varphi + \frac{2}{r}\dot\varphi\dot r + 2\cot\theta\dot\theta\dot\varphi &= 0\,. \end{aligned}$$

Aufgabe 5.4: Mit der Transformation

$$x' = x\cos\omega t + y\sin\omega t$$
$$y' = -x\sin\omega t + y\cos\omega t$$
$$z' = z$$

erhält man das Linienelement

$$g = c^2\mathrm{d}t^2[1+\omega^2(x^2+y^2)] + 2\omega\mathrm{d}t[x\mathrm{d}y - y\mathrm{d}x] - \mathrm{d}x^2 - \mathrm{d}y^2 - \mathrm{d}z^2\,,$$

oder, in räumlichen Polarkoordinaten,

$$g = c^2\mathrm{d}t^2[1-\omega^2 r^2\sin^2\theta] + 2\omega r^2\sin^2\theta\mathrm{d}t\mathrm{d}\varphi - \mathrm{d}r^2 - r^2(\mathrm{d}\theta^2 + \sin^2\theta\mathrm{d}\varphi^2)\,.$$

In kartesischen Koordinaten sind die einzigen nichtverschwindenden Ableitungen der metrischen Komponeten

$$g_{00,j} = -2\omega(x\delta_j^1 + y\delta_j^2)\,,$$
$$g_{0k,j} = \omega(\delta_j^1\delta_k^2 - \delta_k^1\delta_j^2)\,.$$

Die reziproke Metrik ist in Polarkoordinaten leichter auszurechnen, da dann nur ein Nichtdiagonalelement existiert. Man erhält

$$g_{00} = 1\,,\quad g^{03} = \omega\,,\quad g^{33} = \omega^2 - \frac{1}{r^2\sin^2\theta}\,,$$
$$g_{11} = -1\,,\quad g^{22} = -\frac{1}{r^2}\,,\quad g^{\alpha\beta} = 0 \text{ sonst}\,.$$

Damit ist alles bereitgestellt, um (5.10) anzuwenden ($x^0 = ct$, $x^1 = r$, $x^2 = \theta$, $x^3 = \varphi$). Z.B. ist $\Gamma_{00}{}^0 = \Gamma_{0j}{}^0 = 0$ etc.

Aufgabe 7.1: Es ist

$$\frac{\mathrm{d}\varepsilon}{\mathrm{d}u} = \frac{\partial\varepsilon}{\partial r}\cdot\dot r + \frac{\partial\varepsilon}{\partial\dot r}\cdot\ddot r + \frac{\partial\varepsilon}{\partial\dot t}\cdot\ddot t + \frac{\partial\varepsilon}{\partial\dot\varphi}\cdot\ddot\varphi\,,$$

wenn $\theta = \frac{\pi}{2}$ gesetzt wird. Hier eliminiert man nun $\ddot t$ und $\ddot\varphi$ mit Hilfe von (7.11) und (7.12), indem man diese Gleichungen weiter differenziert.

Aufgabe 7.2: Man berechnet zuerst S. 219

$$g^{\delta'\alpha'} = \frac{\partial x^{\delta'}}{\partial x^{\sigma}} \frac{\partial x^{\alpha'}}{\partial x^{\rho}} g^{\sigma\rho}$$

und

$$g_{\alpha'\beta',\gamma'} = g_{\kappa\lambda,\mu} \frac{\partial x^{\mu}}{\partial x^{\gamma'}} \frac{\partial x^{\kappa}}{\partial x^{\alpha'}} \frac{\partial x^{\lambda}}{\partial x^{\beta'}} + g_{\kappa\lambda} \frac{\partial x^{\kappa}}{\partial x^{\alpha'}} \frac{\partial^2 x^{\lambda}}{\partial x^{\gamma'} \partial x^{\beta'}}$$

und fügt die übrigen Terme in $\Gamma_{\beta'\gamma'}{}^{\delta'}$ hinzu. (Nur Änderungen der freien Indizes.) Nach dem Wegheben von vier Termen erhält man die angegebene Transformationsformel.

Aufgabe 8.1: Eine Karte $\mathcal{M}_0 := \{(x, y) \,|\, 0 < r, 0 < \varphi < 2\pi\}$ läßt die positive $\boldsymbol{x}$-Achse und den Ursprung aus. Eine zweite Karte $\mathcal{M}_a := \{(x, y) \,|\, 0 < r',\ 0 < \varphi < 2\pi\}$ mit $x = r'\cos\varphi', y = a + r'\sin\varphi', a > 0$ wird hinzugefügt. $\mathcal{M}_0 \cap \mathcal{M}_a = \mathbb{R}^2 - \{(|x|, 0)\} - \{|x|, a\}$. φ' und r' sind beliebig oft stetig differenzierbare Funktionen von r und φ in $\mathcal{M}_0 \cap \mathcal{M}_a$ S. 222

$$\varphi' = \arctan\frac{r\sin\varphi - a}{r\cos\varphi}, \qquad r' = (r^2 - 2\arcsin\varphi + a^2)^{\frac{1}{2}}.$$

Aufgabe 8.2: In räumlichen Polarkoordinaten r, θ, φ lautet (8.1) 223

$$r = 1, \qquad \tan\varphi = \frac{\eta}{\xi}, \qquad \cos\theta = \frac{\xi^2 + \eta^2 - 4}{\xi^2 + \eta^2 + 4}.$$

Auflösen nach ξ und η führt auf

$$\xi = \pm 2\cos\varphi\cot\frac{\theta}{2}, \qquad \eta = \pm 2\sin\varphi\cot\frac{\theta}{2}.$$

Aufgabe 8.3: Die zweite Koordinatenkarte kann etwa durch 224

$$x = \frac{4\xi'}{\xi'^2 + \eta'^2 + 4} \qquad y = \frac{4\eta'}{\xi'^2 + \eta'^2 + 4} \qquad z = \frac{4 - \xi'^2 - \eta'^2}{\xi'^2 + \eta'^2 + 4}$$

eingeführt werden. Daraus folgt $(\xi, \eta) \mapsto 4(\xi'^2 + \eta'^2)^{-1}(\xi', \eta')$ bzw., wenn sowohl in der ξ, η- als auch in der ξ', η'-Ebene Polarkoordinaten r, φ bzw. r', φ' benutzt werden, $(r, \varphi) \mapsto \left(\frac{4}{r'}, \varphi'\right)$. Im Überlappgebiet der beiden Karten $0 < r < \infty, 0 < r' < \infty$ sind die Abbildungen zwischen den Karten also beliebig oft differenzierbar.

Aufgabe 8.4: Die direkte Ausrechnung der Komponenten der linearen Konnektion gibt:

$$\Gamma_{\alpha\,\beta}{}^{\gamma} \equiv L_{\alpha\,\beta}{}^{\gamma} = -\sin x^1 \cos x^1 \delta_1^\gamma \delta_\alpha^2 \delta_\beta^2 + \cot x^1 \delta_2^\gamma (\delta_\alpha^1 \delta_\beta^2 + \varepsilon \delta_\alpha^2 \delta_\beta^1)\,.$$

Daraus folgt ein nichtverschwindender Torsionstensor, wenn $\varepsilon \neq 1$:

$$S_{\alpha\beta}{}^{\gamma} = 2(1-\varepsilon)\cot x^1 \delta_2^\gamma \delta_{[\alpha}^1 \delta_{\beta]}^2\,.$$

Die Autoparallelengleichung (8.11) ist in diesem Fall

$$\frac{\mathrm{d}^2 x^1}{\mathrm{d}u^2} = \sin x^1 \cos x^1 \left(\frac{\mathrm{d}x^2}{\mathrm{d}u}\right)^2$$

$$\frac{\mathrm{d}^2 x^2}{\mathrm{d}u^2} = -(1+\varepsilon)\cot x^1 \frac{\mathrm{d}x^1}{\mathrm{d}u}\frac{\mathrm{d}x^2}{\mathrm{d}u}$$

mit den ersten Integralen

$$\frac{\mathrm{d}x^2}{\mathrm{d}u} = c_0 (\sin x^1)^{-(1+\varepsilon)}, \qquad \left(\frac{\mathrm{d}x^1}{\mathrm{d}u}\right)^2 = -\frac{c_0^2}{\varepsilon}(\sin x^1)^{-2\varepsilon} + c_1$$

für $\varepsilon \neq 0$. c_0, c_1 sind Integrationskonstante. Setzt man $x^1 = \theta$, $x^2 = \varphi$, so ist für $\varepsilon = 1$ die Konnektion gerade die Konnektion der Metrik auf der Kugeloberfläche $\mathrm{d}l^2 = \mathrm{d}\theta^2 + \sin^2\theta \mathrm{d}\varphi^2$.

Aufgabe 8.5: Die Ausrechnung führt auf

$$\begin{aligned} T^{\alpha_1\ldots\alpha_r}{}_{\beta_1\ldots\beta_s;\gamma} = {} & T^{\alpha_1\ldots\alpha_r}{}_{\beta_1\ldots\beta_s,\gamma} + L_{\gamma}{}^{\alpha_1}_{\sigma} T^{\sigma\alpha_2\ldots\alpha_r}{}_{\beta_1\ldots\beta_s} + \ldots \\ & L_{\gamma}{}^{\alpha_r}_{\sigma} T^{\alpha_1\ldots\alpha_{r-1}\sigma}{}_{\beta_1\ldots\beta_s} \\ & - L_{\gamma\beta_1}{}^{\sigma} T^{\alpha_1\ldots\alpha_r}{}_{\sigma\beta_2\ldots\beta_s} - \ldots \\ & - L_{\gamma\beta_s}{}^{\sigma} T^{\alpha_1\ldots\alpha_r}{}_{\beta_1\ldots\beta_{s-1}\sigma}\,. \end{aligned}$$

Aufgabe 8.6: Nach der Beziehung (8.26) von Abschnitt 8.3.2 vertauschen die kovarianten Ableitungen, wenn sowohl der Krümmungstensor als auch der Torsionstensor verschwinden.

Aufgabe 8.7: Die 2. Beziehung ergibt sich sofort aus (8.22) und der Linearität des Kommutators. Zum Beweis der 1. Beziehung benutzt man neben (8.22) auch (8.3) in der Form $\nabla_{fX} Y = f \nabla_X Y$, sowie die Umformung $[fX, Y] = f[X, Y] - (Y f)X = f[X, Y] - (\nabla_Y f)X$.

Aufgabe 8.8: Da $\nabla_X Y$ bzw. $\nabla_Y X$ schon in (8.8) ausgerechnet ist, brauchen wir nur noch

$$\begin{aligned}
[X,Y] &= [X^\sigma \partial_\sigma, Y^\kappa \partial_\kappa] \\
&= X^\sigma Y^\kappa{}_{,\sigma} \partial_\kappa + X^\sigma Y^\kappa \partial_\kappa \partial_\sigma - Y^\kappa X^\sigma{}_{,\kappa} \partial_\sigma - Y^\kappa X^\sigma \partial_\kappa \partial_\sigma \\
&= (Y^\kappa X^\sigma{}_{\kappa} - Y^\kappa X^\sigma{}_{,\kappa}) \partial_\sigma \,.
\end{aligned}$$

Addition der drei Terme in (8.28) gibt das Resultat.

Aufgabe 8.9: Aus der Definition des Torsionstensors ergibt sich

$$\begin{aligned}
\Theta^a &= \mathrm{d}(e^a_\alpha \mathrm{d}x^\alpha) + e^a_\alpha e^\beta_b L_{c\beta}{}^\alpha e^c_\gamma \mathrm{d}x^\gamma \wedge \theta^b \\
&= e^a_{\alpha,\beta} \mathrm{d}x^\beta \wedge \mathrm{d}x^\alpha + 0 + e^a_\alpha e^\beta_b L_{c\beta}{}^\alpha e^c_\gamma e^b_\delta \mathrm{d}x^\gamma \wedge \mathrm{d}x^\delta \\
&= (e^a_{[\gamma,\delta]} + e^a_\alpha L_{[\gamma\delta]}{}^\alpha)\, \mathrm{d}x^\gamma \wedge \mathrm{d}x^\delta \,.
\end{aligned}$$

Im holonomen Bein entfällt der erste Term, so daß $\Theta^a \stackrel{*}{=} e^a_\alpha S_{\gamma\delta}{}^\alpha \mathrm{d}x^\gamma \wedge \mathrm{d}x^\delta$.

Aufgabe 8.10:

1. $\mathrm{D}\Theta^a = \mathrm{d}\omega^a{}_b \wedge \theta^b + \omega^a{}_c \wedge \omega^c{}_b \wedge \theta^b$. Nach Einführung eines holonomen Beines und Benutzen der Definitionen von $\omega^a{}_b$ und θ^b erhält man

   $$\mathrm{D}\Theta^a \stackrel{*}{=} \delta^a_\alpha [L_{\delta\sigma}{}^\alpha{}_{,\gamma} + L_{\gamma\nu}{}^\alpha L_{\delta\sigma}{}^\nu]\, \mathrm{d}x^\gamma \wedge \mathrm{d}x^\delta \wedge \mathrm{d}x^\sigma.$$

   Unter Ausnutzen der Antisymmetrie folgt weiter mit (8.20)

   $$\mathrm{D}\Theta^a \stackrel{*}{=} \delta^a_\alpha K^\alpha{}_{\sigma\gamma\delta} \mathrm{d}x^\gamma \wedge \mathrm{d}x^\delta \wedge \mathrm{d}x^\sigma \,.$$

   Für verschwindende Torsion bekommen wir also die Symmetrierelation für den Krümmungstensor

   $$K^\alpha{}_{\sigma\gamma\delta} + K^\alpha{}_{\delta\sigma\gamma} + K^\alpha{}_{\gamma\delta\sigma} \stackrel{*}{=} 0 \,.$$

   Vergleiche auch (8.59). Für $\Theta^a \neq 0$ folgt die allgemeinere Relation

   $$K^\alpha_{\langle\sigma\gamma\delta\rangle} - S^\alpha_{\langle\gamma\delta;\sigma\rangle} \stackrel{*}{=} 0 \,,$$

   wenn das Symbol $\langle\ldots\rangle$ zyklische Vertauschung bedeutet.

2. Die Ausführung von

$$\mathrm{D}\Omega^{\alpha}{}_{b} = \mathrm{d}\Omega^{a}{}_{b} + \omega^{a}{}_{c} \wedge \Omega^{c}{}_{b} - \omega^{c}{}_{b} \wedge \Omega^{a}{}_{c}$$

mit $\Omega^{a}{}_{b} = \frac{1}{2} K^{a}{}_{bcd}\theta^{c} \wedge \theta^{d}$ führt auf

$$\mathrm{D}\Omega^{a}{}_{b} = \frac{1}{2}(K^{a}{}_{bdi;j} + 2K^{a}{}_{bcd}S_{ij}{}^{c})\,\theta^{i} \wedge \theta^{j} \wedge \theta^{d}\,.$$

Also bedeutet $\mathrm{D}\Omega^{a}{}_{b} = 0$ die Verallgemeinerung der Bianchi-Identität (8.60) aus Abschnitt 8.4.4:

$$K^{a}{}_{b\langle di;j\rangle} + 2K^{a}{}_{bc\langle d}S_{ij\rangle}{}^{c} = 0\,.$$

247 **Aufgabe 8.11:** Diese Aufgabe ist eine Übung in der Anwendung lokaler Koordinaten ohne Schwierigkeit. Es muß nur $L_{\alpha\beta}{}^{\gamma}$ durch $\Gamma_{\alpha\,\beta}{}^{\gamma}$ ersetzt werden.

249 **Aufgabe 8.12:** Bei der Nachrechnung ist nur zu berücksichtigen, daß gilt $\Gamma_{\kappa\,\sigma}{}^{\sigma} = \tilde{\Gamma}_{\kappa\sigma}{}^{\sigma} + \frac{1}{2}(n+1)\,p_{\kappa}$.

250 **Aufgabe 8.13:** Aus der Gleichung für die Nullgeodäte $\sigma k^{\alpha} = k^{\beta}\nabla_{\beta}k^{\alpha}$ folgt mit (8.42) $k^{\beta}\overline{\nabla}_{\beta}k^{\alpha} = \overline{\sigma}k^{\alpha}$ mit $\overline{\sigma} = \sigma(u) - \varphi_{,\lambda}\frac{\mathrm{d}x^{\lambda}}{\mathrm{d}u}$, wenn $k^{\alpha} = \frac{\mathrm{d}x^{\alpha}}{\mathrm{d}u}$ und u ein beliebiger Parameter ist.

253 **Aufgabe 8.14:** Die einzigen nicht verschwindenden Christoffelsymbole sind $\Gamma_{2\,2}{}^{1} = -br^{2b-1}, \Gamma_{2\,1}{}^{2} = br^{-1}$. Daraus folgt als nichttriviale Komponente des Riemannschen Krümmungstensors $R^{1}{}_{212} = b(1-b)\,r^{2(b-1)}$. $b = 1$ gibt die (pseudo-) euklidische Metrik in Polarkoordinaten, $b = 0$ entspricht ebenfalls dem flachen Raum.

Durch $x = r^{b}\cos\theta, y = r^{b}\sin\theta, z = \int \mathrm{d}r[1 - b^{2}r^{2(b-1)}]^{1/2}$ wird der 3-dimensionale Raum in den Minkowskiraum mit dem Linienelement $\mathrm{d}s_{4}^{2} = \mathrm{d}t^{2} - \mathrm{d}x^{2} - \mathrm{d}y^{2} - \mathrm{d}z^{2}$ als Drehfläche $z = z(r)$ eingebettet. Für einige Werte von b läßt sich das Integral elementar ausführen.

254 **Aufgabe 8.15.** Man erhält

$$R(X,Y,Z,W) + R(Y,X,Z,W) = 0$$
$$R(X,Y,Z,W) + R(X,Y,W,Z) = 0$$
$$R(X,Y,Z,W) - R(Z,W,X,Y) = 0$$

und

$$D_W(R(Y,Z)W) - (R(Z,[Y,W])X - R(Y,Z)D_W X +$$
$$+ (\text{zykl. Vertauschung in } W, Y, Z) = 0\,.$$

Aufgabe 8.16: Die etwas mühsame, aber problemlose Ausrechnung führt auf die Ausdrücke

$$\begin{aligned}
\overline{R}^{\alpha}{}_{\beta\gamma\delta} &= R^{\alpha}{}_{\beta\gamma\delta} + \frac{1}{2}\lambda^{-2}[\delta^{\alpha}_{\delta}\lambda_{\beta\gamma} + g_{\beta\gamma}g^{\alpha\sigma}\lambda_{\sigma\delta} - \delta^{\alpha}_{\gamma}\lambda_{\beta\delta} - g_{\beta\delta}g^{\alpha\sigma}\lambda_{\sigma\gamma}] + \\
&\quad + \frac{1}{4}\lambda^{-2}(\delta^{\alpha}_{\delta}g_{\beta\gamma} - \delta^{\alpha}_{\gamma}g_{\beta\delta})\Delta_1\lambda_1 \\
\overline{R}_{\alpha\beta} &= R_{\alpha\beta} + \frac{1}{2}(n-2)\lambda^{-2}\lambda_{\alpha\beta} - \frac{1}{4}\lambda^{-2}(n-2)\lambda_{,\alpha}\lambda_{,\beta} + \\
&\quad + g_{\alpha\beta}\left[\frac{1}{4}(n-4)\lambda^{-2}\Delta_1\lambda + \frac{1}{2}\lambda^{-1}\Delta_2\lambda\right], \\
\overline{R} &= \lambda^{-1}R + (n-1)\lambda^{-2}\Delta_2\lambda + \frac{1}{4}(n-1)(n-6)\lambda^{-3}\Delta_1\lambda\,,
\end{aligned}$$

mit

$$\begin{aligned}
\lambda_{\alpha\beta} &:= \lambda\lambda_{,\alpha;\beta} - \lambda_{,\alpha}\lambda_{,\beta}\,, \\
\Delta_1\lambda &:= g^{\kappa\lambda}\lambda_{,\kappa}\lambda_{,\lambda}\,, \\
\Delta_2\lambda &:= g^{\kappa\lambda}\lambda_{,\kappa;\lambda} = \Box_g\lambda\,.
\end{aligned}$$

n ist die Dimension des Riemannschen Raumes.

Aufgabe 8.17. Man geht vom Ausdruck für $R^{\alpha}{}_{\beta\gamma\alpha}$ in der Zeile vor Gleichung (8.55) aus. Von den vier Termen ist es $\frac{1}{2}g^{\lambda\sigma}g_{\beta\gamma,\lambda,\sigma}$, der in lokalen Inertialkoordinaten in $\frac{1}{2}\Box g_{\beta\gamma}$ übergeht mit $\Box = \eta^{\lambda\sigma}\partial_\lambda\partial\sigma$.

Aufgabe 8.18. Die auf der Fläche durch die Einbettung induzierte Metrik ist

$$\mathrm{d}s^2 = b^2(\mathrm{d}\theta^2 + \sinh^2\theta\mathrm{d}\varphi^2) = (\theta^1)^2 + (\theta^2)^2$$

mit den Linearformen $\theta^1 = b\mathrm{d}\theta$, $\theta^2 = b\sinh\theta\mathrm{d}\varphi$. Die Ausrechnung der Krümmungs-2-Form ergibt $\mathrm{d}\Omega^1_2 = -\frac{1}{b^2}\theta^1 \wedge \theta^2$. Daraus folgt, daß die Fläche $z^2 - x^2 - y^2 = b^2$ ein Raum *negativer* konstanter Krümmung ist.

Aufgabe 8.19: Man bildet zuerst den Ricci-Tensor $R_{\beta\gamma} = (1-n)\kappa g_{\beta\gamma}$ und wendet dann (8.63) an, d.h. $2(n-1)\kappa_{,\varepsilon} - n(1-n)\kappa_{,\varepsilon} = 0$ oder $(2-n)(1-n)\kappa_{,\varepsilon} = 0$. Für $n \geq 3$ folgt $\kappa = const.$

Aufgabe 8.20: Setze

$$\begin{aligned}
z^1 &= \left(1 + \frac{2}{c^2}\varphi\right)^{1/2} \cos(ct) \\
z^2 &= \left(1 + \frac{2}{c^2}\varphi\right)^{1/2} \sin(ct) \\
z^3 &= \left(\frac{2}{c^2}\varphi + 1\right)^{1/2} \\
z^4 &= x \\
z^5 &= y \\
z^6 &= z\,.
\end{aligned}$$

Aufgabe 9.1: Mit $\overline{g} = \lambda g$ und dem Ansatz $\varphi = \lambda^q \psi$ berechnet man zuerst

$$\begin{aligned}
\Box_g \varphi = g^{\alpha\beta} \nabla_\alpha \varphi_{,\beta} = \ & \lambda^{q-1} \Box_{\overline{g}} \psi + q \lambda^{q-2} (\Box_{\overline{g}} \lambda) \psi \\
& + q^2 \lambda^{q-3} \overline{g}^{\alpha\beta} \lambda_{,\alpha} \lambda_{,\beta} \psi \\
& + (2q+1) \lambda^{q-2} \overline{g}^{\alpha\beta} \lambda_{,\alpha} \psi_{,\beta}\,,
\end{aligned}$$

sowie mit $\overline{R}$ aus Übungsaufgabe 8.16

$$R\varphi = \lambda^{q-1} \overline{R}\,\psi + 3\lambda^{q-2} (\Box_{\overline{g}} \lambda) \psi - \frac{3}{2} \lambda^{q-3} \overline{g}^{\alpha\beta} \lambda_{,\alpha} \lambda_{,\beta} \psi\,.$$

Aus der Forderung, daß $\Box_g \varphi + (\xi R + m^2)\varphi = 0$ in $\Box_{\overline{g}} \psi + (\xi R + m^2)\psi = 0$ übergehen soll, erhält man die Werte $\xi = +\frac{1}{6}$, $q = -\frac{1}{2}$. Die Masse skaliert also mit $\lambda^{1/2}$.

Aufgabe 9.2:

1. Mit (9.15) folgt aus (9.18) für $p = 0$, daß $(\sqrt{-g}\mu u^\alpha)_{,\alpha} = 0$ ist, was sich in der Form

$$\frac{\partial}{\partial x^0} \int\limits_V \mathrm{d}^3 x \mu u^0 = - \int\limits_{\partial V} \mathrm{d}^2 x^\mu \sum_\kappa u_\kappa n^\kappa$$

schreiben läßt, wenn n_κ der Normalenvektor (nach außen) auf ∂V ist. Wenn wir μu^0 als Energiedichte und μu^κ als Energiestromdichte auffassen, so ist das gerade der Energieerhaltungssatz.

2. Wegen

$$A^{\alpha\beta}{}_{;\beta} = A^{\alpha\beta}{}_{,\beta} + A^{\sigma\beta}\Gamma_{\sigma\beta}{}^{\alpha} + A^{\alpha\sigma}\Gamma_{\sigma\beta}{}^{\beta},$$

der Antisymmetrie von $A^{\alpha\beta}$, der Symmetrie des Christoffelsymbols in den unteren Indizes und mit (9.15) folgt wieder

$$A^{\alpha\beta}{}_{;\beta} = \frac{1}{\sqrt{-g}}(\sqrt{-g}A^{\alpha\beta})_{,\beta}.$$

Aufgabe 9.3: Die Wärmeleitungsgleichung

$$\frac{\partial T(\boldsymbol{x},t)}{\partial t} = a\Delta T(\boldsymbol{x},t)$$

für die Temperaturverteilung $T(\boldsymbol{x},t)$ in einem Material (a konstante Temperaturleitzahl) schreiben wir mit Hilfe eines zeitartigen Vektorfeldes u^α, einer nichtverschwindenden 1-Form t_α mit $u^\alpha t_\alpha = 1$ und der Raummetrik $h^{\alpha\beta}$ mit $h^{\alpha\beta}t_\beta = 0$, um in die Form

$$u^\alpha\partial_\alpha T(\boldsymbol{x},t) = ah^{\alpha\beta}\nabla_\alpha\partial_\beta T(\boldsymbol{x},t).$$

$T(\boldsymbol{x}, t)$ transformieren wir als Skalar. In einem Bezugssystem, in dem $u^\alpha \overset{*}{=} \delta^\alpha_0$, d.h. die Zeitachse in die Richtung von u^α gelegt wird, folgt $t_0 \overset{*}{=} 1$ und $h^{\alpha 0} \overset{*}{=} 0$ $(\alpha = 0, 1, 2, 3)$, wenn wir $t_i \overset{*}{=} 0$ setzen. Damit ist $h^{\alpha\beta}$ nur vom Rang 3 und $h^{\alpha\beta}\nabla_\alpha\partial_\beta \overset{*}{=} h^{ij}\nabla_i\partial_j (i, j = 1, 2, 3)$. Man braucht noch die Bedingung, daß $h^{\alpha\beta}$ eine flache (3-dimensionale) Metrik ist; dann kann $h^{ij} = \delta^{ij}$ erreicht werden. Zur speziell-relativistischen Form kommen wir, wenn $h^{\alpha\beta} = \eta^{\alpha\beta} - u^\alpha u^\beta$ gesetzt wird mit der Minkowski-Metrik $\eta^{\alpha\beta}$.

Aufgabe 9.4: Mit (9.39) und (9.43) folgt

$$\hat{T}^\alpha{}_\beta = g^{\alpha\lambda}\varphi_{,\lambda}\varphi_{,\beta} - \delta^\alpha_\beta L_M.$$

Aufgabe 10.1: Zuerst berechnet man den *Einstein-Tensor* der zentralsymmetrischen Metrik (oder schlägt ihn in einem Lehrbuch nach): S. 285

$$\begin{aligned}
G_0^0 \quad &= -\mathrm{e}^{-2\gamma} - \mathrm{e}^{-2\alpha}(\dot\gamma^2 + 2\dot\gamma\dot\beta) + \mathrm{e}^{-2\beta}(3\gamma'^2 + 2\gamma'' - 2\beta'\gamma')\\
G_1^1 \quad &= -\mathrm{e}^{-2\gamma} - \mathrm{e}^{-2\alpha}(3\dot\gamma^2 + 2\ddot\gamma - 2\dot\gamma\dot\alpha) + \mathrm{e}^{-2\beta}(\gamma'^2 + 2\alpha'\gamma')\\
G_1^0 \quad &= -\mathrm{e}^{2(\beta-\alpha)}G_0^1 = 2\mathrm{e}^{-2\alpha}(\dot\gamma' + \dot\gamma\gamma' - \dot\beta\gamma' - \alpha'\dot\gamma)\\
G_2^2 = G_3^3 &= \mathrm{e}^{-2\alpha}(-\ddot\beta - \dot\beta^2 + \dot\beta\dot\alpha - \ddot\gamma - \dot\gamma^2 - \dot\beta\dot\gamma + \dot\alpha\dot\gamma)\\
&\quad + \mathrm{e}^{-2\beta}(\alpha'' + \alpha'^2 - \alpha'\beta' + \gamma'' + \gamma'^2 + \alpha'\gamma' - \beta'\gamma')
\end{aligned}$$

mit

$$\dot\alpha := \frac{\mathrm{d}\alpha}{\mathrm{d}t}, \quad \alpha' := \frac{\mathrm{d}\alpha}{\mathrm{d}r} \quad \text{etc.}$$

Man sieht sofort, daß für $\gamma = const$ $G_0^0 = G_1^1 \neq 0$ sind, d.h. keine Lösung der Vakuum-Feldgleichungen existiert.

Sei nun $\gamma' = 0$, d.h. $\gamma = \gamma(t)$ mit $\dot\gamma \neq 0$. Dann folgt aus $G_0^1 = 0$, daß $\alpha' = 0$, d.h. $\alpha = \alpha(t)$. Führt man die neue Zeitkoordinate $\hat t = \mathrm{e}^{\gamma(t)}$ ein, so folgt für die Komponenten des Einstein-Tensors

$$\begin{aligned}
G_0^0 \; &= -\frac{1}{\hat t^2} - \mathrm{e}^{-2\alpha(\hat t)}\left(\frac{1}{\hat t^2} + \frac{2\dot\beta}{\hat t}\right)\\
G_1^1 \; &= -\frac{1}{\hat t^2} - \mathrm{e}^{-2\alpha(\hat t)}\left(\frac{1}{\hat t^2} + \frac{2\dot\alpha}{\hat t}\right) = -\frac{1}{\hat t^2}[\hat t(1 + \mathrm{e}^{-2\alpha})]^{\cdot}\\
G_2^2 \; &= G_3^3 = -\mathrm{e}^{-2\alpha(\hat t)}\left(-\ddot\beta - \dot\beta^2 + \dot\alpha\dot\beta - \frac{1}{\hat t}\dot\beta + \frac{1}{\hat t}\dot\alpha\right).
\end{aligned}$$

Aus $G_0^0 - G_1^1 = 0$ bzw. durch Integration von $G_1^1 = 0$ folgt

$$\beta = -\alpha(\hat t) + f(r), \qquad \mathrm{e}^{-2\alpha(\hat t)} = \frac{2m}{\hat t} - 1$$

mit der Integrationskonstanten $2m$. Die gefundene Lösung der Vakuumfeldgleichungen

$$\mathrm{d}l^2 = \frac{c^2\mathrm{d}\hat t^2}{\dfrac{2m}{\hat t} - 1} - \left(\frac{2m}{\hat t} - 1\right)\mathrm{e}^{2f(r)}\mathrm{d}r^2 - \hat t^2\mathrm{d}\Omega^2 ,$$

in der $\mathrm{d}\Omega^2 = \mathrm{d}\theta^2 + \sin^2\theta\mathrm{d}\varphi^2$ das Oberflächenelement der Einheitskugel ist und in der durch eine Variablentransformation $\mathrm{e}^{2f(r)}\mathrm{d}r^2 = \mathrm{d}\hat r^2$ erreicht werden kann, ist nichts anderes als die Schwarzschild-Lösung (10.10) in der t durch $\hat{r}$ und r durch $\hat{t}$ ersetzt wurden. Wir haben also das Stück der Schwarzschild-Metrik, das den Bereich $r < 2m$ beschreibt, bekommen (vergleiche auch Abschnitt10.4).

Im letzten Fall $\gamma' \neq 0$, d.h. $\gamma = \gamma(r,t)$ führt man durch $\bar{r} := \mathrm{e}^{\gamma(r,t)}$ eine neue Radialkoordinate ein. Obgleich dies zunächst wie ein Umweg erscheint — die Metrik in der neuen Koordinate $\bar{r}$ enthält ein Nichtdiagonalglied — ist dieser Schritt hilfreich. Allerdings müssen wir durch eine zweite Koordinatentransformation $t \rightarrow \bar{t}$ mit $t = f(\bar{t}, \bar{r})$ und $\dfrac{\partial f}{\partial \bar{t}} \neq 0$ dieses Nichtdiagonalglied wieder beseitigen. Im ersten Schritt ist das Nichtdiagonalglied

$$2c\mathrm{d}t\mathrm{d}\bar{r}\frac{\dot{\gamma}}{\gamma'^2}\mathrm{e}^{-\gamma}\,,$$

nach dem zweiten

$$2c\frac{\partial f}{\partial \bar{t}}\mathrm{d}\bar{t}\mathrm{d}\bar{r}\left\{\frac{\dot{\gamma}}{\gamma'^2}\mathrm{e}^{-\gamma} + c\frac{\partial f}{\partial \bar{r}}\left(\mathrm{e}^{2\alpha} - \left(\frac{\dot{\gamma}}{\gamma'}\right)^2 \mathrm{e}^{2\beta}\right)\right\}.$$

Aus dem Verschwinden der geschweiften Klammer kann f (im Prinzip) durch Integration gewonnen werden, wenn

$$\mathrm{e}^{2(\alpha-\beta)} - \left(\frac{\dot{\gamma}}{\gamma'}\right)^2 \neq 0$$

gilt. Die gegenteilige Annahme führt nach einiger Rechnung auf $G_0^0 + G_1^1 = -2\mathrm{e}^{-2\gamma} \neq 0$, schließt also eine Lösung der Vakuum-Feldgleichung aus. Damit kann also das Nichtdiagonalglied beseitigt werden. In den neuen Koordinaten $\bar{r}, \bar{t}$ sieht der Ansatz für die Metrik nun so aus

$$\mathrm{d}l^2 = \mathrm{e}^{2\alpha(\bar{r},\bar{t})}c^2\mathrm{d}\bar{t}^2 = \mathrm{e}^{2\beta(\bar{r},\bar{t})}\mathrm{d}\bar{r}^2 - \bar{r}^2\mathrm{d}\Omega^2\,.$$

Geht man nun in den Ausdruck für den Einsteintensor ein und verlangt sein Verschwinden, so folgt aus $G_1^0 = 0$, daß $\beta = \beta(\bar{r})$ und aus $G_0^0 - G_1^1 = 0$, daß $\alpha = -\beta + a(\bar{t})$ mit beliebigem $a(\bar{t})$. Die restliche Integration erfolgt analog zum statischen Fall und führt auf

$$\mathrm{d}l^2 = c^2\mathrm{d}\bar{t}^2\mathrm{e}^{2a(\bar{t})}\left(1 + \frac{2m}{\bar{r}}\right) - \frac{\mathrm{d}\bar{r}^2}{1 - \dfrac{2m}{\bar{r}}} - \bar{r}^2\mathrm{d}\Omega^2\,.$$

Durch Einführen der neuen Zeitvariable $t' = \int^{\bar{t}} e^{a(\bar{t})} ds$ kommen wir zur Schwarzschild-Metrik für $r > 2m$ zurück.

Damit ist also gezeigt, daß die einzige zentralsymmetrische Lösung der Vakuumfeldgleichungen die *zeitunabhängige* (äußere) Schwarzschild-Metrik ist. Dieses Resultat wird in der Literatur als sogenanntes *Birkhoffsches Theorem* bezeichnet. Physikalisch bedeutet dies, daß eine kugelsymmetrische Masse *keine Gravitationswellen* aussenden kann.

Aufgabe 10.2: Unter Einbeziehung der kosmologischen Konstante Λ lauten die Vakuumfeldgleichungen (9.12): $R_{\alpha\beta} = \Lambda g_{\alpha\beta}$. Die Integration erfolgt ähnlich wie in Abschnitt 10.1 und ergibt die sogenannte Schwarzschild-Kottler bzw. Schwarzschild-DeSitter-Metrik

$$dl^2 = \left(1 - \frac{2m}{r} - \frac{1}{3}\Lambda r^2\right)c^2 dt^2 - \left(1 - \frac{2m}{r} - \frac{\Lambda}{3}r^2\right)^{-1} dr^2 - r^2 d\Omega^2 .$$

$m = 0$ gibt die sogenannte DeSitter-Metrik, die in der Kosmologie eine Rolle spielt.

Aufgabe 10.3: Die Integration von (10.31) für ein einlaufendes Photon ($r_1 > 2m$) ergibt

$$c\Delta t = 2m \ln\left[\sqrt{\frac{r_1}{2m}} + \sqrt{\frac{r_1}{2m} - 1}\right] + \sqrt{r_1(r_1 - 2m)} ,$$

d.h. eine *endliche* Zeit. t ist aber eine Meßgröße nur für den unendlich weit entfernten Beobachter. Die Eigenzeit des Photons ist immer gleich Null.

Aufgabe 10.4: In der neuen Koordinaten hat die Schwarzschild-Metrik die Gestalt $g = \left(1 - \frac{2m}{r}\right) d\xi^2 - 2 d\xi dr + r^2 d\Omega^2$. ξ ist wegen $g^{\alpha\beta}\xi_{,\alpha}\xi_{,\beta} = 0$ eine lichtartige Koordinate, d.h. der Tangentialvektor an die ξ-Koordinatenlinie liegt auf dem Lichtkegel. Die Metrik beschreibt nicht nur den Bereich $r > 2m$ sondern auch $r < 2m$. Man sieht dies durch die analoge Transformation $\xi' = ct + r + 2m \ln(2m - r)$.

Aufgabe 10.5: Wer hier versucht, den Krümmungstensor auszurechnen, ist einige Zeit beschäftigt! Schneller geht es mit der Koordinatentransformation

$$\begin{cases} x = \sin\theta\sqrt{r^2+a^2}\cos\varphi\,, \\ y = \sin\theta\sqrt{r^2+a^2}\sin\varphi\,, \\ z = r\cos\theta\,, \end{cases}$$

die auf

$$\begin{aligned} dx^2+dy^2+dz^2 = \; & dr^2\,\frac{r^2+a^2\cos\theta}{r^2+a^2} \\ & + d\theta^2(r^2+a^2\cos^2\theta)+\sin^2\theta(r^2+a^2)+d\varphi^2 \end{aligned}$$

führt. Damit folgt im Falle $m = 0$ für die Kerr-Metrik

$$g = c^2dt^2 - dx^2 - dy^2 - dz^2\,.$$

Aufgabe 10.6: Als Eigenzeit erhalten wir nach (10.85) für eine Kreisbewegung (Radius r_e) in der Ebene $z = 0$:

$$d\tau^2 = c^2dt^2\left[1-\frac{2m}{r_e}-\left(1+2\gamma\frac{m}{r_e}\right)\frac{v_e^2}{c^2}\right].$$

Für die Geschwindigkeit der Kreisbewegung gilt $\dfrac{v^2}{c^2}=\dfrac{m}{r_e}$, so daß bis auf Terme höherer Ordnung $dr^2 = c^2dt^2\left(1-\dfrac{3m}{r_e}\right)$ folgt. Das Resultat kann auch aus der für die Metrik (10.85) folgenden Geodätengleichung erhalten werden, die für Kreisbewegung ($r = r_e$) übergeht in $r_e\dot\varphi^2\left(1+\gamma\dfrac{m}{r_e}\right)=\dfrac{m}{r_e^2}c^2\dot t^2$. Zusammen mit der für zeitartige Weltlinien geltenden Beziehung

$$1=\left(1-\frac{2m}{r_e}\right)c^2\dot t^2-\left(1+2\gamma\frac{m}{r_e}\right)r_e^2\dot\varphi^2$$

erhält man $\left(\dot t := \dfrac{dt}{d\tau}\right)$ dasselbe Resultat wie oben.

Aufgabe 10.7: Wir benutzen die in der vorigen Aufgabe gewonnene Gleichung

$$\frac{1}{c^2}\left(\frac{d\varphi}{dt}\right)^2=\frac{m}{r_e^3}\left(1-\gamma\frac{m}{r_p}\right)$$

und führen die siderische Periode T_s eine (φ ist der heliozentrische Winkel). Es folgt

$$\frac{2\pi}{T_s} = \frac{\sqrt{MG}}{r_p^{3/2}}\left(1 - \frac{\gamma}{2}\frac{m}{r_p}\right),$$

oder

$$r_p = \left(\frac{MGT_s^2}{4\pi^2}\right)^{\frac{1}{3}}\left(1 - \frac{1}{3}\gamma\frac{m}{r_p}\right).$$

Für $\gamma = 0$ reduziert sich diese Formel auf das 3. Keplersche Gesetz. Auflösen nach r_p gibt in niedrigster Näherung (10.97).

Aufgabe 11.1: Mit (11.1) ergibt sich, daß $\sqrt{-g} = 1 + h = 1 + \frac{1}{2}\eta^{\eta\lambda}h_{\kappa\lambda}$. Damit folgt aus (11.14):

$$\frac{\partial}{\partial x^\beta}(\eta^{\alpha\beta} - \psi^{\alpha\beta} + \mathcal{O}(h^2)) = 0$$

oder $\psi^{\alpha\beta}{}_{,\beta} = 0$.

Aufgabe 11.2: Mit (11.2) erhält man, daß $\psi_{\alpha\beta}$ in $\psi_{\alpha\beta} + \xi_{\alpha,\beta} + \xi_{\beta,\alpha} - \xi^\sigma{}_{,\sigma}\eta_{\alpha\beta}$ übergeht. Eine einfache Rechnung zeigt, daß sich alle zusätzlich auftretenden Terme in (11.8) gegenseitig wegheben.

Aufgabe 11.3: Aus (11.25) erhalten wir

$$\left.\begin{matrix} e_{00} \\ e_{03} \\ e_{33} \end{matrix}\right\} \rightarrow \left.\begin{matrix} e_{00} \\ e_{03} \\ e_{33} \end{matrix}\right\} + \frac{\omega}{c}(\lambda_0 + \lambda_3);$$

$$\left.\begin{matrix} e_{01} \\ e_{02} \end{matrix}\right\} \rightarrow \left.\begin{matrix} e_{01} \\ e_{02} \end{matrix}\right\} + \frac{\omega}{c}\left\{\begin{matrix} \lambda_1 \\ \lambda_2 \end{matrix}\right.,$$

$$\left.\begin{matrix} e_{11} \\ e_{22} \end{matrix}\right\} \rightarrow \left.\begin{matrix} e_{11} \\ e_{22} \end{matrix}\right\} + \frac{\omega}{c}(\lambda_0 - \lambda_3).$$

Die Forderungen $e_{\alpha\beta}u^\beta = 0, e_{\alpha\beta}k^\beta = 0, e^\sigma{}_\sigma = 0$ führen dann auf

$$e'_{00} = e'_{03} = e'_{33} = 0 \qquad \text{oder} \qquad \frac{\omega}{c}(\lambda_0 + \lambda_3) = -e_{03} \,;$$

$$e'_{01} = e'_{13} = 0, \quad e'_{02} = e'_{23} = 0 \qquad \text{oder} \qquad \lambda_1 = -\frac{c}{\omega} e_{13}$$

$$\lambda_2 = -\frac{c}{\omega} e_{23}; \quad e'_{11} + e'_{22} = 0 \qquad \text{oder} \qquad \lambda_0 - \lambda_3 = -\frac{c}{2\omega}(e_{11} + e_{22})\,.$$

Damit sind die Komponenten von λ_α eindeutig bestimmt.

Für den zweiten Teil der Aufgabe ist $k^\alpha{}_{;\beta} = 0$ nachzuprüfen für $k^\alpha = \frac{\omega}{c}(\delta^\alpha_0 - \delta^\alpha_3)$. Mit

$$\begin{aligned}\Gamma_{\alpha\beta}{}^\gamma = {}& \frac{\omega}{c} a_{(1)} \sin\frac{\omega}{c}(x^0 + x^3)[\delta^\gamma_0 \delta^1_{(\alpha}\delta^2_{\beta)} + \delta^\gamma_1(\delta^0_{(\alpha}\delta^2_{\beta)} + \delta^2_{(\alpha}\delta^3_{\beta)}) \\ & + \delta^\gamma_2(\delta^0_{(\alpha}\delta^1_{\beta)} + \delta^1_{(\alpha}\delta^3_{\beta)}) - \delta^\gamma_3 \delta^1_{(\alpha}\delta^2_{\beta)}]\end{aligned}$$

ist das keine Schwierigkeit.

Aufgabe 11.4:

1. Lineare Näherung heißt, daß wir in der Entwicklung von $g_{\alpha\beta}$ nur das *lineare* Glied $h_{\alpha\beta}$ mitnehmen. In der Lagrangefunktion müssen wir aber bis zu *quadratischen* Termen in $h_{\alpha\beta}$ (bzw. seiner Ableitung) gehen. Zur Vereinfachung der Rechnung gehen wir von der Zerlgegung

$$\begin{aligned}\sqrt{-g}R = {}& \left(\sqrt{-g}g^{\sigma\rho}\Gamma_{\sigma\alpha}{}^\alpha\right)_{,\rho} - \left(\sqrt{-g}g^{\sigma\rho}\Gamma_{\sigma\rho}{}^\alpha\right)_{,\alpha} \\ & + \sqrt{-g}g^{\rho\sigma}\left[\Gamma_{\sigma\rho}{}^\alpha \Gamma_{\alpha\beta}{}^\beta - \Gamma_{\beta\rho}{}^\alpha \Gamma_{\alpha\sigma}{}^\beta\right]\end{aligned}$$

aus und vernachlässigen die beiden ersten Terme, die bei der Integration auf Randterme führen. Die weitere Rechnung führt dann auf

$$\sqrt{-g}R = \frac{1}{4}\left[\psi^{\alpha\beta,\lambda}\psi_{\alpha\beta,\lambda} - \frac{1}{2}\psi^\kappa{}_{\kappa,}{}^\lambda \psi^\sigma{}_{\sigma,\lambda}\right] + \text{Randterme}\,,$$

wobei die Eichbedingung $\psi^{\alpha\beta}{}_{,\beta} = 0$ benutzt wurde. (11.28) folgt also nur, wenn die Spur von $\psi^{\alpha\beta}$ verschwindet.

2. Man erhält

$$\psi^{\alpha\beta}{}_{,\gamma}\psi_{\alpha\beta,}{}^\gamma \to \psi^{\alpha\beta}{}_{,\gamma}\psi_{\alpha\beta,}{}^\gamma + 4\psi^{\alpha\beta}{}_{,\gamma}\xi_{\alpha,\beta,}{}^\gamma - 2\xi^\rho{}_{,\rho,\gamma}\psi^\kappa{}_{\kappa,}{}^\gamma\,.$$

Die zusätzlichen Terme können durch partielle Integration in Randterme verwandelt werden, wenn man berücksichtigt, daß wir $\psi^{\alpha\beta}{}_{,\beta} = 0$ und $\xi^{\alpha}{}_{,\gamma,}{}^{\gamma}$ verwenden können.

3. Im Term $\psi^{\kappa\lambda}{}_{,\alpha}\psi_{\kappa\lambda,\beta}$ erscheint nach der Transformation (abgesehen von Randtermen) der Ausdruck $\xi^{\rho}{}_{,\rho,\beta}\psi^{\kappa}{}_{\kappa,\alpha} + \xi^{\rho}{}_{,\rho,\alpha}\psi^{\kappa}{}_{\kappa,\beta}$, der nur dann verschwindet, wenn $\xi^{\rho}{}_{,\rho,\beta} = 0$ gilt. Daraus folgt aber $\xi^{\rho} = k_0 x^{\rho} + A^{\rho\kappa} x_{\kappa}$ mit $A^{(\rho\kappa)} = 0$.

Aufgabe 11.5: Die Drehung wird durch $x' = \frac{1}{\sqrt{2}}(x+y)$, $y' = \frac{1}{\sqrt{2}}(x-y)$, $z' = z$ beschrieben. Aus dem Transformationsgesetz für Tensoren

$$\psi^{\alpha'\beta'} = \psi^{\kappa\lambda} \frac{\partial x^{\alpha'}}{\partial x^{\kappa}} \frac{\partial x^{\beta'}}{\partial x^{\lambda}}$$

folgt dann $\psi^{1'1'} = \psi^{12}$, $\psi^{1'2'} = 0$, $\psi^{2'2'} = -\psi^{12}$ wenn $\psi^{11} = \psi^{22} = 0$.

Aufgabe 12.1:

1. Mit $u^{\alpha} = c\lambda\delta_0^{\alpha}$ folgt aus der Normierungsbedingung $g_{\alpha\beta}u^{\alpha}u^{\beta} = c^2$, daß $\lambda = \mathrm{e}^{-\alpha}$ gilt.
2. Aus $G_1^1 = -\kappa T_1^1 = \kappa p$ folgt wegen $\frac{\mathrm{d}}{\mathrm{d}t}(G_1^1) = 0$ auch $\frac{\mathrm{d}p}{\mathrm{d}t} = 0$.

Aufgabe 12.2: Aus $\cos\chi_{\max} > \frac{1}{3}$ folgt nach den Definitionen im Text, daß gilt $0 < R < \frac{c^2}{\sqrt{3\pi G\mu_0}}$. Damit ergibt sich

$$M^*(R) = \frac{4\pi}{3c^2}\mu_0 R^3 < \frac{4}{9\sqrt{3\pi}} \frac{c^4}{G^{3/2}(\mu_0)^{1/2}}.$$

Wenn $\mu \simeq c^2\rho$, so folgt $M^*(R) \leqslant 5{,}8\cdot 10^7 M_{\odot}\frac{1}{\sqrt{\rho}}$, wenn ρ_0 in gcm^{-3} eingesetzt wird.

Aufgabe 12.3:

1. Ja. Denn aus der Anschlußbedingung folgt $2m = \frac{R^3}{l^2}$, also wenn $2m < R$ gefordert wird $0 < R < \frac{\sqrt{3}c^2}{\sqrt{8\pi G\mu_0}}$. Nun ist aber nach der vorigen Aufgabe R

immer kleiner als $\dfrac{c^2}{\sqrt{3\pi G\mu_0}}$. Wegen $\dfrac{1}{\sqrt{3}} < \sqrt{\dfrac{3}{8}}$ liegt der Sternradius also immer außerhalb von r_g.

2. Wir benutzen die Näherung $p \ll \mu \approx c^2\rho, \dfrac{v^2}{c^2} \ll 1$. Mit $u^\alpha \approx (c, \boldsymbol{v})$ folgt dann

$$\frac{\partial\rho}{\partial t} + \operatorname{div}(\rho\boldsymbol{v}) = 0$$

und

$$\frac{\partial\boldsymbol{v}}{\partial t} + (\boldsymbol{v}\cdot\nabla)\,\boldsymbol{v} = -\frac{1}{\rho}\nabla p\,.$$

3. Die Metrik der Raumschnitte ist

$$\mathrm{d}\sigma^2 = \frac{\mathrm{d}r^2}{1-\dfrac{r^2}{l^2}} + r^2(\mathrm{d}\theta^2 + \sin^2\theta\,\mathrm{d}\varphi^2)\,.$$

Setzt man $r = l\sin\chi$, so folgt

$$\mathrm{d}\sigma^2 = l^2(\mathrm{d}\chi^2 + \sin^2\chi\,(\mathrm{d}\theta^2 + \sin^2\theta\,\mathrm{d}\varphi^2))\,.$$

Das ist gerade das Linienelement der 3-Sphäre $\mathbb{S}^3$, d.h. des Gebildes $x^2+y^2+z^2+w^2=1$ mit $x=\sin\chi\sin\theta\cos\varphi$, $y=\sin\chi\sin\theta\sin\varphi$, $z=\sin\chi$ $\cos\theta$, $w=\cos\chi$. Diese Fläche im $\mathbb{R}^4$ hat konstante positive Krümmung.

4. Hier sei nur das Ergebnis angegeben. Die innere Schwarzschild-Metrik in den Koordinaten u, v lautet

$$\mathrm{d}l = -\,\mathrm{d}u\mathrm{d}v\left[A-\sqrt{1-\left(\frac{v}{l}\right)^2}\,\right]^{\frac{2}{l}} \exp\left\{-\frac{2l}{\sqrt{A^2-1}}\arcsin\left(\frac{1-A\sqrt{1-\left(\dfrac{r}{l}\right)^2}}{A-\sqrt{1-\left(\dfrac{r}{l}\right)^2}}\right)\right\}$$

$$-r^2(u,v)\mathrm{d}\Omega^2\,.$$

Die Transformation von t, r auf u, v ist gegeben durch

$$u = X\mathrm{e}^{-\frac{t}{2}}, \quad v = X\mathrm{e}^{+\frac{t}{2}}$$

mit

$$X := \left[A - \sqrt{1-\left(\frac{v}{l}\right)^2}\right]^{\frac{l-1}{l}} \exp\left\{\frac{l}{\sqrt{A^2-1}} \arcsin \frac{1 - A\sqrt{1-\left(\frac{r}{l}\right)^2}}{A - \sqrt{1-\left(\frac{r}{l}\right)^2}}\right\}$$

und $A = 3\sqrt{1-\left(\frac{R}{l}\right)^2}$.

5. Der Vergleich der Feldgleichungen mit kosmologischer Konstante Λ mit den Rechnungen in Abschnitt 12.2 zeigt, daß μ_0 durch $\mu_0 + \frac{\Lambda}{\kappa}$ und $p(r)$ durch $p(r) - \frac{\Lambda}{\kappa}$ in den Rechnungen ersetzt werden müssen.

Aufgabe 12.4: In der Rechnung kann überall μ durch $\mu + p_0$ ersetzt werden (μ_0 durch $\mu_0 + p_0$).

Aufgabe 12.5: Zuerst leiten wir aus (12.50) die Differentialgleichung zweiter Ordnung für $p = p(\rho)$ ab

$$\frac{\mathrm{d}^2 p}{\mathrm{d}r^2} = \left(\frac{1}{\rho}\frac{\mathrm{d}\rho}{\mathrm{d}r} - \frac{2}{r}\right)\frac{\mathrm{d}p}{\mathrm{d}\rho} = -4\pi G\rho^2 .$$

Dann setzen wir die barotrope Zustandsgleichung $p = b\rho^a$ ein mit $\rho = \rho(r)$ und erhalten:

$$\rho^{a-1}\frac{\mathrm{d}^2\rho}{\mathrm{d}r^2} + (a-1)\rho^{a-2}\left(\frac{\mathrm{d}\rho}{\mathrm{d}r}\right)^2 + \frac{2}{r}\rho^{a-1}\frac{\mathrm{d}\rho}{\mathrm{d}r} + \frac{4\pi G}{ab}\rho^2 = 0 .$$

Der Ansatz $y = \rho^{a-1}$ führt schließlich zur Emden-Gleichung für einen Stern mit $\beta := \frac{4\pi G}{ab}(a-1)$ und $\nu = (a-1)^{-1}, a \neq 1$.

Aufgabe 12.6: Im Falle $a \neq 1$ liefert die Integration

$$\mu = \frac{1}{a-1}\left(p + \alpha p^{\frac{1}{a}}\right), \quad \alpha := \mu_0^{\frac{a-1}{a}} .$$

Für $a = 1$ ergibt sich $\mu = p \ln p - c_0 p$.

Aufgabe 12.7: Einsetzen in (10.56) führt auf

$$\mathrm{d}l = \left(1-\frac{2mr}{\rho^2}\right)\mathrm{d}\upsilon^2 - 2\mathrm{d}\upsilon\mathrm{d}r + 2a\sin^2\theta\mathrm{d}\Phi\mathrm{d}r - \rho^2\mathrm{d}\theta^2$$
$$+\frac{4mar}{\rho^2}\sin^2\theta\mathrm{d}\upsilon\mathrm{d}\Phi - \sin^2\theta\left[r^2+a^2+\frac{2mr}{\rho^2}a^2\sin^2\theta\right]\mathrm{d}\Phi^2 .$$

Da $\rho > 0$ für $a \neq 0$, sind die Komponenten der Metrik beschänkt.

Aufgabe 12.8: Nach (10.56) ist die Metrik auf dem Ereignishorizont ($t = t_0$, $r = r_{\mathrm{H}}$):

$$\mathrm{d}\sigma^2 = \rho_{\mathrm{H}}^2\mathrm{d}\theta^2 + \sin^2\theta[r_{\mathrm{H}} + a^2 + 2mr_{\mathrm{H}}\rho_{\mathrm{H}}^{-2}a^2\sin^2\theta]\,\mathrm{d}\varphi^2 ,$$

mit $\rho_{\mathrm{H}} = \rho(r_{\mathrm{H}})$, so daß $\rho_{\mathrm{H}}^2 = r_{\mathrm{H}}^2 + a^2\cos^2\theta = 2mr_{\mathrm{H}} - a^2\sin^2\theta$ (wegen $r_{\mathrm{H}}^2 + a^2 = 2mr_{\mathrm{H}}$) Der Flächeninhalt ist

$$A = \int_0^{2\pi}\int_0^{2\pi}\sqrt{g}\mathrm{d}\theta\mathrm{d}\varphi$$

wenn hier g die Determinante von $\mathrm{d}\sigma^2$ ist, also

$$A = \int_0^{2\pi}\int_0^{2\pi} \mathrm{d}\theta\mathrm{d}\varphi\sin\theta\sqrt{\rho_{\mathrm{H}}^2(r_{\mathrm{H}}^2+a^2)+2mr_{\mathrm{H}}a^2\sin^2\theta}$$
$$= \int_0^{\pi}\int_0^{2\pi} \mathrm{d}\theta\mathrm{d}\varphi\sin\theta\cdot 2mr_{\mathrm{H}} = 8mr_{\mathrm{H}} .$$

Aufgabe 12.9: Mit Übungsaufgabe 9.2 lassen sich die Vakuumgleichungen des elektromagnetischen Feldes umschreiben in $(\sqrt{-g}F^{\alpha\beta})_{,\beta} = 0$. Die Einsteinschen Feldgleichungen lauten

$$G_{\alpha\beta} = -\kappa\cdot\frac{c}{4\pi}\left[F_{\alpha\sigma}F_{\beta}{}^{\sigma} + \frac{1}{4}g_{\alpha\beta}F_{\kappa\lambda}F^{\kappa\lambda}\right],$$

wobei wir auf der rechten Seite den Energie-Impuls-Tensor (9.20) des elektromagnetischen Feldes in einem beliebigen (semi-) Riemannschen Raum aufgeschrieben haben. Die Indizes sind mit $g_{\alpha\beta}$ bewegt. Für ein statisches, zentralsymmetrisches elektromagnetisches Feld kann nur $F_{01} \neq 0, F_{23} \neq 0$ gelten, während alle anderen Komponenten verschwinden müssen ($ct = x, r = x^1, \theta = x^2, \varphi = x^3$). Die Begründung dafür erfolgt in Aufgabe 13.7. Das Resultat der Integration der beiden Feldgleichungen führt auf

$$\mathrm{d}l^2 = \left(1 - \frac{2m}{r} + \frac{e^2}{r^2}\right) c^2 \mathrm{d}t^2 - \left(1 - \frac{2m}{r} + \frac{e^2}{r^2}\right)^{-1} \mathrm{d}r^2 - r^2 \mathrm{d}\Omega^2 .$$

Aufgabe 12.10: Die Horizontfläche $16\pi m_3^2$ des entstehenden schwarzen Loches der Masse m_3 kann nicht kleiner sein als die Summe der Horizontflächen der beiden schwarzen Löcher der Masse m vor der Verschmelzung. D.h. $16\pi m_3^2 \geq 16\pi\,(m^2 + m^2)$ oder $m_3 \geq \sqrt{2}m$. Aus der zur Verfügung stehenden Energie $2mc^2$ kann demnach in Form von Strahlungsenergie der Anteil

$$\frac{2m - m_3}{2m} \leq 1 - \frac{\sqrt{2}}{2} \simeq 0{,}29 .$$

abgegeben werden.

Aufgabe 13.1: Aus der Differenz der 1. und 7. Gleichung von (13.8) folgt $\xi^0{}_{,0} + \xi^1{}_{,1} = 0$. Die Integration der 7. Gleichung gibt $\xi^1 = \left(1 - \frac{2m}{r}\right)^{1/2} F(x^0, x^2, x^3)$. Zusammen mit Gleichung 2 erhält man $F = 0$ und $\xi^0 = \xi^0(x^2, x^3)$. Aus der 5., 8. und 9. Gleichung folgt $\xi^2 = \xi^2(x^0, x^3)$, $\xi^3 = \xi^3(x^0, x^2, x^3)$. Aus der 3. und 4. Gleichung erhält man durch weiteres Differenzieren nach x^0 bzw. x^3, daß ξ^0 nur linear von x^2, ξ^2 und ξ^3 nur linear von x^0 abhängen. Rücksubstitution in die 3. Gleichung ergibt $\xi^0 = \xi^0(x^3), \xi^2(x^3)$. Die 4. Gleichung liefert dann $\xi^0 = const$, $\xi^3 = \xi^3(x^2, x^3)$. Mit Hilfe der 6. Gleichung erreicht man schließlich die genaue Gestalt von ξ^2 und ξ^3.

Aufgabe 13.2: Aus

$$\xi_{\alpha;\beta;\gamma} + \xi_{\beta;\alpha;\gamma} + \xi_{\gamma;\alpha;\beta} - \xi_{\gamma;\beta;\alpha} + \xi_{\beta:\gamma;\alpha} + \xi_{\alpha;\gamma;\beta} = 0$$

folgt

$$\xi_\sigma (R^\sigma{}_{\alpha\beta\gamma} + R^\sigma{}_{\beta\alpha\gamma}) + 2\xi_{\alpha;\gamma;\beta} + 2\xi_{\gamma;[\alpha;\beta]} = 0$$

und daraus mit (8.59) die Gleichung (13.12). Weitere Ableitung und Antisymmetrisierung der beiden letzten Ableitungen sowie Anwendung der vollen Bianchi-Identität (8.60) gibt (13.13).

Aufgabe 13.3: Für einen Raum mit maximaler Anzahl von Isometrien muß gelten

$$R_{\alpha\beta\gamma\delta;\sigma} = 0$$

$$\delta_{\delta}^{[\lambda} R^{\kappa]}{}_{\gamma\alpha\beta} - \delta_{\gamma}^{[\lambda} R^{\kappa]}{}_{\delta\alpha\beta} - \delta_{\alpha}^{[\kappa} R^{\lambda]}{}_{\beta\gamma\delta} + \delta_{\beta}^{[\lambda} R^{\kappa]}{}_{\alpha\gamma\delta} = 0\,.$$

Kontrahiert man die 2. Gleichung über λ und δ mit $g^{\gamma\alpha}$, so folgt $R^{\kappa}{}_{\beta} = \dfrac{1}{n-2} R^{\sigma}{}_{\sigma}\delta^{\kappa}_{\beta}$ für $n \geq 3$. Nun zeigt man mit der 1. Gleichung, daß $R^{\sigma}{}_{\sigma,\alpha} = 0$, also $R^{\sigma}{}_{\sigma} = const$. Die Kontraktion der 2. Gleichung über λ und δ, die wir schon ausgerechnet haben, geht dann in

$$R^{\kappa}{}_{\gamma\alpha\beta} = const\,(\delta^{\kappa}_{\beta} g_{\beta\gamma} - \delta^{\kappa}_{\alpha} g_{\alpha\gamma})$$

über, also in den Krümmungstensor für einen Raum konstanter Krümmung.

Aufgabe 13.4: Für den zeitartigen Killingvektor $\xi^{\alpha} = \delta^{\alpha}_{0}$ folgt $\xi_{\alpha} = g_{00}\delta^{0}_{\alpha} + g_{03}\delta^{3}_{\alpha}$. Aus der Definition von ω^{α} und der Metrik (10.56) folgt dann nach einiger Rechnung

$$\omega^{\alpha} = \frac{2ma\sin\theta}{(r^2 + a^2\cos^2\theta)^2}\,[2r\cos\theta(r^2 + a^2 - 2mr)\delta^{\alpha}_{1} - \sin\theta(a^2\cos^2\theta - r^2)\delta^{\alpha}_{2}]\,.$$

Aufgabe 13.5: Wir berechnen $\omega(Y) = \omega_{\alpha}Y^{\alpha}$; $X\omega(Y) = X^{\sigma}(\omega_{\alpha,\sigma}Y^{\alpha} + \omega_{\alpha}Y^{\alpha}{}_{,\sigma})$ und $\omega(L_X Y) = \omega_{\alpha}\mathrm{d}x^{\alpha}(X^{\sigma}Y^{\kappa}{}_{,\sigma}\partial_{\kappa} - Y^{\sigma}X^{\kappa}{}_{,\sigma}\partial_{\kappa}) = \omega_{\kappa}(Y^{\kappa}{}_{,\sigma}X^{\sigma} - Y^{\sigma}X^{\kappa}{}_{,\sigma})$. Differenzbildung gibt gerade $(L_X\omega)(Y) = (L_X\omega)_{\alpha}\mathrm{d}x^{\alpha}Y^{\kappa}\partial_{\kappa} = (L_X\omega)_{\alpha}Y^{\alpha}$. Mit (13.19) folgt dann die Gleichheit der Ausdrücke.

Aufgabe 13.6: Wir berechnen $L_{\overline{X}}(L_X Y) = [X, [\overline{X}, Y]]$ und ebenso $L_X(L_{\overline{X}}Y)$. Es folgt dann, daß gilt:

$$[L_{\overline{X}}, L_X]Y = L_{[\overline{X},X]}Y\,,$$

was die Behauptung beweist.

Aufgabe 14.1: Ausgangspunkt ist $\mathrm{d}l^2 = c^2\mathrm{d}t^2 - S^2(t)\gamma_{ik}\mathrm{d}x^i\mathrm{d}x^k$ etwa mit der Darstellung (14.18) des Raumanteils der Metrik. Zuerst wird durch $T = \int^{t} \dfrac{\mathrm{d}u}{S(u)}$ eine neue Zeitvariable T eingeführt. Dann kann man zeigen, daß die Minkowski-Metrik in Polarkoordinaten $c^2\mathrm{d}\tau^2 - \mathrm{d}\rho^2 - \rho^2(\mathrm{d}\theta^2 + \sin^2\theta\mathrm{d}\varphi^2)$ mittels einer Transformation $\tau, \rho \to T, \chi$ der Gestalt

$$c\tau = f\left(\frac{cT-\chi}{2}\right) + f\left(\frac{cT+\chi}{2}\right)$$

$$\rho = f\left(\frac{cT-\chi}{2}\right) + f\left(\frac{cT+\chi}{2}\right)$$

in die gewünschte Form kommt. *f* ist eine einfache trigonometrische Funktion.

Aufgabe 14.2: Die gesuchte Lösung lautet für $\Lambda < 0$

$$S = \left(\frac{8\pi G\mu_0}{c^4|\Lambda|}\right)^{1/3} \sin^{2/3}\left[\frac{c}{2}\sqrt{3|\Lambda|}(t-t_0)\right],$$

für $\Lambda > 0$

$$S = \left(\frac{8\pi G\mu_0}{c^4\Lambda}\right)^{1/3} \sin^{2/3}\left[\frac{c}{2}\sqrt{3\,\Lambda}\,(t-t_0)\right].$$

Für $\Lambda \to 0$ geht diese Lösung in (14.52) über.

Aufgabe 14.3: Die Lösung ist gegeben durch die Parameterdarstellung

$$\begin{cases} S = (c_1 + c_2 u)u \\ t = \dfrac{1}{2}u^2\left(c_1 + \dfrac{1}{6}c_2 u\right) \end{cases}$$

mit $\mu_m = \mu_0 S^{-3}$, $\mu_{\text{rad}} = \mu_1 S^{-4}$ und $c_1 = \dfrac{8\pi G}{3c^2\mu_1,} c_2 = \mu_0 \dfrac{2\pi G}{3c^2\mu_1,}$ Für $k \neq 0$ vergleiche [Har68].

Aufgabe 14.4: Die Instabilität zeigen wir dadurch, daß die Feldgleichungen bei einer Störung exponentiell wachsende Näherungslösungen haben. Wir rechnen für eine allgemeine Zustandsgleichung $p = \omega_0\mu$. Aus (14.44) folgt dann $\mu S^{3(1+\omega_0)} = const.$ Hierdurch sind die Störungen δS und $\delta\mu$ miteinander verknüpft. Setzen wir in $S = S_0 + \delta S$, $\mu = \mu_0 + \delta\mu$ und gehen in $(14.63)_1$, so folgt in der *linearen* Näherung

$$\frac{\dot{S}_0}{S_0}\frac{\dot{x}}{x} = \frac{1}{3}\left[c^2\Lambda - (1+3\omega_0)\frac{4\pi G}{c^2}\mu_0\right]$$

mit $x := \delta S$. Für den Einstein-Kosmos gilt nach (14.9) $S_0 = S_{\text{E}}, \dot{S}_0 = 0,$

$\Lambda_\mathrm{E} = \dfrac{4\pi G}{3c^2}\mu_0(1+3\omega_0)$. Aus der linearen Näherung bekommen wir demnach keine Entscheidungsmöglichkeit hinsichtlich der Stabilitätsfrage. Gehen wir eine Ordnung weiter, d.h. bis zu Termen $\sim x^2$, so folgt die Beziehung

$$\left(\frac{\dot{x}}{x}\right)^2 = \frac{8\pi G}{3c^2}\mu_0\left[q\left(\omega_o+\frac{5}{6}\right)^2+\frac{3}{4}\right]$$

und damit auch weglaufende Moden in der Lösung

$$x = x_0 \exp\left(\pm[\ldots]^{1/2}t\right).$$

Aufgabe 14.5: Lösungen der gesuchten Form existieren für $\lambda = \dfrac{2}{3(1+\sigma)}$, $\sigma \neq 1$. Einen Ereignishorizont gibt es nicht für $\sigma \geq 0$, ein Teilchenhorizont existiert für $\sigma \geq 0$.

Abbildungsverzeichnis

Literaturverzeichnis

[AB77] W. D. ARNETT UND R. L. BOWERS. A microscopic interpretation of neutron star structure. *Astrophys. J. Suppl. Ser.* **33**, Seiten 415-436 (1977).

[ABF+66] T. ALVÄGER, J. M. BAILEY, F. J. M. FARLEY, J. KJELLMANN UND I. WALLIN. The velocity of high-energy gamma rays. *Arkiv för Fysik* **31**, Seiten 145-157 (1966).

[Arz63] H. ARZELLIÉS. „Relativitée Géneralisée, Gravitation". Paris: Gauthier-Villars (1963) .

[Ayr71] D. S. AYRES ET AL. Measurement of the lifetime of positive and negative Pions. *Phys. Reu.* **D3**, Seiten 1051-1063 (1971).

[Bai77] J. J. BAILEY ET AL. Measurements of relativistic time dilation for positive and negative muons in a circular orbit. *Nature* **268**, Seiten 301-305 (1977).

[Bai79] J. BAILEY ET AL. Final report on the CERN Muon storage ring.... *Nucl. Phys. B* **150**, Seiten 1-75 (1979).

[Bar64] A. O. BARUT. „Electrodynamics and classical theory of fields and particles". Mac Millan Co., New York (1964)

[BB64] G. C. BABCOCK UND T. G. BERGMANN. Determination of the Constancy of the speed of Light. *J. Opt. Soc. Am.* **54**, Seite 147-151 (1964).

[BB93] L. BLITZ UND J. BINNEY ET AL. The centre of the Milky Way. *Nature* **361**, Seiten 417-424 (1993).

[BCH73] J. M. BARDEEN, B. CARTER UND S. W. HAWKING. The four laws of black hole mechanics. *Comm. math. Phys.* **39**, Seiten 161-170 (1973).

[BDS62] O. M. BILANIUK, V. K. DESHPANDE UND E. G. C. SUDARSHAN. „Meta" Relativity. Am. *J. Phys.* **30**, Seiten 718-723 (1962).

[Bek73] J. D. BEKENSTEIN. Black holes and entropy. *Phys. Reu.* **D7**, Seiten 2333-2346 (1973).

[BF70] C. BALTAY UND G. FEINBERG ET AL. Search for uncharged faster-than-light particles. *Phys. Rev.* **D1**, Seiten 759-770 (1970).

[BG68] R. L. BISHOP UND S. I. GOLDBERG. „Tensor analysis on manifolds". New York: MacMillan (1968).

[BH72] H. J. BORCHERS UND G. HEGERFELD. The structure of space-time transformations. *Comm. math. Phys.* **28**, Seiten 259-266 (1972).

[BH79] A. BRILLET UND J. L. HALL. Improved Laser Test of the Isotropy of Space. *Phys. Rev. Lett.* **42**, Seiten 549-552 (1979).

[Bil55] B. A. BILBY ET AL. Continuous distribution of dislocations: a new application of the methods of non-Riemannian geometry. *Proc. Roy. Soc. London* **231**, Seiten 263-273 (1955) .

[BL67] R. H. BOYER UND R. W. LINDQUIST. Maximal analytic extension of the Kerr metric. J. *Math. Phys.* **8**, Seiten 265-281 (1967) .

[BL77] L. BRIATORE UND S. LESCHIUTTA. Evidence for the Earth Gravitational Shift by Direct Atomic-Time-Scale Comparison. *Il Nuovo Cimento* **37B**, Seiten 219-231 (1977).

[BL81] W. BRANDT UND G. LAPICKI. Energy-loss effect in inner-shell Coulomb ionization by heavy charged particles. *Phys. Rev.* **A23**, Seiten 1717-1729 (1981).

[B071] B. M. BARKER UND R. F. O'CONNELL. Relativity gyroscope experiment at arbitrary orbit inclinations. *Phys. Rev.* **D6**, Seite 956 (1971).

[Boa61] MARY L. BOAS. Apparent shape of Large Objects at Relativistic Speeds. *Arn. J. Phys.* **29**, Seiten 283-286 (1961).

[Bog92] G. YU. BOGOSLOVSKY. „Theory of locally anisotropic space-time. (Auf Russisch mit englischer Zusammenfassung)". Moskau: Verlag der Staatsuniversität (1992).

[BP72] V. B. BRAGINSKY UND V. I. PANOV. Verification of the equivalence of inertial and gravitational mass. *Sov. Phys. JETP* **34**, Seiten 463-466 (1972).

[Bra37] W. BRAUNBEK. Die empirische Genauigkeit des Masse-Energie-Verhältnisses. *Z. f. Physik* **107**, Seiten 1-11 (1937).

[Bre77] K. BRECHER. Is the speed of light independent of the velocity of the source? *Phys. Rev. Lett.* **39**, Seiten 1051-1054 (1977).

[BT76] R. BLANDFORD UND S. A. Teukolsky. Arrival-time analysis for a pulsar in a binary system. *Astrophys. J.* **205**, Seiten 580-591 (1976).

[BT79] R. D. BLANDFORD UND K. S. THORNE. Black hole astrophysics. In S. W. Hawking und W. Israel (Herausgeher), „General Relativity", Seite 462. Cambridge Univ. Press (1979).

[Buc48] H. A. BUCHDAHL. On Eddington's higher-order equations of the gravitational field. *Proc. Edinburgh Math. Soc.* **8**, Seiten 89-94 (1948).

[Buc73] H. A. BUCHDAHL. Quadratic Lagrangians and static gravitational fields. *Proc. Camb. Phil. Soc.* **74**, Seiten 145-148 (1973).

[BW64] M. BORN UND E. WOLF. „Principles of Optics". New York: Pergamon Press (1964).

[BW89] Z. BAY UND J. A. WHITE. Comment on „Test of the isotropy of the speed of light using fast-beam laser spectroscopy". *Phys. Rev. Lett.* **62**, Seite 841 (1989).

[Car94] R. F. CARSWELL ET AL. Is there deuterium in the $z = 3, 32$ complex in the spectrum of 0014+813? *Monthly Not. Roy. Astr. Soc.* **268**, Seiten L1-L4 (1994).

[Cha35] S. CHANDRASEKHAR. *M. N. R. A. S.* **95**, Seite 207 (1935).

[Cha83] S. CHANDRASEKHAR. „The mathematical theory of black holes". Oxford: Clarendon Press (1983).

[Chr70] D. CHRISTODOULOU. Reversible and irreversible transformations in black hole physics., Phys. *Rev. Lett.* **25**, Seiten 1596-1597 (1970).

[Chu89] T. E. Chupp et al. Result of a new test of local Lorentz invariance: A search for;mass anisotropy in ^{21}Ne. *Phys. Rev. Lett.* **63**, Seiten 1541-1545 (1989).

[CIK65] D. C. Champeney, G. R. Isaac und A. M. Khan. A time dilation experiment based on zhe Mössbauer effect *Proc. Phys. Soc.* **85**, Seiten 583-593 (1965).

[Ciu86a] I. Ciufiolini. Measurement of the Lense-Thirring drag on high altitude, laser ranged artificial satellites. *Phys. Rev. Lett.* **56**, Seiten 278-281 (1986).

[Ciu86b] I. Ciufiolini. Test of the gravimagnetic field via laser-ranged satellites. *Found. Phys,* **16**, Seiten 259-265 (1986).

[CK80] R. A. Coleman und H. Korte. Jet bundles and path structures. *J. Matt. Phys.* **21**, Seiten 1340-1351 (1980).

[CKS93] R. Y. Chiao, P. G. Kwiat und A. M. Steinberg. Faster than light? *Scientific American* **8**, Seiten 38-46 (1993).

[Cle47] G. M. Clemence. The relativity effect in planetary motions. *Rev. Mod. Phys.* **19**, Seiten 361-364 (1947) .

[Coo85] J. Cooper. Compton scattering and electron momentum determinations. *Rep. Progr. Phys.* **48**, Seiten 415-481 (1985).

[Cow92] A. P. Cowley. Evidence for black holes in stellar binary systems. *Ann. Rev. Astron. Astrophys.* **30**, Seiten 287-310 (1992).

[CR71] D. Christodoulou und R. Ruffini. Reversible transformations of a charged black hole. *Phys. Rev.* **D4**, Seiten 3552-3555 (1971).

[Cro76] J. M. Crotty et al. Relativistic corrections to K-LL Auger energies. *J. Phys.* **B9**, Seiten 881- (1976).

[DB79] D. H. Douglas und V. H. Braginsky. Gravitational radiation experiments. In S. W. Hawking und W. Israel (Herausgeber), „General Relativity". Cambridge: University Press (1979), Seiten 90-173.

[DD85] T. Damour und N. Deruelle. General relativistic celestial mechanics of binary systems I. The post-Newtonian motion. *Ann. Inst. Henri Poincaré* **43**, Seiten 107-132 (1985).

[De 24] C. De Jans. Sur le mouvement d'une particule matérielle dans un champs de gravitation à symmetrie spherique. *Mem. Acad. Roy. Belgique* **7**, Seiten 31-101 (1924).

[Deh72] H. Dehnen. Über den Endzustand der Materie. *Konstanzer Universitätsreden* **45** (1972).

[DeS17] W. DeSitter. On the relativity of intertia: Remarks concerning Einstein's latest hypothesis. *Proc. Akad. Wetensch. Amsterdam* **19**, Seiten 1217-1225 (1917).

[DG89] D. Drechsel und M. M. Giannini. Electron scattering off nuclei. *Rep. Progr. Phys.* **52**, Seiten 1083-1163 (1989).

[Dir28a] P. A. M. Dirac. The Quantum theory of the electron. *Proc. Roy. Soc.* **117**, Seiten 610-624 (1928).

[Dir28b] P. A. M. Dirac. The Quantum theory of the electron, part ii. *Proc. Roy. Soc.* **118**, Seiten 351-361 (1928).

[DKR72] R. H. Dicke, R. Krotov und P. G. Roll. The equivalence of inertial and passive gravitational mass. *Ann. Phys.* (N.Y.) **26**, Seiten 442-517 (972).

[DMS70] M. Dutta, T. K. Muchergee und M. K. Sen. On linearity in the special theory of relativity. *Internat. J. Theoret. Phys.* **3**, Seiten 85-91 (1970).

[Dre61] R. W. P. Drever. A search for anisotropy of inertial mass using a free precession technique. *Phil. Mag.* **61**, Seiten 683-687 (1961).

[Drol6] J. Droste. Het veld van een enkeel centrum in Einstein's theorie der zwaartekracht, en de beweging van een stoffelijk punt. *Verslag. gew. Vergad. Wiss. Amsterdam.* **25**, Seiten 163-180 (1916).

[DS88] T. Damour und G. Schäfer. Higher-order relativistic periastron advances and binary pulsars. *Nuov. Cim.* **101B**, Seiten 127 ff. (1988).

[Dun56] R. L. Duncombe. Accuracy of the solar ephemeris. *Astronom. J.* **63**, Seiten 456-459 (1956).

[DUV84] T. L. Duvall Jr. et al. Internal rotation of the sun. *Nature* **310**, Seite 22 (1984).

[Edd22] A. S. EDDINGTON. „The mathematical theory of relativity". Neudruck 1960, Seite 105. Cambridge: U. Press (1922).

[Efs92] G. EFSTATHIOU. Mud wrestling with COBE. *Physics World,* Seiten 27-30 (8/1992).

[EG78] J. EARMAN UND CLARK GLYMOUR. EINSTEIN AND HILBERT: Two months in the history of general relativity. *Arch. Hist. Exact Sciences* **19**, Seiten 291-308 (1978).

[Ehl81] J. EHLERS. Über den Newtonschen Grenzwert der Einsteinschen Gravitationstheorie. In: Grundlagenprobleme der Physik (Hrsg. J. Nitsch et al.), Seiten 65-84. Mannheim Bibliographisches Intitut (1981).

[Ein05] A. EINSTEIN. Zur Elektrodynamik bewegter Körper. *Annalen der Physik* **17**, Seiten 891-921 (1905).

[Ein07] A. EINSTEIN. Über das Relativitätsprinzip und die aus demselben gezogene Folgerungen. *Jahrbuch d. Radioaktivität u. Elektronik* **4**, Seiten 411-462 (1907).

[Einl5a] A. EINSTEIN. Die Feldgleichungen der Graviation. *Sitzungsber. d. Preuß. Akad. Wissensch.* **48**, Seiten 844-847 (1915).

[Einl5b] A. EINSTEIN. Zur allgemeinen Relativitätstheorie. *Sitzungsber. Preuß. Akad.* Wiss., Seiten 778-786, 799-801 (1915) .

[Einl6] A. EINSTEIN. Näherungsweise Integration der Feldgleichungen der Gravitation. *Sitzungsber. Preuß. Akad. Wiss. Berlin, Math. Nat. Kl.,* Seiten 688-696 (1916).

[Einl7] A. EINSTEIN. Kosmologische Betrachtungen zur allgemeinen Relativitätstheorie. *Sitzungsber. Preuß. Akad. Wiss.,* Seiten 142-152 (1917).

[Einl8] A. EINSTEIN. Prinzipielles zur allgemeinen Relativitätstheorie. *Annalen der Physik* **55**, Seiten 241-244 (1918) .

[Eis91] J. EISENSTAEDT. L'archéologie des trous noirs. *Archive Hist. Exact. Sci.* **42**, Seiten 315-386 (1991).

[EK77] N. ELYASHAR UND D. D. KOELLING. Self-consistent relativistic APW calculation of the electronic structure of niobium with a non muffin-tin potential. *Phys. Rev.* **15B**, Seiten 3620-3631 (1977).

[EN93a] A. ENDERS UND G. NIMTZ. Zero-time tunneling of evanescent mode packets. *J. Phys. I France* **3**, Seiten 1089 ff (1993).

[EN93b] A. ENDERS UND G. NIMTZ. Photonic-tunneling experiments. *Phys. Rev.* **B47**, Seiten 9605-9609 (1993) .

[EP75] D. M. EARDLEY UND W. H. PRESS. Astrophysical processes near black holes. *Ann. Rev. Astrophys. Astron* **13,** Seiten 381-422 (1975).

[EPS72] J. EHLERS, F. A. E. PIRANI UND A. SCHILD. The geometry of free fall and light propagation. In „Studies in Relativity", Seiten 63-84. Oxford (1972).

[ERGH76] J. EHLERS, A. ROSENBLUM, J. N. GOLDBERG UND P. HAVAS. Comments on Gravitational Radiation Damping and Energy Loss in Binary Systems. *Astrophys. J.* **208**, Seiten L77-L81 (1976).

[Eve87] G. W. F. EVERIT. The stanford relativity gyroscope experiment. In J. D. Fairbanks et al. (Herausgeber), „Near Zero", Seiten 587-639. New York (1987).

[FJ57] P. S. FARAGÓ UND L. JÁNOSSY. Review of the experimental evidence for the law of variation of the electron mass with velocity. *Nuov. Cim.* **5**, Seiten 1411-1436 (1957).

[Fom77] E. B. FOMALONT. The deflection of radio waves by the sun. *Comments in Astrophysics* **7**, Seiten 19-33 (1977).

[Fre94] W. L. FREEDMAN ET AL. Distance to the Virgo cluster galaxy M100 from Hubble Space Telescope observations of Cepheids. *Nature* **371**, Seiten 757-762 (1994)

[Fri22] A. FRIEDMAN. Über die Krümmung des Raumes. *Zeitschrift für Physik* **10**, Seiten 377-386 (1922).

[Fri24] A. FRIEDMAN. Über die Möglichkeit einer Welt mit konstanter negativer Krümmung. *Zeitschrift für Physik* **21,** Seiten 326-332 (1924).

[FS76] E. B. Fomalont und R. A. Sramek. Measurements of the solar gravitational deflection of radio waves in agreement with general relativity. *Phys. Rev. Lett.* **36**, Seiten 1475-1478 (1976).

[Gil53] J. J. Gilvarry. Relativity precession and the asteroid Icarus. *Phys. Rev.* **89**, Seite 1046 (1953).

[Glil7] K. Glitscher. Spektroskopischer Vergleich zwischen den Theorien des starren und des entarteten Elektrons. *Ann. d. Physik* **52**, Seiten 608-630 (1917).

[GMS63] I. M. Gelfand, R. A. Minlos und Z. Ya. Shapiro. „Representations of the Rotation and Lorentz groups and their applications". Oxford: Pergamon Press (1963).

[Goe94] H. Goenner. „Einführung in die Kosmologie". Spektrum Akademischer Verlag Heidelberg (1994).

[Gol94] A. Goldwurm et al. Possible evidence against a massive black hole at the Galctic Center. *Nature* **371**, Seiten 589 ff. (1994).

[Gos92] B. Goss Levi. COBE measures anisotropy in cosmic microwave background radiation. *Physics Today,* Seiten 17-20 (6/1992).

[Hag31] Y. Hagihara. Theory of the relativistic trajectories in a gravitational field of Schwarzschild. *Japan. J. Astr. Geophys.* **8**, Seiten 69-175 (1931).

[Hag73] R. Hagedorn. „Relativistic Kinematics (3rd printing)". Reading: W. A. Benjamin (1973).

[Har68] E. R. Harrision. Improved Friedmann model. *Mon. Not. Roy. Astr. Soc.* **140**, Seiten 281-285 (1968).

[Hau79] M. P. Haugan. Energy conservation and the principle of equivalence. *Ann. Phys. (N. Y.)* **118**, Seiten 156-186 (1979).

[Hav74] P. Havas. Causality and Relativistic Dynamics. In W. B. Rolnik (Herausgeber), „American Institute of Physics Conference Proceedings **16**". New York: American Institute of Physics (1974).

[Haw71] St. Hawking. Gravitational radiation from colliding black holes. *Phys. Rev. Lett.* **26**, Seiten 1344-1346 (1971).

[Haw72] St. Hawking. Black holes in general relativity. *Comm. math. Phys.* **25**, Seiten 152-166 (1972).

[Haw74] St. W. Hawking. Black hole explosions? *Nature* **248**, Seiten 30-31 (1974).

[Haw75] St. W. Hawking. *Comm. math. Phys.* **43**, Seite 199 ff (1975).

[Haw76] St. Hawking. Black holes and thermodynamics. *Phys. Rev.* **D13**, Seiten 191-197 (1976).

[HB66] H. Hönl und F. Bennewitz. Prüfung der Zeitdilatation mit Hilfe des Mößbauer-Effektes. *Zeitschrift für Naturforschung* **21a**, Seiten 867-869 (1966).

[HE73] S. W. Hawking und G. F. R. Ellis. „The large scale structure of spacetime", Kapitel 8. Cambridge: University Press (1973).

[Heg72] G. C. Hegerfeldt. The Lorentz transformations: Derivation of linearity and scale factor. *Nuov. Cim.*. **10A**, Seiten 257-267 (1972).

[Heh80] F. W. Hehl. Four lectures on Poincaré gauge field theory. In P. G. Bergmann und V. De Sabbata (Herausgeber), „Cosmology and Gravitation", Seiten 5-91. New York: Plenum Press (1980).

[Hes66] D. Hestenes. „Space-time algebra". New York: Gordon and Breach (1966).

[HH72] J. B. Hartle und St. Hawking. Solutions of the Einstein-Maxwell equations with many black holes. *Commun. math. Phys.* **26**, Seiten 87-101 (1972).

[HH90] D. Hill und J. L. Hall. Improved Kennedy-Thorndike experiment to test special relativity. *Phys. Rev. Lett.* **64**, Seiten 1697-1700 (1990).

[Hil15] D. Hilbert. Die Grundlagen der Physik, Teil 1. *Göttinger Nachrichten,* Seiten 395-407 (1915).

[HK72] J. C. Hafele und R. E. Keating. *Science* **177**, Seiten 166-170 (1972).

[HRBL60] V. W. Hughes, H. G. Robinson und V. Beltran-Lopez. Upper limit for the anisotropy of inertial mass from nuclear resonance experiments. *Phys. Rev. Lett.* **4**, Seiten 342-344 (1960) .

[HS89] E. H. Hauge und J. A. Stovneng. Tunneling times: a critical review. *Rev. Mod. Phys.* **61**, Seiten 917-936 (1989).

[HS90] R. J. Hughes und G. J. Stephenson Jr. Against tachyonic neutrinos. *Phys. Lett.* **B244**, Seiten 95-100 (1990).

[HTWW65] B. K. Harrison, K. S. Thorne, M. Wakano und J. A. Wheeler. „Gravitational Theory and gravitational collapse". Chicago: University Press (1965).

[Hub29] E. Hubble. A relation between distance and radial velocity among extragalactic nebulae. *Proc. Nat. Acad. Sci. (USA)* **15,** Seiten 169-173 (1929).

[JC79] W. R. Johnson und K. T. Cheng. Photoionization of the outer shells of neon, argon, krypton, and xenon using the relativistic random phase approximation. *Phys. Rev.* **A20**, Seiten 978-988 (1979).

[Joo30] G. Joos. Die Jenaer Wiederholung des Michelson-Versuchs. *Ann. d. Physik* **7**, Seiten 385-407 (1930).

[KAC90] T. P. Krisher, J. D. Anderson und J. K. Campbell. Test of the gravitational redshift effect at Saturn. *Phys. Rev. Lett.* **64**, Seiten 1322-1325 (1990).

[Kan92] P. P. Kane. Inelastic scattering of X-ray and gamma rays by inner shell electrons. *Phys. Rep.* **218**, Seiten 67-169 (1992).

[Kau06] W. Kaufmann. Über die Konstitution des Elektrons. *Ann. Phys.* **19**, Seiten 487-553 (1906).

[Ker63] R. P. Kerr. Gravitational field of a spinning mass as an example of algebraically special metrics. *Phys. Rev. Lett.* **11**, Seiten 237-238 (1963).

[Kes85] G. H. KESWANI. Accelerated Twins. *Brit. J. Philos. Sci.* **36,** Seiten 53-61 (1985).

[KG92] R. KLEIN UND R. GRIESER et al. Measurement of the transverse Doppler shift using a stored relativistic $^7Li^+$ ion beam. *Z. Phys. A* **342**, Seiten 455-461 (1992).

[KM90a] T. P. KRISHER UND L. MALEKI ET AL. Test of one-way speed of light using hydrogen-maser frequency standards. *Phys. Rev.* **D42**, Seiten 731-734 (1990).

[KM90b] H. P. KÜENZLE UND A. K. M. MASOOD-UL-ALAM. Spherically symmetric static SU(2) Einstein-Yang-Mills fields. *J. Math. Phys.* **31**, Seiten 928-935 (1990).

[Kom58l A. KOMAR. Covariant conservation laws in general relativity. *Phys. Rev.* **113**, Seiten 934-936 (1958).

[KP85] M. KAIVOLA UND O. POULSEN ET AL. Measurement of the relativistic Doppler shift in Neon. *Phys. Rev. Lett.* **54,** Seiten 255-258 (1985).

[Krel7] E. K. KRETSCHMANN. Über den physikalischen Sinn der Relativitätspostulate. *Annalen der Physik* **53**, Seiten 575-614 (1917).

[Kre92] M. KRETZSCHMAR. Doppler spectroscopy on relativistic particle beams in the light of a test theory of special relativity. *Z. Phys. A* **342,** Seiten 463-469 (1992).

[Kru60] M. D. KRUSKAL. Maximal extension of Schwarzschild metric. *Phys. Rev.* **119**, Seiten 1743-1745 (1960).

[KSC93] P. G. KWIAT, A. M. STEINBERG UND R. Y. CHIAO. High-visibility interference in a Bell-inequality experiment for energy and time. *Phys. Rev.* **A47**, Seiten R2472-R2475 (1993).

[KT90] E. W. KOLB UND M. S. TURNER. „The early universe", Seiten 77-78. Redwood City: Addison-Wesley (1990).

[KT93] D. KASTOR UND J. TRASCHEN. Cosmological multi-blackhole solution. *Phys. Rev.* **D47**, Seiten 5370-5375 (1993).

[Kü63] W. KÜNDING. Measurement of the transverse Doppler effect in an accelerated system. *Phys. Rev.* **129**, Seiten 2371-2375 (1963).

[Lak79] K. Lake. Reissner-Nordstrom-De Sitter. metric, the 3rd law and cosmic censorship. *Phys. Rev.* **D19,** Seiten 421-429 (1979).

[Lam86] S. K. Lamoreaux et al. New limits on spatial anisotropy from optically pumped ^{201}Hg and ^{199}Hg. *Phys. Rev.* Lett. **57**, Seiten 3125-3128 (1986).

[Lan22] C. Lanczos. Bemerkungen zur DeSitterschen Welt. *Physikalische Zeitschrift* **23**, Seiten 539-543 (1922).

[Lap99] P. S. Laplace. Beweis des Satzes, wonach die Anziehungskraft eines Himmelskörpers so groß sein kann, daß Licht nicht von ihm ausfließen kann. *Allgemeine Geographische Ephemeriden (Jena)* **4**, Seiten 1-6 (1799).

[Leh83] G. Lehmann. Streukonzept und Bandstruktur von Übergangsmetallen. In P. Ziesche und G. Lehmann (Herausgeber), „Elektronentheorie der Metalle", Seiten 195-206. Berlin: Springer Verlag (1983).

[Lem33] G. Lemaître. L'univers en expansion . *Ann. Soc. Sci. Bruxelles* **A47**, Seite 49 (1933).

[LL70] Landau und Lifschitz. „Lehrbuch der Theoretischen Physik, Bd. 5". Berlin: Springer Verlag (1970).

[LorO4] H. A. Lorentz. Electromagnetic phenomena in a system moving with any velocity smaller than that of light. *Proc. Acad. Sci. Amsterdam* **6**, Seiten 809-835 (1904) .

[Lov72] D. Lovelock. The four-dimensionality of space and the Einstein tensor. *J. Math. Phys.* **13**, Seiten 874-876 (1972).

[LT18] J. Lense und H. Thirring. Über den Einfluß der Eigenrotation der Zentralkörper auf die Bewegung der Planeten und Monde nach der Einsteinschen Gravitationstheorie. *Phys. Zeitschr.* **19**, Seiten 156-163 (1918).

[Mac64] W. M. Macek et al. Measurement of Fresnel drag with the ring laser. *J. Appl. Phys.* **35**, Seiten 2556-2557 (1964).

[Mar71] L. Marder. „Time and the space traveller". George Allen and Unwin, London (1971).

[Mas56] H. S. W. Massey. Excitation and ionization of atoms by electronic impact. In S. Flügge (Herausgeber), „Handbuch der Physik **36**", Seiten 307-408. Berlin: Springer Verlag (1956).

[Mat58] W. Mattig. Über den Zusammenhang zwischen Rotverschiebung und scheinbarer Helligkeit. *Astron. Nachr.* **284**, Seiten 109-111 (1958).

[MaZ87I P. O. Mazur. Black hole uniqueness theorems. In M. A. H. Mac Callum (Herausgeber), „General Relativity and Gravitation", Seiten 130-157 (1987).

[MB62] P. H. E. Meijer und E. Bauer. „Group Theory". North-Holland Publishing Co. (1962).

[MC94] J. C. Mather und E. S. Cheng et al. Measurement of the cosmic microwave background spectrum by the COBE FIRAS instrument. *Astrophys. J.* **420**, Seiten 439-449 (1994).

[MG93] R. W. McGowan und D. M. Giltner et al. New measurement of the relativistic Doppler shift in Neon. *Phys. Rev. Lett* **70**, Seiten 251-254 (1993)

[Mic84] J. Michel. On the means of Discovering the Distance, Magnitude, etc. of the Fixed Stars, … *Philosophical transactions. Roy. Soc. London* **74**, Seiten 35-37 (1784).

[Mit76] P. Mittelstaedt. „Der Zeitbegriff in der Physik". Mannheim: B.-I.-Wissenschaftsverlag (1976).

[MM87] A. A. Michelson und E. W. Morley. *Amer. Journ. Sci.* **34**, Seiten 333 ff. (1887).

[MS77] R. Mansouri und R. U. Sexl. A test theory of special relativity: I. Simultaneity and Clock Synchronization. *GRG-Journal* **8**, Seiten 497-513 (1977).

[MW75] C. V. Morrison und C. G. Ward. An analysis of the transits of mercury. *Mon. Not. Roy. Astron. Soc.* **173**, Seiten 183-206 (1975).

[Neu14] G. Neumann. Die träge Masse schnell bewegter Elektronen. Ann. *d. Physik* **45**, Seiten 529-579 (1914).

[Nim93] G. Nimtz. Instantanes Tunneln. *Phys. Blätter* **49**, Seiten 1119-1120 (1993).

[Nor85] J. Norton. What was Einstein's principle of equivalence. *Studies in History and Philosophy of Science* **16**, Seiten 203-246 (1985).

[O'N83] B. O'Neill. „Semi-Riemannian geometry". New York: Academic Press (1983).

[OP73] J. P. Ostriker und P. J. Peebles. A numerical study of the stability of flattened galaxies: or, can galaxies survive? *Astrophys. J.* **186**, Seiten 467-480 (1973).

[Ost66] J. P. Ostriker et al. Equilibrium models of differentially rotating zero temperature stars. *Phys. Rev. Lett.* **17**, Seiten 816-818 (1966).

[OV39] J. R. Oppenheimer und G. Volkoff. On massive neutron cores. *Phys.Rev.* **55**, Seiten 374-381 (1939).

[Pag76] D. N. Page. Particle emission rates from a black hole: massless particles from an uncharged nonrotating hole. *Phys. Rev.* **D13**, Seiten 198-206 (1976).

[Pai82] A. Pais. „Subtle is the Lord". Oxford: University Press (1982).

[PE76] R. A. van Patten und G. W. F. Everitt. Possible experiment with two counter-orbiting drag-free satellites to obtain a new test of Einstein's general theory of relativity and.... *Phys. Rev. Lett.* **36**, Seiten 629-632 (1976).

[Pee71] P. J. E. Peebles. „Physical Cosmology". Princeton: University Press (1971).

[Pen59] R. Penrose. The apparent shape of a relativistically moving sphere. *Proc. Cambr. Soc.* **55**, Seiten 137-139 (1959).

[Pen68 R. Penrose. Structures of space time. In B. De Witt und J. A. Wheeler (Herausgeber), „Batelle Rencontres 1967", Seiten 121-235 (1968).

[PF71] R. Penrose und R. M. Floyd. Extraction of rotational energy of black holes. *Nature* **229**, Seiten 177-179 (1971).

[Pie94] M. J. PIERCE ET AL. The Hubble constant and Virgo cluster distance from observations of Cepheiden variables. *Nature* **371**, Seiten 385-389 (1994).

[PJ60] R. V. POUND UND G. A. REBKA JR. Apparent weight of photons. *Phys. Rev. Lett.* **4**, Seiten 337-341 (1960).

[PM63] P. C. PETERS UND J. MATHEWS. Gravitational radiation from point masses in a Keplerian orbit. *Phys. Rev.* **131**, Seiten 435-440 (1963).

[PM86] H. PAUL UND J. MUHR. Review of experimental cross sections for K-shell ionization by light ions. *Phys. Rep.* **135**, Seiten 47-97 (1986).

[Poi05] H. POINCARÉ. *Bulletin Sc. Mathem.* **28**, Seite 302 (1905).

[Pre85] J. D. PRESTAGE ET AL. Limits for spatial anisotropy by use of nuclearspin-polarized $^{9}Be^{+}$-ions. *Phys. Rev. Lett.* **54**, Seiten 2387-2390 (1985).

[PS65] R. V. POUND UND J. L. SNIDER. Effect of gravity on gamma radiation. *Phys. Rev.* **140B**, Seiten 788-803 (1965).

[RF93] A. RANFAGNI UND P. FABENI ET AL. Anomalous pulse delay in microwave propagation: a plausible connection to the tunneling time. *Phys. Rev.* **E48**, Seiten 1453-1460 (1993).

[RG57] I. M. RYSHIK UND I. S. GRADSTEIN. „Integraltafeln". Berlin: Deutscher Verlag der Wissenschaften (1957).

[Rin56] W. RINDLER. Visual horizons in world models. *Monthly Not. Roy Astron. Soc.* **116**, Seiten 662-677 (1956) .

[Rin77] W. RINDLER. „Essential Relativity". 2nd. Edition (1977).

[Rob29] H. P. ROBERTSON. On the foundations of relativistic cosmology. *Proc. Nat. Acad. Sci. (USA)* **15**, Seiten 822-829 (1929).

[Rob33] H. P. ROBERTSON. Relativistic cosmology. *Rev. Mod. Phys.* **5**, Seiten 62-90 (1933).

[Rob62] H. P. Robertson. Relativity and cosmology. In A. J. Deutsch und W. B. Klemperer (Herausgeber), „Space Age Astronomy", Seite 320. New York (1962) .

[RP88] E. Riis und O. Poulsen et al. Test of the isotropy of the speed of light using fast-beam laser spectroscopy. *Phys. Rev. Lett.* **60**, Seiten 81-84 (1988).

[SA95] L. Smarr und P. Anninos et al. Dynamics of apparent and event horizons. *Phys. Rev. Lett.* **74**, Seiten 630-633 (1995).

[Sah94] A. Saha et al. Discovery of Cepheids in IC 4182: Absolute peak brightness of SN Ia 1937 C and the value of h_0. *Astrophys. J.* **425**, Seiten 14-34 (1994).

[San74] R. H. Sanders. Super-relativistic phase of radio source components. *Nature* **248**, Seiten 390-392 (1974).

[Sch16a] G. Schäfer. Die träge Masse schnell bewegter Elektronen. *Ann. d. Physik* **49**, Seiten 934-936 (1916).

[Sch16b] K. Schwarzschild. Über das Gravitationsfeld einer Kugel aus unkompressibler Flüssigkeit nach der Einsteinschen Theorie. *Sitzungsber. Preuß. Akad. Wiss. Berlin,* Seiten 424-434 (1916) .

[Sch16c] K. Schwarzschild. Über das Gravitationsfeld eines Massenpunktes nach der Einsteinschen Theorie. *Sitzungsber. Preuß. Akad. Wiss.,* Seiten 189-196 (1916).

[Sch67] A. Schild. Lectures on general relativity theory. In J. Ehlers (Herausgeber), „Relativity Theory and Astrophysics, Vol. 1", Seite 91. Providence: Amer. Math. Society (1967).

[Sch93] G. Schäfer. Scientific signifiance of STEP. *Cryogenics* **33**, Seiten 387-389 (1993).

[SFM81] W. D. Sepp, B. Fricke und T. Morović. Relativistic many-electron SCF correction diagram for superheavy quasimolecules Pb-Pb. *Phys. Lett.* **81A**, Seiten 258-260 (1981).

[SH75] J. J. Snyder und J. W. Hall. A new measurement of the relativistic Doppler shift. In „Lecture Notes in Physics, Bd. **43**", Seiten 8-17. Berlin: Springer (1975).

[Sha71] I. I. SHAPIRO ET AL. General Relativty and the orbit of Icarus. *Astronom. J.* **76**, Seiten 588-606 (1971).

[Sha88] I. I. SHAPIRO ET AL. Measurement of the DeSitter precession of the Moon: A relativistic three-body-effect. *Phys. Rev. Lett.* **61**, Seiten 2643-2646 (1988).

[Sha90] I. I. SHAPIRO. Solar system tests of general relativity: recent results and present plans. In N. Ashby et al. (Herausgeber), „General Relativity and Gravitation", Seiten 313-330. Cambridge U. Press (1990).

[SKC93] A. M. STEINBERG, P. K. KWIAT UND R. Y. CHIAO. Measurement of the single-photon tunneling time. *Phys. Rev. Lett.* **71**, Seiten 708-711 (1993).

[Smi82] R. W. SMITH. „The expanding universe." Cambridge: University Press (1982).

[Smo77] G. F. SMOOT ET AL. Detection of anisotropy in the cosmic blackbody radiation. *Phys. Rev. Lett.* **39**, Seiten 898-901 (1977).

[Smo92] G. F. SMOOT ET AL. Structure in the COBE differential microwave radiometer first year maps. *Ap. J.* **396**, Seiten Ll -L5 (1992).

[Sof89] M. H. SOFFEL. „Relativity in Astrometry, Celestial Mechanics and Geodesy". Springer, Berlin (1989).

[Sok57] A. SOKOLOW. „Quantenelektrodynamik“". Berlin: Akademie-Verlag (1957) .

[Som24] A. SOMMERFELD. „Atombau und Spektrallinien, 4. Auflage". Braunschweig: Vieweg (1924).

[Son94] A. SONGAILA ET AL. Deuterium abundance and background radiation temperature in high-redshift primordial clouds. *Nature* **368**, Seiten 599-604 (1994).

[Str81] N. STRAUMANN. „Allgemeine Relativitätstheorie und relativistische Astrophysik". Berlin: Springer (1981).

[SU82] R. U. SEXL UND H. K. URBANTKE. „Relativität, Gruppen, Teilchen". 2. Auflage, Springer Verlag Wien (1982).

[SU83] R. U. Sexl und H. K. Urbantke. „Gravitation und Kosmologie". Mannheim (1983).

[Sur91] T. Surić et al. Compton scattering of photons by inner-shell electrons. *Phys. Rev.; Lett:* **67**, Seiten 189-192 (1991).

[Thi18] H. Thirring. Über die Wirkung rotierender ferner Massen in Einsteins Gravitationstheorie. *Phys. Zeitschr.* **19**, Seiten 33-39 (1918).

[Tho07] J. J. Thomson. On rays of positive electricity. *Phil. Mag.* **13**, Seiten 561-575 (1907).

[Tin95] S.J. Tingay et al. Relativistic motion in a nearby bright X-ray source. *Nature* **374**, Seiten 141-143 (1995).

[TNF95] Y. Tanaka, K. Nandra und A. C. Fabian et al. Gravitational redshifted emission, implying an accretion disk and massive black hole in the active galaxy MCG-6-30-15. *Nature* **375**, Seiten 659-661 (1995).

[TOI34] R. C. Tolman. Effect of inhomogenity in cosmological models. *Proc. Nat. Acad. Sci.* USA **20**, Seiten 69- (1934).

[TW89] J. H. Taylor und J. M. Weisberg. Further experimental tests of relativistic gravity using the binary pulsar PSR 1913+16. *Astrophys. J.* **345**, Seiten 434-450 (1989).

[TWE94] P. Thoma, Th. Weiland und G. Eilenberger. Wie real ist das instantane Tunneln? *Phys. Blätter* **50**, Seiten 313, 360-361 (1994).

[Ves80] R. F. C. Vessot et al. Test of relativistic gravitation with a spaceborne hydrogen maser. *Phys. Rev. Lett.* **45**, Seiten 2081-2084 (1980).

[VK60] H. von Klüber. The determination of Einstein's light deflection in the gravitational field of the Sun. In A. Beer (Herausgeber), „Vistas in Astronomy", Seite 47. Pergamon Press, London (1960).

[Wal36] A. G. Walker. On Milne's theory of world-structure. *Proc. London Math.* Soc. **42**, Seiten 90-127 (1936).

[Wal84] R. M. WALD. „General Relativity". Chicago: University Press (1984).

[Web70] J. WEBER. Gravitational radiation experiments. *Phys. Rev. Lett.* **24**, Seiten 276-279 (1970).

[Wei61] VICTOR F. WEISSKOPF. Selected topics in theoretical physics. In „Lectures in Theoretical Physics, Vol. 3", Seiten 54-105. Summer Institute for Theoretical Physics, Boulder 1960, Interscience Publishers, New York (1961).

[Weyl9] H. WEYL. „Raum-Zeit-Materie (3. Auflage)". Berlin: Springer Verlag (1919).

[WH72] H. W. WOODCOCK UND P. HAVAS. Approximately relativistic Lagrangians for classical interacting point particles. *Phys. Rev.* **D6**, Seiten 3422-3444 (1972).

[Whi79] M. G. WHITE ET AL. Angular distribution of Xe^{55}-εp photoelectrons near the Cooper-minimum. *Phys. Rev. Lett.* **43**, Seiten 1161-1164 (1979).

[Wil81] C. M. WILL. „Theory and experiment in gravitational physics". Cambridge: University Press (1981).

[Wil90] C. WILL. Space-based gravity test. *Nature* **347**, Seiten 516-517 (1990).

[Wil92] C. M. WILL. Clock synchronization and isotropy of the one-way speed of light. *Phys. Rev.* **D45**, Seiten 403-411 (1992).

[WSS94] M. WHITE, D. SCOTT UND J. SILK. Anisotropies in the cosmic microwave background. *Ann. Rev. Astron. Astrophys.* **32**, Seiten 319-370 (1994).

[ZN71] YA. ZELDOVICH UND I. NOVIKOV. „Relativistic Astrophysics, Vol. 1". Chicago: University Press (1971).

[ZTF58] V. P. ZRELOV, A. A. TIAPKIN UND P. S. FARGO. Measurement of the mass of 660 MeV protons. *Sov. Phys. JETP* **34**, Seiten 384-387 (1958).

Namen- und Sachverzeichnis

D

E

F

G

L

M

N

O

P

Q

R

S

T

U

V

W

$L_{\alpha\beta}{}^{\gamma}$ lin. Übertragung S. 228

S. 87

263

Tab. 263

[X, Y] 237

~ 239